Eicher/Hauptmann

Chemie der Heterocyclen

Chemie der Heterocyclen

Struktur, Reaktionen und Synthesen

Theophil Eicher und Siegfried Hauptmann

unter Mitarbeit von Ralf Besenbruch
sowie
Christel Allmann, Volker Bomm, Michel Morché,
Frank Servet und Andreas Speicher

1994
Georg Thieme Verlag Stuttgart · New York

Anschriften:

Prof. Dr. Theophil Eicher

Fachbereich 11- Organische Chemie
Universität des Saarlandes
66041 Saarbrücken

Prof. Dr. Siegfried Hauptmann

Institut für Organische Chemie
Universität Leipzig
Talstraße 35
04103 Leipzig

Unter Mitarbeit von

Ralf Besenbruch,
Christel Allmann, Volker Bomm, Michel Morché,
Frank Servet und Andreas Speicher

Die Deutsche Bibliothek - CIP-Einheitsaufnahme

Eicher, Theophil:
Chemie der Heterocyclen: Struktur, Reaktionen und Synthesen/
Theophil Eicher und Siegfried Hauptmann. Unter Mitarb. von
Ralf Besenbruch...- Stuttgart; New York: Thieme.
NE: Hauptmann, Siegfried:

Wichtiger Hinweis!

Dieses Werk ist von Fachleuten verfaßt worden und richtet sich an Fachleute. Der Benutzer muß daher wissen, daß bereits der Umgang mit Chemikalien oder Mikroorganismen eine latente Gefährdung in sich birgt. Zusätzliche Gefahren können theoretisch durch unrichtige Mengenangaben entstehen. Autoren, Herausgeber und Verlag haben zwar große Sorgfalt darauf verwandt, daß die Mengenangaben und Versuchsanordnungen dem Stand der Wissenschaft bei Herausgabe des Werkes entsprechen. Gleichwohl kann der Verlag jedoch keine Gewähr für die Richtigkeit dieser Angaben übernehmen. Jeder Benutzer ist angehalten, in eigener Verantwortung sorgfältig zu prüfen, ob Mengenangaben, Versuchsanordnungen oder andere Hinweise nach dem Verständnis eines Naturwissenschaftlers plausibel sind. In allen Zweifelsfällen wird dem Leser dringend angeraten, sich mit einem fachkundigen Kollegen zu beraten; auch der Verlag bietet bereitwillig seine Unterstützung bei der Klärung etwaiger Zweifelsfragen an. Dessenungeachtet erfolgt jede in diesem Werk beschriebene Anwendung auf eigene Gefahr des Benutzers.
Geschützte Warennamen (Warenzeichen) wurden *nicht* in jedem einzelnen Fall besonders kenntlich gemacht. Aus dem Fehlen eines solchen Hinweises kann also nicht geschlossen werden, daß es sich um einen freien Warennamen handelt.
Alle Rechte, insbesondere das Recht der Vervielfältigung und Verbreitung sowie der Übersetzung sind vorbehalten. Kein Teil des Werkes darf in irgendeiner Form (durch Photokopie, Mikrofilm oder ein anderes Verfahren) ohne schriftliche Genehmigung des Verlages reproduziert oder unter Verwendung elektronischer Systeme verarbeitet, vervielfältigt oder verbreitet werden.

© 1994 Georg Thieme Verlag, Rüdigerstraße 14, 70469 Stuttgart – Printed in Germany
Druck: Gutmann, 74388 Talheim

ISBN 3-13-135401-1   1 2 3 4 5 6

Autoren

Prof. Dr. Theophil Eicher

Theophil Eicher, geboren 1932 in Heidelberg, studierte 1952-1957 Chemie an der Universität Heidelberg und promovierte 1960 bei Georg Wittig. Nach einem post-doc-Aufenthalt an der Columbia University, New York, bei Ronald Breslow, und nachfolgender Assistententätigkeit in Heidelberg und Würzburg habilitierte er sich 1967 an der Universität Würzburg. Er wurde 1974 an das Institut für Organische Chemie der Universität Hamburg, 1976 an den Fachbereich Chemie der Universität Dortmund berufen und ist seit 1982 Professor für Organische Chemie an der Universität des Saarlandes in Saarbrücken.

Seine Forschungsaktivitäten umfassen Untersuchungen zur Synthesechemie von Cyclopropenonen und Triafulvenen sowie zur Synthese von Bryophyten-Inhaltsstoffen. Er ist Coautor mehrerer Bücher, erhielt 1982 zusammen mit L. F. Tietze den Literaturpreis des Fonds der Chemischen Industrie und ist Honorarprofessor der Facultad de Quimica der Universidad de la Republica Montevideo/Uruguay.

Prof. Dr. Siegfried Hauptmann

Siegfried Hauptmann, geboren 1931 in Dürrhennersdorf, Kreis Löbau in Sachsen, studierte an der Universität Leipzig Chemie. 1958 promovierte er bei W. Treibs mit einer Arbeit über Synthesen ausgehend von Dicarbonsäuren zum Dr. rer. nat. und habilitierte sich 1961 für das Fach Organische Chemie. Im gleichen Jahr wurde er zum Dozenten an der Universität Leipzig ernannt und im Jahre 1969 zum ordentlichen Professor berufen. Er erhielt Rufe an die Technische Universität Dresden, an die Martin-Luther-Universität Halle-Wittenberg und an die Humboldt-Universität Berlin.

Seine Forschungsaktivitäten liegen vorwiegend auf dem Gebiet der organischen Synthese und der Reaktionsmechanismen. Er war in mehreren Ländern als Gastprofessor tätig und ist Ehrenprofessor der Universität Potosi/Bolivien. Zur Zeit arbeitet er als "Professor alten Rechts" an der Universität Leipzig.

Vorwort

Etwa die Hälfte der gegenwärtig registrierten 12,5 Millionen chemischen Verbindungen enthält ein heterocyclisches System. Die Bedeutung der Heterocyclen ergibt sich aber nicht nur aus ihrer Quantität, sondern vor allem aus ihrer breitgefächerten chemischen, biologischen und technischen Relevanz. Viele Naturstoffe wie Vitamine, Hormone, Antibiotika, Alkaloide, aber auch Pharmaka, Wirkstoffe im Pflanzenschutz, Farbstoffe und andere technisch bedeutsame Produkte (Korrosions- und Alterungsschutzmittel, Sensibilisatoren, Stabilisatoren etc.) sind heterocyclische Verbindungen.

Die außerordentliche Differenzierung und Vielfalt heterocyclischer Verbindungen stellt die Konzeption eines einführenden Buches zur Heterocyclen-Chemie ohne enzyklopädische Intentionen vor Auswahlprobleme, die nicht ohne eine gewisse Willkür zu lösen sind. Wir haben uns dafür entschieden, einen repräsentativen Querschnitt heterocyclischer Grundsysteme nach konventioneller Gliederung zu erfassen und dabei die einzelnen Systeme in analog strukturierter Form darzustellen. Bei jedem Heterocyclus werden zunächst seine Struktur sowie seine physikalischen und spektroskopischen Charakteristika behandelt. Daran anschließend werden wichtige chemische Eigenschaften und Reaktionen sowie die Synthesen aufgeführt; für die Synthesen werden häufig retrosynthetische Überlegungen als Ordnungskriterien herangezogen. Es folgen wichtige Einzelverbindungen, dazu Naturstoffe, Pharmaka und andere biologisch aktive Verbindungen, die das betreffende heterocyclische Grundgerüst enthalten. Schließlich wird über die Anwendung des Heterocyclus als Synthese-Baustein und als Auxiliar für bestimmte Synthese-Transformationen informiert. Der Schwerpunkt der Betrachtung liegt damit auf präparativen und synthetischen Aspekten der Heterocyclen-Chemie, die auch durch Verweise auf neuere Primärliteratur, Review-Artikel und Praktikumsbücher belegt werden.

Das vorliegende Buch richtet sich an den fortgeschrittenen Studenten und wissenschaftlichen Mitarbeiter, aber auch an den Chemiker im Beruf, der einen Überblick über bewährte Konzepte und einen Einstieg in neue Entwicklungen der Heterocyclen-Chemie gewinnen möchte. Die Inhalte dieses Buches können sicher auch zur Formierung von "Bauelementen" für eine Heterocyclen-Vorlesung herangezogen werden, möchten aber vor allem einen Beitrag dazu leisten, daß allgemeine Prinzipien von Struktur, Reaktivität und Synthese in der organischen Chemie auch an Beispielen aus der Heterocyclen-Chemie deutlich gemacht werden können. Text und Formelbilder wurden von uns mit Hilfe des Textprogrammes Word for Windows und des Zeichenprogrammes ChemWindow im Desktop Publishing-Verfahren erstellt.

Wir sind den Herren Prof. Dr. L. F. Tietze, Prof. Dr. H. Becker, Prof. Dr. H. D. Zinsmeister und Prof. Dr. R. Mues für wertvolle Hinweise und Anregungen zur Buchgestaltung sehr zu Dank verbunden. Dem Lektorat Chemie des Georg Thieme Verlages danken wir für die gute Zusammenarbeit. Besonderer Dank gebührt unseren Familien für Geduld, Rückhalt und Zuwendung in kritischen Phasen des Buchprojektes.

Saarbrücken und Leipzig, im Februar 1994

Theophil Eicher   Siegfried Hauptmann

Inhaltsverzeichnis

Abkürzungen und Symbole		XI
1	**Konstitution heterocyclischer Verbindungen**	1
2	**Systematische Nomenklatur der heterocyclischen Verbindungen**	5
2.1	Hantzsch-Widman-Nomenklatur	6
2.2	Austausch-Nomenklatur	11
2.3	"Wichtige" heterocyclische Systeme	16
3	**Dreigliedrige Heterocyclen**	17
3.1	Oxiran	17
3.2	Thiiran	24
3.3	2*H*-Azirin	26
3.4	Aziridin	28
3.5	Dioxiran	32
3.6	Oxaziridin	32
3.7	3*H*-Diazirin	34
3.8	Diaziridin	35
	Literatur	37
4	**Viergliedrige Heterocyclen**	38
4.1	Oxetan	38
4.2	Thietan	41
4.3	Azet	42
4.4	Azetidin	43
4.5	1,2-Dioxetan	45
4.6	1,2-Dithiet	48
4.7	1,2-Dihydro-1,2-diazet	48
4.8	1,2-Diazetidin	49
	Literatur	51
5	**Fünfgliedrige Heterocyclen**	52
5.1	Furan	52
5.2	Benzo[b]furan	63

5.3	Isobenzofuran	65
5.4	Dibenzofuran	66
5.5	Tetrahydrofuran	67
5.6	Thiophen	71
5.7	Benzo[b]thiophen	80
5.8	Benzo[c]thiophen	82
5.9	2,5-Dihydrothiophen	83
5.10	Thiolan	84
5.11	Selenophen	85
5.12	Pyrrol	86
5.13	Indol	99
5.14	Isoindol	110
5.15	Carbazol	111
5.16	Pyrrolidin	114
5.17	Phosphol	116
5.18	1,3-Dioxolan	118
5.19	1,2-Dithiol	119
5.20	1,2-Dithiolan	120
5.21	1,3-Dithiol	121
5.22	1,3-Dithiolan	122
5.23	Oxazol	122
5.24	Benzoxazol	132
5.25	4,5-Dihydrooxazol	134
5.26	Isoxazol	138
5.27	4,5-Dihydroisoxazol	144
5.28	2,3-Dihydroisoxazol	147
5.29	Thiazol	149
5.30	Benzothiazol	155
5.31	Penam	159
5.32	Isothiazol	160
5.33	Imidazol	165
5.34	Benzimidazol	174
5.35	Imidazolidin	178
5.36	Pyrazol	179
5.37	Indazol	185
5.38	4,5-Dihydropyrazol	186
5.39	Pyrazolidin	189
5.40	1,2,3-Oxadiazol	191
5.41	Furazan	193
5.42	1,2,3-Thiadiazol	196
5.43	1,2,4-Thiadiazol	198
5.44	1,2,3-Triazol	200
5.45	Benzotriazol	205
5.46	1,2,4-Triazol	208

5.47	Tetrazol	212
	Literatur	218

6 Sechsgliedrige Heterocyclen ... 222

6.1	Pyryliumion	222
6.2	2*H*-Pyran	231
6.3	Pyran-2-on	233
6.4	3,4-Dihydro-2*H*-pyran	239
6.5	Tetrahydropyran	243
6.6	2*H*-Chromen	245
6.7	Cumarin	247
6.8	1-Benzopyryliumion	252
6.9	4*H*-Pyran	255
6.10	Pyran-4-on	257
6.11	4*H*-Chromen	260
6.12	Chromon	261
6.13	Chroman	266
6.14	Pyridin	269
6.15	Pyridone	310
6.16	Chinolin	316
6.17	Isochinolin	336
6.18	Chinoliziniumion	349
6.19	Dibenzopyridine	353
6.20	Piperidin	360
6.21	Phosphabenzol	365
6.22	1,4-Dioxin, 1,4-Dithiin, 1,4-Oxathiin	369
6.23	1,4-Dioxan	371
6.24	Oxazine	373
6.25	Morpholin	381
6.26	1,3-Dioxan	383
6.27	1,3-Dithian	387
6.28	Cepham	389
6.29	Pyridazin	392
6.30	Pyrimidin	398
6.31	Purin	408
6.32	Pyrazin	417
6.33	Piperazin	422
6.34	Pteridin	425
6.35	Benzodiazine	430
6.36	1,2,3-Triazin	437
6.37	1,2,4-Triazin	440
6.38	1,3,5-Triazin	446
6.39	1,2,4,5-Tetrazin	451
	Literatur	456

7	**Siebengliedrige Heterocyclen**	459
7.1	Oxepin	459
7.2	Thiepin	463
7.3	Azepin	464
7.4	Diazepine	469
	Literatur	476
8	**Höhergliedrige Heterocyclen**	477
8.1	Azocin	477
8.2	Heteronine und höhergliedrige Heterocyclen	479
8.3	Tetrapyrrole	482
	Literatur	491
9	**Literatur über heterocyclische Verbindungen**	492
10	**Sachwörterverzeichnis**	495

Abkürzungen und Symbole

Schmp.	Schmelzpunkt	verd.	verdünnt
Sdp.	Siedepunkt	konz.	konzentriert
ca.	zirka	Lit.	Literatur
vgl.	vergleiche	$\Delta H^{\neq}$	freie Aktivierungsenthalpie [kJ mol^{-1}]
s.S.	siehe Seite		
s.o.	siehe oben	UV	Ultraviolettspektrum
s.u.	siehe unten	λ	Wellenlänge der Absorption
MO	Molekülorbital	ε	molarer Extinktionskoeffizient
INN	internationaler Freiname (engl. international nonpropietary name)	nm	Nanometer (10^{-9} m)
		pm	Picometer (10^{-12} m)
IR	Infrarotspektrum	Ac	Acetyl
cm^{-1}	Wellenzahl	Ar	Aryl
^{1}H-NMR	Protonenresonanzspektrum	Boc	*tert*-Butoxycarbonyl
^{13}H-NMR	^{13}C-Kernresonanzspektrum	Bn	Benzyl
δ	Chemische Verschiebung, bezogen auf Tetramethylsilan ($\delta_{TMS} = 0$)	Bz	Benzoyl
		nBu	*n*-Butyl
		tBu	*tert*-Butyl
		Et	Ethyl
ppm	parts per million (10^{-6})	Me	Methyl
ee	Enantiomerenüberschuß (engl. enantiomeric excess)	Mes	Mesyl (Methansulfonyl)
		Ph	Phenyl
		Tos	Tosyl (*p*-Toluolsulfonyl)

$$\% ee = \frac{E_1 - E_2}{E_1 + E_2} \cdot 100$$

	E_1 = Masseanteil des überwiegenden Enantiomers E_2 = Masseanteil des anderen Enantiomers	DMF	Dimethylformamid
		DMSO	Dimethylsulfoxid
		DDQ	2,3-Dichlor-5,6-dicyano-1,4-benzochinon
		DBU	1,8-Diazabicyclo[5.4.0]undec-7-en
de	Diastereomerenüberschuß (engl. diastereomeric excess), Definition analog zu "ee"	HMPT	Hexamethylphosphorsäuretriamid
		NBS	*N*-Bromsuccinimid
proz.	prozentig	NCS	*N*-Chlorsuccinimid
°C	Grad Celsius	PPA	Polyphosphorsäure
Δ	thermisch	THF	Tetrahydrofuran
hν	photochemisch		

1 Konstitution heterocyclischer Verbindungen

Die überwiegende Anzahl der chemischen Verbindungen ist aus molekularen Gebilden aufgebaut. Ihr Kennzeichen sind kovalente Bindungen zwischen Atomen. Es kann sich um Moleküle, Molekülionen oder Radikale handeln. Die meisten chemischen Verbindungen bestehen aus Molekülen. Moleküle sind als Ganzes elektrisch neutral und weisen keine ungepaarten Elektronen auf. Die Klassifizierung der chemischen Verbindungen erfolgt aufgrund der Konstitution der Moleküle. Unter Konstitution versteht man die Art und die Anzahl der Atome in den Molekülen sowie die zwischen diesen Atomen existierenden kovalenten Bindungen, symbolisiert durch Valenzstriche. Es gibt zwei Haupttypen der Konstitution:

— Die Atome bilden eine Kette – aliphatische (acyclische) Verbindungen.
— Die Atome bilden einen Ring – cyclische Verbindungen.

Cyclische Verbindungen, bei denen der Ring nur aus Atomen eines Elementes besteht, nennt man isocyclische Verbindungen. Besteht der Ring nur aus C-Atomen, dann handelt es sich zugleich um eine carbocyclische Verbindung, z.B.:

(4 - Dimethylaminophenyl) pentazol
isocyclisch

Cyclopenta - 1,3 - dien
isocyclisch und carbocyclisch

Cyclische Verbindungen mit mindestens zwei verschiedenen Atomen im Ring (als Ringatome oder Ringglieder) heißen heterocyclische Verbindungen. Den Ring selbst nennt man *Heterocyclus*. Enthält der Ring kein C-Atom, dann liegt ein anorganischer Heterocyclus vor, z.B.

2,4 - Bis (4 - methoxyphenyl) -
1,3 - dithiadiphosphetan -2,4 - disulfid
(Lawesson - Reagens)

Borazin

Ist mindestens ein Ringatom ein C-Atom, dann handelt es sich um eine organische heterocyclische Verbindung. In diesem Fall nennt man alle von Kohlenstoff verschiedenen Ringatome Heteroatome, z.B.:

Oxazol
Heteroatome O und N

4H - 1,4 - Thiazin
Heteroatome S und N

Im Prinzip können als Ringatome in Heterocyclen Atome aller Elemente außer denen der Alkalimetalle auftreten.

Neben der Art der Ringatome (Ringglieder) ist ihre Gesamtzahl von Bedeutung, weil dadurch die Ringgröße bestimmt wird. Der kleinstmögliche Ring ist der dreigliedrige Ring. Die größte Bedeutung haben die fünf- und sechsgliedrigen Heterocyclen. Nach oben existiert keine Grenze, es gibt sieben-, acht-, neun- und höhergliedrige Heterocyclen.

Obschon auch laufend neue anorganische Heterocyclen synthetisiert werden, erfolgt in diesem Buch eine Beschränkung auf organische Verbindungen. In ihnen ist das N-Atom das am häufigsten anzutreffende Heteroatom. Es folgen O- und S-Atome. Seltener sind Heterocyclen mit Se-, Te-, P-, As-, Sb-, Bi-, Si-, Ge-, Sn-, Pb- oder B-Atomen.

Zur Beurteilung von Stabilität und Reaktivität von heterocyclischen Verbindungen ist es nützlich, Vergleiche mit den analogen carbocyclischen Verbindungen anzustellen. Formal kann man jeden Heterocyclus aus einem Carbocyclus ableiten, indem CH_2- oder CH-Gruppen teilweise durch Heteroatome ersetzt werden. Wenn man sich der Einfachheit halber auf monocyclische Systeme beschränkt, dann lassen sich vier Typen von Heterocyclen wie folgt charakterisieren:

- *Gesättigte Heterocyclen (Heterocycloalkane)*, z.B:

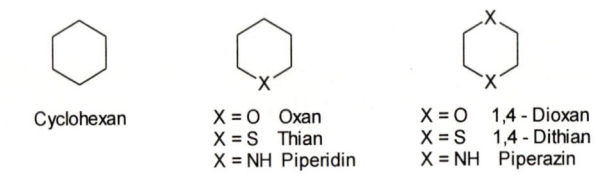

Cyclohexan

X = O   Oxan
X = S   Thian
X = NH Piperidin

X = O   1,4 - Dioxan
X = S   1,4 - Dithian
X = NH Piperazin

Bei diesem Typ treten keine Mehrfachbindungen zwischen den Ringatomen auf. Die Verbindungen reagieren weitgehend wie ihre aliphatischen Analoga, z.B. Oxan und 1,4-Dioxan wie Dialkylether, Thian und 1,4-Dithian wie Dialkylsulfide, Piperidin und Piperazin wie sekundäre aliphatische Amine.

- *Partiell ungesättigte Systeme (Heterocycloalkene)*, z.B.:

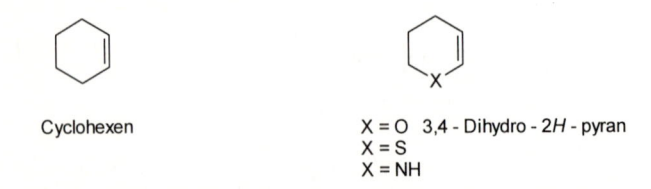

Cyclohexen

X = O   3,4 - Dihydro - 2H - pyran
X = S
X = NH

X = O 2,3-Dihydro-1,4-dioxin
X = S
X = NH

X = O⊕
X = S⊕
X = N 2,3,4,5-Tetrahydropyridin

Liegen die Mehrfachbindungen zwischen zwei C-Atomen des Ringes, z.B. im 3,4-Dihydro-2*H*-pyran, dann reagieren die Verbindungen im wesentlichen wie Alkene bzw. Alkine. Eine Doppelbindung kann jedoch auch vom Heteroatom ausgehen. Im Fall von X = O$^+$ verhalten sich die Verbindungen wie Oxeniumsalze, im Fall von X = S$^+$ wie Sulfeniumsalze und schließlich im Fall von X = N wie Imine (Azomethine).

- *Systeme mit der maximal möglichen Anzahl nichtkumulierter Doppelbindungen (Heteroannulene)*, z.B.:

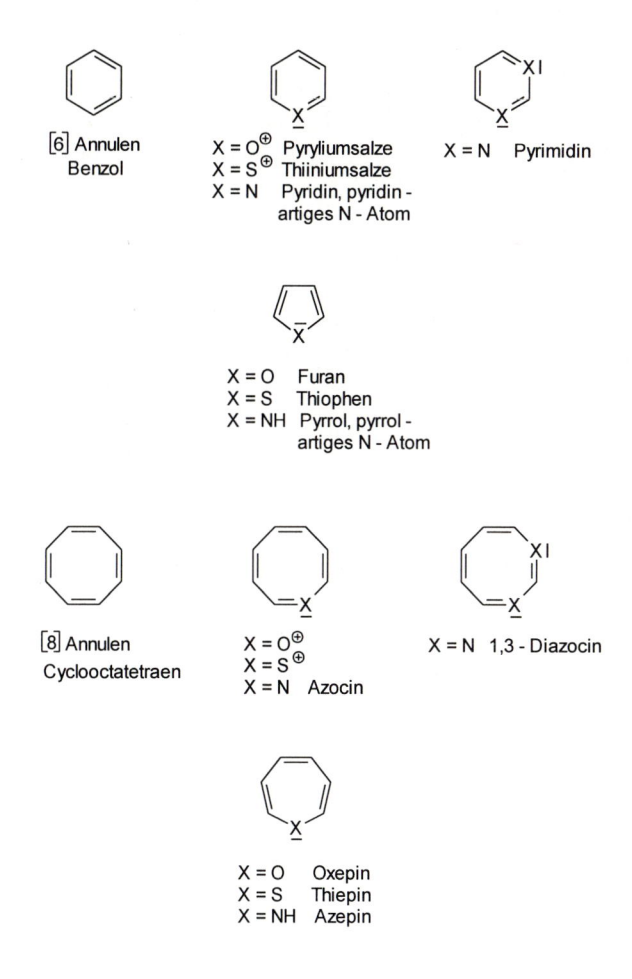

[6] Annulen
Benzol

X = O⊕ Pyryliumsalze
X = S⊕ Thiiniumsalze
X = N   Pyridin, pyridin-
        artiges N-Atom

X = N Pyrimidin

X = O   Furan
X = S   Thiophen
X = NH Pyrrol, pyrrol-
        artiges N-Atom

[8] Annulen
Cyclooctatetraen

X = O⊕
X = S⊕
X = N Azocin

X = N 1,3-Diazocin

X = O   Oxepin
X = S   Thiepin
X = NH Azepin

Von den Annulenen kann man formal jeweils zwei Reihen von Heterocyclen ableiten:
— Systeme gleicher Ringgröße, wenn CH durch X ersetzt wird,
— Systeme der nächstniedrigen Ringgröße, wenn HC=CH durch X ersetzt wird.

In beiden Fällen sind bei den gewählten Beispielen die resultierenden Heterocyclen iso-π-elektronisch zu den betreffenden Annulenen, d.h., die Anzahl der π-Elektronen im Ring ist gleich. Dies wird dadurch verursacht, daß bei den Pyrylium- und Thiiniumsalzen, beim Pyridin, Pyrimidin, Azocin und 1,3-Diazocin jedes Heteroatom zwar ein Elektron zum konjugierten System beisteuert, sein nichtbindendes Elektronenpaar aber davon ausgeschlossen ist. Dagegen wird beim Furan, Thiophen, Pyrrol, Oxepin, Thiepin und Azepin jeweils ein Elektronenpaar des Heteroatoms in das konjugierte System (in die Delokalisierung von Elektronen) einbezogen. Im Fall von Stickstoff als Heteroatom kann man diesen prinzipiellen Unterschied durch die Bezeichnungen *pyridinartiges N-Atom* und *pyrrolartiges N-Atom* zum Ausdruck bringen.

- *Heteroaromatische Systeme*

Darunter versteht man Heteroannulene, die die HÜCKEL-Regel erfüllen, d.h., bei denen die Anzahl der über den Ring delokalisierten Elektronen 4n+2 beträgt. Die bei weitem wichtigste Gruppe dieser Verbindungen leitet sich vom [6]Annulen (Benzol) ab, man bezeichnet sie auch als *Heteroarene* (*Hetarene*), z.B. Furan, Thiophen, Pyrrol, Pyridin, Pyrylium- und Thiiniumionen. In Bezug auf Stabilität und Reaktivität können sie mit den entsprechenden benzoiden Verbindungen verglichen werden.

Demgegenüber sind antiaromatische Systeme, d.h. Systeme mit 4n delokalisierten Elektronen, z.B. Oxepin, Azepin, Thiepin, Azocin und 1,3-Diazocin, wie die entsprechenden Annulene weit weniger stabil und sehr reaktiv.

Die Charakterisierung der Heterocyclen als Heterocycloalkane, Heterocycloalkene, Heteroannulene und heteroaromatische Systeme ermöglicht die Abschätzung von Stabilität und Reaktivität der betreffenden Verbindungen. In Einzelfällen kann sie sogar auf anorganische Heterocyclen angewendet werden. So ist z.B. Borazin (s.S.1), eine farblose Flüssigkeit, Sdp. 55°C, als heteroaromatisches System einzustufen.

2 Systematische Nomenklatur der heterocyclischen Verbindungen

Viele organische Verbindungen, darunter auch heterocyclische Verbindungen, haben einen *Trivialnamen*. Er ist meist aufgrund des Vorkommens, der erstmaligen Herstellung oder besonderer Eigenschaften der Verbindung entstanden, z.B.:

Konstitution	Trivialname	Systematischer Name
	Ethylenoxid	Oxiran
	Brenzschleimsäure	Furan-2-carbonsäure
	Nicotinsäure	Pyridin-3-carbonsäure
	Cumarin	2*H*-Chromen-2-on

Die Konstruktion des *systematischen Namens* einer heterocyclischen Verbindung erfolgt aufgrund der Konstitution. Dafür wurden von der IUPAC-Kommission zur Nomenklatur der organischen Chemie Regeln ausgearbeitet, deren Anwendung bei der Abfassung von Diplomarbeiten, Dissertationen, Publikationen und Patenten verbindlich ist. Diese Regeln sind in der Sektion B des "Blauen IUPAC-Buches" (J.Rigaudy, S.P.Klesney, *Nomenclature of Organic Chemistry,* Pergamon Press, Oxford **1979**) zusammen mit Anwendungsbeispielen aufgelistet.

Im vorliegenden Buch werden die IUPAC-Regeln nicht einzeln aufgeführt. Vielmehr erfolgt eine Anleitung zur Konstruktion des systematischen Namens mit entsprechenden Verweisen auf das "Blaue IUPAC-Buch".

Jede heterocyclische Verbindung läßt sich auf ein *heterocyclisches System* zurückführen. In derartigen Systemen sind nur H-Atome an die Ringatome gebunden. Die IUPAC-Regeln lassen zwei Nomenklaturen zu. Die HANTZSCH-WIDMAN-*Nomenklatur* wird für drei- bis zehngliedrige Heterocyclen empfohlen. Für höhergliedrige Heterocyclen dagegen ist die *Austausch-Nomenklatur* anzuwenden.

2.1 HANTZSCH-WIDMAN-Nomenklatur

- *Art des Heteroatoms*

Die Art des Heteroatoms wird durch ein Präfix gemäß Tabelle 1 gekennzeichnet. Dabei ist die Reihenfolge in dieser Tabelle zugleich eine Rangfolge (*Prinzip der fallenden Priorität*).

Tab. 1   Präfixe zur Kennzeichnung der Heteroatome

Element	Präfix	Element	Präfix
O	oxa	Sb	stiba
S	thia	Bi	bisma
Se	selena	Si	sila
Te	tellura	Ge	germa
N	aza	Sn	stanna
P	phospha	Pb	plumba
As	arsa	B	bora
		Hg	mercura

- *Größe des Ringes*

Die Größe des Ringes wird durch eine Endung gemäß Tabelle 2 zum Ausdruck gebracht. Einige Silben sind aus lateinischen Zahlwörtern abgeleitet, und zwar ir von tri, et von tetra, ep von hepta, oc von octa, on von nona, ec von deca.

Tab. 2   Endungen zur Kennzeichnung der Ringgröße von Heterocyclen

Ringgröße	Endungen			
	N-haltig		N-frei	
	Stammverb.	gesättigt	Stammverb.	gesättigt
3	irin	iridin	iren	iran
4	et	etidin	et	etan
5	ol	olidin	ol	olan
6	in	an	desgl.	
7	epin	epan		
8	ocin	ocan		
9	onin	onan		
10	ecin	ecan		

- *Monocyclische Systeme*

Als *Stammverbindung* der monocyclischen Systeme einer bestimmten Ringgröße gilt die Verbindung mit der größtmöglichen Zahl an nichtkumulierten Doppelbindungen. Sie wird benannt, indem man ein oder mehrere Präfixe aus Tabelle 1 mit einer Endung aus Tabelle 2 vereinigt. Wenn dabei zwei Vokale aufeinanderfolgen, dann wird der Buchstabe a im Präfix weggelassen, z.B. Azirin (nicht Azairin):

2.1 Hantzsch-Widman-Nomenklatur

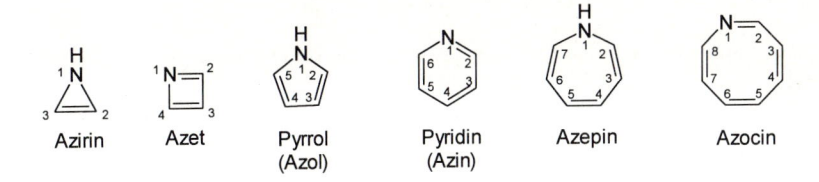

Azirin   Azet   Pyrrol (Azol)   Pyridin (Azin)   Azepin   Azocin

Für einige Systeme sind Trivialnamen zugelassen, z.B. Pyrrol, Pyridin. Listen der zugelassenen Trivialnamen findet man im "Blauen IUPAC-Buch" S.55 bis 63 und S.466 bis 471. Wenn ein Trivialname zugelassen ist, dann *muß* er angewendet werden.

Teilweise oder vollständig gesättigte Ringe werden durch Endungen gemäß Tabelle 2 gekennzeichnet. Ist keine Endung vorgeschrieben, dann werden die Präfixe dihydro-, tetrahydro-...perhydro- verwendet. Im Fall von vier- und fünfgliedrigen Heterocyclen können spezielle Endungen benutzt werden, wenn der Ring nur eine Doppelbindung enthält:

	N-haltig	N-frei
viergliedrig	etin	eten
fünfgliedrig	olin	olen

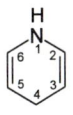

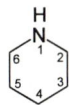

Δ^2 - Pyrrolin   Pyrrolidin   1,4 - Dihydropyridin   Piperidin (Hexahydropyridin)

Δ^2 bedeutet, daß die Doppelbindung vom Ringatom 2 ausgeht. Häufig schreibt man vereinfacht 2-Pyrrolin.

- *Monocyclische Systeme, ein Heteroatom*

Die Numerierung des Systems beginnt am Heteroatom.

- *Monocyclische Systeme, zwei oder mehrere gleichartige Heteroatome*

Für zwei oder mehrere gleichartige Heteroatome werden die Präfixe di-, tri-, tetra- usw. verwendet. Bei der Kennzeichnung der relativen Stellungen (Positionen) der Heteroatome ist das *Prinzip der niedrigstmöglichen Stellenangaben* zu beachten. Die Numerierung des Systems hat so zu erfolgen, daß die Heteroatome die kleinstmöglichen Zahlen erhalten:

1,2,4 - Triazol (nicht 1,3,5 - Triazol)   Pyrimidin (1,3 - Diazin, nicht 1,5 - Diazin)

Bei derartigen Zahlenfolgen entscheidet die erste Abweichung, z.B. ist 1,2,5 niedriger als 1,3,4.

- *Monocyclische Systeme, zwei oder mehrere verschiedene Heteroatome*

Für verschiedene Heteroatome ist die Reihenfolge der Präfixe gemäß Tabelle 1 vorgeschrieben, z.B. Thiazol, nicht Azathiol; Dithiazin, nicht Azadithiin. Das Heteroatom, das in Tabelle 1 am höchsten steht, erhält bei der Numerierung die Zahl 1. Danach wird wiederum so numeriert, daß die übrigen Heteroatome die kleinstmöglichen Zahlen bekommen:

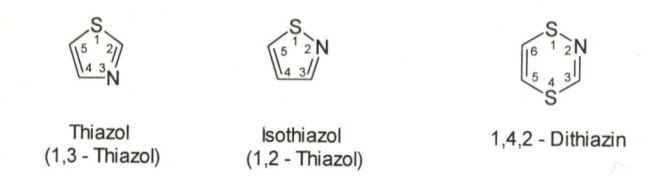

Thiazol
(1,3 - Thiazol)

Isothiazol
(1,2 - Thiazol)

1,4,2 - Dithiazin

Im ersten Beispiel lautet der systematische Name zwar 1,3-Thiazol, jedoch werden die Stellenangaben der Heteroatome weggelassen, da es außer Isothiazol (1,2-Thiazol) keine weiteren Konstitutionsisomere gibt. Analog wird bei Oxazol (1,3-Oxazol) und Isoxazol (1,2-Oxazol) verfahren.

- *Durch eine Einfachbindung miteinander verbundene identische Systeme*

Derartige Verbindungen werden entsprechend der Anzahl der Systeme durch die Präfixe bi-, ter-, quater- usw. bezeichnet und die Verbindungsstellen wie folgt angegeben:

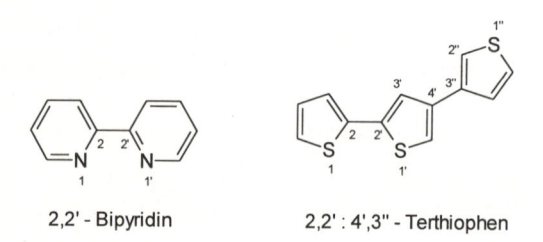

2,2' - Bipyridin

2,2' : 4',3" - Terthiophen

- *Bicyclische Systeme mit einem Benzolring*

Allgemein bezeichnet man Systeme, bei denen mindestens zwei benachbarte Atome zwei oder mehreren Ringen (Komponenten) zugleich angehören, als kondensierte (engl. fused) Systeme. Für mehrere der bicyclisch benzokondensierten Heterocyclen sind Trivialnamen zugelassen, z.B.:

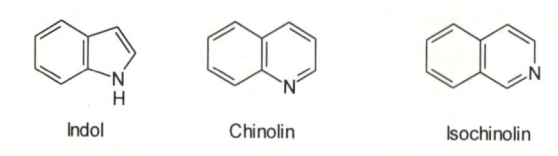

Indol

Chinolin

Isochinolin

Trifft dies nicht zu und ist lediglich für die heterocyclische Komponente ein Trivialname zugelassen, dann bildet man den systematischen Namen aus dem Präfix benzo und dem Trivialnamen der heterocyclischen Komponente wie folgt:

2.1 Hantzsch-Widman-Nomenklatur

Benzo[b]furan   Furan

Das System wird in seine Komponenten zerlegt. Die heterocyclische Komponente gilt als *Grundkomponente*. Die Bindungen zwischen den Ringatomen werden entsprechend der fortlaufenden Numerierung der Ringatome durch die Buchstaben a, b, c usw. gekennzeichnet. Der eingeklammerte Buchstabe b zwischen Benzo und dem Namen der Grundkomponente gibt demnach die den beiden Ringen gemeinsamen Atome der Grundkomponente an. Der Buchstabe muß im Alphabet soweit vorn wie möglich stehen, es darf also nicht Benzo[d]furan heißen.

Generell gilt, daß bei bi- und auch bei polycyclischen Systemen die Numerierung des Gesamtsystems unabhängig von der Numerierung der Komponenten wie folgt vorzunehmen ist:

Das Gesamtsystem wird so in ein rechtwinkliges Koordinatensystem gezeichnet, daß
— möglichst viele Ringe auf der waagerechten Achse,
— möglichst viele Ringe im rechten oberen Quadranten

liegen. Das so orientierte System wird im Uhrzeigersinn numeriert, wobei man bei demjenigen Atom beginnt, das an der Ringkondensation nicht beteiligt ist und sich am weitesten links
— im obersten Ring oder
— im am weitesten rechts stehenden Ring der obersten Reihe

befindet. C-Atome, die mehreren Ringen angehören, werden bei der Numerierung übergangen, Heteroatome in derartigen Positionen dagegen einbezogen. Bestehen für das Gesamtsystem mehrere Orientierungsmöglichkeiten im Koordinatensystem, dann gilt diejenige, bei der die Heteroatome die niedrigsten Zahlen erhalten:

Existiert für die Grundkomponente kein zugelassener Trivialname, dann numeriert man das Gesamtsystem wie eben erklärt und schreibt die sich ergebenden Positionen der Heteroatome *vor* das Präfix benzo:

1,2,4 - Benzodithiazin   3,1 - Benzoxazepin

- *Bi- und polycyclische Systeme mit zwei oder mehreren Heterocyclen*

Zuerst wird die Grundkomponente festgelegt. Dazu wendet man die folgenden Kriterien der Reihe nach an, bis eine Entscheidung getroffen werden kann. Grundkomponente ist
— eine stickstoffhaltige Komponente,

— eine Komponente mit einem Heteroatom außer Stickstoff, das in Tabelle 1 möglichst weit oben steht,
— eine Komponente mit möglichst vielen Ringen (z.B. bicyclisch benzokondensierte Systeme oder polycyclische Systeme, für die ein Trivialname zugelassen ist),
— die Komponente mit dem größten Ring,
— die Komponente mit den meisten Heteroatomen,
— die Komponente mit der größten Zahl verschiedener Heteroatome,
— die Komponente mit den meisten Heteroatomen, die in Tabelle 1 am höchsten stehen,
— die Komponente, deren Heteroatome die niedrigsten Zahlen aufweisen.

Zur Erläuterung dienen zwei konstitutionsisomere Verbindungen:

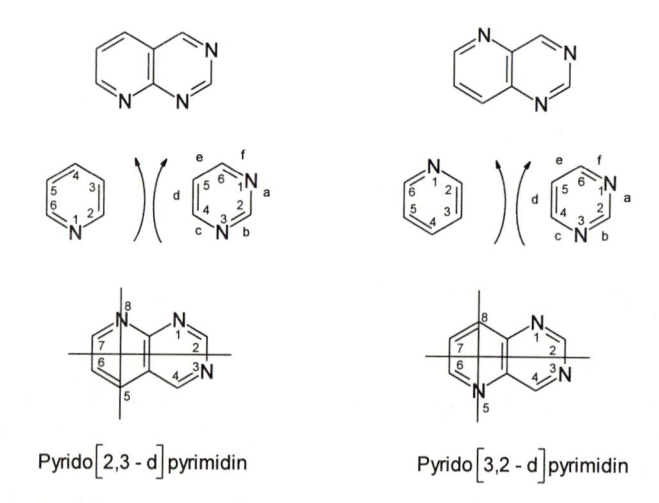

Pyrido[2,3-d]pyrimidin   Pyrido[3,2-d]pyrimidin

Zuerst wird das System in die Komponenten zerlegt. Erst das fünfte Kriterium ermöglicht die Festlegung der Grundkomponente: Pyrimidin. Entsprechend der fortlaufenden Numerierung der Grundkomponente werden die Bindungen zwischen den Ringatomen durch Buchstaben gekennzeichnet. Im Unterschied zum Beispiel von S.9 muß man hier auch die ankondensierte Komponente numerieren, immer unter Beachtung des Prinzips der niedrigstmöglichen Stellenangaben. Der Name der ankondensierten Komponente wird in auf -o endender Form vor den Namen der Grundkomponente gesetzt. Dazwischen gibt man in eckigen Klammern die den beiden Ringen gemeinsamen Atome durch Zahlen und Buchstaben an, wobei die Reihenfolge der Zahlen der Buchstabierungsrichtung der Grundkomponente entsprechen muß. Schließlich wird das Gesamtsystem numeriert.

- *Indizierter Wasserstoff*

Es gibt Fälle, in denen zu einem heterocyclischen System ein oder mehrere Konstitutionsisomere gehören, die sich von ihm nur durch die Position eines H-Atoms am System unterscheiden. Diese Isomere werden bezeichnet, indem man vor den Namen die der Position entsprechende Zahl und ein großes kursives H schreibt. Ein derart hervorgehobenes H-Atom wird indizierter Wasserstoff genannt und muß die niedrigstmögliche Stellenangabe erhalten:

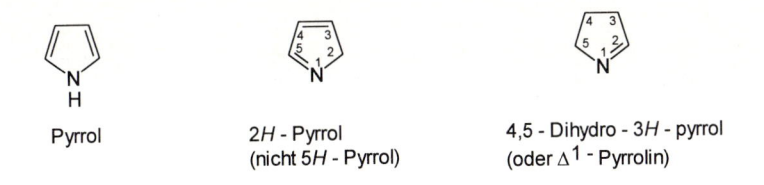

Pyrrol   2H - Pyrrol (nicht 5H - Pyrrol)   4,5 - Dihydro - 3H - pyrrol (oder Δ^1 - Pyrrolin)

Der Name Pyrrol impliziert die 1-Position des H-Atoms.

Heterocyclische Verbindungen, bei denen ein C-Atom eines Ringes Bestandteil einer Ketogruppe ist, werden mit Hilfe von indiziertem Wasserstoff wie folgt benannt:

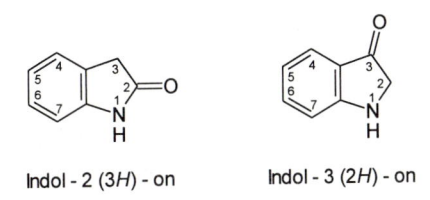

Indol - 2 (3H) - on   Indol - 3 (2H) - on

2.2 Austausch-Nomenklatur

- *Monocyclische Systeme*

Die Art des Heteroatoms wird durch ein Präfix gemäß Tabelle 1 gekennzeichnet. Da sämtliche Präfixe auf den Buchstaben a enden, nennt man die Austausch-Nomenklatur auch "a"-Nomenklatur. *Stellenangabe und Präfix werden für jedes Heteroatom vor den Namen des entsprechenden Kohlenwasserstoffes geschrieben.* Dieser wird aus dem heterocyclischen System abgeleitet, indem formal jedes Heteroatom durch CH_2, CH oder C ausgetauscht wird:

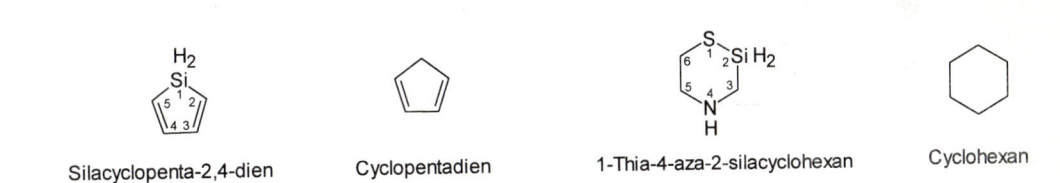

Silacyclopenta-2,4-dien   Cyclopentadien   1-Thia-4-aza-2-silacyclohexan   Cyclohexan

Für die Reihenfolge der Heteroatome und die Numerierung gelten die unter 2.1 beschriebenen Regeln.

Die beiden als Beispiele gewählten Verbindungen können auch nach HANTZSCH-WIDMAN benannt werden: Silol, 1,4,2-Thiazasilan.

- *Bi- und polycyclische Systeme*

Wiederum werden Stellenangabe und Präfix vor den Namen des entsprechenden Kohlenwasserstoffes gesetzt, *wobei aber die Numerierung dieses Kohlenwasserstoffes beibehalten wird*:

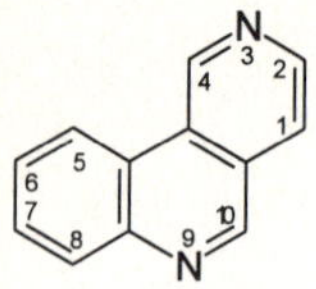

3,9 - Diazaphenanthren 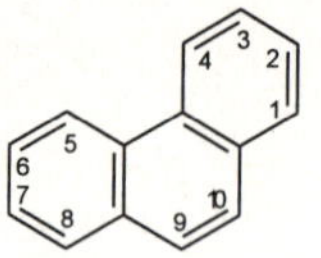   Phenanthren 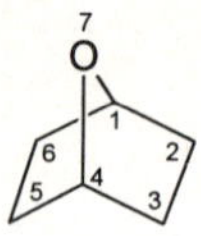   7 - Oxabicyclo[2.2.1]heptan 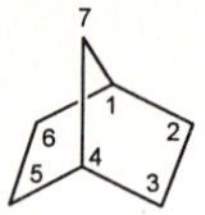   Bicyclo[2.2.1]heptan

Die HANTZSCH-WIDMAN-Nomenklatur ist nur auf das erste Beispiel anwendbar, wobei sich aber eine andere Numerierung ergibt.

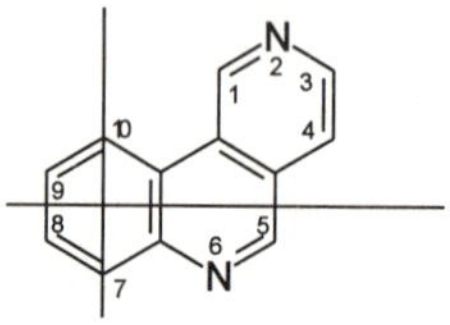

Pyrido[4,3 - c]chinolin

2.3 Beispiele zur systematischen Nomenklatur

Abschließend wird die systematische Nomenklatur der heterocyclischen Verbindungen an einigen komplizierteren Beispielen erläutert.

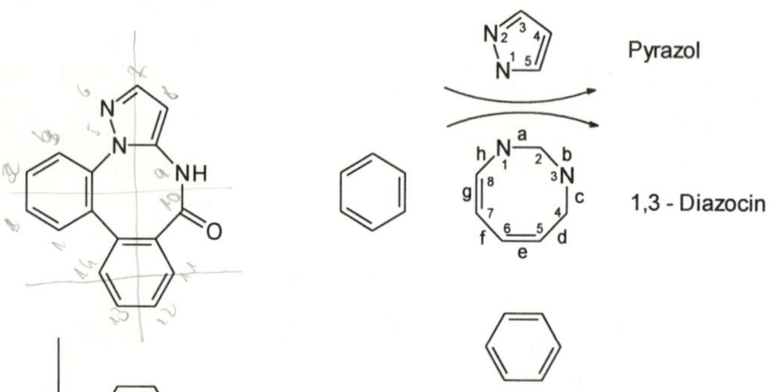

Pyrazol

1,3 - Diazocin

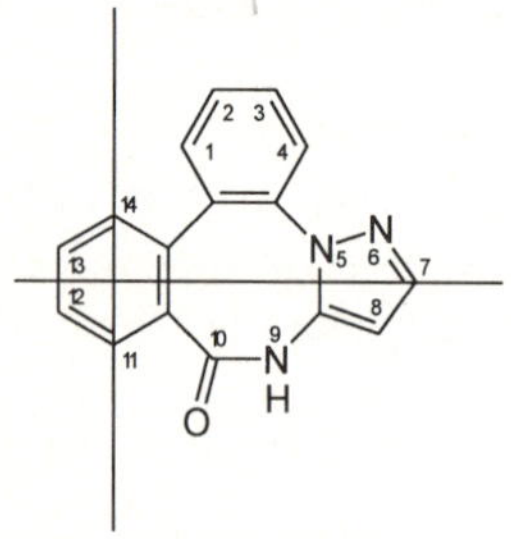

Dibenzo[e,g]pyrazolo[1,5 - a][1,3]diazocin - 10(9H) - on

Die Zerlegung des Systems ergibt zwei Benzolringe, einen Pyrazolring und einen 1,3-Diazocinring, wobei der zuletzt genannte nach dem vierten Kriterium die Grundkomponente darstellt. Die eckigen Klammern [1,3] signalisieren, daß den Stellenangaben der beiden Heteroatome nicht die Numerierung des Gesamtsystems zugrunde liegt.

2.3 Beispiele zur systematischen Nomenklatur

a)

b)

Imidazol   Chinoxalin

Pyrido [1',2':1,2] imidazo [4,5 - b] chinoxalin

Nach dem dritten Kriterium ist Chinoxalin die Grundkomponente. Der an die Grundkomponente ankondensierte Heterocyclus Imidazol wird normal numeriert, der Pyridinring dagegen mit 1',2' usw., wobei es nicht nötig ist, die Doppelbindungen einzuzeichnen. Pyrido[1',2':1,2]imidazo kennzeichnet die eine Ringkondensation, imidazo[4,5-b]chinoxalin die andere. Zur Numerierung polycyclischer Systeme muß man fünfgliedrige Ringe wie oben angegeben zeichnen und nicht als gleichseitiges Fünfeck. Für die Orientierung im Koordinatensystem gilt als zusätzliche Regel, daß zwei oder mehr Ringen gemeinsam angehörende C-Atome die niedrigstmögliche Stellenangabe erhalten müssen. Deshalb ist die Orientierung b) *richtig* und die Orientierung a) *falsch*, weil 10a < 11a.

2 - Ethoxy - 2,2 - dimethyl - 1,3,2 λ^5 - dioxaphospholan

Bei Ringatomen wie Phosphor, die drei- oder fünfbindig auftreten können, wird der Bindungszustand nach der Stellenangabe als Exponent des Buchstabens λ angegeben, im gewählten Beispiel $2\lambda^5$ ("Blaues IUPAC-Buch", S.334).

5H - 2a λ^4- Selena - 2,3,4a,7a - tetraazacyclopent[c,d]inden

Cyclopent[c,d]inden

Cyclopentadien

Inden

Der Name wurde nach der Austausch-Nomenklatur konstruiert. Der zugrundeliegende Kohlenwasserstoff mit der größtmöglichen Zahl nichtkumulierter Doppelbindungen heißt Cyclopent[c,d]inden. Man beachte die Beibehaltung seiner Numerierung.

2,3,7,8 - Tetrachlordibenzo [1,4] dioxin

In diesem Fall wird [b,e] nach benzo weggelassen, da es keine andere Möglichkeit der Ringkondensation gibt. Die Verbindung ist auch unter den Bezeichnungen TCDD oder Seveso-Dioxin bekannt.

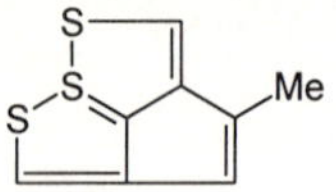

3 - Methyl - 1,6,6aλ^4 - trithia-cyclopenta[c,d]pentalen

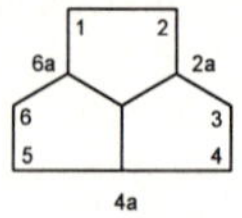

Cyclopenta[c,d]pentalen

Cyclopentadien

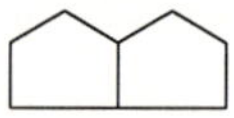

Pentalen

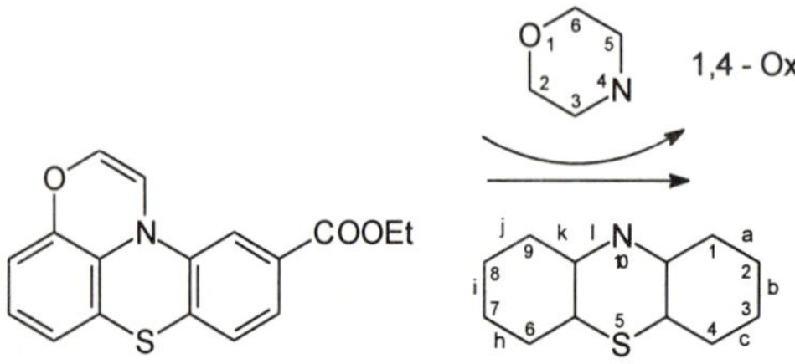

1,4 - Oxazin

Phenothiazin

[1,4]Oxazino[2,3,4 - kl]phenothiazin - 6 - carbonsäureethylester

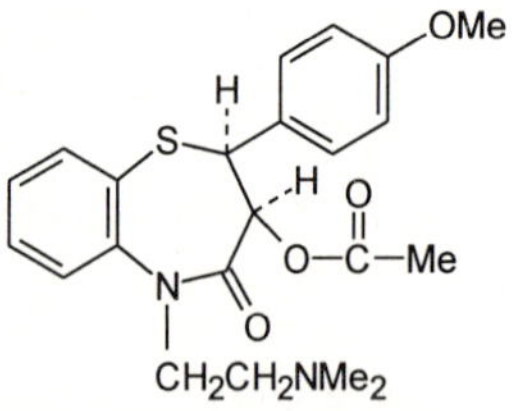

(2S, 3S) - 3 - Acetoxy - 5 - (2 - dimethylaminoethyl) - 2 - (4 - methoxyphenyl) - 2,3,4,5 - tetrahydro - 1,5 - benzothiazepin - 4 - on

Bei allen bisherigen Beispielen war das heterocyclische System der Verbindungsstamm. Trifft dies nicht zu, dann gilt der betreffende einwertige Rest des Systems als Substituent, z.B.:

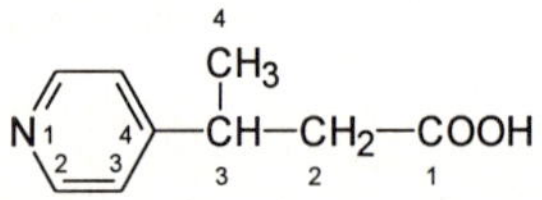

3 - (Pyrid - 4 - yl)butansäure

Die Namen der einwertigen heterocyclischen Reste (Radikale) sind in der Liste der Trivialnamen des "Blauen IUPAC-Buches" auf S.55 bis 63 enthalten.

Die wichtigste Informationsquelle über heterocyclische und isocyclische Systeme ist das *Ring Systems Handbook* des C̲hemical A̲bstracts S̲ervice (CAS), herausgegeben von der American Chemical Society. Die 1988 erschienene Auflage ist wie folgt gegliedert:

Band 1:   Ring Systems File I: RF 1–RF 27595,
Band 2:   Ring Systems File II: RF 27596–RF 52845,
Band 3:   Ring Systems File III: RF 52846–RF 72861,
Band 4:   Ring Formula Index, Ring Name Index.
Beginnend 1989 erscheinen jedes Jahr zwei Ergänzungsbände.

Der **Ring Systems File** ist ein Katalog von Konstitutionsformeln und Daten über die betreffenden Systeme mit fortlaufender Numerierung RF 1–RF 72861, wobei der Anordnung eine sogenannte Ringanalyse zugrundeliegt. Der Ring Systems File beginnt mit folgendem System:

$$\text{HAs} \overset{\displaystyle S}{\diagup\diagdown} \text{PH}$$

Die Ringanalyse ergibt:

---
1 RING: 3
AsPS
---

1 RING bedeutet monocyclisch, 3 kennzeichnet die Ringgröße. Darunter stehen alphabetisch angeordnet die Ringatome. Es folgen:

RF 1   88212-44-6
(als Ring File (RF) Number)   (als CAS Registry Number)
Thiaphospharsiran
AsH_2PS

als systematischer Name und Molekularformel (Summenformel), und weiter WISWESSER-Notation, Angabe eines Abstracts in CA (CA volume number, abstract number), Konstitutionsformel (structural diagram).

Zur Illustration wird ein komplettes Beispiel aus dem Ring Systems File I Seite 758 angegeben:

---
3 RINGS : 3,5,5
C_2N-C_4S-C_5

RF 15037   113688-14-5
Thieno[3',2':3,4]cyclopent[1,2-b]azirin
   C_7H_3NS
   T B355 CN GSJ
   CA 108:112275y

Der **Ring Formula Index** ist eine Liste der Molekularformeln (Summenformeln) aller Ringsysteme, wobei die Ringatome in alphabetischer Reihenfolge angeordnet werden unter Weglassung von H-Atomen, z.B.: C_6N_4: 2 RINGS, CN_4-C_6N, 1H-Tetrazolo[1,5-a]azepin [RF 9225].

Mit Hilfe der **Ring File Number RF 9225** findet man die Konstitutionsformel im Ring Systems File.

   Der **Ring Name Index** ist ein alphabetisches Verzeichnis der systematischen Namen aller Ringsysteme, z.B.: Benz[4,5]indeno[1,2-c]pyrrol [RF 40064]. Wiederum ermöglicht die Ring File Number den Zugang zum Ring Systems File.

   Organisation und Gebrauch von Ring Systems File, Ring Formula Index und Ring Name Index werden jeweils auf den ersten Seiten ausführlich erläutert.

2.3 "Wichtige" heterocyclische Systeme

Zur Gliederung der nachfolgenden Kapitel 3–8 bieten sich verschiedene Möglichkeiten. Beispielsweise kann man die Eigenschaften der Verbindungen hervorheben und zuerst die Heteroarene behandeln, danach die Heterocycloalkene und schließlich die Heterocycloalkane. In diesem Buch sollen jedoch Reaktionen, Synthesen und präparativ-synthetische Anwendungen heterocyclischer Verbindungen im Vordergrund stehen. Sie sind in vielen Fällen nur für ein einziges System charakteristisch. Deswegen wird eine Anordnung der Systeme gewählt, die der auf dem Einband jedes Heftes des "*Journal of Heterocyclic Chemistry*" entspricht. Oberstes Einteilungsprinzip ist die Ringgröße (s.Tab.2). Innerhalb der Heterocyclen einer bestimmten Ringgröße wird weiter nach der Art der Heteroatome eingeteilt, und zwar in der Reihenfolge von Tab.1, beginnend mit einem Heteroatom, zwei Heteroatomen usw. An erster Stelle wird dabei die Stammverbindung angeführt, soweit sie bekannt oder von Bedeutung ist. Es folgen die jeweiligen benzokondensierten Systeme und schließlich die partiell und vollständig hydrierten Systeme. Weiterhin wird wie in GMELINs Handbuch der anorganischen Chemie und BEILSTEINS Handbuch der organischen Chemie das *Prinzip der spätestmöglichen Einordnung* angewendet, d.h., kondensierte Systeme aus zwei oder mehreren Heterocyclen werden bei der letzten noch nicht behandelten Komponente eingeordnet. Schließlich muß in Anbetracht von über 70000 bisher bekannten heterocyclischen Systemen eine Auswahl getroffen werden. Es erfolgt eine Beschränkung auf Systeme,

— deren elektronische oder räumliche Struktur exemplarisch für die theoretischen Vorstellungen über die Struktur von Molekülen ist,
— deren Reaktionen Beispiele für wichtige Reaktionsmechanismen und deren Synthesen Beispiele für allgemeine Syntheseprinzipien bieten,
— die in Naturstoffen, Pharmaka, in biologisch aktiven oder technisch wichtigen Substanzen enthalten sind;
— die als Synthese-Bausteine oder als Auxiliare ("Vehikel") zur Durchführung bestimmter Synthese-Transformationen relevant sind.

Die Beschreibung jedes einzelnen heterocyclischen Systems ist dann im Regelfall wie folgt strukturiert:

A	Struktur, physikalische und spektroskopische Eigenschaften
B	chemische Eigenschaften und Reaktionen
C	Synthesen
D	wichtige Einzelverbindungen, Naturstoffe, Pharmaka, biologisch aktive Verbindungen, technisch eingesetzte Synthetika
E	Verwendung als Reagens, Baustein oder Auxiliar in der organischen Synthese.

3 Dreigliedrige Heterocyclen

Die Eigenschaften der dreigliedrigen Heterocyclen werden wie die des Cyclopropans und des Cyclopropens durch die große Bindungswinkelspannung (BAEYER-Spannung) verursacht. Die resultierende Ringspannung verleiht den Verbindungen eine hohe Reaktivität. Typisch sind Reaktionen, die unter Ringöffnung zu acyclischen Produkten führen. Wie eben erläutert, werden die einzelnen Heterocyclen, beginnend bei einem Heteroatom, nach der fallenden Priorität der Heteroatome behandelt. Die Stammverbindung der dreigliedrigen Heterocyclen mit einem Sauerstoffatom heißt Oxiren. Oxirene sind thermisch äußerst instabil. Sie wurden bei einigen Reaktionen als Zwischenstufen postuliert. Von großer Bedeutung ist jedoch der gesättigte dreigliedrige Heterocyclus mit einem Sauerstoffatom, das Oxiran.

3.1 Oxiran

A Oxirane werden auch Epoxide genannt. Aus den Mikrowellenspektren sowie aus Elektronenbeugungsaufnahmen folgt, daß der Oxiranring ein nahezu gleichseitiges Dreieck darstellt (s.Abb. 3.1a).

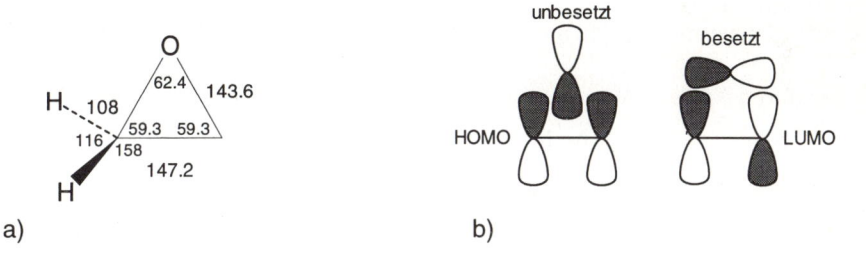

Abb. 3.1 Struktur des Oxirans
a) Bindungslängen in pm und Bindungswinkel in Grad
b) Modell für das Zustandekommen bindender MO

Die Spannungsenthalpie wurde thermochemisch zu 114 kJ mol^{-1} ermittelt. Die Ionisierungsenergie beträgt 10,5 eV, das abgespaltene Elektron stammt aus einem nichtbindenden Elektronenpaar des O-Atoms. Das Dipolmoment wurde zu 1,88 D gemessen, wobei sich das negative Ende des Dipols am O-Atom befindet. Im ultravioletten Spektralbereich absorbiert das gasförmige Oxiran äußerst kurzwellig, λ_{max} = 171 nm (lg ε = 3,34). Die chemischen Verschiebungen im NMR-Spektrum betragen δ (^{1}H) = 2,54 ppm, δ (^{13}C) = 39,7 ppm. Die ^{13}C/H-Kopplungskonstante nimmt mit steigendem s-Anteil an den betreffenden C-H-Bindungen zu. Der Wert von 176 Hz für Oxiran ist viel größer als bei aliphatischen CH$_2$-Gruppen. Zur Erklärung dieses Tatbestandes kann man sich vorstellen, daß die bindenden MO der C-O-Bindungen durch Wechselwirkung des HOMO eines Ethenmoleküls mit dem unbesetzten

AO eines O-Atoms sowie durch Wechselwirkung des LUMO des Ethenmoleküls mit einem besetzten AO des O-Atoms zustandekommen (s.Abb. 3.1b). Für die C-H-Bindungen resultiert somit ein höherer s-Anteil als bei einer reinen sp³-Hybridisierung der C-Atome.

B Außer der Ringspannung ist für die Eigenschaften der Oxirane bedeutsam, daß sie infolge der nichtbindenden Elektronenpaare des O-Atoms sowohl BRÖNSTED-Basen als auch LEWIS-Basen sind und demzufolge mit Säuren reagieren. Beim Experimentieren mit Oxiranen gilt es zu beachten, daß viele von ihnen carcinogen wirken.

Im Folgenden werden die wichtigsten **Reaktionen** der Oxirane beschrieben.

Isomerisierung zu Carbonylverbindungen

In Gegenwart katalytischer Mengen von LEWIS-Säuren, z.B. Bortrifluorid, Magnesiumiodid oder von Nickel-Komplexen isomerisieren Oxirane zu Carbonylverbindungen. Oxiran selbst ergibt Acetaldehyd:

Bei substituierten Oxiranen entstehen meist Gemische, z.B.:

Der Nickel(II)-Komplex NiBr$_2$(PPh$_3$)$_2$ ergibt regioselektiv Aldehyde[1].

Ringöffnung durch Nucleophile

Nucleophile, z.B. Ammoniak oder Amine, reagieren mit Oxiranen unter Ringöffnung zu ß-Aminoalkoholen:

Der konzertierte Verlauf entspricht dem S$_N$2-Mechanismus der nucleophilen Substitution am gesättigten C-Atom und bewirkt, daß die Reaktion stereospezifisch ist. Beispielsweise ergibt *cis*-2,3-Dimethyloxiran (±)-*threo*-3-Aminobutan-2-ol:

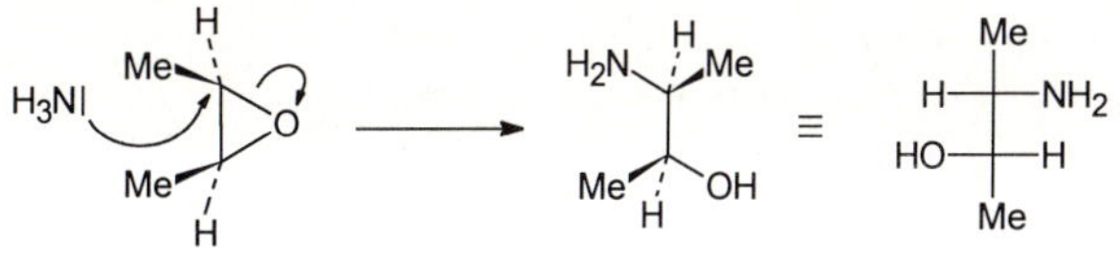

Analog entsteht aus *trans*-2,3-Dimethyloxiran das (±)-*erythro*-Diastereomer.

Halogene reagieren mit Oxiranen in Gegenwart von Triphenylphosphan oder mit Lithiumhalogeniden in Gegenwart von Essigsäure zu ß-Halogenalkoholen (Halogenhydrinen)[2], z.B.:

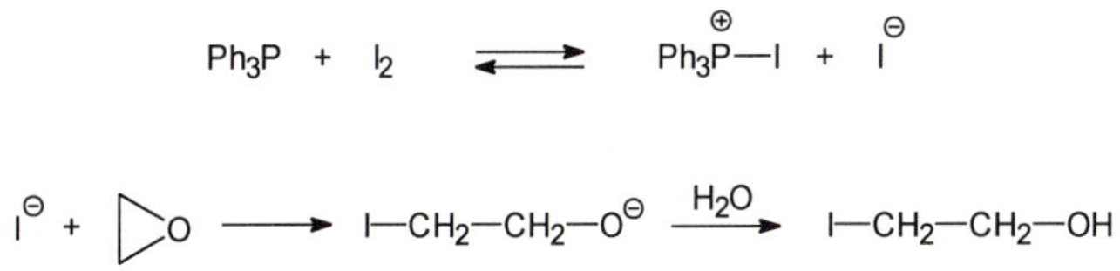

Säurekatalysierte Hydrolyse zu 1,2-Diolen (Glycolen)

Bei dieser Reaktion liegt vor der nucleophilen Öffnung des Oxiranringes ein Säure-Base-Gleichgewicht:

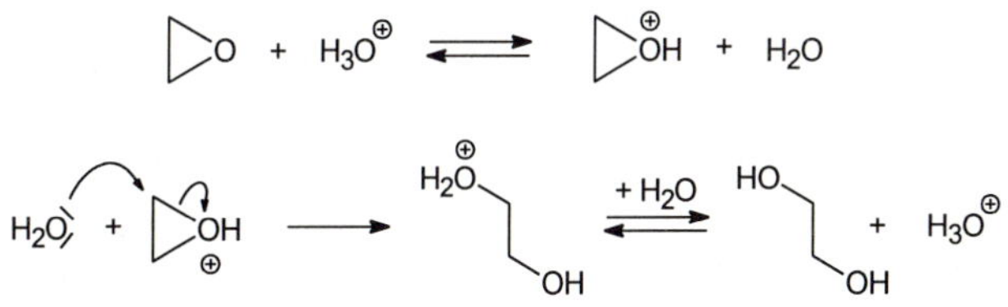

Ein derartiger A2-Mechanismus (A von engl. acid symbolisiert die Katalyse durch Säuren, 2 bedeutet, daß der geschwindigkeitsbestimmende Schritt bimolekular ist) hat zur Folge, daß auch diese Reaktion stereospezifisch ist. So entsteht aus *cis*-2,3-Dimethyloxiran (±)-Butan-2,3-diol und aus *trans*-2,3-Dimethyloxiran *meso*-Butan-2,3-diol. Das aus Cyclohexen durch Epoxidierung erhältliche Oxiran ergibt *trans*-Cyclohexan-1,2-diol.

Reduktion zu Alkoholen

Durch Natriumtetrahydridoboranat in Ethanol werden Oxirane zu Alkoholen reduziert[3]. Diese Reaktion kann als Ringöffnung durch die nucleophilen Hydridionen aufgefaßt werden:

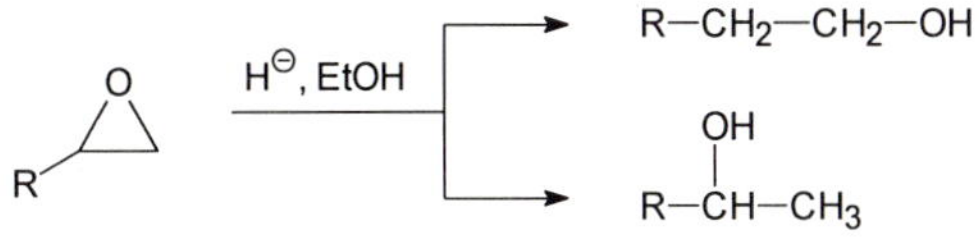

Deoxygenierung zu Olefinen

Durch eine Reihe von Reagenzien werden Oxirane zu Olefinen deoxygeniert[4]. So ergibt z.B. ein *trans*-Oxiran mit Triphenylphosphan bei 200°C das (Z)-Olefin:

Aus einem (*E*)-Olefin läßt sich somit über das *trans*-Oxiran das entsprechende (*Z*)-Olefin herstellen.

C Zur **Synthese** von Oxiranen haben sich vor allem vier Reaktionen bewährt. Den unter ❶, ❸ und ❹ beschriebenen Oxiran-Synthesen liegt das gleiche Prinzip zugrunde: Ein anionisches Sauerstoffatom substituiert intramolekular eine am ß-C-Atom befindliche nucleofuge Abgangsgruppe.

❶ Cyclodehydrohalogenierung von ß-Halogenalkoholen

Durch Basen werden ß-Halogenalkohole zu den entsprechenden konjugierten Basen deprotoniert. Es folgt als geschwindigkeitsbestimmender Schritt die intramolekulare nucleophile Substitution des Halogenatoms:

Trotz der großen Ringspannung im Produkt und der deswegen erheblichen Aktivierungsenthalpie verläuft diese Reaktion schon bei Raumtemperatur schnell, da sie entropiebegünstigt ist. Auf die Aktivierungsentropie kann sich wegen des monomolekularen geschwindigkeitsbestimmenden Schrittes nur der Verlust des Freiheitsgrades der inneren Rotation im ß-Chloralkoxidion auswirken.

Durch Einwirkung von Natriumhydroxid auf 2-Chlorethanol (Ethylenchlorhydrin) wurde Oxiran von WURTZ (1859) erstmals hergestellt.

❷ Epoxidierung von Olefinen

Peroxyverbindungen reagieren mit Olefinen zu Oxiranen. Bei der PRILESCHAJEW-Reaktion werden Peroxybenzoesäure, *m*-Chlorperoxybenzoesäure oder Monoperoxyphthalsäure eingesetzt. In schwach polaren Lösungsmitteln liegt dieser Reaktion ein konzertierter Prozeß zugrunde[5]:

Peroxysäuren weisen eine starke intramolekulare Wasserstoffbrücken-Bindung auf. Der konzertierte Verlauf hat zur Folge, daß die Reaktion stereospezifisch ist. (*Z*)-Olefine ergeben *cis*-Oxirane, (*E*)-Olefine *trans*-Oxirane.

Bei der SHARPLESS-Epoxidierung setzt man *tert*-Butylhydroperoxid ein. Die Epoxidierung von Allylalkohol und substituierten Allylalkoholen mit diesem Reagens in Gegenwart von Titantetraisopropoxid Ti(OCHMe$_2$)$_4$ und (*R,R*)-(+)- oder (*S,S*)-(−)-Weinsäurediethylester (Diethyltartrat, abgekürzt DET) verläuft enantioselektiv (KATSUKI und SHARPLESS 1980)[6]:

In Anwesenheit von (R,R)-(+)-DET entsteht das Enantiomer P_1 mit ee > 90%, in Anwesenheit von (S,S)-(-)-DET das Enantiomer P_2, ebenfalls mit ee > 90%. Die SHARPLESS-Epoxidierung zählt somit zu den asymmetrischen Synthesen.

❸ DARZENS-Reaktion (Glycidester-Synthese)

Die Reaktion von α-Halogencarbonsäureestern mit Carbonylverbindungen in Gegenwart von Natriumethoxid führt zu 2-(Ethoxycarbonyl)oxiranen (DARZENS 1904). Sie werden auch als Glycidester bezeichnet. Im 1. Schritt deprotoniert die Base den α-Halogencarbonsäureester zum entsprechenden Carbanion. Dieses Nucleophil addiert sich im geschwindigkeitsbestimmenden Schritt an die Carbonylverbindung. Schließlich folgt eine intramolekulare nucleophile Substitution des Halogenatoms, z.B.:

❹ COREY-Synthese

Bei dieser Synthese werden aus Trialkylsulfoniumhalogeniden oder Trialkylsulfoxoniumhalogeniden erzeugte Nucleophile, sogenannte S-Ylide, mit Carbonylverbindungen zur Reaktion gebracht (COREY 1962)[7], z.B.:

D **Oxiran** (Ethylenoxid), ein farbloses, wasserlösliches, äußerst giftiges Gas vom Sdp. 10,5°C, wird großtechnisch durch Oxidation von Ethen mit Luftsauerstoff in Gegenwart von silberhaltigen Katalysatoren hergestellt. Oxiran ist ein wichtiges Zwischenprodukt der petrolchemischen Industrie. Die Weltjahresproduktion wird auf 7 Millionen Tonnen geschätzt.

Methyloxiran (Propylenoxid), eine farblose, mit Wasser mischbare Flüssigkeit, Sdp. 35°C, wird technisch aus Propen und *tert*-Butylhydroperoxid in Gegenwart von Molybdänacetylacetonat hergestellt[8].

(Chlormethyl)oxiran (Epichlorhydrin) wird aus Allylchlorid auf folgendem Weg gewonnen:

Epichlorhydrin ist Ausgangsstoff für die Produktion der Epoxidharze. Es reagiert, im Überschuß eingesetzt, z.B. mit Bis-2,2-(4-hydroxyphenyl)propan, dem sogenannten Bisphenol A, in Gegenwart von Natriumhydroxid zu linearen Polymeren mit Oxiran-Endgruppen:

Somit resultiert eine Stufenwachstumsreaktion, bei der sich zwei Schritte ständig wiederholen: Öffnung des Oxiranringes durch Phenolationen, Schließung des Oxiranringes durch Cyclodehydrohalogenierung. Beim Vermischen mit Dicarbonsäureanhydriden, Diaminen oder Diolen wird infolge von Reaktionen mit den Oxiran-Endgruppen der Makromoleküle eine Vernetzung (Härtung) bewirkt. Epoxidharze werden als Gieß-, Lack- und Laminierharze sowie als Klebstoffe eingesetzt.

(Hydroxymethyl)oxiran (Glycidol) wird technisch durch Oxidation von Allylalkohol mit Wasserstoffperoxid in Gegenwart von Natriumhydrogenwolframat hergestellt und dient als Ausgangsstoff für Synthesen[9].

Benzoloxid (7-Oxabicyclo[4.1.0]hepta-2,4-dien) wurde als Gleichgewichtsgemisch mit dem valenzisomeren Oxepin (s.S.459) erhalten (VOGEL 1967):

Benzoloxid   Oxepin

Benzoldioxid und Benzoltrioxid sind ebenfalls bekannt[10]. Arenoxide bilden die entscheidenden Zwischenstufen bei der Carcinogenese durch Benzo[a]pyren und andere mehrkernig kondensierte Arene[11].

Oxirane sind als Naturstoffe relativ selten. Als Beispiel dient das Juvenil-Hormon des Tabakschwärmers:

Ferner sei auf die Rolle des Squalenepoxids als Initiator der Steroid-Biogenese bei Eukaryonten hingewiesen. Auch Antibiotica mit Oxiranringen wurden isoliert, z.B. Oleandomycin.

E Für vielstufige stereokontrollierte Synthesen komplizierter Zielmoleküle sind Oxirane als Synthesebausteine von größter Bedeutung, da Schließung und Öffnung des Oxiranringes meist ohne ausbeutemindernde Nebenreaktionen und zudem stereospezifisch verlaufen. Als Beispiel dienen die ersten Stufen der Totalsynthese aller 16 stereoisomeren Hexosen ausgehend von (E)-But-2-en-1,4-diol **1**, das selbst aus Acetylen und Formaldehyd über Butin-1,4-diol zugänglich ist[12]:

Zuerst wird eine Hydroxylgruppe durch Umsetzung mit Benzhydrylchlorid geschützt (**2**). Es folgt die SHARPLESS-Epoxidierung in Gegenwart von (R,R)-(+)-DET zu **3**. Dessen Reaktion mit Thiophenol und Natriumhydroxid ergibt **4**, in dem die C-Atome 4, 5 und 6 der L-Hexosen bereits vorliegen. Die SHARPLESS-Epoxidierung in Gegenwart von (S,S)-(−)-DET führt in die D-Reihe. Im Verlauf des Syntheseschrittes **3** → **4** erfolgen zwei Öffnungen und eine Schließung von Oxiranringen:

Die Thioethergruppe CH$_2$SPh in **4** ist zur Angliederung der übrigen drei C-Atome durch PUMMERER-Umlagerung und WITTIG-Reaktion erforderlich.

3.2 Thiiran

A Thiirane werden auch Episulfide genannt. Infolge des größeren Atomradius des S-Atoms bilden die drei Atome ein spitzwinkliges Dreieck (s.Abb. 3.2).

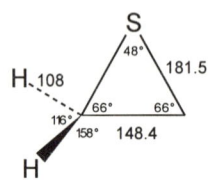

Abb. 3.2 Struktur des Thiirans
(Bindungslängen in pm, Bindungswinkel in Grad)

Die thermochemisch ermittelte Spannungsenthalpie des Thiirans ist mit 83 kJ mol^{-1} geringer als die des Oxirans. Die Ionisierungsenergie beträgt 9,05 eV, das Dipolmoment wurde zu 1,66 D gemessen, beide Werte liegen tiefer als die des Oxirans. Die chemischen Verschiebungen im NMR-Spektrum betragen
δ (^{1}H) = 2,27 ppm, δ (^{13}C) = 18,1 ppm.

B Die Eigenschaften der Thiirane werden ebenfalls in erster Linie durch die Ringspannung bestimmt. Trotz der kleineren Spannungsenthalpie ist die thermische Stabilität des Thiirans geringer als die des Oxirans. Bereits bei Raumtemperatur entstehen durch Ringöffnungspolymerisation lineare Makromoleküle. Substituierte Thiirane erweisen sich als thermisch stabiler. Folgende **Reaktionen** sind typisch für Thiirane[13].

Ringöffnung durch Nucleophile

Ammoniak, primäre oder sekundäre Amine reagieren mit Thiiranen zu ß-Aminothiolen:

$$R-NH_2 + \underset{\triangle}{S} \longrightarrow R-NH-CH_2-CH_2-SH$$

Der Mechanismus ist der gleiche wie auf S.18 für Oxirane beschrieben, die Reaktivität der Thiirane aber geringer und die Ausbeute wegen der konkurrierenden Polymerisation niedriger. Konzentrierte Salzsäure reagiert mit Thiiranen zu ß-Chlorthiolen (Protonierung am S-Atom, Ringöffnung durch das nucleophile Chloridion).

Oxidation zu S-Oxiden

Thiirane werden durch Natriumperiodat oder Peroxysäuren zu Thiiran-1-oxiden oxidiert. Diese zerfallen bei höheren Temperaturen in Olefine und Schwefelmonoxid:

$$\text{Thiiran} \xrightarrow{\text{NaIO}_4} \text{Thiiran-S-oxid} \xrightarrow{\Delta} H_2C{=}CH_2 + S{=}O$$

Desulfurierung zu Olefinen

Als Reagenzien haben sich Triphenylphosphan sowie Trialkylphosphite bewährt. Die Reaktion verläuft stereospezifisch, *cis*-Thiirane ergeben (Z)-Olefine, *trans*-Thiirane (E)-Olefine. Anders als auf S.20 beschrieben erfolgt ein elektrophiler Angriff des dreibindigen Phosphors auf das Heteroatom:

$$Ph_3P + \text{Thiiran} \longrightarrow Ph_3P{=}S + \text{Olefin}$$

Auch metallorganische Reagenzien, z.B. *n*-Butyllithium, bewirken eine stereospezifische Desulfurierung von Thiiranen.

C Die **Synthese** von Thiiranen ist ausgehend von ß-substituierten Thiolen und Oxiranen auf folgenden Wegen möglich.

❶ Cyclisierung von ß-substituierten Thiolen

In Analogie zu der auf S.20 beschriebenen Oxiran-Synthese reagieren ß-Halogenthiole mit Basen zu Thiiranen. ß-Acetoxythiole ergeben unter den gleichen Bedingungen ebenfalls Thiirane. 2-Mercaptoethanol reagiert mit Phosgen in Gegenwart von Pyridin zu 1,3-Oxathiolan-2-on, das beim Erhitzen auf 200°C zu Thiiran decarboxyliert:

$$\text{HS-CH}_2\text{-CH}_2\text{-OH} \xrightarrow{COCl_2} \text{1,3-Oxathiolan-2-on} \xrightarrow[-CO_2]{\Delta} \text{Thiiran}$$

❷ Ringtransformation von Oxiranen

Die Umwandlung eines heterocyclischen Systems in ein anderes heterocyclisches System nennt man Ringtransformation. Oxirane reagieren mit einer wäßrig-ethanolischen Lösung von Kaliumrhodanid zu Thiiranen, wahrscheinlich nach folgendem Mechanismus:

$$N{\equiv}C{-}\overset{\ominus}{S}| + \text{Oxiran} \longrightarrow \cdots \longrightarrow \text{Thiiran} + {}^{\ominus}O{-}C{\equiv}N$$

D,E **Thiiran** (Ethylensulfid) ist eine farblose, in Wasser kaum lösliche Flüssigkeit vom Sdp. 55°C. Auf der Schließung eines Thiiran-Ringes und seiner Öffnung durch Desulfurierung beruht eine Methode der C-C-Verknüpfung, die man als Sulfid-Kontraktion nach ESCHENMOSER bezeichnet; z.B.:

Pyrrolidin-2-thion wird mittels Brommalonsäurediethylester S-alkyliert. Das resultierende Immoniumsalz **1** ergibt bei der Behandlung mit KHCO$_3$-Lösung ein Thiiran **2**, das bereits bei 60°C der thermischen Desulfurierung zu **3** unterliegt[14].

3.3 2H-Azirin

A Im Gegensatz zu 1H-Azirinen können 2H-Azirine präparativ gehandhabt werden, obwohl die Ringspannung wesentlich größer ist als bei den gesättigten dreigliedrigen Heterocyclen. Die Spannungsenthalpie beträgt ungefähr 170 kJ mol^{-1}.

B 2H-Azirin ist thermisch nicht stabil und kann nur bei sehr tiefen Temperaturen aufbewahrt werden. Substituierte 2H-Azirine sind stabiler. Es handelt sich um Flüssigkeiten oder niedrig schmelzende Festkörper. Ihre Basizität ist wesentlich niedriger als die vergleichbarer aliphatischer Verbindungen, z.B. löst sich 2-Methyl-3-phenyl-2H-azirin nicht in 2 N Salzsäure.

Die Ringspannung verleiht der C=N-Doppelbindung eine außergewöhnlich hohe Reaktivität. Elektrophile Reagenzien greifen das N-Atom an, nucleophile Reagenzien das C-Atom. Beispielsweise addiert sich Methanol in Gegenwart einer katalytischen Menge Natriummethoxid unter Bildung von 2-Methoxyaziridinen:

Auch Carbonsäuren addieren sich an die C=N-Doppelbindung, die Produkte lagern sich unter Öffnung des Aziridinringes in stabilere Verbindungen um. Darauf beruht eine Methode zur Peptid-Synthese[15]:

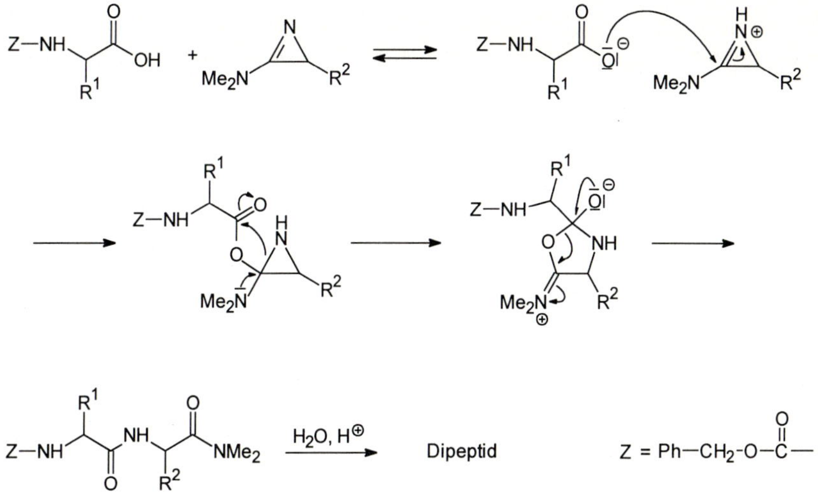

3.3 2H-Azirin

So reagiert die Carboxylgruppe einer N-(Benzyloxycarbonyl)aminosäure mit einem 2-substituierten oder 2,2-disubstituierten 3-(Dimethylamino)-2H-azirin bei Raumtemperatur in Diethylether quantitativ zum N,N-Dimethylamid des Dipeptids, aus dem durch Hydrolyse mit 3N Salzsäure das N-(Benzyloxycarbonyl)dipeptid erhalten wird.

2H-Azirine sind zu Cycloadditionen befähigt, z.B. reagieren sie bei [4+2]-Cycloadditionen als Dienophile.

C 2H-Azirine werden durch Thermolyse oder Photolyse von Vinylaziden hergestellt, die selbst aus Olefinen zugänglich sind:

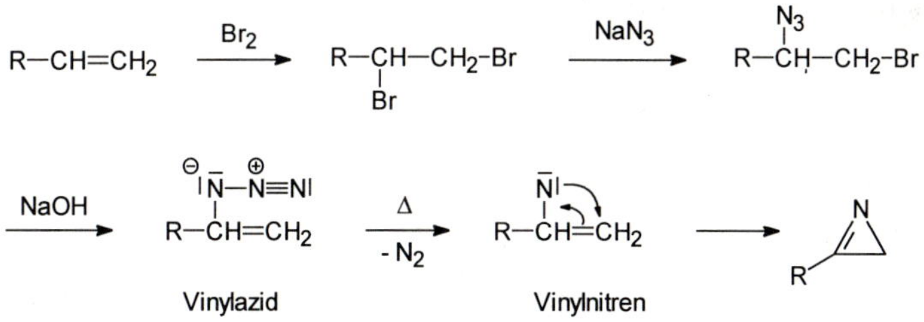

Die Dediazonierung der Vinylazide verläuft über Vinylnitrene. Eine Variante dieser Synthese ermöglicht die Herstellung von 3-(Dialkylamino)-2H-azirinen ausgehend von N,N-disubstituierten Carbonsäureamiden[15]:

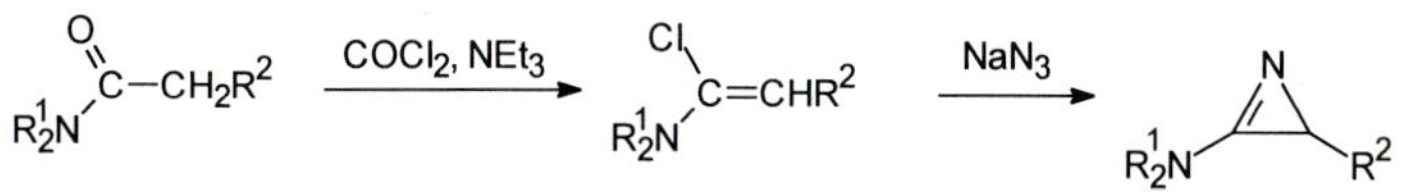

Die Methoiodide von Dimethylhydrazonen ergeben bei der Behandlung mit Basen wie Natriumisopropoxid 2H-Azirine:

3.4 Aziridin

A Aziridin wurde früher als Ethylenimin bezeichnet. Bindungslängen und Bindungswinkel gleichen weitgehend denen im Oxiranmolekül. Die Ebene, in der das N-Atom, sein nichtbindendes Elektronenpaar und die N-H-Bindung liegen, steht senkrecht auf der Ebene des Aziridinringes (s.Abb. 3.3).

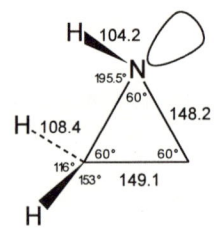

Abb. 3.3 Struktur des Aziridins
(Bindungslängen in pm, Bindungswinkel in Grad)

Beim 2-Methylaziridin sollte demnach Diastereomerie möglich sein. Dreibindige N-Atome unterliegen jedoch der pyramidalen Inversion.

Obschon die freie Aktivierungsenthalpie dieses Prozesses mit $\Delta G^{\neq} = 70$ kJ mol^{-1} wesentlich größer ist als bei einem sekundären aliphatischen Amin, erfolgt er bei Raumtemperatur so schnell, daß die Diastereomere nicht isolierbar sind. Im Fall des 1-Chlor-2-methylaziridins jedoch beträgt $\Delta G^{\neq} = 112$ kJ mol^{-1}, und das Gemisch der Stereoisomere kann getrennt werden.

Die thermochemisch bestimmte Spannungsenthalpie des Aziridins beträgt 113 kJ mol^{-1}, ist also mit der des Oxirans nahezu identisch. Die Ionisierungsenergie wurde zu 9,8 eV ermittelt, das abgespaltene Elektron stammt aus dem nichtbindenden Elektronenpaar des N-Atoms. Das Dipolmoment ist mit 1,89 D fast genau so groß wie das des Oxirans. Die chemischen Verschiebungen im NMR-Spektrum betragen δ (^{1}H) = 1,5 ppm (an C gebunden), δ (^{1}H) = 1,0 ppm (an N gebunden), δ (^{13}C) = 18,2 ppm.

B Beim Experimentieren mit Aziridinen ist Vorsicht geboten, da viele von ihnen stark toxisch wirken. Die folgenden **Reaktionen** sind von Bedeutung.

3.4 Aziridin

Säure-Base-Reaktionen

Am N-Atom unsubstituierte Aziridine verhalten sich wie sekundäre Amine, N-substituierte Aziridine wie tertiäre Amine. Sie reagieren mit Säuren zu Aziridiniumsalzen:

Der pK_a-Wert des Aziridiniumions beträgt 7,98. Aziridin ist somit schwächer basisch als Dimethylamin ($pK_a = 10,87$), aber stärker basisch als Anilin ($pK_a = 4,62$).

Durch die Salzbildung wird der Aziridinring destabilisiert und die Ringöffnung durch Nucleophile begünstigt. Aziridin selbst reagiert mit Säuren explosionsartig zu polymeren Produkten.

Reaktion mit elektrophilen Reagenzien

Aziridine sind wie Amine Nucleophile und reagieren mit Elektrophilen. Als Beispiele dienen eine nucleophile Substitution am gesättigten C-Atom und eine nucleophile Addition an ein akzeptorsubstituiertes Olefin:

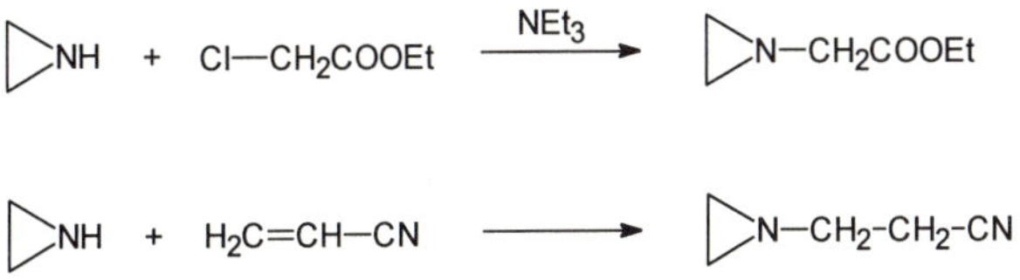

Ringöffnung durch Nucleophile

Ammoniak sowie primäre Amine reagieren mit Aziridinen zu 1,2-Diaminen. Der Mechanismus und die Stereochemie der Reaktion gleichen der entsprechenden Reaktion der Oxirane.

Die Ringöffnung der Aziridine wird besonders wirksam durch Säuren katalysiert (A2-Mechanismus, s.S.19). Als Beispiel dient die säurekatalysierte Hydrolyse zu ß-Aminoalkoholen:

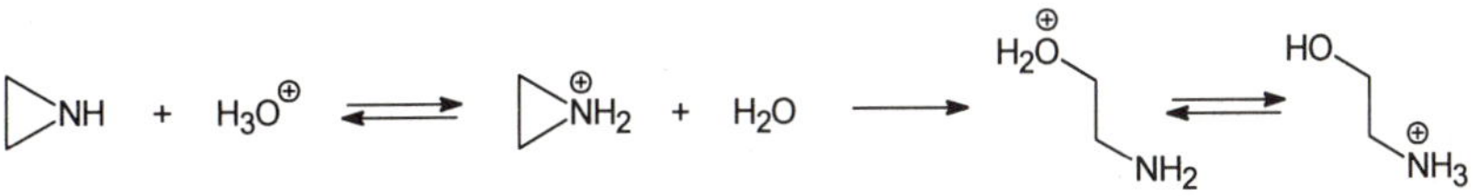

Derartige Reaktionen können auch als Alkylierung des Nucleophils aufgefaßt werden. Darauf beruht die cytostatische und Antitumor-Aktivität von Aziridinen und von N-Lost. Zwischen N-Lost **1** und 1-(2-Chlorethyl)aziridiniumchlorid **2** stellt sich ein Gleichgewicht ein:

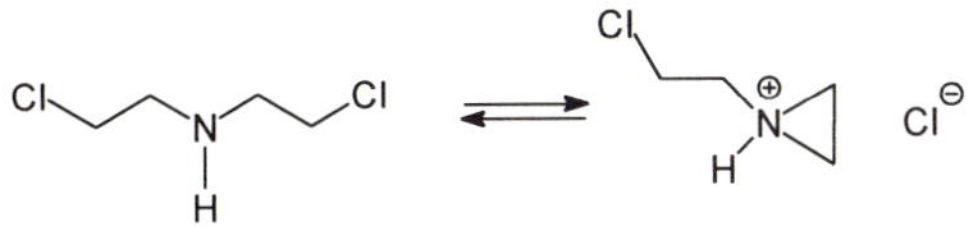

1   **2**

Nucleophile Zellbestandteile, z.B. die Aminogruppen der Guaninbausteine der DNS, werden durch das

Aziridiniumion alkyliert, indem sie dieses nucleophil öffnen. Im Fall von N-Lost kann die Reaktion noch einmal an einem Guaninbaustein des anderen DNS-Stranges der Doppelhelix ablaufen. Dies bedeutet eine kovalente Bindung der beiden DNS-Stränge aneinander (engl. cross linking) und somit die Blockierung der Replikation (s.S. 31).

Deaminierung zu Olefinen

Am N-Atom unsubstituierte Aziridine werden durch Nitrosylchlorid über die entsprechende *N*-Nitrosoverbindung stereospezifisch deaminiert:

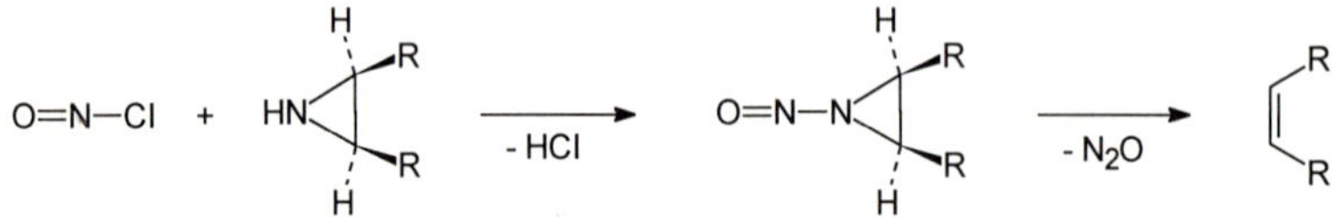

C Die **Synthese** von Aziridinen ist ausgehend von ß-substituierten Aminen oder von Olefinen möglich.

❶ Cyclisierung von ß-substituierten Aminen

ß-Aminoalkohole, selbst aus Oxiranen und Ammoniak oder Aminen leicht zugänglich, reagieren mit Thionylchlorid zu ß-Chloraminen, die durch Alkalihydroxide zu Aziridinen cyclisiert werden (GABRIEL 1888):

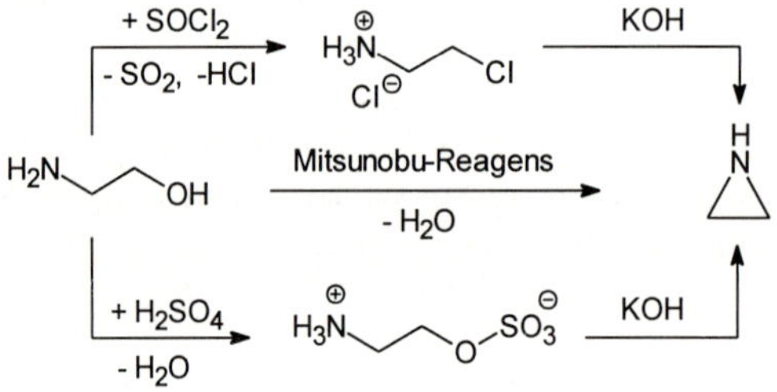

Auch die aus Aminoalkoholen und Schwefelsäure erhältlichen sauren Schwefelsäureester ergeben bei der Einwirkung von Alkalihydroxiden Aziridine (WENKER 1935). In beiden Fällen setzt die Base aus den Ammoniumsalzen das Amin frei. Die Aminogruppe substituiert intramolekular die am ß-C-Atom befindliche nucleofuge Abgangsgruppe Cl bzw O–SO$_3^-$.

Die direkte Cyclodehydratisierung von ß-Aminoalkoholen gelingt mit dem MITSUNOBU-Reagens (Triphenylphosphan/Azodicarbonsäurediethylester)[16].

3.4 Aziridin

❷ Thermische oder photochemische Reaktion von Aziden mit Olefinen

Phenylazid reagiert mit Olefinen zu 1,2,3-Triazolinen (1,3-dipolare Cycloaddition, s.S.204), die thermisch oder photochemisch durch Eliminierung von Stickstoff in Aziridine übergehen:

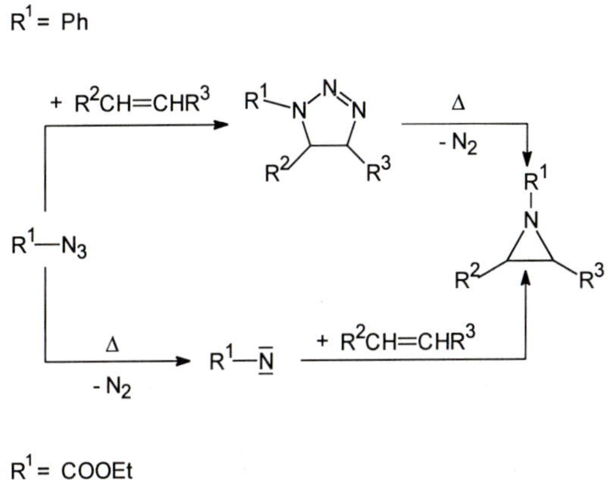

R^1 = Ph

R^1 = COOEt

Aus Ethylazidoformiat dagegen entsteht durch Thermolyse Ethoxycarbonylnitren, das im Rahmen einer [2+1]-Cycloaddition mit Olefinen zu Aziridinen reagiert. Der Mechanismus wird somit in erster Linie durch den Azid-Substituenten R^1 beeinflußt.

D **Aziridin**, eine farblose, wasserlösliche, giftige Flüssigkeit (Sdp. 57°C) von ammoniakähnlichem Geruch, ist thermisch relativ stabil und wird am besten im Kühlschrank über Natriumhydroxid aufbewahrt.

Einige Naturstoffe enthalten einen Aziridinring, z.B. die Mitomycine. Er verursacht die cytostatische und Antitumor-Wirkung dieser Antibiotica. Zahlreiche synthetisch hergestellte Aziridine sind auf ihre Antitumor-Aktivität untersucht worden. Einige erreichten das Stadium der klinischen Erprobung, insbesondere gegen Leukämie, z.B. **3/4**:

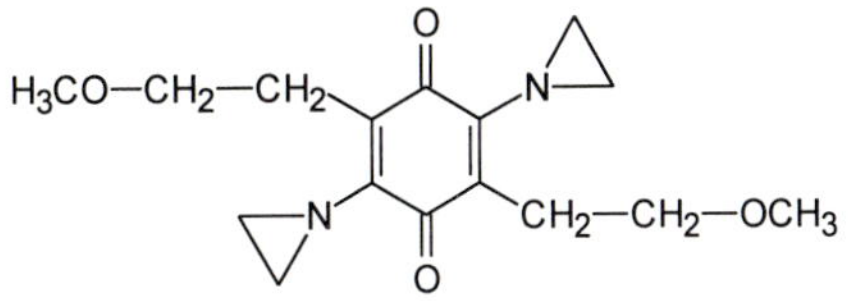

3 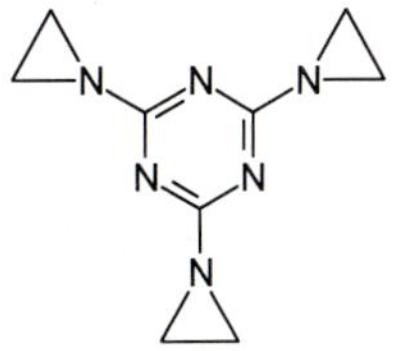   **4**

E Aziridine mit C_2-Symmetrie wurden mit Erfolg als chirale Auxiliare bei Alkylierungen und Aldol-Reaktionen eingesetzt[17].

3.5 Dioxiran

A-C Dioxirane sind erst seit Mitte der achtziger Jahre durch Oxidation von Ketonen mit Kaliumhydrogenperoxosulfat zugänglich[18], z.B.:

$$H_3C-CO-CH_3 \xrightarrow{KHSO_5} \text{Dimethyldioxiran}$$

Dimethyldioxiran wird zusammen mit Aceton aus dem Reaktionsgefäß abdestilliert. Die gelbe, 0,1 bis 0,2 M Lösung kann als Oxidationsmittel eingesetzt werden, z.B. für die Epoxidierung von Olefinen[19], für die Oxidation von Enolaten zu α-Hydroxycarbonyl-Verbindungen[20] und für die Oxidation von primären Aminen zu Nitroverbindungen:

$$R-NH_2 + 3\ \text{Dimethyldioxiran} \longrightarrow R-NO_2 + 3\ H_3C-CO-CH_3 + H_2O$$

Bortrifluorid katalysiert die Isomerisierung von Dimethyldioxiran zu Essigsäuremethylester.
 Difluoroxiran entsteht als blaßgelbes, unter Normalbedingungen stabiles Gas, wenn äquimolare Mengen von F-CO-OF und ClF über einen CsF-Katalysator geleitet werden[20a].

3.6 Oxaziridin

A,B Oxaziridine sind Konstitutionsisomere der Oxime und der Nitrone. Bei den Trialkyloxaziridinen handelt es sich um farblose, in Wasser kaum lösliche Flüssigkeiten. Folgende **Reaktionen** sind typisch für Oxaziridine.

Isomerisierung zu Nitronen

In Umkehrung der Photoisomerisierung von Nitronen lassen sich Oxaziridine thermisch in Nitrone umwandeln. Die dazu erforderliche Temperatur hängt von der Art der Oxaziridin-Substituenten ab.

Ringöffnung durch Nucleophile

2-Alkyl-3-phenyloxaziridine ergeben bei der säurekatalysierten Hydrolyse Benzaldehyd und *N*-Alkylhydroxylamine, z.B.:

3.6 Oxaziridin

[Reaktion: Ph-Oxaziridin mit H, N-CMe₃ + H₂O (H⊕) → Ph-CHO + HO-NH-CMe₃]

Reduktion zu Iminen

Oxaziridine sind Oxidationsmittel und werden als solche bei einer Reihe von Reaktionen eingesetzt. Insbesondere eignen sich dazu 2-(Phenylsulfonyl)oxaziridine. Als Beispiel dient die Oxidation von Sulfiden zu Sulfoxiden:

[Reaktion: R^1-S-R^2 + Ph-Oxaziridin-SO₂Ph → R^1-S(=O)-R^2 + Ph-CH=N-SO₂Ph]

C Die **Synthese** von Oxaziridinen ist ausgehend von Iminen, Nitronen oder Carbonylverbindungen möglich.

❶ Oxidation von Iminen mit Peroxysäuren:

[Reaktion: R^1R^2C=N-R^3 + PhCO₃H → zwei diastereomere Oxaziridine]

Es handelt sich wie bei der Epoxidierung der Olefine (s.S.20) um eine stereospezifische *cis*-Addition. Die freie Aktivierungsenthalpie der pyramidalen Inversion des N-Atoms ist bei 2-substituierten Oxaziridinen so hoch ($\Delta G^{\neq}$ = 100-130 kJ mol^{-1}), daß das N-Atom bei Raumtemperatur als konfigurationsstabil angesehen werden kann. Somit bleibt die Konfiguration des Eduktes erhalten, und es entsteht die Racemform eines der diastereomeren Oxaziridine. Setzt man chirale Imine oder chirale Peroxysäuren ein, dann verläuft die Reaktion enantioselektiv.

❷ Photoisomerisierung von Nitronen:

[Reaktion: R^1R^2C=N⊕(O⊖)-R^3 ⇌ (hν/Δ) Oxaziridin]

❸ Aminierung von Carbonylverbindungen

Durch Hydroxylamin-*O*-sulfonsäure oder durch Chloramin werden Carbonylverbindungen in Gegenwart von Basen nucleophil aminiert (SCHMITZ 1961), z.B.:

[Reaktion: Cyclohexanon + H₂N-OSO₃H → Zwischenstufe → (+OH⊖) → Oxaziridin + HSO₄⊖ + H₂O]

Die intramolekulare nucleophile Substitution erfolgt bei dieser Reaktion an einem N-Atom.

E Außer als Oxidationsmittel sind Oxaziridine auch als Synthesebausteine von Bedeutung[21]. So können *N*-Hydroxy-α-aminocarbonsäureester **2** über die Zwischenstufe eines Oxaziridins **1** aus α-Aminocarbonsäureestern auf folgendem Weg hergestellt werden:

$$Ph-CHO + H_2N-CHR-COOMe \longrightarrow Ph-CH=N-CHR-COOMe \longrightarrow$$

$$\underset{\mathbf{1}}{Ph-\overset{O}{\underset{H}{C}}\underset{R}{\overset{}{\diagdown}}N-CH-COOMe} \xrightarrow{H_2O^{\oplus}} Ph-CHO + \underset{\mathbf{2}}{HO-NH-\underset{R}{CH}-COOMe}$$

3.7 3*H*-Diazirin

(Struktur: Dreiring mit N1=N2 und C3H)

A-D 3*H*-Diazirine sind Konstitutionsisomere der Diazoalkane. Es handelt sich um Gase oder farblose Flüssigkeiten, z.B. 3,3-Dimethyldiazirin, Sdp. 21°C. Flüssige 3*H*-Diazirine können sich explosionsartig zersetzen. Ihre Basizität ist sehr gering. Im Gegensatz zu Diazoalkanen reagieren sie mit Säuren nur langsam unter Freisetzung von Stickstoff.

Die Dediazonierung der 3*H*-Diazirine kann thermisch oder photochemisch bewirkt werden[22]. Die primär entstehenden Carbene isomerisieren bei Abwesenheit von Carbenakzeptoren zu Olefinen, z.B.:

$$(H_3C)_2C\underset{N}{\overset{N}{\diagup\!\!\!\diagdown}} \xrightarrow[-N_2]{\Delta \text{ oder } h\nu} H_3C-\ddot{C}-CH_3 \longrightarrow H_3C-CH=CH_2$$

3*H*-Diazirine werden durch Oxidation von an den N-Atomen unsubstituierten Diaziridinen mit Silberoxid oder Quecksilberoxid hergestellt (PAULSEN 1960, SCHMITZ 1961):

$$R^1R^2C\underset{NH}{\overset{NH}{\diagup\!\!\!\diagdown}} + Ag_2O \longrightarrow R^1R^2C\underset{N}{\overset{N}{\diagup\!\!\!\diagdown}} + 2\,Ag + H_2O$$

3-Chlor-3*H*-diazirine entstehen bei der Oxidation von Amidinen mit Natriumhypochlorit:

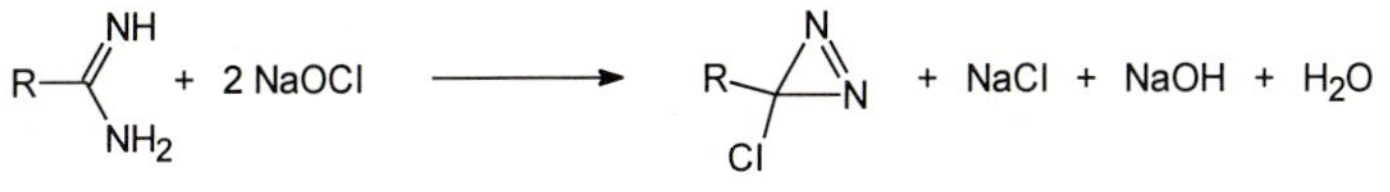

$$R-\overset{NH}{\underset{NH_2}{C}} + 2\,NaOCl \longrightarrow R-\underset{Cl}{\overset{N}{\triangle}}N + NaCl + NaOH + H_2O$$

3.8 Diaziridin

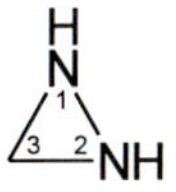

A-C Diaziridine sind kristalline, schwach basische Verbindungen. Wie schon bei den Oxaziridinen (s.S.32) erläutert, erweisen sich die N-Atome als konfigurationsstabil, so daß entsprechende Stereoisomere existieren.

Die säurekatalysierte Hydrolyse der Diaziridine führt zu Ketonen und Hydrazinen:

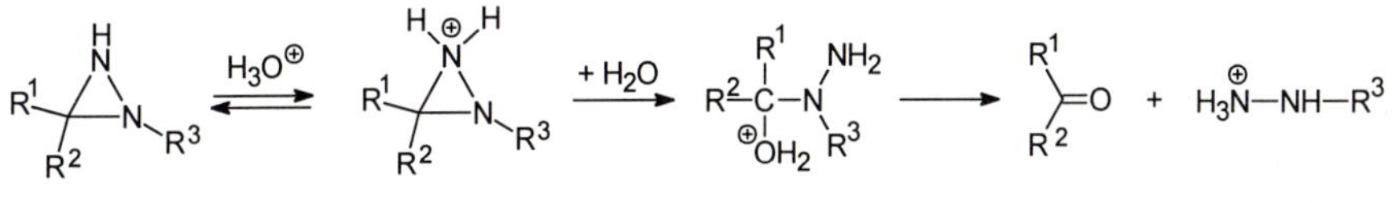

Somit ergibt sich eine Synthese für Hydrazine aus Iminen und Hydroxylamin-*O*-sulfonsäure oder N-monosubstituierten Hydroxylamin-*O*-sulfonsäuren.

An den N-Atomen unsubstituierte Diaziridine können zu 3*H*-Diazirinen oxidiert werden.

Diaziridine werden durch Einwirkung von Ammoniak und Chlor auf Ketone hergestellt (PAULSEN, SCHMITZ 1959). Zuerst entsteht Chloramin:

$$2\,NH_3 + Cl_2 \longrightarrow NH_2Cl + NH_4Cl$$

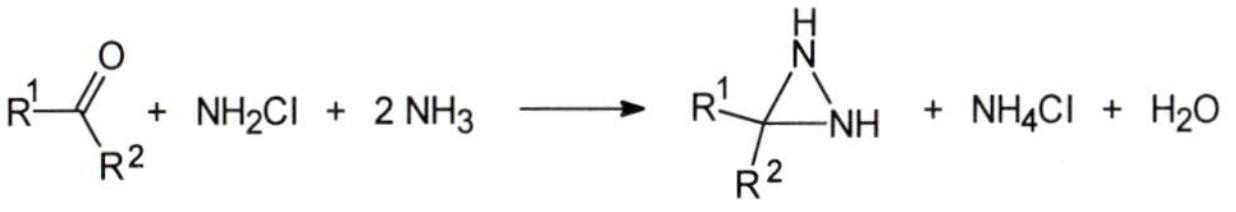

Auch bei der Einwirkung von Ammoniak oder primären Aminen und Hydroxylamin-*O*-sulfonsäure auf Ketone werden Diaziridine erhalten. Die Aminierung von Iminen (Azomethinen) durch Hydroxylamin-*O*-sulfonsäure führt ebenfalls zu Diaziridinen:

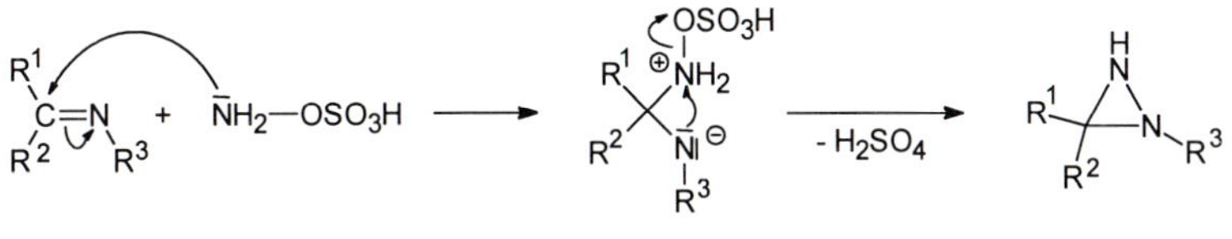

Zusammenfassung allgemeiner Gesichtspunkte der Chemie dreigliedriger Heterocyclen:

- Die Reaktivität der Verbindungen wird in erster Linie durch die Ringspannung und danach durch die Art des Heteroatoms bzw. der Heteroatome bestimmt.
- Eine typische Reaktion der dreigliedrigen Heterocyclen ist die Ringöffnung durch Nucleophile. Sie führt zu 1,2-disubstituierten aliphatischen Verbindungen.
- Infolge der nichtbindenden Elektronenpaare der Heteroatome verhalten sich dreigliedrige Heterocyclen als BRÖNSTED-Basen sowie als LEWIS-Basen und reagieren dementsprechend mit BRÖNSTED-Säuren bzw. Elektrophilen.
- Einige Systeme isomerisieren zu aliphatischen Verbindungen, und zwar
  — Oxirane zu Carbonylverbindungen,
  — Dioxirane zu Carbonsäureestern,
  — Oxaziridine zu Nitronen.
- Durch geeignete Reagenzien können die Heteroatome unter Bildung von Olefinen entfernt werden (Deoxygenierung, Desulfonierung, Deaminierung, Dediazonierung).
- Das wichtigste Syntheseprinzip ist die intramolekulare nucleophile Substitution einer ß-ständigen nucleofugen Abgangsgruppe
  — durch ein O-Atom (Oxirane),
  — durch ein S-Atom (Thiirane),
  — durch ein N-Atom (Aziridine),
  — durch ein carbanionisches C-Atom (2H-Azirine).
- Durch Einwirkung von Peroxyverbindungen auf Olefine, Ketone oder Imine lassen sich sauerstoffhaltige Heterocyclen synthetisieren (Oxirane, Dioxirane, Oxaziridine).
- Durch Aminierung von Carbonylverbindungen oder Iminen sind Oxaziridine und Diaziridine zugänglich.
- Aus Aziden und Olefinen können stickstoffhaltige Heterocyclen erhalten werden (Aziridine, 2H-Azirine).
- Für die organische Synthese sind nur Oxirane von genereller Bedeutung. In Einzelfällen dienen aber auch andere dreigliedrige Heterocyclen als Synthese-Bausteine oder als Reagenzien (2H-Azirine, Dioxirane, Oxaziridine, Diaziridine).

Literatur

1. A.Miyashita, T.Shimada, A.Sugawara, H.Nohira, *Chem.Lett.* **1986**, 1323.
2. G.Palumbo, C.Fereri, R.Caputo, *Tetrahedron Lett.* **1983**, *24*, 1307;
   J.S.Baywa, R.C.Anderson, *Tetrahedron Lett.* **1991**, *32*, 3021;
   C.Bonini, G.Righi, *Tetrahedron* **1992**, *48*, 1531.
3. A.Ookawa, M.Kitade, K.Soai, *Heterocycles* **1988**, *27*, 213.
4. H.N.C. Wong, M.Y. Honn, C.W. Tse, Y.C. Yip, J.Tanko, T.Hudlicky, *Heterocycles* **1987**, *26*, 1345.
5. V.G.Dryuk, *Tetrahedron* **1976**, *32*, 2855.
6. A.Pfenninger, *Synthesis* **1986**, 89;
   D.Schinzer, *Nachr.Chem.Techn.Lab.* **1989**, *37*, 1294;
   E.J.Corey, *J.Org.Chem.* **1990**, *55*, 1693.
7. Yu.G.Gololobov, A.N.Nesmeyanov, V.P.Lysenko, I.E.Boldeskal, *Tetrahedron* **1987**, *43*, 2609.
8. H.Mimoun, *Angew.Chem.* **1982**, *94*, 750.
9. A.Kleemann, R.S.Nygren, R.M.Wagner, *Chem.-Ztg.* **1980**, *104*, 283.
10. W.Adam, M.Balci, *Tetrahedron* **1980**, *36*, 833;
    H.-J.Altenbach, B.Voss, E.Vogel, *Angew.Chem.* **1983**, *95*, 424.
11. R.G.Harvey, *Acc.Chem.Res.* **1981**, *14*, 218;
    J.M.Sayer, A.Chadha, S.K.Argawal, H.J.C.Yeh, H.Yagi, D.M.Jerina, *J.Org.Chem.* **1991**, *56*, 20.
12. S.Y.Ko et al., *Science* **1983**, *220*, 949.
13. A.V.Fokin, M.A.Allakhverdiev, A.F.Kolomiets, *Usp.Chim.* **1990**, *59*, 705.
14. L.F.Tietze, Th.Eicher, *Reaktionen und Synthesen im organisch-chemischen Praktikum und Forschungslaboratorium*, 2.Aufl., S.180, Georg Thieme Verlag, Stuttgart **1991**. Wird nachfolgend mit "Tietze/Eicher 1991" abgekürzt.
15. P.Wipf, H.Heimgartner, *Helv.Chim.Acta* **1988**, *71*, 140;
    H.Heimgartner, *Angew.Chem.* **1991**, *103*, 271.
16. J.R.Pfister, *Synthesis* **1984**, 969.
17. D.Tanner, C.Birgersson, *Tetrahedron Lett.* **1991**, *32*, 2533.
18. R.W.Murray, R.Jeyaraman, *J.Org.Chem.* **1985**, *50*, 2847;
    W.Adam, J.Bialas, L.Hadjiarapoglu, *Chem.Ber.* **1991**, *124*, 2377;
    W.Adam, L.Hadjiarapoglu, *Top.Curr.Chem.* **1993**, *194*, 45.
19. R.W.Murray, D.L.Shiang, *J.Chem.Soc., Perkin Trans. 2*, **1990**, 349;
    W.Adam, L.Hadjiarapoglu, A.Smerz, *Chem.Ber.* **1991**, *124*, 227;
    W.Adam, L.Hadjiarapoglu, X.Wang, *Tetrahedron Lett.* **1991**, *32*, 1295;
    A.Messeguer, F.Sanchez-Baeza, J.Casas, B.D. Hammock, *Tetrahedron* **1991**, *47*, 1291.
20. W.Adam, F.Prechtl, *Chem.Ber.* **1991**, *124*, 2369.
20a. A.Russo, D.D.DesMarteau, *Angew.Chem.* **1993**, *105*, 956.
21. F.A.Davis, A.C.Sheppard, *Tetrahedron* **1989**, *45*, 5703;
    F.A.Davis, A.Kumar, B.-C.Chen, *J.Org.Chem.* **1991**, *56*, 1143;
    S.Andreae, E.Schmitz, *Synthesis* **1991**, 327.
22. M.T.H.Liu, *Chem.Soc.Rev.* **1982**, *11*, 127.

4 Viergliedrige Heterocyclen

In den viergliedrigen Heterocyclen ist die Ringspannung geringer als bei den entsprechenden dreigliedrigen Verbindungen und entspricht etwa der im Cyclobutan. Trotzdem dominieren ebenfalls Ringöffnungsreaktionen unter Bildung acyclischer Produkte. Zugleich tritt aber die Analogie zur Reaktivität der entsprechenden aliphatischen Verbindungen (Ether, Thioether, sekundäre und tertiäre Amine, Imine) deutlicher hervor.

4.1 Oxetan

A Der Oxetanring stellt ein geringfügig verzerrtes Quadrat dar, da der Bindungswinkel am O-Atom 92° beträgt. Die Spannungsenthalpie wurde thermochemisch zu 106,3 kJ mol^{-1} bestimmt und ist damit nur um 7,7 kJ mol^{-1} kleiner als die des Oxirans, obwohl die Bindungswinkel um 30° größer sind. Dies wird dadurch verursacht, daß bei ebenem Bau des Oxetanringes infolge der ekliptischen Partialkonformationen aller C-H-Bindungen eine beträchtliche PITZER-Spannung resultiert. Sie wird durch Ringinversion (engl. ring puckering) zwischen zwei nichtebenen Strukturen minimiert, was aber gleichzeitig zu einer Verkleinerung der Bindungswinkel führt:

Dadurch kommt ein Kompromiß zwischen Bindungswinkelspannung und PITZER-Spannung dahingehend zustande, daß die Gesamtspannung im Molekül den kleinstmöglichen Wert annimmt. Die Aktivierungsenergie der Ringinversion liegt mit 0,181 kJ mol^{-1} noch unter der Energie des Schwingungsgrundzustandes des Moleküls. Der Prozeß erfolgt somit derart schnell, daß das Molekül als eben angesehen werden kann.

B Oxetane reagieren wie Oxirane unter Ringöffnung, allerdings langsamer bzw. unter verschärften Bedingungen. Zwei **Reaktionen** sind von allgemeiner Bedeutung.

Säurekatalysierte Ringöffnung durch Nucleophile

Halogenwasserstoffe reagieren mit Oxetanen zu 3-Halogenalkanolen. Die säurekatalysierte Hydrolyse ergibt 1,3-Diole.

Cyclooligomerisation und Polymerisation

LEWIS-Säuren, z.B. Bortrifluorid, lagern sich an ein nichtbindendes Elektronenpaar des O-Atoms an. In Dichlormethan als Lösungsmittel wird dadurch eine Cyclooligomerisation induziert. Das Hauptprodukt ist das Cyclotrimer 1,5,9-Trioxacyclododecan[1]:

4.1 Oxetan

Unter anderen Bedingungen, insbesondere in Gegenwart von Wasser, entstehen lineare Polymere.

C Zur **Synthese** von Oxetanen haben sich zwei Methoden bewährt, die Cyclisierung von γ-substituierten Alkoholen und die PATERNO-BÜCHI-Reaktion.

❶ Cyclisierung von γ-substituierten Alkoholen

Alkohole mit einer nucleofugen Abgangsgruppe in γ-Position können zu Oxetanen cyclisiert werden. So verläuft die Cyclodehydrohalogenierung von γ-Halogenalkoholen analog zur Oxiran-Synthese aus ß-Halogenalkoholen (s.S.20).
Aus 1,3-Diolen lassen sich Oxetane über die Monoarensulfonate herstellen:

Bei einer Variante dieser Synthese wird das 1,3-Diol in Tetrahydrofuran mit einem Mol *n*-Butyllithium zum Lithiumalkoholat umgesetzt, ein Mol Tosylchlorid hinzugefügt und schließlich mit einem weiteren Mol *n*-Butyllithium die Cyclisierung bewirkt[2].

❷ PATERNO-BÜCHI-*Reaktion*

Die photochemische [2+2]-Cycloaddition von Carbonylverbindungen an Olefine ergibt Oxetane und wird PATERNO-BÜCHI-Reaktion genannt[3]. Die Carbonylverbindung geht durch Absorption eines Lichtquants in einen elektronisch angeregten Zustand über (n → π*-Übergang), und zwar zuerst in den Singulett-Zustand (in dem die Spinmomente des Elektrons im n-MO und des Elektrons im π*-MO antiparallel sind) und danach in den energieärmeren Triplett-Zustand (in dem die Spinmomente der beiden Elektronen parallel sind). Die nun folgende Addition an das Olefin sollte nach den WOODWARD-HOFFMANN-Regeln konzertiert und damit stereospezifisch verlaufen. Dies wird bei akzeptorsubstituierten Olefinen beobachtet, z.B.:

Demgegenüber reagieren donorsubstituierte Olefine über Diradikal-Zwischenstufen, z.B.:

cis- 2,3-Dimethyl-4,4diphenyloxetan   trans-

Sogar die C=O-Doppelbindung von Chinonen und Carbonsäureestern geht die PATERNO-BÜCHI-Reaktion ein.

D **Oxetan**, eine farblose, mit Wasser mischbare Flüssigkeit vom Sdp. 48°C, wird in 40 proz. Ausbeute durch Erhitzen von (3-Chlorpropyl)acetat mit konzentrierter KOH-Lösung erhalten[1].
Oxetan-2-one sind zugleich ß-Lactone[3a]. Sie werden durch Cyclodehydratisierung von ß-Hydroxycarbonsäuren mit Benzolsulfonylchlorid in Pyridin hergestellt:

Eine weitere Synthesemethode ist die durch LEWIS-Säuren katalysierte [2+2]-Cycloaddition von Aldehyden an Ketene:

Oxetan-2-one decarboxylieren beim Erhitzen zu Olefinen. Damit gelingt ausgehend von ß-Hydroxycarbonsäuren oder von Ketenen und Aldehyden die Synthese von Olefinen, wie sie auf anderem Weg auch mit Hilfe der WITTIG-Reaktion möglich ist.

Oxetan-2-one sind aufgrund der Ringspannung reaktiver als γ- und δ-Lactone. Mit Natronlauge entstehen durch Angriff des Hydroxidions am C-Atom der Carbonylgruppe unter Ringöffnung Salze von ß-Hydroxycarbonsäuren.

Diketen (4-Methylenoxetan-2-on) entsteht durch Dimerisierung von Keten, das selbst durch Pyrolyse von Aceton oder Essigsäure hergestellt wird. Die Verbindung ist ein technisches Zwischenprodukt. Mit Ethanol reagiert sie unter Ringöffnung zu Acetessigsäureethylester. Dabei greift das Nucleophil am C-Atom der Carbonylgruppe an:

Oxetane kommen äußerst selten in der Natur vor. Im Jahre 1971 wurde der Diterpenalkohol Taxol aus der Rinde der im Nordwesten der USA beheimateten pazifischen Eibe (Taxus brevifolia) isoliert und die Struktur aufgeklärt. Die Verbindung enthält einen Oxetanring und weist eine hohe Antitumor- und Antileukämie-Aktivität auf. Ihre Totalsynthese konnte noch nicht realisiert werden[3b].

4.2 Thietan

A Die thermochemisch bestimmte Spannungsenthalpie des Thietans beträgt nur 80 kJ mol^{-1}. Die Aktivierungsbarriere der Ringinversion wurde spektroskopisch zu 3,28 kJ mol^{-1} ermittelt und liegt über den niedrigsten vier Schwingungsniveaus. Der Ring ist somit nicht planar:

B Die Reaktivität der Thietane gegenüber Nucleophilen ist weit geringer als die der Thiirane, beispielsweise reagiert Thietan bei Raumtemperatur nicht mit Ammoniak oder Aminen. Elektrophile greifen am S-Atom an und können dadurch eine Ringöffnung in die Wege leiten. So erfolgt bei Zugabe von Säuren Polymerisation. Ein weiteres Beispiel bietet die Ringöffnung durch Halogenalkane:

Wiederum zeigt sich, daß eine positive Ladung am Heteroatom den Ring destabilisiert.

Durch Wasserstoffperoxid oder Peroxysäuren werden Thietane über 1-Oxide zu 1,1-Dioxiden (cyclischen Sulfonen) oxidiert:

C Thiethane können ausgehend von γ-Halogenthiolen oder 1,3-Dihalogenalkanen wie folgt synthetisiert werden.

❶ Cyclisierung von γ-Halogenthiolen oder ihren Acetylderivaten durch Basen:

❷ Einwirkung von Natrium- oder Kaliumsulfid auf 1,3-Dihalogenalkane:

Bessere Ausbeuten werden über das (3-Chlorpropyl)isothiuroniumbromid ausgehend von 1-Chlor-3-brompropan erhalten, das selbst durch Addition von Bromwasserstoff an Allylchlorid zugänglich ist:

D **Thietan**, eine farblose, in Wasser unlösliche Flüssigkeit, Sdp. 94°C, polymerisiert bei Raumtemperatur langsam, schneller bei Belichtung.

4.3 Azet

A-D Azet ist iso-π-elektronisch zu Cyclobutadien und damit das einfachste antiaromatische Heteroannulen. Es sollte thermisch wenig stabil und äußerst reaktiv sein. Diese Voraussage trifft insofern zu, als daß es bis heute nicht gelang, die Stammverbindung herzustellen. Im Jahre 1973 wurde Tris(dimethylamino)azet beschrieben. 1986 gelang REGITZ die Synthese von Tri-*tert*-butylazet durch Thermolyse von 3-Azido-1,2,3-tri-*tert*-butylcyclopropen[4]:

Tri-*tert*-butylazet kristallisiert in rotbraunen Nadeln, Schmp. 37°C. Die raumerfüllenden *tert*-Butylgruppen schirmen den Ring so stark ab, daß die Polymerisation wegen des großen Wertes von $\Delta G^{\neq}$ selbst bei erhöhter Temperatur äußerst langsam verläuft. Aber auch für den Zerfall der Verbindung in ein Alkin und ein Nitril im Rahmen einer konzertierten [2+2]-Cycloreversion liegt $\Delta G^{\neq}$ sehr hoch, weil diese Reaktion entsprechend den WOODWARD-HOFFMANN-Regeln thermisch verboten ist. Beim Tri-*tert*-butylazet handelt es sich demnach im doppelten Sinn um eine kinetisch stabilisierte Verbindung.

4.4 Azetidin

A Azetidin nannte man früher Trimethylenimin. Die Aktivierungsenergie der Ringinversion beträgt 5,3 kJ mol^{-1} und liegt damit nur wenig unter dem Wert für Cyclobutan (6,2 kJ mol^{-1}). Das Konformer mit äquatorialer Position der N-H-Bindung ist energieärmer:

B Azetidine sind thermisch stabil und weniger reaktiv als Aziridine. Sie verhalten sich in ihren **Reaktionen** fast wie normale sekundäre Alkylamine. Der pK$_a$-Wert von Azetidin beträgt 11,29. Es ist viel stärker basisch als Aziridin (pK$_a$ = 7,98) und sogar etwas basischer als Dimethylamin (pK$_a$ = 10,73). Am N-Atom unsubstituierte Azetidine reagieren mit Alkylhalogeniden zu 1-Alkylazetidinen und weiter zu quartären Azetidiniumsalzen, mit Acylhalogeniden zu 1-Acylazetidinen und mit salpetriger Säure zu 1-Nitrosoazetidinen.

Wie bei den Aziridinen wird der Ring durch eine positive Ladung am N-Atom destabilisiert, und die Ringöffnung durch Nucleophile verläuft unter Säurekatalyse. Chlorwasserstoff ergibt γ-Chloramine. 1,1-Dialkylazetidiniumchloride isomerisieren beim Erhitzen zu tertiären γ-Chloraminen. Demgegenüber wird der Azetidinring weder durch Basen noch durch Reduktionsmittel geöffnet.

C Die **Synthese** von Azetidinen ist ausgehend von γ-substituierten Aminen oder 1,3-Dihalogenalkanen möglich:

❶ Cyclisierung von γ-substituierten Aminen

γ-Halogenamine werden durch Basen zu Azetidinen dehydrohalogeniert, z.B.:

Die Ausbeuten sind niedriger als bei der analogen Aziridin-Synthese. Zur Cyclodehydratisierung von γ-Aminoalkoholen eignet sich das MITSUNOBU-Reagens (s.S.30)[5].

❷ Einwirkung von *p*-Toluolsulfonamid und Basen auf 1,3-Dihalogenalkane:

Aus dem 1-Tosylazetidin kann die Tosylgruppe reduktiv abgespalten werden.

D **Azetidin**, eine mit Wasser mischbare, farblose Flüssigkeit, Sdp. 61,5°C, riecht wie Ammoniak und raucht an der Luft.

Azetidin-2-one sind zugleich ß-Lactame. Die Cyclodehydratisierung von ß-Aminocarbonsäuren zu Azetidin-2-onen gelingt am besten mit CH_3SO_2Cl und $NaHCO_3$ in Acetonitril[6]. Die Cyclisierung von ß-Aminopropansäureethylester ist mittels 2,4,6-Trimethylphenylmagnesiumbromid möglich:

Von größerer Bedeutung für die Synthese von Azetidin-2-onen sind [2+2]-Cycloadditionen. Drei Varianten haben sich bewährt.

- Imine + Ketene (STAUDINGER 1911):

- Imine + aktivierte Carbonsäuren:

Imine reagieren mit Carbonsäurechloriden in Gegenwart von Triethylamin zu Azetidin-2-onen, wobei aus dem Carbonsäurechlorid und dem Amin zunächst ein Keten entsteht:

Die Aktivierung von Carbonsäuren gelingt auch mit Hilfe des MUKAIYAMA-Reagens (2-Chlor-1-methylpyridiniumiodid, s.S.308). Carbonsäuren reagieren mit diesem Reagens, Tri(*n*-propyl)amin und Iminen in Dichlormethan zu Azetidin-2-onen[7].

- Chlorsulfonylisocyanat + Olefine

Chlorsulfonylisocyanat wird aus Chlorcyan und Schwefeltrioxid hergestellt. Es reagiert mit Olefinen zu 1-(Chlorsulfonyl)azetidin-2-onen, aus denen z.B. durch Einwirkung von Thiophenol die entsprechenden in 1-Position unsubstituierten Verbindungen erhalten werden. Die Cycloaddition verläuft stereospezifisch, aus dem (Z)-Olefin entsteht das *cis*-Azetidin-2-on:

Infolge der Ringspannung sind Azetidin-2-one reaktiver als γ- und δ-Lactame, sowohl bei der alkalischen Spaltung zu Salzen von ß-Aminocarbonsäuren als auch bei der säurekatalysierten Hydrolyse zu ß-Aminocarbonsäure-Hydrochloriden. Ausgehend von Olefinen und Chlorsulfonylisocyanat läßt sich so eine stereokontrollierte Synthese von ß-Aminocarbonsäuren realisieren. Ammoniak und Amine reagieren mit Azetidin-2-onen ebenfalls unter Ringöffnung zu ß-Aminocarbonsäureamiden, anders formuliert, sie werden durch Azetidin-2-one acyliert:

Azetidin-2-one werden durch Diisobutylaluminiumhydrid, Chloralan oder Dichloralan in THF chemoselektiv zu Azetidinen reduziert[8].

Das Azetidin-2-on-System kommt in den Penicillinen (s.S.159) und Cephalosporinen (s.S.389) vor. Man bezeichnet diese Naturstoffe auch als *ß-Lactam-Antibiotica*. Sie hemmen die Biosynthese der Verbindungen, aus denen die Zellwand von Bakterien besteht. Die ß-Lactam-Antibiotica sind auch heute noch die am meisten angewandten Antibiotica.

(S)-Azetidin-2-carbonsäure, eine nichtproteinogene cyclische Aminosäure, ist in Agaven- und Liliengewächsen weit verbreitet und wurde erstmals aus den Blättern des Maiglöckchens isoliert:

4.5 1,2-Dioxetan

A,B 1,2-Dioxetane sind stark endotherme Verbindungen. Dies wird einmal durch die Ringspannung verursacht, vor allem aber durch die geringe Bindungsenergie der Peroxid-Bindung.

Die typische Reaktion der 1,2-Dioxetane ist der thermische Zerfall. Wird Tetramethyl-1,2-dioxetan in Benzol oder anderen Lösungsmitteln erwärmt, dann emittiert die Lösung blaues Licht. Derartige Phänomene werden *Chemilumineszenz* genannt[9]. Es konnte gezeigt werden, daß beim Zerfall gemäß dem Prinzip der Erhaltung der Orbitalsymmetrie ein Mol Aceton in elektronisch angeregten Zuständen entsteht. Somit kommt auf thermischem Wege ein elektronisch angeregtes Molekül zustande. Unter Abstrahlung von Licht geht es in den Grundzustand über:

Das Zeichen * symbolisiert den elektronisch angeregten Zustand des Moleküls.

| C | Für 1,2-Dioxetane stehen zwei Synthesewege zur Verfügung, die von ß-Halogenhydroperoxiden oder Olefinen ausgehen. |

❶ Dehydrohalogenierung von ß-Halogenhydroperoxiden (KOPECKY 1973)

Bei der elektrophilen Bromierung von Olefinen, z.B. mittels 1,3-Dibrom-5,5-dimethylhydantoin, in Gegenwart von konzentriertem Wasserstoffperoxid entstehen ß-Bromhydroperoxide. Durch Basen oder durch Silberacetat werden sie zu 1,2-Dioxetanen cyclisiert, z.B.:

❷ Photooxygenierung von Olefinen

Insbesondere donorsubstituierte Olefine reagieren mit Singulett-Sauerstoff unter [2+2]-Cycloaddition zu 1,2-Dioxetanen. Der Singulett-Sauerstoff wird in Gegenwart des Olefins erzeugt, indem man durch eine Lösung des Olefins und eines sensibilisierenden Farbstoffes, z.B. Methylenblau, Sauerstoff leitet und gleichzeitig belichtet:

| D | **Tetramethyl-1,2-dioxetan**, gelbe Kristalle, Schmp. 76-77°C, emittiert bereits wenige Grad oberhalb seines Schmelzpunktes Licht. |

1,2-Dioxetan-3-one sind zugleich α-Peroxylactone. Sie können in Lösung bei tiefen Temperaturen durch Cyclodehydratisierung von α-Hydroperoxycarbonsäuren mittels Dicyclohexylcarbodiimid hergestellt werden. Bei Raumtemperatur zerfallen sie unter Chemilumineszenz:

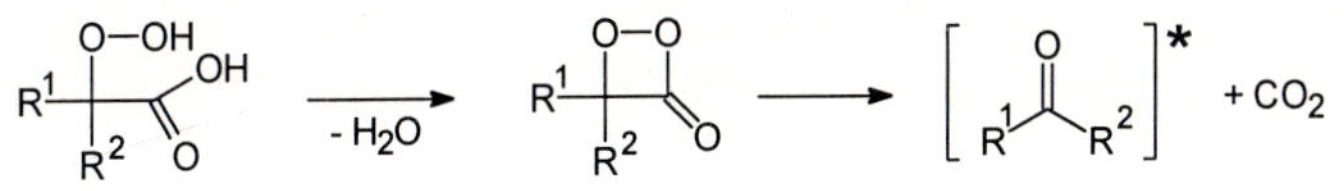

4.5 1,2-Dioxetan

Auf dem Zerfall von 1,2-Dioxetan-3-onen beruht die *Biolumineszenz*, die z.B. bei Leuchtkäfern und Feuerfliegen beobachtet wird[10].

Zur Demonstration der Chemilumineszenz eignet sich Oxalsäure-bis-2,4-dinitrophenylester **1**[11], der mit 30 proz. Wasserstoffperoxid-Lösung zu 1,2-Dioxetan-3,4-dion **2** reagiert. Dieses zerfällt zu Kohlendioxid, wobei ein Mol im elektronisch angeregten Zustand entsteht. Das beim Übergang in den Grundzustand emittierte Licht liegt im UV-Bereich und wird durch Zugabe eines Fluorophors (F), z.B. 9,10-Diphenylanthracen, sichtbar:

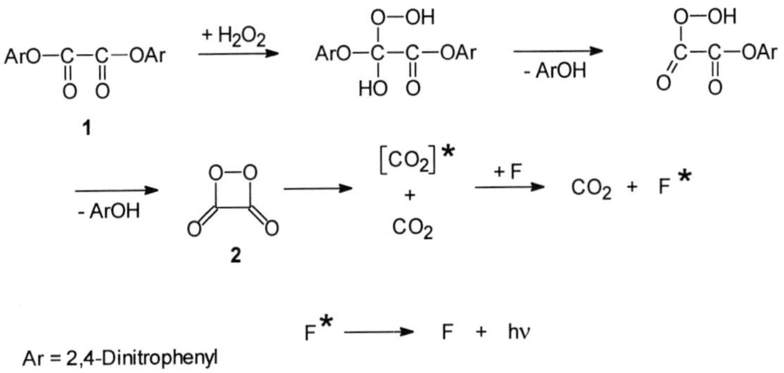

Ar = 2,4-Dinitrophenyl

5-Amino-2,3-dihydrophthalazin-1,4-dion **3** (*Luminol*, s.S.434) gibt bei der Oxidation mit Wasserstoffperoxid in Gegenwart von komplexen Eisensalzen, z.B. Hämin, nach ähnlichem Mechanismus eine intensiv blaue Chemilumineszenz:

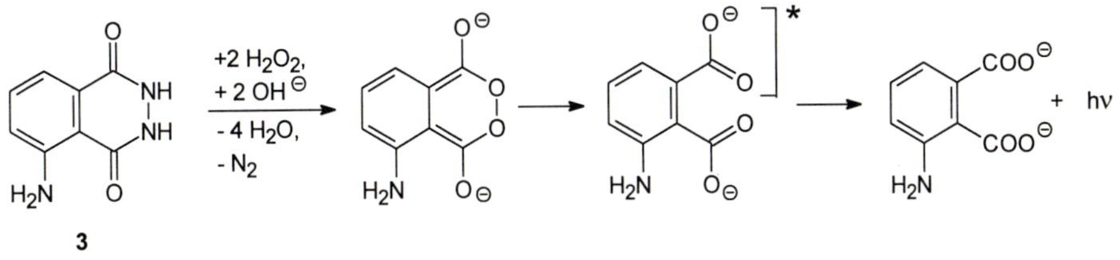

Die Chemilumineszenz von Dioxetanen, Luminol und anderen heterocyclischen Verbindungen hat große Bedeutung für die Lösung analytischer Probleme in der Biochemie und der Immunologie[11a].

4.6 1,2-Dithiet

A-D Dieses System ist iso-π-elektronisch zum Benzol. MO-Berechnungen ergaben eine Delokalisierungsenergie von 92 kJ mol^{-1}, wodurch die Spannungsenthalpie von 43 kJ mol^{-1} überkompensiert wird und letztlich eine Stabilisierung des Moleküls resultiert. Trotzdem konnte die Stammverbindung noch nicht hergestellt werden.

3,4-Bis(trifluormethyl)-1,2-dithiet, eine gelbe Flüssigkeit vom Sdp. 95°C, entsteht in 80 % Ausbeute beim Erhitzen von Hexafluorbut-2-in mit Schwefel:

Typisch für substituierte 1,2-Dithiete ist die Valenzisomerisierung zu 1,2-Dithionen. Im Fall von Akzeptor-Substituenten wie CF$_3$ liegt das Gleichgewicht auf der Seite des 1,2-Dithiets. Die Reaktion mit 2,3-Dimethylbut-2-en zu einem hexasubstituierten 2,3-Dihydro-1,4-dithiin verläuft aber als [4+2]-Cycloaddition über das 1,2-Dithion.

3,4-Bis(4-dimethylaminophenyl)-1,2-dithiet existiert in Lösung nur als Gleichgewichtsgemisch mit dem entsprechenden 1,2-Dithion[12]:

3,4-Di-*tert*-butyl-1,2-dithiet wurde durch Erhitzen von 2,2,5,5-Tetramethylhex-3-in (Di-*tert*-butylacetylen) mit Schwefel in Benzol im Autoklaven auf 190°C erhalten[13]. Es ist thermisch stabil und liegt in der Dithiet-Form vor. Eine Valenzisomerisierung zur Dithion-Form würde die sterische Spannung im Molekül vergrößern.

4.7 1,2-Dihydro-1,2-diazet

1,2-Dihydro-1,2-diazet wird auch als Δ^3-1,2-Diazetin bezeichnet.

Obschon dieses System ebenfalls iso-π-elektronisch zum Benzol ist, konnte bis heute nur eine Verbindung hergestellt werden, das 1,2-Bis(methoxycarbonyl)-1,2-diazetin. Bereits bei Raumtemperatur unterliegt es einer langsamen Valenzisomerisierung zum entsprechenden 1,2-Diimin[14]:

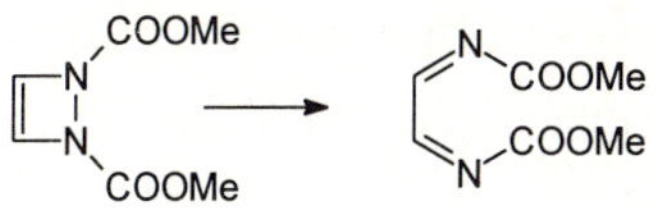

4.8 1,2-Diazetidin

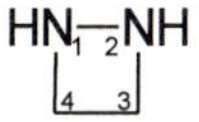

$$HN\underset{\underset{43}{}}{\overset{12}{-}}NH$$

A-C Auch von diesem System konnte die Stammverbindung bisher nicht hergestellt werden. Es sind aber zahlreiche substituierte 1,2-Diazetine bekannt.

Die Standard-Synthese ist die [2+2]-Cycloaddition von donorsubstituierten Olefinen wie Enolethern oder Enaminen an Azoverbindungen, z.B.:

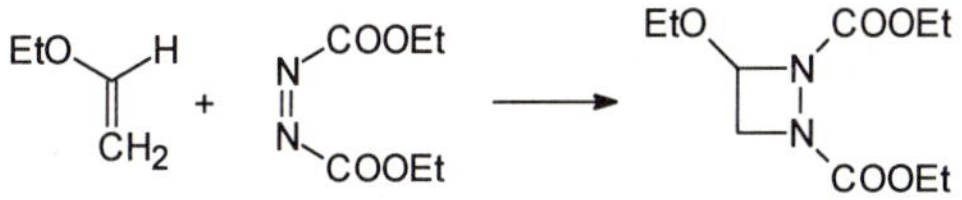

Die [2+2]-Cycloaddition von Ketenen an Azoverbindungen ergibt 1,2-Diazetidin-3-one, z.B.:

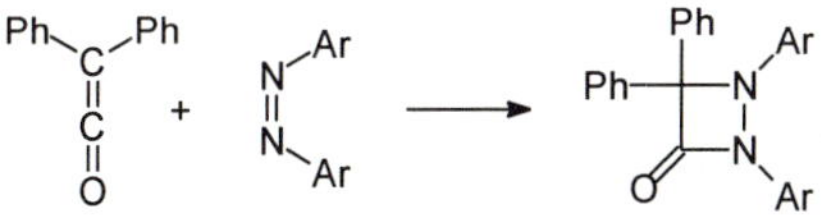

1,2-Diazetidine und 1,2-Diazetidin-3-one sind thermisch recht stabile Verbindungen. Bei starkem Erhitzen zerfallen sie, entweder in Azoverbindung und Olefin bzw. Keten, oder in zwei Mol Imin bzw. in Imin und Isocyanat.

In Analogie zu den ß-Lactamen reagieren 1,2-Diazetidin-3-one mit Nucleophilen unter Ringöffnung, z.B.:

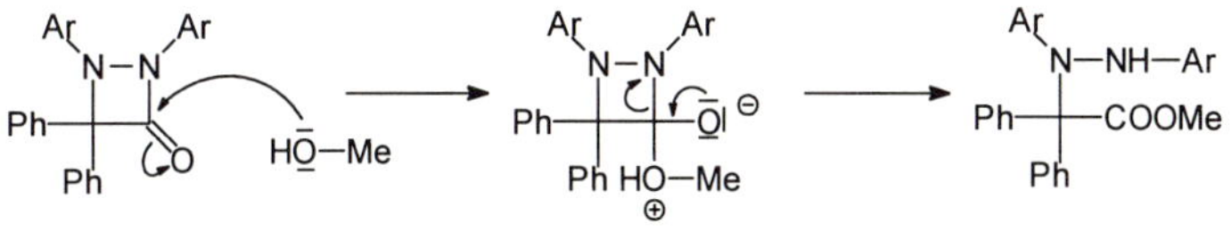

Einige 1,2-Diazetidin-3-one sind so reaktiv, daß eine hydrolytische Ringöffnung bereits durch die Luftfeuchtigkeit bewirkt wird.

Zusammenfassung allgemeiner Gesichtspunkte der Chemie viergliedriger Heterocyclen:

- Stabilität und Reaktivität der Verbindungen werden durch Ringspannung und Art des Heteroatoms bzw. der Heteroatome bestimmt. Während Azet als antiaromatisches System wenig stabil und äusserst reaktiv ist, erweisen sich die aromatischen Systeme 1,2-Dithiet und 1,2-Dihydro-1,2-diazet als kaum stabilisiert und sehr reaktiv.
- Die Ringöffnung durch Nucleophile verläuft langsamer als bei dreigliedrigen Heterocyclen, sie wird durch Säuren katalysiert.
- Spezielle Ringöffnungen sind [2+2]-Cycloreversionen (Oxetan-2-one, 1,2-Dioxetane, 1,2-Dioxetan-3-one, 1,2-Diazetidine, 1,2-Diazetidin-3-one) und Valenzisomerisierungen (1,2-Dithiet, 1,2-Dihydro-1,2-diazet).
- Oxetan-2-one, Azetidin-2-one und 1,2-Diazetidin-3-one sind reaktiver als die fünf- und sechsgliedrigen Homologen. Sie werden durch Nucleophile am C-Atom der Carbonylgruppe angegriffen. Es folgt die Ringöffnung zu γ-substituierten Carbonsäuren bzw. Carbonsäurederivaten.
- Ein bedeutsames Syntheseprinzip ist die intramolekulare nucleophile Substitution einer γ-ständigen nucleofugen Abgangsgruppe
  — durch ein O-Atom (Oxetane, Oxetan-2-one, 1,2-Dioxetane, 1,2-Dioxetan-3-one),
  — durch ein S-Atom (Thietane),
  — durch ein N-Atom (Azetidine, Azetidin-2-one).
  Auf die Geschwindigkeit dieser Reaktionen wirkt sich die im Vergleich zu den dreigliedrigen Heterocyclen kleinere Ringspannung der Produkte fördernd aus. Zugleich ist aber die Entropiebegünstigung geringer, da auf dem Weg zum aktivierten Komplex zwei Freiheitsgrade der inneren Rotation verloren gehen.
- Eine große Bedeutung für die Synthesen haben [2+2]-Cycloadditionen,
  — Carbonylverbindungen + Olefine → Oxetane,
  — Aldehyde + Ketene → Oxetan-2-one,
  — Imine + Ketene → Azetidin-2-one,
  — Isocyanate + Olefine → Azetidin-2-one,
  — Singulett-Sauerstoff + Olefine → 1,2-Dioxetane
  — Olefine + Azoverbindungen → 1,2-Diazetidine,
  — Ketene + Azoverbindungen → 1,2-Diazetidin-3-one.
- Die Bedeutung der viergliedrigen Heterocyclen für die organische Synthese ist gering. Beispiele bieten die Olefin-Synthese über Oxetan-2-one und die ß-Aminocarbonsäure-Synthese über Azetidin-2-one.

Literatur

1. J.Dale, S.B.Frederiksen, *Acta Chem.Scand.* **1991**, *45*, 82.
2. P.Picard, D.Leclercq, J.-P.Bats, J.Moulines, *Synthesis* **1981**, 550.
3. M.Braun, *Nachr.Chem.Techn.Lab.* **1985**, *33*, 213.
3a. A.Pomier, J.-M.Pons, *Synthesis* **1993**, 441.
3b. J.D.Winkler, *Tetrahedron* **1992**, *48*, 6953.
4. U.-J.Vogelbacher, M.Regitz, R.Mynott, *Angew. Chem.* **1986**, *98*, 835;
M.Regitz, *Nachr.Chem.Techn.Lab.* **1991**, *39*, 9.
5. P.G.Sammes, S.Smith, *J.Chem.Soc., Chem. Commun.*, **1983**, 682.
6. M.F.Loewe, R.J.Cvetovich, G.G.Hazen, *Tetrahedron Lett.* **1991**, *32*, 2299.
7. G.I.Georg, P.M.Mashava, X.Guan, *Tetrahedron Lett.* **1991**, *32*, 581.
8. I. Ojima, M. Zhao, T. Yamato, K. Nakahashi, *J. Org.Chem.* **1991**, *56*, 5263.
9. W.Adam, G.Cilento, *Angew.Chem.* **1983**, *95*, 525; W.Adam, W.J.Baader, *Angew.Chem.* **1984**, *96*, 156.
10. W.Adam, *J.Chem.Educ.* **1975**, *52*, 138.
11. A.G.Mohan, N.J.Turro, *J.Chem.Educ.* **1974**, *51*, 528;
B.Z .Shakhashiri, L.G. Williams, G.E. Direen, A.Francis, *J.Chem.Educ.* **1981**, *58*, 70.
11a. S. Albrecht, H. Brandl, W. Adam, *Nachr. Chem. Tech.Lab.* **1992**, *40*, 547.
12. W.Kusters, P.De Mayo, *J.Am.Chem.Soc.* **1973**, *95*, 2383.
13. J.Nakayama, K.S.Choi, I.Akiyama, M.Hoshino, *Tetrahedron Lett.* **1993**, *34*, 115;
K.S.Choi, I.Akiyama, M.Hoshino, J.Nakayama, *Bull.Chem.Soc.Jpn.* **1993**, *66*, 623.
14. E.E. Nunn, R.N. Warrener, *J.Chem.Soc., Chem. Commun.*, **1972**, 818.

5 Fünfgliedrige Heterocyclen

Bei dieser großen Gruppe von heterocyclischen Verbindungen spielt die Ringspannung keine oder nur eine untergeordnete Rolle. Ringöffnungsreaktionen sind demzufolge seltener als bei den drei- und viergliedrigen Heterocyclen. Entscheidend ist vielmehr, ob die Verbindung zu den Heteroarenen zählt oder ob es sich um ein Heterocycloalkan bzw. Heterocycloalken handelt (s.S.2). Auf die Heteroarene lassen sich mehrere Aromatizitätskriterien anwenden, wobei graduell unterschiedliche Aussagen erhalten werden[1]. Wie nachfolgend bei den einzelnen Systemen dargelegt wird, sind Art und Anzahl der Heteroatome entscheidend. Die Stammverbindung der fünfgliedrigen Heterocyclen mit einem Sauerstoffatom ist das Furan.

5.1 Furan

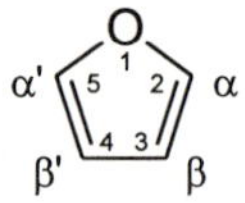

A Die dem Heteroatom benachbarten Positionen wurden früher durch α und α' gekennzeichnet, die anderen durch ß und ß'. Der einwertige Rest heißt Furyl. Alle Ringatome des Furans liegen in einer Ebene und bilden ein leicht verzerrtes Fünfeck (s.Abb. 5.1.).

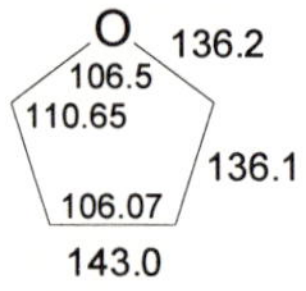

Abb. 5.1 Struktur des Furans
(Bindungslängen in pm, Bindungswinkel in Grad)

Der Bezug zur Konstitutionsformel ergibt sich auch insofern, als daß die Bindungslänge zwischen den C-Atomen 3 und 4 größer ist als die zwischen den C-Atomen 2 und 3 sowie 4 und 5. Die Ionisierungsenergie beträgt 8,89 eV, das Elektron wird aus dem dritten π-MO abgespalten (s.Abb. 5.2b, S.53). Das Dipolmoment wurde zu 0,71 D ermittelt, wobei sich das negative Ende am O-Atom befindet. Demgegenüber beträgt das Dipolmoment des Tetrahydrofurans 1,75 D. Das kleine Dipolmoment des Furans gilt als Indiz dafür, daß ein Elektronenpaar des O-Atoms in das konjugierte System einbezogen wird und somit delokalisiert ist. Furan weist folgende UV-und NMR-Daten auf:

5.1 Furan

UV (Ethanol)	^{1}H-NMR (DMSO-d$_6$)	^{13}C-NMR (DMSO-d$_6$)
λ (nm) (ε)	δ (ppm)	δ (ppm)
208 (3,99)	H-2/5: 7,46	C-2/5: 143,6
	H-3/4: 6,36	C-3/4: 110,4

Die Lage der Signale in Bereichen, die für benzoide Verbindungen typisch sind, läßt erkennen, daß bei der Aufnahme des NMR-Spektrums ein diamagnetischer Ringstrom in den Furanmolekülen induziert wird. Damit genügt Furan einem wichtigen experimentellen Kriterium für die Aromatizität cyclisch konjugierter Systeme.

Zur Beschreibung der elektronischen Struktur des Furanmoleküls geht man davon aus, daß alle Ringatome sp^2-hybridisiert sind (s.Abb. 5.2a). Die Linearkombination (Überlappung) der fünf 2p$_z$-Atomorbitale ergibt fünf delokalisierte π-MO, von denen drei bindend und zwei antibindend sind.

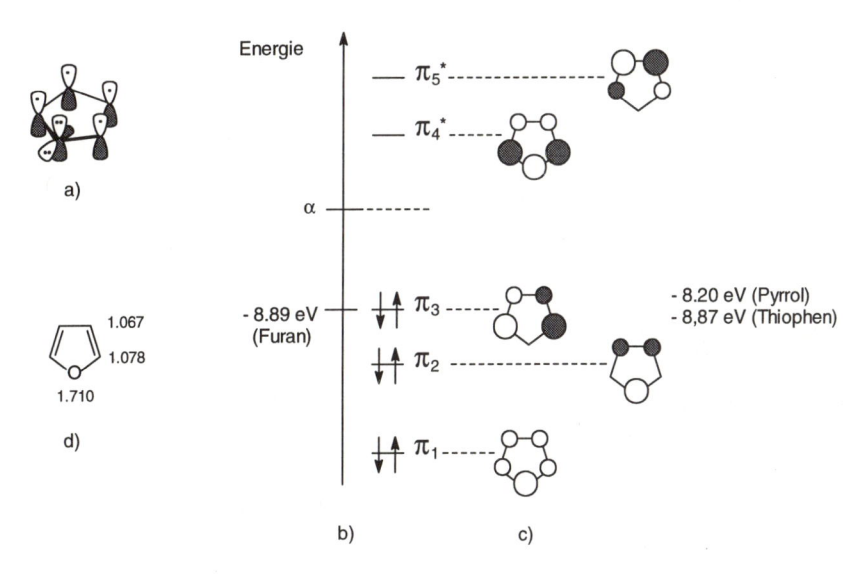

Abb. 5.2 Elektronische Struktur des Furans
a) sp^2-Hybridisierung der Ringatome
b) Energieniveau-Schema der π-MO (qualitativ) und Besetzung mit Elektronen
c) π-MO (Das O-Atom befindet sich in der unteren Ecke des Fünfecks)
d) π-Elektronendichten, berechnet nach ab initio MO-Methoden[2]

Im Gegensatz zu den zum Furan iso-π-elektronischen Carbocyclen Benzol und Cyclopentadienyl-Anion sind $π_2$ und $π_3$ sowie $π_4^*$ und $π_5^*$ nicht energiegleich (nicht entartet, s.Abb. 5.2b und c). Der Umstand, daß im Fall von $π_3$ die Knotenebene durch das Heteroatom verläuft, im Fall von $π_2$ dagegen nicht, bewirkt die Aufhebung der Entartung. Jedes C-Atom steuert ein Elektron und das O-Atom zwei Elektronen zum cyclisch konjugierten System bei. Die sechs Elektronen besetzen paarweise die drei bindenden π-MO. Da sich sechs Elektronen auf fünf Atome verteilen, ist die π-Elektronendichte an jedem Ringatom > 1 (s.Abb. 5.2d). Furan zählt somit zu den sogenannten π-*Überschuß-Heterocyclen*.

Das am längsten angewandte quantifizierbare Aromatizitätskriterium für cyclisch konjugierte Systeme ist die Resonanzenergie[1]. Darunter versteht man den Energiebetrag, um den ein derartiges System energieärmer und damit stabiler als eine nichtkonjugierte oder aliphatische Referenzstruktur ist. Die Resonanzenergie kann theoretisch berechnet oder experimentell bestimmt werden. Im letzteren

Fall spricht man von der *empirischen Resonanzenergie*. Für Furan schwanken die Werte der empirischen Resonanzenergie je nach Bestimmungsmethode und Autor zwischen 62,3 und 96,2 kJ mol^{-1}. Um diesen Betrag ist das π-System des Furans energieärmer als die Summe der π-Elektronenenergien der "lokalisierten Fragmente" C(sp^2)-C(sp^2) und O(sp^2)-C(sp^2), jeweils mit 2 multipliziert. Man kann auch sagen, es handelt sich um die Energie, die bei der Delokalisierung der π-Elektronen im Furanmolekül frei wird. Die empirische Resonanzenergie des Benzols wurde zu 150,2 kJ mol^{-1} ermittelt. Ein Wert von 80 kJ mol^{-1} für Furan bedeutet, daß die Aromatizität des Furans geringer ist als die des Benzols. Der sogenannten DEWAR-*Resonanzenergie* wird als Referenzstruktur ein entsprechendes aliphatisches Polyen zugrunde gelegt, im Fall des Benzols Hexa-1,3,5-trien, im Fall des Furans Divinylether[3]. Für Benzol wurden 94,6 kJ mol^{-1} ermittelt, für Furan 18,0 kJ mol^{-1}. Auch aus diesen Werten geht hervor, daß Furan weniger aromatisch als Benzol ist.

Vor kurzem wurde ein Aromatizitätsindex für Heteroarene auf der Basis von experimentell bestimmten Bindungslängen vorgeschlagen[4].

B In Analogie zum Benzol zeigt Furan infolge seines π-Systems bevorzugt **Reaktionen** mit elektrophilen Reagenzien, häufig unter Substitution, aber je nach Reagens und Reaktionsbedingungen auch unter Addition und/oder Ringöffnung.

Elektrophile Substitutionsreaktionen

Bei elektrophilen Substitutionsreaktionen reagiert Furan unter vergleichbaren Bedingungen etwa 10^{11} mal schneller als Benzol, es ist viel reaktiver. Die Gründe dafür sind:
- Die Resonanzenergie des Furans ist geringer als die des Benzols.
- Während im Benzol die π-Elektronendichte an jedem Ringatom 1 beträgt, weist der Furanring einen π-Überschuß auf.

Den elektrophilen Substitutionsreaktionen des Furans liegt wie denen des Benzols ein Additions-Eliminierungs-Mechanismus zugrunde:

Die Substitution erfolgt regioselektiv in α-Position; wenn diese Positionen besetzt sind, wird in ß-Position substituiert. Dafür gibt es zwei Ursachen:
- Die Delokalisierung der positiven Ladung im σ-Komplex II ist effektiver, sie wird nicht durch das Heteroatom beeinträchtigt.
- Der Koeffizient des HOMO ist an den α-C-Atomen größer als an den ß-C-Atomen (s.Abb. 5.2c).

Aus dem Mechanismus geht die Bedeutung der Resonanzenergie für die Reaktivität des Substrates besonders deutlich hervor. Das π-System des Furans ist energiereicher als das des Benzols, deswegen wird im Fall des Furans weniger Energie benötigt, um auf dem Weg π-Komplex → Übergangszustand → σ-Komplex die cyclische Konjugation zu unterbrechen.

Die Chlorierung von Furan bei -40°C ergibt 2-Chlorfuran und 2,5-Dichlorfuran, die Bromierung mittels des Dioxan-Br$_2$-Komplexes bei -5°C 2-Bromfuran. Die Nitrierung wird am besten mit rauchender Salpetersäure in Acetanhydrid bei -10 bis -20°C vorgenommen, es entsteht 2-Nitrofuran. Durch den Pyridin-SO$_3$-Komplex oder den Dioxan-SO$_3$-Komplex wird Furan zu Furan-2-sulfonsäure und weiter zu Furan-2,5-disulfonsäure sulfoniert. Alkylierung und Acylierung sind ebenfalls möglich. Durch Einwirkung von Quecksilber(II)-chlorid und Natriumacetat in wäßrig-ethanolischer Lösung wird Furan mercuriert:

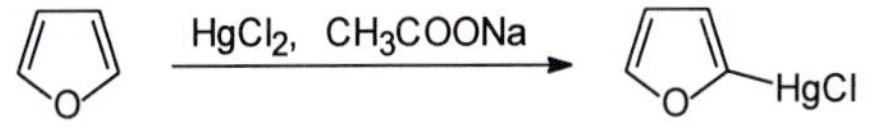

Metallierung

Durch *n*-Butyllithium in *n*-Hexan werden Furane in 2-Position metalliert, mit einem Überschuß des Reagens und bei höherer Reaktionstemperatur entsteht 2,5-Dilithiofuran. Im Prinzip handelt es sich dabei um eine Säure-Base-Reaktion, Furan wird durch die starke Base *n*-Butylat deprotoniert:

Additionsreaktionen

Furane ergeben bei der katalytischen Hydrierung die entsprechenden Tetrahydrofurane.

Bei einigen Additionsreaktionen verhalten sich Furane wie 1,3-Diene. Beispielsweise reagiert Furan mit Brom in Methanol in Gegenwart von Kaliumacetat unter 1,4-Addition zu 2,5-Dimethoxy-2,5-dihydrofuran:

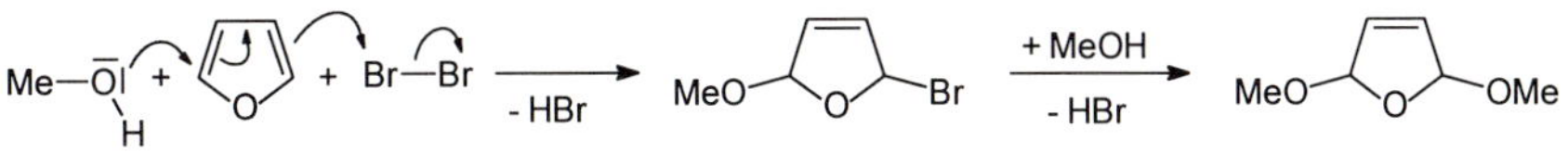

Noch deutlicher kommt die Analogie der Reaktivität des Furans zu der des Butadiens darin zum Ausdruck, daß Furan mit Dienophilen die DIELS-ALDER-Reaktion eingeht, so z.B. mit Maleinsäureanhydrid:

Wie im Fall des Butadiens handelt es sich um eine "normale" DIELS-ALDER-Reaktion, d.h., das HOMO des Furans (s.Abb. 5.2c) tritt mit dem LUMO des Maleinsäureanhydrids in Wechselwirkung. Die Reaktion verläuft diastereoselektiv. Für die Stereochemie der Cycloaddukte **1/2** gilt die ALDER'sche *endo*-Regel; so entsteht in Acetonitril bei 40°C unter kinetischer Kontrolle das *endo*-Addukt **1** 500mal schneller als das *exo*-Addukt **2**. Bei genügend langer Reaktionsdauer unterliegt die Produktbildung jedoch thermodynamischer Kontrolle: Zuerst gebildete *endo*-Verbindung wandelt sich über die Edukte vollständig in die um 8 kJ mol^{-1} stabilere *exo*-Verbindung um.

Die DIELS-ALDER-Reaktion der Furane ist eingehend untersucht worden. Mit Acetylen-Dienophilen (z.B. Acetylendicarbonsäurediethylester) entstehen Addukte (z.B. **3**), die durch Säuren zu Phenolen isomerisiert werden. Die selektive Hydrierung von **3** zu **4** und eine anschließende [4+2]-Cycloreversion ergibt die 3,4-disubstituierten Furane **5**:

Es gibt sogar Reaktionen, an denen sozusagen eine olefinische π-Bindung des Furans beteiligt ist. Beispielsweise reagiert Furan mit Ketonen unter den Bedingungen der PATERNO-BÜCHI-Reaktion (s.S.39) zu 2a,5a-Dihydro-2*H*-oxeto[2,3-b]furanen **6**:

Ringöffnungsreaktionen

Furane werden durch BRÖNSTED-Säuren nicht am O-Atom, sondern bevorzugt in 2-Position protoniert:

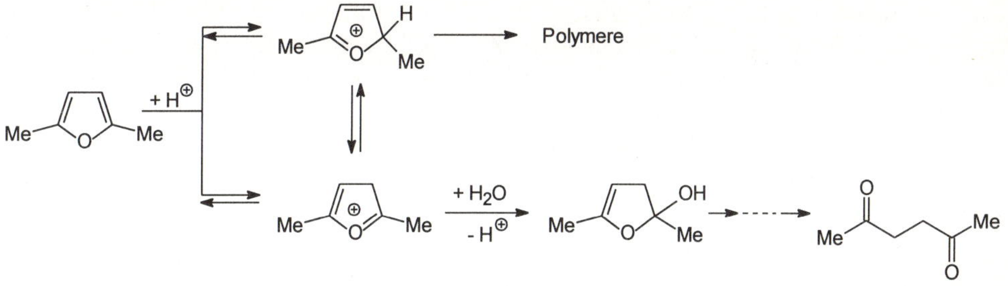

5.1 Furan

Konzentrierte Schwefelsäure oder Perchlorsäure bewirken die Polymerisation der entstandenen Kationen, verdünnte Säuren, z.B. Perchlorsäure in Dimethylsulfoxid/Wasser, die Hydrolyse zu 1,4-Dicarbonyl-Verbindungen. Der nucleophile Angriff der Wassermoleküle erfolgt dabei wahrscheinlich auf ein in 3-Position protoniertes Furan. Das 2-Hydroxy-2,3-dihydrofuran schließlich ergibt in Umkehrung der PAAL-KNORR-Synthese (s.S.58) die 1,4-Dicarbonyl-Verbindung, im gewählten Beispiel Hexan-2,5-dion.

C Zur Synthese von Furanen existieren mehrere Methoden. Als Ordnungsprinzip der Heterocyclen-Synthese wird in diesem Buch bei den wichtigsten Systemen die analytische Zerlegung der heterocyclischen Zielmoleküle unter Anwendung der bekannten Operationen der Retrosynthese nach COREY und WARREN[5] benutzt. Dieses Vorgehen erschließt "logische" Edukte und Methoden zum Aufbau der betreffenden Heterocyclen, die anschließend den de facto existierenden und präparativ relevanten Synthesemethoden gegenübergestellt werden.

Furan zeigt in der Betrachtungsweise der *Retrosynthese* die Funktionalität eines doppelten Enolethers und kann gemäß nachstehendem Schema auf zwei Wegen (I/II) retroanalytisch zerlegt werden.

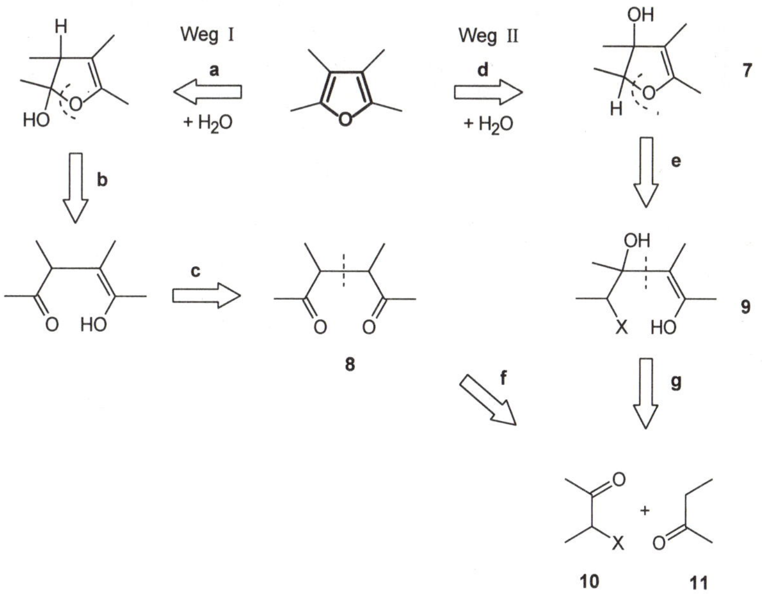

Abb. 5.3 Retrosynthese des Furans

Führt man gemäß Weg I als Retrosynthese-Operationen Addition von H_2O an die Furan-C-2/C-3-Bindung und nachfolgend Öffnung der Bindung O/C-2 durch – also eine Enolether-Hydrolyse entsprechend den Teilschritten **a–c** –, so gelangt man zum 1,4-Dicarbonyl-System **8** als erstem Edukt-Vorschlag; ausgehend von **8** sollte sich das Furan-System durch cyclisierende Dehydratisierung bilden. Weitere retroanalytische Zerlegung von **8** führt via **f** zur α-Halogencarbonyl-Verbindung **10** und zum Enolat der Carbonylverbindung **11**, aus dem vice versa das 1,4-Dicarbonyl-System **8** durch Alkylierung mit **10** hervorgehen sollte.

Gemäß Weg II kann die primäre H_2O-Addition an die Furan-C-2/C-3-Bindung aber auch entgegengesetzt wie bei **a** – also entsprechend Retrosyntheseschritt **d** – durchgeführt werden. Man gelangt so zur Zwischenstufe **7**, für die eine Bindungstrennung O/C-2 (**e**) retroanalytisch sinnvoll ist und zum γ-Halogen-ß-hydroxycarbonyl-System **9** führt. Anwendung einer Aldol-Spaltung als Retrosynthese-Operation (**g**) liefert die gleichen Edukte **10** und **11** wie der Retrosyntheseweg I; Weg II schlägt jedoch als ersten Synthese-Schritt eine Aldol-Addition von **10** und **11** zu **9** vor und zur Cyclisierung intramolekulare S_N-Reaktion des Enolats von **9** zum Dihydrofuran **7**, gefolgt von Dehydratisierung zum Furan.

Wie die nachstehenden **Synthesen** für Furane zeigen, können die Überlegungen der Retrosynthese auch in der Praxis realisiert werden.

❶ 1,4-Dicarbonyl-Verbindungen, insbesondere 1,4-Diketone, unterliegen bei der Einwirkung von konz. H_2SO_4, Polyphosphorsäure, $ZnCl_2$ oder Dimethylsulfoxid einer Cyclodehydratisierung zu 2,5-disubstituierten Furanen **12** (PAAL-KNORR-Synthese):

Die BRÖNSTED- bzw. LEWIS-Säure lagert sich in einem Säure-Base-Gleichgewicht an eine Carbonyl-Gruppe des 1,4-Dicarbonyl-Systems an (**13**), wodurch der intramolekulare nucleophile Angriff der zweiten Carbonylgruppe unter Bildung von **14** ermöglicht wird; abschließend erfolgt die – ebenfalls säurekatalysierte – ß-Eliminierung von Wasser (**14 → 12**).

❷ α-Halogencarbonyl-Verbindungen ergeben bei der Cyclokondensation* mit ß-Ketocarbonsäureestern Derivate der Furan-3-carbonsäure **15** (FEIST-BENARY-Synthese):

---

* Reaktionen, bei denen offenkettige Edukte unter Abspaltung von Wasser, Halogenwasserstoff oder anderen niedermolekularen Verbindungen in cyclische Produkte übergehen, nennt man *Cyclokondensationen*. Sie sind wichtige Synthesemethoden für fünf-, sechs- und höhergliedrige Heterocyclen.

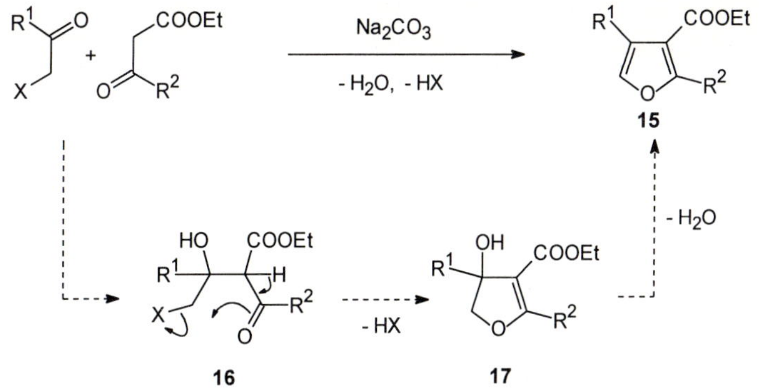

5.1 Furan

Die FEIST-BENARY-Synthese erfordert die Anwesenheit von Basen, z.B. wäßriger Na$_2$CO$_3$-Lösung. Sie verläuft als Mehrstufen-Reaktionsfolge über mindestens zwei Zwischenstufen (**16/17**), von denen die 3-Hydroxy-2,3-dihydrofurane **17** in einigen Fällen isoliert werden können. Die Bildung von **16** erfolgt durch Aldol-Addition, die von **17** durch intramolekulare nucleophile Substitution. Cyclische 1,3-Diketone reagieren mit α-Halogencarbonyl-Verbindungen ebenfalls nach dem Modus der FEIST-BENARY-Synthese, z.B. :

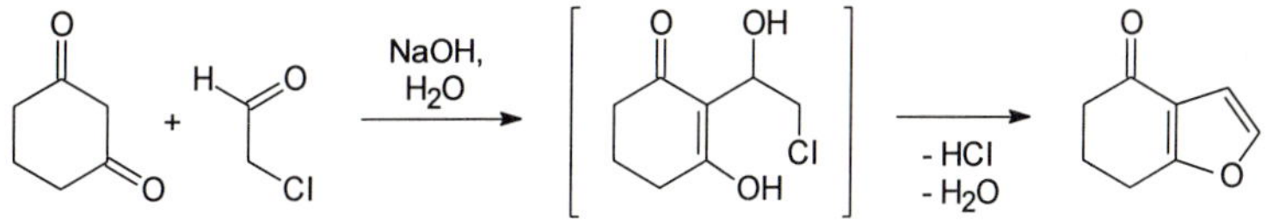

Die bei der Umsetzung von ß-Ketoester und α-Halogenketon grundsätzlich mögliche Konkurrenz zwischen C-Alkylierung (und Weiterreaktion nach PAAL-KNORR) und Aldol-Addition (und Weiterreaktion nach FEIST-BENARY) kann zu Gemischen isomerer Furane führen. Sie ist jedoch mitunter – wie bei der Reaktion von Chloraceton mit Acetessigester zu den Furan-3-carbonsäuren **18/19** – durch das Reaktionsmedium steuerbar :

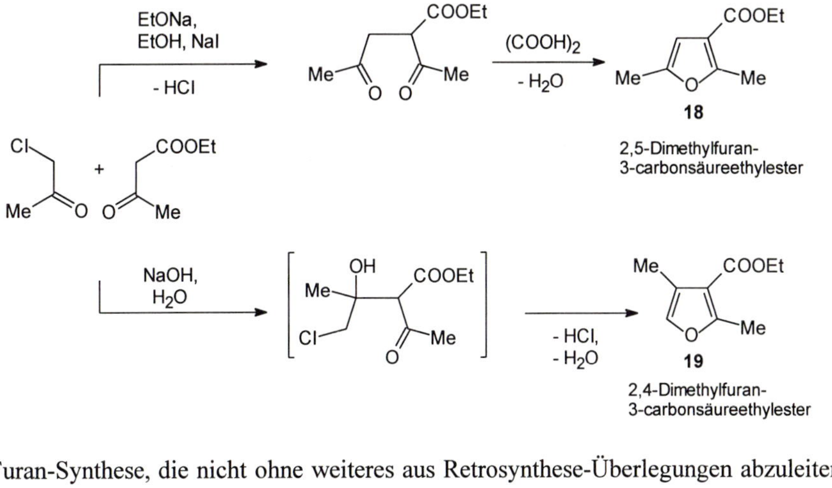

18 2,5-Dimethylfuran-3-carbonsäureethylester

19 2,4-Dimethylfuran-3-carbonsäureethylester

❸ Eine Furan-Synthese, die nicht ohne weiteres aus Retrosynthese-Überlegungen abzuleiten ist, besteht in der Ringtransformation von Oxazolen durch DIELS-ALDER-Reaktion mit aktivierten Alkinen.

So reagiert z.B. 4-Methyloxazol **20** mit Acetylendicarbonester über ein nicht isolierbares Addukt **21** zum Furan-3,4-dicarbonester **22**[6]:

Der erste Schritt ist eine [4+2]-Cycloaddition, der zweite Schritt eine [4+2]-Cycloreversion. Daß die Cycloreversion nicht als Rückreaktion des ersten Schrittes verläuft, sich also kein Gleichgewicht einstellt, wird dadurch verursacht, daß neben dem Furan **22** das thermodynamisch sehr stabile Acetonitril entsteht.

D **Furan** wird durch katalytische Decarbonylierung von Furan-2-carbaldehyd oder durch Decarboxylierung von Furan-2-carbonsäure mittels Kupferpulver in Chinolin hergestellt. Furan ist eine farblose, angenehm riechende, wasserunlösliche Flüssigkeit, Sdp. 32°C. Die bereits bei Raumtemperatur langsam ablaufende Polymerisation läßt sich durch einen Zusatz von Hydrochinon oder anderen Phenolen inhibieren.

Furan-2-carbaldehyd (Furfural, Furfurol; von lat. furfur = Kleie) wird technisch aus pflanzlichem Abfallmaterial, das reich an Pentosanen ist, z.B. Kleie, durch Behandlung mit verdünnter Schwefelsäure und anschließende Wasserdampfdestillation gewonnen:

Furan-2-carbaldehyd, eine farblose, giftige, wasserlösliche Flüssigkeit vom Sdp. 162°C, färbt sich an der Luft allmählich braun. Wie Benzaldehyd ist er der CANNIZZARO-Reaktion, der PERKIN-Reaktion, der KNOEVENAGEL-Kondensation und der Acyloin-Kondensation zugänglich. Die katalytische Hydrierung von Furan-2-carbaldehyd ergibt 2-(Hydroxymethyl)oxolan **23** (Tetrahydrofurfurylalkohol). Diese Verbindung erleidet bei der Einwirkung saurer Katalysatoren eine nucleophile 1,2-Umlagerung zu 3,4-Dihydro-2*H*-pyran **24**:

Als Beispiel für eine Ringöffnungsreaktion des Furan-2-carbaldehyds dient die Herstellung der farbigen Salze **25** des 2-Hydroxy-5-(phenylamino)penta-2,4-dienanils durch Einwirkung von Anilin und Salzsäure:

5.1 Furan

[Reaktionsschema zur Bildung von Verbindung **25** aus Furan-2-carbaldehyd und PhNH₂/HCl]

25

Furan-2-carbaldehyd wird als Lösungsmittel, zur Herstellung von Polymeren und als Ausgangsstoff für Synthesen verwendet. Sollte sich die Tendenz zum Einsatz von "nachwachsenden Rohstoffen" weiter verstärken, dann könnte der Furan-2-carbaldehyd die Bedeutung eines Grundstoffes für die chemische Industrie erlangen.

5-Nitrofuran-2-carbaldehyd (5-Nitrofurfural), Schmp. 36°C, wird durch Nitrierung von Furan-2-carbaldehyd hergestellt. Einige seiner Derivate wirken bacteriostatisch und bactericid. Sie dienen zur Bekämpfung von Infektionskrankheiten, z.B. das Semicarbazon (INN *Nitrofural*).

5-(Hydroxymethyl)furan-2-carbaldehyd entsteht bei der Dehydratisierung von Saccharose, z.B. mittels Iod in Dimethylsulfoxid.

Furan-2-carbonsäure (Brenzschleimsäure) wird durch trockene Destillation von D-Galactarsäure (Schleimsäure) hergestellt:

[Reaktionsschema: Galactarsäure → Furan-2-carbonsäure unter Δ, −3 H₂O, −CO₂]

Furan-2-carbonsäure bildet farblose Kristalle, Schmp. 134°C. Mit einem pK_a-Wert von 3,2 ist sie eine stärkere Säure als Benzoesäure (pK_a = 4,2).

Furane kommen vereinzelt in Pflanzen und Mikroorganismen vor, z.B. *Carlinaoxid* **26**, das durch Wasserdampfdestillation der Wurzeln der Silberdistel (Carlina acaulis) gewonnen werden kann:

[Struktur **26**: Furan–C≡C–CH₂–Ph]   [Struktur **27**: Furan–CH₂–SH]

26   **27**

Einige Naturstoffe mit Furanring zeichnen sich durch einen intensiven Geruch aus, z.B. *Furan-2-methanthiol* **27**, ein Bestandteil des Kaffeearomas, *Rosenfuran* **28**, eine Komponente des Rosenöls, sowie *Menthofuran* **29**, das im Pfefferminzöl vorkommt. Die Verbindungen **28** und **29** lassen zugleich terpenoide Strukturen erkennen:

[Struktur **28**: 3-Methylfuran mit 3-Methylbut-2-enyl-Substituent]   [Struktur **29**: Menthofuran]

28   **29**

Zur Gruppe der *Furocumarine* gehörende Naturstoffe werden auf S.251 beschrieben.

E Furane sind als Synthese-Bausteine von erheblicher Bedeutung[6a]. Außer den Cycloadditionen läßt sich auch die säurekatalysierte Hydrolyse nutzen. So wird das aus 2-Methylfuran und (Z)-1-Bromhex-3-en via Metallierung und Alkylierung zugängliche Furan **30** durch wäßrige Säure zum 1,4-Diketon **31** gespalten, aus dem durch basekatalysierte intramolekulare Aldol-Kondensation (Z)-Jasmon **32**, ein natürlicher Riechstoff, entsteht:

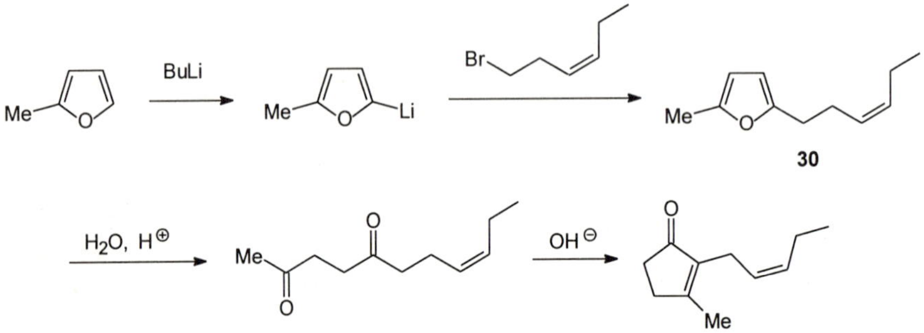

Eine Variante dieses Ringöffnungs-Prinzips bietet die Spaltung von Furan-2-methanolen (z.B. **33**) zu Lävulinsäureestern (z.B. **34**) durch HCl in Alkoholen:

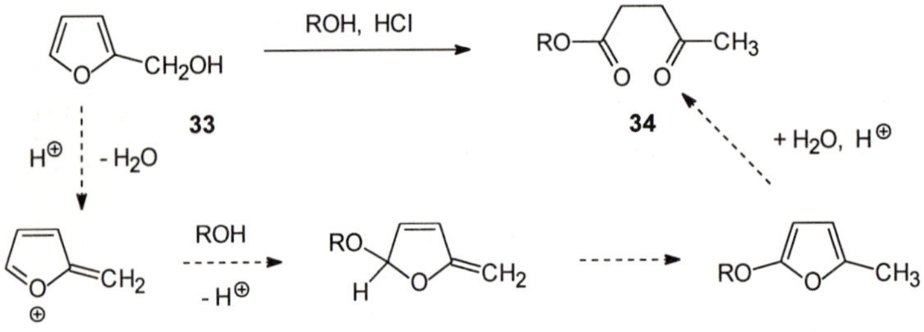

Unter den gleichen Bedingungen ergeben α-Furylvinylcarbonyl-Systeme (Ketone, Ester, Säuren) ebenfalls Ketoester, so z.B. die aus Furfurol durch decarboxylierende KNOEVENAGEL-Reaktion mit Malonsäure leicht zugängliche α-Furylacrylsäure **38** 4-Oxoheptandisäureester **39** (MARCKWALD-Spaltung)[7]:

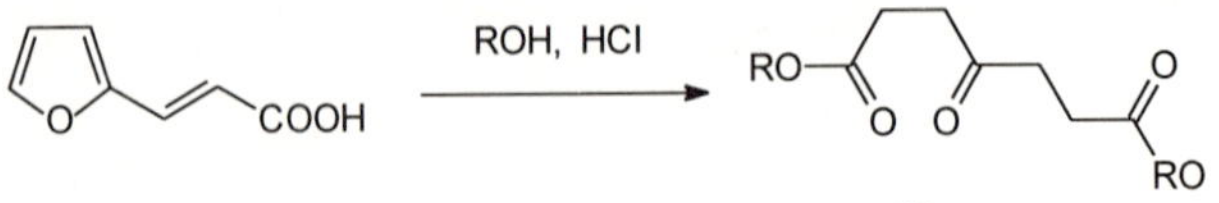

Für diese einem inneren Redox-Prozeß gleichkommenden Transformationen kann ein ionischer Mechanismus mit ROH-Addition, Isomerisierung und hydrolytischer Ringöffnung (**35** → **36** → **37** → **34**) verantwortlich gemacht werden.

5.2 Benzo[b]furan

A Benzo[b]furan, häufig vereinfacht Benzofuran genannt, weist folgende UV-Absorptionsbanden und NMR-Signale auf:

UV (Ethanol) λ (nm) (ε)	^{1}H-NMR (Aceton-d$_6$) δ (ppm)		^{13}C-NMR (CS$_2$) δ (ppm)			
244 (4,03)	H-2: 7,79	H-6: 7,30	C-2: 141,5		C-6:	124,6
274 (3,39)	H-3: 6,77	H-7: 7,52	C-3: 106,9		C-7:	111,8
281 (3,42)	H-4: 7,64		C-4: 121,6		C-3a:	127,9
	H-5: 7,23		C-5: 123,2		C-7a:	155,5

Wiederum liegen die Signale der Furanprotonen im Bereich der benzoid gebundenen Protonen. Im Gegensatz dazu verhält sich die Bindung C-2/C-3 chemisch mehr wie eine lokalisierte olefinische Doppelbindung, d.h. sie geht Additionsreaktionen ein.

B Benzo[b]furan ergibt bei der Einwirkung von Salpetersäure in Essigsäure 2-Nitrobenzo[b]furan, bei der VILSMEIER-Formylierung Benzo[b]furan-2-carbaldehyd, bei der Reaktion mit *n*-Butyllithium 2-Lithiobenzo[b]furan.

Mit Brom reagiert Benzo[b]furan unter Addition zu *trans*-2,3-Dibrom-2,3-dihydrobenzo[b]furan. Diese Verbindung läßt sich zu einem Gemisch von 2-Brom- und 3-Brombenzo[b]furan dehydrobromieren.

Im Benzo[b]furan dominiert der Benzolring infolge seiner großen Resonanzenergie so sehr, daß im Gegensatz zum Furan thermische [4+2]-Cycloadditionen nicht möglich sind. Demgegenüber verlaufen photochemische [2+2]-Cycloadditionen an der C-2/C-3-Doppelbindung glatt, z.B. mit Acetylendicarbonsäureester zum Cyclobutenderivat **1**:

Die Photooxygenierung von 2,3-Dimethylbenzo[b]furan bei -78°C ergibt ein 1,2-Dioxetan **2**, das bei Raumtemperatur zu 2-Acetoxyacetophenon **3** isomerisiert:

Die Reaktivität der C-2/C-3-Doppelbindung im Benzo[b]furan entspricht somit etwa der eines Vinylethers.

C Benzo[b]furan wurde erstmals aus Cumarin über die entsprechende Dibromverbindung auf folgendem Weg erhalten:

Auf diese Herstellung geht der früher übliche Name Cumaron für Benzo[b]furan zurück. Die Reaktion von 3,4-Dibrom-3,4-dihydrocumarin **4** mit KOH zu Benzo[b]furan nennt man PERKIN-Umlagerung.

Benzo[b]furane sind weiterhin durch Umsetzung von Phenolaten mit α-Halogenketonen und anschließende Cyclodehydratisierung mittels H_2SO_4 oder Polyphosphorsäure zugänglich[8]:

Demgegenüber führt die thermische Cyclodehydrierung von 2-Alkylphenolen zu 2-Alkylbenzo[b]furanen:

D **Benzo[b]furan**, eine farblose, ölige, wasserunlösliche Flüssigkeit vom Sdp. 173°C, kommt im Steinkohlenteer vor. Wahrscheinlich entsteht es bei der Verkokung der Steinkohle durch Cyclodehydrierung von 2-Ethylphenol. Die Copolymerisation mit Inden unter Einwirkung von BRÖNSTED- oder LEWIS-Säuren ergibt die sogenannten Cumaronharze, die für spezielle Anwendungen (Klebstoffe, Lacke, Bindemittel) technisch hergestellt werden.

Vom Benzo[b]furan leiten sich einige Naturstoffe und Pharmaka ab, z.B. das bactericid wirkende 2-(4-Nitrophenyl)benzo[b]furan **5** und das *Amiodaron* **6**, ein substituiertes 3-Benzoyl-2-(*n*-butyl)benzo[b]-furan, das zur Behandlung von Herzrhythmusstörungen eingesetzt wird:

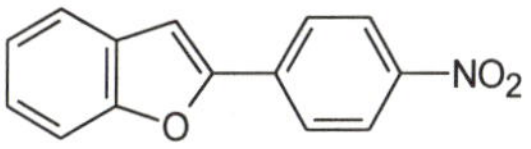

5.3 Isobenzofuran

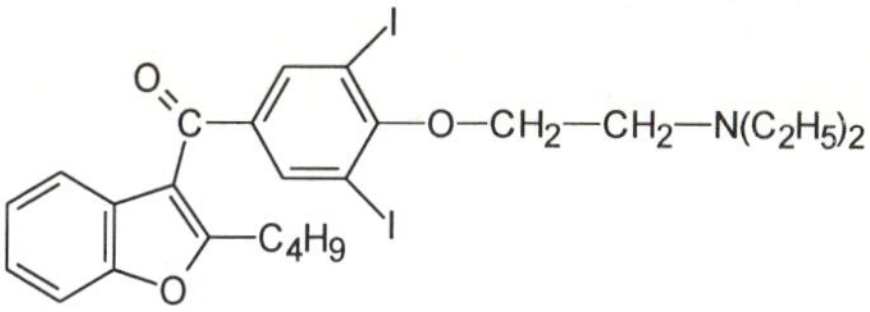

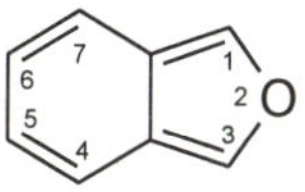

A-D Der Name Isobenzofuran ist für das Benzo[c]furan zugelassen. Aus der Konstitutionsformel geht hervor, daß im sechsgliedrigen Ring kein π-Elektronensextett existiert, vielmehr liegt eine orthochinoide Struktur vor. Die Resonanzenergie des Isobenzofurans ist demzufolge viel kleiner als die des Benzo[b]furans. In Übereinstimmung damit konnte Isobenzofuran bis heute nicht als reine Substanz isoliert werden[9]. Es entsteht bei der Kurzzeitpyrolyse von Benzo-7-oxabicyclo[2.2.1]hepten **1** im Vakuum und polymerisiert selbst bei tiefen Temperaturen sehr schnell:

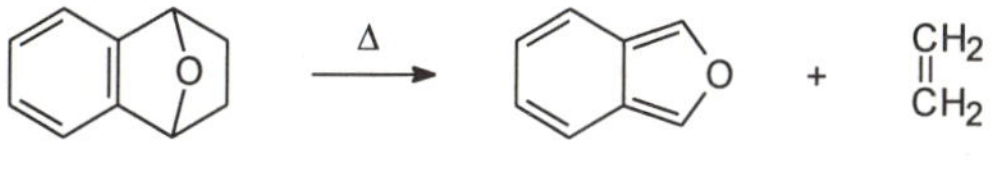

Demgegenüber kann 1,3-Diphenylisobenzofuran **3** aus 3-Phenylphthalid **2** auf folgendem Weg hergestellt werden:

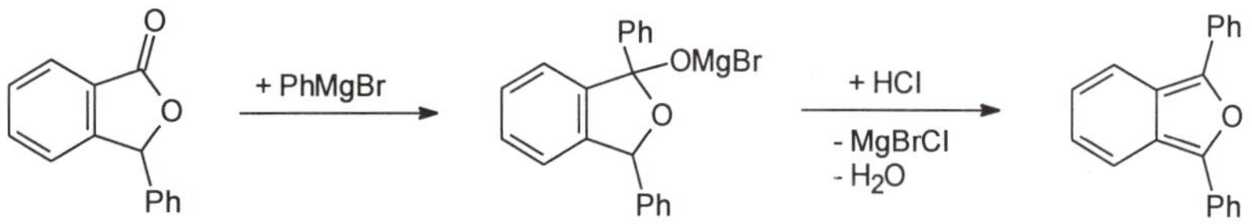

Die intensiv gelbe Verbindung schmilzt bei 127°C, ihre Lösungen fluoreszieren blaugrün. 1,3-Diphenylisobenzofuran erweist sich bei [4+2]-Cycloadditionen als äußerst reaktives Dien[9]. Es wird benutzt, um instabile Olefine oder Acetylene abzufangen, z.B. 1,2-Dehydrobenzol unter Bildung des Adduktes **4**:

Analog dazu und im Gegensatz zum Benzo[b]furan verläuft die Photooxygenierung bei -50°C als [4+2]-Cycloaddition. Das Produkt **5** wird durch Kaliumiodid in Essigsäure zu 1,2-Dibenzoylbenzol reduziert:

5

Die Reaktionen des 1,3-Diphenylisobenzofurans sind demnach dadurch gekennzeichnet, daß die orthochinoide Struktur unter Freisetzung von Resonanzenergie in eine benzoide Struktur mit π-Elektronensextett übergeht.

5.4 Dibenzofuran

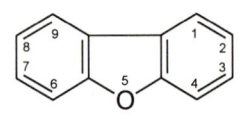

A-D Die Kennzeichnung [b,d] wird weggelassen, da es keine andere Möglichkeit der Ringkondensation gibt. Früher war für Dibenzofuran der Name Diphenylenoxid üblich.

Dibenzofurane verhalten sich wie *o,o'*-disubstituierte Diphenylether, d.h., sie sind den für benzoide Verbindungen typischen elektrophilen Substitutionsreaktionen zugänglich. Halogenierung, Sulfonierung und Acylierung erfolgen in 2-Position, danach entstehen 2,8-disubstituierte Verbindungen. Die Nitrierung ergibt 3-Nitro- und weiter 3,8-Dinitroverbindungen. Lithiierung und Mercurierung führen zu 4-substituierten und schließlich zu 4,6-disubstituierten Produkten[10].

Bei der Einwirkung von Lithium in siedendem Dioxan unterliegt Dibenzofuran der "Etherspaltung", das Produkt ergibt bei der Hydrolyse 2-Hydroxybiphenyl:

Als Standardsynthese für Dibenzofurane hat sich die säurekatalysierte Cyclodehydratisierung von 2,2'-Dihydroxybiphenylen bewährt:

Dibenzofuran, farblose, fluoreszierende Kristalle, Schmp. 86°C, Sdp. 287°C, kommt im Steinkohlenteer vor.

2,3,7,8-Tetrachlordibenzofuran und andere Polychlordibenzofurane (abgekürzt PCDF) sind extrem toxische Verbindungen und zählen wie 2,3,7,8-Tetrachlordibenzo[1,4]dioxin (s.S.371) zu den Ultragiften (Supertoxinen)[11]. Die letale Dosis bei Affen liegt in der Größenordnung von 0,07 mg pro kg Körpergewicht. PCDF entstehen in Spuren bei der industriellen Herstellung von Polychlorbenzolen, Polychlorphenolen und Polychlorbiphenylen sowie bei der Verbrennung oder thermischen Zersetzung von Produkten, die derartige Verbindungen enthalten, wie Pesticiden, mit Polychlorphenolen konserviertem Holz sowie Transformatorenölen, z.B.:

5.5 Tetrahydrofuran

A Im Tetrahydrofuran (Oxolan) betragen die C-O-Bindungslängen 142,8 pm, die C-C-Bindungslängen 153,5 pm. Sie gleichen damit den entsprechenden Bindungslängen in Dialkylethern. Der Ring ist praktisch spannungsfrei, aber nicht eben. Es existieren 10 Twist- und 10 Briefumschlag-Konformationen, die sich durch Pseudorotation sehr schnell ineinander umwandeln (Aktivierungsenergie 0,7 kJ mol^{-1}), so daß ein konformativ fast frei bewegliches Molekül vorliegt (s.S.68).

Twist   Briefumschlag
(Halbsessel)

In den Twist-Konformationen liegen drei Ringatome in einer Ebene, in den Briefumschlag-Konformationen sind es vier.

Die chemischen Verschiebungen der H- und C-Atome des Tetrahydrofurans in den NMR-Spektren wurden wie folgt gemessen:

^{1}H-NMR (CCl$_4$)
δ (ppm)

^{13}C-NMR (D$_2$O)
δ (ppm)

H-2/H-5: 3,61
H-3/H-4: 1,79

C-2/C-5: 68,60
C-3/C-4: 26,20

Diese Werte sind typisch für Dialkylether und unterscheiden sich signifikant von den für Furan gemessenen Verschiebungen (s.S.53).

B In Analogie zu den Oxetanen unterliegen Tetrahydrofurane der säurekatalysierten Ringöffnung durch Nucleophile. So entsteht z.B. beim Erhitzen von Tetrahydrofuran mit Salzsäure 4-Chlorbutan-1-ol:

Andererseits bewirken auch Lithiumalkyle, z.B. *n*-Butyllithium, eine Ringöffnung. Zuerst entsteht 2-Lithiotetrahydrofuran, das bereits bei Raumtemperatur langsam im Rahmen einer [3+2]-Cycloreversion in Ethen und das Lithiumenolat des Acetaldehyds zerfällt:

Tetrahydrofurane verhalten sich also im wesentlichen wie Dialkylether.

C Einfachste Methode zur Synthese von Tetrahydrofuranen ist die Cyclodehydratisierung von 1,4-Diolen:

Tetrahydrofuran selbst wird durch katalytische Cyclodehydratisierung von Butan-1,4-diol industriell produziert.

5.5 Tetrahydrofuran

Eine weitere Methode zur Synthese von Tetrahydrofuranen ist die Cyclofunktionalisierung von γ,δ-ungesättigten Alkoholen **1**[12]:

Diese Reaktion unterscheidet sich von einer einfachen Cyclisierung dadurch, daß zusätzlich zum Ring mit der Iodmethyl-Gruppe eine weitere Funktionalität erzeugt wird. Die Reaktion verläuft diastereoselektiv, es entsteht ein *trans*-2,5-disubstituiertes Tetrahydrofuran **2**.

D **Tetrahydrofuran**, häufig als THF abgekürzt, ist eine farblose, angenehm riechende, wasserlösliche Flüssigkeit vom Sdp. 64,5°C. Das Einatmen der Dämpfe führt zu schweren Vergiftungen. THF unterliegt beim Aufbewahren unter Luftzutritt der Autoxidation zu einem Hydroperoxid:

Dieses kann leicht durch die Bildung von Iod nach Zugabe von Kaliumiodid nachgewiesen werden. Bei längerem Stehen geht das Hydroperoxid in hochexplosive Peroxide über.

THF wird als Lösungsmittel verwendet, vor allem bei der Herstellung von GRIGNARD-Verbindungen, bei niedrigen Temperaturen auch für Organolithium-Verbindungen.

Vom Tetrahydrofuran leitet sich eine erhebliche Anzahl von Naturstoffen ab. Die größte biologische Bedeutung besitzen Kohlenhydrate (Pentosen, seltener Hexosen und davon abgeleitete Glycoside), die einen Tetrahydrofuran-Ring enthalten und daher "Furanosen" genannt werden.

Muscarin **5**, einer der Wirkstoffe aus dem Fliegenpilz (Amanita muscaria), besitzt ein 2,3,5-trisubstituiertes Tetrahydrofuran-Gerüst. Für Muscarin wurden mehrere stereokontrollierte Synthesen ausgearbeitet. Eine davon geht von Methylvinylketon aus[13] und benutzt zum stereoselektiven Ringschluß die Cyclofunktionalisierung des γ,δ-ungesättigten 2,6-Dichlorbenzylethers **3** mit Iod:

Anders als voranstehend (s.S.69) für den Alkohol beschrieben entsteht dabei das Diastereomer **4** mit *cis*-Konfiguration der 2,5-Substituenten, das durch Reaktion mit Trimethylamin (+)-Muscarin **5** liefert.

Cantharidin **7** ist der Giftstoff der in Südeuropa beheimateten Käfer der Art Cantharis, zu denen auch die sogenannte Spanische Fliege zählt. Es wirkt hautreizend und blasenziehend.

Die direkte Synthese des Cantharidins durch DIELS-ALDER-Reaktion von Furan mit Dimethylmaleinsäureanhydrid **6** ist nicht möglich[14]. Sie gelingt jedoch mit 2,5-Dihydrothiophen-3,4-dicarbonsäureanhydrid **8** als Dienophil, das Cycloaddukt **9** (*exo/endo*-Gemisch, 85:15) wird anschließend hydriert und der Tetrahydrothiophen-Ring in **10** durch reduktive Desulfurierung geöffnet[15]:

Polyether-Antibiotica enthalten Tetrahydrofuran-Ringe. Im *Monensin* **11** sind drei in linearer Anordnung verknüpft, das Molekül enthält 17 stereogene Zentren. Stereokontrollierte Synthesen des Monensins wurden ausgearbeitet[16]. Im *Nonactin* **12** sind die Ringe jeweils in α- und α'-Position über Estergruppierungen miteinander verbunden, Nonactin kann demgemäß auch den Antibiotica der Makrolid-Gruppe zugerechnet werden. Polyether des Typs **11/12** besitzen die Fähigkeit, Ionen über biologische Membranen zu transportieren; sie werden daher auch als Ionophore bezeichnet.

Furan, Benzo[b]furan, Isobenzofuran, Dibenzofuran und Tetrahydrofuran sind geradezu Paradebeispiele dafür, daß wesentliche Informationen über die Reaktivität der organischen Verbindungen in den Konstitutionsformeln verschlüsselt sind und aus ihnen abgelesen werden können.

5.6 Thiophen

A Der vom Thiophen abgeleitete einwertige Rest heißt Thienyl. Wie beim Furan liegen alle Ringatome des Thiophens in einer Ebene (s.Abb. 5.4). Der größere Atomradius des Schwefels bewirkt, daß die Bindung zwischen dem Heteroatom und einem α-C-Atom um 35,2 pm länger als beim Furan ist.

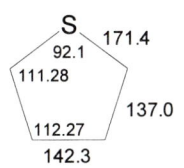

Abb. 5.4 Struktur des Thiophens
(Bindungslängen in pm, Bindungswinkel in Grad)

Die Ionisierungsenergie beträgt 8,87 eV, nach KOOPMANS Theorem gleich der negativen Orbitalenergie von π^3 (s.Abb. 5.2c, S.53). Die im Vergleich zum Sauerstoff niedrigere Elektronegativität des Schwefels hat zur Folge, daß das Dipolmoment mit 0,52 D noch kleiner ist als im Fall des Furans. Die chemischen Verschiebungen im NMR-Spektrum liegen wie beim Furan in für benzoide Verbindungen typischen Bereichen:

UV (95proz.Ethanol)	^{1}H-NMR (CS$_2$)	^{13}C-NMR (Aceton-d$_6$)
λ (nm) (ε)	δ (ppm)	δ (ppm)
215 (3,80)	H-2/H-5: 7,18	C-2/C-5: 125,6
231 (3,87)	H-3/H-4: 6,99	C-3/C-4: 127,3

Thiophen ist aromatisch. Die elektronische Struktur geht aus Abb. 5.2 (s.S.53) hervor. Wie Furan gehört Thiophen zu den π-Überschuß-Heterocyclen, d.h., die π-Elektronendichte an jedem Ringatom ist > 1. Die Werte für die empirische Resonanzenergie des Thiophens liegen um 120 kJ mol^{-1}, die DEWAR-Resonanzenergie wird mit 27,2 kJ mol^{-1} angegeben. Die Aromatizität des Thiophens ist somit geringer als die des Benzols, aber größer als die des Furans. Zur Erklärung des Unterschiedes zwischen Thiophen und Furan gibt es zwei Möglichkeiten:

- Infolge der geringeren Elektronegativität des Schwefels kann das Elektronenpaar des S-Atoms stärker in das konjugierte System einbezogen werden, d.h., seine Delokalisierung erbringt mehr Energie. Diese Annahme stimmt mit der Schlußfolgerung aus den Dipolmomenten überein.
- Schwefel als Element der 2. Achterperiode ist zur Oktettüberschreitung befähigt, seine 3d-Orbitale können sich am konjugierten System beteiligen. Dies läßt sich durch mesomere Grenzstrukturen zum Ausdruck bringen:

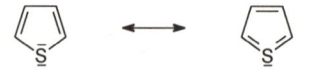

Spektroskopische Messungen und MO-Berechnungen ergaben jedoch, daß die Beteiligung der 3d-Orbitale am konjugierten System vernachlässigbar gering ist, jedenfalls im elektronischen Grundzustand des Thiophenmoleküls.

B Thiophen bevorzugt **Reaktionen** mit elektrophilen Reagenzien. Verglichen mit Furan treten Additions- und Ringöffnungsreaktionen in den Hintergrund, es dominieren Substitutionsreaktionen. Einige weitere Reaktionen, wie Oxidation und Desulfurierung, sind durch die Anwesenheit des S-Atoms bedingt und daher auf Thiophene beschränkt.

Elektrophile Substitutionsreaktionen

Thiophen reagiert unter vergleichbaren Bedingungen langsamer als Furan, aber immer noch viel schneller als Benzol. Die S$_E$Ar-Reaktivität des Thiophens entspricht etwa der des Anisols. Der Reaktionsmechanismus ist der gleiche wie auf Seite 54 für Furan beschrieben. Die Substitution erfolgt regioselektiv in α- bzw. α,α'-Position.

Thiophen wird durch Cl$_2$ oder SO$_2$Cl$_2$ chloriert. Die Bromierung gelingt mittels Br$_2$ in Essigsäure oder mittels *N*-Bromsuccinimid. Die Nitrierung wird durch konzentrierte HNO$_3$ in Essigsäure bei 10°C bewirkt. Die Zweitsubstitution ergibt allerdings hauptsächlich 2,4-Dinitrothiophen. Durch 96proz. H$_2$SO$_4$ wird Thiophen bei 30°C innerhalb weniger Minuten sulfoniert. Benzol reagiert unter diesen Bedingungen äußerst langsam. Darauf beruht ein Verfahren zur Entfernung des Thiophens aus dem Steinkohlenteerbenzol (s.S.77). Während bei der Alkylierung des Thiophens häufig geringe Ausbeuten erhalten werden, verlaufen die VILSMEIER-HAACK-Formylierung zu Thiophen-2-carbaldehyd und die Acylierung mittels Acylchloriden in Gegenwart von Zinntetrachlorid zu 2-Acylthiophenen glatt. Wie Furan wird Thiophen durch Quecksilber(II)-chlorid mercuriert.

Metallierung

Thiophen wird durch *n*-Butyllithium in Diethylether α-metalliert. Über 2-Lithiothiophen lassen sich 2-Alkylthiophene durch Alkylierung mit Halogenalkanen darstellen:

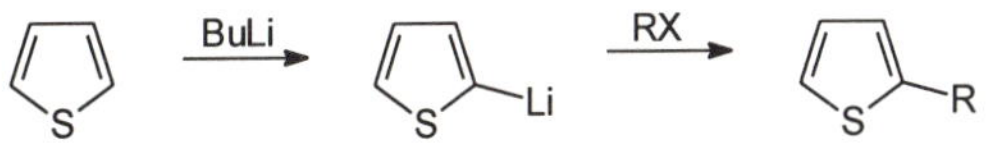

Additionsreaktionen

Die Palladium-katalysierte Hydrierung von Thiophenen ergibt Thiolane.

Thiophene sind zu DIELS-ALDER-Reaktionen befähigt, ihre Dien-Reaktivität ist jedoch geringer als die der Furane. Die [4+2]-Cycloaddition erfolgt daher erst bei Einsatz besonders reaktionsfähiger Dienophile (Arine und Alkine mit Akzeptor-Substituenten) oder bei Anwendung von hohem Druck (Beispiel 3). Aus Alkinen entstehen *o*-disubstituierte Benzol-Derivate **2**, da die primären DIELS-ALDER-Addukte **1** Schwefel eliminieren:

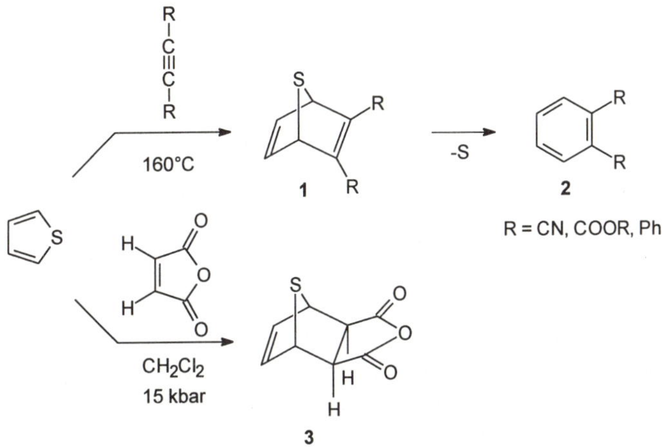

R = CN, COOR, Ph

Thiophene können über die C-2/C-3-π–Bindung [2+1]-Cycloadditionen mit Carbenen, z.B.

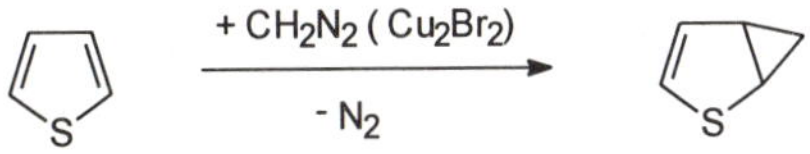

und [2+2]-Cycloadditionen mit aktivierten Alkinen eingehen, so Tetramethylthiophen mit Dicyanacetylen unter AlCl$_3$-Katalyse:

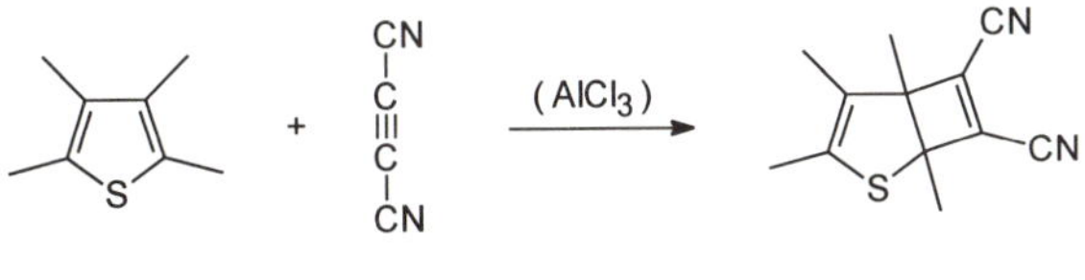

Bei 3-Aminothiophenen (z.B. **4**) als potentiellen Enaminen ist die [2+2]-Cycloaddition, z.B. mit Acetylendicarbonester, außerordentlich erleichtert und läuft schon bei < 0°C glatt ab. Die Cycloaddukte (z.B. **5**) gehen thermisch unter elektrocyclischer Öffnung des Cyclobutenrings via Thiepine (z.B. **6**) und Schwefel-Extrusion in 6-Aminophthalsäure-Derivate (z.B. **7**) über (vgl. S.463):

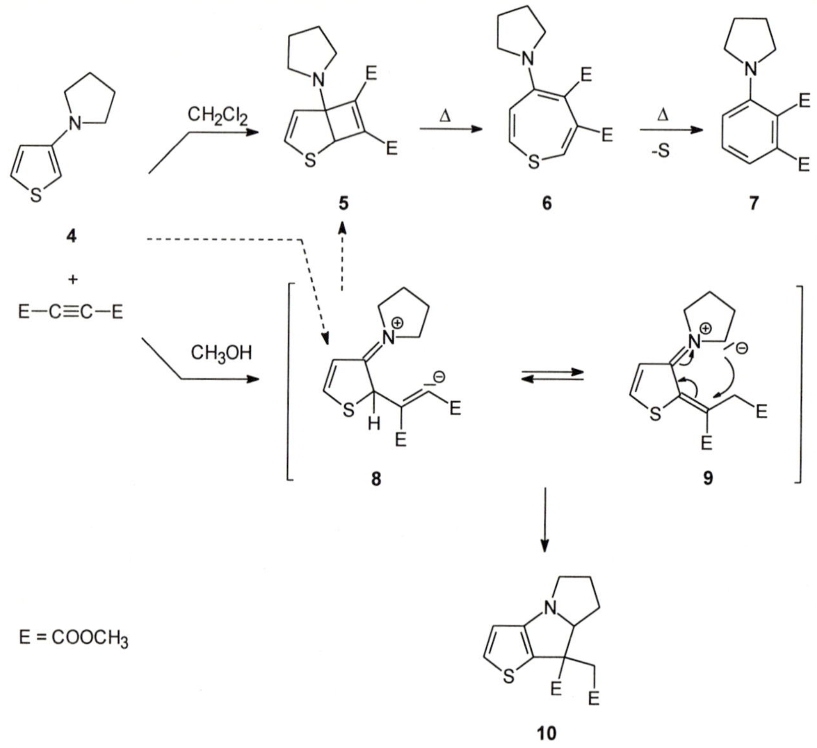

Bemerkenswert ist die Solvens-Abhängigkeit dieser Cycloadditionsreaktion. Die Bildung von **5** erfordert aprotisches Medium, während im protischen Medium (z.B. in CH_3OH) das Thieno[2,3-b]-5,6,7,7a-tetrahydro-1H-pyrrolizin **10** entsteht. Da die Geschwindigkeit der Produktbildung in beiden Medien gleich ist, erscheint es plausibel, daß jeweils zunächst die gleiche Primärstufe **8** einer dipolaren [2+2]-Cycloaddition entsteht, die im unpolaren Medium zu **5**, im polaren Medium über das Ylid **9** zu **10** abreagiert[17].

Ringöffnungsreaktionen

Thiophene werden durch mäßig konzentrierte BRÖNSTED-Säuren weder polymerisiert noch hydrolysiert. Eine Ringöffnung erfordert spezielle Reagenzien, z.B. Phenylmagnesiumbromid in Gegenwart von Dichlorobis(triphenylphosphan)nickel(II):

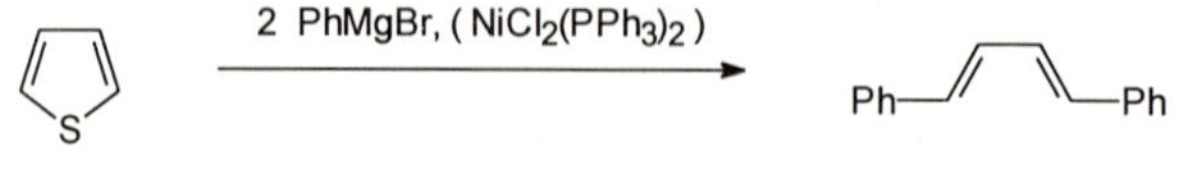

Eine weitere Ringöffnungsreaktion der Thiophene ist die reduktive Desulfurierung zu Alkanen mittels RANEY-Nickel in Ethanol:

RANEY-Nickel adsorbiert bei seiner Herstellung Wasserstoff, der die Reduktion bewirkt.

Bei einer Variante der Reaktion arbeitet man mit Wasserstoff in Gegenwart von Molybdän- oder Wolframdisulfid als Katalysator. Diese *Hydrodesulfurierung* hat größte technische Bedeutung zur Entfernung von Thiophenen und anderen Schwefelverbindungen aus den Produkten der Erdöldestillation[18].

Oxidation

Thiophene werden durch Peroxysäuren zu Thiophen-1-oxiden **11** und weiter zu Thiophen-1,1-dioxiden **12** oxidiert:

Diese Verbindungen neigen viel stärker zu Additionsreaktionen als Thiophen. So wird bei der Oxidation von Thiophen mit einem Überschuß von *m*-Chlorperoxybenzoesäure das Produkt **13** einer [4+2]-Cycloaddition von Thiophen-1-oxid an die C-2/C-3-Bindung von Thiophen-1,1-dioxid erhalten:

Photoisomerisierung

Bei der Belichtung von 2-Phenylthiophen entsteht 3-Phenylthiophen:

Beim Einsatz von ^{14}C-markierten Verbindungen zeigte sich, daß der Phenylsubstituent mit "seinem" C-Atom des Thiophenringes verbunden bleibt. Die Photoisomerisierung von Thiophenen wurde durch mehrere Mechanismen interpretiert[19], ein Vorschlag postuliert wie oben angegeben Cyclopropen-3-thiocarbaldehyd als Zwischenstufe.

Photoisomerisierungen sind von zahlreichen substituierten Thiophenen und auch von Furanen und Pyrrolen bekannt.

|C| Die *Retrosynthese* des Thiophens kann im Prinzip analog zum Furan (s.S.57) durchgeführt werden. Es ergeben sich daraus einen Reihe von **Synthesen** für Thiophene.

❶ Die einfachste Methode besteht in der "Schwefelung" und cyclisierenden Dehydratisierung von 1,4-Dicarbonyl-Verbindungen **14** analog zur PAAL-KNORR-Synthese der Furane. Diese Cyclokondensation wird mittels P_4S_{10} oder H_2S durchgeführt und liefert 2,5-disubstituierte Thiophene **15** (PAAL-Synthese):

$$R^1\text{-CO-CH}_2\text{-CH}_2\text{-CO-}R^2 \xrightarrow[-2H_2O]{+H_2S} R^1\text{-[thiophene]-}R^2$$

14 → **15**

❷ Butan und höhere Alkane sowie entsprechende Alkene und 1,3-Diene gehen mit Schwefel in der Gasphase eine Cyclodehydrierungs-Reaktion unter Bildung von Thiophenen ein, z.B.:

$$H_3C\text{-CH}_2\text{-CH}_2\text{-CH}_3 + 4S \xrightarrow{550°C} \text{Thiophen} + 3\,H_2S$$

Acetylen sowie 1,3-Diine ergeben unter vergleichbaren Bedingungen mit H_2S ebenfalls Thiophene:

$$2\ HC\equiv CH + H_2S \xrightarrow{400°C} \text{Thiophen} + H_2$$

❸ 1,3-Dicarbonyl-Verbindungen oder ß-Chlorvinylaldehyde reagieren mit Thioglycolsäureestern oder anderen Thiolen, die eine reaktive Methylengruppe besitzen, in Pyridin in Gegenwart von Piperidin zu Thiophen-2-carbonsäureestern **18** (FIESSELMANN-Synthese):

$$\underset{\textbf{16}}{R^1(Cl)C=C(R^2)CHO} + HS\text{-}CH_2\text{-}COOEt \xrightarrow{-HCl} \underset{\textbf{17}}{R^1(S\text{-}CH_2\text{-}COOEt)C=C(R^2)CHO}$$

$$\xrightarrow{-H_2O} \underset{\textbf{18}}{R^1\text{-}[thiophen\text{-}R^2]\text{-}COOEt}$$

Dabei erfolgt zunächst formale Vinyl-Substitution des Chloratoms unter MICHAEL-Addition und nachfolgender HCl-Eliminierung zur Zwischenstufe **17**, die durch intramolekulare Aldol-Kondensation cyclisiert.

ß-Chlorvinylaldehyde **16** entstehen aus α-Methylenketonen durch Einwirkung von Dimethylformamid/$POCl_3$ (VILSMEIER-HAACK-ARNOLD-Reaktion):

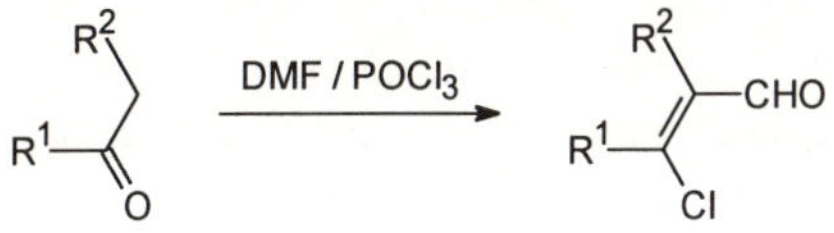

4 α-Methylencarbonyl-Verbindungen cyclokondensieren mit Cyanessigester oder Malodinitril und Schwefel in Ethanol bei Anwesenheit von Morpholin zu 2-Aminothiophenen **20** (GEWALD-Synthese):

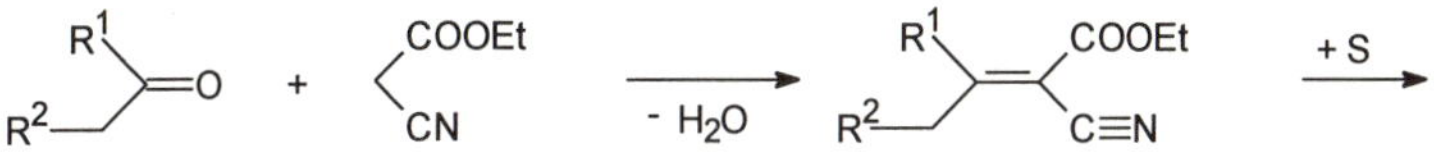

Dabei erfolgt zunächst eine KNOEVENAGEL-Kondensation zwischen der Carbonylverbindung und der reaktiven Methylen-Komponente. Die so entstehenden α,ß-ungesättigten Nitrile **19** werden durch Schwefel cyclofunktionalisiert, wahrscheinlich über Mercaptoverbindungen von **19** als Zwischenstufen.

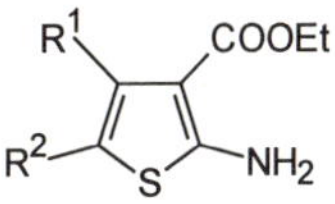

5 1,2-Dicarbonyl-Verbindungen können unter Basen-Katalyse mit Thiodiglycolsäurediestern **21** zur Cyclokondensation gebracht werden (HINSBERG-Synthese). Diese allgemein anwendbare und mit hohen Ausbeuten verlaufende Synthese führt über eine zweimalige Aldol-Kondensation mit den reaktiven CH_2-Gruppen von **21** zu ß-substituierten Thiophen-2,5-dicarbonsäureestern **22**, die durch Verseifung und Decarboxylierung in 3,4-disubstituierte Thiophene **23** übergeführt werden können[20]:

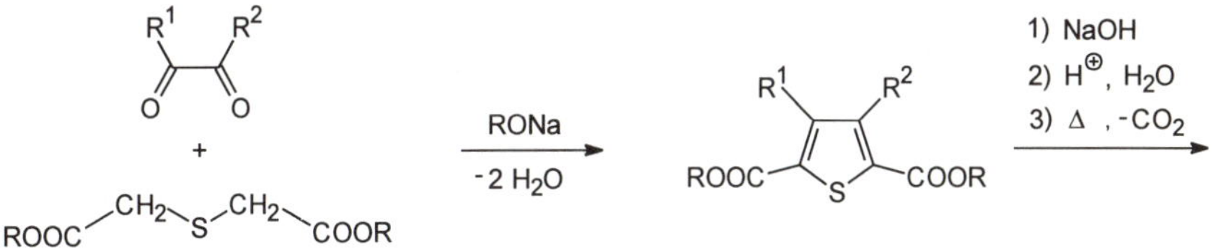

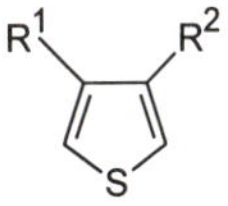

D Thiophen, eine farblose, fast geruchlose, wasserunlösliche Flüssigkeit (Schmp. -38°C, Sdp. 84°C) ist im Steinkohlenteer enthalten. Bei der Destillation des Teers verbleibt es in der Benzolfraktion (Benzol, Sdp. 80°C), aus der es durch Ausschütteln mit kalter konzentrierter Schwefelsäure entfernt werden kann (s.S.72). Thiophen färbt eine Lösung von Isatin in konzentrierter Schwefelsäure blau (Indophenin-Reaktion). Dadurch kann es als Verunreinigung im Benzol nachgewiesen werden. Die Beobachtung, daß durch Decarboxylierung von Benzoesäure hergestelltes Benzol die Indophenin-Reaktion, die ursprünglich dem Benzol zugeschrieben wurde, nicht gibt, führte zur Entdeckung des Thiophens durch V.MEYER (1882).

Thiophene kommen in Pilzen und Höheren Pflanzen vor, z.B. *Junipal* **24** in dem Pilz Daedelia juniperina. Eine Anzahl von Thiophenen wurde aus Korbblütlern (Compositae) isoliert, z.B. das 2,2'-Bithienyl-Derivat **25** aus den Wurzeln von Echinops spaerocephalus. Derartige Verbindungen wirken nematocid.

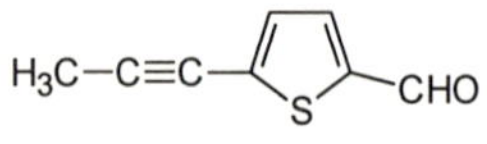

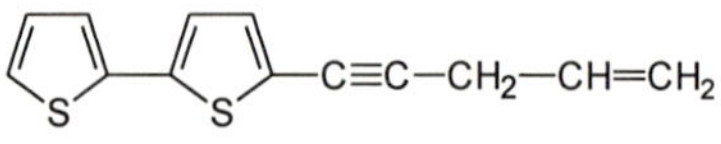

Vom Thiophen leiten sich zahlreiche Pharmaka ab[21]. Als Beispiele dienen das Antihistaminicum *Methaphenilen* **26** (1-Dimethylamino-2-(phenyl-2-thenylamino)ethan) und das Antiphlogisticum *Tiaprofensäure* **27** (2-(5-Benzoylthien-2-yl)propansäure):

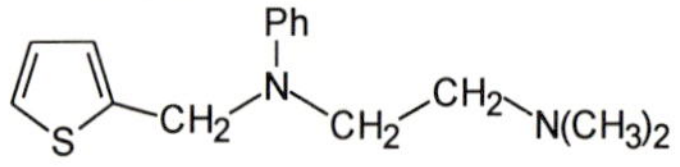

Dabei wird häufig beobachtet, daß der pharmakologische Effekt von Thienyl- bzw. Thenyl-Substituenten gleich oder ähnlich dem von Phenyl- bzw. Benzylsubstituenten ist. Diesen Sachverhalt nennt man *Bioisosterie*[22].

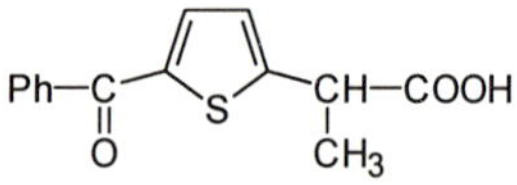

E Die Bedeutung der Thiophene als Synthese-Bausteine ist gering und beruht in den meisten Fällen auf der Erzeugung einer gesättigten C_4-Kette durch reduktive Desulfurierung. Als Beispiel dient die Synthese von (±)-Muscon aus 3-Methylthiophen[23]:

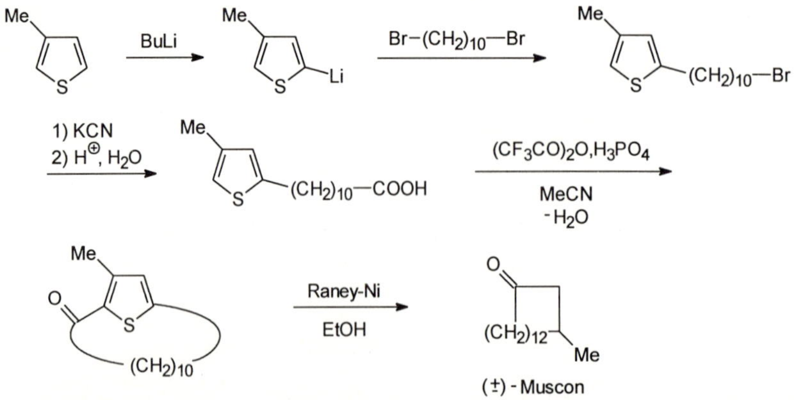

5.6 Thiophen

Im Fall von 3-Methoxythiophenen gelingen auch partiell reduktive Desulfurierungen. Diese Reaktion wurde zur Synthese von Pheromonen genutzt[24].

Die von Thiophen-1,1-dioxid abgeleiteten Systeme **28** und **29**

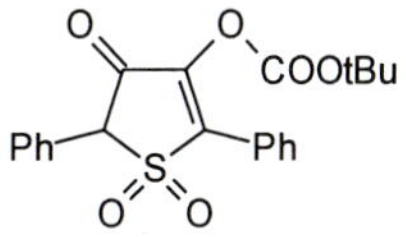

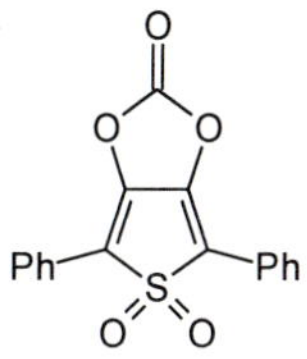

werden als Reagenzien zur N-Schutzgruppen-Übertragung (**28**) resp. Carboxylgruppen-Aktivierung (**29**) in der Peptidsynthese eingesetzt[25]. Ihr Wirkungsprinzip illustriert die racemisierungsfrei ablaufende Synthese des geschützten Dipeptids Boc-L-Phe-L-Val-OCH$_3$ **31** aus Boc-geschütztem L-Phenylalanin und L-Valinmethylester:

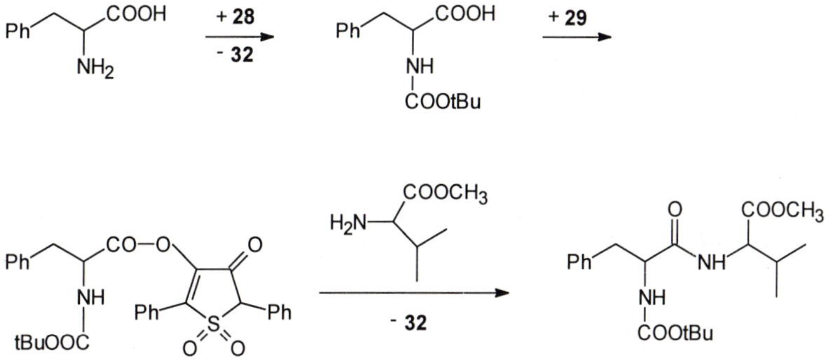

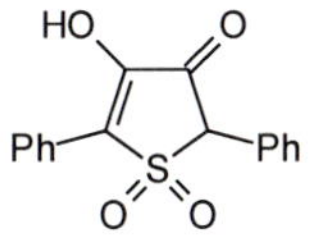

Die Carboxyl-Aktivierung erfolgt über den Enolester **30**; sowohl hier als auch bei der Übertragung der N-Schutzgruppe wird der leicht zugängliche Heterocyclus **32** zurückgebildet, aus dem die beiden Reagenzien **28/29** gewonnen werden[26].

5.7 Benzo[b]thiophen

A Benzo[b]thiophen wurde früher Thionaphthen genannt. Es weist folgende spektroskopische Daten auf:

UV (Ethanol)	^{1}H-NMR (CCl$_4$)	^{13}C-NMR (CDCl$_3$)
λ (nm) (ε)	δ (ppm)	δ (ppm)
227 (4,40) 289 (3,22)	H-2: 7,33 H-6: (7,23)	C-2: 126,2 C-6: 124,2
249 (3,83) 296 (3,50)	H-3: 7,23 H-7: (7,29)	C-3: 123,8 C-7: 122,4
258 (3,83)	H-4: 7,72	C-4: 123,6 C-3a: 139,6
265 (3,63)	H-5: 7,25	C-5: 124,1 C-7a: 139,7

Die chemischen Verschiebungen unterscheiden sich nur wenig von denen des Benzo[b]furans.

B Bei der elektrophilen Substitution reagiert Benzo[b]thiophen langsamer als Thiophen und auch etwas langsamer als Benzo[b]furan. Außerdem ist die Regioselektivität geringer, es entstehen Gemische. Dabei wird häufig die 3-Position gegenüber der 2-Position bevorzugt angegriffen, so z.B. bei der Halogenierung, der Nitrierung und der Acylierung. Nur die Reaktion mit *n*-Butyllithium ergibt regioselektiv 2-Lithiobenzo[b]thiophen.

Benzo[b]thiophene sind der photochemischen [2+2]-Cycloaddition zugänglich, z.B. mit 1,2-Dichlorethen in Gegenwart von Benzophenon als Sensibilisator:

Die Oxidation von Benzo[b]thiophen mittels Peroxysäuren führt zum 1,1-Dioxid.

C In Analogie zu Benzo[b]furanen sind Benzo[b]thiophene ausgehend von Thiophenolaten und α-Halogenketonen zugänglich:

D **Benzo[b]thiophen**, farblose, naphthalinähnlich riechende Kristalle, Schmp. 32°C, Sdp. 221°C, ist in der Naphthalinfraktion des Steinkohlenteers enthalten, es wird aus Natriumthiophenolat und Bromacetaldehyddiethylacetal synthetisiert. Benzo[b]thiophen kommt in gerösteten Kaffeebohnen vor.

5.7 Benzo[b]thiophen

Vom Benzo[b]thiophen leiten sich Pharmaka und Biocide ab, wobei Bioisosterie sowohl mit Naphthalin als auch mit Indol festgestellt wird. *Mobam* **1** (4-(*N*-Methylcarbamoyl)benzo[b]thiophen) ist ein ebenso wirksames Insecticid wie *Carbaryl* **2**. Beide Verbindungen hemmen das Enzym Acetylcholinesterase:

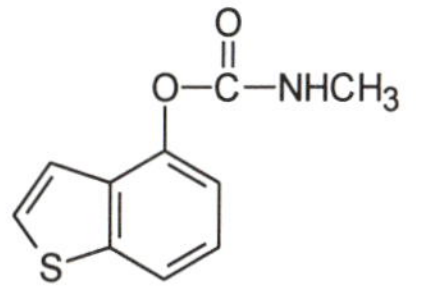

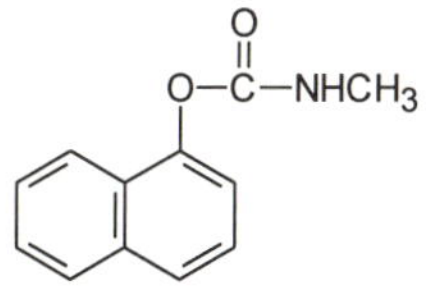

Benzo[b]thiophen-3-ylessigsäure **3** fördert wie die entsprechende Indolverbindung das Wachstum von Pflanzen. 3-(2-Aminoethyl)benzo[b]thiophen **4** wirkt noch stärker anregend auf das Zentralnervensystem als Tryptamin.

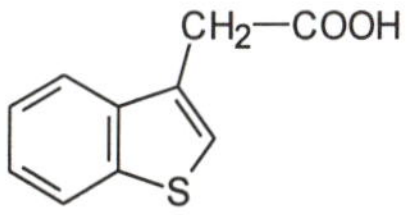

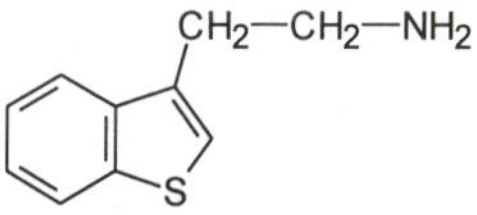

Vom Benzo[b]thiophen leiten sich weiterhin einige Verbindungen ab, die unter der Bezeichnung *Thioindigo-Farbstoffe* zusammengefaßt werden. *Thioindigo* **6** selbst wird aus Thiosalicylsäure auf folgendem Weg über Benzo[b]thiophen-3(2*H*)-on **5** (Thioindoxyl) hergestellt (FRIEDLÄNDER 1905):

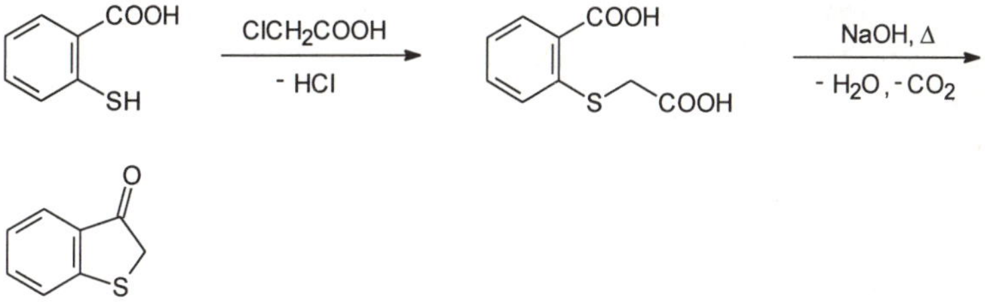

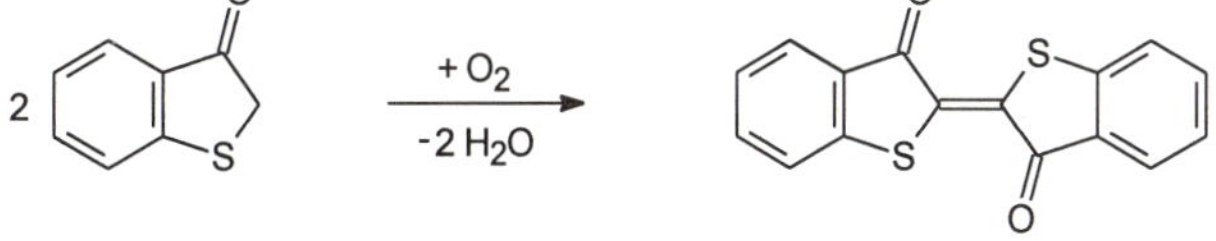

Thioindigo, ein Küpenfarbstoff, bildet rote Nadeln, seine Küpe ist hellgelb. Er färbt ein blaustichiges Rot. Thioindigo-Farbstoffe wurden bis Ende der fünfziger Jahre in großem Umfang produziert, haben aber seither stark an Bedeutung verloren.

5.8 Benzo[c]thiophen

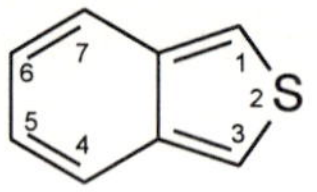

A-D Dieses System weist keinen Benzolring auf, vielmehr liegt eine orthochinoide Struktur vor. Im Gegensatz zum Benzo[c]furan konnte Benzo[c]thiophen als Substanz isoliert werden. Die Synthese gelang auf folgendem Weg ausgehend von 1,2-Bis(brommethyl)benzol:

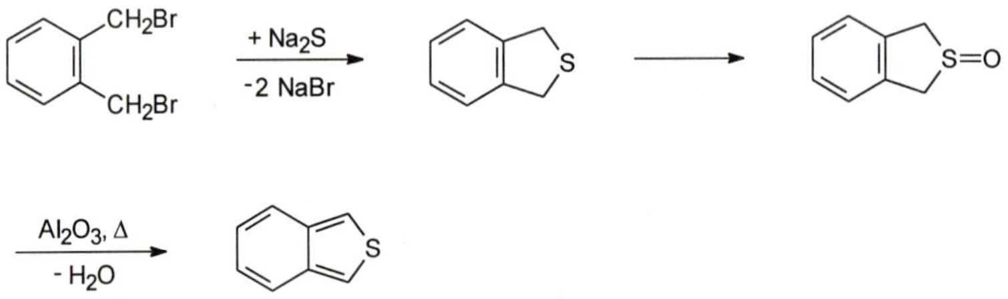

Das 1,3-Dihydrobenzo[b]thiophen-2-oxid wird mit Aluminiumoxid in einer Sublimationsapparatur im Vakuum erhitzt, wobei Benzo[c]thiophen absublimiert. Die Verbindung bildet farblose Kristalle, Schmp. 53-55°C. Sie ist thermisch nicht stabil und zersetzt sich selbst bei -30°C unter Stickstoff innerhalb weniger Tage. Wie im Fall des Benzo[c]furans erhöhen Substituenten in 1,3-Position die Stabilität.

1,3-Diphenylbenzo[c]thiophen, gelbe Nadeln, Schmp. 118°C, erweist sich als thermisch stabil. Seine Lösungen fluoreszieren grün. Die Verbindung kann durch Ringtransformation von 1,3-Diphenylisobenzofuran mittels P_4S_{10} in CS_2 hergestellt werden.

1,3-Dichlorbenzo[c]thiophen, hellgelbe Kristalle, Schmp. 54°C, wurde ausgehend von Phthalsäuredichlorid synthetisiert[27]:

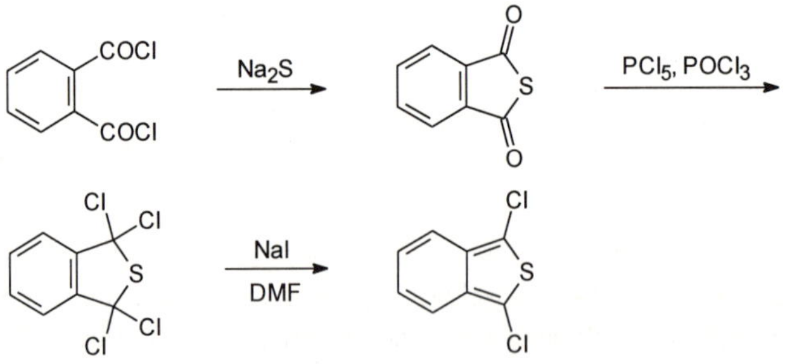

Typisch für Benzo[c]thiophene sind [4+2]-Cycloadditionen, z.B.:

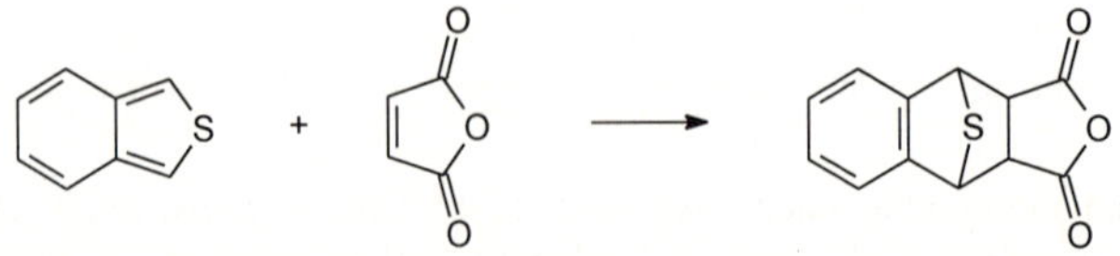

Meist entstehen Gemische aus *endo*- und *exo*-Diastereomer. Die Reaktivität von 1,3-Diphenylbenzo-[c]thiophen bei [4+2]-Cycloadditionen ist deutlich geringer. Acetylen-Dienophile ergeben Addukte, die beim Erhitzen unter Eliminierung von Schwefel in entsprechend substituierte Naphthaline übergehen:

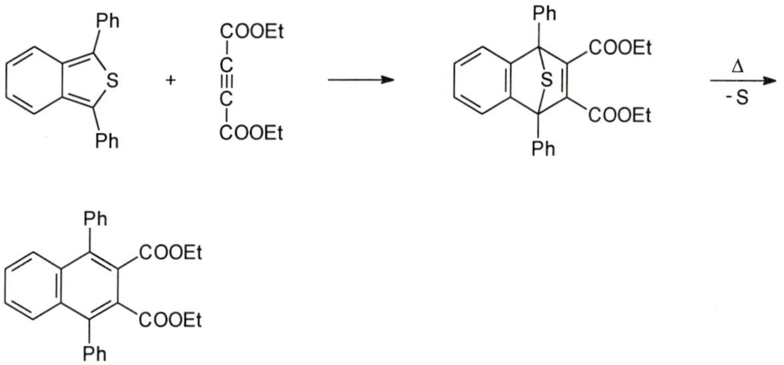

5.9 2,5-Dihydrothiophen

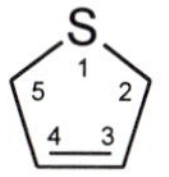

A-D Für 2,5-Dihydrothiophen sind auch die Bezeichnungen Δ^3-Thiolen oder 3-Thiolen gebräuchlich. Eine allgemeine Synthese für unterschiedlich substituierte 2,5-Dihydrothiophene beruht auf der MICHAEL-Addition von α-Mercapto-Carbonylverbindungen an Vinylphosphoniumsalze mit anschließender intramolekularer WITTIG-Reaktion:

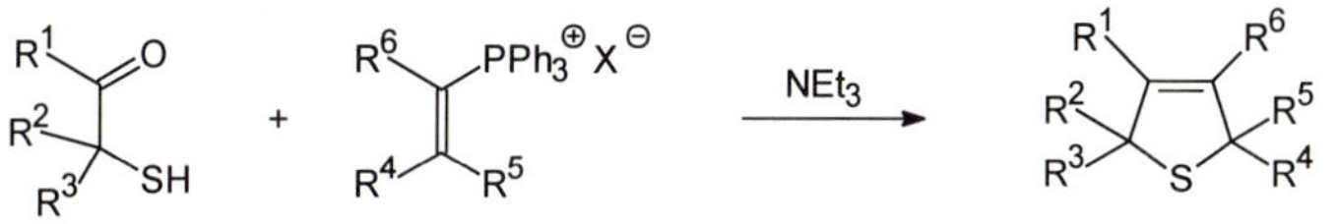

2,5-Dihydrothiophene werden durch *m*-Chlorperoxybenzoesäure zu 1,1-Dioxiden oxidiert. Diese Verbindungen sind andererseits durch [4+1]-Cycloaddition aus 1,3-Dienen und Schwefeldioxid zugänglich. Beispielsweise reagiert Butadien bereits bei Raumtemperatur mit flüssigem Schwefeldioxid zu einem Addukt, das den Trivialnamen *3-Sulfolen* führt:

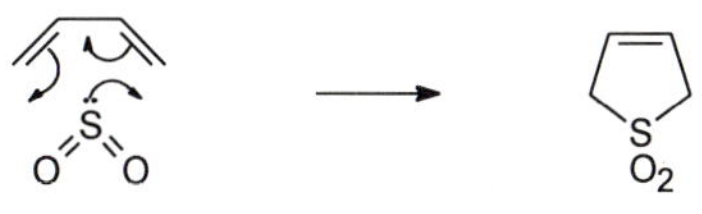

Derartige Umsetzungen nennt man nach WOODWARD *cheletrope Reaktionen*. Das LUMO des 1,3-Diens umfaßt das nichtbindende Elektronenpaar des Schwefels wie eine Krebsschere (griech. chele).

3-Sulfolene sind "maskierte" 1,3-Diene[28]. Bei Temperaturen um 150°C unterliegen sie einer [4+1]-Cycloreversion (Cycloeliminierung) zu einem 1,3-Dien und Schwefeldioxid. Da dieser thermischen Reaktion ein konzertierter Mechanismus zugrunde liegt, verläuft sie entsprechend den WOODWARD-HOFFMANN-Regeln disrotatorisch. Aus einem *cis*-2,5-disubstituierten 3-Sulfolen entsteht daher stereospezifisch ein (*E,E*)-1,3-Dien, aus dem *trans*-Diastereomer ein (*E,Z*)-1,3-Dien:

Für mehrstufige Synthesen, bei denen ein Syntheseschritt eine DIELS-ALDER-Reaktion ist, werden entsprechend substituierte 1,3-Diene benötigt. Sie können auf dem beschriebenen Weg hergestellt werden. In vielen Fällen wird das 1,3-Dien nicht isoliert, sondern die DIELS-ALDER-Reaktion mit dem 3-Sulfolen und dem Dienophil in siedendem Xylol bewerkstelligt.

5.10 Thiolan

A Im Thiolan (Tetrahydrothiophen) gleichen die Bindungslängen denen von Dialkylsulfiden. Wie beim Tetrahydrofuran (s.S.67) ist der Ring nicht eben und konformativ beweglich. Wegen des größeren Heteroatoms wird aber die Twist-Konformation bevorzugt, und die Aktivierungsenergie der Pseudorotation liegt über dem für Tetrahydrofuran ermittelten Wert. Die chemischen Verschiebungen im NMR-Spektrum entsprechen denen von Cycloalkanen und Dialkylsulfiden.

B Thiolane verhalten sich wie Dialkylsulfide. Mit Halogenalkanen oder mit Alkoholen in Gegenwart von BRÖNSTED-Säuren entstehen tertiäre Sulfoniumsalze:

Diese Verbindungen sind gute Alkylierungsmittel. Mit C-H-aciden Verbindungen unterliegen sie einer Ringöffnung, z.B.:

$$(NC)_2\overset{\ominus}{C}H + \underset{Me}{\overset{\oplus}{S}}I^{\ominus} \xrightarrow{-I^{\ominus}} (NC)_2CH\!-\!\!\diagup\!\!\diagdown\!\!-SMe \xrightarrow{+MeI}$$

$$(NC)_2CH\!-\!\!\diagup\!\!\diagdown\!\!-\overset{\oplus}{S}Me_2I^{\ominus} \xrightarrow{NaOEt} \underset{NCCN}{\overset{\ominus}{C}}\!\!\diagup\!\!\diagdown\!\!-\overset{\oplus}{S}Me_2 \xrightarrow{-SMe_2} \underset{NCCN}{\bigtriangleup}$$

Die erneute Methylierung und die anschließende Einwirkung von Natriumethoxid in Ethanol ergibt substituierte Cyclopentane.

Thiolane können zu Sulfoxiden und weiter zu Sulfonen oxidiert werden.

C Die Reaktion von 1,4-Dibrom- oder Diiodalkanen mit Natrium- oder Kaliumsulfid ergibt in guten Ausbeuten Thiolane:

$$R^1\!\!-\!\!\underset{BrBr}{\diagup\!\!\diagdown}\!\!-R^2 \xrightarrow[-2\,NaBr]{+\,Na_2S} R^1\!\!-\!\!\underset{S}{\bigcirc}\!\!-R^2$$

Die Ringtransformation von Tetrahydrofuranen zu Thiolanen gelingt mittels Schwefelwasserstoff über Aluminiumoxid bei 400°C:

$$\underset{O}{\bigcirc} \xrightarrow[-H_2O]{H_2S,\,Al_2O_3,\,\Delta} \underset{S}{\bigcirc}$$

D **Thiolan**, eine farblose, wasserunlösliche Flüssigkeit vom Sdp. 121°C, hat einen unverwechselbaren Geruch, ähnlich dem von Leuchtgas. Zusammen mit anderen Verbindungen verursacht es den typischen Geruch von menschlichem Urin nach dem Verzehr von Spargel.

Thiolan-1,1-dioxid, bekannt unter dem Trivialnamen *Sulfolan*, wird technisch durch katalytische Hydrierung von 3-Sulfolen hergestellt. Sulfolan, farblose Kristalle, Schmp. 27,5°C, Sdp. 285°C, löst sich in Wasser. Sulfolan ist ein dipolar-aprotisches Lösungsmittel und wird u.a. zur Extraktion von Schwefelverbindungen aus technischen Gasgemischen, zur Extraktion von Aromaten aus Pyrolysefraktionen und als Lösungsmittel für Celluloseacetat, Polyvinylchlorid, Polystyrol und Polyacrylnitril verwendet.

5.11 Selenophen

$$\alpha'\underset{\beta'\beta}{\overset{Se}{\underset{512}{\underset{43}{\bigcirc}}}}\alpha$$

A-D Das Selenophenmolekül ist planar. Die chemischen Verschiebungen in den NMR-Spektren liegen im für benzoide Verbindungen typischen Bereich.

In Abwandlung der FIESSELMANN-Synthese für Thiophene (s.S.76) gelingt die Synthese von Selenophenen ausgehend von ß-Chlorvinylaldehyden auf folgendem Weg:

$$\underset{\underset{Cl}{R^1}}{\overset{R^2}{\diagdown}}\!\!=\!\!\text{CHO} \xrightarrow[-\text{NaCl}]{+\text{Na}_2\text{Se}} \underset{\underset{SeNa}{R^1}}{\overset{R^2}{\diagdown}}\!\!=\!\!\text{CHO} \xrightarrow[-\text{NaBr, }-\text{H}_2\text{O}]{+\text{BrCH}_2\text{COOEt}} \underset{R^1}{\overset{R^2}{\diagup\!\!\diagdown}}\!\!\text{Se}\!\!-\!\!\text{COOEt}$$

Acetylen reagiert bei 350-370°C mit Selen zu Selenophen. Die Ringtransformation von Furan zu Selenophen erfolgt mit Selenwasserstoff über Aluminium bei 400°C.

Selenophen, eine farblose, im Unterschied zu Thiophen unangenehm riechende Flüssigkeit vom Schmp. -38°C und Sdp. 110°C, löst sich nicht in Wasser. Selenophen ist den für Furan und Thiophen typischen elektrophilen Substitutionsreaktionen zugänglich. Dabei reagiert es schneller als Thiophen, aber wesentlich langsamer als Furan. Die Substitution erfolgt regioselektiv in α- bzw. α,α'-Position.

Tellurophene wurden nur wenig untersucht. Die Synthese ist wie für Selenophene beschrieben mit Na_2Te anstelle von Na_2Se möglich. Tellurophene sind gegenüber Säuren empfindlicher als Selenophene oder gar Thiophene.

Benzo[b]selenophene und -tellurophene sowie die entsprechenden dibenzokondensierten Systeme sind bekannt.

Im Unterschied zu Furan und Thiophen wurden Naturstoffe, die sich vom Selenophen oder Tellurophen ableiten, bisher nicht aufgefunden.

Selenophen erweist sich als bioisoster mit Benzol, Thiophen und Pyrrol, so z.B. 2-Amino-3-(benzo[b]selenophen-3-yl)propansäure mit der proteinogenen Aminosäure Tryptophan:

5.12 Pyrrol

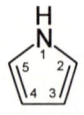

|A| Der vom Pyrrol abgeleitete einwertige Rest heißt Pyrrolyl. Alle Atome des Pyrrolmoleküls liegen in einer Ebene, der Ring stellt ein fast regelmäßiges Fünfeck dar (s.Abb. 5.5).

5.12 Pyrrol

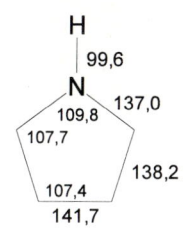

```
        H
        | 99,6
        N
    109,8  137,0
   107,7
            138,2
      107,4
       141,7
```

Abb. 5.5 Struktur des Pyrrols
(Bindungslängen in pm, Bindungswinkel in Grad)

Die Ionisierungsenergie wurde zu 8,23 eV gemessen, das Elektron stammt aus dem HOMO π_3. Das Dipolmoment beträgt 1,58 D, wobei im Gegensatz zum Furan und Thiophen das Heteroatom das positive Ende des Dipols darstellt. Dies könnte dadurch verursacht werden, daß im Pyrrolmolekül das Heteroatom nur ein nichtbindendes Elektronenpaar aufweist, beim Furan und Thiophen sind es jeweils zwei. Die chemischen Verschiebungen im NMR-Spektrum liegen wie beim Furan und Thiophen in für benzoide Verbindungen typischen Bereichen:

UV (Ethanol)	^{1}H-NMR (CDCl$_3$)	^{13}C-NMR (CH$_2$Cl$_2$)
λ (nm) (ε)	δ (ppm)	δ (ppm)
210 (4,20)	H-2/H-5: 6,68	C-2/C-5: 118,2
	H-3/H-4: 6,22	C-3/C-4: 109,2

Die chemische Verschiebung des Signals des Protons am N-Atom hängt vom verwendeten Lösungsmittel ab.

Pyrrol ist aromatisch (s.Abb. 5.2 S.53). Wie Furan und Thiophen gehört es zu den π-Überschuß-Heterocyclen, denn die π-Elektronendichte an jedem Ringatom ist > 1:

```
        1,090
        1,087
    N
    H   1,647
```

Ein akzeptabler Mittelwert der Angaben für die empirische Resonanzenergie des Pyrrols wäre 100 kJ mol^{-1}. Die Aromatizität des Pyrrols ist somit größer als die des Furans, aber geringer als die des Thiophens. In dieses Bild paßt auch der Wert von 22,2 kJ mol^{-1} für die DEWAR-Resonanzenergie des Pyrrols. Wenn für die Aromatizität das Ausmaß der Delokalisierung des nichtbindenden Elektronenpaars des Heteroatoms entscheidend ist, dann geben die PAULINGschen Elektronegativitätswerte für Sauerstoff 3,5, Stickstoff 3,0 und Schwefel 2,5 die Aromatizitätsabstufung Furan < Pyrrol < Thiophen (< Benzol) richtig wieder.

B Pyrrole sind sehr reaktive Verbindungen und zahlreichen **Reaktionen** zugänglich[29], von denen die wichtigsten nachfolgend beschrieben werden.

Säure-Base-Reaktionen[30]

Das Pyrrolmolekül enthält eine NH-Gruppe, wie sie für sekundäre Amine typisch ist. Die Basizität des Pyrrols ist jedoch mit pK_a = -3,8 für die konjugierte Säure viel geringer als die des Dimethylamins (pK_a = 10,87). Diese enorme Differenz wird durch die Einbeziehung des nichtbindenden Elektronenpaars des N-Atoms in das cyclisch konjugierte System des Pyrrolmoleküls verursacht. Die Protonierung erfolgt außerdem nicht am N-Atom, sondern zu 80% am C-Atom 2 und zu 20% am C-Atom 3:

Die damit verbundene Aufhebung des cyclischen 6π-Systems hat zur Folge, daß die entstehenden Kationen sehr schnell zu polymeren Produkten reagieren.

In Analogie zu den sekundären Aminen erweist sich Pyrrol als N-H-acid. Mit einem pK_a-Wert von 17,51 entspricht seine Acidität etwa der des Ethanols. Deswegen reagiert Pyrrol mit Natrium, Natriumhydrid oder Kalium in indifferenten Lösungsmitteln sowie mit Natriumamid in flüssigem Ammoniak zu salzartigen Verbindungen:

Der "aktive Wasserstoff" im Pyrrolmolekül läßt sich auch nach ZEREWITINOFF mit Methylmagnesiumiodid nachweisen:

Analog verhält sich *n*-Butyllithium:

Elektrophile Substitutionsreaktionen am Kohlenstoff

Bei elektrophilen Substitutionsreaktionen reagiert Pyrrol unter vergleichbaren Bedingungen noch etwa 10^5 mal schneller als Furan, obwohl seine Resonanzenergie größer als die des Furans ist und es deswegen langsamer reagieren sollte. Diese Diskrepanz läßt sich erklären, wenn man den auf S.54 beschriebenen Mechanismus zugrunde legt und annimmt, daß im Fall des Pyrrols der σ-Komplex durch die

Carbenium-Immonium-Mesomerie besonders stabilisiert wird:

Dies könnte dazu führen, daß $\Delta H^{\neq}$ für den geschwindigkeitsbestimmenden Schritt niedriger wird als beim Furan (s.Abb. 5.6). Andererseits würden sich auch Stabilitätsunterschiede der π-Komplexe auf $\Delta H^{\neq}$ auswirken.

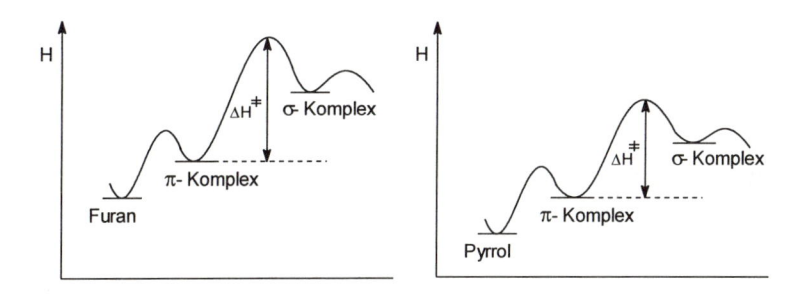

Abb. 5.6 Energieprofile der Entstehung von π- und σ-Komplex bei der elektrophilen Substitution von Furan und Pyrrol

Bei den meisten elektrophilen Substitutionsreaktionen des Pyrrols werden die α-Positionen bevorzugt angegriffen. Diese Regioselektivität hängt allerdings auch davon ab, ob die Reaktionen in Lösung oder in der Gasphase durchgeführt werden[31].

Pyrrol reagiert mit *N*-Chlorsuccinimid zu 2-Chlorpyrrol, mit SO_2Cl_2 oder wäßriger NaOCl-Lösung dagegen zu 2,3,4,5-Tetrachlorpyrrol. Mit *N*-Bromsuccinimid entsteht 2-Brompyrrol, mit Brom 2,3,4,5-Tetrabrompyrrol. Pyrrole werden durch HNO_3 in Acetanhydrid bei -10°C hauptsächlich zu 2-Nitropyrrolen nitriert. Konzentrierte H_2SO_4 bewirkt die Polymerisation der Pyrrole, dagegen entstehen mit dem Pyridin-SO_3-Komplex bei 100°C die entsprechenden Pyrrol-2-sulfonsäuren.

Die Alkylierung von Pyrrolen erweist sich als problematisch, da die als Katalysatoren üblichen LEWIS-Säuren die Polymerisation der Pyrrole initiieren. Demgegenüber ergibt die VILSMEIER-HAACK-Formylierung von Pyrrol in guten Ausbeuten Pyrrol-2-carbaldehyd. Die HOUBEN-HOESCH-Acylierung (Reaktion mit Nitrilen in Gegenwart von Chlorwasserstoff) führt zu 2-Acylpyrrolen:

$$R-C{\equiv}N + HCl \rightleftharpoons R-\overset{\oplus}{C}{=}NH + Cl^{\ominus}$$

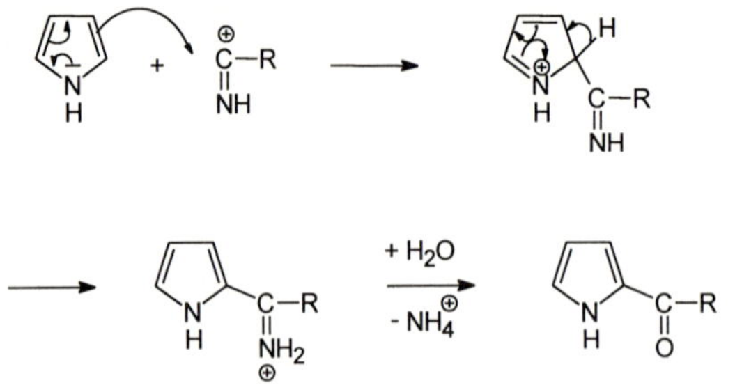

Bei dieser Reaktion wurde der Mechanismus formuliert, um die energiearme Immoniumstruktur des σ-Komplexes zu zeigen. Das 2-Acylpyrrol entsteht erst bei der Aufarbeitung mit Wasser durch Hydrolyse des Ketimmoniumsalzes.

Die außergewöhnlich hohe Reaktivität der Pyrrole gegenüber Elektrophilen zeigt sich bei zwei weiteren Reaktionen, denen weder Furane noch Thiophene zugänglich sind.

- Pyrrole reagieren mit Arendiazoniumsalzen zu Azoverbindungen, z.B.:

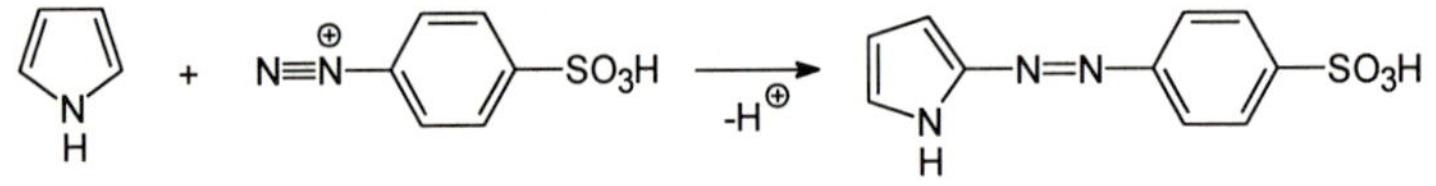

Pyrrol kuppelt sogar schneller als *N,N*-Dimethylanilin. Bei 2,5-disubstituierten Pyrrolen erfolgt die Kupplung in 3-Position.

- Pyrrole werden durch Carbonylverbindungen in Gegenwart von Säuren in 2-Position hydroxymethyliert. Die Produkte reagieren weiter zu Dipyrrolylmethanen (vgl. dazu S.484):

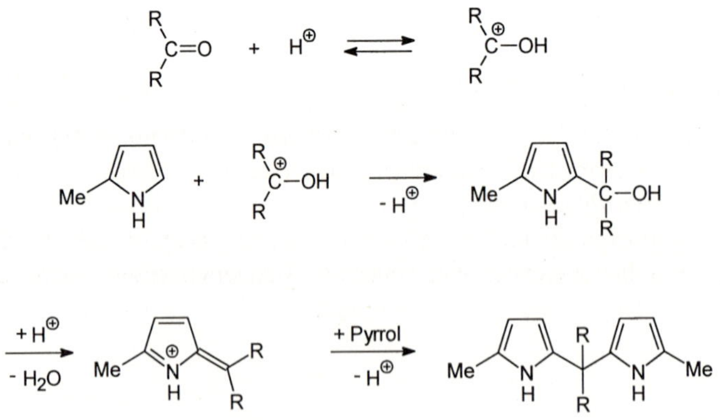

Im Fall von Aldehyden werden die Dipyrrolylmethane durch Eisen(III)-chlorid zu den farbigen Dipyrrinen (Dipyrrylmethenen) oxidiert, die durch Säuren der Protonierung zu symmetrisch delokalisierten Salzen protoniert unterliegen:

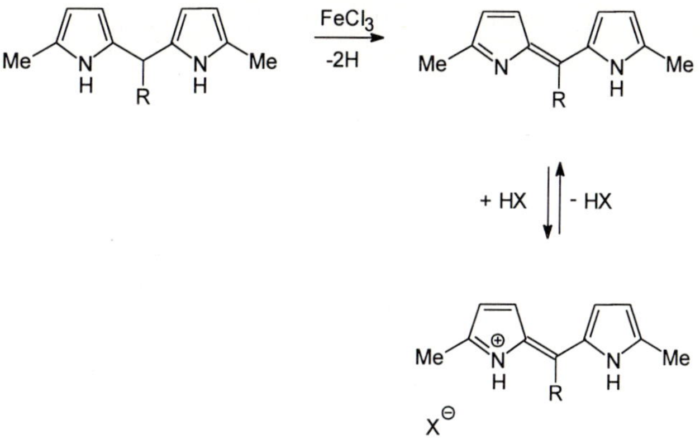

Mit dem EHRLICH-Reagens, einer Lösung von 4-(Dimethylamino)benzaldehyd in Salzsäure, verläuft die Reaktion nur bis zu dem purpurfarbenen Azafulveniumsalz:

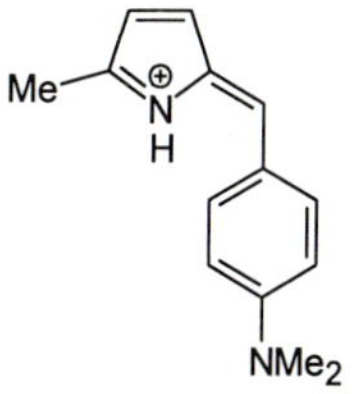

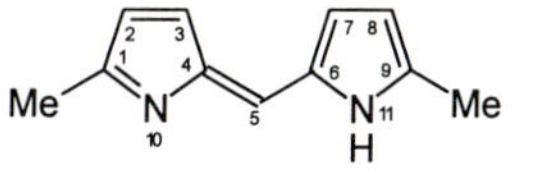

Aus 2-Methylpyrrol und Formaldehyd entsteht das in 5-Position unsubstituierte orangefarbene Dipyrrin. Bei den säurekatalysierten Reaktionen mit Carbonylverbindungen verhalten sich Pyrrole demnach ähnlich wie Phenole, die über Hydroxymethylverbindungen zu Diphenylmethanen reagieren.

Elektrophile Substitutionsreaktionen am Stickstoff

Pyrrolnatrium und Pyrrolkalium ergeben mit Halogenalkanen, Acylhalogeniden, Sulfonylhalogeniden sowie Chlortrimethylsilan 1-substituierte Pyrrole. Demgegenüber entsteht aus Pyrrol-1-ylmagnesiumiodid und Iodmethan 2-Methylpyrrol.

1-Benzolsulfonylpyrrol kann der FRIEDEL-CRAFTS-Acylierung unterworfen werden, die Substitution erfolgt in 3-Position. Auf dem folgenden Weg sind somit 3-Acylpyrrole aus Pyrrol zugänglich:

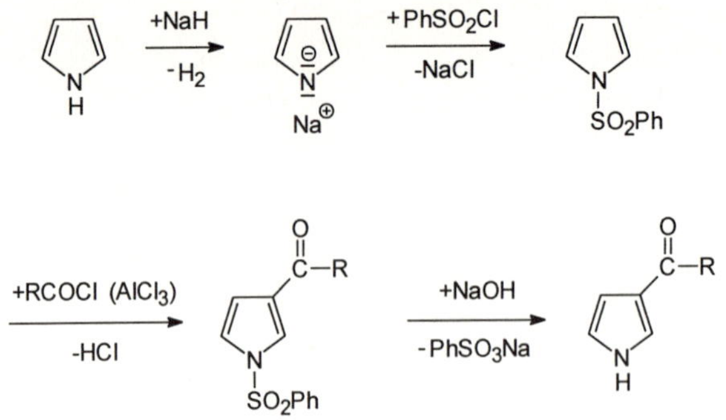

Wie schon erwähnt, bewirkt *n*-Butyllithium die Lithiierung von Pyrrolen in 1-Position. Ist diese Position durch einen Substituenten blockiert, dann entstehen regioselektiv 2-Lithiopyrrole. Sie ermöglichen die Synthese von substituierten Pyrrolen, z.B.:

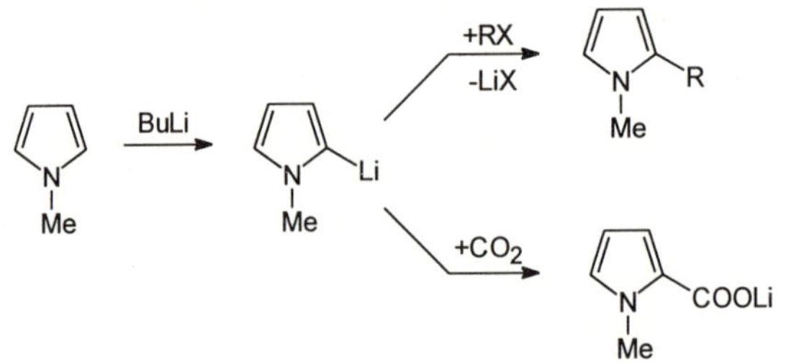

Additionsreaktionen

Pyrrole werden erst bei höheren Temperaturen und unter Druck in Gegenwart von RANEY-Nickel zu Pyrrolidinen hydriert. Die Autoxidation der Pyrrole sowie die Oxidation mittels Wasserstoffperoxid können zu den Additionsreaktionen gezählt werden. Dabei erfolgt der Angriff von O_2 bzw. H_2O_2 zuerst in 2-Position und danach in 5-Position, so daß schließlich Maleinimid bzw. N-substituierte Maleinimide entstehen:

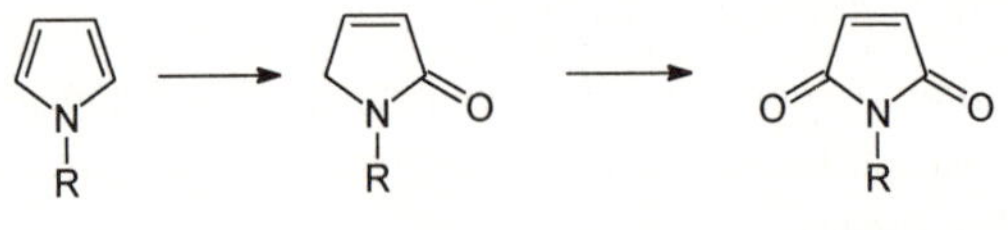

Die hohe Reaktivität des Pyrrols gegenüber Elektrophilen hat zur Folge, daß mit Maleinsäureanhydrid keine DIELS-ALDER-Reaktion erfolgt, sondern eine elektrophile Substitution:

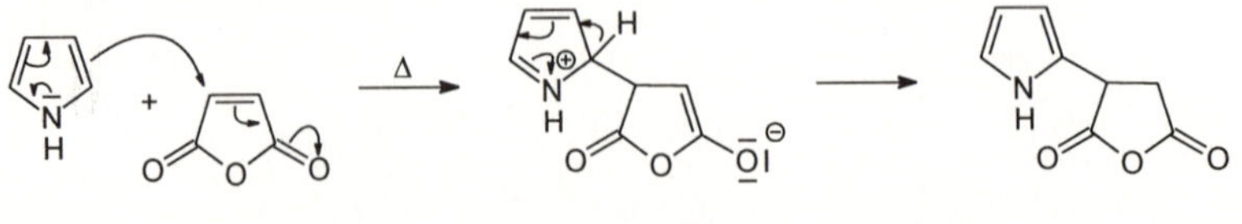

Diese Reaktion kann auch als MICHAEL-Addition von Pyrrol an Maleinsäureanhydrid aufgefaßt werden. Einige substituierte Pyrrole gehen jedoch mit Acetylen-Dienophilen [4+2]-Cycloadditionen ein,

5.12 Pyrrol

z.B. 1-(Ethoxycarbonyl)pyrrol mit Acetylendicarbonsäurediethylester.

Von den [2+2]-Cycloadditionen ist die PATERNO-BÜCHI-Reaktion (s.S.39) der Pyrrole untersucht worden. Die Oxetane isomerisieren unter den Reaktionsbedingungen zu 3-(Hydroxymethyl)pyrrolen:

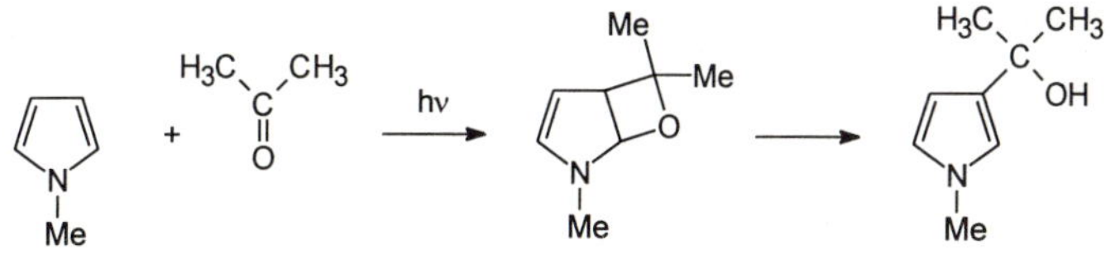

Die am längsten bekannte Cycloaddition der Pyrrole ist die [2+1]-Cycloaddition mit Dichlorcarben. Sie konkurriert allerdings mit der REIMER-TIEMANN-Formylierung:

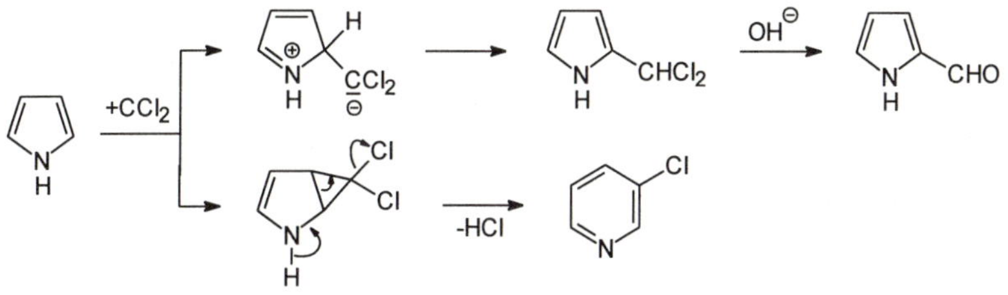

Unter stark basischen Bedingungen (Erzeugung von Dichlorcarben aus Chloroform und Kaliumhydroxid) dominiert die elektrophile Substitution des Pyrrols durch Dichlorcarben, die schließlich Pyrrol-2-carbaldehyd ergibt. Im schwach basischen Medium (Erzeugung von Dichlorcarben durch Erhitzen von Natriumtrichloracetat) überwiegt die [2+1]-Cycloaddition. Das Primärprodukt eliminiert Chlorwasserstoff zu 3-Chlorpyridin.

Ringöffnungsreaktionen

Die Öffnung des Pyrrolringes führt nur in wenigen Fällen zu definierten Verbindungen, da sowohl BRÖNSTED- als auch LEWIS-Säuren die Polymerisation initiieren und starke Basen nur die Salzbildung bewirken.

Hydroxylaminhydrochlorid und Natriumcarbonat in Ethanol reagieren mit Pyrrolen zu den Dioximen von 1,4-Dicarbonyl-Verbindungen[32]:

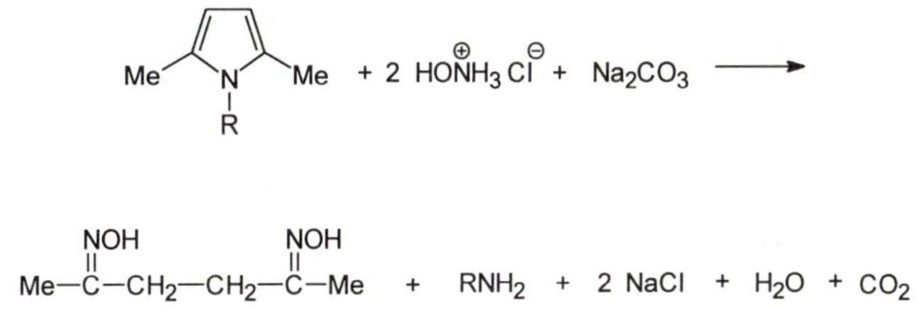

Pyrrol selbst ergibt das Dioxim des Succindialdehyds und Ammoniak.

C Pyrrol zeigt in der *Retrosynthese*-Betrachtung die Funktionalität eines zweifachen Enamins und ist demgemäß (s.Abb. 5.7) analog zum Furan auf zwei Wegen (I/II) retroanalytisch zu zerlegen. Weg I ergibt – nach den Retrosynthese-Operationen einer Enamin-Hydrolyse **a–c** – 1,4-Dicarbonyl-Verbindungen **2** als mögliche Edukte, aus denen Pyrrole durch Cyclokondensation mit NH_3 zu erhalten sein sollten. Für die Zwischenstufe **1** als γ-Ketoenamin ist mit Schritt **d** auch eine andere als die zu **2** führende Bindungstrennung möglich, die als Umkehrung einer Enamin-Alkylierung zu α-Halogencarbonyl-Verbindungen **3** und Enaminen **4** als Edukt-Vorschlag führt.

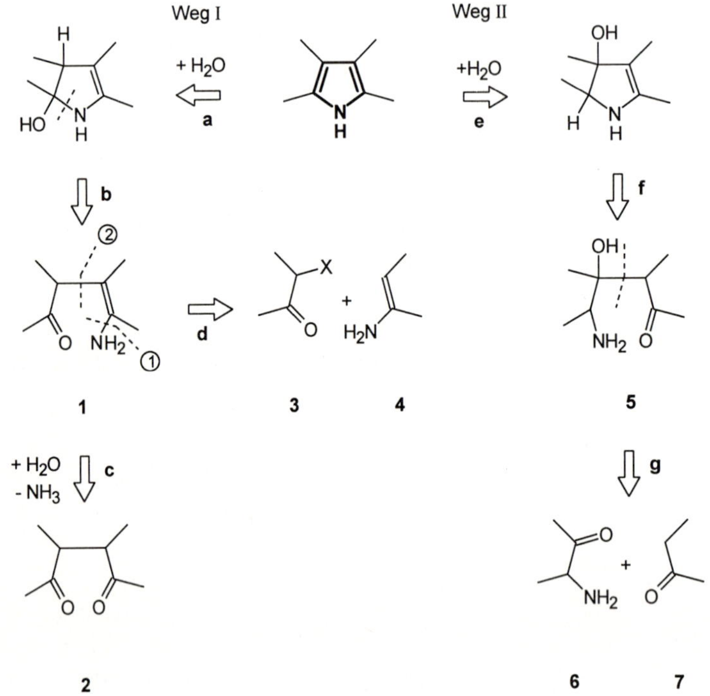

Abb. 5.7 Retrosynthese des Pyrrols

Weg II ergibt nach H_2O-Addition und Enamin-Hydrolyse (**e** / **f**) die γ-Aminoaldol-Zwischenstufe **5**, die nach Aldol-Spaltung (Retroanalyse-Operation **g**) zu α-Aminocarbonyl-Verbindungen **6** und Methylenketonen **7** als denkbaren Edukten der **Synthese** von Pyrrolen führt.

❶ Universell einsetzbar ist die PAAL-KNORR-Synthese, bei der 1,4-Dicarbonyl-Verbindungen mit NH_3 oder primären Aminen (resp. mit Ammonium- oder Alkylammonium-Salzen) in Ethanol oder Essigsäure zu 2,5-disubstituierten Pyrrolen reagieren, so Hexan-2,5-dion **8** mit NH_3 zu 2,5-Dimethylpyrrol **9**:

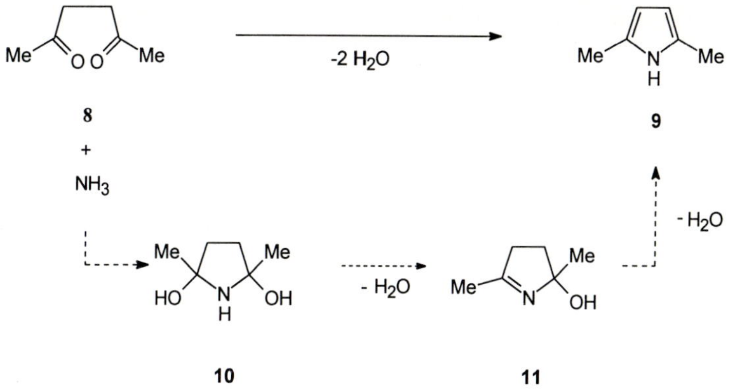

5.12 Pyrrol

Als Primärstufe ist ein zweifaches Halbaminal **10** anzunehmen, aus dem durch stufenweise H$_2$O-Eliminierung über das Imin **11** das Pyrrol-System **9** entsteht[33].

❷ α-Halogencarbonyl-Verbindungen ergeben mit ß-Ketoestern oder ß-Diketonen und Ammoniak oder primären Aminen 3-carbalkoxy- resp. 3-acylsubstituierte Pyrrol-Derivate (HANTZSCH-Synthese):

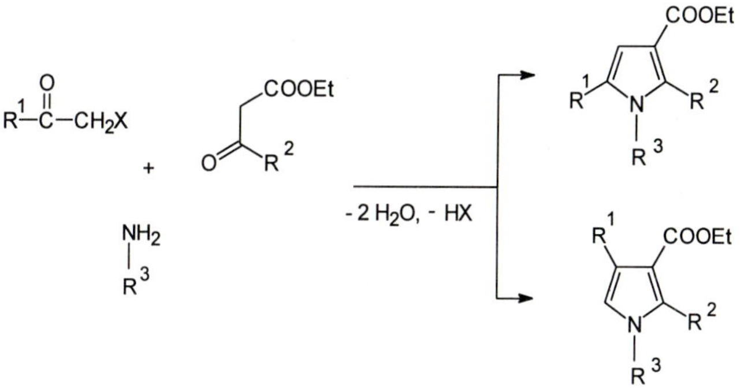

Die Regioselektivität hängt von den Edukt-Substituenten ab, meist überwiegt das 1,2,3,5-tetrasubstituierte Pyrrol. Eingehende Untersuchungen zeigen, daß ß-Ketoester im Primärschritt mit Ammoniak oder Amin zu einem ß-Aminoacrylester **12** reagieren. C-Alkylierung der Enamin-Funktion von **12** durch das α-Halogenketon ergibt das 1,2,3,5-substituierte Pyrrol **13**, während die N-Alkylierung zu einem 1,2,3,4-substituierten Pyrrol **14** führt:

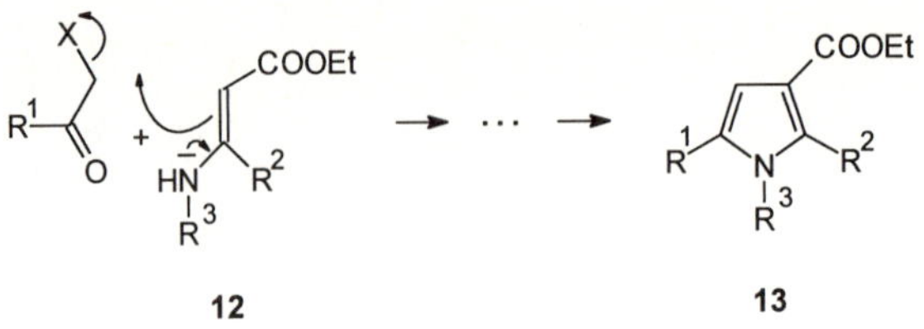

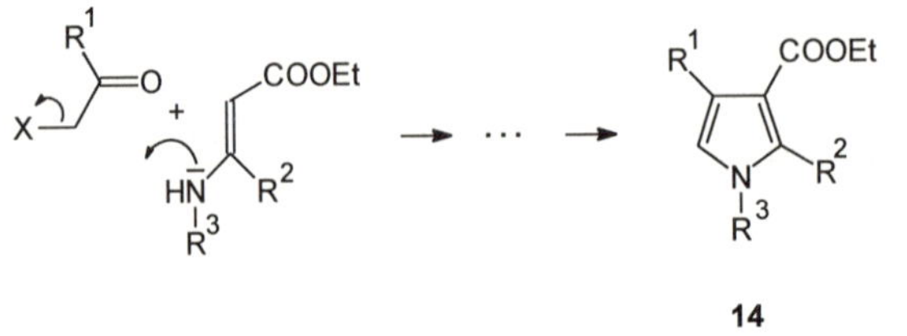

❸ α-Aminoketone cyclokondensieren mit ß-Ketoestern oder ß-Diketonen ebenfalls zu 3-alkoxycarbonyl- oder 3-acylsubstituierten Pyrrolen **15** (KNORR-Synthese) :

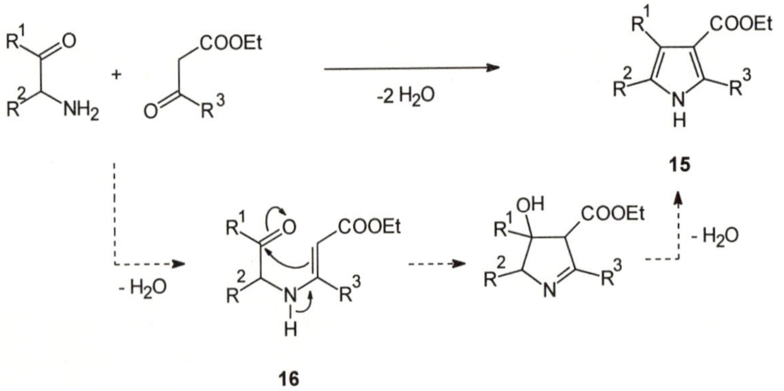

Auch die KNORR-Synthese verläuft über ß-Enaminon-Zwischenstufen **16**[34]. Die α-Aminoketone werden häufig nicht in substantia eingesetzt, sondern in situ durch Reduktion von α-Oximinoketonen erzeugt. Diese erhält man durch Nitrosierung von Ketonen mit Alkylnitriten in Gegenwart von Natriummethoxid.

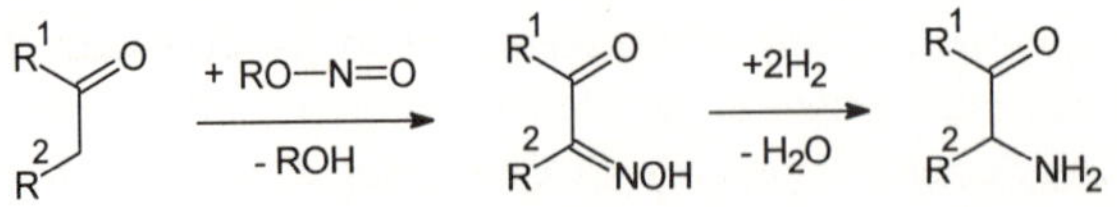

Sowohl für die HANTZSCH-Synthese als auch für die KNORR-Synthese von Pyrrolen wurde eine Reihe von Varianten ausgearbeitet[35].

❹ 3-Substituierte Pyrrol-2-carbonester **19** werden aus *N*-Toluolsulfonylglycinester **17** und Vinylketonen aufgebaut[36]. Diese ergeben unter MICHAEL-Addition und intramolekularer Aldol-Addition zunächst Pyrrolidin-2-carbonester **18**, die durch sukzessive H$_2$O- und Sulfinsäure-Eliminierung in Pyrrole überführt werden:

5.12 Pyrrol

[Reaction scheme showing compounds **17**, **18**, **19** with reagents 1) POCl₃, 2) R'ONa]

❺ Die Cyclokondensation von Nitroolefinen mit C-H-aciden Isocyaniden in Gegenwart von Basen liefert trisubstituierte Pyrrole **20**[37]:

[Reaction scheme showing formation of pyrrole **20** from nitroolefin and isocyanide with elimination of $-HNO_2$; R^3 = COOEt, Tos]

Der erste Schritt dieser Reaktion ist eine MICHAEL-Addition des Isocyanids an das Nitroolefin. Es folgen Cyclisierung und HNO_2-Eliminierung. Dagegen ergeben α,β- ungesättigte Isocyanide mit Nitromethan 3-Nitroindole **21**[38]:

[Reaction scheme: tosyl-substituted α,β-unsaturated isocyanide + H_3C-NO_2, t-BuOK, −TosH, giving **21**]

D Pyrrol wurde erstmals aus Knochenöl isoliert und kommt auch im Steinkohlenteer vor. Es kann durch trockene Destillation des Ammoniumsalzes der D-Galactarsäure (Schleimsäure) hergestellt werden (s.S.61). Pyrrol, eine farblose, chloroformähnlich riechende Flüssigkeit vom Schmp. -24°C und Sdp. 131°C, löst sich nur wenig in Wasser und färbt sich bei Luftzutritt schnell dunkel.

Der Pyrrolring kommt zwar nicht in vielen, dafür aber in äußerst wichtigen Naturstoffen vor. Auch einige Antibiotica enthalten einen Pyrrolring, das einfachste von ihnen ist das *Pyrrolnitrin* **22**:

[Structure of Pyrrolnitrin **22**: chlorinated nitrophenyl group attached to a chloropyrrole]

Die biologisch wichtigen Tetrapyrrole enthalten vier Pyrrolringe, die über CH_2- oder CH-Brücken miteinander verbunden sind. Man unterscheidet lineare Tetrapyrrole (Bilirubinoide) und cyclische Tetrapyrrole (Porphyrine und Corrine).

Bilirubinoide sind farbige Verbindungen und kommen in Wirbeltieren, aber auch in einigen Wirbellosen und sogar in Algen vor. Sie entstehen durch biologische Oxidation von Porphyrinen. Der wichtigste Vertreter ist das orangefarbene *Bilirubin*. Es kommt in der Galle und in den Gallensteinen vor und wird durch Fäces und Urin ausgeschieden. Bilirubin wurde erstmals von STAEDELER (1864) isoliert und kann über das kristalline Ammoniumsalz gereinigt werden. Durch Eisen(III)-chlorid wird es zum blaugrünen *Biliverdin* oxidiert:

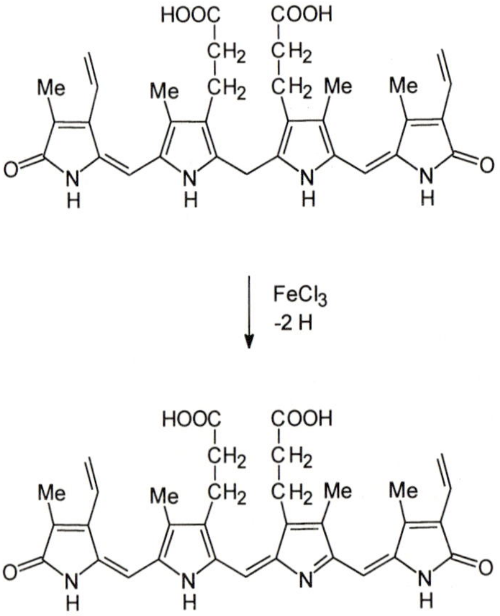

Bilirubin (Biladien)

$FeCl_3$
$-2H$

Biliverdin (Bilin)

Die entsprechenden unsubstituierten Verbindungen führen die Bezeichnungen Biladien und Bilin[39]. Porphyrine und Corrine werden in Kap. 8.3 behandelt.

Vom Pyrrol leiten sich einige Pharmaka ab, z.B. das Analgeticum und Antiphlogisticum *Zomepirac* **23** (5-(4-Chlorbenzoyl)-1,4-dimethylpyrrol-2-ylessigsäure) :

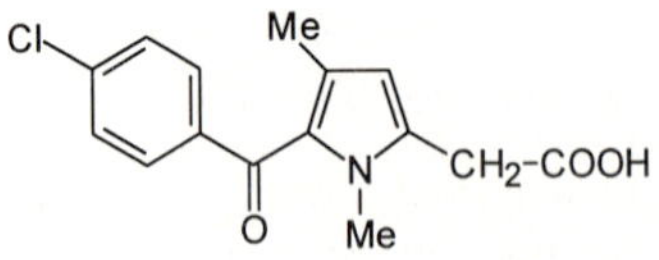

23

Polymere und Copolymere des Pyrrols haben als elektrisch leitende organische Verbindungen für spezielle Zwecke Anwendung gefunden, z.B. in photovoltaischen Zellen[40].

5.13 Indol

A Benzo[b]pyrrol trägt den Trivialnamen Indol, der einwertige Rest heißt Indolyl. Die UV- und NMR-Daten des Indols gehen aus der folgenden Tabelle hervor.

UV (Ethanol)		^{1}H-NMR (Aceton-d$_6$)		^{13}C-NMR (CDCl$_3$)	
λ (nm) (ε)		δ (ppm)		δ (ppm)	
216 (4,54)	276 (3,76)	H-1: 10,12	H-5: 7,00	C-2: 123,7	C-6: 119,0
266 (3,76)	278 (3,76)	H-2: 7,27	H-6: 7,08	C-3: 101,8	C-7: 110,4
270 (3,77)	287 (3,68)	H-3: 6,45	H-7: 7,40	C-4: 119,9	C-3a: 127,0
		H-4: 7,55		C-5: 121,1	C-7a: 134,8

B Indole sind weniger reaktiv als Pyrrole. Die folgenden **Reaktionen** sind für das chemische Verhalten des Indols von Bedeutung.

Säure-Base-Reaktionen

Die Basizität des Indols entspricht mit pK_a = –3,50 etwa der des Pyrrols. Die Protonierung erfolgt hauptsächlich am C-Atom 3 unter Bildung des 3H-Indoliumions, das weiter zu oligomeren Produkten reagiert:

Indol + H$_2$SO$_4$ ⇌ 3H-Indolium HSO$_4^\ominus$ ⟶ Oligomere

Mit pK_a = 16,97 besitzt Indol nahezu die gleiche N-H-Acidität wie Pyrrol. Indol reagiert daher wie Pyrrol mit Natriumamid in flüssigem Ammoniak, mit Natriumhydrid in indifferenten Lösungsmitteln, mit GRIGNARD-Reagenzien sowie mit *n*-Butyllithium zu in 1-Position metallierten Indolen.

Elektrophile Substitutionsreaktionen am Kohlenstoff

Indol reagiert bei den meisten elektrophilen Substitutionsreaktionen langsamer als Pyrrol, aber schneller als Benzo[b]thiophen und Benzo[b]furan. Im Gegensatz zum Pyrrol wird das H-Atom in 3-Position bevorzugt substituiert. Dafür gibt es zwei Gründe:

- Beim Angriff des Elektrophils auf die 3-Position kann sich die energiearme Immoniumstruktur des σ-Komplexes ausbilden, während beim Angriff auf die 2-Position nur eine energiereiche, orthochinoide Immoniumstruktur möglich ist:

- Beim Pyrrol ist der Koeffizient des HOMO in 2- und 5-Position am größten, beim Indol in 3-Position.

Befindet sich in 3-Position bereits ein Substituent, dann wird im allgemeinen zuerst auf die 2- und danach auf die 6-Position ausgewichen.

Indol wird durch SOCl$_2$ oder wäßrige NaOCl-Lösung zu 3-Chlorindol chloriert, mit N-Bromsuccinimid entsteht 3-Bromindol. Die Einwirkung von HNO$_3$ auf Indol bewirkt eine Oxidation des Pyrrolringes und weiter eine Polymerisation. In 2-Position substituierte Indole reagieren mit HNO$_3$ in Essigsäure zu 3,6-Dinitroverbindungen. Die Sulfonierung von Indol zu Indol-3-sulfonsäure gelingt mit dem Pyridin-SO$_3$-Komplex.

Wie im Fall der Pyrrole führt auch die C-Alkylierung der Indole zu Produktgemischen. Sehr viel besser verlaufen Formylierung und Acylierung. Das VILSMEIER-HAACK-Reagens ergibt Indol-3-carbaldehyd, Erhitzen mit Acetanhydrid 3-Acetylindol, und bei der HOUBEN-HOESCH-Acylierung erfolgt die Substitution ebenfalls in 3-Position.

Obschon die Reaktivität der Indole geringer ist als die der Pyrrole, reagieren sie dennoch mit Arendiazoniumsalzen zu 3-(Arylazo)indolen. Auch die Reaktion mit Carbonylverbindungen in Gegenwart von Säuren verläuft analog. Deswegen geben in 3-Position unsubstituierte Indole die Farbreaktion mit dem EHRLICH-Reagens. Aus Indol und Acetaldehyd entsteht über ein Azafulveniumsalz 3-Vinylindol, das weiter mit Indol zu 1,1-Di(indol-3-yl)ethan reagiert:

Als weitere elektrophile Substitutionsreaktion, die beim Indol glatt verläuft, sei die Aminoalkylierung (MANNICH-Reaktion) genannt. Aus Indol, Formaldehyd und Dimethylamin in Essigsäure entsteht der Naturstoff *Gramin* (3-(Dimethylaminomethyl)indol), der aus Gräsern (früher: Gramineae, heute: Poaceae) isoliert wurde:

Elektrophile Substitutionsreaktionen am Stickstoff

Die salzartigen Alkalimetallverbindungen des Indols reagieren mit Elektrophilen wie Halogenalkanen, Acylhalogeniden, Sulfonylhalogeniden und Chlortrimethylsilan zu den entsprechenden in 1-Position substituierten Indolen. 1-Benzolsulfonylindol wird durch *n*-Butyllithium in 2-Position lithiiert. Anschließende Alkylierung mit Halogenalkanen und Abspaltung des Benzolsulfonylrestes mit Natriumhydroxid-Lösung ergibt 2-Alkylindole.

Aus Indol-1-ylmagnesiumhalogeniden und elektrophilen Reagenzien entstehen hauptsächlich in 3-Position substituierte Indole.

Additionsreaktionen

Indole werden bei höheren Temperaturen und unter Druck zu 2,3-Dihydroindolen (Indolinen) katalytisch hydriert. Diese Verbindungen entstehen auch bei der Einwirkung von Reduktionsmitteln (Zink und Phosphorsäure, Zinn und Salzsäure) auf Indole.

Wie Pyrrole sind auch Indole relativ leicht oxidierbar. Bei der Autoxidation greift der Sauerstoff die 3-Position an, über ein Hydroperoxid entsteht Indol-3(2*H*)-on (Indoxyl):

Indoxyl wird weiter über ein Radikal und eine Dihydroverbindung zu Indigo oxidiert. Außer Luftsauerstoff bewirken auch andere Oxidationsmittel diese Reaktionen. Bei der Oxidation in 3-Position substituierter Indole entstehen Indol-2(3*H*)-one (Oxindole):

Indole zeigen wenig Neigung zu Cycloadditionen. Die [2+1]-Cycloaddition mit Dichlorcarben ergibt Gemische von Indol-3-carbaldehyd und 3-Chlorchinolin (s.S.334).

C Die *Retrosynthese* des Indols (Abb. 5.8) erfolgt wie beim Pyrrol (vgl.S.94) auf zwei Wegen (I/II). Auf Weg I werden durch die Retrosynthese-Operationen **a–c** (o-Aminobenzyl)ketone **1** oder o-Alkyl-*N*-acylaniline **2** als Edukte vorgeschlagen, deren weitere Retroanalyse (**d/e**) auf o-Toluidin-Derivate **5** und Carbonsäurederivate **6** zurückführt. Der Aufbau des Indol-Systems müßte dann durch N-resp. C-Acylierung von **5** (unter Nutzung der o-Nitrotoluol-Derivate **4**) und Cyclodehydratisierung von **1/2** erfolgen. Alternativ dazu führt Weg II mit Hilfe der Retrosynthese-Operationen **g–i** über die α-(*N*-Arylamino)ketone **3** zu Anilin und α-Halogenketonen **7** als möglichen Edukten der Indol-Synthese.

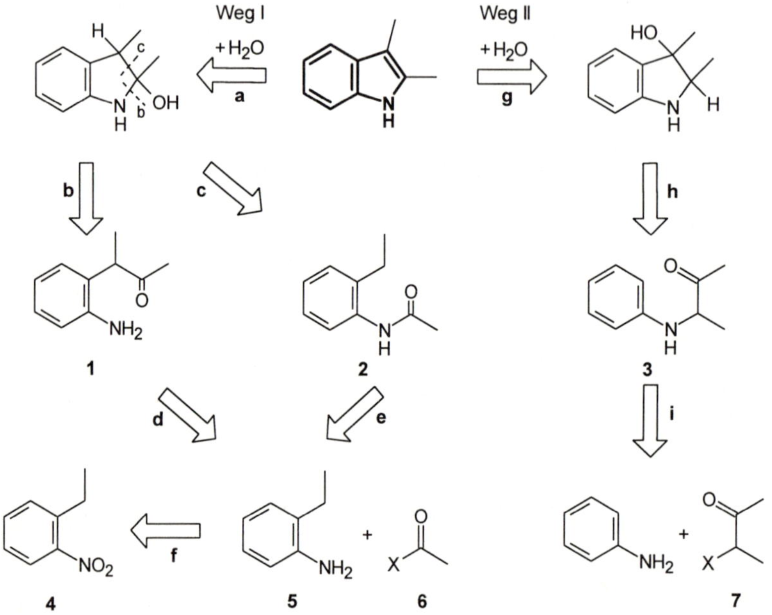

Abb. 5.8 Retrosynthese des Indols

Wie von der Retrosynthese-Betrachtung prognostiziert gehen die meisten **Synthesen** des Indol-Systems von Anilin- oder o-Aminophenyl-Bausteinen aus, an denen der heterocyclische Molekülteil nach verschiedenen Methoden aufgebaut wird.

❶ Die reduktive Cyclisierung von (o-Nitrobenzyl)carbonylverbindungen **8** gemäß

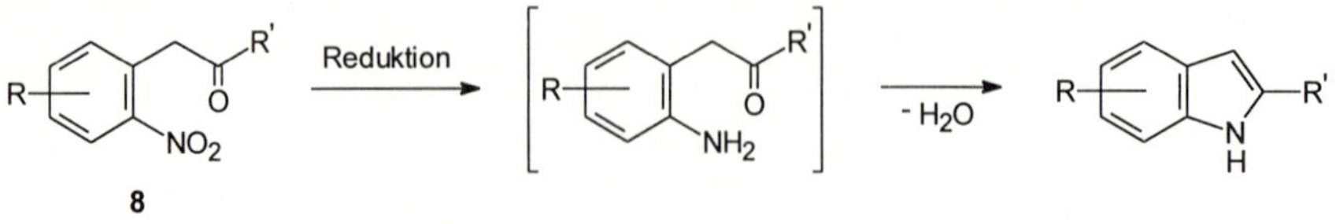

dient vor allem in der Form der REISSERT-Synthese zur Gewinnung von 2-substituierten Indolen. Dabei wird ein durch CLAISEN-Kondensation von o-Nitrotoluol mit Oxalester erhaltener (o-Nitrophenyl)-brenztraubensäureester **9** der katalytischen Hydrierung (H_2/Pd-C) unterworfen; es erfolgt Reduktion der Nitrogruppe zur Aminogruppe, anschließend spontane Cyclodehydratisierung zum Indol-2-carbonsäureester **10**:

(o-Aminobenzyl)carbonylverbindungen, die für den Cyclisierungsschritt bei der REISSERT-Synthese erforderlich sind, entstehen auch in einer bemerkenswerten Reaktionsfolge aus Anilinen via Anilinosulfoniumsalze **12**. Diese erhält man aus *N*-Chloranilinen **11** und α-(Methylthio)ketonen. Sie reagieren mit Basen zu 3-(Methylthio)indolen **15**, die nach reduktiver Abspaltung der SCH$_3$-Gruppe durch Hydrogenolyse Indole **16** liefern:

Entscheidender Reaktionsschritt ist eine SOMMELET-HAUSER-Umlagerung des primär gebildeten Sulfoniumylids **13**, wodurch die erforderliche *ortho*-Verknüpfung mit dem Aren unter Bildung der (*o*-Aminobenzyl)carbonylverbindung **14** herbeigeführt wird.

Anilinosulfonium-Verbindungen des Typs **17** können auch zur Synthese von Oxindolen **19** dienen, wenn man von *N*-Chloranilinen und (Methylthio)essigester ausgeht. Die via S-Ylid erhaltenen (*o*-Aminophenyl)essigester **18** führen nach Cyclisierung und reduktiver Desulfurierung zu Oxindolen **19**.

❷ 1-Dimethylamino-2-(*o*-nitrophenyl)ethene **20**, die aus *o*-Nitrotoluolen und *N,N*-Dimethylformamiddimethylacetal gewonnen werden, ergeben bei der reduktiven Cyclisierung über die entsprechenden (*o*-Aminophenyl)-Verbindungen Indole **21** :

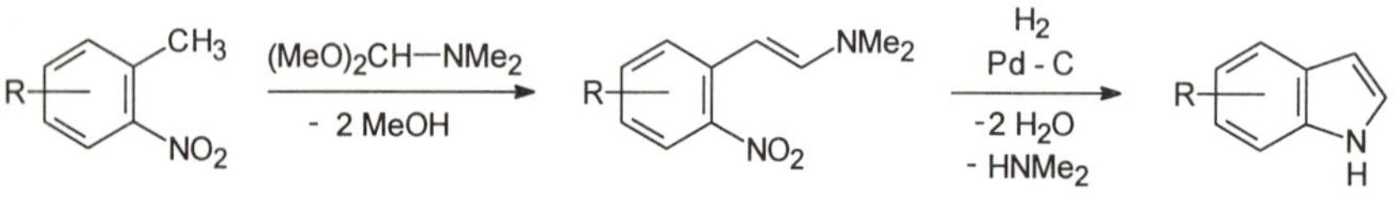

Diese Methode (BATCHO-LEIMGRUBER-Synthese) ist vor allem für am Benzolring substituierte und am Pyrrolring unsubstituierte Indole geeignet[41].

Eine Weiterentwicklung dieses Reaktionsprinzips wird in einer präparativ ergiebigen Synthese von Tryptophan-Derivaten genutzt[42]. Sie besteht in der Überführung von **20** (R = H) in ein α-Arylacrolein **22** durch MANNICH-Reaktion und Amin-Eliminierung, MICHAEL-Addition von *N*-Formylaminomalonester an **22** zum als Halbaminal maskierten *o*-Nitrophenylacetaldehyd **23** und dessen reduktiver Cyclisierung (**23** → **24**) :

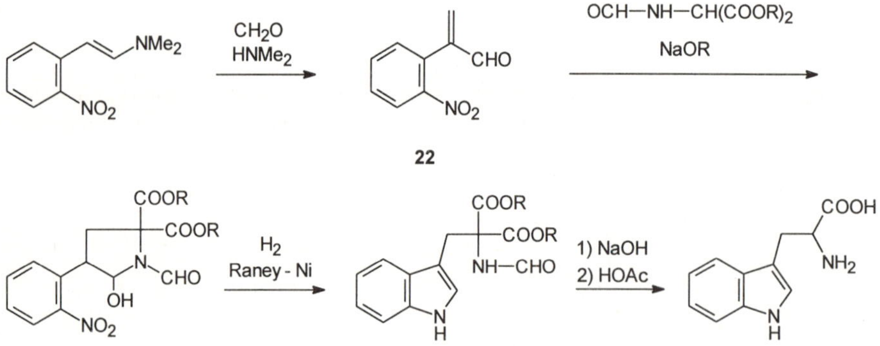

❸ Die Cyclodehydratisierung von *N*-Acyl-*o*-toluidinen **25** ist mittels Natriumamid oder *n*-Butyllithium (MADELUNG-Synthese) möglich, beschränkt sich jedoch wegen der drastischen Reaktionsbedingungen im wesentlichen auf die Gewinnung von 2-Alkylindolen :

5.13 Indol

25 [structure: o-methyl acylanilide] →(NaNH₂, 250°C, −H₂O)→ [2-substituted indole]

Die Cyclisierung erfordert Deprotonierung der CH₃-Gruppe und deren Verknüpfung mit dem Acyl-C-Atom, ist jedoch mechanistisch noch unklar.

Mit der MADELUNG-Synthese verwandt ist die Indol-Bildung aus o-Tolylisocyanid **26**, die durch Metallierung mit Lithiumdialkylamiden bewirkt wird; die Lithiumverbindung **27** kann entweder direkt (via N-Lithioindol **28**) zu Indol oder nach Alkylierung und erneuter Metallierung zu 2-substituierten Indolen cyclisieren:

26 →(LiNR₂, −78°C)→ **27** →(R−X, −LiX)→ [alkylated intermediate]

27 →(+20°C)→ **28** →(H₂O)→ Indol

[alkylated intermediate] →(1) LiNR₂, 2) H₂O)→ 2-substituted indole

❹ α-(Arylamino)ketone **29**, die aus Arylaminen und α-Halogenketonen gut zugänglich sind, gehen unter Säure-Katalyse eine intramolekulare S_EAr-Reaktion und nachfolgend H_2O-Eliminierung unter Bildung von Indolen ein (BISCHLER-Synthese):

29 →(H⊕, S_EAr)→ [3-hydroxy-indoline intermediate] →(−H_2O)→ [2,3-disubstituted indole]

Die präparative Brauchbarkeit dieser einfachen Indol-Synthese ist auf Systeme mit gleichen C-2/C-3-Substituenten begrenzt.

❺ N-Arylhydrazone von enolisierbaren Aldehyden oder Ketonen **30** gehen unter dem Einfluß von LEWIS-Säuren (ZnCl₂, BF₃) oder BRÖNSTED-Säuren (H_2SO_4, Polyphosphorsäure, CH_3COOH, HCl in Ethanol) unter Abspaltung von Ammoniak in Indole **31** über (FISCHER-Synthese 1883):

Der Mechanismus dieser – nach Anwendungsbreite und allgemeiner Bedeutung wichtigsten – Indol-Synthese war Gegenstand eingehender Untersuchungen[43]. Danach gilt als belegt, daß zunächst das Hydrazon **30** zu einem Enhydrazin **32** tautomerisiert, in dem die Bindung zur *ortho*-Stellung des Arens im Zuge einer [3.3]-sigmatropen Reaktion ("Diaza-COPE-Umlagerung") geknüpft wird. Das daraus resultierende Diimid **33** reagiert über **34** zu 2-Amino-1,2-dihydroindol **35** und eliminiert schließlich NH_3 zum Indol-System **31**. Isotopenmarkierungs-Experimente mit ^{15}N zeigen, daß der am Aren gebundene Stickstoff im Indol erhalten bleibt.

Die für die FISCHER-Synthese benötigten Phenylhydrazone werden aus Carbonylverbindungen und Phenylhydrazin, häufig jedoch auch mit Hilfe der JAPP-KLINGEMANN-Reaktion durch Kupplung von C-H-aciden Verbindungen (ß-Diketonen, ß-Ketoestern etc.) oder Enaminen mit Aryldiazoniumsalzen gewonnen. Damit sind auch komplexer aufgebaute Indol-Systeme auf einfachem Wege zugänglich, wie die nachfolgende Synthese der 3-(Indol-3-yl)propansäure **40**, des Ausgangsstoffes der klassischen Lysergsäure-Synthese von WOODWARD[44], dokumentiert:

Dabei wird der 2-Oxocyclopentan-1-carbonester **36** im basischen Medium mit Phenyldiazoniumchlorid gekuppelt, gleichzeitig erfolgt Säurespaltung des Produktes **37**. Das so erhaltene Phenylhydrazon des α-Ketoadipinsäuremonoesters **38** wird durch H_2SO_4 in Ethanol zum Indol-Derivat **39** cyclisiert, das nach Verseifung und selektiver Decarboxylierung **40** liefert.

Die Cyclisierung von *N*-Alkylhydrazonen mittels PCl$_3$ in Dichlormethan führt zu substituierten Pyrrolen[45].

❻ Nur wenige Indol-Synthesen benutzen Bausteine, in denen das N-Atom nicht a priori mit einem Aren verknüpft ist. Dazu gehört die NENITZESCU-Synthese, bei der 1,4-Chinone mit ß-Aminoacrylestern zu 5-Hydroxyindol-3-carbonestern **44** kondensiert werden. Der nicht restlos geklärte Mechanismus dieser Synthese beinhaltet neben MICHAEL-Addition (→ **41**) und Cyclodehydratisierungs-Schritt (**42** → **43**) auch Redox-Transformationen (**41** → **42** und **43** → **44**) :

Indol, farblose, blättchenförmige, in Wasser mäßig lösliche Kristalle vom Schmp. 52°C und Sdp. 253°C, kommt u.a. im Steinkohlenteer und im Jasminblütenöl vor. In hohen Konzentrationen riecht Indol unangenehm fäkalartig, in starker Verdünnung jedoch angenehm blumig. Vor kurzem wurde erkannt, daß Indol zu den Verbindungen gehört, die den Geruch blühender Rapsfelder verursachen.

Indoxyl (Indol-3(2*H*)-on), hellgelbe Kristalle, Schmp. 85°C, wird technisch nach dem Verfahren von HEUMANN-PFLEGER (1890, 1898) hergestellt. Aus Anilin und Chloressigsäure erhält man (Phenylamino)essigsäure, deren Kaliumsalz beim Schmelzen mit KOH/ NaOH/NaNH$_2$ zu Indoxyl cyclisiert:

Auf diesen Reaktionen beruht die technische Synthese des Farbstoffes Indigo, der aus Indoxyl durch Einwirkung des Luftsauerstoffes entsteht (s.S.110). Indoxyl liegt in der Ketoform vor.

Oxindol (Indol-2(3*H*)-on), farblose, nadelförmige Kristalle, Schmp. 127°C, wird aus Anilin und Chloracetylchlorid auf folgendem Weg erhalten:

Isatin (Indol-2,3-dion), rote Kristalle, Schmp. 204°C, entsteht bei der Oxidation von Indigo mittels Salpetersäure. Seine Synthese kann ausgehend von *o*-Nitrobenzoylchlorid über Isatinsäure **45** erfolgen:

Isatine erhält man auch durch Cyclisierung von Isonitrosoacetaniliden unter Einwirkung von konz. H_2SO_4 (Isatin-Synthese nach SANDMEYER)[46].

Vom Indol leitet sich eine größere Anzahl von Naturstoffen ab. Der Bedeutung nach an erster Stelle steht die proteinogene und essentielle Aminosäure *Tryptophan* **46**[47]:

Durch enzymatische Umwandlung von Tryptophan in lebenden Organismen entstehen weitere Naturstoffe, z.B. durch Hydroxylierung und Decarboxylierung *Serotonin* **47**. Es kommt im Serum der Warmblüter vor und trägt zur Aufrechterhaltung des Gefäßtonus bei. Außerdem wirkt es als Neurotransmitter, d.h., es ist an der Reizfortleitung von einer Nervenzelle zur anderen beteiligt.

Bufotenin **48**, ein Giftstoff aus der Haut von Kröten, wirkt blutdrucksteigernd und lähmt die motorischen Hirn- und Rückenmarkszentren. *Psilocin* **49**, der psychoaktive Wirkstoff des mexikanischen Zauberpilzes Teonanacatl, steigert die psychische Erregbarkeit und erzeugt Halluzinationen:

Melanine, die schwarzen und braunen Haar- und Hautpigmente des Menschen und der Tiere, enthalten zwar ebenfalls Indolbausteine, insbesondere 5,6-Dihydroxyindol, gehen aber aus der Aminosäure Tyrosin über DOPA (3,4-*D*ihydr*o*xy*p*henyl*a*lanin) hervor[48]:

5.13 Indol

Die Melanine entstehen in eigens dafür spezialisierten Zellen, den Melanocyten. Eine Häufung derartiger Zellen verursacht die sogenannten Leberflecke. Werden diese Zellen bösartig, dann entwickelt sich ein malignes Melanom, eine Form von Hautkrebs, die den sofortigen chirurgischen Eingriff erforderlich macht.

Die Klasse der Indolalkaloide ist so umfangreich, daß nur einige dieser physiologisch hochwirksamen und pharmakologisch bedeutsamen Naturstoffe erwähnt werden können, so Strychnin, Brucin (s.S.462), Yohimbin, Reserpin, Vincamin, Ergotamin, Lysergsäure. Vom Indol leiten sich auch Antibiotica ab.

Indol-3-ylessigsäure **50**, auch Heteroauxin genannt, ist ein Phytohormon. Sie wird vorwiegend in den Knospen, Samen und in jungen Blättern synthetisiert und ist an der Regulation des Pflanzenwachstums beteiligt.

Indican **51**, das ß-Glucosid der Enolform des Indoxyls, kommt in der Indigopflanze (Indigofera tinctoria) und im Färberwaid (Isatis tinctoria) vor. Bei der Extraktion der gequetschten Pflanzenteile mit Wasser wird Indican durch das ebenfalls in diesen Pflanzen vorkommende Enzym Indoxylase zu Indoxyl und Glucose hydrolysiert. Auf dieser Reaktion und der anschließenden Oxidation durch Luftsauerstoff beruhte die Gewinnung von Indigo aus Pflanzen von der Antike bis etwa 1890. Danach beherrschte der synthetisch produzierte Indigo den Markt.

Von den in Meeresorganismen vorkommenden Indolverbindungen verdient *Tyrindolsulfat* **52** Erwähnung[49]. Es ist in Mollusken der Arten Murex, Purpura und Dicathais enthalten, die hauptsächlich im Mittelmeer leben. Aus diesen Tieren wurde der antike Purpur (6,6'-Dibromindigo **53**) gewonnen:

Das Ringsystem des Indols liegt einigen Pharmaka zugrunde, so dem Antiphlogisticum *Indomethacin* **54** und dem Antidepressivum *Iprindol* **55**:

Indigo und andere Farbstoffe (s.S.81), die den Chromophor **56**

enthalten, bezeichnet man als *indigoide Farbstoffe*; es handelt sich um Küpenfarbstoffe. Die wasserunlöslichen Farbstoffe werden durch Natriumdithionit und Natronlauge "verküpt", wobei sie als Dinatriumsalze von Dihydroverbindungen in Lösung gehen, z.B.:

Vor der Produktion von Natriumdithionit (1871) wurde Indigo mit Hilfe reduzierend wirkender Bakterien verküpt (Gärungsküpe). Die Küpe des Indigos hat eine bräunlich-gelbe Farbe. Das Textilgut wird mit der Küpe getränkt und danach aufgehängt. Der Luftsauerstoff bewirkt die Rückoxidation zu Indigo, der sich dabei in feinster Verteilung auf den Fasern abscheidet. Eine Folge dieses Verfahrens ist die geringe Reibechtheit der Färbungen. Sie verursacht das "verwaschene" Aussehen von mit Indigo gefärbten Jeans und ermöglicht die Herstellung sogenannter Schneejeans.

Seit Ende der siebziger Jahre verlieren Indolverbindungen als Textilfarbstoffe an Bedeutung, einige haben jedoch in anderen Bereichen Anwendung gefunden, z.B. bei photographischen Sofortbildverfahren.

5.14 Isoindol

A-C Für Benzo[c]pyrrol ist der Name Isoindol zugelassen. Obschon Isoindol eine orthochinoide Struktur aufweist, konnte es in Substanz isoliert und spektroskopisch sowie durch chemische Reaktionen charakterisiert werden[50]:

2-(Methoxycarbonyloxy)-1,3-dihydroisoindol (aus 2-Hydroxy-1,3-dihydroisoindol und Methyl(*p*-nitrophenyl)carbonat) wurde im Vakuum bei 500°C der Pyrolyse unterworfen und das Isoindol an einem mit flüssigem Stickstoff gefüllten Kühlfinger kondensiert. Isoindol, farblose Nadeln, wird bei Raumtemperatur schnell dunkel und polymerisiert. Beständiger sind Lösungen in Dichlormethan unter Stickstoff. Sie geben mit dem EHRLICH-Reagens eine rote Farbreaktion und mit *N*-Phenylmaleinimid die entsprechenden DIELS-ALDER-Addukte, endo : exo = 2 : 3 (s.S.56). Am Pyrrolring substituierte Isoindole sind thermisch stabiler und können z.B. auf folgendem Weg aus 2-substituierten 1,3-Dihydroisoindol-1-onen synthetisiert werden:

Zwischen in 2-Position unsubstituierten Isoindolen und den entsprechenden 1*H*-Isoindolen existiert in Lösung ein Tautomeriegleichgewicht:

Isomerisierungen, bei denen ein H-Atom seine Position an einem heterocyclischen System wechselt, faßt man unter der Bezeichnung *annulare Tautomerie* zusammen. Sie ist ein spezieller Fall der Protomerie (prototropen Umlagerung)[51]. Die Lage des Gleichgewichts hängt im Fall des Isoindols sehr stark von der Art der Substituenten in 1- und/oder 3-Position ab[52]. Die 1-Phenylverbindung liegt in der 2*H*-Form vor und kuppelt mit Benzoldiazoniumchlorid in 3-Position.

5.15 Carbazol

A,B Die Numerierung von Carbazol (Benzo[b]indol) erfolgte vor der Schaffung der systematischen Nomenklatur und wird aus historischen Gründen beibehalten.

Carbazole verhalten sich wie *o,o'*-disubstituierte Diphenylamine. Allerdings ist die Basizität des Carbazols mit pK_a = -4,94 viel geringer als die des Diphenylamins (pK_a = 0,78) und auch geringer als die des Indols und des Pyrrols. Als Folge davon löst sich Carbazol nicht in verdünnten Säuren, sondern nur in konz. H_2SO_4, wobei die Protonierung am N-Atom stattfindet. Beim Eingießen der Lösung in Wasser fällt Carbazol aus, es erfolgt keine Polymerisation.

Die N-H-Acidität des Carbazols entspricht mit $pK_a = 17{,}06$ etwa der des Indols und des Pyrrols. Carbazol kann deswegen in N-metallierte Verbindungen übergeführt werden, die sich am Stickstoff elektrophil substituieren lassen.

Carbazol selbst reagiert mit Elektrophilen schneller als Benzol, die Substitution erfolgt regioselektiv in 3-Position, z.B. bei der VILSMEIER-HAACK-Formylierung.

Additions- und Ringöffnungs-Reaktionen der Carbazole sind kaum bekannt.

C Zur Synthese von Carbazolen kann man von *ortho*-substituierten Biphenyl-Derivaten ausgehen, z.B.:

Aus 2-Azidobiphenyl entsteht durch Thermolyse oder Photolyse ein Nitren, desgleichen aus 2-Nitrobiphenyl durch Deoxygenierung mittels Triethylphosphit. Das Nitren cyclisiert sofort zu Carbazol. Andererseits lassen sich Carbazole auch durch Cyclodehydrierung von Diphenylaminen herstellen:

Diese Reaktion kann photochemisch oder mittels Palladium(II)-acetat in Essigsäure bewerkstelligt werden.

D **Carbazol**, farblose, wasserunlösliche Kristalle, Schmp. 245°C, Sdp. 355°C, kommt in der Anthracenfraktion des Steinkohlenteers vor.

Vom Carbazol leiten sich einige Alkaloide ab, z.B. *Murrayanin* **1** (1-Methoxycarbazol-3-carbaldehyd) und *Ellipticin* **2**, in dem das Carbazolsystem mit einem Pyridinring kondensiert vorliegt. Ellipticin gehört zu den in die menschliche DNA intercalierenden Substanzen. Das Molekül schiebt sich zwischen zwei gestapelte Basenpaare. In einigen Ländern sind Ellipticinderivate als Cytostatica zugelassen[52a].

Pharmaka mit einem Carbazolsystem sind selten. Ein Beispiel ist der Betablocker *Carazolol* **3** (1-(Carbazol-4-yloxy)-3-(isopropylamino)propan-2-ol):

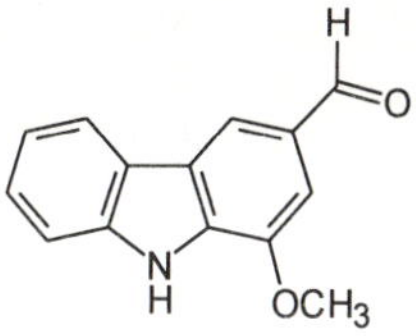

5.15 Carbazol

1, 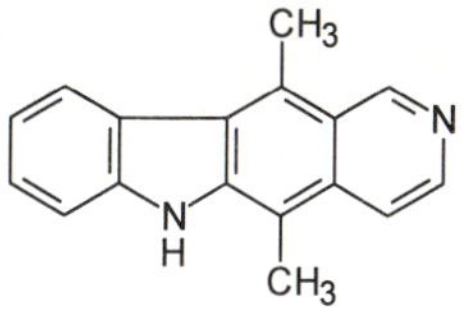 **2**, 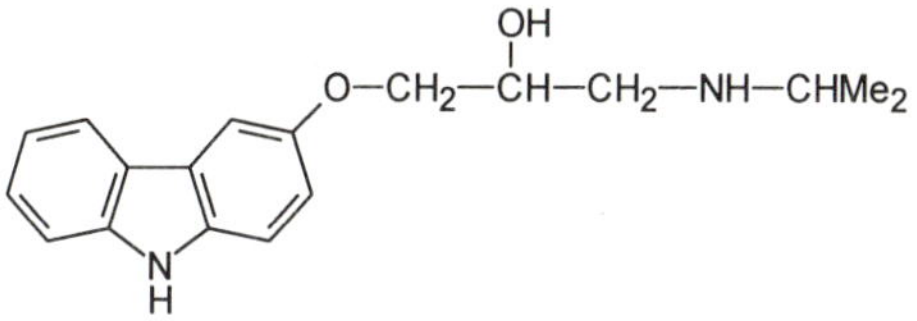 **3**

Durch doppelte Cyclokondensation von 3-Aminocarbazol mit Chloranil und anschließende Sulfonierung wird der Textilfarbstoff *Siriuslichtblau* **4** hergestellt:

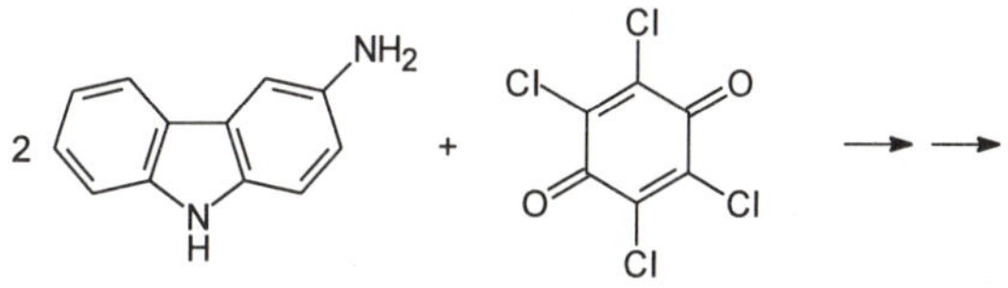

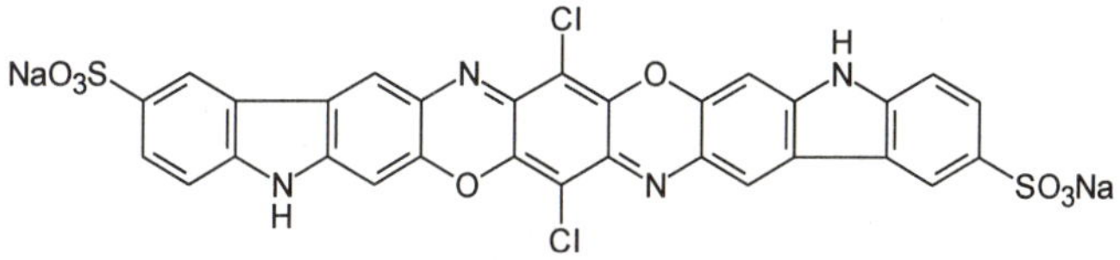

4

Carbazol wird durch Acetylen in 9-Position vinyliert. Das daraus produzierte Polymer **5** (Poly-*N*-vinylcarbazol) erweist sich als Photoleiter:

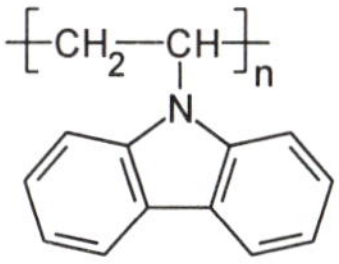

5

Photoleiter sind Stoffe, deren elektrische Leitfähigkeit durch Belichtung vergrößert wird[53]. Sie finden Anwendung bei der Elektrophotographie sowie bei Kopierverfahren.

5.16 Pyrrolidin

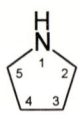

A Das Pyrrolidinmolekül ist praktisch spannungsfrei, nicht eben und konformativ beweglich. Wie beim Tetrahydrofuran (s.S.67) sind Twist- und Briefumschlag-Konformationen bevorzugt, die Aktivierungsenergie der Pseudorotation beträgt 1,3 kJ mol^{-1}. Die chemischen Verschiebungen in den NMR-Spektren liegen im Bereich der für Cycloalkane und Dialkylamine gefundenen Werte.

^{1}H-NMR (CDCl$_3$)
δ (ppm)

H-2/H-5: 2,75
H-3/H-4: 1,53

^{13}C-NMR (CDCl$_3$)
δ (ppm)

C-2/C-5: 47,1
C-3/C-4: 25,7

B Pyrrolidine und N-substituierte Pyrrolidine geben alle Reaktionen sekundärer bzw. tertiärer Alkylamine. Sie lassen sich alkylieren, quaternieren, acylieren und nitrosieren. Basizität und Nucleophilie des Pyrrolidins sind allerdings größer als die des Diethylamins (Pyrrolidin pK$_a$ = 11,27, Diethylamin pK$_a$ = 10,49). Wegen dieser Eigenschaften eignet sich Pyrrolidin sehr gut zur Überführung von Carbonylverbindungen in Enamine:

C Pyrrolidin und N-substituierte Pyrrolidine werden technisch durch Ringtransformation von Tetrahydrofuran mit Ammoniak bzw. primären Aminen bei 300°C an Aluminiumoxid-Katalysatoren hergestellt. N-substituierte Pyrrolidine sind weiterhin durch Photodehydrohalogenierung von N-Alkyl-N-chloraminen zugänglich (HOFMANN-LÖFFLER-Reaktion):

Die Reaktion wird zuerst in saurer Lösung durchgeführt. Die Photolyse des N-Chlorammoniumions ergibt ein Aminium-Radikalkation, das durch Abstraktion eines H-Atoms von der Methylgruppe in ein Alkylradikal übergeht. Dieses startet eine Kettenreaktion, indem es einem neuen N-Chlorammoniumion ein Cl-Atom entzieht. Erst bei Zugabe einer Base erfolgt über das entsprechende δ-Chloralkylamin

5.16 Pyrrolidin

die Cyclodehydrohalogenierung durch intramolekulare nucleophile Substitution.

D **Pyrrolidin**, eine farblose, durchdringend aminähnlich riechende, wasserlösliche Flüssigkeit vom Sdp. 89°C, raucht an der Luft infolge Salzbildung mit Kohlendioxid.

Pyrrolidin-2-on, meist einfach Pyrrolidon genannt, ist zugleich das Lactam der 4-Aminobutansäure. Pyrrolidon wird aus γ-Butyrolacton und Ammoniak bei 250°C hergestellt. Es ist eine farblose, wasserlösliche Flüssigkeit, Schmp. 25°C, Sdp. 250°C (Zers.). Pyrrolidon wird durch Acetylen vinyliert. Poly-N-vinylpyrrolidon hat sich als Blutplasmaersatz bei Transfusionen bewährt.

1-Methylpyrrolidin-2-on, eine farblose, wasserlösliche Flüssigkeit, Sdp. 206°C, wird aus γ-Butyrolacton und Methylamin hergestellt. Es dient als Lösungsmittel, beispielsweise zur Extraktion von Acetylen aus technischen Gasgemischen.

Unter den 20 proteinogenen Aminosäuren befindet sich ein Derivat des Pyrrolidins, das *Prolin* (Pyrrolidin-2-carbonsäure):

(S)-(-)-Prolin   SAMP

(S)-(-)-Prolin, farblose Kristalle, Schmp. 220°C, $[\alpha]^{20}_D = -80°$ in Wasser, ist besonders reichlich im Kollagen enthalten und wird durch säurekatalysierte Hydrolyse von Gelatine gewonnen.

Für das Reservoir an enantiomerenreinen (homochiralen) Naturstoffen, zu denen außer den (S)-Aminosäuren auch (S)-Milchsäure, (S)-Äpfelsäure, (R,R)-Weinsäure und ß-D-Glucose gehören, ist die Bezeichnung "chiral pool" eingeführt worden. Wie die in diesen Verbindungen vorhandene Chiralitätsinformation für asymmetrische Synthesen genutzt werden kann, wird am Beispiel der von ENDERS entwickelten chiralen Auxiliare (Hilfsstoffe) (S)- und (R)-1-Amino-2-(methoxymethyl)pyrrolidin, abgekürzt SAMP und RAMP, erläutert[54]. Man stellt sie durch mehrstufige Synthesen aus (S)- bzw. (R)-Prolin her[55]. Als Beispiel für den Einsatz dieser chiralen Auxiliare dient die enantioselektive Synthese des Insektenpheromons (S)-4-Methylheptan-3-on **4** durch Alkylierung von Pentan-3-on **1**:

Das Keton **1** wird mit SAMP zum Hydrazon **2** umgesetzt. In **2** ist die Möglichkeit zu einer internen asymmetrischen Induktion gegeben, so daß die folgende Alkylierung (Einwirkung von Lithiumdiisopropylamid in Diethylether, danach von 1-Iodpropan bei -110°C) diastereoselektiv verläuft. Schließlich wird aus **3** der Auxiliar SAMP hydrolytisch abgespalten. Dabei entsteht das α-alkylierte Keton **4** mit ee = 99,5%. Die Anwendung von RAMP als Auxiliar würde demnach das (*R*)-Enantiomer von **4** ergeben.

Insgesamt gesehen liegt zwar eine enantioselektive Synthese vor, in Wirklichkeit handelt es sich aber um einen mehrstufigen Syntheseweg, dessen Syntheseschritt **2** → **3** eine diastereoselektive Reaktion darstellt. Heute stehen für die verschiedensten Syntheseprobleme chirale Auxiliare zur Verfügung.

Eine im wesentlichen nur im Kollagen vorkommende proteinogene Aminosäure ist das 4-Hydroxyprolin **5**. Es kann aus den Produkten der Hydrolyse von Gelatine abgetrennt werden.

Vom Pyrrolidin leiten sich einige Alkaloide ab, z.B. *Hygrin* **6**, ein Nebenalkaloid der Coca-Pflanze, sowie *Nicotin* (s.S.305):

Zu den Pharmaka mit einem Pyrrolidinring gehört der Vasodilator *Buflomedil* **7**.

5.17 Phosphol

A-C Phosphol selbst polymerisiert sehr schnell. Thermisch stabiler sind 1-substituierte Phosphole. Eine Röntgenstrukturanalyse des 1-Benzylphosphols ergab, daß das Molekül nicht eben ist und der Phosphor seine pyramidale Geometrie beibehält[56]:

In Übereinstimmung damit folgt aus den NMR-Spektren, daß die Aromatizität des Phosphols noch geringer ist als die des Furans.

Phosphole sind schwache Basen und reagieren mit starken Säuren zu Phospholiumsalzen. Eine interessante Reaktion von 1-Phenyl- und 1-Benzylphosphol ist die Spaltung der exocyclischen P-C-Bindung durch Lithium in siedendem THF:

5.17 Phosphol

Das Pholanion ist eben, aromatisch und iso-π-elektronisch zu Furan und Thiophen.

Phosphole sind durch [4+1]-Cycloaddition aus Buta-1,3-dienen und Alkyl- oder Aryldibromphosphanen mit anschließender Dehydrobromierung zugänglich:

Zusammenfassung allgemeiner Gesichtspunkte der Chemie fünfgliedriger Heterocyclen mit einem Heteroatom:

- Die Stammverbindungen der monocyclischen fünfgliedrigen Heterocyclen mit einem Heteroatom sind aromatisch. Bei einer Beschränkung auf die drei wichtigsten Systeme ergibt sich, daß die Aromatizität in der folgenden Reihe zunimmt: Furan < Pyrrol < Thiophen (<Benzol). Diese Abstufungen gelten auch für die jeweiligen benzo[b]kondensierten Systeme.
- Infolge ihrer Aromatizität sind die Verbindungen elektrophilen Substitutionsreaktionen zugänglich, wobei die Reaktivität in der folgenden Reihe abnimmt: Pyrrol > Furan > Thiophen (>> Benzol). Die Substitution erfolgt regioselektiv in 2-Position. Die entsprechenden benzo[b]kondensierten Systeme reagieren langsamer. Die Substitution erfolgt am fünfgliedrigen Ring, wobei aber die Regioselektivität geringer ist.
- Die Reaktivität als 1,3-Diene bei [4+2]-Cycloadditionen ist beim Furan am größten, es ist auch am leichtesten einer Ringöffnung zugänglich.
- Die benzo[b]kondensierten Systeme reagieren nicht als 1,3-Diene, ermöglichen aber [2+2]-Cycloadditionen.
- In den benzo[c]kondensierten Systemen liegen orthochinoide Strukturen vor. Die Resonanzenergie ist deswegen geringer als die der entsprechenden benzo[b]kondensierten Systeme. Die Verbindungen erweisen sich als reaktive 1,3-Diene.
- Einige Heterocyclen sind durch Cyclodehydratisierung zugänglich, und zwar
  — Furane aus 1,4-Dicarbonyl-Verbindungen,
  — Benzo[b]furane aus α-Phenoxycarbonyl-Verbindungen,
  — Benzo[b]thiophene aus α-(Phenylthio)carbonyl-Verbindungen,
  — Indole aus N-Acyl-o-toluidinen oder α-(Arylamino)ketonen,
  — Dibenzofurane aus 2,2'-Dihydroxybiphenylen,
  — Tetrahydrofurane aus 1,4-Diolen.

- Eine wichtige Synthesemethode ist die Cyclokondensation, ausgehend von:
  — 1,4-Dicarbonyl-Verbindungen (Thiophene, Pyrrole),
  — α-Halogencarbonyl-Verbindungen und β-Ketocarbonsäureestern (Furane, Pyrrole),
  — α-Aminoketonen und β-Ketocarbonsäureestern (Pyrrole),
  — 1,3-Dicarbonyl-Verbindungen oder (β-Chlorvinyl)carbonyl-Verbindungen (Thiophene, Selenophene, Tellurophene),
  — Carbonylverbindungen und CH-aciden Nitrilen (Aminothiophene).
- Indole werden durch spezielle Cyclisierungen erhalten (FISCHER-Synthese, REISSERT-Synthese, BATCHO-LEIMGRUBER-Synthese, NENITZESCU-Synthese), ebenso Carbazole aus Biphenylen oder Diphenylaminen sowie Pyrrolidine (HOFMANN-LÖFFLER-Reaktion).
- Ringtransformationen ermöglichen die Herstellung von Furanen, Thiolan, Pyrrolidin und Pyrrolidon.
- Die Bedeutung der fünfgliedrigen Heterocyclen mit einem Heteroatom, der benzo- und dibenzokondensierten Systeme sowie der partiell oder vollständig hydrierten Verbindungen als Naturstoffe, Pharmaka, Ausgangs- oder Hilfsstoffe für Synthesen ist viel größer als die der drei- oder viergliedrigen Heterocyclen, abgesehen vom Oxiran.

5.18 1,3-Dioxolan

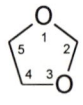

A-D 1,3-Dioxolane sind zugleich cyclische Acetale bzw. Ketale. Der Ring ist nicht eben und konformativ beweglich.

1,3-Dioxolane werden durch Cyclokondensation von Aldehyden oder Ketonen mit 1,2-Diolen in Benzol mit *p*-Toluolsulfonsäure als Katalysator hergestellt:

Durch azeotropes Abdestillieren des entstehenden Wassers erzielt man quantitative Ausbeuten.

1,3-Dioxolane sind beständig gegenüber Basen. Durch verdünnte Säuren werden sie schon bei Raumtemperatur in Umkehrung ihrer Bildung hydrolysiert. Die Überführung von Aldehyden und Ketonen in 1,3-Dioxolane ist eine der wichtigsten Methoden zum Schutz der Carbonylfunktion bei mehrstufigen Synthesen und weiterhin die Standardmethode zur Blockierung von jeweils zwei Hydroxylgruppen in den Molekülen von Kohlenhydraten durch Umsetzung mit Aceton, z.B.:

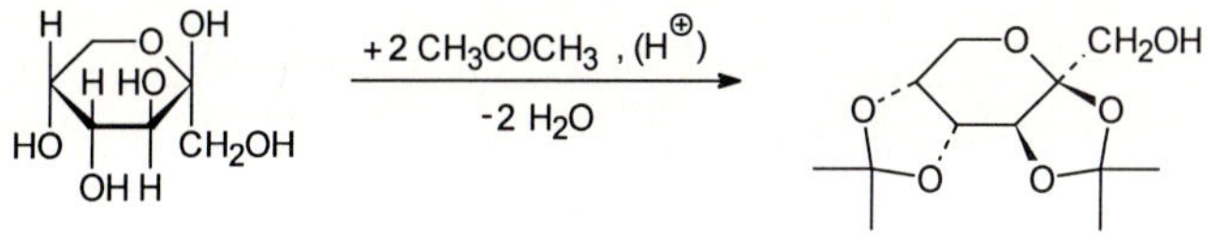

β-D-Fructopyranose → 2,3:4,5-Di-O-isopropyliden-β-D-fructopyranose

(+ 2 CH₃COCH₃, (H⊕), −2 H₂O)

Halogene reagieren mit 1,3-Dioxolanen über 1,3-Dioxolan-2-yliumsalze zu Ameisensäure(ß-halogenalkyl)estern:

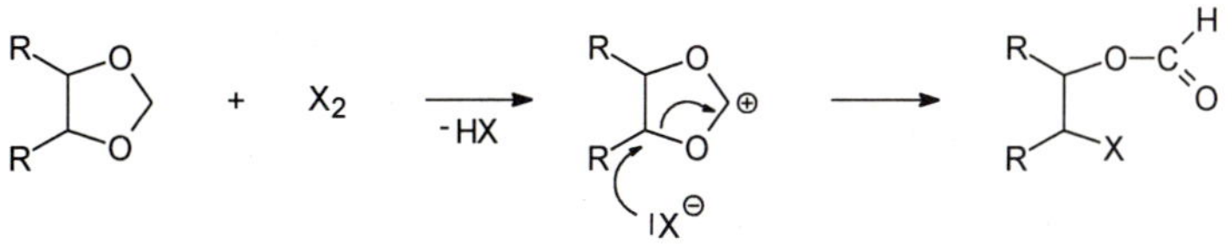

1,3-Dioxolan, eine farblose Flüssigkeit, Sdp. 78°C, löst sich in Wasser.

(4R,5R)- und (4S,5S)-2,2-Dimethyl-α,α,α',α'-tetraphenyl-1,3-dioxolan-4,5-dimethanol sind aus den enantiomeren Weinsäuredimethylestern auf folgendem Weg hergestellt worden:

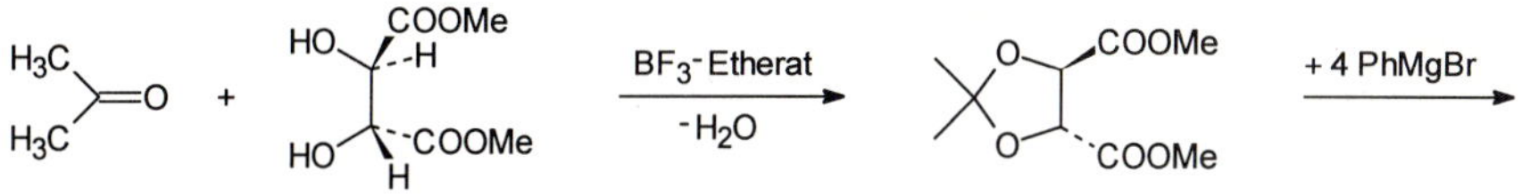

(R,R)-(+)-Weinsäure-dimethylester

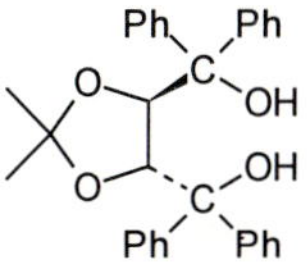

(4R,5R)-(−)-Enantiomer

Die Verbindungen bilden chirale Metallkomplexe sowie chirale Chlathrate und können als Hilfsstoffe für asymmetrische Synthesen verwendet werden[57].

5.19 1,2-Dithiol

1,2-Dithiol ist kein cyclisch konjugiertes System. Die sich von ihm ableitenden 1,2-Dithiolyliumionen dagegen sind aromatisch. Entsprechende Salze erhält man z.B. aus 1,3-Dicarbonyl-Verbindungen und Hydrogendisulfid in saurer Lösung:

5.20 1,2-Dithiolan

A-D 1,2-Dithiolane sind zugleich cyclische Disulfide (Disulfane). Infolge elektronischer Wechselwirkung zwischen den S-Atomen wird ein dihedraler C-S-S-C-Winkel von 26,6° erzwungen. Aus der NEWMAN-Projektionsformel geht hervor, daß deswegen eine erhebliche Ringspannung infolge Aufweitung von Bindungswinkeln existiert. Die Spannungsenthalpie wurde zu 67 kJ mol^{-1} ermittelt.

1,2-Dithiolane werden durch Oxidation von 1,3-Dithiolen hergestellt:

1,2-Dithiolane sind wegen der Ringspannung sehr reaktive Verbindungen, 1,2-Dithiolan selbst polymerisiert schon bei Raumtemperatur. Trotzdem kommen etwa 20 1,2-Dithiolane in der Natur vor. Von ihnen hat α-*Liponsäure* (Thioctsäure) die größte biologische Bedeutung. Die kristalline Verbindung wurde erstmals 1951 aus Rinderleber isoliert.

(R)-(+)-α-Liponsäure

α-Liponsäure, gebunden an Proteine, wirkt als Coenzym bei der oxidativen Decarboxylierung von Brenztraubensäure und von α-Ketoglutarsäure. Durch Aufnahme von Wasserstoff geht sie dabei in das entsprechende 1,3-Dithiol über, das anschließend durch Flavin-Adenin-Dinucleotid wieder zu α-Liponsäure oxidiert wird.

Fliegen sterben, wenn sie den Körper des Seewurmes *Lumbriconereis* berühren. Es gelang, aus diesem Tier *Nereistoxin* **1** als die wirksame Substanz zu isolieren und seine Konstitution als 4-(Dimethylamino)-1,2-dithiolan aufzuklären.

Davon ausgehend wurden strukturell ähnliche Verbindungen synthetisiert und als Insecticide eingeführt, z.B. *Thiocyclam* **2**.

5.21 1,3-Dithiol

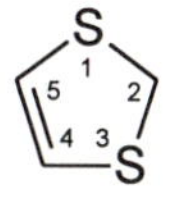

1,3-Dithiol ist wie sein 1,2-Isomer kein cyclisch konjugiertes System. Von ihm leitet sich aber das aromatische 1,3-Dithiolyliumion ab. Salze mit diesem Kation erhält man z.B. aus (2-Oxoalkyl)dithiocarbamaten auf folgendem Weg:

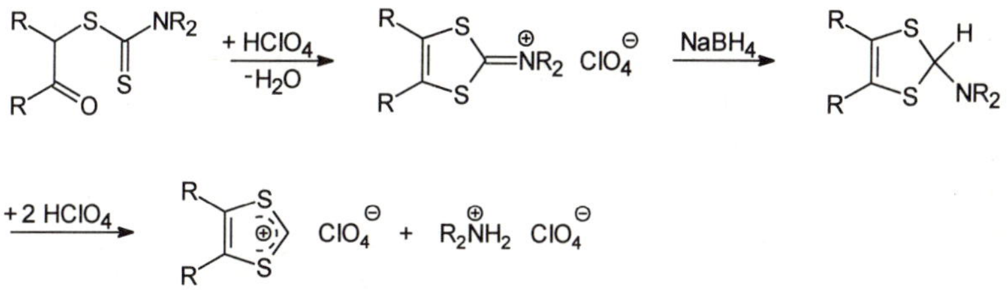

1,3-Dithiolyliumsalze reagieren mit tertiären Aminen zu Tetrathiafulvalenen:

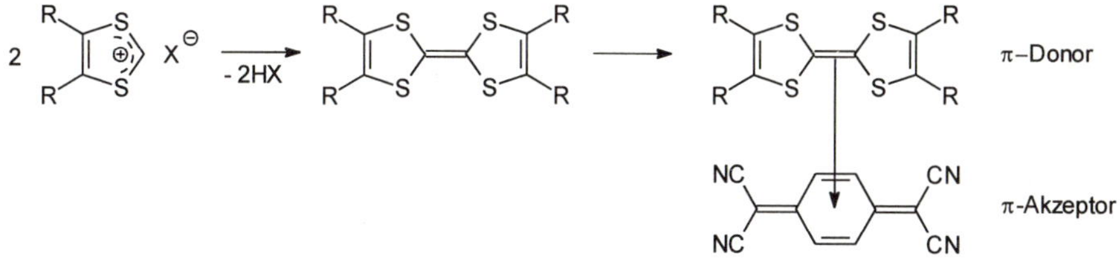

Tetrathiafulvalene bilden z.B. mit 7,7,8,8-Tetracyanochinodimethan kristalline CT-Komplexe (Charge-Transfer-Komplexe, π-Komplexe), die eine hohe elektrische Leitfähigkeit aufweisen (organische Metalle)[58].

5.22 1,3-Dithiolan

A-C 1,3-Dithiolane können auch als cyclische Dithioacetale bzw. Ketale aufgefaßt werden. Man erhält sie dementsprechend durch Cyclokondensation von Aldehyden oder Ketonen mit 1,2-Dithiolen in Essigsäure mit *p*-Toluolsulfonsäure als Katalysator:

1,3-Dithiolane sind beständig gegenüber Basen und werden durch verdünnte Säuren nur langsam in Umkehrung ihrer Bildung hydrolysiert, schneller in Gegenwart von Hg(II)-Salzen:

Eine bessere Methode zur Regenerierung von Carbonylverbindungen aus 1,3-Dithiolanen ist die Umsetzung mit *N*-Fluor-2,4,6-trimethylpyridiniumtriflat in $CH_2Cl_2/THF/H_2O^{59}$.

1,3-Dithiolane unterliegen bei der Einwirkung von RANEY-Nickel in Ethanol der reduktiven Desulfurierung zu Alkanen. Darauf beruht eine Methode zur chemoselektiven Reduktion von α,β-ungesättigten Ketonen, z.B.:

5.23 Oxazol

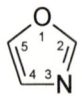

A Oxazol (1,3-Oxazol) enthält außer einem O-Atom, gebunden wie im Furan, noch ein pyridinartiges N-Atom (s.S.3). Der einwertige Rest heißt Oxazolyl. Das Oxazolmolekül ist eben und stellt ein verzerrtes Fünfeck dar (s.Abb. 5.9):

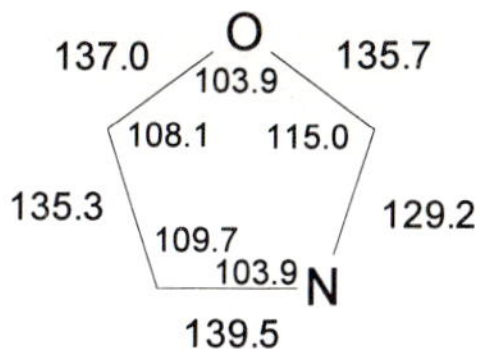

5.23 Oxazol

```
        O
137.0  103.9  135.7
   108.1  115.0
135.3         129.2
   109.7
      103.9 N
       139.5
```

Abb. 5.9 Struktur des Oxazols
(Bindungslängen in pm, Bindungswinkel in Grad)

Die Unterschiede in den Bindungslängen, insbesondere zwischen der Bindung C-2/N und der Bindung N/C-4 zeigen an, daß die Delokalisierung der π-Elektronen durch die Heteroatome beeinträchtigt wird. Wie im Fall des Furans gibt somit die Konstitutionsformel mit ihren zwei π-Bindungen die elektronische Struktur des Moleküls recht gut an. Die Ionisierungsenergie des Oxazols beträgt 9,83 eV, sein Dipolmoment 1,5 D.

Die UV-Absorption und die chemischen Verschiebungen in den NMR-Spektren wurden wie folgt gemessen:

UV (Methanol)	^{1}H-NMR (CCl$_4$)	^{13}C-NMR (CDCl$_3$)
λ (nm) (ε)	δ (ppm)	δ (ppm)
205 (3,59)	H-2: 7,95	C-2: 150,6
	H-4: 7,09	C-4: 125,4
	H-5: 7,69	C-5: 138,1

Oxazol ist demnach diatrop und aromatisch. Alle Ringatome sind sp^2-hybridisiert, somit existieren zwei nichtbindende Elektronenpaare, eines am O-Atom und das andere am N-Atom. Die π-Elektronendichten wurden nach verschiedenen SCF/MO-Methoden berechnet, z.B.:

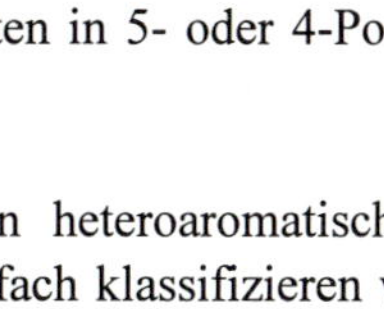

```
    1.058 — N 1.115
  1.076      1.021
        O
      1.730
```

Somit zählt Oxazol zu den π-Überschuß-Heterocyclen, die Elektronegativität des pyridinartigen N-Atoms bewirkt jedoch, daß die π-Elektronendichte insbesondere am C-Atom 2 sehr niedrig ist. Elektrophile Substitutionsreaktionen sollten in 5- oder 4-Position erfolgen, in 2-Position könnte eine Reaktion mit Nucleophilen möglich sein.

B Die Reaktionen der fünfgliedrigen heteroaromatischen Systeme mit zwei oder mehr Heteroatomen lassen sich nicht so einfach klassifizieren wie die von Systemen mit nur einem Heteroatom. Deswegen wird die Beschreibung je nach System und Bedeutung der Reaktionen vorgenommen. Für Oxazole sind die nachfolgenden **Reaktionen** charakteristisch[60].

Salzbildung

Oxazole sind schwache Basen, der pK_a-Wert von Oxazol beträgt 0,8. Sie werden durch starke Säuren am N-Atom protoniert, z.B.:

Oxazoliumsalze reagieren schneller mit Nucleophilen als Oxazol.

Metallierung

In 2-Position unsubstituierte Oxazole reagieren mit *n*-Butyllithium in THF bereits bei -75°C zu 2-Lithiooxazolen[61]:

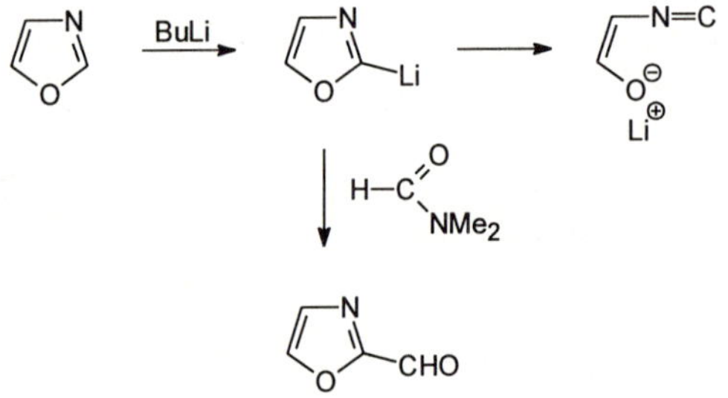

2-Lithiooxazol unterliegt bei Raumtemperatur einer langsamen Ringöffnung zum Lithiumenolat des (2-Oxoethyl)isocyanids. Mit Dimethylformamid reagiert es zu Oxazol-2-carbaldehyd.

Reaktionen mit elektrophilen Reagenzien

Oxazole werden durch Halogenalkane quaterniert:

Elektrophile Substitutionsreaktionen sind bei Oxazolen zwar möglich, werden aber häufig wie beim Furan von Additionsreaktionen begleitet. Die Bromierung von 4-Methyl-2-phenyloxazol mit Brom oder *N*-Bromsuccinimid ergibt 5-Brom-4-methyl-2-phenyloxazol, die von 2-Methyl-5-phenyloxazol 4-Brom-2-methyl-5-phenyloxazol. Durch Quecksilber(II)-acetat in Essigsäure werden 4-substituierte Oxazole in 5-Position acetoxymercuriert, 5-substituierte Oxazole in 4-Position und 4,5-disubstituierte Oxazole in 2-Position. Der Acetoxymercuri-Substituent ist elektrophil substituierbar, z.B.:

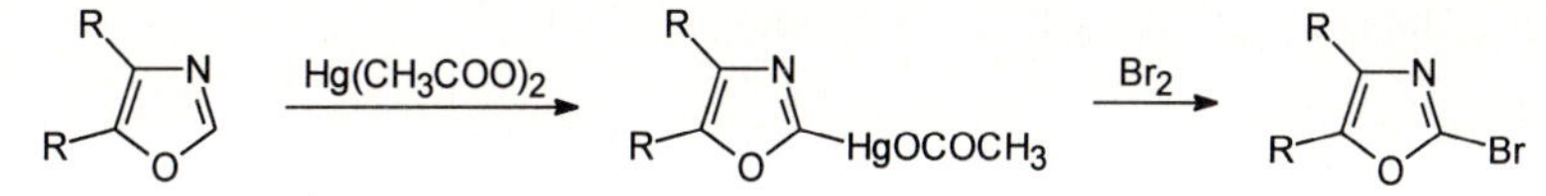

Verallgemeinert kann man sagen, daß das pyridinartige N-Atom im Oxazolmolekül elektrophile Substitutionsreaktionen erschwert. Dies wird besonders deutlich bei der Nitrierung von Phenyloxazolen. Die Substitution erfolgt am Benzolring, z.B.:

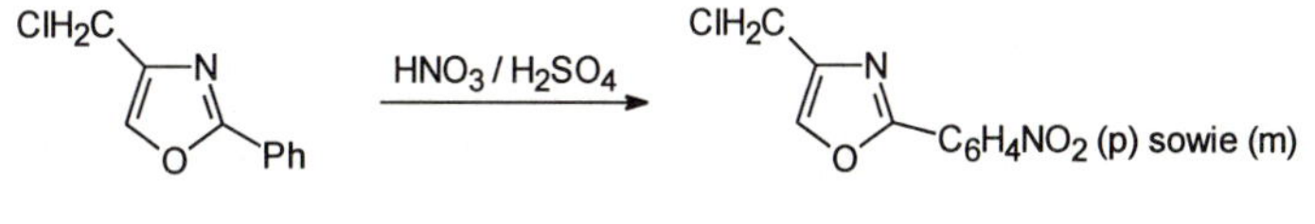

Reaktionen mit nucleophilen Reagenzien

Oxazole werden durch Nucleophile in 2-Position angegriffen, selbst wenn sich dort bereits ein Substituent befindet. Es folgt eine Ringöffnung und je nach Reagens ein Ringschluß, z.B. mit NH_3:

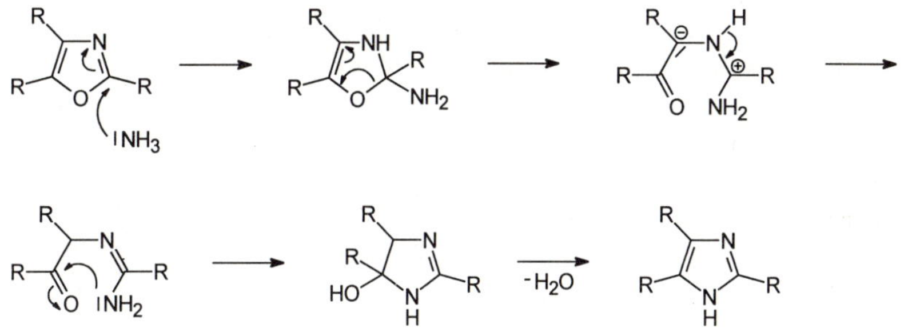

Somit unterliegen Oxazole beim Erhitzen mit Ammoniak, Formamid oder primären Aminen einer Ringtransformation zu Imidazolen.

Wesentlich schneller reagieren Oxazoliumsalze mit Nucleophilen. So ergibt die säurekatalysierte Hydrolyse von 2,4,5-Triphenyloxazol analog zu dem oben angegebenen Mechanismus Benzaldehyd, Benzoesäure und Ammoniumchlorid:

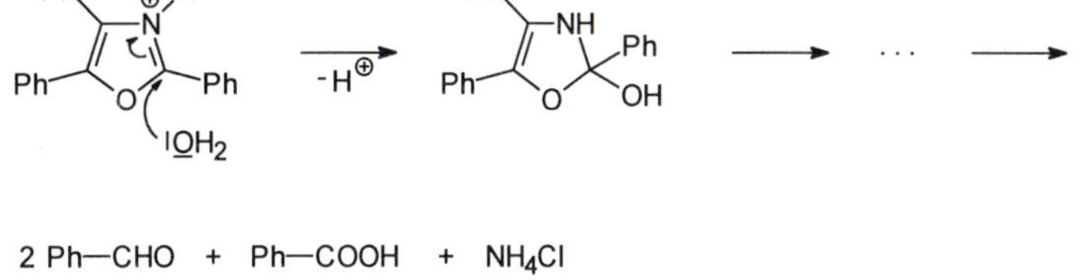

2 Ph—CHO + Ph—COOH + NH_4Cl

Die niedrige π-Elektronendichte am C-Atom 2 hat weiterhin zur Folge, daß nucleophile Substitutionsreaktionen von 2-Halogenoxazolen sehr schnell verlaufen, z.B.:

Cycloadditionen

Oxazole vermögen als 1,3-Diene zu reagieren und gehen mit Dienophilen wie Maleinsäurederivaten die DIELS-ALDER-Reaktion ein (s.S.131). Mit Acetylen-Dienophilen entstehen über die entsprechenden DIELS-ALDER-Addukte Furane (s.S.60).

Die Photooxygenierung von Oxazolen verläuft ebenfalls als [4+2]-Cycloaddition, die Primärprodukte zerfallen je nach Lösungsmittel verschieden. 2,4,5-Triphenyloxazol in Methanol ergibt *N,N*-Dibenzoylbenzamid:

CORNFORTH-*Umlagerung*

Oxazole, bei denen das C-Atom 4 mit einer Carbonylgruppe verbunden ist, isomerisieren beim Erhitzen. Dabei vertauschen zwei Substituenten ihre Positionen, z.B.:

Die Ergebnisse von Experimenten mit isotop markierten Verbindungen sind mit einer Zwischenstufe vereinbar, die durch Ringöffnung des Eduktes entsteht und die Konstitution eines Nitrilylids hat. Durch Ringschluß geht sie in das Produkt über.

Zusammenfassend läßt sich sagen, daß die Reaktivität der Oxazole weitgehend der der Furane entspricht, insbesondere die Bereitschaft zu Ringöffnungsreaktionen und [4+2]-Cycloadditionen. Das pyridinartige N-Atom erschwert elektrophile Substitutionsreaktionen und ermöglicht andererseits einen Angriff von Nucleophilen am C-Atom 2. Obschon Oxazol mit sechs über den Ring delokalisierten Elektronen zu den Heteroarenen zählt, ist seine Aromatizität gering, vergleichbar etwa mit der des Furans.

5.23 Oxazol

|C| Für die *Retrosynthese* (s.Abb. 5.10) ist zu berücksichtigen, daß in der Oxazol-Struktur die Funktionalitäten eines Imidsäureesters (C-2) und eines Endiolethers (C-4 und C-5) angelegt sind. Retrosynthese-Überlegungen können dann in Analogie zu Furan-Thiophen-Pyrrol in zwei Richtungen (I/II) angestellt werden.

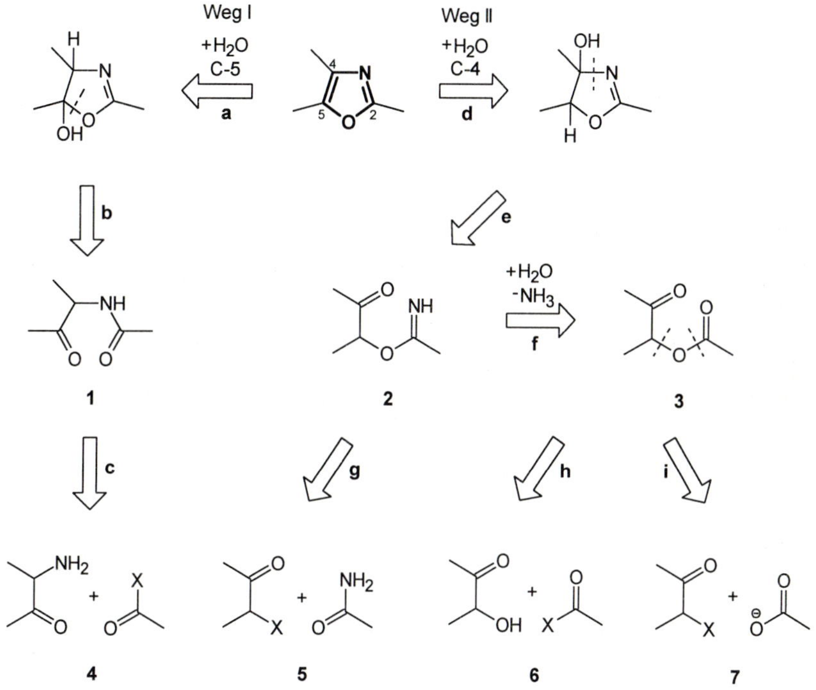

Abb. 5.10 Retrosynthese des Oxazols

Gemäß Weg I führt die Addition von H_2O nach den Retrosynthese-Operationen **a** / **b** zum α-Acylaminocarbonyl-System **1**, das entsprechend **c** aus dem Eduktpaar **4** hervorgehen sollte.

Retroanalytisch ergiebiger ist Weg II, auf dem die Addition von H_2O gemäß **d** vorgenommen wird; man gelangt so nach Öffnung der Bindung N/C-4 (also über **e**) zur Zwischenstufe **2**. Diese kann in mehreren Richtungen weiterzerlegt werden, einmal (**g**) direkt zu α-Halogenketon und Säureamid (Eduktpaar **5**), zum andern (**f**) zu NH_3 und dem α-Acyloxycarbonyl-System **3**, für das Bildungswege aus α-Hydroxy- oder α-Halogencarbonyl-Verbindung, also aus den Eduktpaaren **6** oder **7** in Umkehr der Retrosynthese-Operationen **h** und **i**, in Frage kommen.

Damit sind die Prinzipien wichtiger **Synthesen** von Oxazolen[60] verdeutlicht.

❶ α-(Acylamino)ketone, -ester oder -amide werden mittels H_2SO_4 oder Polyphosphorsäure zu Oxazolen **8** cyclodehydratisiert (ROBINSON-GABRIEL-Synthese):

R^1 = Alkyl, Aryl, OR, NR_2

α-(Acylamino)ketone sind z.B. mit Hilfe der DAKIN-WEST-Reaktion (Umsetzung von Carbonsäureanhydriden mit α-Aminocarbonsäuren in Gegenwart von Pyridin) zugänglich. Werden α-(Acylamino)ketone mit ^{18}O-markierter Ketocarbonylgruppe eingesetzt, dann enthalten die entstehenden Oxazole keinen ^{18}O. Ist dagegen die Acylcarbonylgruppe durch ^{18}O markiert, dann findet sich der gesamte ^{18}O im Oxazol. Diese Experimente stützen den angegebenen Mechanismus (Intermediate **9/10**).

❷ α-(Acyloxy)ketone **11**, die aus α-Halogenketonen und Salzen von Carbonsäuren entstehen, ergeben bei der Umsetzung mit Ammoniak Oxazole **12** :

Dabei entsteht aus **11** zunächst ein Enamin, das zum Heterocyclus dehydratisiert.

❸ α-Halogen- und α-Hydroxyketone kondensieren mit Carbonsäureamiden unter primärer O-Alkylierung zu Oxazolen (BLÜMLEIN-LEWY-Synthese) :

Mit Formamid entstehen in 2-Position unsubstituierte Oxazole, mit Harnstoff 2-Aminooxazole.

❹ Präparativ bedeutsam sind Oxazol-Synthesen mit Isocyaniden als Edukten. Bei der VAN LEUSEN-Synthese wird Tosylmethylisocyanid (*Tosmic*) basekatalysiert, z.B. in Gegenwart von K_2CO_3, mit Aldehyden verknüpft. Primär entstehen 4,5-Dihydro-1,3-oxazole **13**, die durch Sulfinsäure-Eliminierung in Oxazole übergehen:

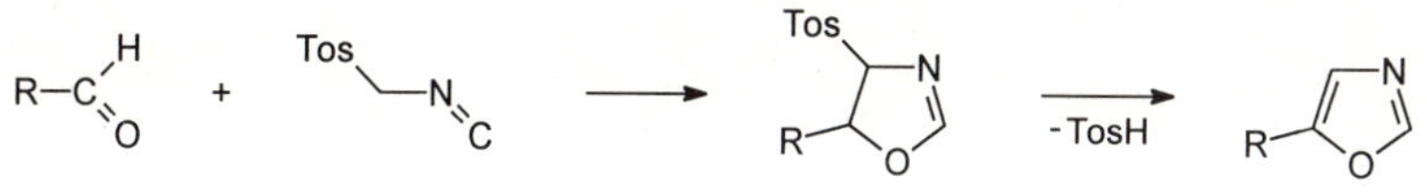

Bei der SCHÖLLKOPF-Synthese reagieren α-metallierte Isocyanide **14** (aus Isocyaniden und *n*-Butyllithium) mit Carbonsäurechloriden über C-Acylierung und elektrophile C-O-Verknüpfung zu 4,5-disubstituierten Oxazolen **15**:

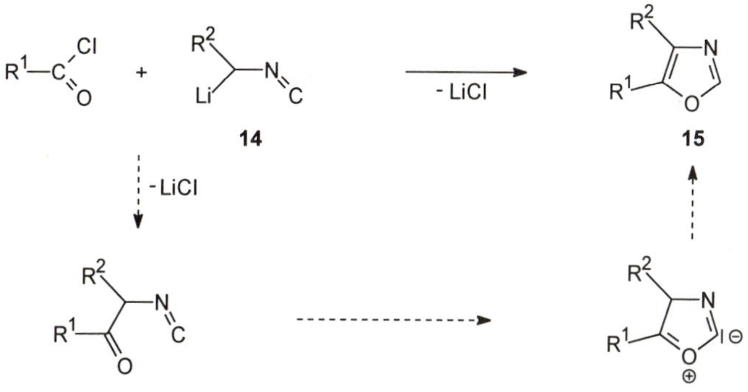

| **D** | Oxazol ist eine farblose, pyridinähnlich riechende Flüssigkeit vom Sdp. 69-70°C und löst sich in Wasser. |

Anhydro-5-hydroxyoxazoliumhydroxide **16** führen den Trivialnamen *Münchnone*. Ihre Reaktionen wurden von HUISGEN in München umfassend erforscht. Sie werden durch Cyclodehydratisierung von N-substituierten *N*-Acyl-α-aminocarbonsäuren mittels Acetanhydrid hergestellt:

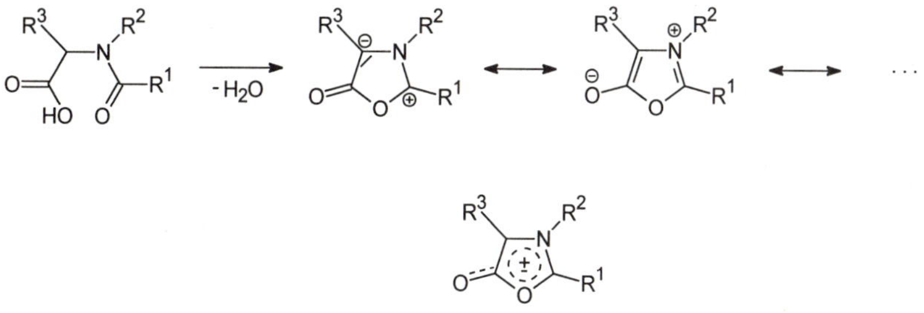

Mesomere Zwitterionen wie die Münchnone nennt man *mesoionische* Verbindungen. Sie sind auch von einigen anderen heterocyclischen Systemen bekannt. Münchnone sind kristalline Verbindungen und sehr reaktive 1,3-Dipole. Beispielsweise reagieren sie mit Acetylenen über die entsprechenden Cycloaddukte **17** zu Pyrrolen **18**:

Oxazole sind als Naturstoffe relativ selten. Ein Beispiel bietet das aus Streptomyces pimprina isolierte *Pimprinin* **19**:

Der Oxazolring tritt weiterhin in einigen makrocyclischen Antibiotica und mehreren Alkaloiden auf.

Nur wenige Pharmaka, die sich vom Oxazol ableiten, werden angewendet. Bekannt ist z.B. die antiphlogistische und analgetische Wirkung von 2-Diethylamino-4,5-diphenyloxazol.

Arylsubstituierte Oxazole sind stark fluoreszierende Substanzen. In Lösung eignen sie sich deswegen als Leuchtstoffe für Flüssigkeits-Szintillationszähler und weiterhin auch als optische Aufheller (Weißtöner). Beispielsweise werden 4,4'-Bis(oxazol-2-yl)stilbene (wie **20**) Waschmitteln zugesetzt. Während des Waschvorganges ziehen sie auf die Fasern, so daß die Wäsche infolge ihrer bläulichen Fluoreszenz nach dem Waschen "weißer als weiß" erscheint.

Polymethin-Farbstoffe mit Oxazolyl-Endgruppen sind zur spektralen Sensibilisierung von Silberhalogenid-Emulsionen geeignet. 2,5-Diphenyloxazol wird Hydraulik-Flüssigkeiten und Hochtemperatur-Schmierölen als Antioxidans zugesetzt.

E Oxazole können in verschiedener Weise als Auxiliare ("Vehikel") für Transformationen in der organischen Synthese eingesetzt werden.

❶ Die Photooxygenierung mit Singulett-Sauerstoff führt bei Anwendung auf 4,5-Cycloalkeno-1,3-oxazole, z.B. **21**, über **22** zu Mononitrilen von Dicarbonsäuren **23**:

5.23 Oxazol

❷ Wichtig sind die Transformationen der DIELS-ALDER-Addukte aus Oxazolen und aktivierten Mehrfachbindungs-Systemen. Alkine ergeben dabei Furan-Derivate (s.S.60). Alkene führen – bei unsymmetrischer Substitution regioselektiv – zu Cycloaddukten, die im sauren Medium H_2O eliminieren und dabei in Pyridin-Derivate übergehen können; so liefert Acrylsäure mit dem Oxazol **24** über das DIELS-ALDER-Addukt **25** die Pyridin-4-carbonsäure **26**:

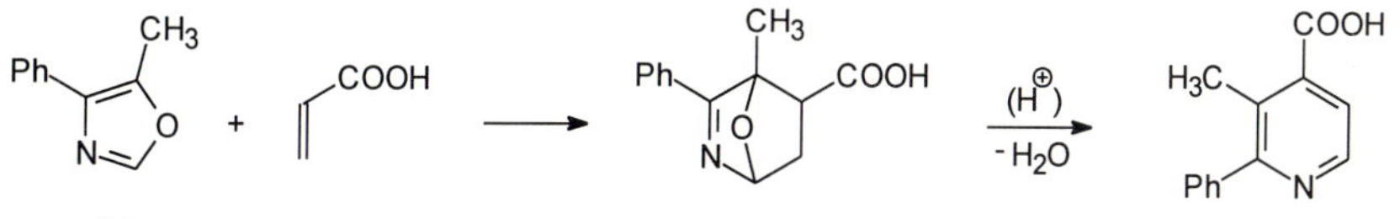

Trägt das Oxazol Cyan- oder Alkoxy-Gruppen in 5-Position, oder das Dienophil entsprechende Abgangsgruppen, so können auch diese eliminiert und 3-Hydroxypyridine gebildet werden. Darauf beruhen technisch relevante Synthesen von *Pyridoxin* **27** (Vitamin B$_6$, s.S.305):

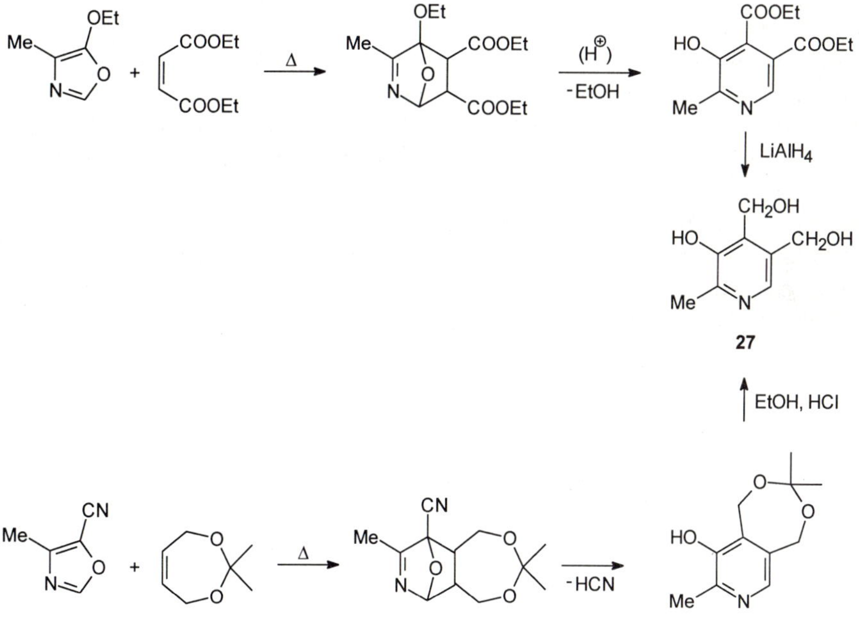

5.24 Benzoxazol

A Die Kennzeichnung 1,3- wird weggelassen, da es keine andere Möglichkeit zur Ringkondensation gibt.

Wie im Fall des Benzo[b]furans liegt das Signal des Protons am C-Atom 2 im Bereich der benzoid gebundenen Protonen des ^{1}H-NMR-Spektrums, weist aber die geringste Tieffeld-Verschiebung auf.

UV (Ethanol)	^{1}H-NMR (Methanol-d$_4$)	^{13}C-NMR (CDCl$_3$)	
λ (nm) (ε)	δ (ppm)	δ (ppm)	
231 (3,90)	H-2: 7,46	C-2: 152,6	C-3a: 140,1
263 (3,38)	H-4: 7,67	C-4: 120,5	C-7a: 150,5
270 (3,53)	H-5: 7,80	C-5: 125,4	
276 (3,51)	H-6: 7,79	C-6: 124,4	
	H-7: 7,73	C-7: 110,8	

B Salzbildung und Quaternierung der Benzoxazole erfolgen in Analogie zu den Oxazolen. In den Benzoxazolen sind die für Elektrophile zugänglichen C-Atome 4 und 5 des Oxazolringes blockiert. Nitriersäure bewirkt die Substitution des Benzolringes in 5- oder 6-Position. Demgegenüber werden Benzoxazole, Benzoxazoliumsalze und N-Alkylbenzoxazoliumsalze durch Nucleophile in 2-Position angegriffen, z.B.:

Nucleophile Substitutionsreaktionen an 2-Halogenbenzoxazolen verlaufen schnell, als noch reaktiver erweisen sich N-Alkyl-2-chlorbenzoxazoliumsalze. Sie haben sich als wirksame Dehydratisierungsmittel bewährt[62], z.B. bei der Synthese von Alkinen aus Arylketonen:

5.24 Benzoxazol

Die durch den Elektronenzug des N-Atoms bedingte niedrige Elektronendichte am C-Atom 2 bewirkt die C-H-Acidität von 2-Alkylbenzoxazolen. So ist 2-Methylbenzoxazol der CLAISEN-Kondensation zugänglich, z.B.:

Wie zu erwarten reagieren Benzoxazole nicht als 1,3-Diene, dagegen sind [2+2]-Cycloadditionen möglich. Als Beispiel dient die Photodimerisierung:

Im Dunkeln und in Lösung unterliegt das Photodimer der säurekatalysierten Spaltung, die Reaktion verläuft exotherm, $\Delta_R H = -116$ kJ mol^{-1}. Diese Energie ist aber nur zu einem geringen Teil freigesetzte Resonanzenergie, den größeren Beitrag liefert die Spannungsenthalpie des zweifach kondensierten Diazetidin-Systems.

C Die Standard-Synthese für Benzoxazole ist die Cyclokondensation von *o*-Aminophenol mit Carbonsäuren oder Carbonsäure-Derivaten:

Die Reaktion verläuft über die *o*-(Acylamino)phenole, die isoliert und danach der Cyclodehydratisierung unterworfen werden können.

In 2-Position unsubstituierte Benzoxazole erhält man durch Cyclokondensation von *o*-Aminophenolen mit Orthoameisensäuretrimethylester in Gegenwart von konzentrierter Salzsäure[63], z.B.:

D **Benzoxazol** bildet farblose Kristalle, Schmp. 31°C.
Einige Benzoxazole werden als Pharmaka verwendet, z.B. 2-Amino-5-chlorbenzoxazol als Sedativum.

5.25 4,5-Dihydrooxazol

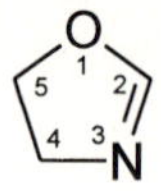

A 4,5-Dihydrooxazol wird auch als Δ^2-Oxazolin oder 2-Oxazolin bezeichnet. Aus den Mikrowellenspektren folgt, daß der 2-Oxazolinring eben ist.

B 2-Oxazoline sind schwache Basen und bilden mit starken Säuren Salze. Diese unterliegen in wäßriger Lösung der stufenweisen Hydrolyse zu Salzen von ß-Aminoalkoholen und Carbonsäuren, wobei das Nucleophil wie bei Oxazoliumsalzen in 2-Position angreift:

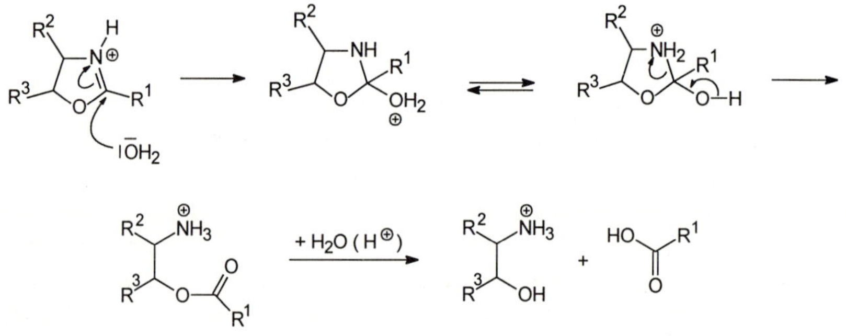

Aufgrund dieser Reaktion kann man 2-Oxazoline auch als Carbonsäurederivate auffassen, und zwar als cyclische Imidsäureester.

C 2-Oxazoline werden ausgehend von ß-Aminoalkoholen (aus Oxiranen und Ammoniak, s.S.18) und Carbonsäuren oder Carbonsäurechloriden hergestellt. Als Zwischenstufen können N-(2-Hydroxyalkyl)carbonsäureamide isoliert und anschließend der Cyclodehydratisierung durch Erhitzen oder Einwirkung von H_2SO_4, $SOCl_2$ oder anderen wasserabspaltenden Mitteln unterworfen werden:

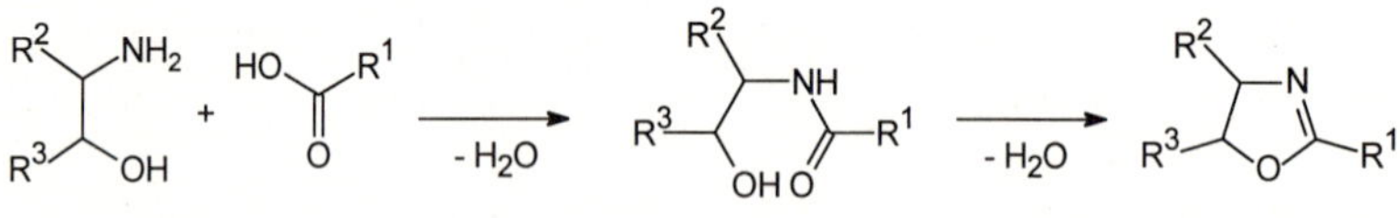

E Wegen der einfachen Zugänglichkeit sowie der unter milden Bedingungen erfolgenden hydrolytischen Ringöffnung werden 2-Oxazoline vielfach als Bausteine und Auxiliare in der organischen Synthese angewandt[64]. Genutzt wird dabei die C-H-Acidität von 2-Alkyl-2-oxazolinen, die elektrophile Reaktionsbereitschaft am C-Atom 2 von N-Alkyl-2-oxazolinium-Salzen, schließlich auch die Aktivierung von 2-Arylsubstituenten am Oxazolin-System bei Metallierungsreaktionen, wie die nachstehenden Beispiele belegen.

❶ 2-Alkyl-2-oxazoline **1** ergeben in einer Art KNOEVENAGEL-Reaktion mit Arylaldehyden Kondensationsprodukte **2**, deren Hydrolyse im sauren Medium zu 2-Alkyl-3-arylpropensäuren **3** führt:

5.25 4,5-Dihydrooxazol

[Reaction scheme showing compound 1 (2-oxazoline with CH₂R substituent) reacting with ArCHO in presence of I₂ oder NaHSO₄, -H₂O to give compound 2 (with C=CH-Ar), then H₂O (H⊕) to give compound 3: HOOC-C(R)=CH-Ar]

❷ Das 2-Methyl-2-oxazolin **4** kann durch *n*-Butyllithium metalliert und danach mit Halogenalkanen alkyliert werden. Die Hydrolyse von **5** ergibt Carbonsäuren **6**, in denen die C-Kette des Halogenalkans um zwei C-Atome verlängert ist :

[Reaction scheme: 4 (2,4,4-trimethyl-2-oxazoline) → BuLi → CH₂Li intermediate → +RX, -LiX → 5 (CH₂R) → H₂O (H⊕) → 6: HOOC-CH₂-R]

Wenn man zur Synthese des 2-Oxazolins das aus dem "chiral pool" (s.S.115) zugängliche (1*S*,2*S*)-(+)-1-Phenyl-2-aminopropan-1,3-diol benutzt, dann erhält man ein chirales 2-Alkyl-2-oxazolin **7**. Mittels Natriumhydrid und Iodmethan wird daraus der Methylether **8** hergestellt. Infolge interner asymmetrischer Induktion verläuft die Alkylierung seiner Lithiumverbindung diastereoselektiv, und bei der Hydrolyse entsteht im Fall R^1 = Me, R^2 = Et hauptsächlich das (*S*)-(+)-Enantiomer der 2-Methylbutansäure **9** mit ee = 67 % :

[Reaction scheme: 7 (HOH₂C, Ph substituents, CH₂-R¹) → 1) NaH 2) MeI → 8 (MeOH₂C, Ph, CH₂-R¹) → 1) BuLi 2) +R²X → intermediate (MeOH₂C, Ph, CH(R¹)(R²)) → H₂O (H⊕) → 9: HOOC-CH(R¹)-R²]

Diese synthetische Anwendung von 2-Oxazolinen bezeichnet man auch als MEYERS-Oxazolin-Methode[65].

❸ Das aus 4,4-Dimethyl-2-oxazolin und Iodmethan leicht zugängliche Quartärsalz **10** addiert Arylmagnesiumhalogenide zum Oxazolidin **11**, dessen C-2-Funktionalität durch Hydrolyse unter Bildung von Arylaldehyden freigelegt wird. Damit vermittelt das 2-Oxazolin die Transformation Ar-Hal → Ar-CH=O[65a]:

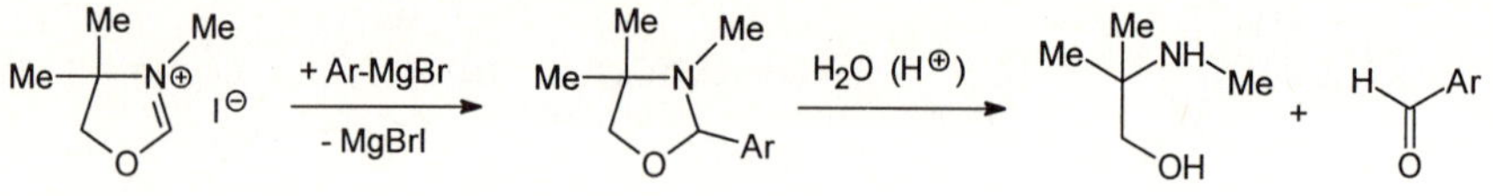

④ Im 2-Phenyl-2-oxazolin 13, zugänglich aus Benzoylchlorid und dem Aminoalkohol 12, sind die *ortho*-Positionen des Benzolrings derart aktiviert, daß die Lithiierung möglich wird. Nach Reaktion mit einem Elektrophil, z.B. einem Halogenalkan, und anschließender Hydrolyse erhält man 2-substituierte oder 2,6-disubstituierte Benzoesäuren 14 bzw. 15[66]:

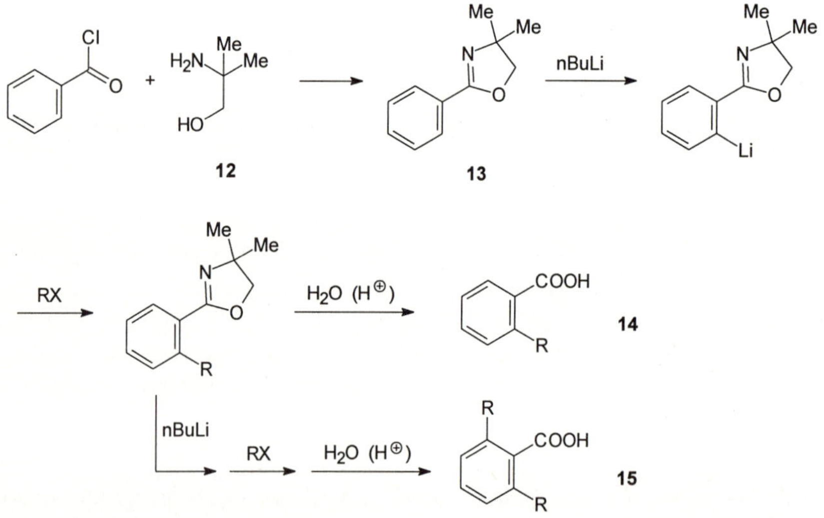

Für die organische Synthese sind auch 2-Oxazolin-5-one 17 von Bedeutung[67]. Sie führen den Trivialnamen *Azlactone* und werden durch Cyclodehydratisierung von *N*-Acyl-α-aminocarbonsäuren 16 mittels Acetanhydrid gewonnen:

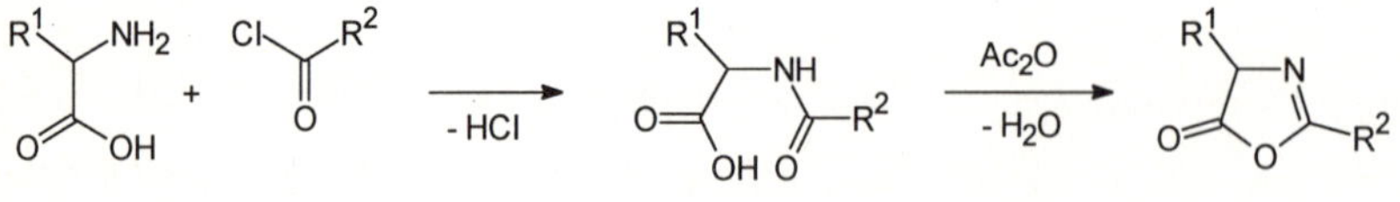

2-Oxazolin-5-one sind C-H-acid. So kondensieren die aus Glycin zugänglichen Azlactone 18 mit Benzaldehyd zu 4-Benzyliden-2-oxazolin-5-onen 19:

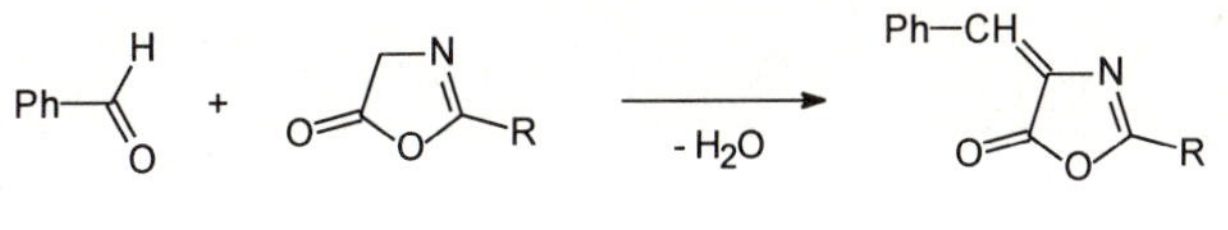

Azlactone **22** sind Zwischenstufen der ERLENMEYER-Synthese (1893) von α-Aminocarbonsäuren, sie entstehen durch Einwirkung von Acetanhydrid/Natriumacetat auf ein Gemisch von Hippursäure **21** und Benzaldehyd über 2-Phenyl-2-oxazolin-5-one **20**:

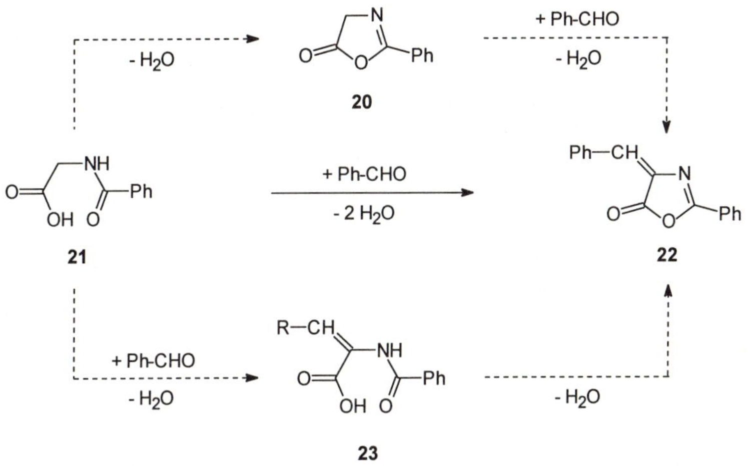

Verwendet man Polyphosphorsäure als Dehydratisierungsmittel, dann entsteht in Analogie zur PERKIN-Reaktion Benzylidenhippursäure **23** als Zwischenstufe. Unter diesen Bedingungen können auch Ketone der ERLENMEYER-Synthese unterworfen werden.

Durch katalytische Hydrierung der 4-Methylen-2-oxazolin-5-one **24** und anschließende säurekatalysierte Hydrolyse erhält man α-Aminocarbonsäuren **25**:

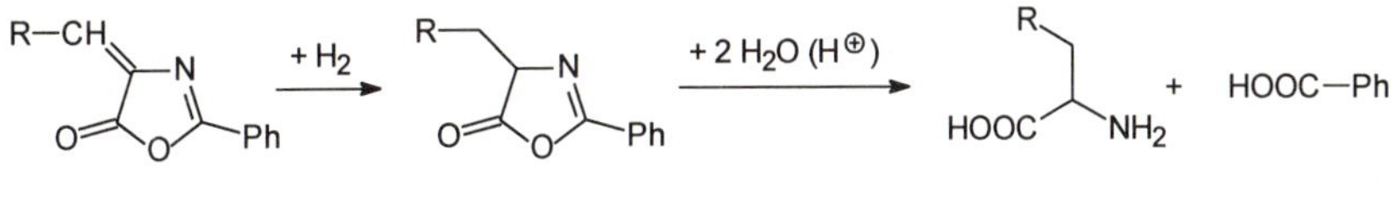

Aus Azlactonen durch Einwirkung von Basen erzeugte Carbanionen **26** gehen mit Akzeptor-substituierten Olefinen wie Acrylnitril eine MICHAEL-Addition ein. Die Addukte **27** ergeben bei der Hydrolyse γ-Ketonitrile **28**:

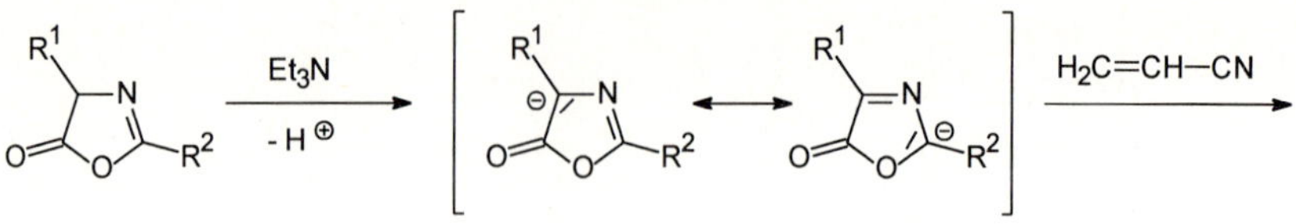

Ist R² ein sperriger Substituent, z.B. eine Mesitylgruppe, dann erfolgt die Addition des MICHAEL-Akzeptors in 4-Position des Anions **26**[68].

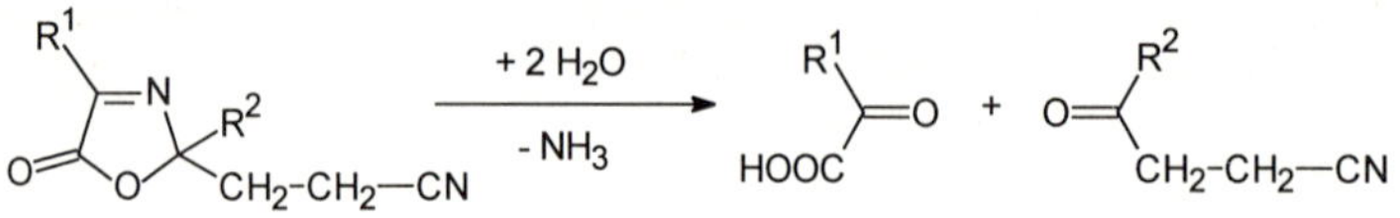

Azlactone können bei [4+2]-Cycloadditionen als Dienophile reagieren[69].

5.26 Isoxazol

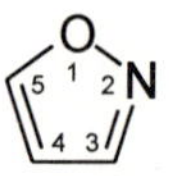

A Isoxazol (1,2-Oxazol) enthält ebenfalls ein pyridinartiges N-Atom, unterscheidet sich vom Oxazol aber durch das Vorhandensein einer N-O-Bindung. Die Bindungsenergie einer derartigen σ-Bindung beträgt nur 200 kJ mol^{-1} und ist somit wesentlich geringer als die von N-C- oder O-C-Bindungen. Der einwertige Rest heißt Isoxazolyl.

Das Isoxazolmolekül ist eben (s.Abb. 5.11). Wiederum zeigt sich, daß die Delokalisierung der π-Elektronen durch die Heteroatome gestört wird, und zwar noch stärker als beim Oxazol, wie sich aus dem Vergleich der Bindungslängen zwischen den Ringatomen 3 und 4 schlußfolgern läßt.

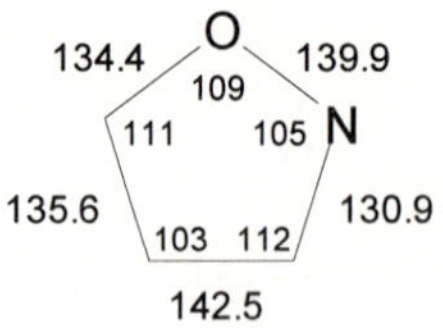

Abb. 5.11 Struktur des Isoxazols
(Bindungslängen in pm, Bindungswinkel in Grad)

Die Ionisierungsenergie des Isoxazols beträgt 10,17 eV, sein Dipolmoment ist mit 2,75 D größer als das des Oxazols. Wie Oxazol weist auch Isoxazol eine sehr kurzwellige UV-Absorption auf. Die chemischen Verschiebungen im NMR-Spektrum liegen in für benzoide Verbindungen typischen Bereichen.

UV (H₂O)	¹H-NMR (CCl₄)	¹³C-NMR (CHCl₃)
λ (nm) (ε)	δ (ppm)	δ (ppm)
211 (3,60)	H-3: 8,19	C-3: 149,1
	H-4: 6.32	C-4: 103,7
	H-5: 8,44	C-5: 157,9

B Isoxazol ist wie sein Konstitutionsisomer Oxazol aromatisch und als π-Überschuß-Heterocyclus einzustufen. Folgende π-Elektronendichten wurden berechnet:

Elektrophile Substitutionsreaktionen müßten demnach in 4-Position erfolgen, während Nucleophile die 3-Position bevorzugen sollten. Folgende **Reaktionen** sind typisch für Isoxazole.

Salzbildung

Isoxazole erweisen sich als sehr schwache Basen, der pK_a-Wert von Isoxazol beträgt -2,97. Die Protonierung erfolgt am N-Atom.

Reaktionen mit elektrophilen Reagenzien

Isoxazole werden durch Iodalkane oder Dialkylsulfate quaterniert. Elektrophile Substitutionsreaktionen wie Halogenierung, Nitrierung, Sulfonierung, VILSMEIER-HAACK-Formylierung und Acetoxymercurierung erfolgen in 4-Position, vorausgesetzt, diese Position ist unsubstituiert. Wie beim Oxazol erschwert das pyridinartige N-Atom die elektrophile Substitution, so daß Isoxazole weniger reaktiv als Furane, aber immer noch reaktiver als Benzol sind.

Reaktionen mit nucleophilen Reagenzien

Nucleophile reagieren mit Isoxazolen und noch schneller mit Isoxazoliumsalzen, allerdings von Fall zu Fall verschieden, meist jedoch unter Ringöffnung. Eine spezielle und synthetisch nutzbare Reaktion von in 3-Position unsubstituierten Isoxazolen ist die Ringöffnung durch Basen, z.B.:

Die Base greift nicht am C-Atom 3 an, sondern am H-Atom. Nach einem E2-ähnlichen Mechanismus, der durch die schwache N-O-Bindung ermöglicht wird, entsteht zunächst ein (Z)-Cyanoenolat und daraus ein α-Cyanoketon.

Reduktive Ringöffnung

Isoxazole ergeben bei der katalytischen Hydrierung Enaminoketone, die zu 1,3-Diketonen hydrolysiert werden können:

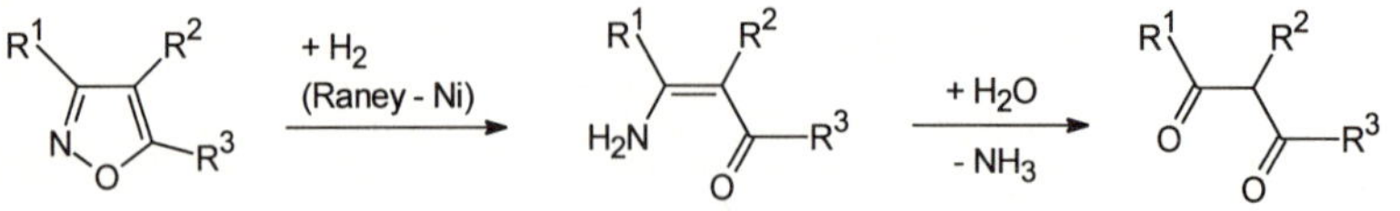

Isoxazole werden durch Natrium in flüssigem Ammoniak in Gegenwart von *tert*-Butanol zu ß-Aminoketonen reduziert, die beim Erhitzen oder durch Einwirkung von Säuren α,ß-ungesättigte Ketone ergeben:

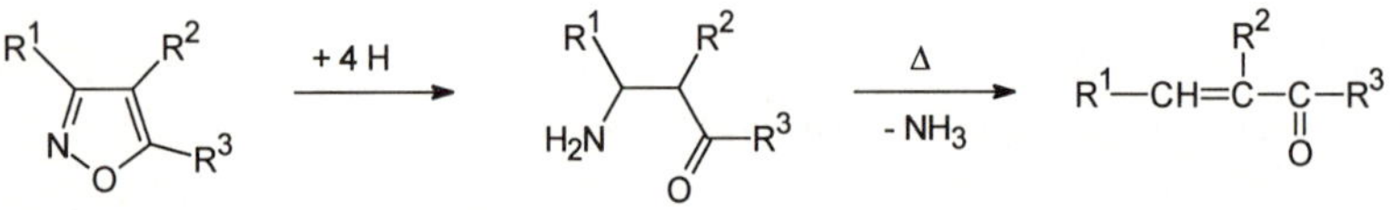

Die Reaktionen der Isoxazole unterscheiden sich also erheblich von denen der Oxazole, obwohl beide Systeme aromatisch sind. Ursache dafür ist die relativ schwache N-O-Bindung im Isoxazolmolekül, die bei allen Ringöffnungsreaktionen gelöst wird. Außerdem reagieren Isoxazole im Gegensatz zu Oxazolen nicht mit Dienophilen zu DIELS-ALDER-Addukten[70].

C Für die *Retrosynthese* des Isoxazol-Systems (s.Abb. 5.12) ist wesentlich, daß der Heterocyclus die Funktionalitäten eines Oxims und eines Enolethers besitzt und daß sich C-3/C-5 auf der Oxidationsstufe einer Carbonyl-Funktion befinden. Ein logischer Retrosynthese-Weg (**a–c**) führt somit über das Monoxim **2** zum 1,3-Diketon und Hydroxylamin. Verallgemeinert man die Retrosynthese-Operation **a** zu **d,** so gelangt man zum 4,5-Dihydroisoxazol **1**. Dessen Zerlegung im Zuge einer retroanalytisch erlaubten Cycloreversion **e** führt zu einem Abgangsgruppen-substituierten Alken und einem Nitriloxid **3** als Komponenten einer 1,3-dipolaren Cycloaddition.

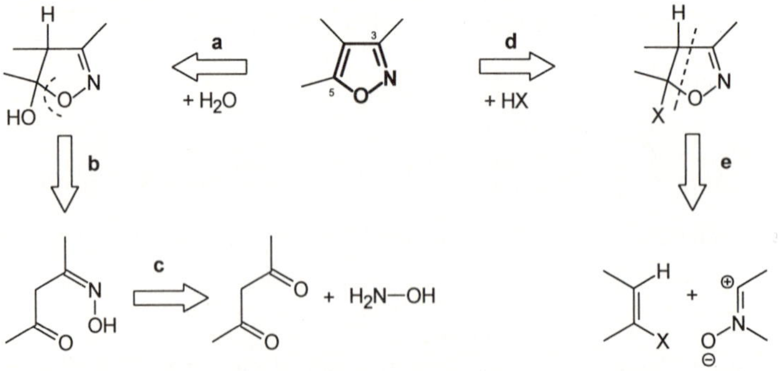

Abb 5.12 Retrosynthese des Isoxazols

5.26 Isoxazol

Diese beiden Aufbau-Prinzipien haben sich bei der **Synthese** von Isoxazolen bewährt.

❶ ß-Diketone ergeben mit Hydroxylamin 3,5-disubstituierte Isoxazole **4** (CLAISEN-Synthese):

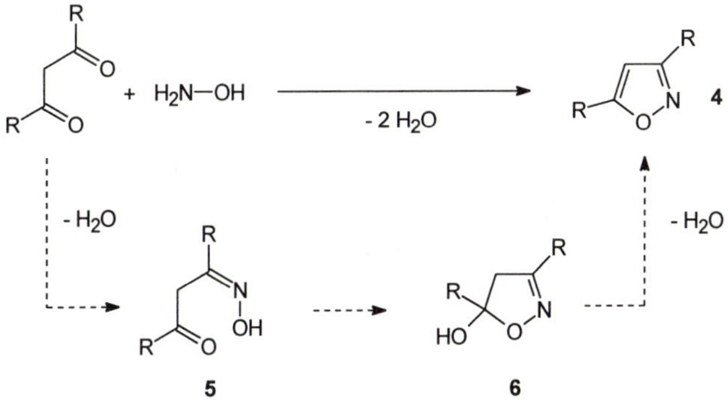

Der Cyclokondensations-Prozeß verläuft entsprechend der Retroanalyse-Prognose über die isolierbaren Zwischenstufen eines Monoxims **5** und eines 5-Hydroxyisoxazolins **6**. Bei unsymmetrisch substituierten ß-Diketonen ist die Regioselektivität durch unterschiedliche Carbonyl-Elektrophilie und Einhaltung genauer Reaktionsbedingungen steuerbar. α-Hydroxymethylenketone, die entsprechenden Enolether und Ethinylketone ergeben mit Hydroxylamin ebenfalls Isoxazole.

❷ Nitriloxide **7** reagieren als 1,3-Dipole mit Alkinen in einer [3+2]-Cycloaddition zu Isoxazolen (QUILICO-Synthese). Die Nitriloxide werden *in situ* eingesetzt. Man erhält sie z.B. durch Dehydrohalogenierung von Hydroxamsäurechloriden (α-Chloraldoximen) mittels Triethylamin:

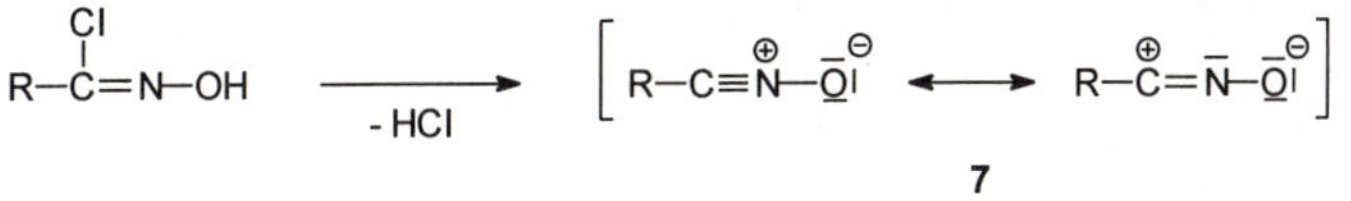

Eine mesomere Grenzstruktur der Nitriloxide stellt einen 1,3-Dipol dar. Mit Alkinen als Dipolarophilen erfolgt eine konzertierte [3+2]-Cycloaddition zu Isoxazolen **8**:

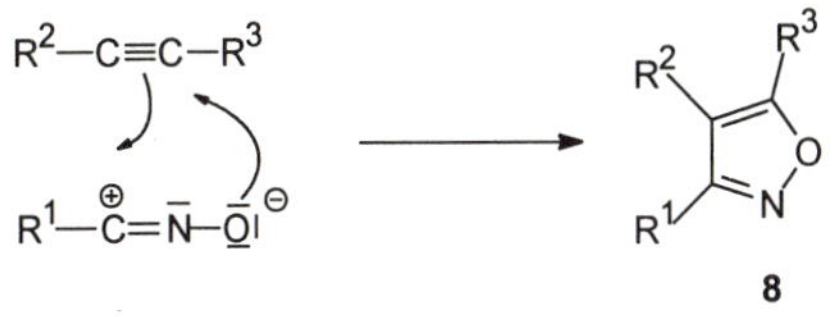

Die Regioselektivität hängt von der Art der vorhandenen Substituenten ab. Alkine mit terminaler Dreifachbindung ergeben 3,5-disubstituierte Isoxazole (**8**, $R^2 = H$).

Die 1,3-dipolare Cycloaddition von Nitriloxiden an Alkene ergibt 2-Isoxazoline (s.S.144). Diese lassen sich durch geeignete Oxidationsmittel in Isoxazole überführen.

> **D** **Isoxazol**, eine farblose, pyridinähnlich riechende Flüssigkeit vom Sdp. 94,5°C, löst sich bei Raumtemperatur im sechsfachen Volumen Wasser.

Einige Isoxazole kommen in der Natur vor, z.B. das *Muscimol* **9**, ein psychoaktiver Inhaltsstoff des

Fliegenpilzes (Amanita muscaria). Die Verbindung wirkt als Antagonist des Neurotransmitters 4-Aminobutansäure.

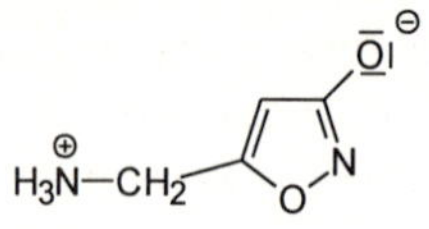

Unter den Isoxazolen finden sich zahlreiche biologisch aktive Verbindungen, von denen mehrere als Pharmaka oder Biocide Bedeutung erlangt haben, z.B. das Langzeitsulfonamid *Sulfamethoxazol* **10**, das Antiphlogisticum *Isoxicam* **11** und das Fungicid 3-Hydroxy-5-methylisoxazol.

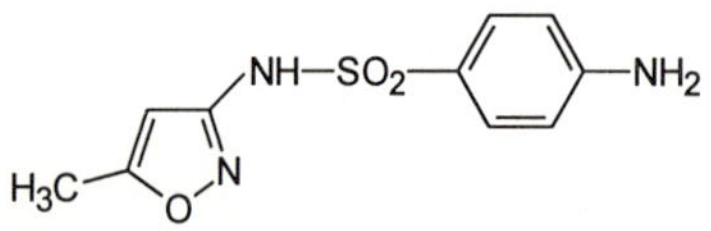

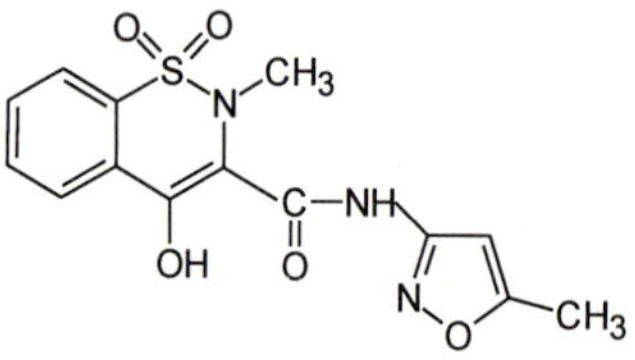

E Isoxazole besitzen ein beachtliches Synthese-Potential, insbesondere durch ihre Ringöffnungs-Reaktionen als verkappte 1,3-Dicarbonyl-Systeme.

❶ Die Ringöffnung unter C-3-Deprotonierung und O-N-Spaltung (s.S.139) dient zur Synthese von α-Cyanoketonen, vor allem bei Cycloalkanonen und in der Steroidreihe. Der Isoxazolring fungiert dabei als elektrophiles Cyanid-Äquivalent:

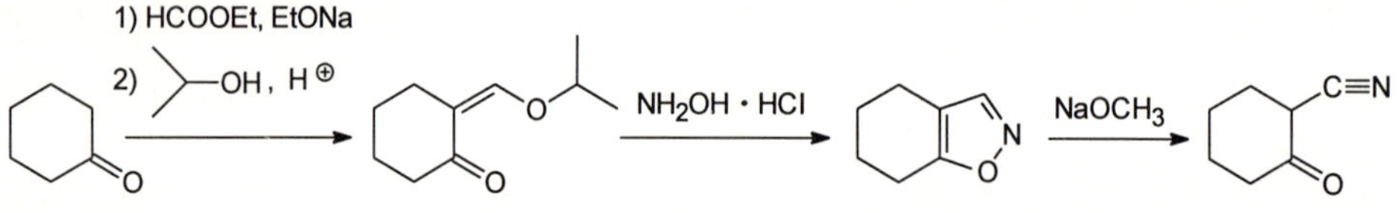

❷ Quartäre Isoxazolium-Salze öffnen dagegen nach C-3-Deprotonierung die O-N-Bindung unter Bildung von Acylketeniminen **12**:

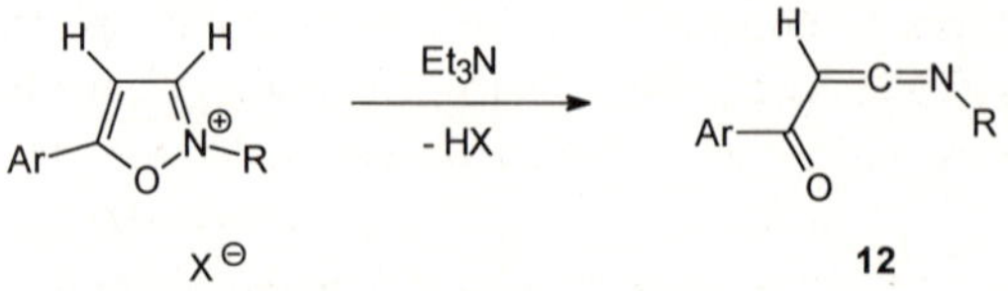

Darauf beruht die Verwendung von Isoxazolium-Salzen als Reagenzien zur Carbonylgruppen-Aktivierung in der Peptid-Synthese[71].

❸ Das aus 3,5-Dimethylisoxazol leicht zugängliche 4-(Chlormethyl)isoxazol **13** dient als C$_4$-Baustein bei Annelierungs-Reaktionen an Cycloalkanonen (Isoxazol-Annelierung nach STORK). Im Primärschritt erfolgt Alkylierung zum Produkt **14**, das als maskiertes Triketon bei der Hydrierung unter reduktiver Öffnung des Isoxazol-Rings über das Enaminon **15** zum Enamin **16** cyclisiert. Dieses führt bei Behandlung mit Natronlauge durch Hydrolyse, Säurespaltung des ß-Dicarbonyl-Systems und intramolekulare Aldol-Kondensation (analog zur ROBINSON-Annelierung) zum Bicycloenon **17**:

❹ Ein Beispiel einer auf anderem Weg nur schwierig erreichbaren Transformation bietet die Umwandlung von ß-Jonon **18** in das konstitutionsisomere ß-Damascenon **22**[72]:

Dazu wird ß-Jonon in das Oxim **19** übergeführt und dieses durch eine spezielle Methode (Einwirkung von I$_2$, KI und NaHCO$_3$ in THF/Wasser) zum Isoxazol **20** oxidiert. Durch Natrium in flüssigem Ammoniak in Gegenwart von *tert*-Butanol wird **20** ohne Isolierung des ß-Aminoketons **21** in ß-Damascenon umgewandelt; Ausbeute 72 % (bezogen auf ß-Jonon). Damit ermöglicht der Heterocyclus eine 1,3-Carbonyl-Transposition innerhalb eines α,ß-ungesättigten Carbonylsystems.

❺ Von Isoxazolen sind auch zahlreiche, synthetisch relevante Ringtransformationen bekannt. So isomerisiert der *N*-(Isoxazol-3-yl)thioharnstoff **23** thermisch zum 1,2,4-Thiadiazol **24**:

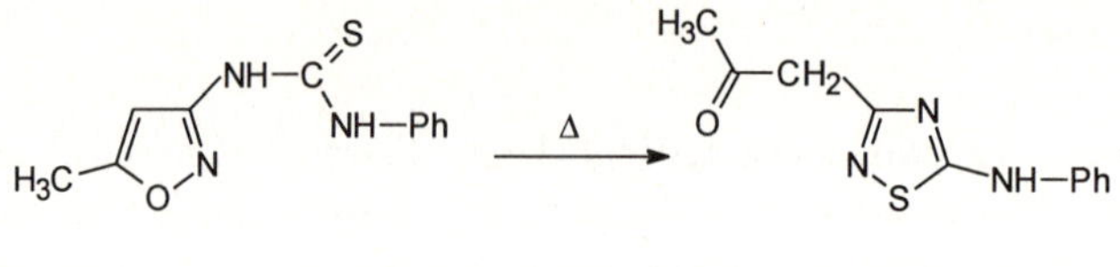

Einen anderen Umlagerungsweg beschreitet die Photoisomerisierung von Isoxazolen zu Oxazolen, die unter Zwischenschaltung einer isolierbaren 3-Acylaziridin-Zwischenstufe **25** als dipolare 1,5-Elektrocyclisierung interpretiert wird:

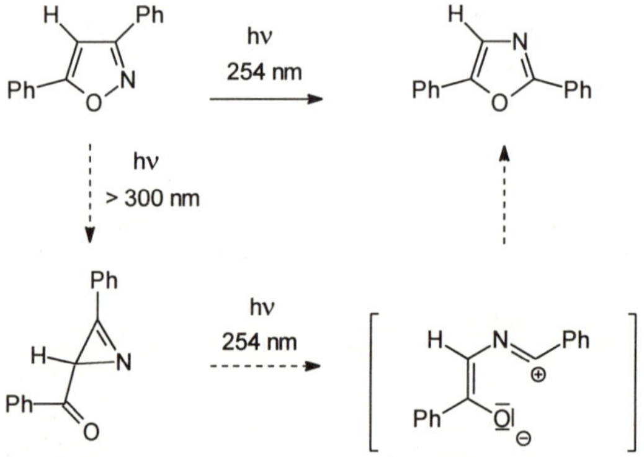

5.27 4,5-Dihydroisoxazol

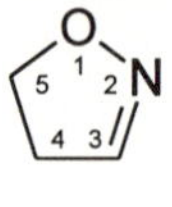

| A,C | 4,5-Dihydroisoxazol wird auch Δ^2-Isoxazolin oder 2-Isoxazolin genannt. 2-Isoxazoline sind hauptsächlich nach zwei Synthesemethoden zugänglich. Sie entstehen durch:

❶ Cyclokondensation von α,β-ungesättigten Ketonen mit Hydroxylamin. Diese Reaktion verläuft analog zur Isoxazol-Bildung über das entsprechende Ketoxim:

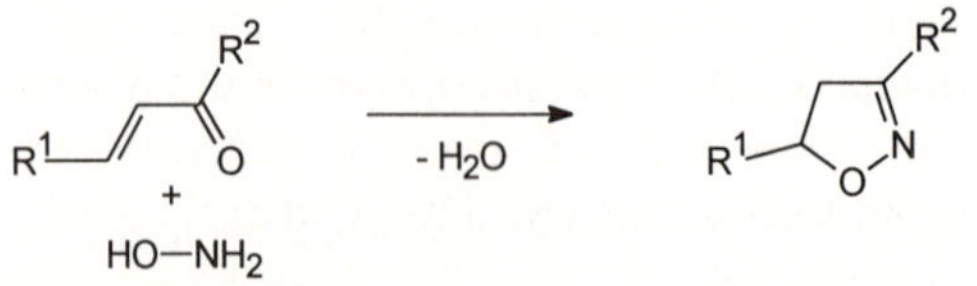

❷ 1,3-dipolare Cycloaddition von Nitriloxiden an Alkene. Diese Reaktion ist die eigentliche Standardsynthese für 2-Isoxazoline[73]. So entsteht aus Benzonitriloxid und Acrylsäure regioselektiv 3-Phenyl-2-isoxazolin-4-carbonsäure **1**:

HOOC—CH=CH₂ + Ph—C⁺=N—O⁻ → 3,5-disubstituted 2-isoxazoline (HOOC, Ph)

1

Die Reaktion verläuft zudem stereospezifisch, so ergibt (*E*)-Zimtsäuremethylester *trans*-3,5-Diphenyl-2-isoxazolin-4-carbonsäuremethylester.

B 2-Isoxazoline zeigen charakteristische, auch synthetisch relevante Reaktionen.

Reduktive Ringöffnung

Eine reduktive Ringöffnung der 2-Isoxazoline kann nach verschiedenen Methoden erfolgen. Die Hydrierung mit RANEY-Ni oder Pd/C in Gegenwart von Borsäure in Methanol/Wasser bei Raumtemperatur ergibt ß-Hydroxyketone **3**:

[Isoxazoline] + H₂ → [ß-Hydroxyimin **2**] + H₂O, −NH₃ → [ß-Hydroxyketon **3**]

Durch Hydrogenolyse der N-O-Bindung entsteht zunächst ein ß-Hydroxyimin **2**, das unter den Reaktionsbedingungen der Hydrolyse unterliegt. Die Konfiguration an den C-Atomen 4 und 5 bleibt erhalten. Ein spezielles Reagens zur Ringöffnung von 2-Isoxazolinen zu ß-Hydroxyketonen ist Molybdänhexacarbonyl in Acetonitril/Wasser[74].

2-Isoxazoline ergeben bei der Reduktion mittels Natrium in Ethanol oder mittels NaBH₄ und NiCl₂-Hexahydrat in Methanol bei −30°C ß-Aminoalkohole **4**:

[Isoxazolin] + 2 H₂ → [ß-Aminoalkohol **4**]

Auch bei dieser Ringöffnung bleibt die Konfiguration an den C-Atomen 4 und 5 erhalten.

Oxidation

Durch *N*-Bromsuccinimid oder durch KMnO₄ in Aceton werden 2-Isoxazoline zu Isoxazolen oxidiert.

D Das 2-Isoxazolin-Gerüst ist in wenigen, aber pharmakologisch interessanten Naturstoffen vorhanden, z.B. im Antibioticum *Cycloserin* **5**, das zur Behandlung von Tuberculose angewandt wird, und im Antibioticum *Acivicin* **6**, einer α-Aminocarbonsäure mit Antitumor-Wirkung.

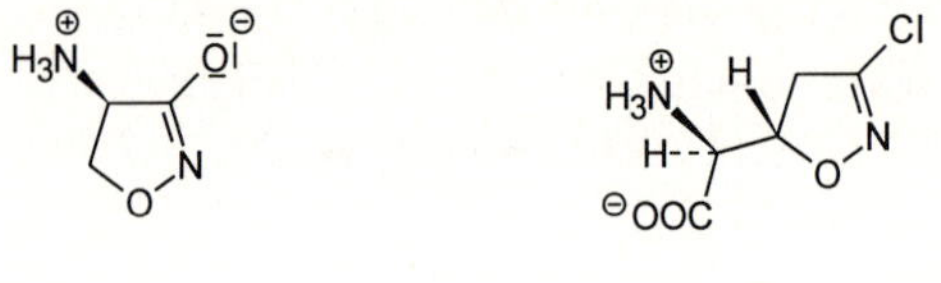

5 6

| E | Von den zahlreichen Anwendungen des "Isoxazolin-Weges" (Cycloaddition-Ringöffnung) für Synthesen[73] werden drei Beispiele beschrieben. |

❶ Synthese von Flavanonen[75]:

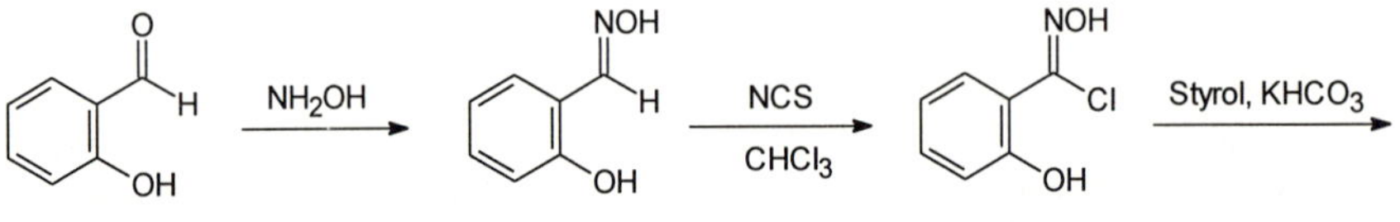

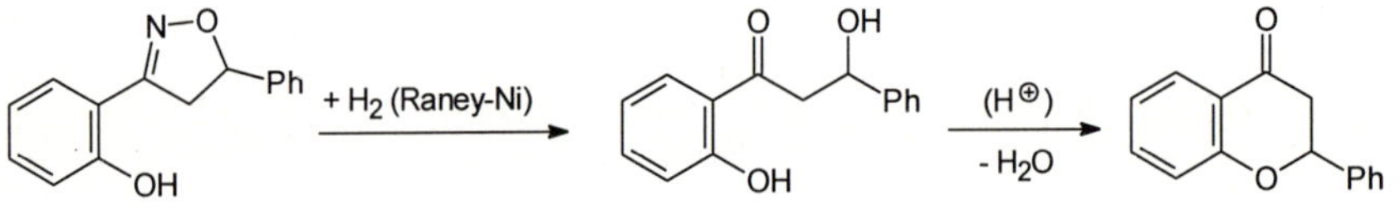

Aus Salicylaldehyd wird das Oxim **7** hergestellt und dieses mit *N*-Chlorsuccinimid in das Hydroxamsäurechlorid **8** übergeführt. Das daraus mittels $KHCO_3$ erzeugte Nitriloxid reagiert mit Styrol regioselektiv unter Bildung des 3,5-Diaryl-2-isoxazolins **9**. Die katalytische Hydrierung führt zum ß-Hydroxyketon **10** und dessen säurekatalysierte Cyclodehydratisierung zum Flavanon **11**.

❷ Synthese höherer Monosaccharide[76]:

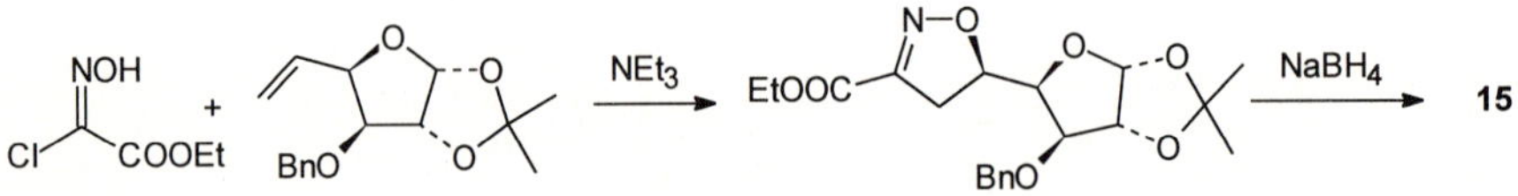

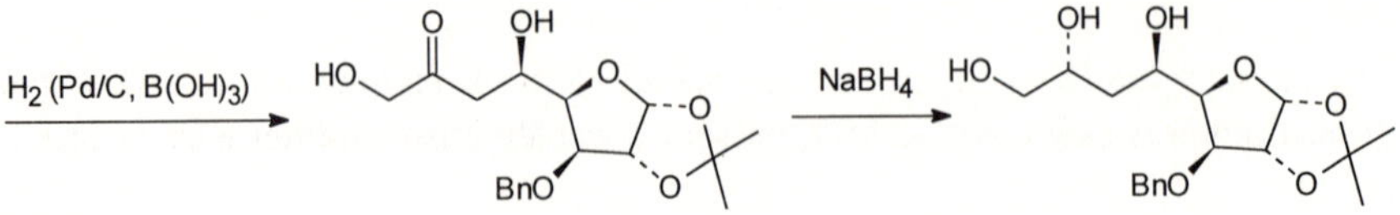

Aus D-Glucose wird das Alken **13** hergestellt und mit dem Hydroxamsäurechlorid **12** in Gegenwart von Triethylamin zu einem Gemisch zweier diastereomerer 2-Isoxazoline umgesetzt, in dem die (5*R*)-Verbindung **14** überwiegt. Sie wird durch Säulenchromatographie abgetrennt und die Ethoxycarbonylgruppe zur Hydroxymethylgruppe reduziert. Die Zwischenstufe **15** ergibt bei der katalytischen Hydrierung das ß-Hydroxyketon **16**. Dessen Reduktion mit NaBH$_4$ führt zu einem Gemisch von 6-Deoxyoctose-Derivaten, in dem das (7S)-Epimer **17** überwiegt.

❸ Stereokontrollierte Synthese von Homoallylaminen[77]:

Die aus Allylalkoholen und Chlordiphenylphosphan zugänglichen Allyldiphenylphosphanoxide **18** reagieren mit Nitriloxiden regioselektiv zu den diastereomeren 3,5-disubstituierten 2-Isoxazolinen **19a** und **19b**, die säulenchromatographisch getrennt werden. Die Reduktion von **19b** ergibt den ß-Aminoalkohol **20b**, der durch Eliminierung mittels Natriumhydrid in DMF in das (E)-Homoallylamin **21b** übergeführt wird. Ausgehend von **19a** entsteht das (Z)-Diastereomer.

5.28 2,3-Dihydroisoxazol

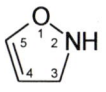

A,C 2,3-Dihydroisoxazol wird auch Δ^4-Isoxazolin oder 4-Isoxazolin genannt. Die Standardsynthese für 4-Isoxazoline ist die 1,3-dipolare Cycloaddition von Nitronen an Alkine (HUISGEN-Synthese):

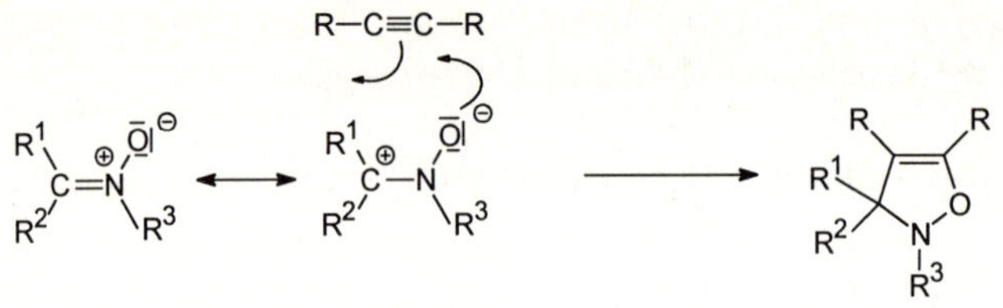

4-Isoxazoline sind relativ instabile und sehr reaktive Verbindungen[78]. Eine typische Reaktion ist die thermische Isomerisierung zu 2-Acylaziridinen:

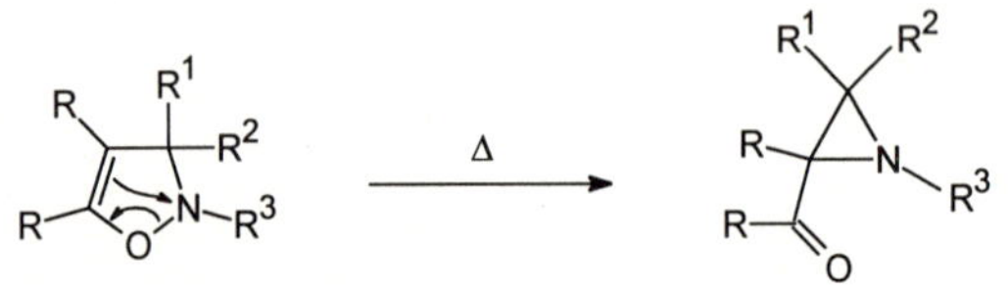

Sind die zur 4-Isoxazolin-Synthese eingesetzten Nitrone N-Oxide cyclischer Imine, dann isomerisieren die 2-Acylaziridine weiter zu Betainen, z.B.:

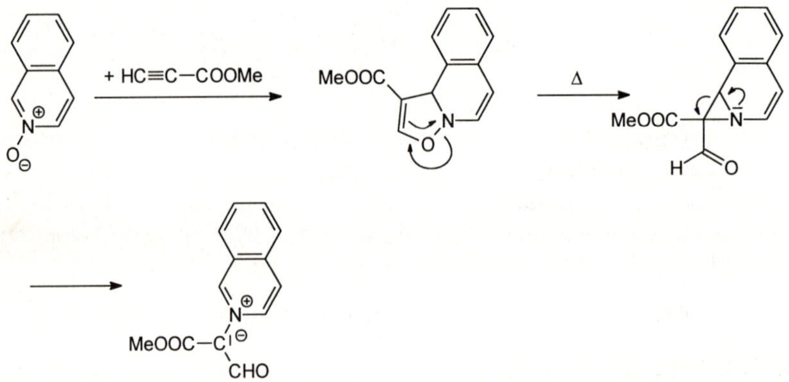

B 4-Isoxazoline reagieren mit Iodmethan in Tetrahydrofuran unter Ringöffnung zu α,β-ungesättigten Ketonen[79]:

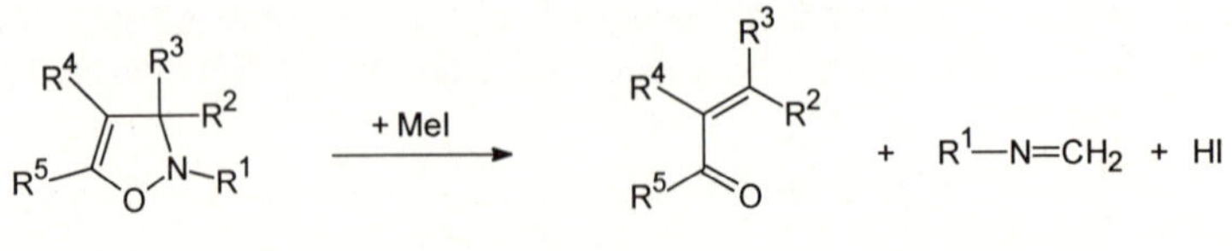

5.29 Thiazol

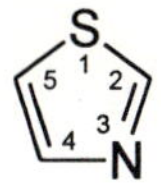

A Thiazol (1,3-Thiazol) weist außer einem S-Atom, wie es auch im Thiophen vorliegt, noch ein pyridinartiges N-Atom auf. Der einwertige Rest heißt Thiazolyl. Das Thiazolmolekül ist eben, wobei wie beim Thiophen die C-S-Bindungslängen 171,3 pm betragen (s.Abb. 5.13).

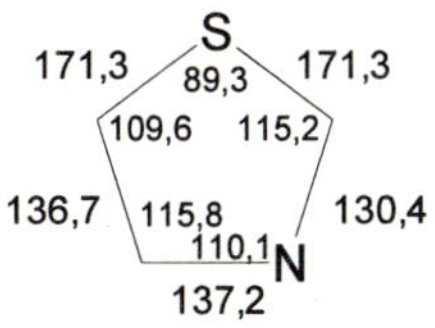

Abb. 5.13 Struktur des Thiazols
(Bindungslängen in pm, Bindungswinkel in Grad)

Ein Vergleich mit den Bindungslängen im Oxazol (s.Abb. 5.9, S.123) läßt den Schluß zu, daß die Delokalisierung der π-Elektronen weniger beeinträchtigt wird. Die Aromatizität des Thiazols ist demnach größer als die des Oxazols. Die Ionisierungsenergie des Thiazols wurde zu 9,50 eV bestimmt, sein Dipolmoment zu 1,61 D. Die UV- und NMR-Daten sind aus der folgenden Tabelle ersichtlich:

UV (Ethanol)	^{1}H-NMR (CCl$_4$)	^{13}C-NMR (CCl$_4$)
λ (nm) (ε)	δ (ppm)	δ (ppm)
207,5 (3,41)	H-2: 8,77	C-2: 153,6
233,0 (3,57)	H-4: 7.86	C-4: 143,3
	H-5: 7,27	C-5: 119,6

Demnach wird auch im Thiazolmolekül bei der Aufnahme von NMR-Spektren ein diamagnetischer Ringstrom induziert.

Thiazol ist aromatisch. Vier 2p$_z$-Orbitale und ein 3p$_z$-Orbital bilden delokalisierte π-MO, zu deren Besetzung die drei C-Atome und das N-Atom je ein Elektron beisteuern, das S-Atom zwei Elektronen. Für das S-Atom kann auch eine spd-Hybridisierung in Betracht gezogen werden. Die Berechnung der π-Elektronendichten ergab z.B. folgende Werte:

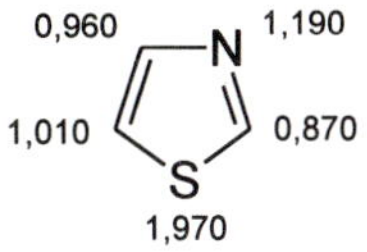

B Auch Thiazol gehört somit zu den π-Überschuß-Heterocyclen, der π-Überschuß ist jedoch hauptsächlich an den Heteroatomen konzentriert. Wiederum zieht das pyridinartige N-Atom π-Elektronen an, wodurch vor allem die π-Elektronendichte am C-Atom 2 vermindert wird. Elektrophile Substitutionsreaktionen sollten in 5-Position stattfinden und, falls diese besetzt ist, in 4-Position. Der Angriff von Nucleophilen müßte in 2-Position erfolgen. Die folgenden **Reaktionen** sind typisch für Thiazole.

Salzbildung

Thiazol ist stärker basisch als Oxazol, aber schwächer basisch als Pyridin. Der pK_a-Wert von Thiazol wurde zu 2,52 bestimmt. Die Protonierung erfolgt am N-Atom. Im Gegensatz zu Oxazolen bilden Thiazole kristalline und stabile Salze, z.B. Pikrate.

Metallierung

In 2-Position unsubstituierte Thiazole reagieren sowohl mit Alkylmagnesiumhalogeniden als auch mit lithiumorganischen Reagenzien, z.B.:

Aus den Produkten lassen sich durch Reaktion mit Elektrophilen wie Halogenalkanen, Kohlendioxid oder Carbonylverbindungen die entsprechenden 2-substituierten Thiazole synthetisieren.

Reaktionen mit elektrophilen Reagenzien

Im Prinzip kann das Thiazolmolekül von Elektrophilen am S-Atom, am N-Atom oder am C-Atom 5 angegriffen werden. Die Alkylierung mittels Halogenalkanen erfolgt nur am N-Atom. Die 3-Alkylthiazoliumsalze reagieren sehr schnell mit Nucleophilen.

Wie im Fall der Oxazole erschwert das pyridinartige N-Atom elektrophile Substitutionsreaktionen. So reagiert Thiazol nicht mit Halogenen. Donor-Substituenten erhöhen die Reaktivität, 2-Methylthiazol reagiert mit Brom zu 5-Brom-2-methylthiazol. Thiazol läßt sich nicht nitrieren. 4-Methylthiazol reagiert langsam zur 5-Nitroverbindung, 5-Methylthiazol noch langsamer zur 4-Nitroverbindung; 2,4-Dimethylthiazol reagiert am schnellsten, es entsteht 2,4-Dimethyl-5-nitrothiazol. Die Sulfonierung von Thiazol erfordert die Einwirkung von Oleum bei 250°C in Gegenwart von Quecksilber(II)-acetat, sie erfolgt in 5-Position. Die Acetoxymercurierung von Thiazol mittels Quecksilber(II)-acetat in Essigsäure/Wasser findet stufenweise statt, über die 5-Acetoxymercuri-Verbindung und das 4,5-disubstituierte Produkt entsteht schließlich 2,4,5-Tris(acetoxymercuri)thiazol.

Reaktionen mit nucleophilen Reagenzien

Die nucleophile Substitution eines H-Atoms gelingt nur in 2-Position und auch da nur mit Reagenzien hoher Nucleophilie, z.B. mit Natriumamid:

Schneller verläuft die nucleophile Substitution, wenn sich in 2-Position eine nucleofuge Abgangsgruppe befindet, z.B.:

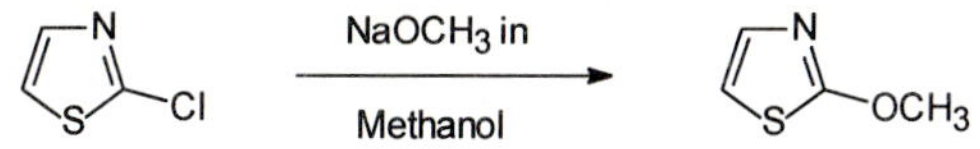

Durch Quaternierung wird die Reaktivität des Thiazolringes gegenüber Nucleophilen stark erhöht. Folgende Reaktionen wurden beobachtet:
- Addition des Nucleophils in 2-Position zu einer Pseudobase und anschließende Ringöffnung, z.B. bei der Einwirkung von Natriumhydroxid-Lösung:

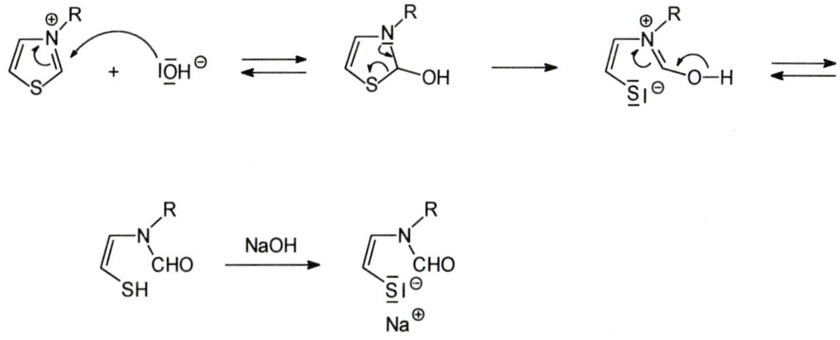

2-Alkylsubstituierte Thiazoliumsalze reagieren analog.
- Deprotonierung in 2-Position zu einem *N*-Ylid. Über eine derartige Zwischenstufe verläuft die Deuterodeprotonierung von 3-Alkylthiazoliumsalzen bei der Einwirkung von D_2O:

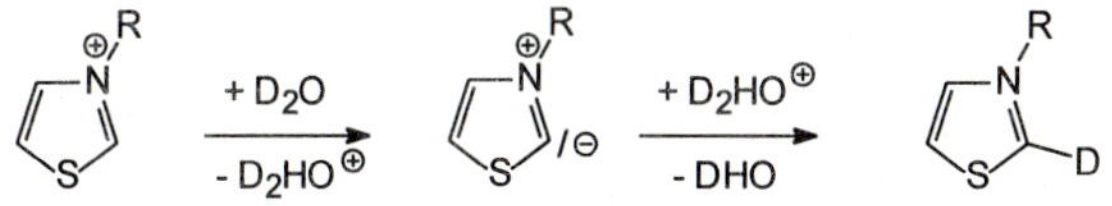

Die Reaktion wird durch Basen wie Triethylamin katalysiert.

Oxidation

Bei der Einwirkung von Peroxysäuren auf Thiazole entstehen *N*-Oxide. Sie werden durch *N*-Chlor- oder *N*-Bromsuccinimid in 2-Position elektrophil halogeniert[80], z.B.:

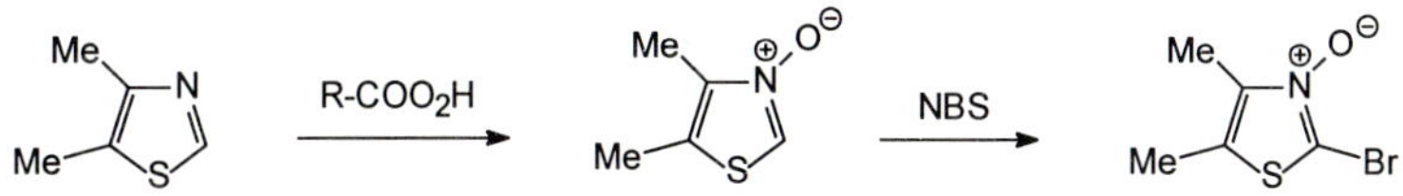

Reaktionen von 2-Alkylthiazolen

2-Alkylthiazole sind C-H-acide Verbindungen. Sie werden durch Basen am α-C-Atom der Alkylgruppe deprotoniert[81]. Die entstehenden, durch Konjugation stabilisierten Carbanionen reagieren z.B. mit Carbonylverbindungen zu Alkoholen:

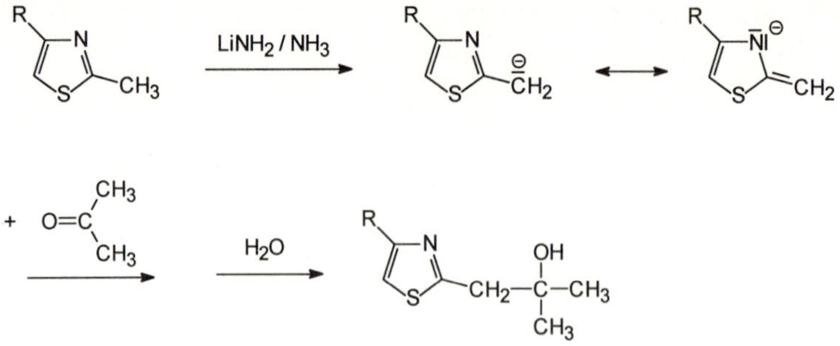

Im Gegensatz zu Oxazolen reagieren Thiazole nicht als 1,3-Diene, d.h., sie sind nicht zur DIELS-ALDER-Reaktion befähigt. Dies ist ein weiteres Indiz für die im Vergleich zum Oxazol größere Aromatizität des Thiazols.

C Zur **Synthese** von Thiazolen benutzt man Methoden, deren Prinzipien schon bei den Oxazol-Synthesen (s.S.127) vorgezeichnet sind.

❶ Von erheblicher Anwendungsbreite ist die Cyclokondensation von α-Halogencarbonyl-Verbindungen mit Thioamiden (HANTZSCH-Synthese):

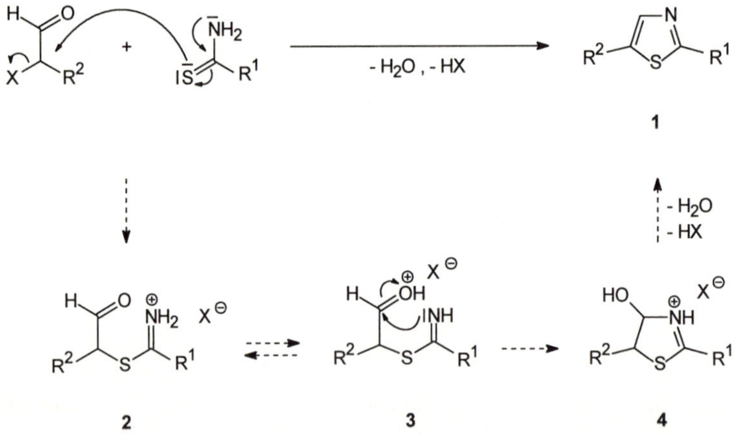

Die HANTZSCH-Synthese verläuft über drei Zwischenstufen. Im Primärschritt wird das Halogenatom des α-Halogenaldehyds oder α-Halogenketons nucleophil substituiert. Das entstehende S-Alkyl-isothiuroniumsalz **2** unterliegt einer Umprotonierung (**2 → 3**); es folgt die Cyclisierung zum Salz eines 4-Hydroxy-2-thiazolins **4**, das in protischen Lösungsmitteln durch säurekatalysierte Eliminierung von Wasser in ein 2,5-disubstituiertes Thiazol **1** übergeht.

Von der HANTZSCH-Synthese sind zahlreiche Varianten bekannt. So ergeben N-substituierte Thioamide 3-substituierte Thiazoliumsalze **5**:

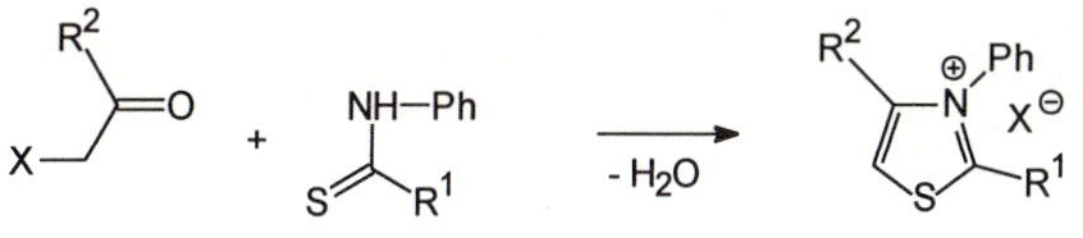

Thioharnstoff reagiert mit α-Halogencarbonyl-Verbindungen zu 2-Aminothiazolen, mit α-Halogencarbonsäuren entstehen 2-Amino-4-hydroxythiazole **6**:

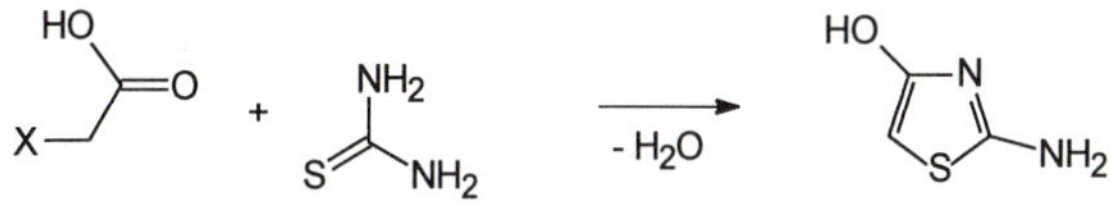

Salze oder Ester der Dithiocarbamidsäure ergeben 2-Mercaptothiazole **7**:

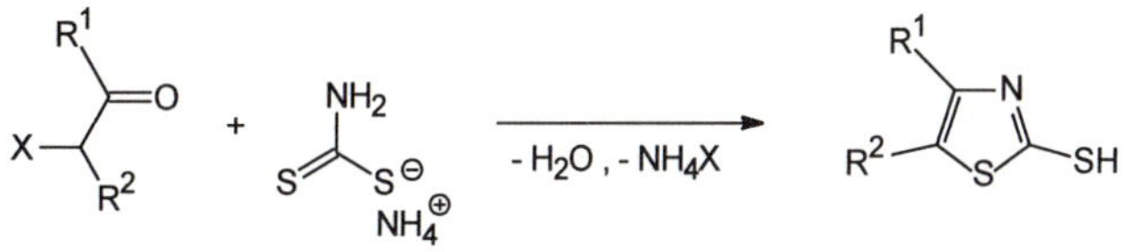

❷ α-Aminonitrile reagieren mit CS_2, COS, Salzen oder Estern von Dithiocarbonsäuren sowie mit Isothiocyanaten unter milden Bedingungen zu 2,4-disubstituierten 5-Aminothiazolen **8** (COOK-HEILBRON-Synthese), z.B.:

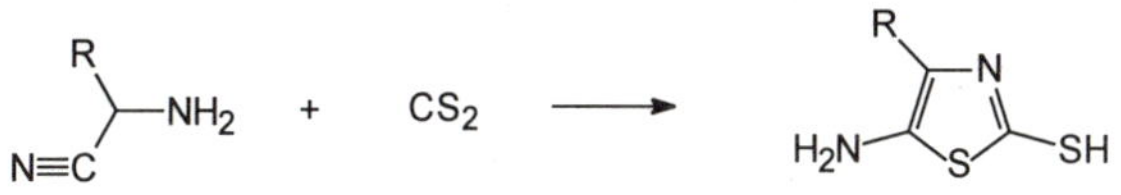

❸ α-(Acylamino)ketone reagieren mit P_4S_{10} unter Bildung von Thiazolen **9** (GABRIEL-Synthese):

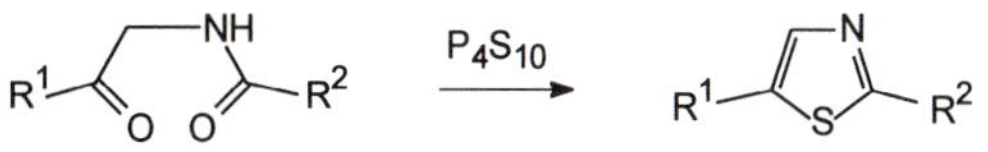

D | **Thiazol**, eine farblose, faulig riechende Flüssigkeit, Schmp. -33°C, Sdp. 118°C, löst sich in Wasser.

2-Aminothiazol, farblose Kristalle, Schmp. 90°C, kuppelt mit Diazoniumsalzen zu Azoverbindungen, z.B. zu **10**:

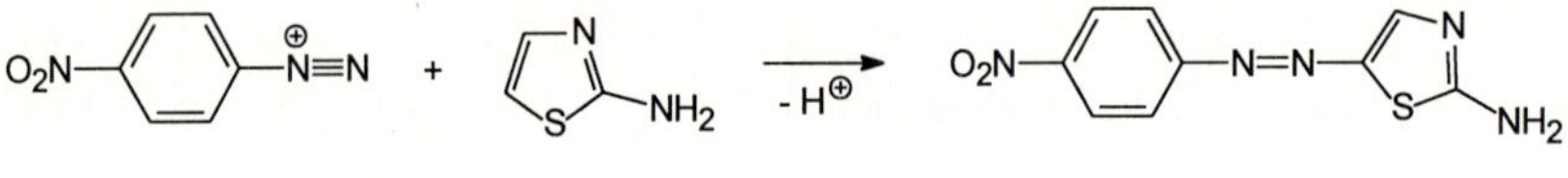

Andererseits läßt sich 2-Aminothiazol selbst diazotieren. Das Diazoniumsalz wird durch unterphosphorige Säure zu Thiazol reduziert. Mit Hilfe der SANDMEYER-Reaktion erhält man 2-Halogenthiazole sowie 2-Cyanothiazol.

Unter den bisher bekannten Naturstoffen, die sich vom Thiazol ableiten, hat das *Thiamin* **11** (Aneurin, Vitamin B$_1$) die größte Bedeutung:

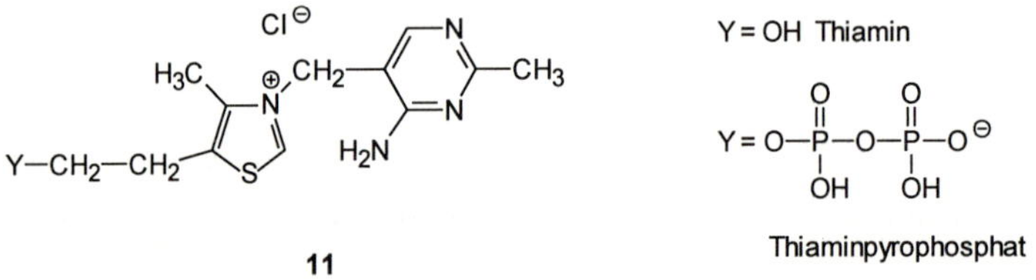

Thiamin kommt in der Hefe, im sogenannten Silberhäutchen der Reiskörner und in anderen Getreidearten vor. Mangel an Vitamin B$_1$ ruft eine Beri-Beri genannte Krankheit sowie Schädigungen des Nervensystems (Polyneuritis) hervor. Ein erwachsener Mensch benötigt etwa 1 mg Vitamin B$_1$ pro Tag.

Thiamin, ein Thiazoliumsalz, enthält zwar auch einen Pyrimidinring, als entscheidend für die biologische Wirkung – Thiaminpyrophosphat ist das Coenzym der Decarboxylasen – erweist sich jedoch der Thiazolring. Der Mechanismus der katalytischen Decarboxylierung, z.B. von Brenztraubensäure zu Acetaldehyd, wurde 1958 von BRESLOW aufgeklärt. Danach ist die aktive Spezies das aus dem Thiaminpyrophosphat und basischen Zellbestandteilen entstehende *N*-Ylid **12**:

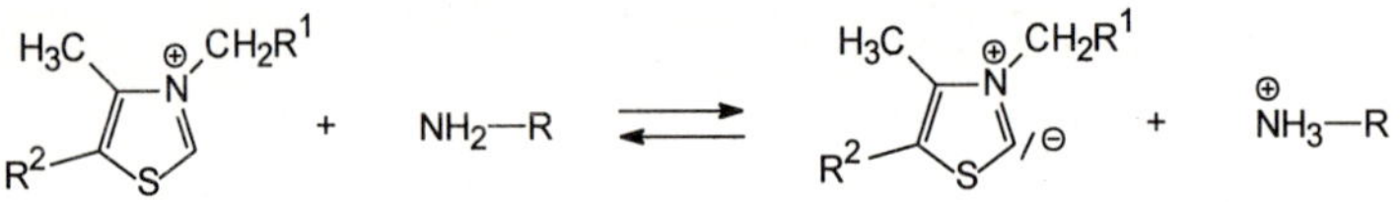

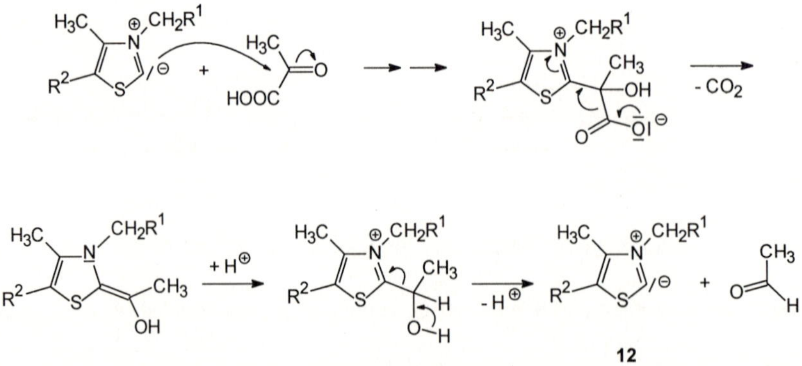

Es handelt sich um einen Fall von nucleophiler Katalyse. Das Addukt aus dem Ylid und Brenztraubensäure eliminiert Kohlendioxid zu einem Enamin, auf dessen exocyclisches C-Atom ein Proton übertragen wird. Die entstehende Zwischenstufe zerfällt beim Entzug eines Protons in den nucleophilen Katalysator und Acetaldehyd.

Dem Thiamin strukturell ähnliche Verbindungen, z.B. das 5-(2-Hydroxyethyl)-3,4-dimethylthiazoliumiodid **13**, katalysieren in Gegenwart von Triethylamin die Kondensation von Aldehyden zu Acyloinen[82]. Das Ylid wirkt dabei in Analogie zum Cyanidion als nucleophiler Katalysator.

Thiazole kommen als Geruchs- und Aromastoffe in der Natur vor, z.B. 4-Methyl-5-vinylthiazol im Aroma von Kakaobohnen und Passionsfrüchten, 2-Isobutylthiazol in Tomaten und 2-Acetylthiazol im Aroma von gebratenem Fleisch.

Zahlreiche Thiazolderivate sind biologisch aktive Verbindungen. Als Pharmaka werden z.B. 2-(4-Chlorphenyl)thiazol-4-ylessigsäure **14** gegen Entzündungen und *Niridazol* **15** zur Behandlung von Bilharziose (Schistosomiasis) angewendet.

5.30 Benzothiazol

| A,C | Benzothiazol weist folgende UV- und NMR-Daten auf: |

UV (Ethanol)	^{1}H-NMR (CDCl$_3$)	^{13}C-NMR (DMSO-d$_6$)	
λ (nm) (ε)	δ (ppm)	δ (ppm)	
217 (4,27)	H-2: 9,23	C-2: 155,2	C-3a: 153,2
251 (3,74)	H-4: 8,23	C-4: 123,1	C-7a: 133,7
285 (3,23)	H-5: 7,55	C-5: 125,9	
295 (3,13)	H-6: 7,55	C-6: 125,2	
	H-7: 8,12	C-7: 122,1	

In Analogie zur Synthese von Benzoxazolen erhält man Benzothiazole durch Cyclokondensation von o-Aminothiophenolen oder ihren Salzen mit Carbonsäuren oder Carbonsäurederivaten:

Die Reaktion verläuft über die isolierbaren o-(Acylamino)thiophenole als Zwischenstufen. N-Arylthioamide lassen sich oxidativ zu Benzothiazolen cyclisieren:

B Benzothiazol ($pK_a = 1{,}2$) ist eine schwächere Base als Thiazol ($pK_a = 2{,}52$). Durch n-Butyllithium wird es in 2-Position lithiiert und durch Halogenalkane zu 3-Alkylbenzothiazoliumsalzen quaterniert. Elektrophile Substitutionsreaktionen sind nur am Benzolring möglich, beispielsweise ergibt die Nitrierung mittels Nitriersäure bei Raumtemperatur ein Gemisch von 4-, 5-, 6- und 7-Nitrobenzothiazol.

Alle auf S.150/151 beschriebenen Reaktionen des Thiazols mit nucleophilen Reagenzien lassen sich auch beim Benzothiazol realisieren, es wurden lediglich graduelle Unterschiede beobachtet. So reagiert 2-Chlorbenzothiazol etwa 400 mal schneller mit Natriummethoxid oder mit Natriumthiophenolat als 2-Chlorthiazol zu den entsprechenden Substitutionsprodukten 2-Methoxy- bzw. 2-Phenylthiobenzothiazol.

2-Alkylbenzothiazole sind ebenso wie 2-Alkylthiazole C-H-acid. Sie werden schon bei -78°C durch n-Butyllithium in Tetrahydrofuran deprotoniert. Die Lithiumverbindungen reagieren mit Aldehyden oder Ketonen zu Alkoholen[83], z.B.:

Noch stärker ausgeprägt ist die C-H-Acidität der entsprechenden 3-Alkylbenzothiazoliumsalze. Beispielsweise reagiert 3-Ethyl-2-methylbenzothiazoliumiodid beim Erhitzen mit Triethylamin in Pyridin zu einem Trimethincyanin:

5.30 Benzothiazol

Der Mechanismus dieser interessanten Reaktion ist kompliziert. Zuerst entsteht ein durch Konjugation stabilisiertes Carbanion, das als starkes Nucleophil mit einem zweiten Benzothiazoliumion reagiert:

Aus dem Addukt gehen unter Einbeziehung des dritten Benzothiazoliumions weitere Zwischenstufen hervor. Die Öffnung eines Thiazolringes unter Entstehung von 2-(Ethylamino)thiophenol ergibt schließlich das Trimethincyanin.

D | **Benzothiazol**, eine farblose Flüssigkeit vom Sdp. 227°C, ist nur wenig in Wasser löslich. Benzothiazol ist Bestandteil des Aromas von Kakaobohnen, Kokosnüssen, Walnüssen und Bier.

Das in Feuerfliegen und Glühwürmchen vorkommende *Luciferin* **1** emittiert im Verlauf seiner enzymatischen Oxidation Licht, wodurch die Biolumineszenz dieser Tiere verursacht wird.

Als Beispiel für ein synthetisches Benzothiazolderivat mit biologischer Aktivität dient das Herbicid *Benazolin* **2**.

Polymethinfarbstoffe auf Benzothiazolbasis werden zur spektralen Sensibilisierung photographischer Emulsionen angewendet.

2-Mercaptobenzothiazol **3** wird technisch aus 1-Chlor-2-nitrobenzol, Natriumsulfid und Schwefelkohlenstoff hergestellt. Dabei erfolgt zuerst die nucleophile Substitution des Chloratoms, danach die Reduktion der Nitrogruppe und schließlich die Cyclokondensation:

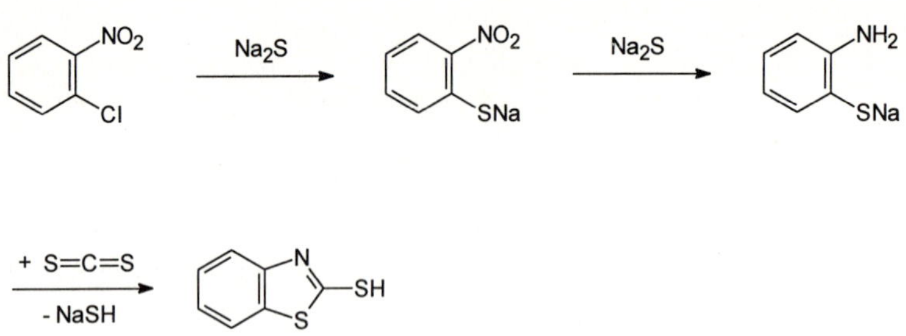

2-Mercaptobenzothiazol dient als Beschleuniger bei der Vulkanisation von Polybutadien und Polyisopren, wobei es als Radikalüberträger wirkt.

E Die synthetischen Anwendungen der Benzothiazole schienen zunächst dadurch begrenzt, daß sich der Thiazolring hydrolytisch nicht öffnen läßt. Dieses Problem konnte jedoch durch Quaternierung und anschließende Reduktion mittels NaBH$_4$ zu 3-Methylbenzothiazolin gelöst werden, z.B. bei der Synthese von Cyclohexen-1-carbaldehyd[84]:

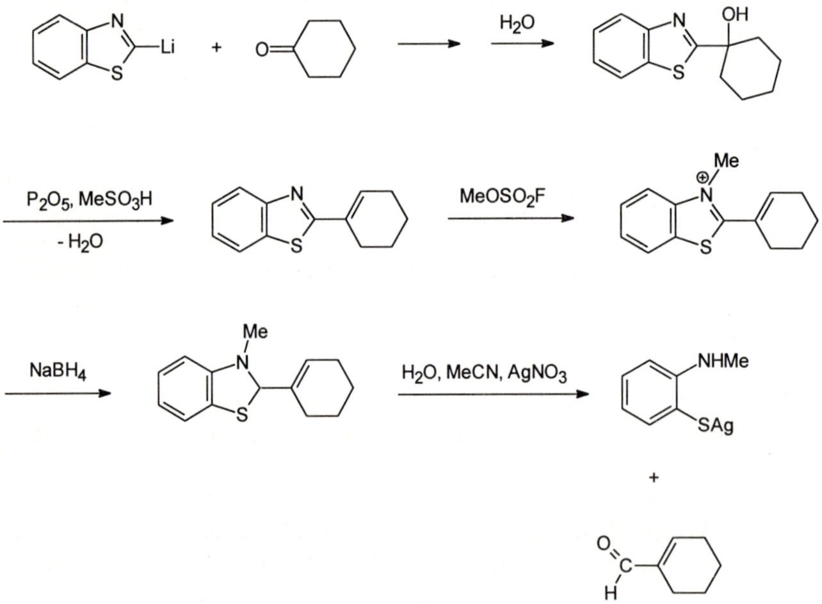

Das Benzothiazol fungiert dabei als synthetisches Carbonyl-Äquivalent. Analog läßt sich 2-(Lithiomethyl)benzothiazol (s.S.156) als synthetisches Enolat-Äquivalent auffassen, denn das nach Öffnung des Thiazolringes durch Quaternierung, Reduktion und Hydrolyse entstehende Produkt könnte auch durch eine Aldol-Reaktion erhalten werden[83].

3-Ethylbenzothiazoliumbromid eignet sich als Katalysator für die Kettenverlängerung von Aldosen mittels Formaldehyd zur nächsthöheren Ketose[85].

5.31 Penam

A-C In diesem bicyclischen System ist ein 1,3-Thiazolidinring mit einem Azetidinring kondensiert. Die Numerierung erfolgt in den meisten Publikationen abweichend von den IUPAC-Regeln in der oben angegebenen Weise. Das Molekül ist chiral.

Im Jahre 1929 entdeckte FLEMING, daß der Schimmelpilz Penicillium notatum das Wachstum von Bakterien hemmt. 1941 gelang FLOREY und CHAIN die Isolierung der *Penicilline* genannten Wirkstoffe in Form ihrer Natriumsalze. Die Strukturaufklärung erfolgte durch chemischen Abbau und wurde 1945 mit der Röntgenstrukturanalyse von Penicillin G (Benzylpenicillin) abgeschlossen. Es handelt sich um (3S,5R,6R)-6-(Acylamino)-2,2-dimethyl-7-oxopenam-3-carbonsäuren:

Penicillin F   R= CH$_2$—CH=CH—Ph

Penicillin G   R= CH$_2$—Ph

Ampicillin   R= —CH(Ph)(NH$_2$)

Die verschiedenen Penicilline unterscheiden sich durch den Rest R des Acylamino-Substituenten, als Beispiele wurden Penicillin F und G angegeben. Infolge der 7-Oxogruppe sind die Penicilline zugleich ß-Lactame (s.S.44). Der ß-Lactamring ist entscheidend für die biologische Wirkung, durch ihn vermögen die Penicilline die Aminogruppen der Enzyme irreversibel zu acylieren, die für den Aufbau des Peptidoglycans der Zellwand von Bakterien erforderlich sind. Allerdings wurden einige Stämme dieser Mikroorganismen gegen die aus Pilzkulturen gewonnenen Penicilline resistent. Sie synthetisieren das Enzym ß-Lactamase, das den ß-Lactamring hydrolytisch öffnet. Zur Unterdrückung der Resistenz gibt es zwei Möglichkeiten.

- Anwendung strukturell ähnlicher ß-Lactame, die antibakteriell wirksam sind und durch ß-Lactamase nicht hydrolysiert werden[86]. Diesen Anforderungen werden einige halbsynthetische Penicilline gerecht. Beispielsweise stellt man aus einem natürlichen Penicillin zunächst 6-Amino-2,2-dimethyl-7-oxopenam-3-carbonsäure, auch 6-Aminopenicillansäure genannt, her. Diese wird zu einem Penicillin mit einem anderen Rest R acyliert. Eine der wirksamsten Verbindungen dieser Art ist das *Ampicillin*.

- Anwendung von Verbindungen, die das Enzym ß-Lactamase hemmen, z.B. das synthetisch hergestellte *Sulbactam* **1**[87]:

1

Optimal ist die Kombination eines halbsynthetischen Penicillins mit einem ß-Lactamase-Inhibitor. Es entsteht eine Art Wettlauf zwischen den Chemikern, die ständig neue Verbindungen synthetisieren, und den Bakterien, die immer neue Resistenzmechanismen entwickeln.

Totalsynthesen der Penicilline sind zwar ausgearbeitet worden, verglichen mit der Gewinnung aus den Pilzkulturen bzw. den halbsynthetischen Verfahren sind sie jedoch viel zu teuer[88]. Dies trifft auch für biomimetische Synthesen zu, d.h. für Totalsynthesen, bei denen die Biosynthese der Verbindungen als Vorbild dient[89]. Die Biosynthese der Penicilline geht von einem Peptid **2** aus, an dessen Aufbau die Aminosäuren Cystein und Valin beteiligt sind:

2   **3**

4

Im ersten Schritt erfolgt enzymatisch die Lösung einer C-H-Bindung im Cysteinrest unter Entstehung einer C-N-Bindung. Aus der an das Enzym gebundenen Zwischenstufe **3** geht durch Lösung einer ß-C-H-Bindung im Valinrest unter Entstehung einer C-S-Bindung (**3** → **4**) das Penicillin hervor.

5.32 Isothiazol

A Im Isothiazol (1,2-Thiazol) ist das pyridinartige N-Atom an das S-Atom gebunden. Diese σ-Bindung stellt zugleich die schwächste Stelle des Moleküls dar und wird bei Ringöffnungsreaktionen gelöst.

Das Isothiazolmolekül ist eben, die Ionisierungsenergie beträgt 9,42 eV, das Dipolmoment 2,4 D. Isothiazol absorbiert längerwellig als Isoxazol und auch als Thiazol, es handelt sich um einen $\pi \to \pi^*$-Übergang:

UV (Ethanol)	^{1}H-NMR (CCl$_4$)	^{13}C-NMR (CDCl$_3$)
λ (nm) (ε)	δ (ppm)	δ (ppm)
244 (3,72)	H-3: 8,54	C-3: 157,0
	H-4: 7,26	C-4: 123,4
	H-5: 8,72	C-5: 147,8

B Isothiazol ist aromatisch. Die NMR-Spektren lassen auf eine weitgehend ungestörte Delokalisierung der π-Elektronen schließen. Demzufolge ist die Aromatizität des Isothiazols größer als die des Isoxazols, wie auch die des Thiophens größer ist als die des Furans. Aus den berechneten π-Elektronendichten geht in Analogie zum Isoxazol (s.S.138) hervor, daß elektrophile Substitutionsreaktionen in 4-Position erfolgen müßten, während Nucleophile die 3-Position angreifen sollten. Die wichtigsten **Reaktionen** der Isothiazole lassen sich wie folgt zusammenfassen.

Salzbildung

Isothiazole sind schwache Basen, der pK$_a$-Wert von Isothiazol beträgt -0,51. Die Protonierung erfolgt am N-Atom. Beispielsweise können flüssige Isothiazole durch den Schmelzpunkt ihrer kristallinen Perchlorate charakterisiert werden:

Metallierung

In 5-Position unsubstituierte Isothiazole werden durch *n*-Butyllithium metalliert. 5-Lithioisothiazole reagieren mit elektrophilen Reagenzien, z.B. mit Halogenalkanen zu 5-Alkylisothiazolen.

Reaktionen mit elektrophilen Reagenzien

Isothiazole werden durch Iodalkane, Dialkylsulfate, Trialkyloxoniumtetrafluoroborate oder Diazomethan quaterniert.

Elektrophile Substitutionsreaktionen, z.B. Halogenierung, Nitrierung und Sulfonierung, erfolgen regioselektiv in 4-Position. Wiederum erschwert das pyridinartige N-Atom die elektrophile Substitution, weswegen Isothiazol langsamer reagiert als Thiophen, aber immer noch schneller als Benzol.

Reaktionen mit nucleophilen Reagenzien

Isothiazole reagieren wesentlich langsamer mit Nucleophilen als Isoxazole, sie werden im allgemeinen durch Alkalihydroxyde oder -alkoxide nicht verändert. 2-Alkylisothiazoliumsalze sind reaktiver, schon bei der Einwirkung wäßriger Alkalihydroxyd-Lösungen entstehen unter Ringöffnung polymere Produkte. Carbanionen bewirken die Ringöffnung durch einen nucleophilen Angriff am S-Atom[90], z.B.:

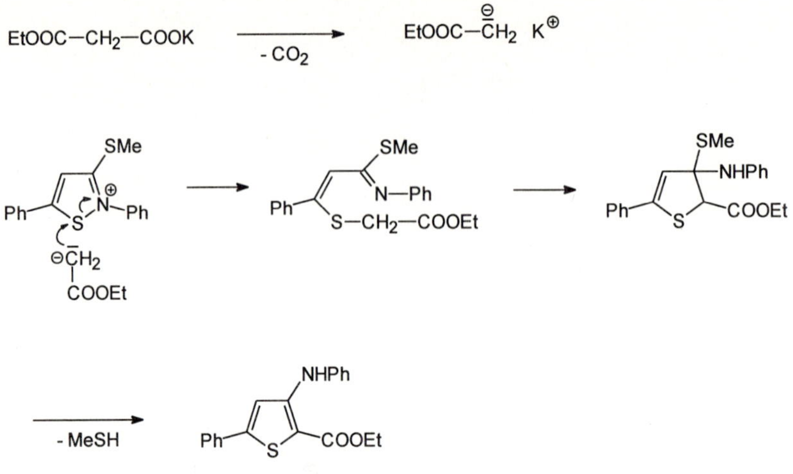

Das Anion des Ethylacetats wird in der Reaktionslösung aus dem Kaliumsalz des Malonsäuremonoethylesters erzeugt. Auf die Ringöffnung durch Lösung der N-S-Bindung folgen Cyclisierung und ß-Eliminierung, so daß insgesamt eine Ringtransformation zu substituierten Thiophenen resultiert.

Oxidation

Dreifach substituierte Isothiazole werden durch Peroxysäuren zu 1-Oxiden und weiter zu 1,1-Dioxiden oxidiert. In 3-Position unsubstituierte Isothiazole ergeben mit H_2O_2 in Essigsäure bei 80°C 1,2-Thiazol-3(2H)-on-1,1-dioxide[91]:

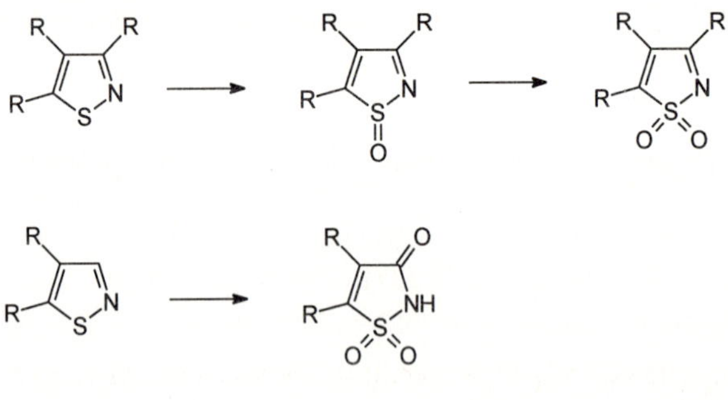

C Die **Synthese** von Isothiazolen erfolgt im wesentlichen nach zwei Methoden:

❶ Die Oxidation von ß-Iminothionen mittels Iod oder Wasserstoffperoxid liefert 3,5-disubstituierte Isothiazole **1**:

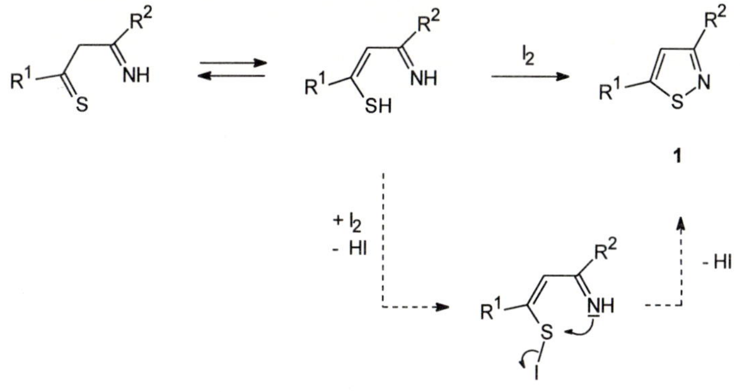

5.32 Isothiazol

Das ß-Iminothion reagiert zu einer Zwischenstufe, die sich von der Thiolform ableitet. Die Cyclisierung erfolgt durch eine nucleophile Substitution am S-Atom via **2**. Die Substituenten R^1 und R^2 können vielfach variiert werden. So ergeben z.B. ß-Iminothioamide (R^1 = NH_2) 5-Aminoisothiazole.

❷ Die Cyclokondensation von ß-Chlorvinylaldehyden (s.S.76) mit 2 Äquivalenten Ammoniumthiocyanat liefert 4,5-disubstituierte Isothiazole **3**[91]:

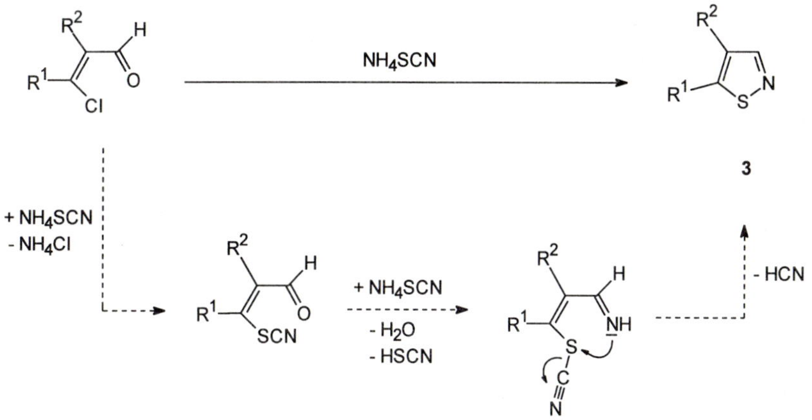

Zunächst entsteht als isolierbare Zwischenstufe ein ß-Thiocyanatovinylaldehyd **4**. Dieser reagiert mit Ammoniumthiocyanat weiter zu einem Imin **5**, aus dem wiederum durch nucleophile Substitution am S-Atom das Isothiazol **3** hervorgeht.

D | **Isothiazol** ist eine farblose, pyridinähnlich riechende Flüssigkeit vom Sdp. 113°C, die sich nur wenig in Wasser löst.

Isothiazole sind als Naturstoffe äußerst selten. Aus den Blättern des Kreuzblütlers Brassica juncea wurde das fungicid wirkende *Brassilexin* **6** isoliert. Es handelt sich um ein Isothiazoloindol[92]:

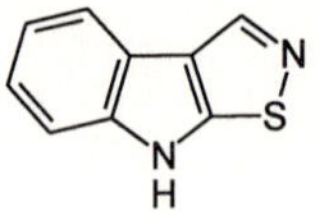

6

Zahlreiche synthetische Isothiazole erweisen sich als biologisch aktiv. Beispielsweise wirkt 5-Acetylisothiazolthiosemicarbazon **7** virostatisch und 2-(*n*-Octyl)-1,2-thiazol-3(2*H*)-on **8** fungicid und algicid.

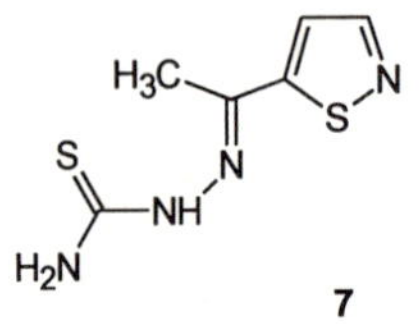

7 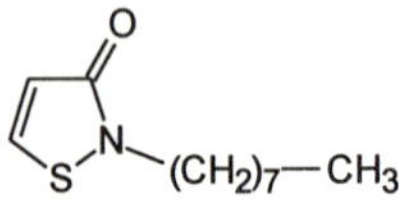   **8**

Das seit 1879 und damit am längsten bekannte synthetische Süßungsmittel, das *Saccharin* **9**, leitet sich vom 1,2-Benzothiazol ab. Saccharin wird aus 2-Methylbenzolsulfonylchlorid auf folgendem Weg hergestellt:

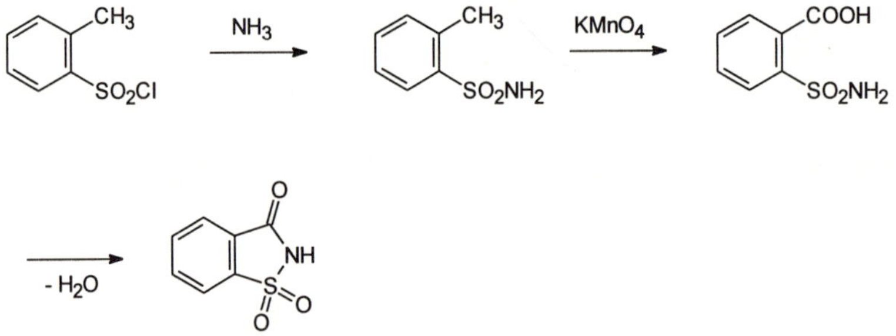

9

Bei der Oxidation des 2-Methylbenzolsulfonamids entsteht zuerst die entsprechende Carbonsäure, die durch Cyclodehydratisierung in Saccharin übergeht.

Saccharin, eine kristalline, in Wasser nahezu unlösliche Verbindung, Schmp. 244°C, dient in Form seines wasserlöslichen Natriumsalzes als Süßstoff[93]. Dieses ist etwa 300 bis 550 mal süßer als Saccharose, hat aber einen bitter-metallischen Nachgeschmack.

E *N*-Bromsaccharin kann wie *N*-Bromsuccinimid als Bromierungs- und Oxidationsmittel angewendet werden. *N*-Acylsaccharine vermögen tertiäre Alkohole zu acylieren sowie Aminoalkohole selektiv in die *N*-Acyl-Derivate zu überführen.

5.33 Imidazol

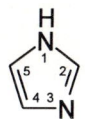

A Imidazol enthält ein pyrrolartiges und ein pyridinartiges N-Atom in 1,3-Position. Sein systematischer Name lautet 1,3-Diazol, der einwertige Rest heißt Imidazolyl. Das Imidazolmolekül ist eben und stellt ein fast regelmäßiges Fünfeck dar (s. Abb. 5.14).

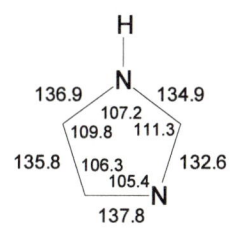

Abb. 5.14 Struktur des Imidazols
(Bindungslängen in pm, Bindungswinkel in Grad)

Die Ionisierungsenergie des Imidazols wurde zu 8,78 eV ermittelt, das abgespaltene Elektron entstammt dem HOMO π_3. Aus dem Vergleich mit dem Wert von 8,23 eV für Pyrrol folgt, daß das pyridinartige N-Atom die Energie des HOMO verringert und somit das π-System stabilisiert. Dies trifft auch auf Furan-Oxazol und Thiophen-Thiazol zu.

Das Dipolmoment des Imidazols beträgt in der Gasphase 3,70 D, in Lösung werden je nach der Konzentration andere Werte gemessen, da starke intermolekulare Wasserstoffbrücken-Bindungen existieren (s.S.172). In den NMR-Spektren erscheint infolge des sich bei Raumtemperatur sehr schnell einstellenden Gleichgewichts der annularen Tautomerie

für H-4 und H-5 nur ein einziges gemitteltes Signal, ebenso für C-4 und C-5:

UV (Ethanol)	^{1}H-NMR (CDCl$_3$)	^{13}C-NMR (CDCl$_3$)
λ (nm) (ϵ)	δ (ppm)	δ (ppm)
207-208 (3,70)	H-2: 7,73	C-2: 135,4
	H-4: 7,14	C-4: 121,9
	H-5: 7,14	C-5: 121,9

Imidazol ist aromatisch. Das pyrrolartige N-Atom steuert zwei Elektronen zum π-Elektronensextett bei, das pyridinartige N-Atom ebenso wie jedes C-Atom ein Elektron. Wie aus den NMR-Spektren hervorgeht, sind die π-Elektronen weitgehend delokalisiert, während das nichtbindende Elektronenpaar am pyridinartigen N-Atom lokalisiert ist. Nach SCF/MO-Methoden wurden z.B. folgende π-Elektronendichten berechnet:

$$\begin{array}{c} 1.056 \quad\text{—N}\; 1.502 \\ 1.056 \quad\quad\; 0.884 \\ \text{N}\; 1.502 \\ \text{H} \end{array}$$

Somit zählt auch Imidazol zu den π-Überschuß-Heterocyclen, 6 Elektronen verteilen sich auf 5 Atome, sind jedoch hauptsächlich an den N-Atomen konzentriert. Elektrophile Substitutionsreaktionen müßten in 4- oder/und 5-Position möglich sein. In 2-Position, sozusagen zwischen den beiden N-Atomen, ist die π-Elektronendichte < 1. Dort sollte der Angrifff von Nucleophilen erfolgen.

B Die wichtigsten **Reaktionen** der Imidazole lassen sich wie folgt charakterisieren.

Säure-Base-Reaktionen

Imidazole sind mäßig starke Basen, der pK_a-Wert der konjugierten Säure des Imidazols beträgt 7,00. Sie bilden mit zahlreichen Säuren Salze, z.B. Chloride, Nitrate, Oxalate und Pikrate:

Aus den ^{1}H-NMR-Spektren der Salze geht hervor, daß das Imidazoliumion die oben angegebene symmetrische Struktur aufweist. Es reagiert langsamer mit Elektrophilen und schneller mit Nucleophilen als Imidazol.

In 1-Position unsubstituierte Imidazole sind zugleich schwache Säuren. Der pK_a-Wert des Imidazols beträgt 14,52, so daß seine Acidität größer ist als die des Pyrrols und auch größer als die des Ethanols. Mit Natriumethoxid in Ethanol entsteht das Natriumsalz des Imidazols, mit wäßriger Silbernitrat-Lösung das schwerlösliche Silbersalz:

Das Imidazolylanion (Imidazolidion) hat ebenfalls eine symmetrische Struktur und ist ein Nucleophil, das mit einer Reihe von Elektrophilen reagiert.

Imidazol verhält sich somit amphoter, man könnte auch sagen, wie eine Kombination von Pyridin und Pyrrol. Substituenten verändern Basizität und Acidität des Imidazols innerhalb gewisser Grenzen.

Annulare Tautomerie

Eine direkte Folge des amphoteren Charakters von in 1,3-Position unsubstituierten Imidazolen ist die Umlagerung von 4-substituierten Imidazolen in die entsprechenden 5-substituierten Konstitutionsisomere und umgekehrt durch Wanderung eines Protons von der 1- in die 3-Position:

5.33 Imidazol

Diesen speziellen Fall der Protomerie nennt man *annulare Tautomerie* (s.S.111). In Lösung stellen sich die Gleichgewichte so schnell ein, daß man die Tautomere nicht isolieren kann. Ihr Nachweis gelingt mit Hilfe spektroskopischer Methoden. In solchen Fällen, z.B. mit R = CH₃, bezeichnet man die Substanz als 4(5)-Methylimidazol. Bei bestimmten Substituenten R liegt das Gleichgewicht aber weitgehend auf einer Seite, so bei der Nitroverbindung (4-Nitroimidazol) oder bei der Methoxyverbindung (5-Methoxyimidazol). Auch bei 4,5-disubstituierten Imidazolen wurde die annulare Tautomerie nachgewiesen:

Bildung von Metallkomplexen

Imidazole bilden mit zahlreichen Metallionen Komplexe, wobei das pyridinartige N-Atom den Donor darstellt, z.B. im Dichlorodiimidazolcobalt(II):

Im Hämoglobin (s.S.486) liegt ein Eisen(II)-Komplex des Häms mit dem Imidazolring der Aminosäure Histidin des Proteins Globin vor.

Metallierung

In 1-Position substituierte Imidazole, z.B. 1-Methylimidazol, reagieren mit *n*-Butyllithium in Diethylether zu den entsprechenden 2-Lithioimidazolen[94,95]:

Aus diesen Verbindungen sind durch Einwirkung von Elektrophilen zahlreiche 1,2-disubstituierte Imidazole zugänglich, z.B. mit Iodmethan 1,2-Dimethylimidazol und mit Trimethylchlorsilan 1-Methyl-2-(trimethylsilyl)imidazol. Befindet sich in 1-Position eine hydrolytisch abspaltbare Schutzgruppe, z.B. die Ethoxymethylgruppe, dann können auch 2-substituierte Imidazole synthetisiert werden.

Bei 1,2-disubstituierten Imidazolen erfolgt die Lithiierung in 5-Position. Weiterhin können metallierte Imidazole durch Metall-Halogen-Austausch aus Halogenimidazolen erhalten und mit Elektrophilen umgesetzt werden[96].

Durch Deprotonierung von 1,3-Diadamant-1-ylimidazoliumchlorid mittels Natriumhydrid in Tetrahydrofuran in Gegenwart von Dimethylsulfoxid wird das kristalline 1,3-Diadamant-1-ylimidazol-2-yliden, Schmp. 240-241°C, erhalten. Damit wurde erstmals ein bei Raumtemperatur isolierbares und stabiles Carben hergestellt[97]:

Das Carben wird zum einen thermodynamisch durch die Einbeziehung des zweibindigen C-Atoms in ein elektronenreiches π-System, zum anderen aber auch kinetisch infolge der sterischen Abschirmung des zweibindigen C-Atoms durch die raumerfüllenden Adamantyl-Substituenten stabilisiert.

Reaktionen mit elektrophilen Reagenzien

Alkylierung, Acylierung, Sulfonylierung und Silylierung erfolgen an den N-Atomen der Imidazole[98]. Andere Reagenzien bewirken die elektrophile Substitution an den C-Atomen 4 bzw. 5, die infolge der annularen Tautomerie äquivalent sind.

Imidazole reagieren mit Halogenalkanen in Abwesenheit von starken Basen, indem das pyridinähnliche N-Atom eine nucleophile Substitution des Halogens bewirkt. Die zunächst entstehenden Quartärsalze werden jedoch in den meisten Fällen sofort zu 1-Alkylimidazolen deprotoniert, die mit einem zweiten Mol Halogenalkan zu 1,3-Dialkylimidazoliumsalzen reagieren können:

In Gegenwart von starken Basen reagiert jedoch das Imidazolylanion mit dem Halogenalkan:

Hohe Ausbeuten werden erzielt, wenn man zuerst aus dem Imidazol und Natriumhydroxid das Natriumimidazolid herstellt und dieses in Dichlormethan, Acetonitril oder Methanol mit dem Halogenalkan oder mit einem Dialkylsulfat umsetzt[98]. Aus 4- bzw. 5-substituierten Imidazolen entstehen infolge des ambidenten Charakters des Imidazolylanions Gemische von 1,4- und 1,5-disubstituierten Imidazolen, z.B.:

5.33 Imidazol

[Reaktionsschema: R-substituiertes Imidazolid-Anion reagiert mit CH₃I (−I⁻) zu zwei isomeren N-methylierten Imidazolen (1-Methyl- und 3-Methyl-Derivat).]

Natriumimidazolid reagiert mit Acylchloriden, Sulfonylchloriden oder Trimethylchlorsilan in Dichlormethan zu den entsprechenden 1-substituierten Imidazolen. In Analogie zur Alkylierung ergeben 4- bzw. 5-substituierte Imidazole Gemische.

Bei den elektrophilen Substitutionsreaktionen am Kohlenstoff zeigt Imidazol im Fall der Halogenierung und der Azokupplung eine ähnlich hohe Reaktivität wie Pyrrol. So ergibt die Chlorierung mittels Sulfurylchlorid 4,5-Dichlorimidazol, die Bromierung mittels Brom in wäßriger Lösung 2,4,5-Tribromimidazol und die Iodierung mittels Iod in wäßrig-alkalischer Lösung 2,4,5-Triiodimidazol. Die Azokupplung wird ebenfalls in wäßrig-alkalischer Lösung durchgeführt. Dabei reagiert das Imidazolylanion mit dem Elektrophil. Da die negative Ladung an den Positionen 1 bis 3 konzentriert ist, findet die Substitution in 2-Position statt:

[Reaktionsschema: Imidazol ⇌ (OH⁻) Imidazolid-Anion + N≡N⁺-C₆H₄-SO₃H → (−H⁺) 2-(Arylazo)imidazol mit -N=N-C₆H₄-SO₃H]

Eine derartige Azokupplung erfolgt am Imidazolring der Aminosäure Histidin bei der Farbreaktion auf Proteine mit dem Reagens von PAULY.

Im Gegensatz zu Halogenierung und Azokupplung verlaufen Nitrierung und Sulfonierung sehr langsam, da in saurem Medium gearbeitet wird und die Reaktion deswegen über Imidazoliumionen erfolgt, z.B. bei der Nitrierung mittels Nitriersäure:

[Reaktionsschema: Imidazol ⇌ (H⁺) Imidazoliumion; +HNO₃/−H₂O → 4-Nitro-Imidazoliumion; OH⁻ → 4-Nitroimidazol; +HNO₃/−H₂O → 4,5-Dinitro-Imidazoliumion; OH⁻ → 4,5-Dinitroimidazol]

Es entsteht 4-Nitroimidazol, unter verschärften Reaktionsbedingungen 4,5-Dinitroimidazol. Die Sulfonierung von Imidazol mittels Oleum bei 160°C ergibt Imidazol-4-sulfonsäure.

Reaktionen mit nucleophilen Reagenzien

Die Reaktionen von Imidazolen mit Nucleophilen verlaufen ähnlich langsam wie die von Thiazolen und erfordern verschärfte Bedingungen. Der Angriff des Nucleophils erfolgt in 2-Position. Beispielsweise reagiert 1-Methyl-4,5-diphenylimidazol mit Kaliumhydroxid bei 300°C zu einem Imidazolinon:

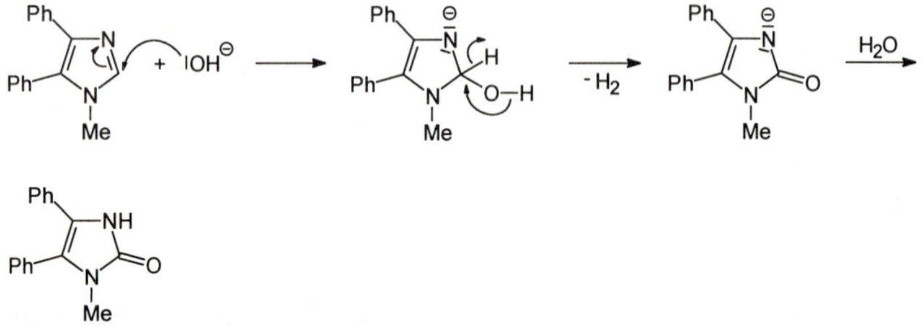

Auch die nucleophilen Substitutionsreaktionen von 2-Halogenimidazolen sind nur unter drastischen Bedingungen möglich, z.B.:

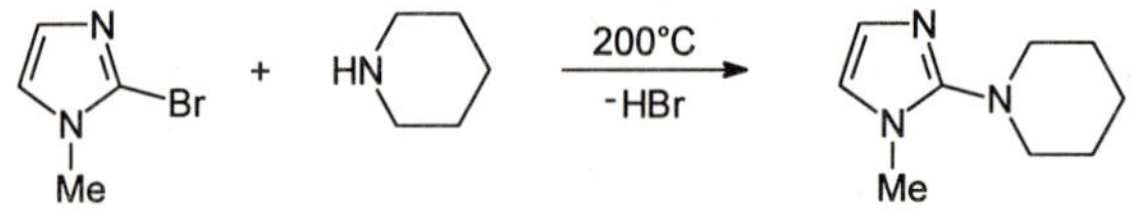

Eine Nitrogruppe in 4- oder 5-Position erhöht die Reaktivität.

1,3-Dialkyl- oder 1,3-Diacylimidazoliumsalze reagieren schneller mit Nucleophilen, meist unter Ringöffnung.

Zusammenfassend kann gesagt werden, daß die Doppelnatur der N-Atome im Imidazolmolekül eine ungewöhnliche Vielfalt von Reaktionen ermöglicht und letztlich auch die Ursache für die große biologische Bedeutung der Aminosäure Histidin ist.

|C| Für die *Retrosynthese* des Imidazol-Systems (s.Abb. 5.15) ist wesentlich, daß der Heterocyclus mit C-2 die Funktionalität eines Amidins und mit C-4/C-5 die Funktionalität eines 1,2-Endiamins besitzt. Retroanalytische Überlegungen sind so in zwei Richtungen möglich.

Weg I führt über die Retrosynthese-Operationen **a** und **b** zum α-(Acylamino)carbonyl-System **2** und NH₃ oder primärem Amin als Edukt-Vorschlag. Gemäß Weg II führt die H₂O-Addition (**c**) zur Zwischenstufe **1**, die nach üblichem Retroanalyse-Schema weiter zerlegt werden kann. Über die Route **d** gelangt man zu α-Halogen- oder α-Hydroxycarbonyl-Verbindung und Amidin, über die Route **e** zu α-Aminoketon und Säureamid oder Nitril als Edukt-Vorschlag.

Damit sind die wichtigsten Prinzipien für **Synthesen** des Imidazols erkennbar.

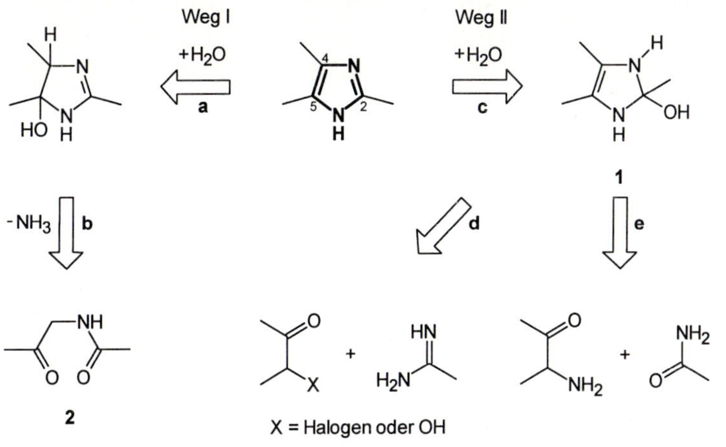

Abb. 5.15 Retrosynthese des Imidazols

❶ 1,2-Dicarbonyl-Verbindungen gehen mit Ammoniak und Aldehyden eine Cyclokondensation zu Imidazol-Derivaten **3** ein:

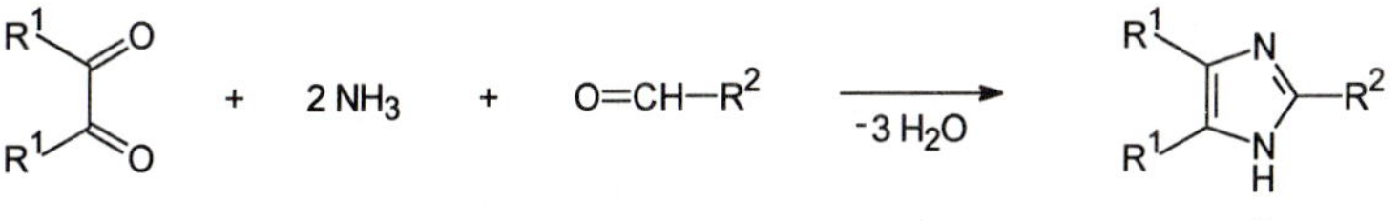

Auf diesem Weg wurde Imidazol erstmals aus Glyoxal, Ammoniak und Formaldehyd dargestellt und deswegen früher *Glyoxalin* genannt.

❷ Aus α-Halogen- oder α-Hydroxyketonen und Amidinen erhält man Imidazole **4** mit variablem Substituenten-Muster:

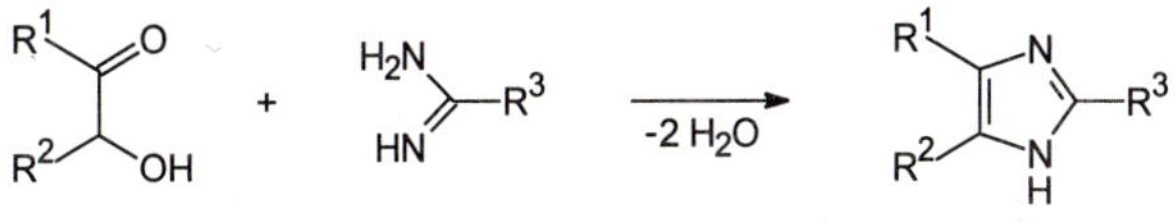

Mit Guanidin entstehen 2-Aminoimidazole, mit Harnstoff oder Thioharnstoff Imidazol-2-(3H)-one bzw. -thione. Aus α-Hydroxyketonen und Formamid erhält man in 2-Position unsubstituierte Imidazole **5** (BREDERECK-Synthese):

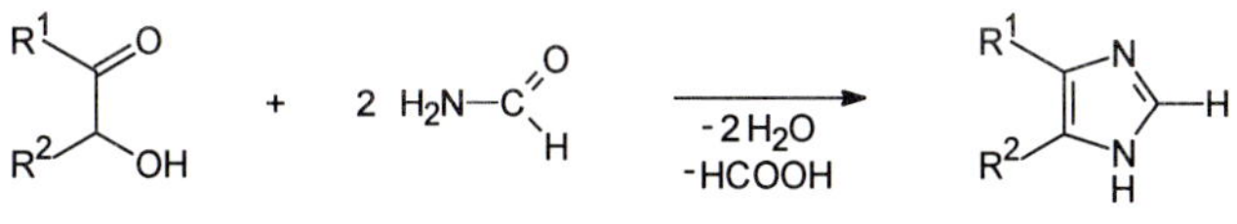

❸ α-Aminoketone können mit Cyanamid zu 2-Aminoimidazolen **6** cyclokondensiert werden:

Dieses Synthese-Prinzip (MARCKWALD-Synthese) ist variabel anwendbar; so ergeben Cyanate Imidazol-2(3H)-one, Thiocyanate Imidazol-2-(3H)-thione, Alkylisothiocyanate 1-Alkylimidazol-2-(3H)-thione.

❹ Aldimine reagieren in Gegenwart von K_2CO_3 mit Tosylmethylisocyanid unter Bildung von 1,5-disubstituierten Imidazolen **8** :

In Analogie zur VAN LEUSEN-Synthese der Oxazole addiert sich das aus Tosylmethylisocyanid gebildete Carbanion an das Aldimin. Es folgt die Cyclisierung zu einem 4,5-Dihydroimidazol **7**, welches unter Eliminierung von p-Toluolsulfinsäure in das Imidazol **8** übergeht.

D **Imidazol**, farblose Kristalle, Schmp. 90°C, Sdp. 256°C, löst sich in Wasser und anderen protischen Lösungsmitteln, ist aber wenig löslich in aprotischen Lösungsmitteln. Der im Vergleich zum Pyrrol, Oxazol und Thiazol hohe Schmelz- und Siedepunkt wird dadurch verursacht, daß das Imidazolmolekül Wasserstoffbrücken-Donor und Akzeptor zugleich ist und nur intermolekulare Wasserstoffbrücken-Bindungen entstehen können:

Imidazol bildet im festen Zustand kettenförmige Assoziate mit gewinkelter Struktur, was den Kristallen ein faseriges Aussehen verleiht. Beim Lösen in Wasser gehen die N-H---N-Bindungen in N-H---O- und N---H-O-Bindungen über. Im Gegensatz dazu ist 1-Methylimidazol eine Flüssigkeit, Schmp. -6°C, Sdp. 198°C. Es löst sich nur wenig in Wasser.

Imidazole sind thermisch äußerst stabil. Imidazol selbst zersetzt sich erst oberhalb von 550°C.

Der wichtigste, sich vom Imidazol ableitende Naturstoff ist die proteinogene Aminosäure *Histidin* **9**:

Beim physiologischen pH-Wert von 7,4 kann der Imidazolring in den Histidin-Bausteinen eines Proteins infolge sich einstellender Säure-Base-Gleichgewichte als freie Base und als konjugierte Säure (pK_a = 7,00, s.S.166) existieren. Er wirkt, insbesondere in Enzymen, je nach Bedarf als BRÖNSTED-Base oder als BRÖNSTED-Säure, vergleichbar mit einer Puffersubstanz. Hinzu kommt noch die Fähigkeit zur Komplexbildung mit Metallionen. Derartige Eigenschaften weist keine der anderen proteinogenen Aminosäuren auf [99].

Histamin **10** entsteht durch enzymatische Decarboxylierung von Histidin. Es wirkt gefäßerweiternd und somit blutdrucksenkend, kontrahierend auf die glatte Muskulatur sowie regulierend auf die Magensäure-Sekretion. Ein zu hoher Histaminspiegel im Blut verursacht die Symptome allergischer Erkrankungen, z.B. Heuschnupfen. Sie lassen sich dadurch zurückdrängen, daß man sogenannte Antihistaminica verabreicht. Diese wirken als Antagonisten des Histamins, indem sie vorwiegend den an der Allergieauslösung beteiligten Histamin-Rezeptor (H_1-Rezeptor) blockieren.

Cimetidin **11** dient zur Behandlung von Magengeschwüren. Es vermindert die Magensäure-Sekretion, indem es den Histamin-Rezeptor blockiert, der die Magensäure-Produktion stimuliert (H_2-Rezeptor), den H_1-Rezeptor aber unbeeinflußt läßt.

Weitere Beispiele für synthetisch hergestellte Imidazolderivate sind die Pharmaka **12** und **13**:

Metronidazol **12** wird zur Behandlung von Trichomonaden- und Amöben-Infektionen eingesetzt, es bewirkt außerdem Unverträglichkeit gegenüber Ethanol. *Bifonazol* **13** ist ein Antimycoticum.

Das biologisch wichtige Ringsystem *Purin*, in dem ein Imidazolring mit einem Pyrimidinring kondensiert vorliegt, wird im Kap. 6.31 behandelt.

E Von den synthetischen Anwendungsmöglichkeiten der Imidazole muß an erster Stelle der Einsatz von 1-Acylimidazolen als Acylierungsreagenzien genannt werden. In Analogie zu den Amiden werden 1-Acylimidazole **14** häufig *Imidazolide* genannt. Im Gegensatz zu den Amiden steht jedoch kein Elektronenpaar für die Amid-Mesomerie zur Verfügung[99a]:

Deswegen sind Imidazolide viel reaktiver als *N,N*-Dialkylamide und vermögen wie Carbonsäureanhydride oder Carbonsäurechloride die Acylgruppe auf Wasser, Alkohole, Phenole und Amine zu übertragen:

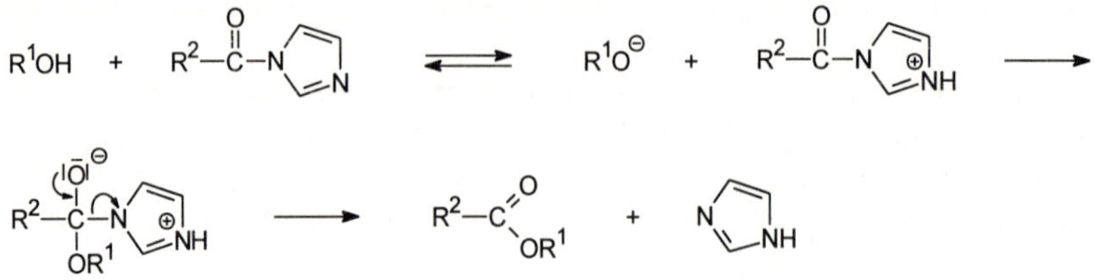

Als besonders reaktiv erweist sich das kristalline 1,1'-Carbonyldiimidazol **15**, das aus Phosgen und Imidazol erhalten wird. Bereits bei Raumtemperatur reagiert es heftig mit Wasser zu Imidazol und Kohlendioxid. Mit Carbonsäuren in aprotischen Lösungmitteln entsteht zunächst ein 1-(Acyloxycarbonyl)imidazol **16**, das zu einer intermolekularen Transacylierung befähigt ist:

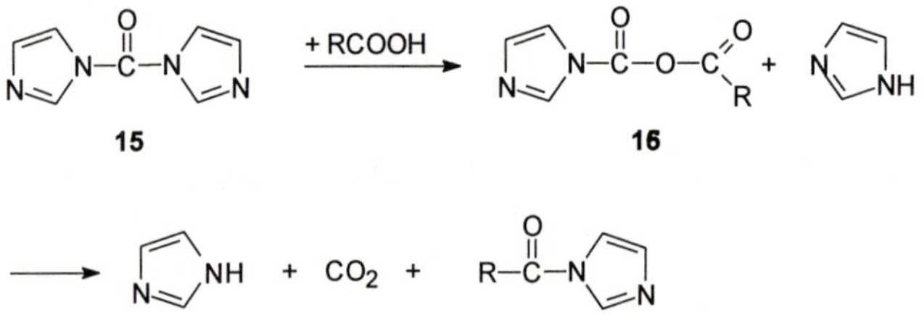

Die resultierenden 1-Acylimidazole können wie oben beschrieben als Acylierungsreagenzien eingesetzt werden.

Imidazol selbst wirkt bei der Hydrolyse von Carbonsäurederivaten als nucleophiler Katalysator, z.B:

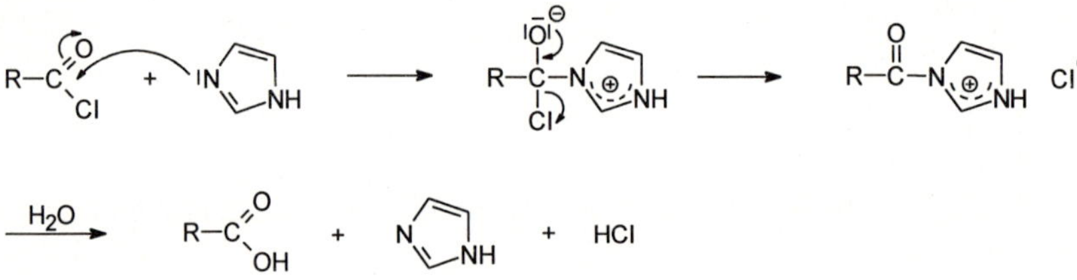

5.34 Benzimidazol

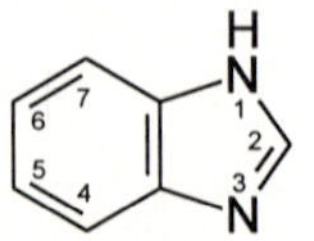

A Das UV-Spektrum und das ^{13}C-NMR-Spektrum des Benzimidazols weisen folgende Charakteristika auf:

5.34 Benzimidazol

UV
λ (nm) (ε)

244 (3,74), 248 (3,73), 266 (3,69),
272 (3,71), 279 (3,73)

^{13}C-NMR (Methanol-d$_4$)
δ (ppm)

C-2: 141,5, C-4: 115,4, C-5: 122,9, C-6: 122,9
C-7: 115,4, C-3a: 137,9, C-7a: 137,9

Die kurzwelligen Banden bei 244 und 248 nm kommen durch elektronische Anregung des Imidazolringes zustande, die anderen durch Elektronenübergänge im Benzolring.

Eine detaillierte Analyse des A$_2$B$_2$-Systems der benzoiden Protonen im ^{1}H-NMR-Spektrum ist nicht bekannt. Das H-2-Signal liegt bei δ = 7,59 ± 0,58 ppm (CDCl$_3$), in Abhängigkeit von den Substituenten am Benzolring.

B Benzimidazol, pK$_a$ = 5,68, ist schwächer basisch als Imidazol, aber mit pK$_a$ = 12,75 stärker N-H-acid als dieses[100]. Wie Imidazole unterliegen auch Benzimidazole in Lösung der annularen Tautomerie, z.B.:

In 1-Position substituierte Benzimidazole, z.B. 1-Methylbenzimidazol, reagieren mit n-Butyllithium schon bei tiefen Temperaturen zu 2-Lithio-Verbindungen. Bei Raumtemperatur nimmt die Reaktion folgenden Verlauf:

In Analogie zu den Imidazolen werden Benzimidazole sowohl in neutralem als auch in basischem Medium durch Halogenalkane an den N-Atomen alkyliert. 1-Alkylbenzimidazole erhält man aus Benzimidazol, Natriumhydroxid und Bromalkanen. In 1-Position unsubstituierte Benzimidazole sind der MANNICH-Reaktion zugänglich:

Mit Oxiran entsteht 1-(2-Hydroxyethyl)benzimidazol.

Elektrophile Substitutionsreaktionen am Kohlenstoff erfolgen zuerst in 5-Position und danach in 7- oder 6-Position. 1-Methylbenzimidazol ergibt mit Bromwasser ein Gemisch von 5-Brom- und 5,7-Dibrom-1-methylbenzimidazol. Mit Nitriersäure entstehen Gemische von 5-Nitro-, 5,6-Dinitro- und 5,7-Dinitro-Verbindung.

Nucleophile reagieren mit Benzimidazolen schneller als mit Imidazolen, der Angriff erfolgt in 2-Position. Beispielsweise ergeben 1-Alkylbenzimidazole mit Natriumamid in Xylol die entsprechenden 2-Amino-Verbindungen (TSCHITSCHIBABIN-Reaktion, s.S.278):

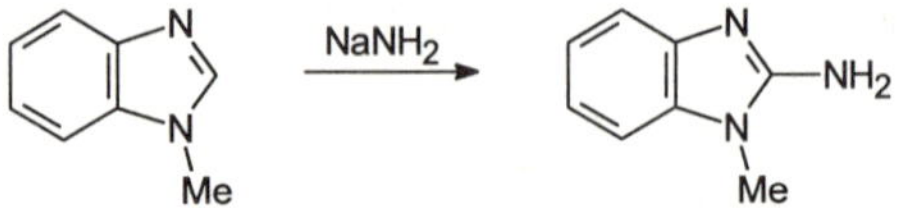

In 2-Halogenbenzimidazolen ist das Halogen nucleophil substituierbar, z.B. durch Alkoxide, Thiolate oder Amine. Die Reaktionen verlaufen allerdings langsamer als bei 2-Halogenbenzoxazolen und 2-Halogenbenzothiazolen.

2-Alkylbenzimidazole erweisen sich als C-H-acid. So reagiert 2-Methylbenzimidazol mit 2 Mol n-Butyllithium in Tetrahydrofuran/n-Hexan bei 0°C zu einer Dilithium-Verbindung **1**, die z.B. mit Aldehyden sekundäre Alkohole **2** ergibt:

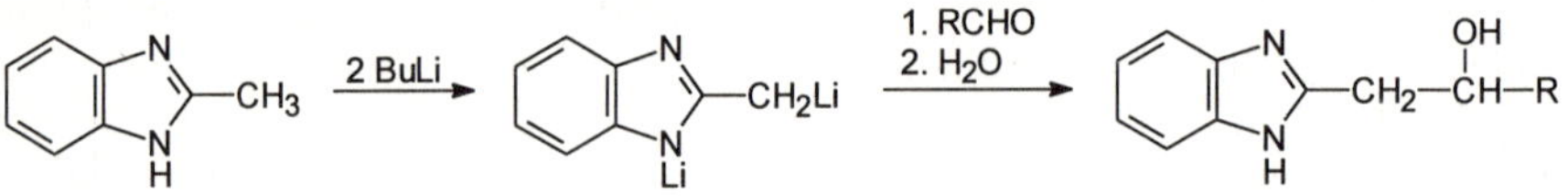

C Die Standardsynthese für Benzimidazole ist die Cyclokondensation von o-Phenylendiamin oder substituierten o-Phenylendiaminen mit Carbonsäuren oder Carbonsäure-Derivaten:

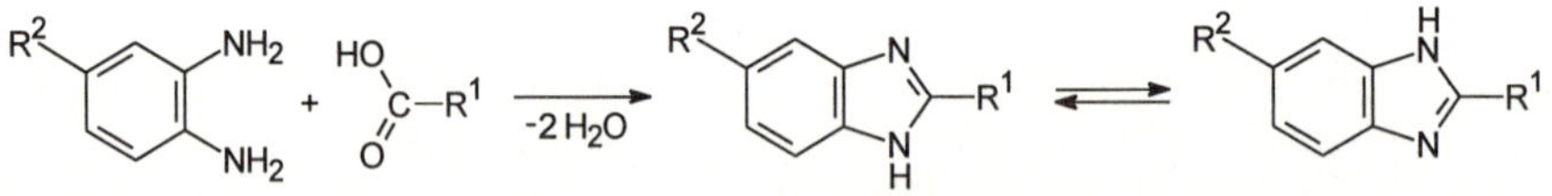

o-Phenylendiamin reagiert mit Ameisensäure bei 100°C in über 80 % Ausbeute zu Benzimidazol. N-Monosubstituierte o-Phenylendiamine sowie andere Carbonsäuren reagieren langsamer, so daß ein Zusatz von Salzsäure oder Polyphosphorsäure erforderlich ist. Als überaus wirksames Dehydratisierungsreagens hat sich eine Mischung von Trifluormethansulfonsäureanhydrid und Triphenylphosphanoxid in Dichlormethan erwiesen[101].

Im Gegensatz dazu reagiert o-Phenylendiamin mit Cyclohexanon schon unter milden Bedingungen (in heißem Wasser) zu 1,3-Dihydro-2H-benzimidazol-2-spirocyclohexan **3**, das mittels aktiviertem Mangandioxid zum 2H-Benzimidazol (Isobenzimidazol) **4** oxidiert werden kann[102]:

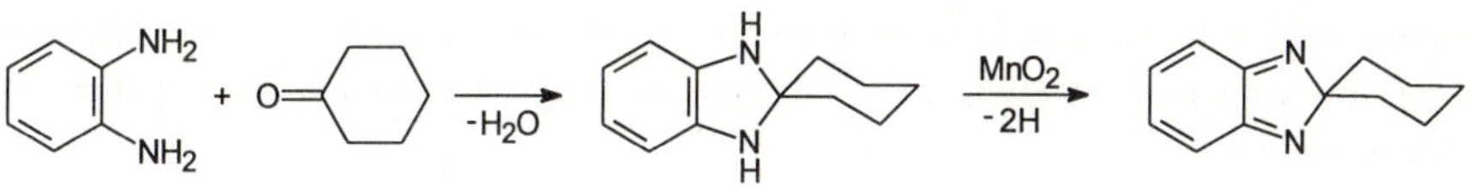

5.34 Benzimidazol

D Benzimidazol, farblose Kristalle, Schmp. 171°C, Sdp. 360°C, ist in heißem Wasser mäßig, in Ethanol leicht löslich.

Das spektakulärste Vorkommen des Benzimidazol-Systems als Bestandteil eines Naturstoffes ist Vitamin B_{12} (*Cyanocobalamin*). Es wurde aus Leberextrakten sowie aus dem Pilz Streptomyces griseus isoliert und heilt die perniciöse Anämie. Die Aufklärung der komplizierten Struktur gelang durch Röntgenstrukturanalyse (CRAWFOOT-HODGKIN 1957). Das N-Atom 1 des 5,6-Dimethylbenzimidazols ist glycosidisch mit D-Ribose verbunden, das N-Atom 3 betätigt eine koordinative Bindung zu einem Cobaltion, das sich im Zentrum eines Corrin-Systems befindet (s.S.489):

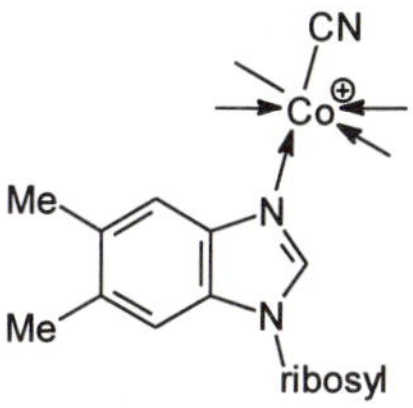

Als Beispiele für synthetisch hergestellte biologisch aktive Benzimidazole dienen die Fungicide 1-(Butylaminocarbonyl)-2-(methoxycarbonylamino)benzimidazol **5** und 2-(Thiazol-4-yl)benzimidazol (*Thiabendazol*) **6**, letzteres wird in großem Umfang als Konservierungsstoff für Früchte (E 233) verwendet. In der Veterinärmedizin dient **6** als Anthelminticum:

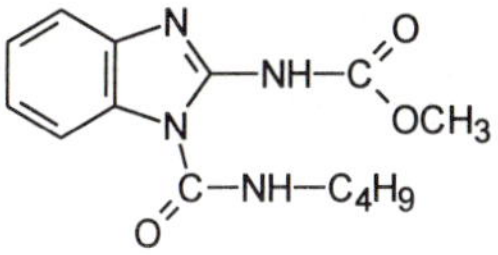

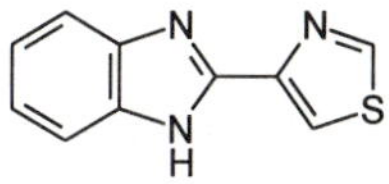

Das 2*H*-Benzimidazol-2-spirocyclohexan **4** kann als *N*-geschütztes *o*-Phenylendiamin zur Synthese von auf anderen Wegen nicht zugänglichen Verbindungen herangezogen werden, z.B.:

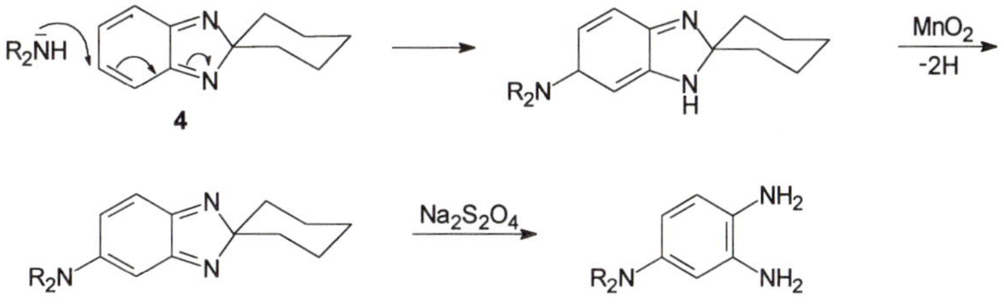

Nucleophile, z.B. sekundäre Amine, reagieren mit **4** in Gegenwart von aktiviertem Mangandioxid zu **7**, aus dem durch Reduktion mittels Natriumdithionit ein 5-substituiertes *o*-Phenylendiamin **8** erhalten wird. Da *o*-Phenylendiamin selbst nur mit Elektrophilen reagiert, kann **4** als umgepoltes *o*-Phenylendiamin aufgefaßt werden[102].

5.35 Imidazolidin

A-D Imidazolidine sind zugleich cyclische Aminale. Von ihnen leiten sich einige interessante Oxoverbindungen ab.

Imidazolidin-2-on **1** entsteht in über 75 % Ausbeute beim Erhitzen von Ethylendiamin mit Harnstoff:

Die analoge Cyclokondensation des Alkaloids (-)-Ephedrin mit Harnstoff ergibt (4*R*,5*S*)-1,5-Dimethyl-4-phenylimidazolidin-2-on **2**. Diese Verbindung kann als chiraler Auxiliar für asymmetrische Synthesen eingesetzt werden[103]:

(+)-Biotin **3** (Vitamin H) kommt im Eigelb sowie in der Hefe vor und fördert das Wachstum von Mikroorganismen. Im Biotin ist ein Imidazolidin-2-on-Ring mit einem Thiolanring kondensiert. Mehrere Synthesen wurden ausgearbeitet[104,105]. Einige gehen von der proteinogenen Aminosäure (*R*)-Cystein aus:

Die Vitaminwirkung beruht darauf, daß (+)-Biotin Coenzym der Carboxylasen ist.

Imidazolidin-2,4-dione **4** führen den Trivialnamen *Hydantoine*. Sie werden in einer zweistufigen Synthesen ausgehend von α-Aminocarbonsäuren und Kaliumcyanat hergestellt:

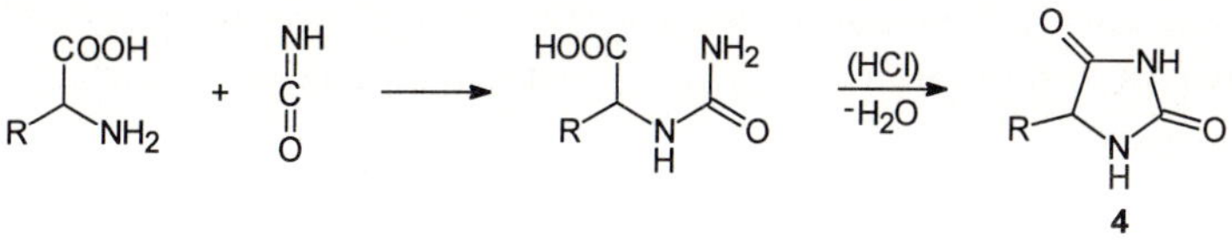

Wie bei der Harnstoff-Synthese nach WÖHLER erfolgt eine Addition an die C=N-Doppelbindung der im Hydrolyse-Gleichgewicht des Kaliumcyanats vorhandenen Isocyansäure. Die Cyclodehydratisierung wird durch Erhitzen mit Salzsäure bewerkstelligt.

Am N-Atom 3 unsubstituierte Hydantoine sind N-H-acide Verbindungen. Der pK_a-Wert von Hydantoin (R = H) beträgt 9,12. Dies wird durch die Delokalisierung von Elektronen in der konjugierten Base **5** verursacht:

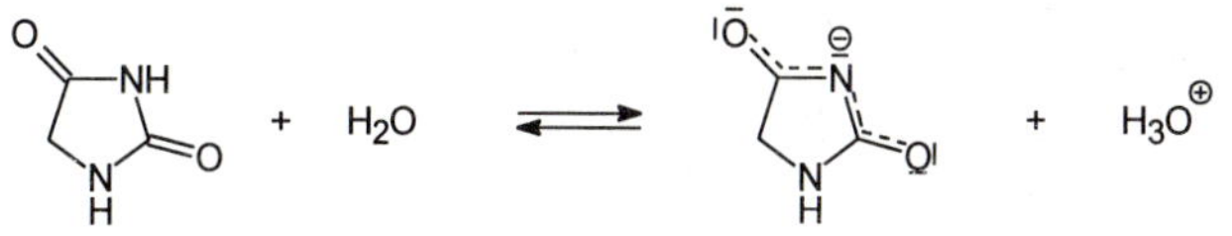

Andererseits ist Hydantoin auch C-H-acid und somit der Aldolkondensation zugänglich, z.B.:

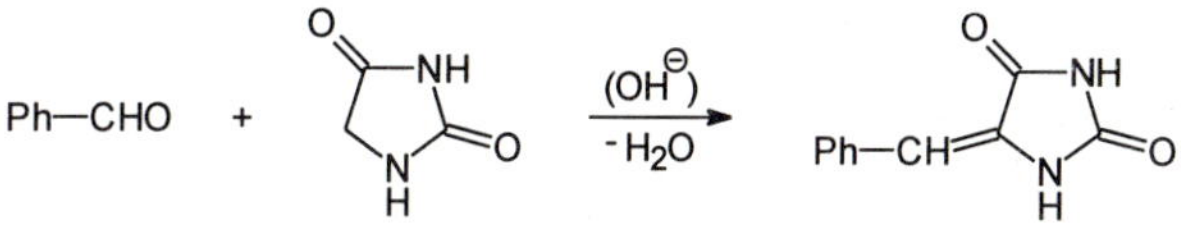

Imidazolidin-2,4,5-trion **6**, Trivialname *Parabansäure*, erweist sich als noch stärker N-H-acid, pK_a = 5,43. Es vermag sogar als zweibasige N-H-Säure zu reagieren. Parabansäure ist zugleich das Ureid der Oxalsäure und wird aus Oxalsäurediethylester und Harnstoff hergestellt:

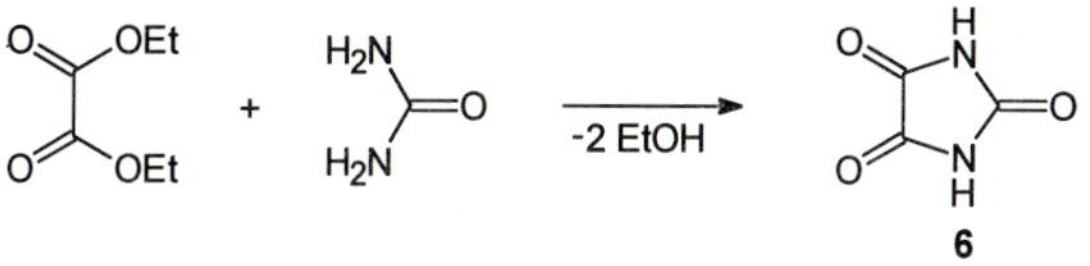

5.36 Pyrazol

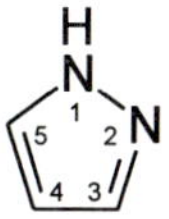

A Pyrazol, das Konstitutionsisomer des Imidazols, enthält wie dieses ein pyrrolartiges und ein pyridinartiges N-Atom, allerdings in 1,2-Position (1,2-Diazol). Somit existiert im Molekül eine N-N-Bindung.

Das Pyrazolmolekül ist eben. Aus den Mikrowellenspektren wurden Bindungslängen und Bindungswinkel berechnet (s.Abb. 5.16). In Übereinstimmung mit der Konstitutionsformel ist die Bindungslänge zwischen den Atomen 3 und 4 am größten.

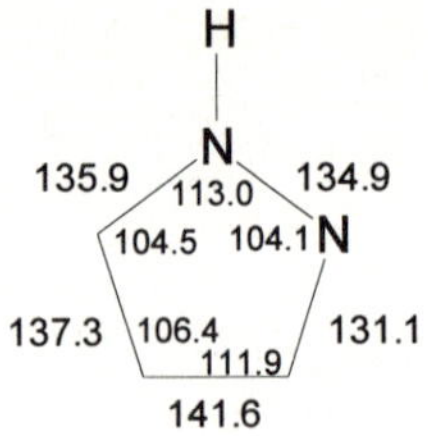

```
              H
              |
              N
      135.9 /113.0\ 134.9
           /104.5 104.1\ N
      137.3\106.4    /131.1
            \111.9/
             141.6
```

Abb. 5.16 Struktur des Pyrazols
(Bindungslängen in pm, Bindungswinkel in Grad)

Die Ionisierungsenergie des Pyrazols beträgt 9,15 eV. Verglichen mit Pyrrol (8,23 eV) ergibt sich, daß das pyridinartige N-Atom die Energie des HOMO verringert, und zwar noch stärker als im Fall des Imidazols (8,78 eV).

Das Dipolmoment des Pyrazols wurde in Benzol zu 1,92 D bestimmt. Der Wert erweist sich als konzentrationsabhängig, da mit steigender Konzentration zunehmend cyclische Dimere entstehen (s.S.184). Das Dipolmoment ist vom Zentrum des Moleküls zur Bindung zwischen den Atomen 2 und 3 gerichtet.

Pyrazol weist die folgenden UV- und NMR-spektroskopischen Daten auf:

UV (Ethanol)	^{1}H-NMR (CCl$_4$)		^{13}C-NMR (CH$_2$Cl$_2$)	
λ (nm) (ε)	δ (ppm)		δ (ppm)	
201 (3,53), π→π*	H-1: 12,64	H-4: 6,31	C-3: 134,6	C-5: 134,6
	H-3: 7,61	H-5: 7,61	C-4: 105,8	

Pyrazol ist wie sein Konstitutionsisomer Imidazol aromatisch. Nach LCAO/MO-Methoden wurden z.B. folgende π-Elektronendichten und π-Bindungsordnungen berechnet:

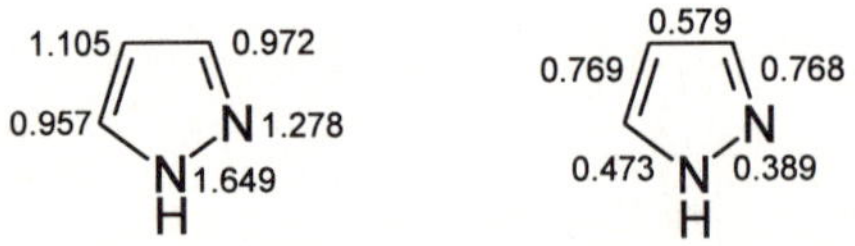

```
      1.105    0.972                  0.579
         /‾‾‾‾\                    /‾‾‾‾\
   0.957/      \N 1.278      0.769/      \0.768
        \      /                   \      /N
         N 1.649               0.473 N 0.389
         |                           |
         H                           H
```

Wiederum liegt ein π-Überschuß-Heterocyclus vor. Elektrophile Substitutionsreaktionen sollten bevorzugt in 4-Position erfolgen. Der Angriff von Nucleophilen müßte in 3- oder 5-Position möglich sein. Die Delokalisierung der π-Elektronen geht auch aus den π-Bindungsordnungen hervor. Zugleich wird ersichtlich, daß die N-N-Bindung die schwächste Stelle des Pyrazolringes ist.

B Bei den meisten **Reaktionen** der Pyrazole ist die Analogie zu den Imidazolen offensichtlich, so daß Vergleiche möglich sind.

Säure-Base-Reaktionen

Pyrazole sind wesentlich schwächere Basen als Imidazole, können aber als Pikrate gefällt werden. Der pK_a-Wert der konjugierten Säure des Pyrazols beträgt 2,52. Der Unterschied wird dadurch verursacht, daß die positive Ladung im Pyrazoliumion weniger delokalisiert ist als im Imidazoliumion (s.S.166):

Für Pyrazole und Imidazole wurde auch die Gasphase-Basizität (intrinsic basicity) ermittelt, sowohl die thermodynamische als auch die kinetische Basizität und die Protonenaffinität[106].

In 1-Position unsubstituierte Pyrazole sind N-H-acid. Der pK_a-Wert des Pyrazols beträgt 14,21 und gleicht somit dem des Imidazols. Pyrazol reagiert mit Natrium zum Natriumsalz, mit wäßriger Silbernitrat-Lösung entsteht das schwerlösliche Silbersalz.

Annulare Tautomerie

In 1,2-Position unsubstituierte Pyrazole unterliegen der annularen Tautomerie:

In Lösung stellen sich die Gleichgewichte so schnell ein, daß man die Existenz der Tautomere nur mit Hilfe der ^{13}C- und ^{15}N-NMR-Spektroskopie nachweisen kann. Außer bei R = CH_3 liegen die Gleichgewichte auf der linken Seite, d.h., das 3-substituierte Isomer überwiegt.

Bildung von Metallkomplexen

Zahlreiche Metallkomplexe mit Pyrazol als Ligand wurden hergestellt, wobei zum einen das pyridinartige N-Atom als Donor fungiert, z.B. im Dichlorotetrapyrazolnickel(II). Bei einer zweiten Reihe von Metallkomplexen liegt das Pyrazolanion als Ligand vor, z.B. im folgenden Gold(I)-Komplex:

Metallierung

In 1-Position substituierte Pyrazole werden durch *n*-Butyllithium in 5-Position lithiiert. Wenn der Substituent eine abspaltbare Schutzgruppe ist, z.B. die Dimethylsulfamoylgruppe, dann lassen sich 5-substituierte Pyrazole synthetisieren[95], z.B.:

Reaktionen mit elektrophilen Reagenzien

Zur Methylierung von Pyrazolen stellt man am besten zunächst deren Natriumsalze her und setzt diese mit Iodmethan oder Dimethylsulfat in Methanol um:

Analog werden Benzylierung, Acetylierung, Benzoylierung, Methylsulfonylierung, Methoxycarbonylierung und Trimethylsilylierung des Pyrazols durchgeführt[98].

Aus 3- bzw. 5-substituierten Pyrazolen entstehen infolge des ambidenten Charakters des Pyrazolylanions Gemische von 1,3- und 1,5-disubstituierten Pyrazolen, z.B.:

Elektrophile Substitutionsreaktionen an den C-Atomen des Pyrazolmoleküls erfolgen langsamer als beim Pyrrol und etwa mit der gleichen Geschwindigkeit wie beim Benzol. Das Pyrazolylanion reagiert schneller, das Pyrazoliumion dagegen wesentlich langsamer.

Durch Einwirkung von Chlor oder Brom in Essigsäure entstehen die entsprechenden 4-Halogenpyrazole. Nitriersäure ergibt 4-Nitropyrazole, wobei es von den Substituenten am Pyrazolring abhängt, ob Pyrazol selbst oder das Pyrazoliumion reagiert. Die Sulfonierung verläuft über das Pyrazoliumion. Deswegen ist Erhitzen mit Oleum erforderlich, es entsteht Pyrazol-4-sulfonsäure. In 1-Position substituierte Pyrazole ergeben bei der VILSMEIER-HAACK-Formylierung Pyrazol-4-carbaldehyde und sind auch der FRIEDEL-CRAFTS-Acylierung zugänglich. 4- und 5-Aminopyrazole können diazotiert werden.

Reaktionen mit nucleophilen Reagenzien

Pyrazole reagieren mit Nucleophilen nicht oder nur langsam. Beispielsweise unterliegen in 3-Position unsubstituierte Pyrazole beim Erhitzen mit Alkalihydroxiden einer Ringöffnung. Auch die nucleophile Substitution des Halogens in Halogenpyrazolen ist erschwert.

5.36 Pyrazol

Photoisomerisierung

Pyrazole unterliegen bei Belichtung einer Umlagerung zu Imidazolen und einer Ringöffnung zu 3-Aminopropennitrilen, z.B. 1-Methylpyrazol **1**:

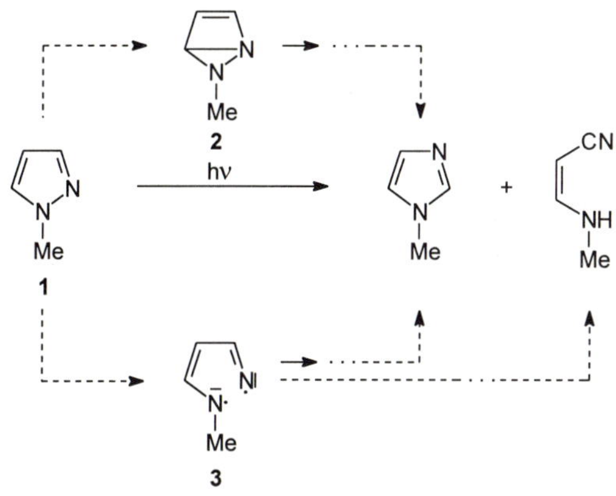

Die Reaktion kann nach verschiedenen Mechanismen ablaufen[107]. Der erste Schritt ist entweder die Elektrocyclisierung zu einem 1,5-Diazabicyclo[2.1.0]penten **1** oder die Homolyse der N-N-Bindung zu einem Diradikal **2**.

C Für Pyrazole existieren zahlreiche **Synthesen**[108]. Zwei davon sind besonders variationsfähig und breit anwendbar.

❶ Hydrazin, Alkyl- oder Arylhydrazine gehen mit 1,3-Dicarbonyl-Verbindungen eine Cyclokondensation zu Pyrazolen **4** ein.:

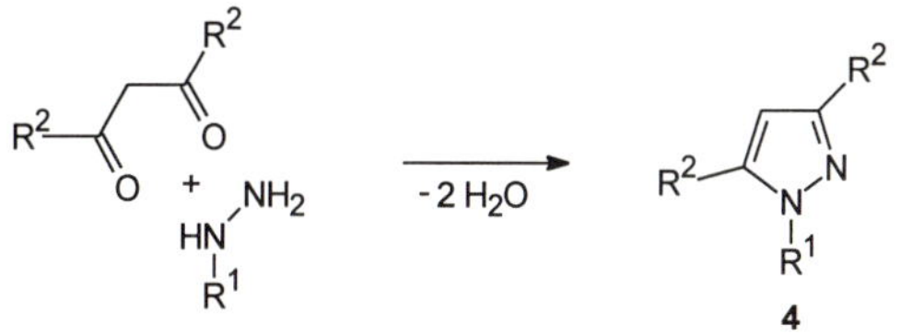

Unsymmetrische 1,3-Diketone ergeben Gemische von Konstitutionsisomeren. Der Mechanismus der Reaktion hängt stark von der Art der Substituenten R sowie vom pH-Wert des Mediums ab. Bei einer Variante dieser Synthese werden Acetylenketone als bifunktionelle Komponente eingesetzt[109], z.B.:

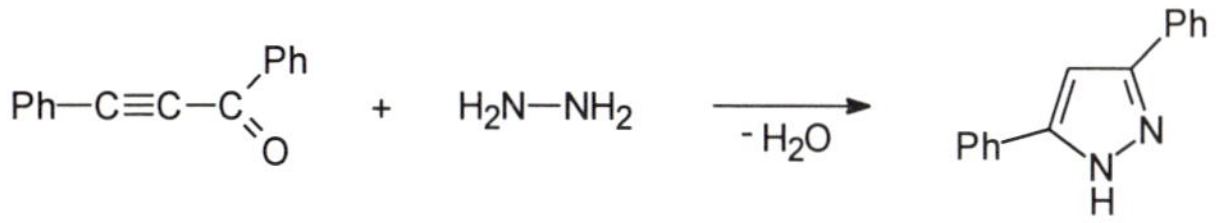

❷ Die 1,3-dipolare Cycloaddition von Diazoalkanen an Alkine führt zu Pyrazolen[110], z.B.:

Diazomethan reagiert mit Acetylen im Rahmen einer konzertierten [3+2]-Cycloaddition zunächst zum 3H-Pyrazol, das rasch zu Pyrazol isomerisiert. Die 1,3-dipolare Cycloaddition von Diazoalkanen an Olefine ergibt Pyrazoline.

D **Pyrazol**, farblose Nadeln, Schmp. 70°C, Sdp. 188°C, löst sich in Wasser. Pyrazol existiert in festem Zustand und in konzentrierten Lösungen als Dimer mit zwei intermolekularen Wasserstoffbrücken-Bindungen:

Deswegen schmilzt und siedet Pyrazol höher als Pyrrol und Pyridin, aber tiefer als Imidazol (s.S.172).

Naturstoffe, die einen Pyrazolring enthalten, sind sehr selten. Offenbar hat die Evolution der Organismen kaum Enzyme hervorgebracht, die die Entstehung einer N-N-Bindung bewirken. Hingegen erweisen sich viele synthetisch hergestellte Pyrazole als biologisch aktiv. Einige werden als Pharmaka eingesetzt, z.B. das analgetisch, entzündungshemmend und fiebersenkend wirkende *Difenamizol* **5**. *Betazol* **6** ist bioisoster mit Histamin und blockiert selektiv den H_2-Rezeptor:

Weitere biologisch aktive Pyrazole sind das Herbicid *Difenzoquat* **7** und das Insecticid *Dimetilan* **8**:

5.37 Indazol

A Indazol (Benzo[d]pyrazol) besitzt folgende UV- und NMR-spektroskopische Daten :

UV (H_2O (pH 4))	^{1}H-NMR (DMSO-d_6)		^{13}C-NMR (DMSO-d_6)	
λ (nm) (ε)	δ (ppm)		δ (ppm)	
250 (3,65)	H-3: 8,08	H-6: 7,35	C-3: 133,4	C-6: 125,8
284 (3,63)	H-4: 7,77	H-7: 7,55	C-4: 120,4	C-7: 110,0
296 (3,52)	H-5: 7,11		C-5: 120,1	

B Indazol, pK_a = 1,25, ist noch schwächer basisch als Pyrazol, aber stärker N-H-acid als dieses, pK_a = 13,86[100]. Bei der annularen Tautomerie des Indazols liegt insofern ein Sonderfall vor, als daß 2H-Indazol eine orthochinoide Struktur aufweist:

Deswegen liegt das Gleichgewicht auf der linken Seite. Allerdings ist die Energiedifferenz zwischen den Tautomeren relativ gering, in der Gasphase erweist sich 2H-Indazol nur um 19,7 kJ mol^{-1} energiereicher[100]. Übereinstimmend damit sind die Unterschiede in den chemischen Verschiebungen der NMR-Spektren von 1-Methylindazol und 2-Methylindazol nicht groß. Auch die UV-Spektren gleichen sich im langwelligen Bereich.

1-Methylindazol ergibt mit n-Butyllithium 1-(Lithiomethyl)indazol, 2-Methylindazol dagegen 3-Lithio-2-methylindazol.

Die Alkylierung von Indazol in Gegenwart von Basen verläuft über das ambidente Indazolylanion und führt zu Gemischen von 1- und 2-Alkylindazolen.

Die N-Arylierung von Indazolen gelingt ebenso wie die von Pyrazolen, Imidazolen und Benzimidazolen mit Arylbleitriacetaten in Gegenwart von Kupfer(II)-acetat[111].

Die Halogenierung von Indazol erfolgt vorzugsweise in 5-Position. Bei der Nitrierung mit rauchender Salpetersäure entsteht 5-Nitroindazol. Dagegen ergibt die Sulfonierung mittels Oleum Indazol-7-sulfonsäure. Indazol kuppelt mit Diazoniumsalzen in 3-Position.

|C| Die meisten Synthesen für Indazole gehen von *o*-substituierten Anilinen aus, z.B.:

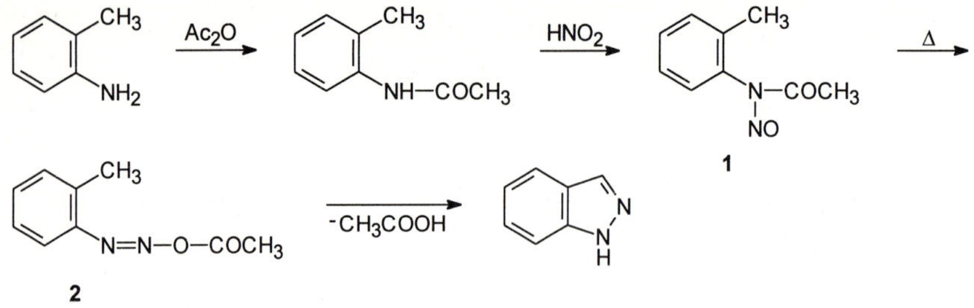

o-Toluidin wird acetyliert und danach nitrosiert. Die *N*-Nitrosoverbindung **1** lagert sich in Benzol bei 45-50°C zur Acetoxyazoverbindung **2** um, die zu Indazol cyclisiert[112].

|D| **Indazol**, farblose Kristalle, Schmp. 145-149°C, löst sich in heißem Wasser.
Indazole wirken wie Pyrazole analgetisch, entzündungshemmend und fiebersenkend, z.B. *Benzydamin* **3**:

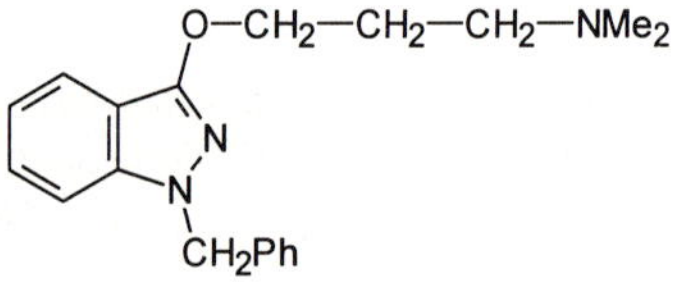

5.38 4,5-Dihydropyrazol

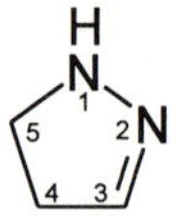

|A-D| 4,5-Dihydropyrazol wird auch als Δ^2-Pyrazolin oder 2-Pyrazolin bezeichnet.
Die Standardsynthese für 2-Pyrazoline ist die Cyclokondensation von Hydrazin, Alkyl- oder Arylhydrazinen mit α,β-ungesättigten Carbonylverbindungen, z.B.:

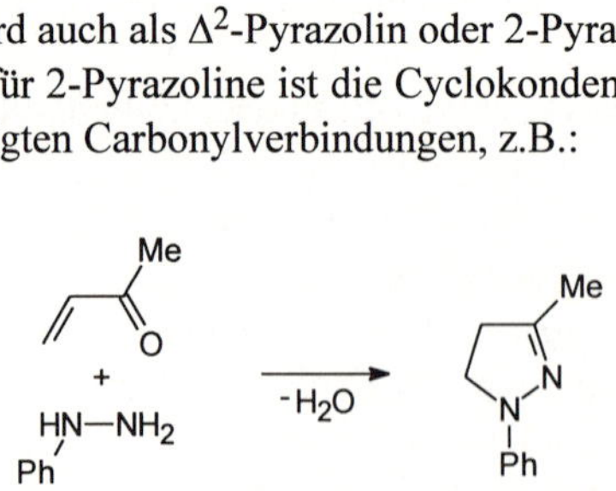

Größere Bedeutung haben die vom 2-Pyrazolin abgeleiteten Oxoverbindungen, insbesondere die 2-Pyrazolin-5-one, die häufig vereinfacht als *Pyrazolone* bezeichnet werden. Bei ihnen ist sowohl die annulare Tautomerie als auch die sogenannte Substituenten- oder Seitenketten-Tautomerie möglich[51]:

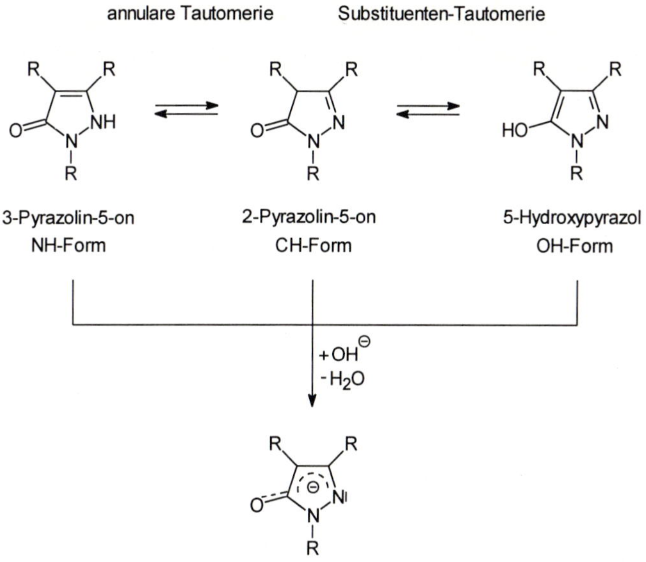

Die Lage der Gleichgewichte hängt von der Art der Substituenten und vom Lösungsmittel ab[113]. In der Gasphase und in apolaren Lösungsmitteln dominiert das 2-Pyrazolin-5-on, auch als C-H-Form bezeichnet. Substituenten-Tautomerie von Heterocyclen wird außer bei Oxoverbindungen auch bei entsprechenden Thionen und Iminen beobachtet.

2-Pyrazolin-5-one sind C-H-acid, der pK_a-Wert der unsubstituierten Verbindung beträgt 7,94. Sie reagieren mit Basen zu durch Konjugation stabilisierten, ambidenten Anionen, die von elektrophilen Reagenzien am C-Atom 4, am N-Atom 2 oder am O-Atom angegriffen werden können. So sind in 4-Position unsubstituierte 2-Pyrazolin-5-one der Aldolkondensation zugänglich und reagieren mit salpetriger Säure zu Isonitrosoverbindungen, z.B.:

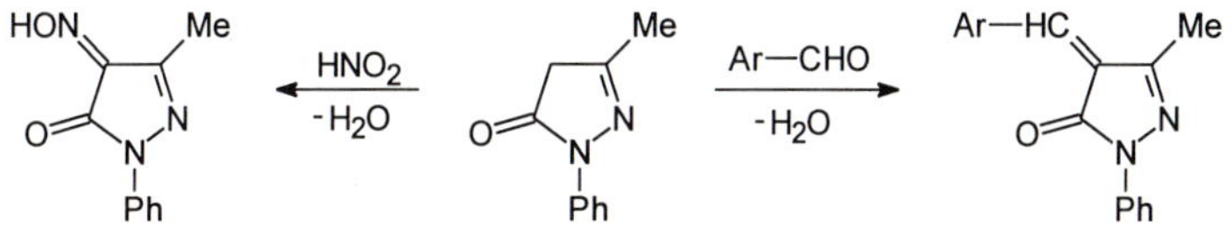

2-Pyrazolin-5-one kuppeln mit Arendiazoniumsalzen in alkalischer Lösung zu Azoverbindungen, deren Pyrazolinring in der OH-Form vorliegt, z.B.:

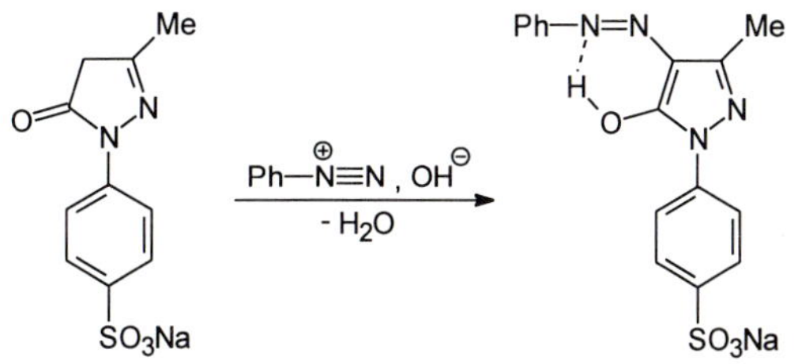

Die Verbindung wird unter dem Namen *Flavazin L* oder *Echtlichtgelb G* als Textilfarbstoff verwendet.

2-Pyrazolin-5-one werden je nach bereits vorhandenen Substituenten, Reagens und Reaktionsbedingungen C-, N- oder O-alkyliert. Aus 3-Methyl-1-phenyl-2-pyrazolin-5-on entsteht mit Iodmethan oder Dimethylsulfat 2,3-Dimethyl-1-phenyl-3-pyrazolin-5-on, eines der ersten Pharmaka (1884, INN *Phenazon*). Es wirkt antipyretisch und antirheumatisch:

Die Standardsynthese für 2-Pyrazolin-5-one ist die Cyclokondensation von Hydrazin, Alkyl- oder Arylhydrazinen mit ß-Ketocarbonsäureestern (KNORR-Synthese, 1883), z.B.:

Bei dieser Reaktion konnte das Phenylhydrazon des Acetessigsäureethylesters als Zwischenstufe isoliert und durch Erhitzen in das Produkt übergeführt werden. Weitere Zwischenstufen ließen sich mit Hilfe der ^{13}C-NMR-Spektroskopie nachweisen[114]. Acetylencarbonsäureester reagieren mit Hydrazinen ebenfalls zu 2-Pyrazolin-5-onen.

Unter den 2-Pyrazolinen und 2-Pyrazolin-5-onen gibt es viele biologisch aktive Verbindungen. Beispielsweise ist das (4*S*)-(-)-Enantiomer des 2-Pyrazolins **1** ein Insecticid[115]:

Von den als Pharmaka verwendeten Pyrazolin-5-onen wurde das Phenazon schon erwähnt. Aus ihm wird durch Nitrosierung, Reduktion der Nitrosogruppe zur Aminogruppe und deren anschließende Methylierung 4-(Dimethylamino)-2,3-dimethyl-1-phenyl-3-pyrazolin-5-on **2** hergestellt (STOLZ 1896). Diese Verbindung (INN *Aminophenazon*) wurde bis in die achtziger Jahre weltweit als Analgeticum und Antipyreticum eingesetzt, ist aber heute in mehreren Staaten nicht mehr zugelassen. Weitere Beispiele für Pharmaka auf Pyrazolon-Basis sind das Analgeticum *Metamizol* **3**[115a] sowie das Diureticum und Antihypertensivum *Muzolimin* **4**:

2 R = NMe₂
3 R = N−CH₂−SO₃Na
       |
       Me

Als Textilfarbstoff auf Pyrazolonbasis wurde bereits das Flavazin L beschrieben. *Tartrazin* **5** gehört zu den wenigen synthetischen Farbstoffen, die für das Färben von Lebensmitteln und Kosmetika zugelassen sind[116]. Die gelbe Verbindung, die als Trinatriumsalz vorliegt, wird durch Kupplung des aus Oxalessigsäurediethylester und 4-Hydrazinobenzol-1-sulfonsäure zugänglichen 2-Pyrazolin-5-ons mit diazotierter Sulfanilsäure hergestellt.

Darüber hinaus werden 2-Pyrazolin-5-one beim klassischen Verfahren der Farbphotographie als sogenannte Purpurkuppler verwendet. Bei der chromogenen Entwicklung des belichteten Farbfilms reagieren sie mit der Entwicklersubstanz, z.B. *N,N*-Diethyl-*p*-phenylendiamin, zu einem purpurnen Bildfarbstoff **6**.

1,3-Diaryl-2-pyrazoline sind als optische Aufheller geeignet, z.B. das 1-[4-(Aminosulfonyl)phenyl]-3-(4-chlorphenyl)-2-pyrazolin[117].

5.39 Pyrazolidin

Vom Pyrazolidin, einem cyclischen *N,N*'-disubstituierten Hydrazin, leiten sich mehrere Oxoverbindungen ab. Sowohl Pyrazolidin-3-one als auch Pyrazolidin-4-one sind bekannt[118]. Das Antirheumaticum *Phenylbutazon* **1** ist ein substituiertes Pyrazolidin-3,5-dion. Es kann durch C-Alkylierung von 1,2-Diphenylpyrazolidin-3,5-dion hergestellt werden. Zur technischen Synthese bevorzugt man jedoch die Cyclokondensation von Hydrazobenzol mit *n*-Butylmalonsäurediethylester:

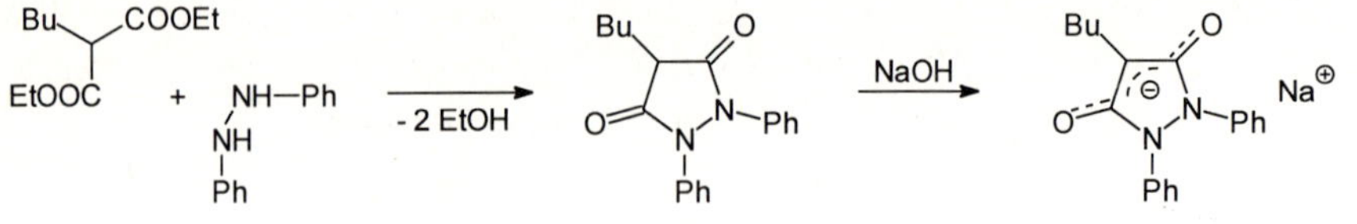

Phenylbutazon, pK_a = 4,5, löst sich in Natronlauge unter Bildung des Salzes **2**.

Zusammenfassung allgemeiner Gesichtspunkte der Chemie fünfgliedriger Heterocyclen mit zwei Heteroatomen:

- Die Stammverbindungen sind aromatisch. Dabei bleibt die Aromatizitätsabstufung Furan < Pyrrol < Thiophen im wesentlichen erhalten (s.Abb. 5.17).

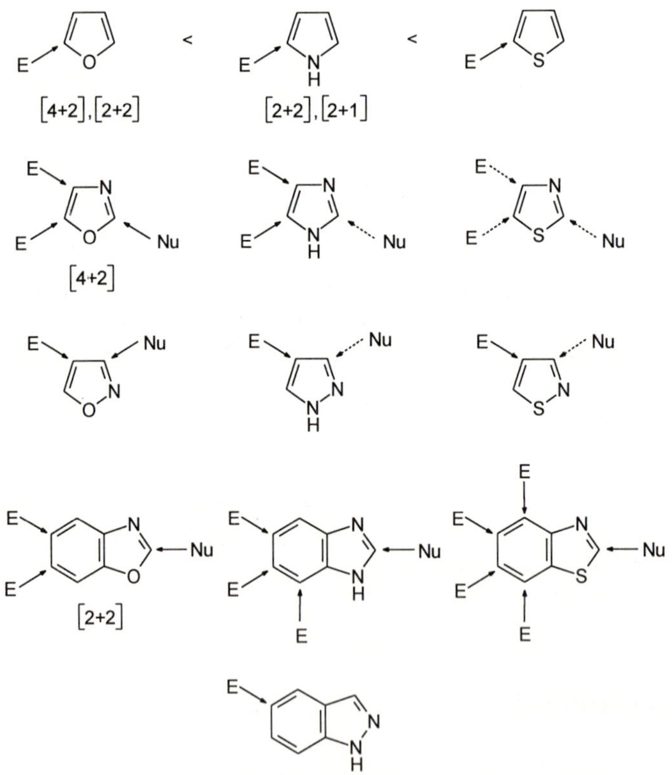

Abb. 5.17 Reaktivität und Selektivität bei den Reaktionen fünfgliedriger Heteroarene mit Elektrophilen E und Nucleophilen Nu (1,2-Benzoxazole und 1,2-Benzothiazole sind ebenfalls bekannt, werden aber in diesem Buch nicht behandelt).

- Verglichen mit Furan, Pyrrol und Thiophen stabilisiert das pyridinartige N-Atom die π-Systeme. Dafür gibt es mehrere Indizien. Am augenscheinlichsten ist die hohe thermische Stabilität der Verbindungen, z.B. gehören 1-Alkyl- und 1-Arylimidazole zu den thermisch stabilsten organischen Substanzen. Sie zersetzen sich bei Luftausschluß erst oberhalb von 600°C.

- Das pyridinartige N-Atom verursacht weiterhin folgende Eigenschaften und Reaktionen:
  — Basizität, an der Spitze liegt Imidazol, gefolgt von Benzimidazol;
  — erhöhte N-H-Acidität von Imidazolen, Pyrazolen, Benzimidazolen und Indazolen, verglichen mit Pyrrol bzw. Indol;
  — annulare Tautomerie bei Imidazolen, Pyrazolen, Benzimidazolen und Indazolen;
  — Quaternierung;
  — Verlangsamung der elektrophilen Substitution, wobei in Abb. 5.17 der Substitutionsort gekennzeichnet ist (Ausnahme: Azokupplung des Imidazols);
  — nucleophile Substitution, sie findet stets in α-Position zum pyridinartigen N-Atom statt.

Die Aussagen über die Reaktivität und Selektivität bei den Reaktionen der Azole mit Elektrophilen und Nucleophilen können auf der Basis des Donor-Akzeptor-Konzepts weiter präzisiert werden[119].

- Im Fall der benzokondensierten Systeme erfolgt die elektrophile Substitution am Benzolring (Ausnahme: Azokupplung des Indazols).

- Oxazole, Imidazole und Thiazole werden in 2-Position lithiiert, Pyrazole und Isothiazole in 5-Position. Im Fall der Isoxazole bewirkt n-Butyllithium eine Ringöffnung.

- Unter normalen Reaktionsbedingungen sind nur Oxazole und Benzoxazole zu Cycloadditionen befähigt.

- Methylgruppen in 2-Position der 1,3-Diheterocyclen sind C-H-acid, besonders ausgeprägt bei den benzokondensierten Systemen.

- Das wichtigste Syntheseprinzip ist die Cyclokondensation. Auf diesem Weg werden Oxazole, Benzoxazole, Isoxazole, 2-Isoxazoline, Thiazole, Benzothiazole, Isothiazole, Imidazole, Pyrazole und 2-Pyrazoline hergestellt.

- Durch 1,3-dipolare Cycloaddition sind Isoxazole, 2-Isoxazoline, 4-Isoxazoline und Pyrazole zugänglich.

- Von den Stammverbindungen haben Oxazole, Isoxazole, Imidazole und Benzothiazole Bedeutung für synthetische Transformationen. Breiter anwendbar sind die partiell oder vollständig hydrierten Systeme, insbesondere 1,3-Dioxolane, 1,3-Dithiolane, 2-Oxazoline, 5(4H)-Oxazolone, 2-Isoxazoline, Imidazolidin-2,4-dione und 2-Pyrazolin-5-one.

5.40 1,2,3-Oxadiazol

Es gibt insgesamt acht konstitutionsisomere Oxadiazole und Thiadiazole:

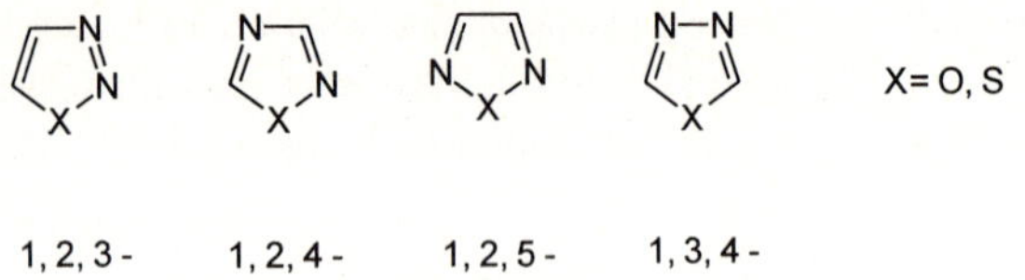

1,2,3-   1,2,4-   1,2,5-   1,3,4-   X = O, S

Von diesen Stammverbindungen und sich daraus ableitenden Systemen werden nur einige ausgewählte Beispiele behandelt.

1,2,3-Oxadiazole sind nicht bekannt. Bei einigen Reaktionen entstehen sie zwar, isomerisieren aber sofort zu α-Diazocarbonyl-Verbindungen:

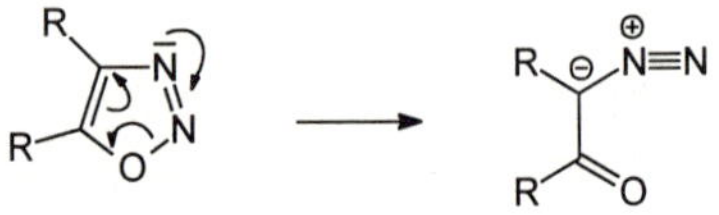

Sydnone gehören wie die Münchnone (s.S.129) zu den mesoionischen Verbindungen. Die Synthese des ersten Vertreters, des 3-Phenylsydnons **1**, gelang EARL und MACKNEY an der Universität Sydney durch Cyclodehydratisierung von *N*-Nitroso-*N*-phenylglycin mittels Acetanhydrid:

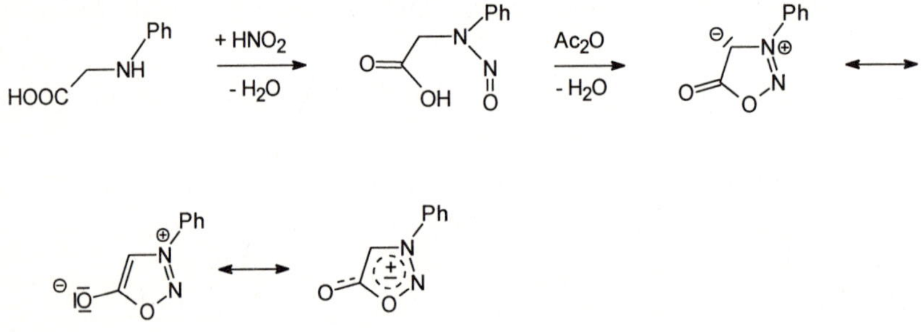

Sydnone sind kristalline Substanzen, stabil in saurer Lösung, in alkalischer Lösung erfolgt Ringöffnung. Sydnone reagieren bei Cycloadditionen als 1,3-Dipole, z.B. mit Acetylendicarbonester zum Pyrazol-Derivat **2**:

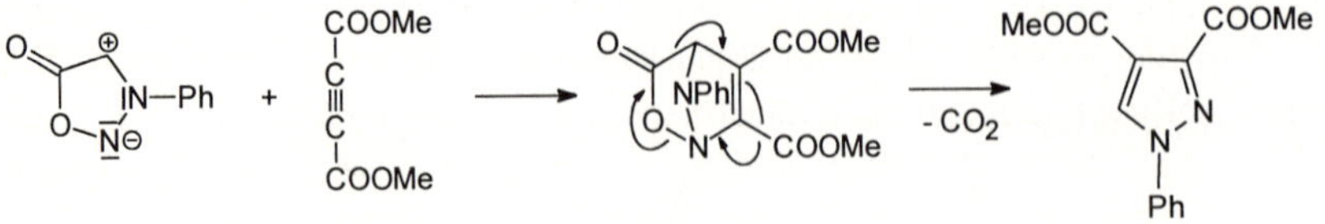

Sydnonimine 3 erhält man aus ß-Aminonitrilen durch Nitrosierung und anschließende Cyclisierung mittels Chlorwasserstoff:

5.41 Furazan

A Für 1,2,5-Oxadiazol wurde der Trivialname Furazan zugelassen. Das Furanzanmolekül ist eben und stellt ein regelmäßiges Fünfeck dar. Die Ionisierungsenergie wurde zu 11,79 eV gemessen, das Dipolmoment zu 3,38 D. Beide Werte sind größer als die des Isoxazols. Im ^{1}H-NMR-Spektrum beträgt die chemische Verschiebung 8,19 ppm, im ^{13}C-NMR-Spektrum 139,4 ppm (jeweils in CDCl$_3$).

Furazan ist aromatisch. Nach der HMO-Methode wurden folgende π-Bindungsordnungen berechnet:

Daraus läßt sich eine erhebliche Delokalisierung der π-Elektronen schlußfolgern, wobei aber wiederum die Werte für die Bindungen zwischen den Heteroatomen am niedrigsten sind. Formal gehört Furazan zu den π-Überschuß-Heterocyclen, sechs Elektronen verteilen sich auf fünf Atome. Die π-Elektronendichte ist jedoch an den Heteroatomen so groß, daß sich für die C-Atome Werte < 1 ergeben. An ihnen herrscht ein ausgeprägter π-Mangel. Er beeinflußt die Reaktivität der Furazane[120].

B Furazan, pK$_a$ ≈ -5, ist noch schwächer basisch als Isoxazol (pK$_a$ = -2,97). Furazane reagieren mit Elektrophilen nicht oder nur langsam. So verläuft die Quaternierung selbst mit Dimethylsulfat in Sulfolan viel langsamer als die von Isoxazolen mit Iodmethan. Die Halogenierung und Nitrierung von 3-Phenylfurazan und von Benzofurazan erfolgen ausschließlich am Benzolring. Auch gegenüber Oxidationsmitteln ist der Furazanring wenig reaktiv, wie schon die hohe Ionisierungsenergie vermuten läßt. So wird 3,4-Dimethylfurazan durch Kaliumpermanganat zu Furazan-3,4-dicarbonsäure oxidiert.

Trotz der niedrigen π-Elektronendichte an den C-Atomen reagieren Furazane nicht oder nur langsam mit Nucleophilen. Nucleophile, die zugleich starke Basen sind, z.B. Natriumhydroxid in Methanol, bewirken jedoch eine Ringöffnung zu den Natriumsalzen von α-Oximinonitrilen. Der Mechanismus entspricht dem der analogen Reaktion der Isoxazole (s.S.139):

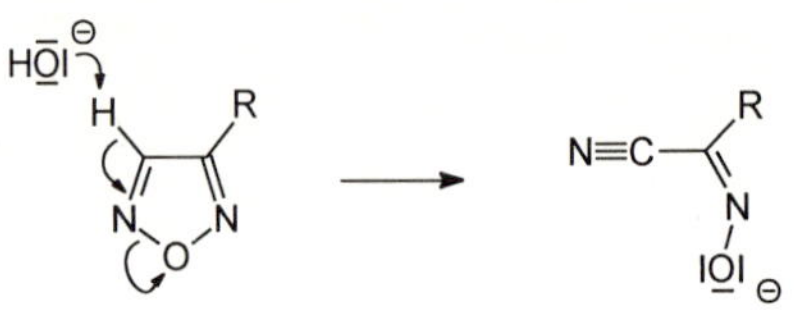

3-Methylfurazane werden durch *n*-Butyllithium an der Methylgruppe lithiiert, aus der Lithiumverbindung entsteht mit Kohlendioxid die entsprechende Carbonsäure:

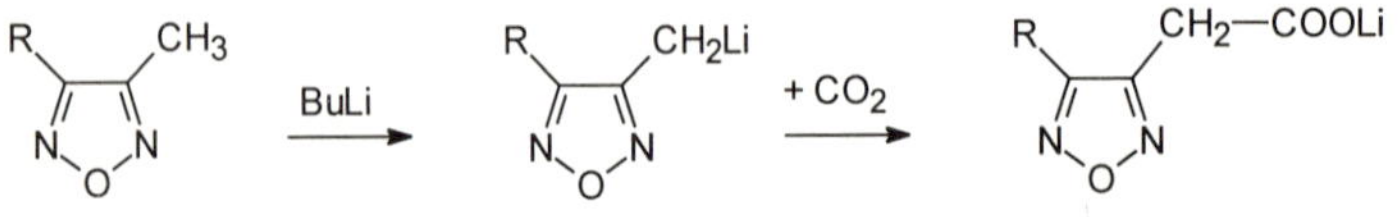

C Als Standardsynthese für Furazane hat sich die Cyclodehydratisierung der Dioxime von 1,2-Dicarbonyl-Verbindungen bewährt[120]:

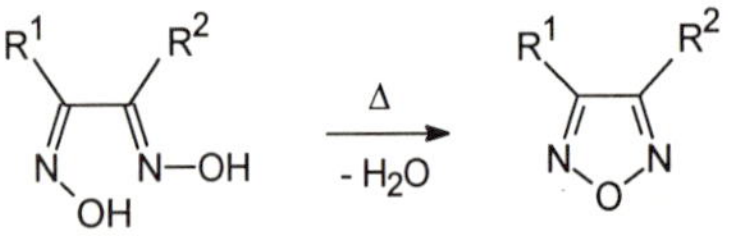

Furazan selbst wurde durch Erhitzen von Glyoxaldioxim mit Bernsteinsäureanhydrid auf 150-170°C hergestellt. Zur Synthese substituierter Furazane genügt in einigen Fällen einfaches Erhitzen, in anderen Fällen ergibt die Einwirkung von Thionylchlorid in 1,2-Dichlorethan gute Ausbeuten.

Furazane sind weiterhin durch Deoxygenierung von Furoxanen mittels Triethylphosphit zugänglich.

D **Furazan** ist eine farblose, wasserlösliche Flüssigkeit, Schmp. -28°C, Sdp. 98°C, und bei Raumtemperatur unbegrenzt haltbar.

Furoxane (Furazanoxide, 1,2,5-Oxadiazol-2-oxide) werden durch Oxidation der Dioxime von 1,2-Dicarbonyl-Verbindungen synthetisiert. Als Oxidationsmittel haben sich Natriumhypochlorit, Blei(IV)-acetat oder Distickstofftetraoxid bewährt. Auch die elektrochemische Oxidation ist möglich[121]:

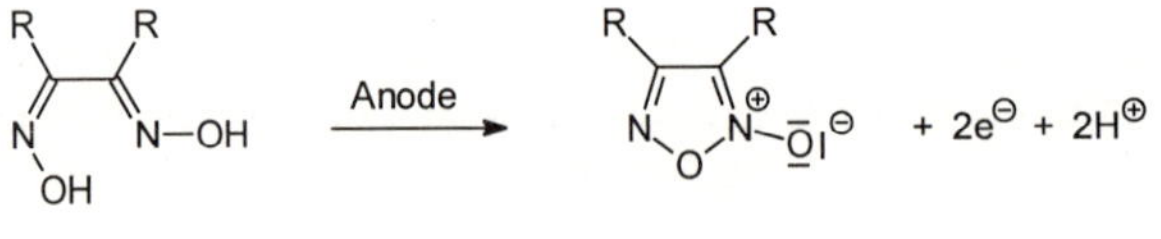

Furoxane entstehen weiterhin durch Dimerisierung von Nitriloxiden:

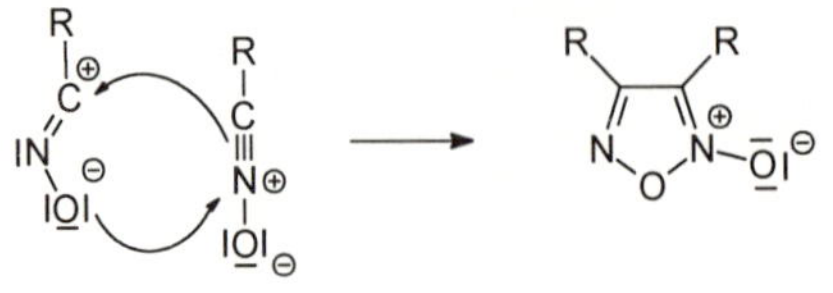

Bei dieser [3+2]-Cycloaddition reagiert das Nitriloxid als 1,3-Dipol und als Dipolarophil zugleich (s.S.144). Dies ist möglich, weil Nitriloxide ein hochliegendes HOMO und ein tiefliegendes LUMO haben.

Benzofuroxan erhält man z.B. durch Erhitzen von *o*-Nitrophenylazid in Essigsäure oder durch Oxidation von *o*-Nitroanilin mittels Natriumhypochlorit:

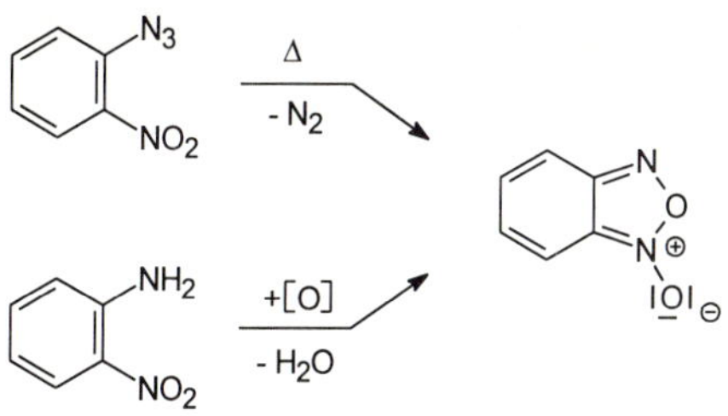

Nach der zweiten Methode kann Benzofuroxan billig und in großen Mengen hergestellt werden.

Verschieden substituierte Furoxane isomerisieren beim Erhitzen, wahrscheinlich über 1,2-Dinitrosoolefine als Zwischenstufen:

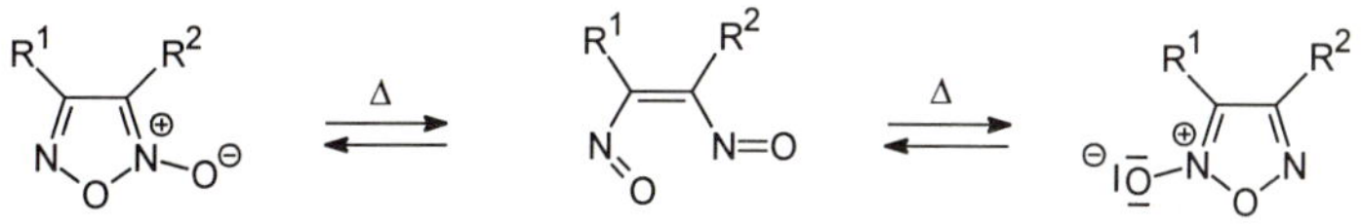

Bei Temperaturen oberhalb von 150°C erfolgt allerdings eine [3+2]-Cycloreversion zu Nitriloxiden.

Aus Benzofuroxan entsteht durch Photoisomerisierung 1,2-Dinitrosobenzol, das spektroskopisch nachgewiesen werden konnte[122]:

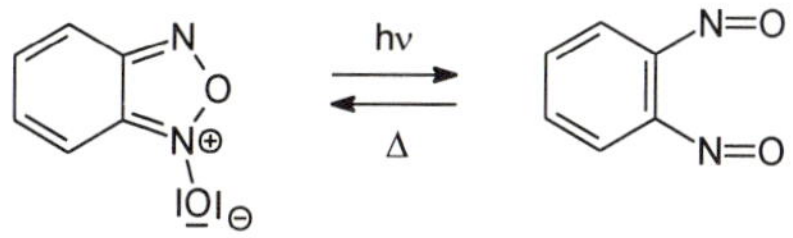

Furazane, Furoxane sowie ihre benzokondensierten Systeme sind biologisch aktive Verbindungen, einige Vertreter haben als anthelmintische, fungicide, bactericide und herbicide Wirkstoffe Bedeutung erlangt. Auch Antitumor-Aktivität wurde festgestellt.

E Furoxane werden vielfach für synthetische Transformationen genutzt. Nachfolgend sind drei Beispiele aufgeführt.

❶ Synthese von Diisocyanaten **1**:

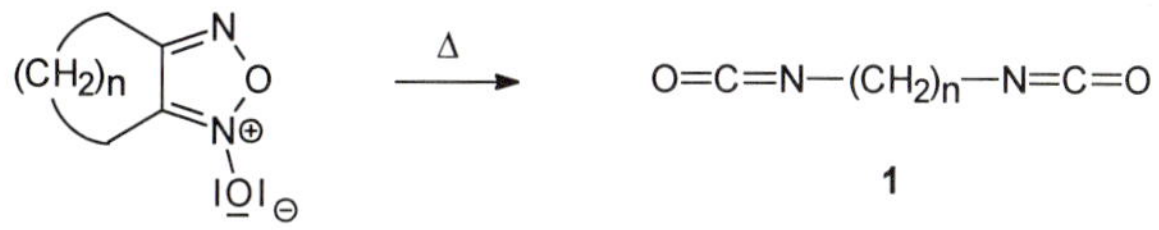

Die Thermolyse des Furoxans ergibt zuerst ein Bis-nitriloxid, das in Abwesenheit von Dipolarophilen zu einem Diisocyanat isomerisiert.

❷ Synthese von *o*-Chinondioximen **2**:

❸ Synthese von Chinoxalin-1,4-dioxiden **4** (BEIRUT-Reaktion, s.S.436):

Bei dieser interessanten Reaktion entstehen aus Benzofuroxan und Enaminen zunächst Dihydroverbindungen **3**, die unter ß-Eliminierung in die Produkte **4** übergehen. Enolate reagieren analog[122a].

5.42 1,2,3-Thiadiazol

A Im Gegensatz zu 1,2,3-Oxadiazolen sind 1,2,3-Thiadiazole existenzfähig und thermisch relativ stabil. Aus den NMR-Spektren geht hervor, daß diatrope Moleküle vorliegen.

1,2,3-Thiadiazol ist aromatisch. Für die π-Elektronendichten wurden nach der HMO-Methode folgende Werte erhalten:

B Wiederum handelt es sich um einen π-Überschuß-Heterocyclus mit relativem π-Mangel an den C-Atomen. Elektrophile Reagenzien sollten daher an den Heteroatomen angreifen. Die elektrophile Substitution an den C-Atomen müßte erschwert sein, Nucleophile sollten die 5-Position bevorzugen.

1,2,3-Thiadiazole sind schwache Basen. Bei der Quaternierung, z.B. mittels Dimethylsulfat, entstehen Gemische von 2- und 3-Methyl-1,2,3-thiadiazolen. Elektrophile Substitutionsreaktionen an den C-Atomen konnten nicht realisiert werden. Bei 1,2,3-Benzothiadiazolen erfolgt Substitution am Benzolring, beispielsweise entstehen mit Nitriersäure 4- und 7-Nitro-1,2,3-benzothiadiazol. Nucleophile bewirken Ringöffnung, z.B.:

Wie bei dieser Reaktion führen auch die Thermolyse und die Photolyse von 1,2,3-Thiadiazolen und 1,2,3-Benzothiadiazolen zur Eliminierung von Stickstoff. Je nach den Substituenten in 4- und 5-Position stabilisieren sich die Fragmente unterschiedlich, hauptsächlich zu Thioketenen oder/und Thiirenen[123]:

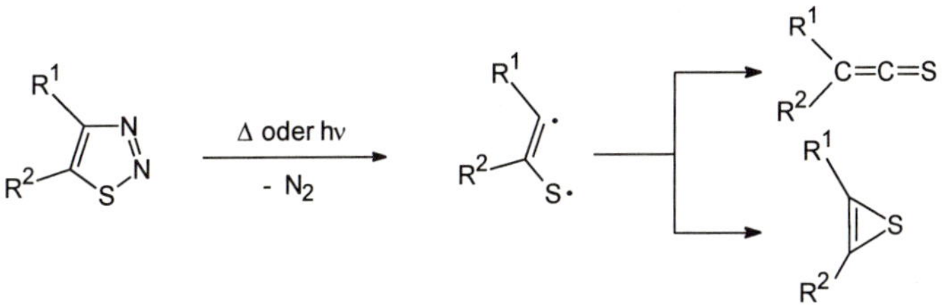

C 1,2,3-Thiadiazole werden durch Cyclokondensation der Tosylhydrazone von α-Methylenketonen mit Thionylchlorid oder Schwefeldichlorid hergestellt (HURD-MORI-Synthese)[123a]:

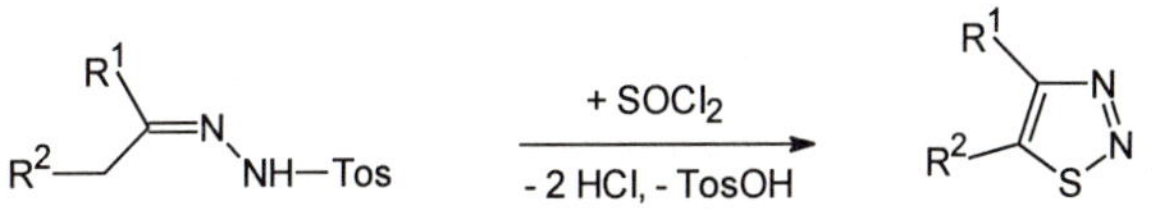

1,2,3-Benzothiadiazole erhält man durch Umsetzung von o-Aminothiophenol mit Natriumnitrit in Essigsäure:

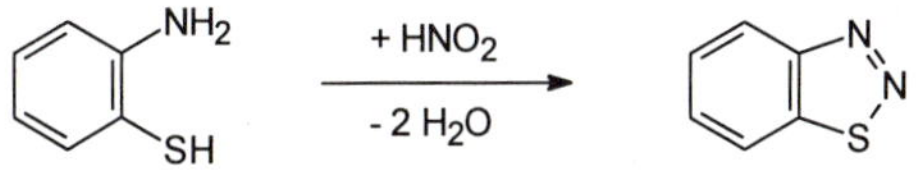

D **1,2,3-Thiadiazol**, eine gelbe Flüssigkeit, Sdp. 157°C, ist in Wasser löslich.

E 1,2,3-Thiadiazole haben bis jetzt nur wenig Anwendung in der organischen Synthese gefunden. Beispiele sind die Kurzzeitpyrolyse zu Thioketenen und die Ringöffnung zu Acetylenen. Letztere lassen sich aber günstiger durch Thermolyse von 1,2,3-Selenadiazolen herstellen:

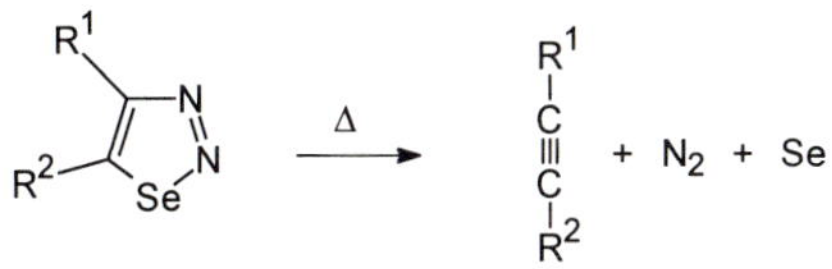

5.43 1,2,4-Thiadiazol

A 1,2,4-Thiadiazol ist wie sein Konstitutionsisomer 1,2,3-Thiadiazol aromatisch und wie dieses als π-Überschuß-Heterocyclus mit relativem π-Mangel an den C-Atomen einzustufen. Die nach der HMO-Methode berechnete π-Elektronendichte hat am C-Atom 5 mit 0,788 den niedrigsten Wert. Dort sollte demnach der Angriff nucleophiler Reagenzien erfolgen.

B 1,2,4-Thiadiazole sind schwache Basen. Die Methylierung mittels Iodmethan erfolgt am N-Atom 4, mit Trimethyloxoniumtetrafluoroborat an beiden N-Atomen:

Elektrophile Substitutionsreaktionen an den C-Atomen konnten nicht realisiert werden.

1,2,4-Thiadiazol reagiert mit Alkalihydroxid-Lösungen sehr schnell unter Ringöffnung. Mit Salzsäure erfolgt über das 1,2,4-Thiadiazoliumion eine hydrolytische Ringöffnung. Der Angriff der Nucleophile findet dabei in 5- und/oder 3-Position statt, denn 3,5-Diphenyl-1,2,4-thiadiazol ist viel weniger empfindlich gegenüber Alkalihydroxiden und Mineralsäuren.

5-Chlor-1,2,4-thiadiazole sind sehr reaktive Verbindungen und zahlreichen nucleophilen Substitutionsreaktionen zugänglich, z.B. mit Silberfluorid:

Eine derartige Delokalisierung der negativen Ladung in der Zwischenstufe unter Einbeziehung beider N-Atome ist im Fall von 3-Chlor-1,2,4-thiadiazolen nicht möglich. Deswegen reagieren sie nicht oder nur langsam mit Nucleophilen.

3,5-Dimethyl-1,2,4-thiadiazol wird durch n-Butyllithium selektiv an der 5-Methylgruppe lithiiert, ein Indiz dafür, daß deren C-H-Acidität größer ist als die der 3-Methylgruppe. Bezogen auf die Methylgruppe kann man auch sagen, daß der 1,2,4-Thiadiazol-5-yl-Substituent wegen der beiden pyridinartigen N-Atome ausgeprägte Akzeptor-Eigenschaften hat und somit das entsprechende Carbanion stabilisiert:

Wiederum ist eine derart weitgehende Delokalisierung der negativen Ladung bei Deprotonierung der 3-Methylgruppe nicht möglich.

5.43 1,2,4-Thiadiazol

Die stark elektronenanziehende Wirkung des 1,2,4-Thiadiazol-5-yl-Restes ist auch die Ursache dafür, daß 5-Amino-1,2,4-thiadiazole mittels Natriumnitrit in Essigsäure diazotiert werden können und daß die resultierenden Diazoniumionen eine hohe Elektrophilie aufweisen. Sie kuppeln sogar mit dem Kohlenwasserstoff Mesitylen:

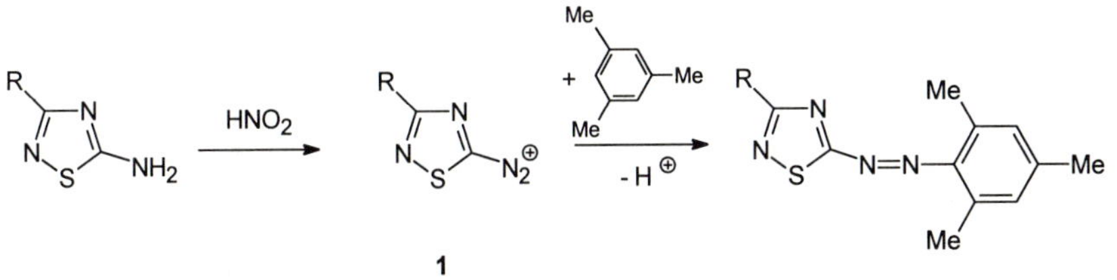

C 1,2,4-Thiadiazole **1** mit identischen Substituenten in 3- und 5-Position werden aus Thioamiden durch Oxidation mit Wasserstoffperoxid oder durch Einwirkung von $SOCl_2$, SO_2Cl_2 oder PCl_5 erhalten. Der Mechanismus ist noch nicht vollständig aufgeklärt:

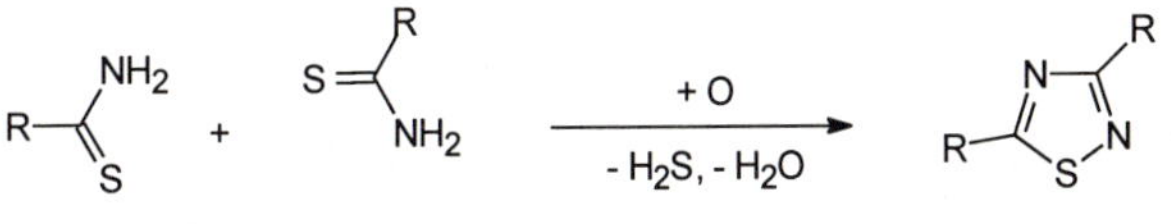

Bei einer zweiten Gruppe von Synthesen dienen Amidine als Ausgangsstoffe. Sie werden z.B. mittels eines Carbothionsäureesters thioacyliert und anschließend oxidativ zum Thiadiazolsystem **2** cyclisiert:

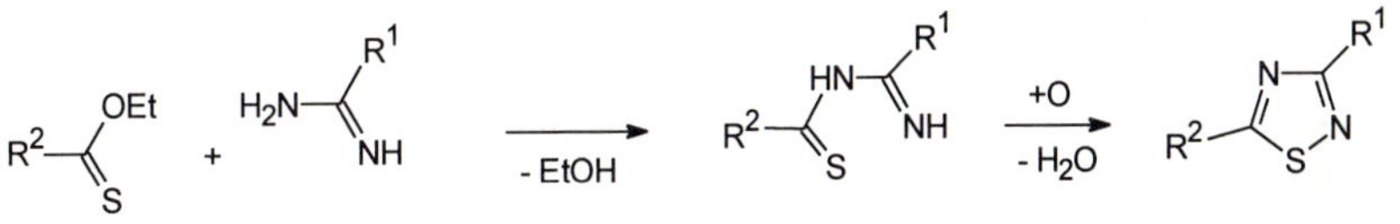

Aus Amidinen und Kaliumrhodanid sind durch Oxidation mit Natriumhypochlorit 5-Amino-1,2,4-thiadiazole **3** zugänglich:

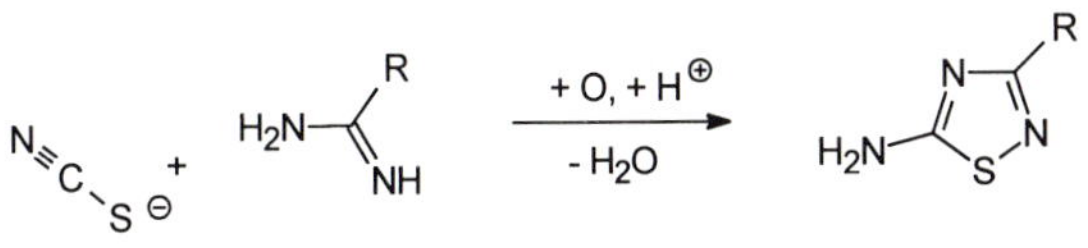

Die Cyclokondensation von Amidinen mit Trichlormethylsulfenylchlorid ergibt 5-Chlor-1,2,4-thiadiazole **4**:

$Cl_3C-S-Cl$ + $H_2N-C(R)=NH$ $\xrightarrow{-3\,HCl}$ [5-Cl-3-R-1,2,4-thiadiazol] **4**

D **1,2,4-Thiadiazol**, eine farblose Flüssigkeit vom Schmp. -34°C, und Sdp. 121°C, ist in Wasser löslich.

Obschon 1,2,4-Thiadiazole nicht in der Natur vorkommen, erweisen sich viele synthetisch hergestellte Verbindungen als biologisch aktiv und werden als Insecticide, Fungicide, Bactericide und Herbicide eingesetzt. So dient 5-Ethoxy-3-(trichlormethyl)-1,2,4-thiadiazol (*Etridiazol*) zur Bekämpfung oder Verhinderung von Pilzbefall bei Pflanzen, Früchten, Baumwolle, im Saatgut und im Erdboden.

Azofarbstoffe auf der Basis diazotierter 5-Amino-1,2,4-thiadiazole sind zum Färben von Polyester- und Polyacrylnitrilfasern geeignet.

5.44 1,2,3-Triazol

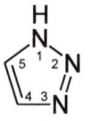

A Dieser fünfgliedrige Heterocyclus enthält ein pyrrolartiges und zwei pyridinartige N-Atome in 1,2,3-Position. Er wurde früher als v-Triazol bezeichnet (v von vicinal). Da alle Ringatome sp^2-hybridisiert vorliegen, befinden sich die sechs zur Verfügung stehenden Elektronen in delokalisierten π-MO. Somit ist 1,2,3-Triazol aromatisch. Für die Ionisierungsenergie wurde photoelektronenspektroskopisch ein Wert von 10,06 eV gemessen, er ist größer als im Fall von Imidazol (8,78 eV) und Pyrazol (9,15 eV), d.h., das HOMO des 1,2,3-Triazols liegt tiefer. Das Dipolmoment in Benzol beträgt 1,82 D und entspricht somit dem für Pyrazol gefundenen Wert.

Für 1,2,3-Triazol **1** und 1-Methyl-1,2,3-triazol **2** wurden folgende UV- und NMR-Daten gemessen:

	UV (Ethanol)	^{1}H-NMR (DMSO)	^{13}C-NMR (DMSO)
	λ (nm) (ε)	δ (ppm)	δ (ppm)
1:	210 (3,64), π→π*	H-2: 13,50	
		H-4: 7,91	C-4: 130,3
		H-5: 7,91	C-5: 130,3
2:	213 (3,64)	H-4: 7,72	C-4: 134,3
		H-5: 8,08	C-5: 125,5

Die UV-Spektren gleichen weitgehend denen des Pyrazols und Pyrrols. Die δ-Werte für die Protonen bzw. C-Atome in 4- und 5-Position von **1** sind jeweils identisch, weil die Verbindung in Lösung überwiegend als *2H*-Tautomer vorliegt (s.S.201) und sich das Gleichgewicht so schnell einstellt, daß bei

Raumtemperatur nur ein gemitteltes Signal im NMR-Spektrum erscheint. Wenn wie bei **2** die annulare Tautomerie durch einen Substituenten in 1-Position blockiert ist, dann unterscheiden sich die δ-Werte. Beim 2-Methyl-1,2,3-triazol sind sie wieder identisch (^{1}H: δ = 7,77 ppm, ^{13}C: δ = 133,2 ppm; jeweils in DMSO).

Die nach verschiedenen MO-Methoden berechneten π-Elektronendichten ergeben zwar wiederum für die Heteroatome die höchsten Werte, der π-Mangel an den C-Atomen ist jedoch nicht so ausgeprägt wie bei den Oxadiazolen und Thiadiazolen. Die Verhältnisse entsprechen mehr der Situation im Pyrazolmolekül.

B Die folgenden **Reaktionen** sind typisch für 1,2,3-Triazole.

Säure-Base-Reaktionen

1,2,3-Triazole sind schwache Basen. 1,2,3-Triazol, pK_a = 1,17, ist sogar noch schwächer basisch als Pyrazol.

An den N-Atomen unsubstituierte 1,2,3-Triazole sind N-H-acid. Mit einem pK_a-Wert von 9,3 ist die Acidität von 1,2,3-Triazol viel größer als die des Pyrazols und gleicht der von HCN. Dies wird hauptsächlich durch die weitergehende Delokalisierung der negativen Ladung in der konjugierten Base verursacht:

Das Silbersalz des 1,2,3-Triazols ist unlöslich in Wasser.

Annulare Tautomerie

Anders als im Fall von Imidazol und von Pyrazol existieren beim unsubstituierten 1,2,3-Triazol drei Tautomere, von denen nur zwei identisch sind:

1 H - Form   2 H - Form   1 H - Form

In den meisten Lösungsmitteln dominiert die 2H-Form. In Wasser beträgt die Tautomeriekonstante K_T = [2H-Form] / [1H-Form] ≈ 2 [124].

Als Ursache dafür wird eine Destabilisierung der 1H-Form infolge abstoßend wirkender Kräfte zwischen den nichtbindenden Elektronenpaaren in 2- und 3-Position angesehen. Für ein C-monosubstituiertes 1,2,3-Triazol sind demnach drei Konstitutionsisomere denkbar, z.B. 4-Methyl-1,2,3-triazol, 4-Methyl-2H-1,2,3-triazol und 5-Methyl-1,2,3-triazol.

Metallierung

N-Substituierte 1,2,3-Triazole werden durch n-Butyllithium schon bei tiefen Temperaturen metalliert, z.B.:

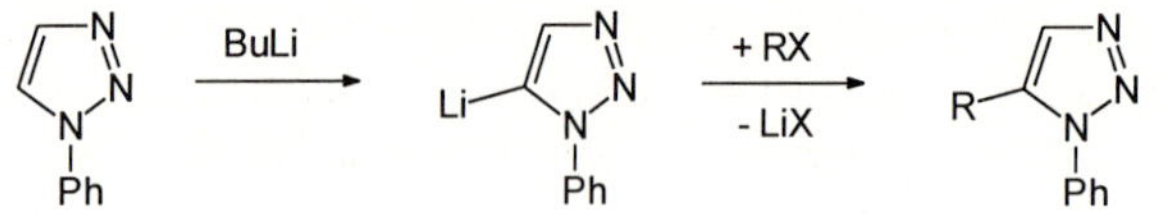

Reaktionen mit elektrophilen Reagenzien

Bei der Einwirkung von Dimethylsulfat auf Natrium-1,2,3-triazolid in Dichlormethan entsteht in 88 % Ausbeute ein Gemisch von 1-Methyl- und 2-Methyl-1,2,3-triazol im Verhältnis 1,9 : 1 [98]. Nur die 1-Methyl-Verbindung wird durch Iodmethan quaterniert:

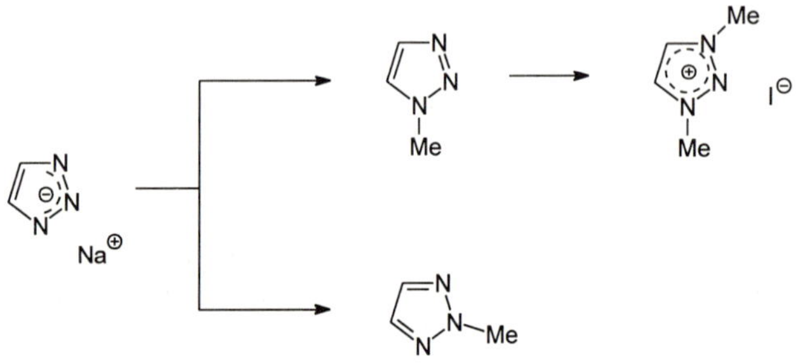

Demgegenüber reagiert Diazomethan mit 1,2,3-Triazol zu 2-Methyl-1,2,3-triazol, Trimethylchlorsilan zu 2-Trimethylsilyl-1,2,3-triazol.

Acetylierung und Tosylierung von 1,2,3-Triazolen mit den entsprechenden Säurechloriden führen meist zu Gemischen von 1- und 2-Acetyl- bzw. Tosylverbindungen.

Von den elektrophilen Substitutionsreaktionen am Kohlenstoff verläuft wie beim Pyrrol und Imidazol die Halogenierung am schnellsten. Brom reagiert mit 1,2,3-Triazol zu 4,5-Dibrom-1,2,3-triazol, einer Verbindung, deren N-H-Acidität mit pK_a = 5,37 deutlich größer ist als die des 1,2,3-Triazols. Offenbar wird die hohe Reaktivität des 1,2,3-Triazols bei der Halogenierung durch das pyrrolartige N-Atom verursacht, denn 2-Methyl-1,2,3-triazol reagiert wesentlich langsamer. 2-Phenyl-1,2,3-triazol wird zuerst am Benzolring nitriert und erst danach am 1,2,3-Triazolring:

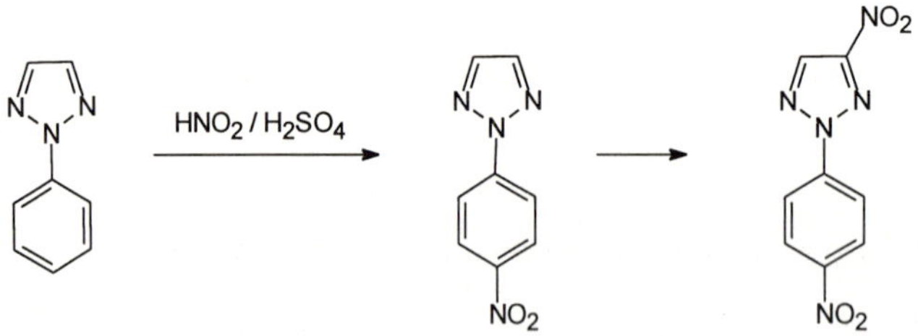

DIMROTH-*Umlagerung*

1,2,3-Triazole reagieren wie Pyrazole nicht oder nur langsam mit Nucleophilen unter Ringöffnung. Beim Erhitzen von 1,2,3-Triazolen in geeigneten Lösungsmitteln erfolgt jedoch in vielen Fällen eine Ringöffnung zu Zwischenstufen, die zu einem Konstitutionsisomer des Eduktes recyclisieren. Derartige Isomerisierungen, die auch bei anderen Heterocyclen mit mehreren N-Atomen beobachtet werden, faßt man unter der Bezeichnung DIMROTH-Umlagerung zusammen. Ein Beispiel ist die Umlagerung von 5-Amino-1-phenyl-1,2,3-triazol **3** zu 5-Phenylamino-1,2,3-triazol **6** in siedendem Pyridin:

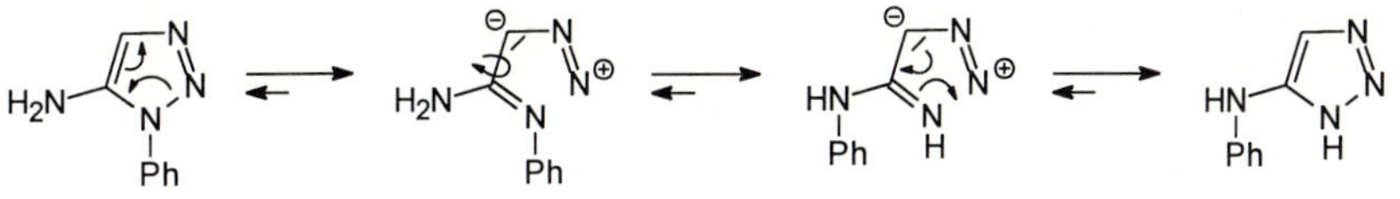

3 **4** **5** **6**

Die Ringöffnung erfolgt durch Lösung der N-N-Bindung von **3** zu einem Diazoimin **4**. Dieses isomerisiert zu einem weiteren Diazoimin **5**, das zum Produkt **6** cyclisiert. Viele DIMROTH-Umlagerungen sind reversibel. Im gewählten Beispiel verläuft die Umlagerung in der angegebenen Richtung (**3** → **6**), weil die N-H-Acidität des Produktes größer als die des Eduktes ist und es zur Salzbildung mit dem basischen Lösungsmittel kommt.

Dediazonierung

1,2,3-Triazole unterliegen bei der Pyrolyse oder Photolyse einer Ringöffnung unter Eliminierung von Stickstoff. Die im Fall von 1-substituierten 1,2,3-Triazolen entstehenden Fragmente, für die eine 1,3-Diradikal-Struktur oder eine Iminocarben-Struktur **7** in Betracht gezogen werden kann, cyclisieren zu 1*H*-Azirinen **8**, die in der Gasphase oder in inerten Lösungsmitteln hauptsächlich zu 2*H*-Azirinen **9** isomerisieren:

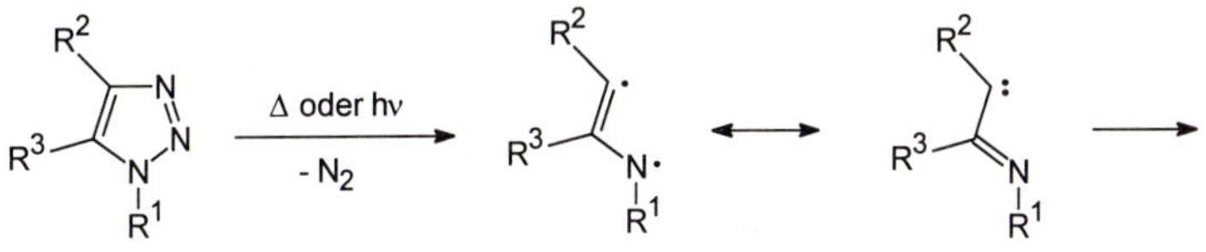

7

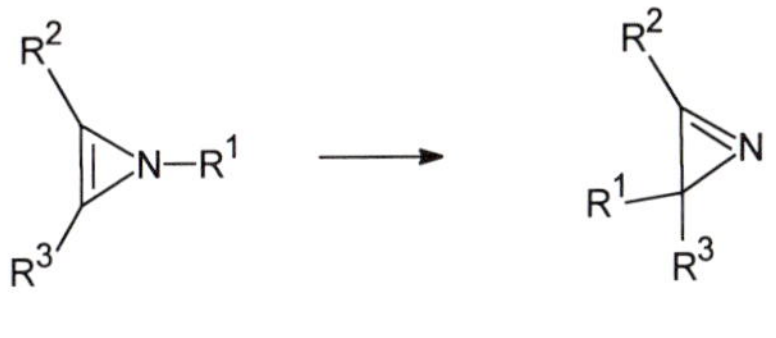

8 **9**

Die Pyrolyse oder Photolyse von 1-unsubstituierten 1,2,3-Triazolen ergibt Nitrile:

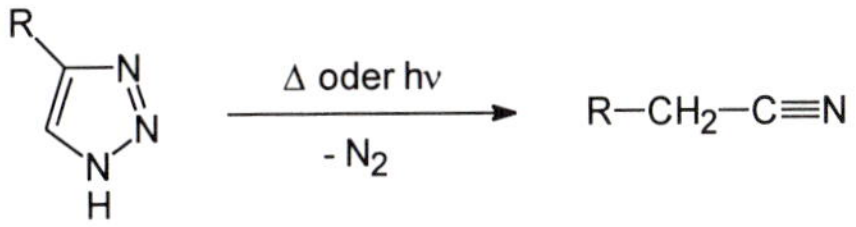

$$R-CH_2-C\equiv N$$

Die thermische Dediazonierung von Δ^2-1,2,3-Triazolinen verläuft schneller und ist eine Synthesemethode für Aziridine (s.S.31).

C Zur **Synthese** von 1,2,3-Triazolen haben sich die nachfolgend beschriebenen Methoden besonders bewährt.

❶ Stickstoffwasserstoffsäure oder Azide reagieren in einer 1,3-dipolaren Cycloaddition mit Alkinen:

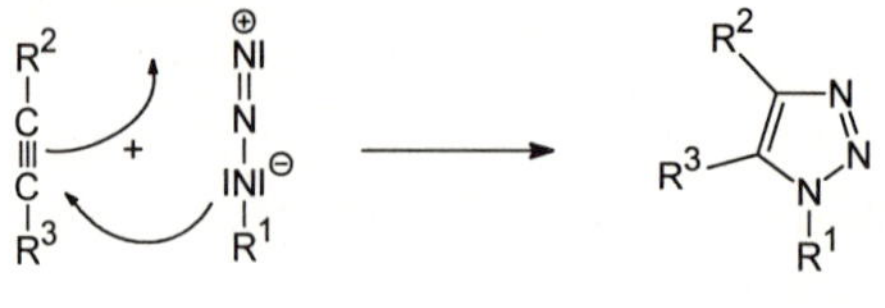

Im Fall terminaler Alkine entstehen mit hoher Regioselektivität 1,4-disubstituierte 1,2,3-Triazole (**10**, R^3 = H). So reagiert Trimethylsilylacetylen mit Arylaziden quantitativ zu 1-Aryl-4-trimethylsilyl-1,2,3-triazolen[125].

Die 1,3-dipolare Cycloaddition von Aziden an Alkene verläuft langsamer und ergibt Δ^2-1,2,3-Triazoline (s.S.31).

❷ Die Cycloaddition von Aziden an C-H-acide Verbindungen in Gegenwart von Natriummethoxid führt zu 5-Amino-1,2,3-triazolen **11**:

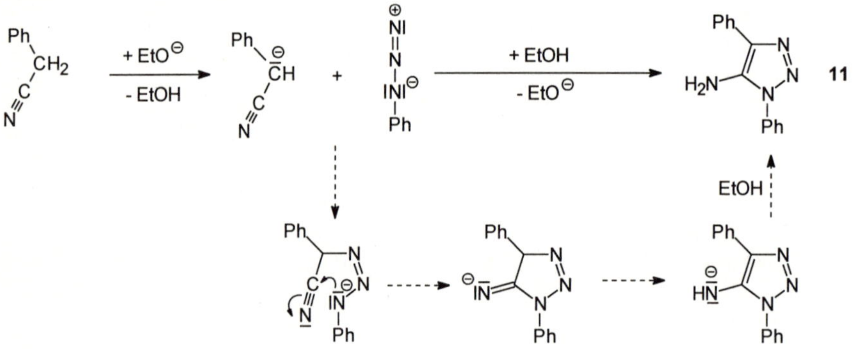

Im Unterschied zur 1,3-dipolaren Cycloaddition handelt es sich hier um eine mehrstufige Reaktion, wodurch 100 % Regioselektivität gewährleistet sind.

❸ Die Oxidation der Bishydrazone von 1,2-Dicarbonyl-Verbindungen liefert 1-Amino-1,2,3-triazole **12**:

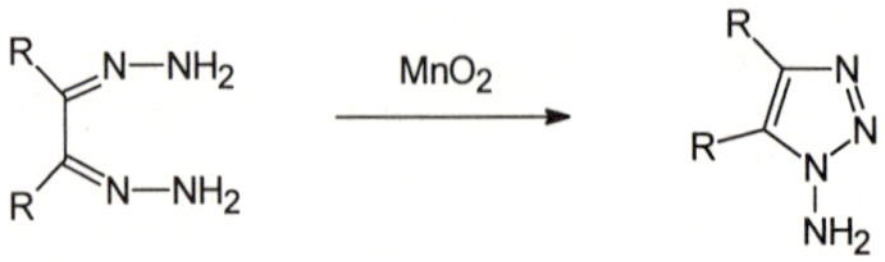

1,2-Bis-phenylhydrazone (Osazone) dagegen ergeben beim Erhitzen oder bei der Oxidation 2-Phenyl-1,2,3-triazole **13** (Osotriazole):

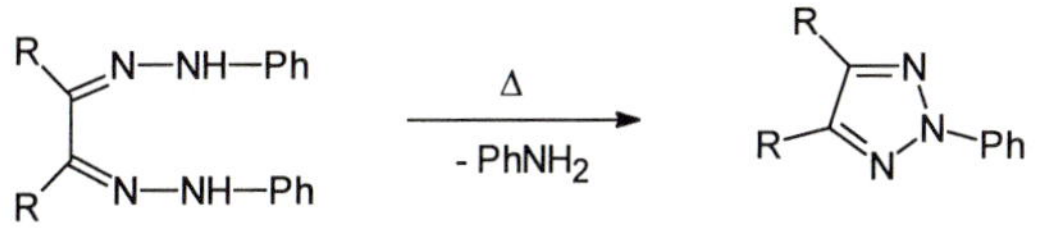

D | **1,2,3-Triazol** bildet farblose, süßschmeckende, hygroskopische Kristalle, Schmp. 24°C, Sdp. 209°C, die in Wasser löslich sind.

Naturstoffe, die sich vom 1,2,3-Triazol ableiten, sind bisher nicht bekannt. Das 1,2,3-Triazol-Gerüst ist in einer Reihe von Pharmaka enthalten (vgl. S.473). In dem klinisch angewandten ß-Lactam-Antibioticum *Cefatrizin* **14** dient das 1,2,3-Triazolsystem zur Modifikation der pharmakokinetischen Eigenschaften:

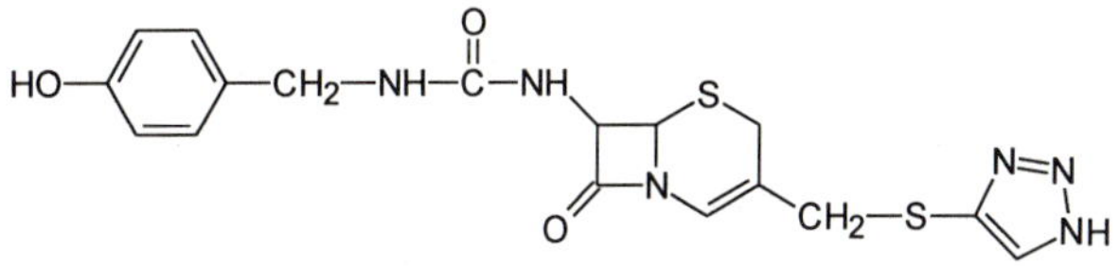

14

Gegenstand zahlreicher Patente ist die Synthese von 2-Aryl-1,2,3-triazolen, z.B. **15**, die sich als optische Aufheller eignen[117]:

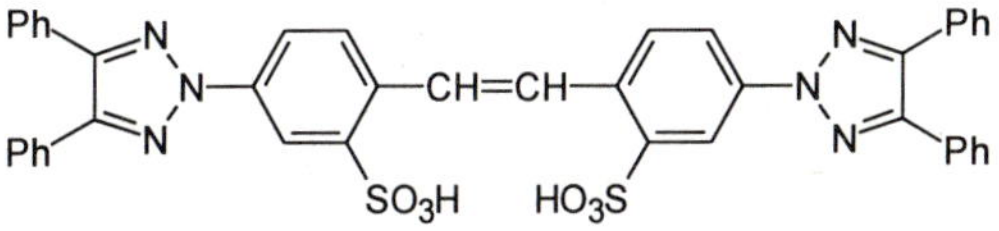

15

Von den Anwendungen der 1,2,3-Triazole und Δ^2-1,2,3-Triazoline für synthetische Transformationen ist vor allem die Dediazonierung zu 2*H*-Azirinen bzw. zu Aziridinen von Bedeutung.

5.45 Benzotriazol

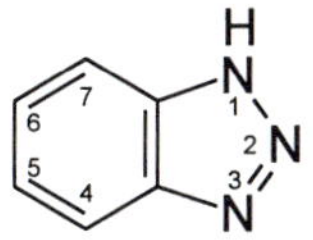

A | Die UV-Spektren einfacher Benzotriazole weisen folgende Maxima auf (nm, lg ε):

Benzotriazol	259 (3,75), 275 (3,71)
1-Methylbenzotriazol	255 (3,81), 283 (3,68)
2-Methylbenzotriazol	274 (3,96), 280 (3,98), 285 (3,97)

Benzotriazol ist eine extrem schwache Base, aber mit pK$_a$ = 8,2 stärker N-H-acid als Indazol, Benzimidazol und auch als 1,2,3-Triazol. Somit stabilisiert der ankondensierte Benzolring die konjugierte Base noch zusätzlich:

Benzotriazol bildet mit zahlreichen Metallen Komplexe, wobei es häufig als Brückenligand fungiert:

M : Metall

B In Analogie zum 1,2,3-Triazol existieren auch für Benzotriazol drei Tautomere, zwei 1H-Formen und eine 2H-Form (s.S.201). In Lösung liegen die Gleichgewichte aber fast vollständig auf der Seite der 1H-Formen[126]. Obwohl die 2H-Form eine orthochinoide Struktur besitzt, geht aus den NMR-Spektren von 2-Methylbenzotriazol hervor, daß die π-Elektronen ähnlich wie im Fall des 2-Methylindazols weitgehend delokalisiert sind (s.S.185).

Bei der Alkylierung von Benzotriazol entstehen Gemische von 1- und 2-Alkylbenzotriazolen, wobei wie im Fall des 1,2,3-Triazols das Mengenverhältnis vom Alkylierungsreagens abhängt. Acylierung und Sulfonylierung dagegen erfolgen am N-Atom 1. Mit Phenylisocyanat entsteht 1-(Phenylcarbamoyl)benzotriazol:

Für elektrophile Substitutionsreaktionen am Kohlenstoff steht nur der Benzolring zur Verfügung. So ergibt die Chlorierung mit einer Mischung von konzentrierter Salzsäure und konzentrierter Salpetersäure 4,5,6,7-Tetrachlorbenzotriazol, die Nitrierung hauptsächlich 4-Nitrobenzotriazol. Durch Einwirkung von KMnO$_4$ wird der Benzolring oxidativ geöffnet, es entsteht 1,2,3-Triazol-4,5-dicarbonsäure.

Die Dediazonierung von 1-Phenylbenzotriazol führt über ein Diradikal nahezu quantitativ zu Carbazol (GRAEBE-ULLMANN-Reaktion):

|C| Die Standardsynthese für Benzotriazole ist die Cyclokondensation von *o*-Phenylendiaminen mit Natriumnitrit in Essigsäure:

|D| **Benzotriazol** bildet farblose Nadeln, Schmp. 99°C, und kann unter Normaldruck nicht destilliert werden.

Benzotriazole kommen nicht in der Natur vor, haben aber mehrere Anwendungsgebiete gefunden. So wird der Dopamin-Antagonist *Alizaprid* **1** als Antiemeticum eingesetzt:

Benzotriazol hat sich als Korrosionsinhibitor bewährt, insbesondere für Kupfer. Es passiviert das Metall durch Ausbildung einer Schicht von unlöslichem Kupfer(I)-benzotriazolid. Benzotriazol wirkt stabilisierend auf photographische Emulsionen und verzögert die Schleierbildung.

Verbindungen wie 2-(2-Hydroxy-5-methylphenyl)benzotriazol **2** (*Tinuvin P*) absorbieren UV-Strahlung im Bereich von 300 bis 400 nm und dienen als Strahlenschutzmittel, z.B. zur Verhütung von Sonnenbrand, sowie als Photostabilisatoren für Plaste, Elaste und Chemiefasern[127]. Polynitro-1-phenylbenzotriazole wurden hergestellt und ihre Eignung als Explosivstoffe untersucht[128].

|E| Die meisten synthetischen Anwendungen der Benzotriazole beruhen auf der Akzeptorwirkung des Benzotriazol-1-yl-Restes bzw. auf der Stabilität des Benzotriazolylanions. So wird 1-Chlorbenzotriazol als Chlorierungsmittel eingesetzt. Es überträgt ein Cl$^+$-Ion auf das Substrat. Ein Beispiel ist die Chlorierung von Carbazol in Dichlormethan zu 3-Chlorcarbazol.

1-Hydroxybenzotriazol wird bei der Cyclokondensation von 1-Chlor-2-nitrobenzol mit Hydrazin erhalten:

Ein Zusatz dieser Verbindung bei der DCC-Methode der Peptidsynthese vermindert die Racemisierung und verhindert die Entstehung von *N*-Acylharnstoffen.

Aus 1-Aminobenzotriazol entsteht bei der Oxidation mittels Blei(IV)-acetat 1,2-Dehydrobenzol, das auf diese Weise als reaktive Zwischenstufe erzeugt und z.B. durch Anthracen unter Bildung von Triptycen abgefangen werden kann:

[Reaktion: 1-Aminobenzotriazol + Pb(AcO)₄ → Benzin + 2 N₂ + Pb(AcO)₂ + 2 AcOH]

Mit Hilfe von Benzotriazol als Synthese-Auxiliar gelingt die Herstellung einer Reihe von organischen Verbindungen[129]. Als Beispiel dient die Synthese von Methylethern auf folgendem Weg:

[Reaktionsschema: Benzotriazol → mit (MeO)₂CH₂/H⊕ → N-CH₂-OMe-Benzotriazol → BuLi in THF → BT-CH(Li)-OMe]

[Weiter: + R¹X, −LiX → BT-CH(R¹)-OMe → + R²MgI, −BTMgI → R²-CH(R¹)-OMe]

BT: Benzotriazol-1-yl

In ähnlicher Weise wurden Synthesen von Diarylmethanen[130], von Dienaminen[131], von N,N'-disubstituierten Thioharnstoffen und Carbodiimiden[132] mit Benzotriazol als Auxiliar durchgeführt.

5.46 1,2,4-Triazol

[Struktur: 1,2,4-Triazol mit Nummerierung 1(NH), 2(N), 3, 4(N), 5]

A Dieses System wurde früher als *s*-Triazol bezeichnet (s von symmetrisch). Es ist wie sein Konstitutionsisomer 1,2,3-Triazol aromatisch. Die Ionisierungsenergie wurde zu 10,00 eV gemessen. Demnach liegt das HOMO ähnlich tief wie das des 1,2,3-Triazols. Das Dipolmoment beträgt in der Gasphase 2,72 D, in Dioxan 3,27 D. Im UV-Spektrum (gemessen in Dioxan) liegt das Absorptionsmaximum bei 205 nm (lg ε = 0.2). Das ¹H-NMR-Spektrum des 1,2,4-Triazols (in HMPT) zeigt ein CH-Signal bei $\delta = 8{,}17$ ppm und ein NH-Signal bei $\delta = 15{,}1$ ppm. Im ¹³C-NMR-Spektrum (in Methanol-d₄) wird ebenfalls nur ein Signal bei $\delta = 147{,}4$ ppm beobachtet. Infolge der annularen Tautomerie handelt es sich um gemittelte Signale. So spaltet z.B. das CH-Signal bei −34°C in zwei Signale auf, $\delta = 7{,}92$ für H-3 und 8,85 für H-5.

Im 1,2,4-Triazol ist jedes C-Atom an zwei N-Atome gebunden. Daraus läßt sich schlußfolgern, daß an den C-Atomen π-Mangel herrscht. MO-Berechnungen ergaben Werte bis zu 0,744 für die π-Elektronendichte in 3- sowie in 5-Position. An den N-Atomen ist die π-Elektronendichte dementsprechend hoch.

B 1,2,4-Triazole sind durch folgende **Reaktionen** gekennzeichnet.

Säure-Base-Reaktionen

1,2,4-Triazol ist eine schwache Base, pK_a = 2,19. Die Protonierung erfolgt am N-Atom 4. An den N-Atomen unsubstituierte 1,2,4-Triazole sind N-H-acid und bilden schwerlösliche Kupfer- und Silbersalze. Für die Stammverbindung wurde pK_a = 10,26 gemessen. Demnach unterscheiden sich 1,2,4- und 1,2,3-Triazol bezüglich Basizität und Acidität nur wenig.

Annulare Tautomerie

Beim unsubstituierten 1,2,4-Triazol sind drei Tautomere möglich, zwei 1*H*-Formen und die 4*H*-Form:

1 *H* - Form   1 *H* - Form   4 *H* - Form

Die Mikrowellenspektren ergeben, daß in der Gasphase nur die 1*H*-Formen existieren. In Lösung dominieren sie gleichfalls, wie aus den ^{1}H-NMR-Spektren bei tiefen Temperaturen hervorgeht. 4-Methyl-1,2,4-triazol zeigt auch bei tiefen Temperaturen außer dem CH_3-Signal bei δ = 3,64 ppm nur ein CH-Signal bei δ = 8,34 ppm.

Reaktionen mit elektrophilen Reagenzien

Bevorzugter Angriffsort von Elektrophilen sind die N-Atome des 1,2,4-Triazols bzw. des 1,2,4-Triazolyl-Anions. Die Reaktion von Dimethylsulfat mit Natrium-1,2,4-triazolid in Acetonitril ergibt in 100 % Ausbeute ein Gemisch von 1-Methyl- und 4-Methyl-1,2,4-triazol im Verhältnis 8,8 : 1. Analog lassen sich Benzylierung, Methoxycarbonylierung und Trimethylsilylierung durchführen, wobei ebenfalls hauptsächlich 1-substituierte Verbindungen entstehen[98]. Die Quaternierung von 1-Methyl-1,2,4-triazol mittels Trimethyloxoniumtetrafluoroborat erfolgt stufenweise:

Auch bei Acylierungen wird die 1-Position bevorzugt angegriffen.

Elektrophile Substitutionsreaktionen am Kohlenstoff, z.B. Nitrierung und Sulfonierung, verlaufen sehr langsam. Dagegen ergibt die Einwirkung von Chlor oder Brom 3(5)-Chlor- bzw. 3(5)-Brom-1,2,4-triazol über die 1-Halogen-Verbindungen als Zwischenstufen:

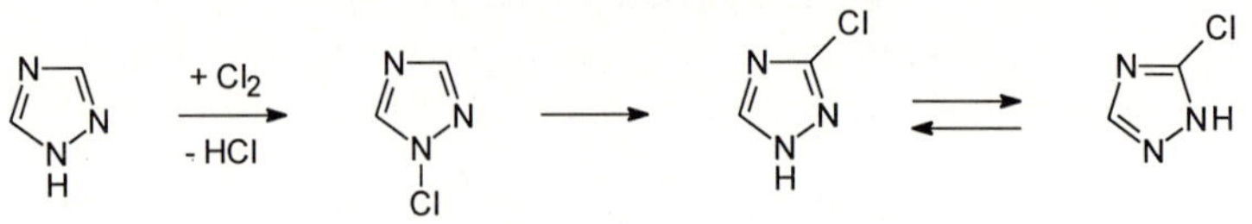

3(5)-Halogen-1,2,4-triazole sind nucleophilen Substitutionsreaktionen zugänglich, wobei die Reaktivität durch Salzbildung mit Säuren oder durch Quaternierung erhöht wird.

Dediazonierungen sind bei 1,2,4-Triazolen erst unter extremen Bedingungen realisierbar, da die für die Eliminierung von Stickstoff günstige Gruppierung –N=N– nicht vorhanden ist.

> [C] Die meisten **Synthesen** für 1,2,4-Triazole gehen von Hydrazin oder substituierten Hydrazinen aus.

❶ Hydrazine cyclokondensieren mit Diacylaminen zu 1,2,4-Triazolen **2** (EINHORN-BRUNNER-Synthese), z.B.:

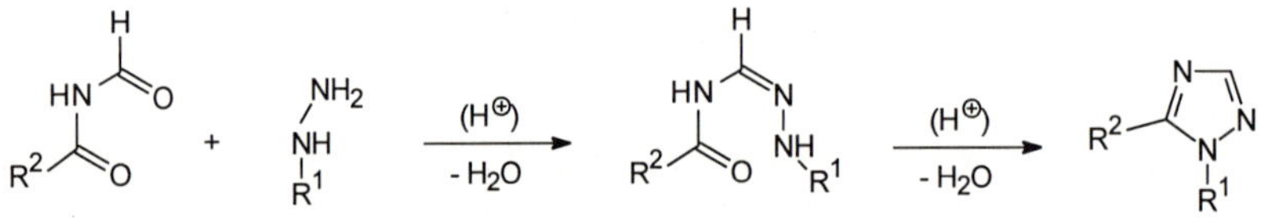

Setzt man ein *N*-Formylcarbonsäureamid ein, dann verläuft die Reaktion regioselektiv über das Acylamidrazon **1** der Ameisensäure zu einem 1,5-disubstituierten 1,2,4-Triazol.

❷ Carbonsäurehydrazide gehen mit Carbonsäureamiden oder Thioamiden eine Cyclokondensation zu 1,2,4-Triazolen des Typs **3** ein (PELLIZZARI-Synthese):

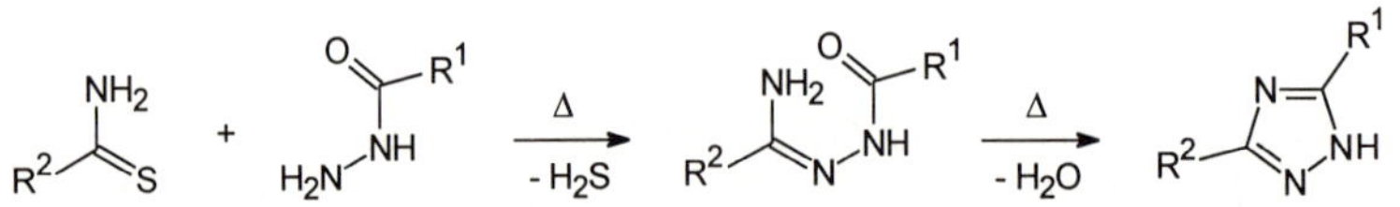

Die Reaktion erfordert höhere Temperaturen und verläuft ebenfalls über Acylamidrazone.

❸ 1,2-Diacylhydrazine können mit Ammoniak zur Cyclokondensation gebracht werden:

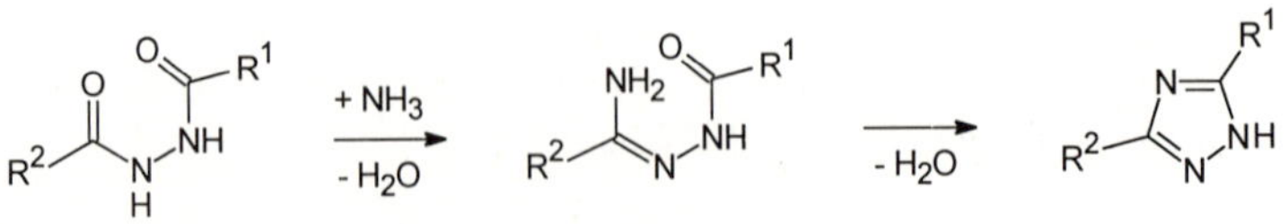

Demnach treten bei allen drei Reaktionen Acylamidrazone als Zwischenstufen auf. Deswegen können 1,2,4-Triazole auch aus Amidrazonen und Acylierungsreagenzien wie Carbonsäureestern oder Carbonsäurechloriden synthetisiert werden.

D **1,2,4-Triazol** bildet farblose Kristalle, Schmp. 121°C, Sdp. 260°C. Es ist in Wasser löslich.
3-Amino-1,2,4-triazol, farblose Kristalle, Schmp. 152-153°C, wird durch Erhitzen von Aminoguanidinformiat auf 120°C hergestellt:

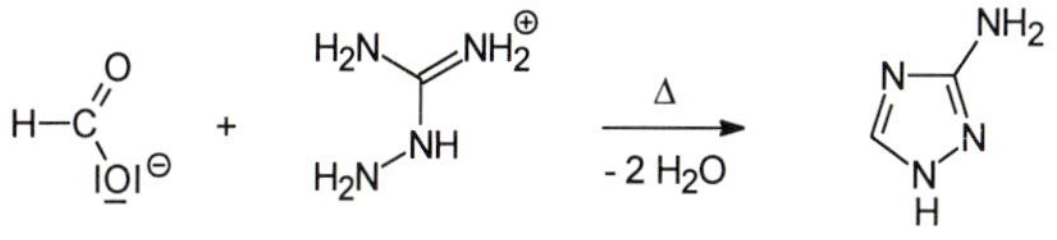

3-Amino-1,2,4-triazol ist im Prinzip diazotierbar, mit Natriumnitrit und Salzsäure entsteht jedoch infolge Dediazonierung 3-Chlor-1,2,4-triazol:

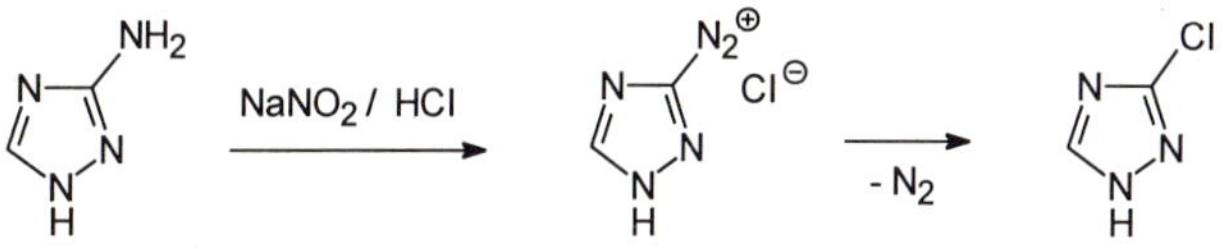

3-Amino-1,2,4-triazol reagiert mit Isoamylnitrit und *N,N*-Dialkylanilinen in Methanol/Wasser unter einem CO_2-Druck von 53,5 bar quantitativ zu Azofarbstoffen[133]. Vermutlich verläuft die Reaktion über das Diazoniumhydrogencarbonat:

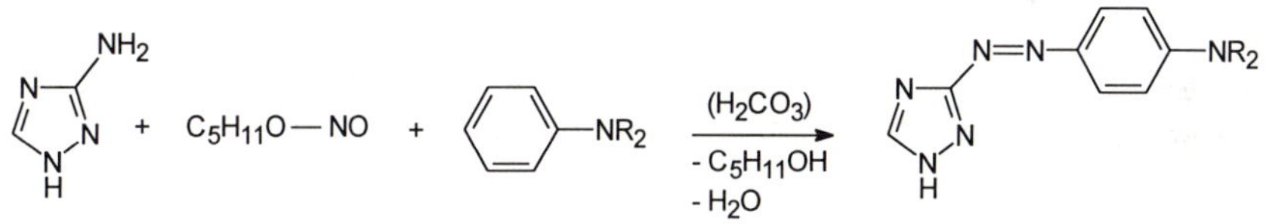

Bisher konnten keine 1,2,4-Triazole in der Natur aufgefunden werden.

Halbsynthetische ß-Lactam-Antibiotica mit einem 1,2,4-Triazolyl-Substituenten wurden hergestellt und klinisch eingesetzt. Am bedeutsamsten ist jedoch die Anwendung der 1,2,4-Triazole als Biocide. Bereits 3-Amino-1,2,4-triazol (*Amitrol, Amizol*) wirkt als unselektives Herbicid. *Triadimenol* **4** gehört zu den wirksamsten Fungiciden, wobei die Konfiguration (1*S*,2*R*) entscheidend für die Wirkung ist[134]. Die 1,2,4-Triazol-Fungicide hemmen die Biosynthese des Ergosterols in Pilzen.

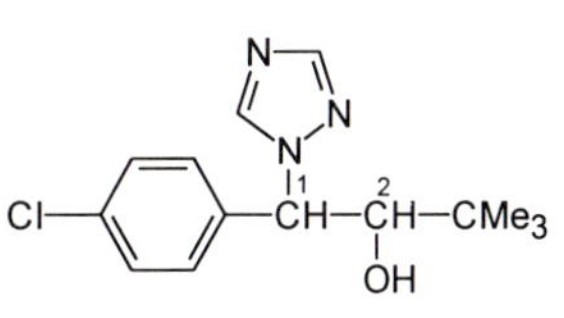

4 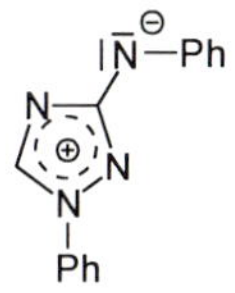   **5**

E Im Hinblick auf chemische Anwendungen haben 1,2,4-Triazole als Reagenzien Bedeutung erlangt. 1,2,4-Triazol selbst eignet sich als Katalysator für Transacylierungen, z.B. bei der racemisierungsfreien Peptidsynthese aus N-geschützten Aminosäure(4-nitrophenyl)estern und Aminosäuren. **Nitron 5**, ein mesoionisches 1,2,4-Triazol, bildet ein schwerlösliches Nitrat und dient zum Nachweis und zur gravimetrischen Bestimmung von Nitrationen. Nitron, durch Reaktion mit Poly[4-(chlormethyl)styrol] kovalent an den polymeren Träger gebunden, kann zur Entfernung von Nitrat aus dem Trinkwasser eingesetzt werden.

5.47 Tetrazol

Fünfgliedrige Heterocyclen mit vier Heteroatomen sind ebenfalls bekannt. So gibt es außer Tetrazol insgesamt vier konstitutionsisomere Oxatriazole und Thiatriazole:

1,2,3,4-   1,2,3,5-   X = O, S

Nachstehend wird jedoch nur das Tetrazol behandelt.

A Tetrazol enthält außer dem pyrrolartigen N-Atom noch drei pyridinartige N-Atome und ist wegen der sechs delokalisierten π-Elektronen aromatisch. Tetrazol hat von allen Azolen die höchste Ionisierungsenergie, sie beträgt 11,3 eV. Infolge des tiefliegenden HOMO widersteht der Tetrazolring selbst starken Oxidationsmitteln. Das Dipolmoment wurde in der Gasphase zu 2,19 D gemessen, in Dioxan zu 5,15 D. Diese große Differenz läßt darauf schließen, daß in der Gasphase die 2H-Form dominiert, in Lösung aber die 1H-Form. Andererseits könnte sich auch die Existenz von Assoziaten in Lösung auswirken. Im UV-Spektrum verursacht der Tetrazolring nur eine schwache Absorption im Bereich von 200-220 nm. Im ^{1}H-NMR-Spektrum von Tetrazol (in D_2O) liegt das H-5-Signal bei $\delta = 9,5$ ppm. Das C-5-Signal im ^{13}C-NMR-Spektrum (in DMF) erscheint bei $\delta = 143,9$ ppm. Verglichen mit den anderen fünfgliedrigen Heteroarenen sollte der π-Mangel am C-Atom des Tetrazols am stärksten ausgeprägt sein.

B Folgende **Reaktionen** sind typisch für Tetrazole.

Säure-Base-Reaktionen

Tetrazol ist eine sehr schwache Base, $pK_a = -3,0$. Die Protonierung erfolgt in 4-Position.

Von allen Azolen ist Tetrazol am stärksten N-H-acid, $pK_a = 4,89$. Tetrazol ist demnach in der Säurestärke mit Essigsäure ($pK_a = 4,76$) vergleichbar. Man kann 5-substituierte Tetrazole als Stickstoff-Analoga der Carbonsäuren auffassen:

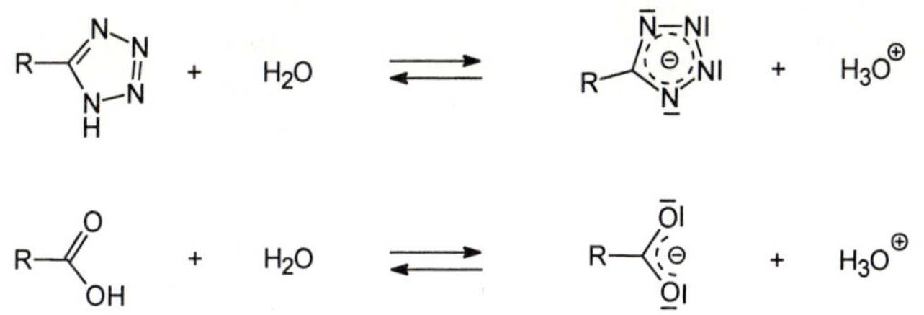

Da außerdem -CN₄H und -CO₂H ungefähr den gleichen Raumbedarf haben, wird Bioisosterie beobachtet. Tetrazole bilden schwerlösliche, explosive Kupfer- und Silbersalze.

Annulare Tautomerie

Außer den Dipolmomenten belegen auch die NMR-Spektren, daß in Lösung die 1*H*-Form gegenüber der 2*H*-Form überwiegt. Anders als beim 1,2,3-Triazol existieren nur zwei konstitutionsisomere Dimethyltetrazole **1/2**:

Ring-Ketten-Tautomerie

1,5-Disubstituierte Tetrazole können zu Azidoiminen isomerisieren:

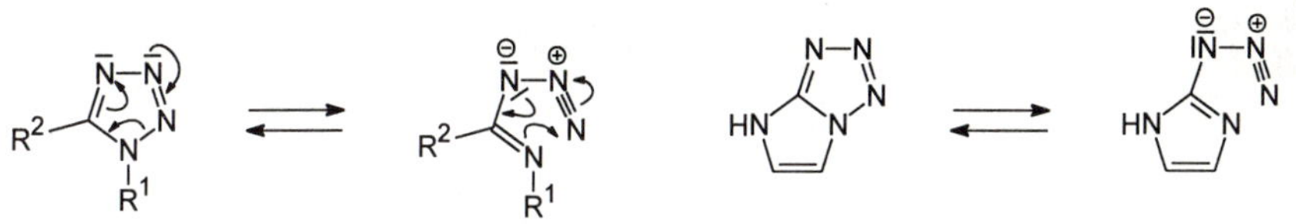

Die Lage des Gleichgewichts hängt von der Art der Substituenten R^1 und R^2 ab. Die Ring-Ketten-Tautomerie wird häufig bei bi- und polycyclischen Systemen beobachtet, z.B. beim Imidazolo[2,3-e]-tetrazol **3**, wo sich durch Einwirkung von Basen ein Gleichgewicht mit 2-Azidoimidazol **4** einstellt.

Metallierung

1-Methyltetrazol wird zwar durch *n*-Butyllithium in THF bei -60°C in 5-Position lithiiert, das Produkt unterliegt aber schon oberhalb von -50°C der Dediazonierung zum Lithiumsalz des Methylcyanamids:

In 1-Position substituierte 5-Alkyltetrazole werden infolge der Akzeptor-Wirkung des Tetrazol-5-yl-Restes am Alkylsubstituenten metalliert. Die Produkte sind bei Raumtemperatur stabil und lassen sich durch Reaktion mit Elektrophilen weiter abwandeln, z.B.:

Reaktionen mit elektrophilen Reagenzien

Natriumtetrazolid reagiert mit Iodmethan in Methanol zu einem Gemisch von 1- und 2-Methyltetrazol im Verhältnis 1,9 : 1 [98]. Sowohl 1- als auch 2-substituierte Tetrazole können quaterniert werden[135], z.B.:

Die Acylierung mittels Acylhalogeniden erfolgt in 2-Position, die Produkte sind jedoch nicht stabil.

Von elektrophilen Substitutionen am C-Atom des Tetrazols sind nur die Bromierung und die Acetoxymercurierung von 1- und 2-Phenyltetrazol bekannt. Bei der Einwirkung von Nitriersäure findet die Substitution am Benzolring statt.

Reaktionen mit nucleophilen Reagenzien

5-Halogentetrazole reagieren mit Nucleophilen unter Substitution, z.B. mit Phenolen und K_2CO_3 in Aceton:

Die entstehenden Phenolether ergeben bei der katalytischen Hydrierung Arene. Auf diesen Reaktionen beruht eine Methode zur Deoxygenierung von Phenolen.

Die Substitution des Halogens in 5-Halogentetrazolen gelingt auch mit Stickstoff-Nucleophilen.

Dediazonierung

In Analogie zu den 1,2,3-Triazolen ist die Dediazonierung 2,5-disubstituierter Tetrazole thermisch oder photochemisch möglich. Allerdings entstehen dabei Nitrilimine:

5.47 Tetrazol

$$R^2-\text{(tetrazole)}-R^1 \xrightarrow[-N_2]{\Delta \text{ oder } h\nu} R^2-C\equiv\overset{\oplus}{N}-\overset{\ominus}{N}-R^1$$

Kristalline Tetrazole können sich schon bei Raumtemperatur explosionsartig unter Dediazonierung zersetzen.

2-Acyltetrazole unterliegen in Lösung bei Raumtemperatur der Dediazonierung. Die Acylnitrilimine cyclisieren jedoch sofort zu 1,3,4-Oxadiazolen (HUISGEN-Reaktion):

$$R^2-\text{(tetrazol-H)} \xrightarrow{R^1COCl} R^2-\text{(N-acyltetrazol)}-R^1 \xrightarrow{-N_2} \text{(acylnitrilimin)} \longrightarrow R^2-\text{(1,3,4-oxadiazol)}-R^1$$

C Zur **Synthese** von Tetrazolen haben sich folgende Reaktionen bewährt.

❶ Azidionen (z.B. Natriumazid in DMF) reagieren mit Nitrilen in einer [3+2]-Cycloaddition unter Bildung von 5-substituierten Tetrazolen **5**:

$$R-C\equiv N + N_3^- Na^+ \longrightarrow R-\text{(tetrazolid)} Na^+ \xrightarrow{HCl} R-\text{(tetrazol-H)}$$

5

Die Cycloaddition von Alkyl-, Aryl- oder Trimethylsilylaziden an Nitrile oder Isonitrile ergibt 1,5- und/oder 2,5-disubstituierte Tetrazole.

❷ Imidoylhalogenide reagieren mit Natriumazid unter Bildung von 1,5-disubstituierten Tetrazolen **7**:

$$R^2-\underset{R^1}{\text{C(Cl)=N}} \xrightarrow{NaN_3} R^2-\underset{R^1}{\text{C(N_3)=N}} \rightleftharpoons R^2-\underset{R^1}{\text{(tetrazol)}}$$

6   **7**

Die zunächst entstehenden Azidoimine (Imidoylazide) **6** cyclisieren im Rahmen der Ring-Ketten-Tautomerie zu 1,5-disubstituierten Tetrazolen.

❸ Tetrazoliumsalze **9** entstehen bei der oxidativen Cyclisierung von Formazanen **8**:

[Reaktionsschema: Ph-CH=N-NHR + ⁺N₂-Ph →(−H⁺) Formazan **8** →(+HCl, +O, −H₂O) Tetrazoliumsalz **9** (Cl⁻)]

Formazane sind aus Hydrazonen und Arendiazoniumsalzen zugänglich. Mit R = Ph entsteht das farblose 2,3,5-Triphenyltetrazoliumchlorid. Durch Reduktionsmittel, so z.B. durch reduzierend wirkende Enzyme, geht es wieder in das rote Formazan über. Auf diese Weise lassen sich die Teile von Zellen anfärben, in denen biologische Reduktionsvorgänge stattfinden.

Ist R eine nucleofuge Abgangsgruppe, z.B. ein Tosylrest, dann cyclisiert das Formazan zu 2,5-Diphenyltetrazol.

D **Tetrazol**, farblose Kristalle, Schmp. 156°C, löst sich in Wasser. Die Existenz von intermolekularen Wasserstoffbrücken-Bindungen wurde spektroskopisch nachgewiesen.

5-Aminotetrazol, farblose Kristalle, Schmp. 203°C, wird entweder durch Cyclokondensation von Aminoguanidin mit salpetriger Säure oder durch Cycloaddition von Stickstoffwasserstoffsäure an Cyanamid gewonnen:

[Reaktionsschema: Aminoguanidin + HO-N=O →(−2 H₂O) 5-Aminotetrazol]

5-Aminotetrazol läßt sich mit Natriumnitrit und Salzsäure diazotieren. Die äußerst explosiven Diazoniumsalze können nur in Lösung gehandhabt werden. Unterphosphorige Säure bewirkt Reduktion zu Tetrazol. Beim Erwärmen der Lösung erfolgt Dediazonierung unter Entstehung von atomarem Kohlenstoff:

[Reaktionsschema: 5-Aminotetrazol →(NaNO₂, HCl) Diazoniumsalz →(Δ, −HCl) Carben-artiges Intermediat → 3 N₂ + C]

Viele Tetrazole sind biologisch aktiv. Die bekannteste Verbindung ist das 1,5-Pentamethylentetrazol **10** (INN *Pentetrazol*, Cardiazol). Es wirkt stimulierend auf das Zentralnervensysten, regt die Herztätigkeit sowie die Atmung an und hebt die Wirkung von Schlaf- und Betäubungsmitteln auf. Deswegen wird es bei Barbiturat-Vergiftungen injiziert. Die Synthese erfolgt durch Einwirkung von Natriumazid und Schwefelsäure auf Cyclohexanon, dabei entsteht durch SCHMIDT-Reaktion zunächst ε-Caprolactam:

5.47 Tetrazol

[Reaktionsschema: Cyclohexanon + HN₃ (−N₂) → Caprolactam + HN₃ (−H₂O) → Tetrazol-anneliertes Siebenring-System **10**]

Auch ß-Lactam-Antibiotica mit einem 1-Methyltetrazol-5-yl-Substituenten wurden hergestellt.

Für jede biologisch aktive Carbonsäure gibt es eine bioisostere Verbindung, in der Carboxylgruppen durch Tetrazol-5-yl-Reste ersetzt sind. Die Tetrazolverbindungen werden biologisch langsamer abgebaut als die Carbonsäuren. Beispielsweise senkt das Tetrazol-Analoge **11** der Nicotinsäure ebenfalls den Gehalt des Blutplasmas an Fettsäuren und Cholesterol.

[Strukturformeln **11** (Pyridyl-Tetrazol) und **12** (HOOC−CH(NH₂)−CH₂−Tetrazol)]

11   **12**

Weiterhin wurden Peptide hergestellt, die anstelle von Asparaginsäure ihr Tetrazol-Analoges **12** enthalten.

5-Mercaptotetrazole stabilisieren photographische Emulsionen und verzögern die Schleierbildung. Tetrazole werden auch als Zusätze zu speziellen Explosivstoffen und Raketentreibstoffen verwendet.

E Von den synthetischen Anwendungen der Tetrazole wurde die Deoxygenierung von Phenolen, die Erzeugung von Nitriliminen und die Herstellung von 1,3,4-Oxadiazolen durch HUISGEN-Reaktion voranstehend beschrieben.

Zusammenfassung allgemeiner Gesichtspunkte der Chemie fünfgliedriger Heterocyclen mit drei und vier Heteroatomen:

- Die Stammverbindungen sind aromatisch. Pyridinartige N-Atome stabilisieren die π-Systeme, am stärksten beim Tetrazol.
- Die Basizität aufgrund der pyridinartigen N-Atome ist gering. Am schwächsten basisch sind Furazan, Benzotriazol und Tetrazol.
- Die N-H-Acidität nimmt mit der Anzahl der pyridinartigen N-Atome zu, da die Anionen (konjugierte Basen) immer stabiler werden. So entsprechen die pK_a-Werte von Tetrazolen etwa denen von Carbonsäuren.
- Bei den Systemen mit pyridin- und pyrrolartigen N-Atomen wird annulare Tautomerie beobachtet. Dies betrifft 1,2,3-Triazol, Benzotriazol, 1,2,4-Triazol und Tetrazol.
- Die Metallierung am Ring-Kohlenstoff ist beim 1,2,3-Triazol und beim Tetrazol möglich. Metallierung an Alkylsubstituenten in α-Position zum Ring gelingt beim Furazan, 1,2,4-Thiadiazol, Benzotriazol und Tetrazol.

- Systeme mit pyrrolartigem N-Atom lassen sich über die betreffenden ambidenten Anionen alkylieren, acylieren, sulfonylieren und silylieren. Danach sind Quaternierungen möglich.
- Elektrophile Substitutionen an C-Atomen des Ringes verlaufen langsam oder gar nicht[119].
- Die Reaktivität gegenüber nucleophilen Reagenzien ist nicht sehr groß. Ringöffnung wird bei Furazanen, 1,2,3- und 1,2,4-Thiadiazolen bewirkt. Halogenverbindungen wie 5-Chlor-1,2,4-thiadiazol, 3(5)-Chlor-1,2,4-triazol und 5-Chlortetrazol sind nucleophilen Substitutionsreaktionen zugänglich[119].
- Systeme, die das Strukturfragment -N=N- enthalten, unterliegen der thermischen und der photochemischen Dediazonierung.
- 5-Amino-1,2,4-thiadiazol, 3-Amino-1,2,4-triazol und 5-Aminotetrazol sind diazotierbar.
- Die Methoden zur Synthese der Systeme umfassen Cyclokondensationen (1,2,3- und 1,2,4-Thiadiazole, Benzotriazole, 1,2,4-Triazole), Cycloadditionen (1,2,3-Triazole, Tetrazole), Cyclodehydratisierungen (Furazane) und Cyclisierungen (Furoxane, 1,2,4-Thiadiazole, 1,2,3-Triazole, Tetrazole).
- Anwendungen in der organischen Synthese sind hauptsächlich mit Furoxanen, 1,2,3-Triazolen, Benzotriazolen, 1,2,4-Triazolen und Tetrazolen möglich.

Am Ende des Kapitels 5 soll die Frage beantwortet werden, ob auch noch das C-Atom des Tetrazols durch ein pyridinartiges N-Atom ersetzt werden kann, d.h., ob *Pentazole* existenzfähige Verbindungen sind oder nicht. Bisher konnten nur Arylpentazole bei Temperaturen unter -30°C aus Lösungen von Arendiazoniumsalzen und Natriumazid isoliert werden:

Am stabilsten erwies sich das (4-Dimethylaminophenyl)pentazol. Aber auch diese Verbindung unterliegt oberhalb von 50°C der Dediazonierung[136]. Der Zerfall kann explosionsartig erfolgen.

Literatur

1. M.J.S.Dewar, A.J.Holder, *Heterocycles* **1989**, *28*, 1135;
   A.R. Katritzky, V. Frygelman, G. Musumara, P. Barczynski, M. Szafran, *J. Prakt. Chem.* **1990**, *332*, 853, 870;
   A.R. Katritzky, P. Barczynski, *J. Prakt. Chem.* **1990**, *332*, 885;
   A.R.Katritzky et al., *Heterocycles* **1991**, *32*, 127;
   V.G.S.Box, *Heterocycles* **1991**, *32*, 2023.
2. I.G.John, L.Random, *J.Am.Chem.Soc.* **1978**, *100*, 3981.
3. R.S.Hosmane, J.F.Liebman, *Tetrahedron Lett.* **1991**, *32*, 3949; *Tetrahedron Lett.* **1992**, *33*, 2303.
4. C.W.Bird, *Tetrahedron* **1992**, *48*, 335, 1675.
5. E.J.Corey, X.-M.Cheng, *The Logic of Chemical Synthesis*, John Wiley & Sons, New York **1989**;
   S.Warren, *Organic Synthesis: The Disconnection Approach*, 5.Aufl., John Wiley & Sons, New York **1991**.
6. H.König, F.Graf, V.Weberndörfer, *Liebigs Ann. Chem.* **1981**, 668.
6a. M.E.Maier, *Nachr.Chem.Tech.Lab.* **1993**, *41*, 696.
7. Tietze/Eicher 1991, S.382.
8. Z.Chen, X.Wang, W.Lu, J.Yu, *Synlett* **1991**, 121.
9. R.Rodrigo, *Tetrahedron* **1988**, *44*, 2093.

10. T.Keumi, N.Tomioka, K.Hamanaka, H.Kakihara, M. Fukushima, T. Morita, H. Kitayima *J. Org. Chem.* **1991**, *56*, 4671.
11. O.Hutzinger, M.Fink, H.Thoma, *Chemie in unserer Zeit* **1986**, *20*, 165.
12. G.Cardillo, M.Orena, *Tetrahedron* **1990**, *46*, 3321.
13. R.Amouroux, B.Gerin, M.Chastrette, *Tetrahedron Lett.* **1982**, 4341;
J.-C.Harmange, B.Figadere, *Tetrahedron: Asymmetry* **1993**, *4*, 1711.
14. W.G.Dauben, C.R.Kessel, K.H.Takemura, *J.Am. Chem.Soc.* **1980**, *102*, 6893.
15. P.A.Grieco, J.J.Nunes, M.D.Gaul, *J.Am.Chem. Soc.* **1990**, *112*, 4595.
16. W.Kreiser, *Nachr. Chem. Techn. Lab.* **1981**, *29*, 11.
17. D.N. Reinhoudt, J. Greevers, W.P. Trompenaars, S.Harkema, G.J.van Hummel, *J.Org.Chem.* **1981**, *46*, 424.
18. J.R.Angelici, *Acc.Chem.Res.* **1988**, *21*, 387;
A. Müller, E. Diemann, F.-W. Baumann, *Nachr. Chem.Tech.Lab.* **1988**, *36*, 18.
19. K.Jug, H.-P.Schluff, *J.Org.Chem.* **1991**, *56*, 129.
20. H.J.Backer, W.Stevens, *Rec.Trav.Chim.Pays-Bas* **1940**, *59*, 423;
D.A.Crombie, J.R.Kiely, C.J.Ryan, *J.Heterocycl. Chem.* **1979**, *16*, 381;
Y.Miyahara, *J.Heterocycl.Chem.* **1979**, *16*, 1147.
21. J.Engel, *Chem.-Ztg.* **1979**, *103*, 160;
R.Böhm, G.Zeiger, *Pharmazie* **1980**, *35*, 1.
22. P.P.Mager, *Pharmazie in unserer Zeit* **1987**, *16*, 97.
23. G. Catoni, C. Galli, L. Mandolini, *J.Org.Chem.* **1980**, *45*, 1906.
24. C.R.Noe, M.Knollmüller, K.Dungler, P.Gärtner, *Monatsh.Chem.* **1991**, *122*, 185.
25. G.Schorrenberg, W.Steglich, *Angew.Chem.* **1979**, *91*, 326.
26. Tietze/Eicher 1991, S. 532.
27. Y. Okuda, M. V. Lakshmikantham, M. P. Cava, *J.Org.Chem.* **1991**, *56*, 6024.
28. T.-S.Chou, H.-H.Tso, *Organic Preparations and Procedures International* **1989**, *21*, 257;
T.-S.Chou, S.-Y.Chang, *J.Chem.Soc., Perkin Trans. 1*, **1992**, 1459.
29. B.A.Trofimov, *Usp.Chim.* **1989**, *58*, 1703;
A.Gossauer, *Die Chemie der Pyrrole*, Springer Verlag, Berlin **1974**.
30. M.Balon, M.C.Carmona, M.A.Munoz, J.Hidalgo, *Tetrahedron* **1989**, *45*, 7501.
31. M.Speranza, *Pure Appl.Chem.* **1991**, *63*, 243.
32. S.P.Findley, *J.Org.Chem.* **1956**, *21*, 644.
33. P.-K.Chiu, K.-H.Lui, P.N.Maini, M.P.Sammes, *J.Chem.Soc., Chem.Commun.*, **1987**, 109;
V.Amarnath, D.C.Anthony, K.Amarnath, W.M. Valentine, L.A. Wetterau, D.G. Graham, *J. Org. Chem.* **1991**, *56*, 6924.
34. E. Fabiano, B.T. Golding, *J. Chem. Soc., Perkin Trans. 1*, **1991**, 3371.
35. Tietze/Eicher 1991, S. 325.
36. T.D. Lash, M.C. Hoehner, *J. Heterocycl. Chem.* **1991**, *28*, 1671;
Tietze/Eicher 1991, S. 327.
37. D.H.R.Barton, J.Kervagoret, S.Z.Zard, *Tetrahedron* **1990**, *46*, 7587;
N.Ono et al., *J.Heterocycl.Chem.* **1991**, *28*, 2053.
38. D.van Leusen, E.Flentge, A.M.van Leusen, *Tetrahedron* **1991**, *47*, 4639.
39. G.P.Moss, *Pure Appl.Chem.* **1987**, *59*, 807;
40. D.Curran, J.Grimshaw, S.D.Perera, *Chem.Soc. Rev.* **1991**, *20*, 391.
41. R. Cournoyer, D.H. Evans, S. Stroud, R. Boggs, *J.Org.Chem.* **1991**, *56*, 4576.
42. Tietze/Eicher 1991, S. 521.
43. B.Robinson, *The Fischer Indol Synthesis*, Wiley & Sons, New York **1982**;
D.L.Hughes, D.Zhao, *J.Org.Chem.* **1993**, *58*, 228.
44. E.C. Kornfeld, E.J. Fornefeld, G.B. Kline, M.J. Mann, D.E.Morrison, R.G.Jones, R.B. Woodward, *J.Am.Chem.Soc.* **1956**, *78*, 3087;
Tietze/Eicher 1991, S. 332.
45. G.Baccolini, *J.Chem.Soc., Perkin Trans. 1*, **1989**, 1053.
46. Tietze/Eicher 1991, S. 358.
47. B.Rzeszotarska, E.Masiukiewicz, *Organic Preparations and Procedures International* **1990**, *22*, 655.
48. C. Constantini, O. Creszenzi, G. Prota, *Tetrahedron Lett.* **1991**, 1391.
49. M.Alvarez, M.Salas, *Heterocycles* **1991**, *32*, 1391.
50. R.Bonnett, R.F.C.Brown, R.G.Smith, *J.Chem. Soc., Perkin Trans. 1*, **1973**, 1432.
51. A.R.Katritzky, M.Karelson, P.A.Harris., *Heterocycles* **1991**, *32*, 329.
52. R.P.Kreher, H.Hennige, M.Konrad, J.Uhrig, A.Clemens, *Z.Naturforsch.* **1991**, *46*, 809.
52a. U.Pindur, M.Haber, K.Sattler, *Pharmazie in unserer Zeit* **1992**, *21*, 21.
53. J.M.Pearson, *Pure Appl.Chem.* **1977**, *49*, 463.
54. D.Enders, H.Schubert, C.Nübling, *Angew.Chem.* **1986**, *98*, 1118;
D. Enders, A.S. Demir, B.E.M. Rendenbach, *Chem.Ber.* **1987**, *120*, 1731;
D.Enders, W.Gatzweiler, U.Jegelka, *Synthesis* **1991**, 1137.
55. D.Enders, P.Fey, H.Kipphardt, *Organic Synthesis* **1987**, *65*, 173;
Tietze/Eicher 1991, S. 443.
56. C.W.Bird, *Tetrahedron* **1990**, *46*, 5697.
57. B.Weber, D.Seebach, *Angew.Chem.* **1992**, *104*, 96;
D.Seebach, M.Hayakawa, J.Sakaki, W.B.Schweizer, *Tetrahedron* **1993**, *49*, 1711.
58. M.Hanack, G.Pawlowski, *Naturwissenschaften* **1982**, *69*, 266;
F.Wudl, *Acc.Chem.Res.* **1984**, *17*, 227;
J.M. Williams, M.A. Beno, H.H. Wang, P.C.W. Leung, T.D.Emge, U.Geiser, K.D.Carlson *Acc.*

Chem.Res. **1985**, *18*, 261.
59. A.S.Kiselyov, L.Strekowski, *Tetrahedron* **1993**, *49*, 2151.
60. I.J.Turchi, M.J.S.Dewar, *Chem.Rev.* **1975**, *75*, 389;
A.Hassner, B.Fischer, *Heterocycles* **1993**, *35*, 1441.
61. C.J.Hodges, W.C.Patt, C.J.Conolly, *J.Org.Chem.* **1991**, *56*, 449;
S.E.Whitney, B.Rickborn, *J.Org.Chem.* **1991**, *56*, 3058.
62. T.Mukaiyama, K.Kawata, A.Sasaki, M.Asami, *Chem.Lett.* **1979**, 1117.
63. K.R. Kunz, E.W. Taylor, H.M. Mutton, B.J. Blackburn, *Organic Preparations and Procedures International* **1990**, *22*, 613.
64. A.I.Meyers, *Heterocycles in Organic Synthesis*, Wiley & Sons, New York **1974**.
65. A.I.Meyers, E.D.Mihelich, *Angew.Chem.* **1976**, *88*, 321;
D.J.Rawson, A.I.Meyers, *J.Org.Chem.* **1991**, *56*, 2292;
A.I.Meyers, W.Schmidt, M.J.McKennon, *Synthesis* **1983**, 250.
65a. Tietze/Eicher 1991, S. 384.
66. M.Reuman, A.I.Meyers, *Tetrahedron* **1985**, *41*, 837.
67. A.K.Mukerjee, *Heterocycles* **1987**, *26*, 1077.
67a. Tietze/Eicher 1991, S. 381.
68. H.Wegmann, W.Steglich, *Chem.Ber.* **1981**, *114*, 2580.
69. C.Catiwiela, J.A.Mayoral, A.Avenoza, M.Gonzales, M.A.Roy, *Synthesis* **1990**, 1114.
70. J.Gonzalez, E.C.Taylor, K.N.Houk, *J.Org.Chem.* **1992**, *57*, 3753.
71. R.B.Woodward, R.A.Olofson, *Tetrahedron* **1966**, Suppl. 7, 415.
72. G.Büchi, J.C.Vederas, *J.Am.Chem.Soc.* **1972**, *94*, 9128.
73. S.Kanemasa, O.Tsuge, *Heterocycles* **1990**, *30* (Special Issue), 719;
O.Moriya, H.Takenada, Y.Urata, T.Endo, *J. Chem.Soc., Chem.Commun.*, **1991**, 1671.
74. P.G.Baraldi, A.Barco, S.Benetti, S.Manfredini, P.Simoni, *Synthesis* **1987**, 276.
75. G.T.Almtorp, T.L.Bachmann, K.B.G.Torssell, *Acta Chem.Scand.* **1991**, *45*, 212;
K.Gothelf, I.Thomsen, K.B.G.Torssell, *Acta Chem.Scand.* **1992**, *46*, 494.
76. R.M. Paton, A.A. Young, *J. Chem. Soc., Chem. Commun.*, **1991**, 132.
77. S.K.Armstrong, S.Warren, E.W.Collington, A.Naylor, *Tetrahedron Lett.* **1991**, *32*, 4171.
78. J.P.Freeman, *Chem.Rev.* **1983**, *83*, 241.
79. U.Chiaccio, A.Lignori, A.Rescifina, G.Romeo, F. Rossano, G.Sindona, N.Uccella, *Tetrahedron* **1992**, *48*, 123.
80. M.Begtrup, L.B.L.Hansen, *Acta Chem.Scand.* **1992**, *46*, 372.
81. P.Kornwall, C.P.Dell, D.W.Knight, *J.Chem.Soc., Perkin Trans. 1*, **1991**, 2417.
82. H.Stetter, G.Dämbkes, *Synthesis* **1977**, 403.
83. H.Chikashita, S.Ikegami, T.Okumura, K.Itoh, *Synthesis* **1986**, 375;
M.V.Costa, A.Brembilla, D.Roizard, P.Lochon, *J.Heterocycl.Chem.* **1991**, *28*, 1933.
84. E.J.Corey, D.L.Boger, *Tetrahedron Lett.* **1978**, *19*, 5, 9, 13.
85. T.Matsumoto, T.Enomoto, T.Kurosaki, *J.Chem. Soc., Chem.Commun.*, **1992**, 610.
86. W. Dürckheimer, J. Blumbach, R. Lattrell, K.H. Scheunemann, *Angew.Chem.* **1985**, *97*, 183;
R.Kirrstetter, W.Dürckheimer, *Pharmazie* **1989**, *44*, 177.
87. S.N.Maiti, P.Spevak, R.Wong, N.A.V.Reddy, R.G.Micetich, K.Ogawa, *Heterocycles* **1991**, *32*, 1505.
88. D. Gala, S. Chiu, A.K. Ganguly, V.M. Girijavallabhan, R.S.Jaret, J.K.Jenkins, S.W.McCombie, P.L.Nyce, S.Rosenhouse, M.Steinman, *Tetrahedron* **1992**, *48*, 1175.
89. J. E. Baldwin, R. M. Adlington, R. Bohlmann, *J. Chem.Soc., Chem.Commun.*, **1985**, 357.
90. D.McKinnon, K.A.Duncan, L.M.Millar, *Can.J. Chem.* **1984**, *62*, 1580.
91. B.Schulze, G.Kirsten, S.Kirrbach, A.Rahm, H.Heimgartner, *Helv.Chim.Acta* **1991**, *74*, 1059.
92. M.Devys, M.Barbier, *Synthesis* **1990**, 214.
93. B.Crammer, R.Ikan, *Chem.Soc.Rev.* **1977**, *6*, 431;
L.Hough, *Chem.Soc.Rev.* **1985**, *14*, 357.
94. B.Iddon, *Heterocycles* **1985**, *23*, 417.
95. F.Effenberger, M.Roos, R.Ahmat, A.Krebs, *Chem.Ber.* **1991**, *124*, 1639.
96. M.P.Groziak, L.Wei, *J.Org.Chem.* **1991**, *56*, 4296;
R.M.Turner, S.T.Lindell, *J.Org.Chem.* **1991**, *56*, 5739;
G.Shapiro, M.Marzi, *Tetrahedron Lett.* **1993**, *34*, 3401.
97. A.J.Arduengo, III, R.L.Harlow, M.Kline, *J.Am. Chem.Soc.* **1991**, *113*, 361.
98. M.Begtrup, P.Larsen, *Acta Chem.Scand.* **1990**, *44*, 1050.
99. R.Breslow, *Acc.Chem.Res.* **1991**, *24*, 318.
99a. T.H.Fife, *Acc.Chem.Res.* **1993**, *26*, 325.
100. J.Catalan, R.M.Claramunt, J.Elguero, J.Laynez, M.Menendez, F.Anvia, J.H.Quian, M.Taajepera, R.W.Taft, *J.Am.Chem.Soc.* **1988**, *110*, 4105.
101. J.B.Hendrickson, M.S.Hussoin, *J.Org.Chem.* **1987**, *52*, 4137.
102. B.Iddon, *Bull.Soc.Chim.Belg.* **1990**, *99*, 673;
J.C. Hazelton, B. Iddon, H. Suschitzky, L.H. Woolley, *J.Chem.Soc., Perkin Trans. 1*, **1992**, 685.
103. S.E.Drewes, D.G.S.Malissar, G.H.P.Roos, *Chem. Ber.* **1991**, *124*, 2913.
104. E.Poetsch, M.Casutt, *Chimia* **1987**, *41*, 148.
105. E.J.Corey, M.M.Mehrotra, *Tetrahedron Lett.*

1988, *29*, 57.
106. L.-Z.Chen, R.Flammang, A.Maquestiau, *J.Org. Chem.* 1991, *56*, 179.
107. J.W.Pavlik, E.M.Kurzweil, *J.Org.Chem.* 1991, *56*, 6313;
R.E.Connors, J.W.Pavlik, D.S.Burns, E.M. Kurzweil, *J.Org.Chem.* 1991, *56*, 6321.
108. M.H. Elnagdi, G.E.H. Elgemeie, F.A.-E. Abd-Elaal, *Heterocycles* 1985, *23*, 3121.
109. H.Garia, S.Iborra, M.A.Miranda, I.M.Morera, J.Primo, *Heterocycles* 1991, *32*, 1745.
110. T.Nagai, M.Hamaguchi, *Organic Preparations and Procedures Int.* 1993, *25*, 405.
111. P.López-Alvarado, C.Avendano, J.C.Menéndez, *Tetrahedron Lett.* 1992, 659.
112. R.Huisgen, K.Bast, *Organic Synthesis* 1962, *42*, 69.
113. C.Krebs, W.Förster, H.-J.Köhler, C.Weiss, H.-J. Hofmann, *J.Prakt.Chem.* 1982, *324*, 827.
114. A.J.Katritzky, P.Barczynski, D.L.Ostercamp, *J. Chem.Soc., Perkin Trans. 2*, 1987, 969.
115. A.Bosum-Dybus, H.Neh, *Liebigs Ann.Chem.* 1991, 823.
115a. Th.Eicher, H.J.Roth, *Synthese, Gewinnung und Charakterisierung von Arzneistoffen*, S. 137, Georg Thieme Verlag, Stuttgart 1986 (wird nachfolgend mit "Eicher/Roth 1986" abgekürzt).
116. R.R.Becker, *Österr.Chemie Zeitschrift* 1987, *88*, 60, 99.
117. A. Dorlars, C.-W. Schellhammer, J. Schroeder, *Angew.Chem.* 1975, *87*, 693.
118. R.M.Claramunt, J.Elguero, *Organic Preparations and Procedures International* 1991, *23*, 273.
119. M.Begtrup, *Heterocycles* 1992, *33*, 1129.
120. W.Sliva, *Heterocycles* 1984, *22*, 1571.
121. W.Sliva, A.Thomas, *Heterocycles* 1985, *23*, 399.
122. N.P.Hacker, *J.Org.Chem.* 1991, *56*, 5216.

122a. M.J.Haddadin, C.H.Issidorides, *Heterocycles* 1993, *35*, 1503.
123. B.D.Larsen, H.Eggert, N.Harrit, A.Holm, *Acta Chem.Scand.* 1992, *46*, 482.
123a. M.Fujita, T.Kobori, T.Hiyama, K.Kondo, *Heterocycles* 1993, *36*, 33.
124. A.Albert, P.J.Taylor, *J.Chem.Soc., Perkin Trans. 2*, 1989, 1903.
125. P.Zanirato, *J.Chem.Soc., Perkin Trans. 1*, 1991, 2789.
126. A.R.Katritzky, K.Yannakopoulou, *J.Org.Chem.* 1990, *55*, 5683.
127. R.J. Greenwood, M.F. Mackay, J.F.K. Wilshire, *Aust.J.Chem.* 1992, *45*, 965.
128. J.L.Flippen-Anderson, R.D.Gilardi, A.M.Pitt, W.S. Wilson, *Aust.J.Chem.* 1992, *45*, 513.
129. A.R.Katritzky, S.Rachwall, G.J.Hitchings, *Tetraedron* 1991, *47*, 2683;
A.R. Katritzky, X. Zhao, I.V. Shcherbakova, *J. Chem.Soc., Perkin Trans. 1*, 1991, 3295.
130. A.R.Katritzky, X.Lan, J.L.Lam, *J.Org.Chem.* 1991, *56*, 4397.
131. A.R.Katritzky, Q.-H.Long, P.Lue, *Tetrahedron Lett.* 1991, *32*, 3597.
132. A.R. Katritzky, M.F. Gordeev, *J. Chem. Soc., Perkin Trans. 1*, 1991, 2199.
133. R. Raue, A. Brack, K.H. Lange, *Angew. Chem.* 1991, *103*, 1691.
134. G.M. Ramos Tombo, D. Bellus, *Angew. Chem.* 1991, *103*, 1219;
T.Konosu, Y.Tajima, T.Miyaoka, S.Oida, *Tetrahedron Lett.* 1991, *32*, 7545.
135. A.B. Zivic, G.I. Koldobskij, V.A. Ostrovskij., *Chim.Geterotsikl.Soedin.* 1990, 1587.
136. R.Müller, J.D.Wallis, W.v.Philipsborn, *Angew. Chem.* 1985, *97*, 515;
R.Janoschek, *Angew.Chem.* 1993, *105*, 242.

6 Sechsgliedrige Heterocyclen

Auch bei den sechsgliedrigen Heterocyclen spielt die Ringspannung keine oder nur eine untergeordnete Rolle. Stammverbindungen der Sechsring-Neutral-Heterocyclen mit einem Heteroatom sind Pyran resp. Thiin mit einem Sauerstoff- resp. Schwefelatom sowie Pyridin mit einem Stickstoffatom. Davon liegt lediglich Pyridin als cyclisch konjugiertes System vor, Pyran und Thiin dagegen nicht. Beide Systeme lassen sich jedoch durch Abstraktion eines Hydridions – präparativ durch Einwirkung von Triphenylmethyltetrafluoroborat – in die entsprechenden cyclisch konjugierten Kationen, das Pyryliumion resp. das Thiiniumion (oder Thiopyryliumion), überführen:

Einfachstes benzolanaloges Grundsystem der Heterocyclen mit einem Sauerstoffatom ist demnach das Pyryliumion.

6.1 Pyryliumion

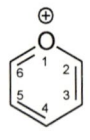

A Das Pyryliumion besitzt die Struktur eines planaren, nur leicht verzerrten Hexagons mit weitgehendem Ausgleich der C-C- und C-O-Bindungslängen. Dies geht aus der Röntgenstrukturanalyse von substituierten Pyryliumsalzen, z.B. dem 3-Acetyl-2,4,6-trimethyl-System (s.Abb. 6.1), hervor.

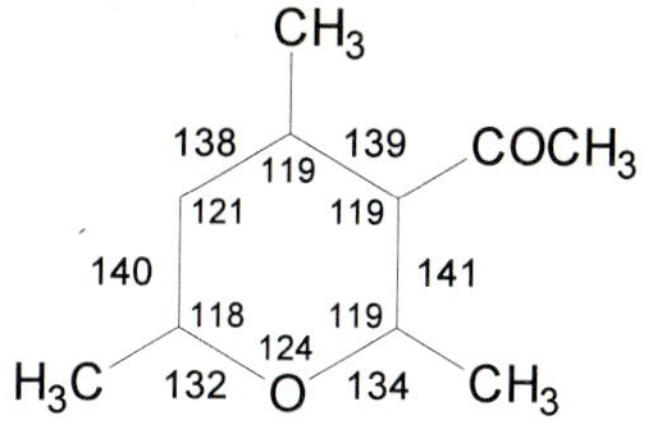

6.1 Pyryliumion

```
              CH₃
        138  |  139    COCH₃
           \119/
        121      119
       140            141
           \118  119/
             124
     H₃C  132  O  134  CH₃
```

Abb. 6.1 Bindungsparameter des Pyrylium-Systems
im 3-Acetyl-2,4,6-trimethylpyryliumion
(Bindungslängen in pm, Bindungswinkel in Grad)

Die spektroskopischen Daten, insbesondere die NMR-Spektren, indizieren das Pyryliumion als – in seiner π-Elektronendelokalisierung durch das positiv geladene Heteroatom stark gestörtes – aromatisches System:

UV (Ethanol) λ (nm)	^{1}H-NMR (CF$_3$COOD) δ (ppm)		^{13}C-NMR (CD$_3$CN) δ (ppm)	
270	H-2/H-6:	9,22	C-2/C-6:	169,2
	H-3/H-5:	8,08	C-3/C-5:	127,7
	H-4:	8,91	C-4:	161,2
z.Vgl.: Pyridiniumion (CDCl$_3$):	H-2/H-6:	9,23	C-2/C-6:	142,5
	H-3/H-5:	8,50	C-3/C-5:	129,0
	H-4:	9,04	C-4:	148,4

Der Einfluß des Oxonia-Sauerstoffs macht sich besonders in den Ringpositionen C-2, C-4 und C-6 bemerkbar, deren ^{1}H- und ^{13}C-Resonanzen noch stärker als im iso-π-elektronischen Pyridiniumion (s.S.270) tieffeldverschoben sind. Man kann demgemäß die π-Elektronendichte-Verteilung im Pyryliumion durch eine einfache Mesomeriebeschreibung wiedergeben:

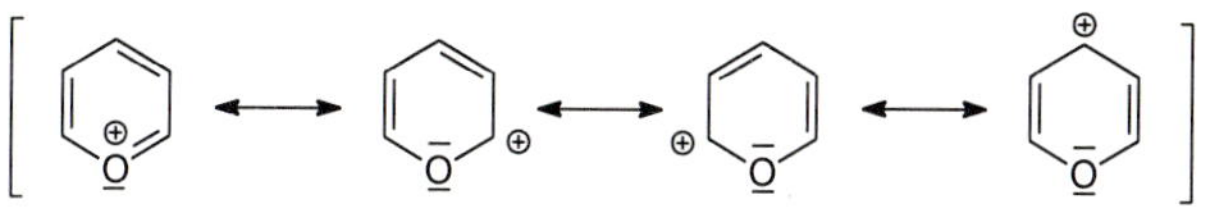

$$\left[\text{Mesomere Grenzstrukturen des Pyryliumions} \right]$$

B Unter den **Reaktionen** der Pyryliumsalze dominieren strukturgemäß Addition von Nucleophilen an den Ringpositionen 2/6 sowie 4 und daraus resultierende Folgeprozesse[1]. Angriffsrichtung und Produktbildung hängen von den sterischen und elektronischen Gegebenheiten des Nucleophils und den vorhandenen Ringsubstituenten ab.

So reagieren Pyryliumionen **1** mit wäßrigem Alkali zu En-1,5-dionen **4** resp. deren Enol-Tautomeren **3**:

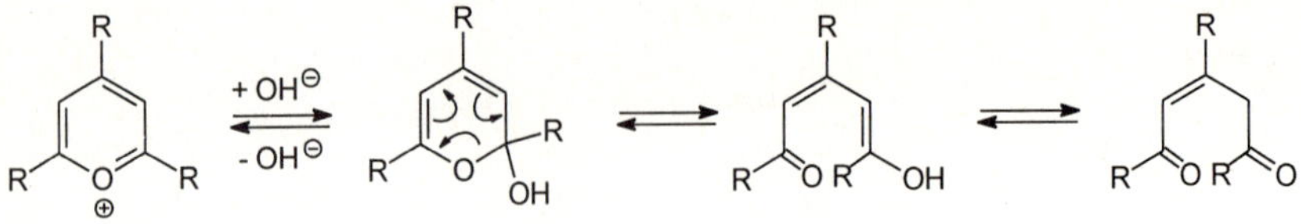

[Scheme: pyrylium ion 1 + OH⁻ / −OH⁻ ⇌ 2-hydroxy-2H-pyran 2 ⇌ 3 ⇌ 4]

Primär erfolgt dabei C-2-Angriff des Nucleophils und Bildung der 2-Hydroxy-2H-pyrane **2**, die in einem elektrocyclischen Prozeß zu den Produkten **3/4** geöffnet werden. Diese Ringöffnung – die beim unsubstituierten Pyryliumion schon mit H_2O eintritt – ist reversibel, führt also mittels Säuren von **3/4** zum Pyryliumsystem zurück.

Das 2,4,6-Triphenylpyryliumion zeigt neben C-2- auch C-4-Addition, so führt z.B. Methanolat zu den methoxysubstituierten 2H- und 4H-Pyranen **5/6**:

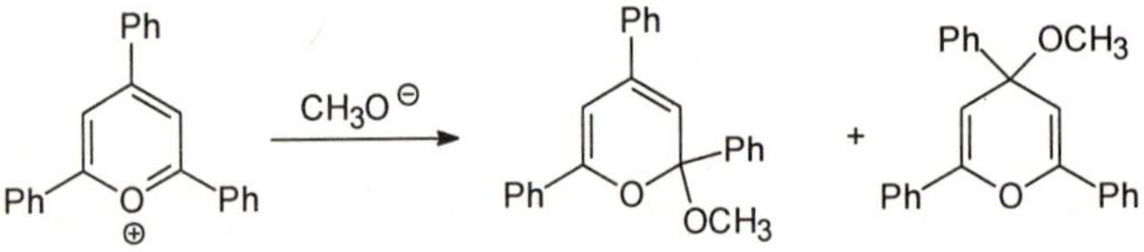

[Scheme: 2,4,6-triphenylpyrylium + $CH_3O^−$ → 2H-pyran **5** + 4H-pyran **6**]

Das 2,6-Diphenylpyryliumion **7** reagiert überwiegend via C-4-Addition; dabei gibt es Hinweise, daß die Additionsrichtung kinetischer bzw. thermodynamischer Kontrolle unterliegen kann. So werden bei der Addition von Methanolat an **7** bei tiefer Temperatur die 4H-Pyrane **8**, bei höherer Temperatur die – aus primärer C-2-Addition zu 2H-Pyranen **9** resultierenden – Ringöffnungsprodukte **10** beobachtet:

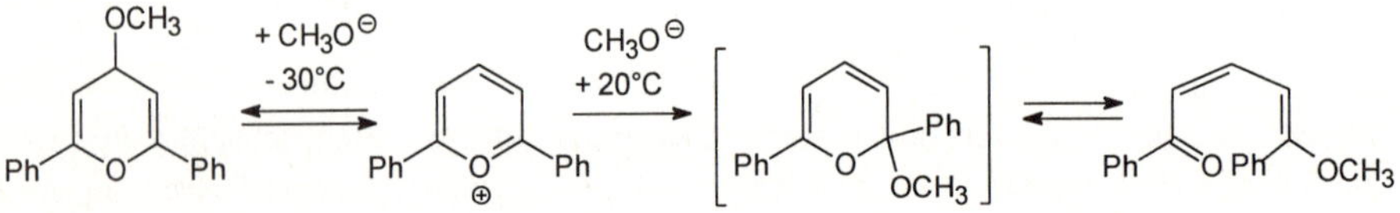

[Scheme: **8** ⇌ (+$CH_3O^−$, −30 °C) **7** → ($CH_3O^−$, +20 °C) [**9**] ⇌ **10**]

Das Pyryliumion **7** bildet mit C-H-aciden Verbindungen und aktivierten Arenen als Nucleophilen unter Dehydrierung neue Pyryliumsysteme, z.B. mit N-Methylindol das System **11**, die einer (formalen) Substitution entsprechen.

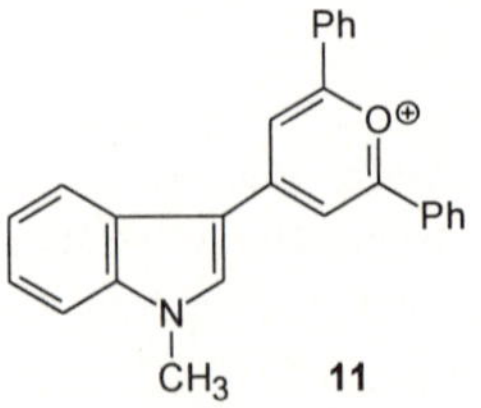

[Structure **11**: 2,6-diphenylpyrylium substituted at C-4 with N-methylindol-3-yl]

Metallorganika addieren an Pyryliumionen überwiegend unter Bildung von 2H-Pyranen, die zu Dienonen tautomerisieren; eine Ausnahme bildet Benzylmagnesiumchlorid, das (aus ungeklärten Gründen) stets zu 4H-Pyranen führt:

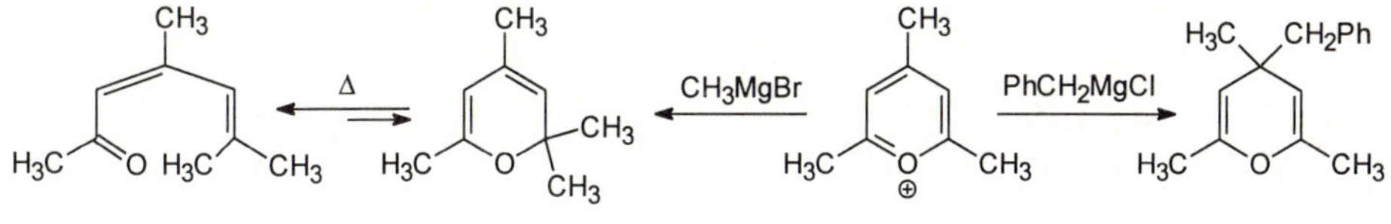

Präparativ bedeutsam sind Reaktionen von Pyryliumionen mit solchen Nucleophilen, die via 2*H*-Pyrane und deren Öffnung zu Dienonen **12** eine Recyclisierung unter Einbeziehung des nucleophilen Zentrums in ein neues carbocyclisches oder heterocyclisches System **13** ermöglichen. Für dieses Reaktionsprinzip existieren zahlreiche Synthese-Anwendungen (s. S.228).

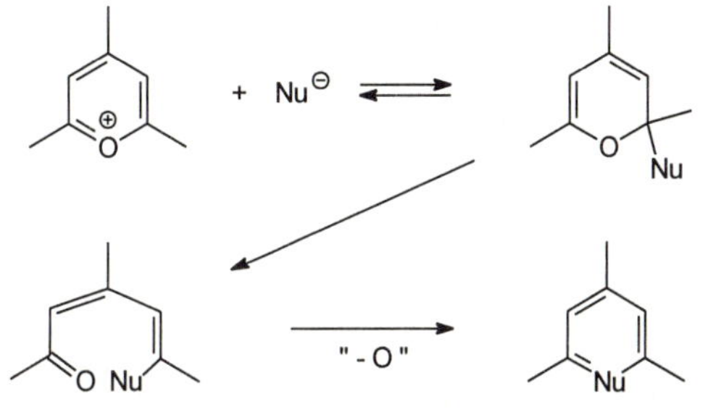

Diese Grundreaktivität der Pyryliumionen wird durch Donorsubstituenten in 2-, 4- und 6-Stellung umgekehrt. So sind 2-Aryl-4,6-bis(dialkylamino)- und 2,4,6-Tris(dialkylamino)pyryliumionen **14/15** gegenüber nucleophilem Angriff stabil, werden jedoch durch Elektrophile (so durch HNO_3/H_2SO_4 oder BrCN/$AlCl_3$) glatt substituiert (SCHROTH 1989):

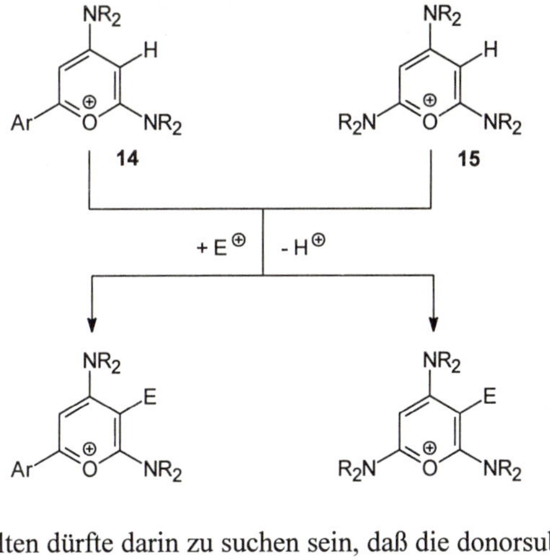

Der Grund für dieses Verhalten dürfte darin zu suchen sein, daß die donorsubstituierten Pyryliumionen **14/15** nicht die Struktur von cyclisch delokalisierten 6π-Systemen, sondern von lokalisierten Trimethincyaninen (Vinamidiniumionen) besitzen[2].

Alkylgruppen in den Positionen 2, 4 oder 6 des Pyrylium-Systems zeigen ausgeprägte C-H-Acidität. Bei Einwirkung von Basen erfolgt Deprotonierung an direkt zum Ring benachbarten C-H-Bindungen unter Bildung von 2- oder 4-Methylenpyranen **16** oder **17**:

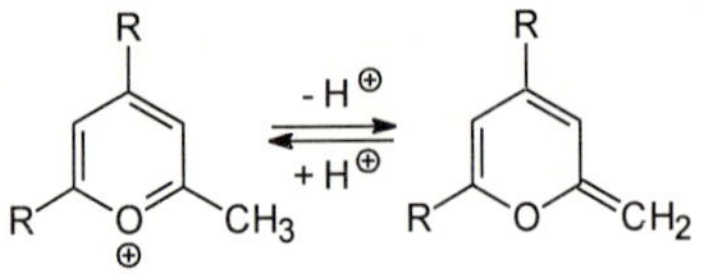

[Schema: Mesomere Formen 16 und 17 der deprotonierten Methylpyryliumsalze]

16 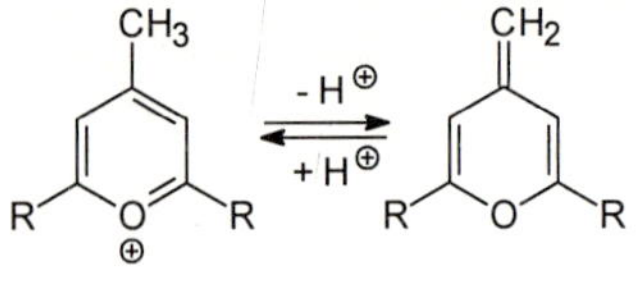   **17**

An den terminalen C-Atomen der Enolether-Systeme **16/17** können elektrophile Reaktanden angreifen, dies kann insbesondere zur Durchführung von C-C-Verknüpfungsreaktionen (Aldol-Kondensation, CLAISEN-Kondensation etc.) genutzt werden (*Seitenketten-Reaktivität* heterocyclischer Systeme, vgl. S.281).

Die symmetrische konjugative Stabilisierung des 4-Methylenpyran-Systems begünstigt elektrophilen Angriff an 4-Alkylsubstituenten. So ergibt das 2,4,6-Trimethylpyryliumsalz **18** mit Benzaldehyd in einer regioselektiven Aldol-Kondensation ausschließlich das 4-Styrylderivat **19**:

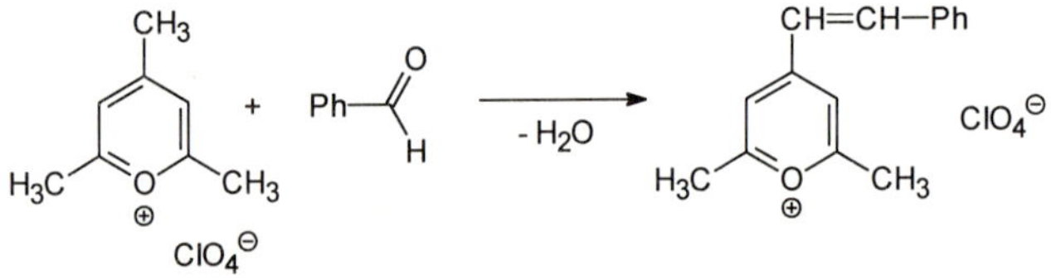

[Reaktionsschema: 18 + PhCHO → 19, -H₂O]

18   **19**

C   Die **Synthese** von Pyryliumsalzen erfolgt im Regelfall durch Cyclokondensation von 1,5-Dicarbonyl-Systemen des Typs **20-22**, wobei die Oxidationsstufe des Pyryliumions durch Abspaltung von Hydrid oder einer geeigneten Abgangsgruppe erreicht wird. Die Edukt-Vorschläge **20-22** ergeben sich aus der *Retrosynthese* (s.Abb. 6.2), der im Prinzp die Ringöffnung durch Hydroxidionen (s.S.224) zugrunde liegt:

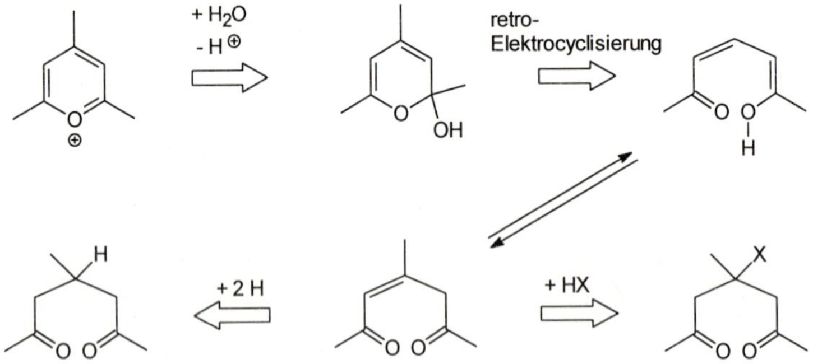

[Retrosynthese-Schema]

20   **21**   **22**

Abb. 6.2   Retrosynthese des Pyryliumions

❶ 1,3-Dicarbonyl-Verbindungen und Arylmethylketone kondensieren in Acetanhydrid in Gegenwart von starken Säuren zu 2,4,6-trisubstituierten Pyryliumsalzen **24**:

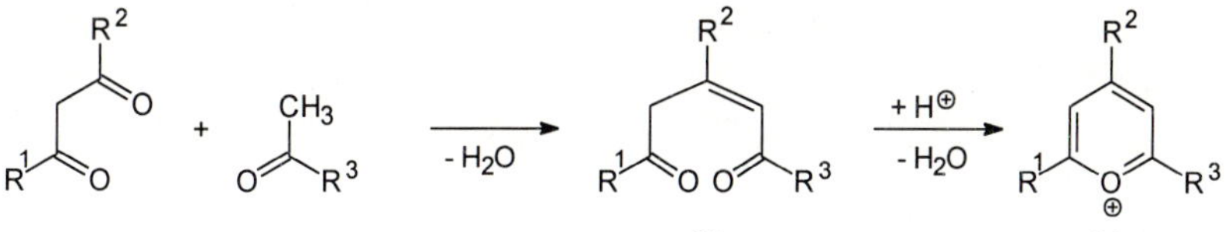

Intermediär werden dabei Pent-2-en-1,5-dione **23** gebildet. Dieses Syntheseprinzip ist hinsichtlich der benötigten 1,3-Biselektrophile variabel. So entstehen aus zwei Molekülen Arylmethylketon und Orthoameisensäureester in Gegenwart von starken Säuren (HClO$_4$, HBF$_4$) 2,6-disubstituierte Pyryliumsalze **25**:

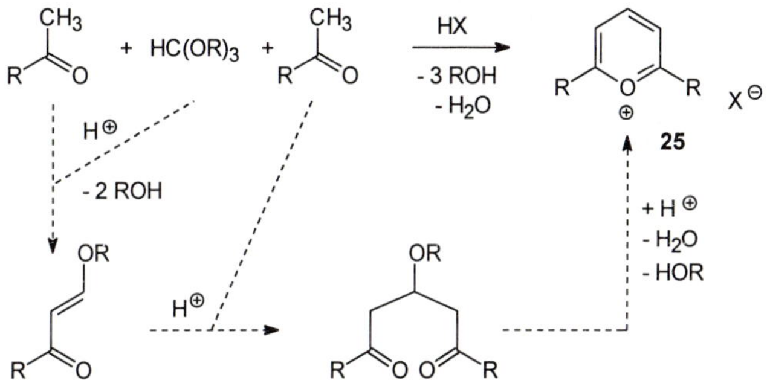

Primär transformiert der Orthoameisensäureester das Methylketon – via Carboxoniumion HC$^+$(OR)$_2$ – in ein Alkoxymethylketon **26**, das ein zweites Molekül Methylketon zum 3-Alkoxy-1,5-dion **27** addiert und dann unter ROH-Eliminierung cyclisiert.

Auch Chlorvinylketone oder Chlorvinylimmoniumsalze cyclokondensieren mit Arylmethylketonen zu Pyryliumsalzen³.

❷ Propenderivate ergeben durch zweifache Acylierung mit Säurechloriden oder -anhydriden in Gegenwart von LEWIS-Säuren, z.B. AlCl$_3$, Pyryliumsalze des Typs **28** (BALABAN-Synthese):

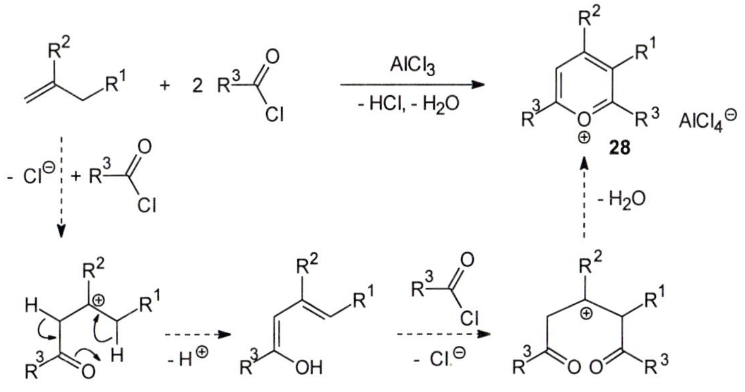

Dabei läuft eine mechanistisch komplexe Reaktionsfolge ab. Zunächst wird das Olefin zur kationischen Zwischenstufe **29** acyliert, diese zum Enol **30** deprotoniert. Erneute Acylierung führt zum kationischen 1,5-Dicarbonyl-System **31**, das unter Dehydratisierung zu **28** cyclisiert. Die Produktbildung kann durch die verwendete LEWIS-Säure gesteuert werden.

Eine präparativ wichtige Variante der BALABAN-Synthese besteht in der Verwendung von Alkoholen oder Halogeniden zur in-situ-Erzeugung des Olefins[4].

❸ Chalkone **32** ergeben mit Arylmethylketonen in Acetanhydrid in Gegenwart eines Hydrid-Akzeptors, z.B. $FeCl_3$, 2,4,6-trisubstituierte Pyryliumsalze **34** (DILTHEY-Synthese):

Primär entstehen durch MICHAEL-Addition Pentan-1,5-dione **33**. In einer präparativ einfacheren Variante werden zwei Moleküle Methylketon direkt mit einem Aldehyd ohne α-Wasserstoff unter Einwirkung von starker Säure und Dehydrierungsmittel zu symmetrischen Pyryliumsalzen mit gleichen Resten in 2- und 6-Stellung cyclokondensiert.

|D| **Pyryliumperchlorat 38** bildet farblose, hydrolyseempfindliche Kristalle, die sich bei 275°C unter heftiger Detonation zersetzen. Man gewinnt es aus N-Akzeptor-substituierten Pyridiniumionen (s.S.272), z.B. dem SO_3-Komplex **35**, durch Behandlung mit NaOH und anschließend mit $HClO_4$. Dabei entsteht zunächst das orange Natriumsalz **36** des Glutacondialdehyds, der über die rote protonierte Form **37** cyclisiert[5]:

|E| Pyryliumsalze dienen in der organischen Synthese zum Aufbau von carbocyclischen und heterocyclischen Systemen. Man nutzt dabei insbesondere die Sequenz nucleophile C-2-Öffnung/Recyclisierung (s.S.225) und die Seitenketten-Reaktivität.

❶ Das 2,4,6-Triphenylpyryliumion reagiert mit Nitromethan nach Öffnung zum Dienon **39** in einer intramolekularen Nitro-Aldol-Kondensation unter Bildung von 2,4,6-Triphenylnitrobenzol **40**, mit Phosphoryliden nach Öffnung zum Phosphoran **41** zu 2-funktionalisierten 1,3,5-Triphenylbenzolen **42**:

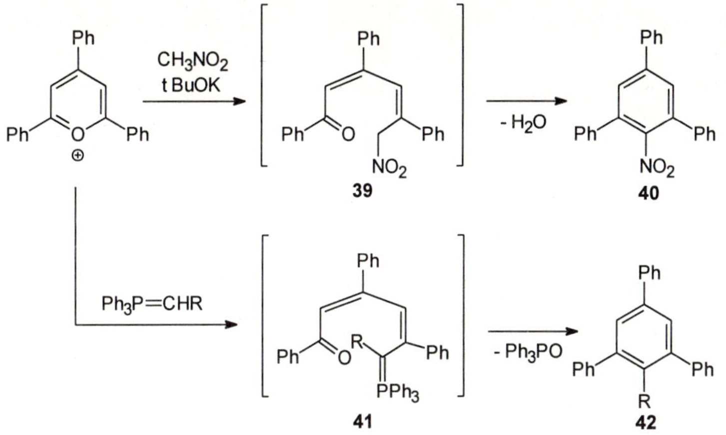

Benzolderivate entstehen auch aus Pyryliumsalzen **43**, die in 2-oder 6-Position einen R-CH$_2$-Substituenten tragen, durch C-2-Addition von OH$^-$-Ionen und basekatalysierte intramolekulare Aldol-Kondensation. Dabei entstehen hochsubstituierte Phenole **44** unter Inkorporation des R-CH$_2$-Kohlenstoffs im Benzolring:

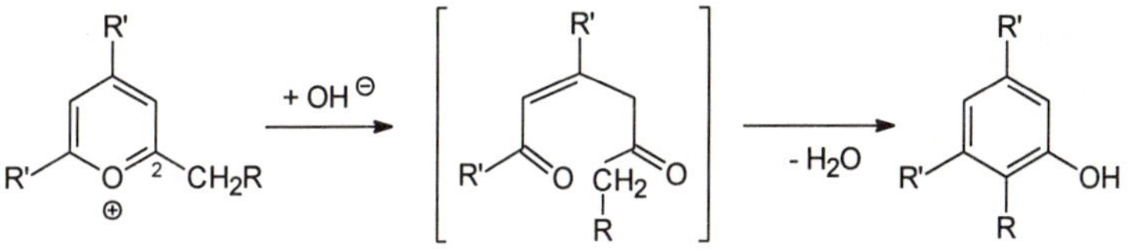

❷ Paradebeispiel einer Synthese mit Pyryliumsalzen ist die Bildung von Azulenen durch cyclisierende Kondensation mit Cyclopentadienyl-Anionen (HAFNER-Synthese, vgl. S.307). So entsteht aus 2,4,6-Trimethylpyryliumsalzen und Natriumcyclopentadienid unter C-2-Öffnung (**45**) und elektrophilem Ringschluß des intermediär anzunehmenden Cyclopentadienyl-Systems **47** 4,6,8-Trimethylazulen **46**[6]:

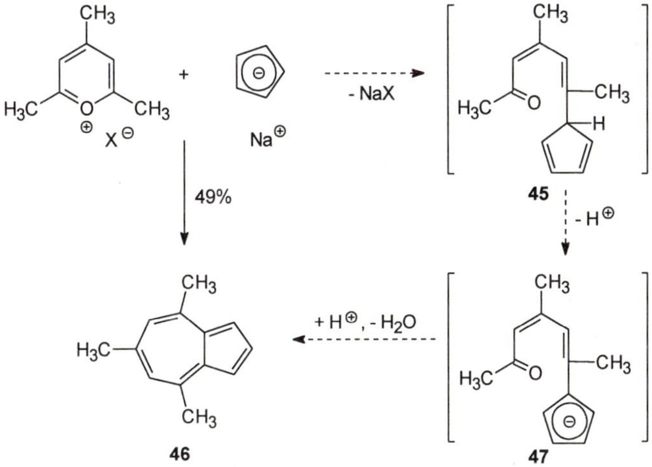

❸ Pyryliumsalze ergeben mit Ammoniak Pyridine **48**, mit primären Aminen Pyridiniumsalze **49**:

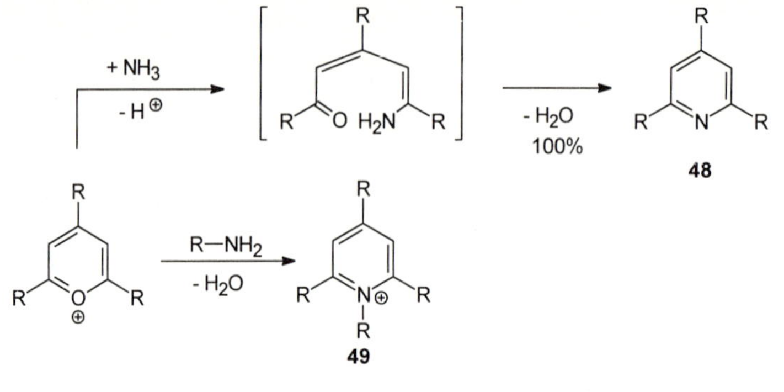

Die Konversion zum Pyridinsystem verläuft glatt und unter milden Bedingungen[7]; auch Hydroxylamine, Acylhydrazine oder Harnstoffe ergeben Pyridinderivate.

Sekundäre Amine hingegen ergeben mit Pyryliumionen – unter den Voraussetzungen des Beispiels **43 → 44** – Anilinderivate **50**:

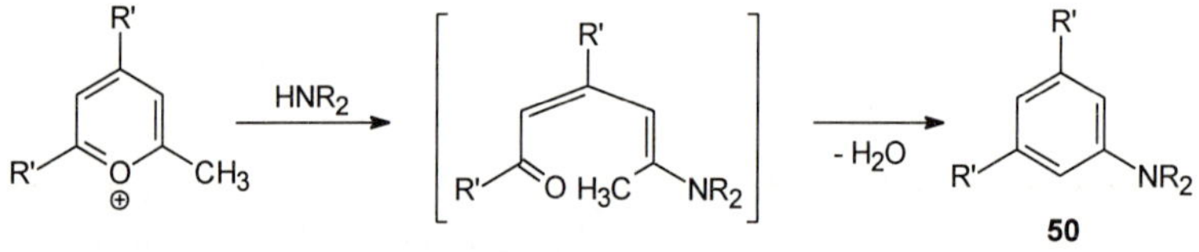

❹ Auch andere Heterocyclen können mit Hilfe von Pyryliumionen aufgebaut werden. So öffnet Natriumsulfid ebenfalls via C-2 unter Bildung des blauen Dienonthiolats **51**, das bei Behandlung mit Säure über den Schwefel zum Thiopyryliumsalz **52** recyclisiert. Phosphine, z.B. P(SiMe$_3$)$_3$, vermögen den Pyrylium-Sauerstoff nucleophil zu ersetzen, was zur Synthese von Phosphabenzolen, z.B. **53**, genutzt wurde (s.S.268):

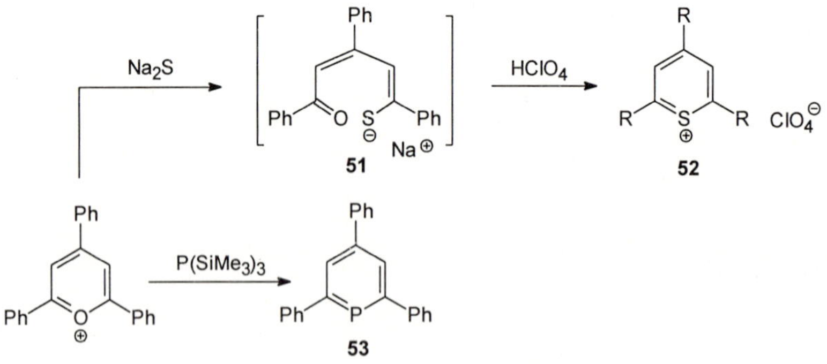

❺ Als Folge der C-2-Addition von Nucleophilen an das Pyryliumion sind auch Ringerweiterungen zu Siebenring-Heterocyclen möglich. 2,4,6-Triphenylpyryliumsalze ergeben so mit Hydrazin das 4*H*-1,2-Diazepin **54** (s.S.271):

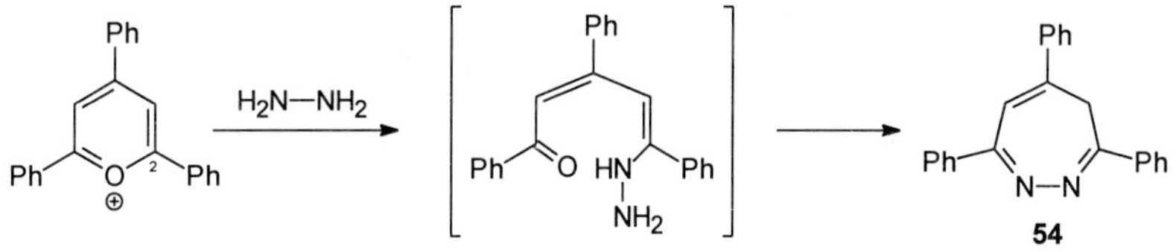

6.2 2H-Pyran

2,3,5,6-Tetraphenylpyryliumsalze addieren Azid zum 2-Azido-2H-pyran **55**, dessen Photolyse unter N_2-Eliminierung zum Aziridin **56** führt; dieses recyclisiert thermisch zum Oxazepin-Derivat **57**:

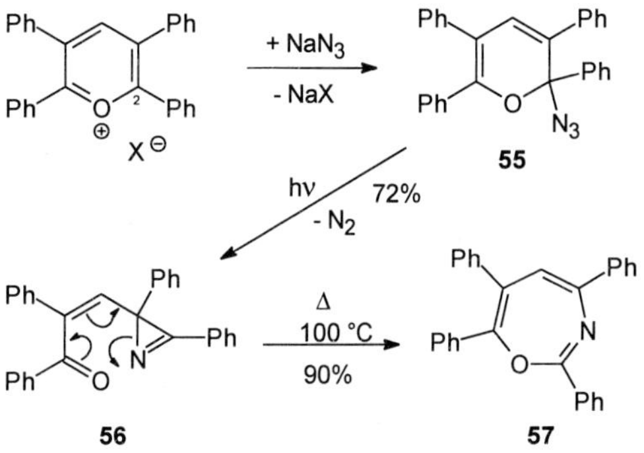

❻ Die Seitenketten-Reaktivität des Pyryliumions ermöglicht die gezielte Synthese von Cyanin-Farbstoffen mit Pyrylium- resp. 4H-Pyran-Systemen als Endgruppen (s.S.323). So gewinnt man den Farbstoff **60** durch VILSMEIER-Formylierung des 4-Methylpyryliumions **58** zum 4-Formylmethylen-4H-pyran **59** und dessen Aldol-Kondensation mit einem zweiten Molekül **58**[8]:

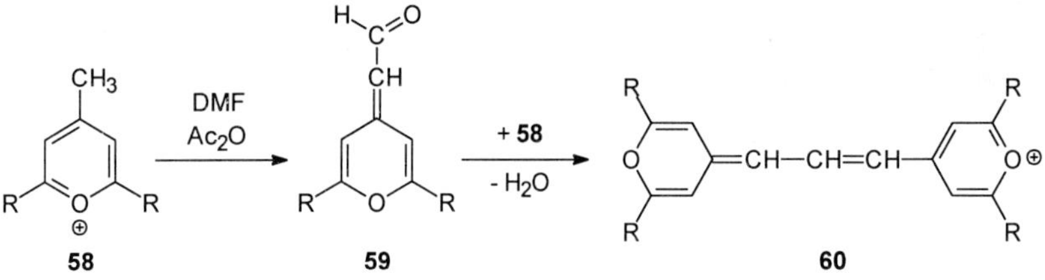

6.2 2H-Pyran

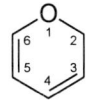

A-C Die Stammverbindung konnte bisher nicht dargestellt werden; man kennt jedoch eine Reihe von 2,2-disubstituierten 2H-Pyran-Derivaten, z.B. **1**/**2**:

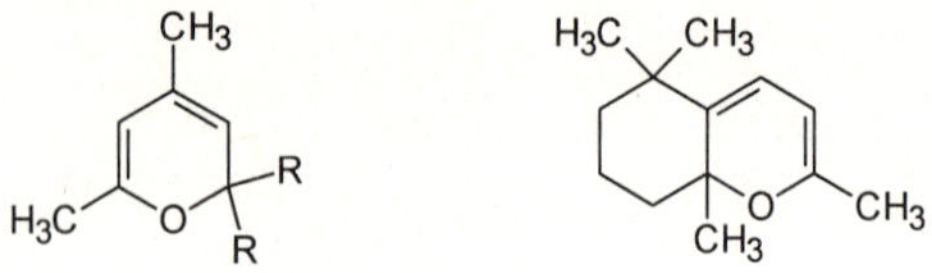

1 (R = Me, Ph)   **2**

2*H*-Pyrane zeigen als Dienolether im IR charakteristische C=C-Valenzschwingungen bei 1600-1650 cm^{-1} und im ^{1}H-NMR-Spektrum chemische Verschiebungen olefinischer Protonen, so **2** δ = 4,89/5,60 ppm (H-3/H-4) (CCl$_4$).

2*H*-Pyrane verhalten sich wie Oxacyclohexadiene. So werden sie thermisch an der Bindung O/C-2 unter Bildung von Dienonen ringgeöffnet, z.B. **3** zu **4**:

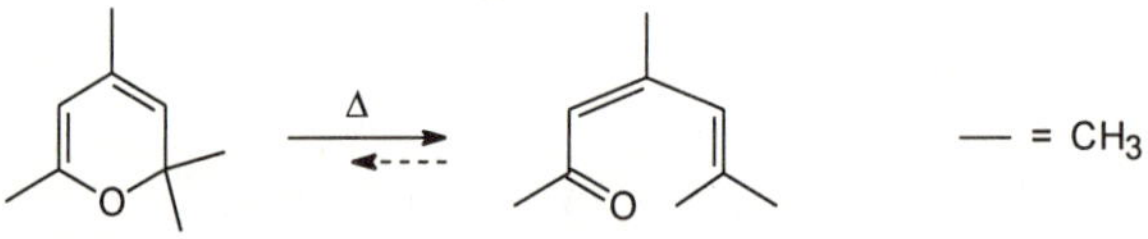

3   **4**   — = CH$_3$

Dieser elektrocyclische Prozeß ist reversibel. Dienone können demgemäß zur Synthese von 2*H*-Pyranen dienen; so erhält man den Bicyclus **2** durch Bestrahlung von (*E*)-ß-Ionon, wobei das (*Z*)-Stereoisomer als Zwischenstufe durchlaufen wird (**5** → **6**):

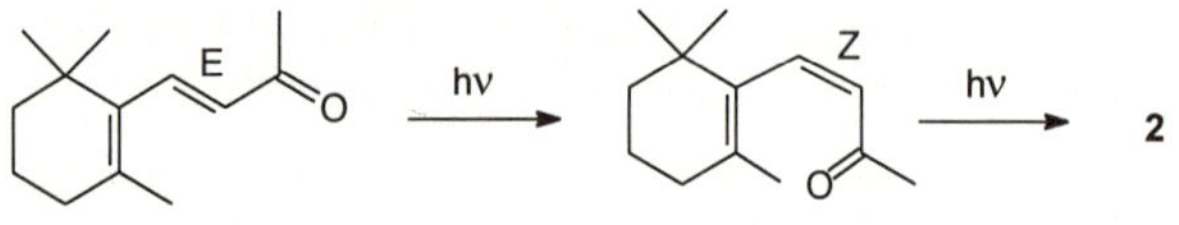

5   **6**   **2**

2*H*-Pyrane können ferner [4+2]-Cycloadditionen mit aktivierten Mehrfachbindungssytemen eingehen. So ergibt **3** mit Propiolsäureester regioselektiv das DIELS-ALDER-Addukt **6**, das unter Cycloreversion und Abspaltung von Aceton 2,4-Dimethylbenzoesäuremethylester liefert:

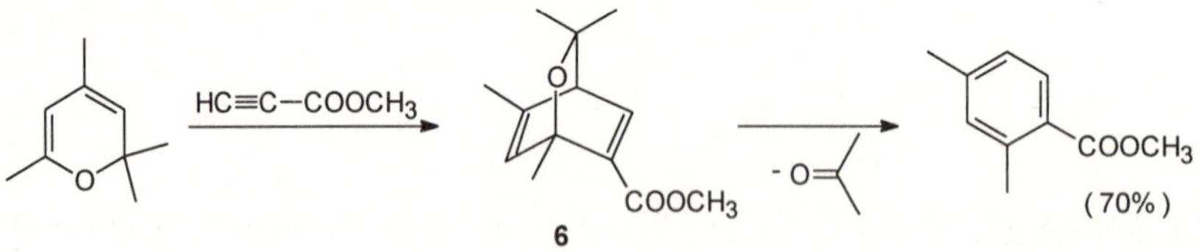

6   (70%)

2*H*-Pyrane entstehen auch bei der Addition von C-Nucleophilen an Pyryliumionen (s.S.224).

Wichtigstes Derivat des 2*H*-Pyrans ist das entsprechende Carbonylsystem, das Pyran-2-on (2*H*-Pyran-2-on). Es wird in Kap. 6.3 abgehandelt.

6.3 Pyran-2-on

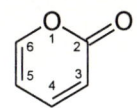

A Pyran-2-on **1** besitzt laut Mikrowellenspektroskopie die Bindungsparameter eines Enollacton-Systems mit lokalisierten C-C-Doppel- und Einfachbindungen (s.Abb. 6.3).

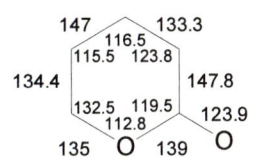

Abb. 6.3 Bindungsparameter des Pyran-2-ons
(Bindungslängen in pm, Bindungswinkel in Grad)

Pyran-2-on zeigt in den ^{1}H- und ^{13}C-NMR-Spektren keinen signifikanten diamagnetischen Ringstromeffekt und nur geringe Ladungsdelokalisierung, obwohl die elektronenanziehenden Ringbestandteile (O und CO) Tieffeld-Verschiebungen bedingen, die den Daten aromatischer Systeme entsprechen[9]:

^{1}H-NMR (CDCl$_3$)
δ (ppm)

H-3: 6,38   H-5: 6,43
H-4: 7,58   H-6: 7,77

^{13}C-NMR (Aceton-d$_6$)
δ (ppm)

C-2: 162,0   C-4: 144,3   C-6: 153,3
C-3: 116,7   C-5: 106,8

Pyran-2-one besitzen charakteristische IR-Absorptionen bei ≈ 1730 cm^{-1}. Aus dem Vergleich mit anderen Sechsringlactonen und dem Einfluß benachbarter C=C-Doppelbindungen auf deren C=O-Absorption (**2-4**)

$\nu_{C=O}$ [cm^{-1}]   1 1730   2 1735   3 1775   4 1710

wurde die Schlußfolgerung gezogen, daß eine Betainstruktur **5** für die Beschreibung des Pyran-2-on-Systems keine dominante Rolle spielt:

Pyran-2-one ergeben bei der massenspektrometrischen Untersuchung ein charakteristisches Fragmentierungs-Muster, in dem Furan- und Cyclopropenylium-Fragmentionen (**6/7**) als Hauptkomponenten auftreten:

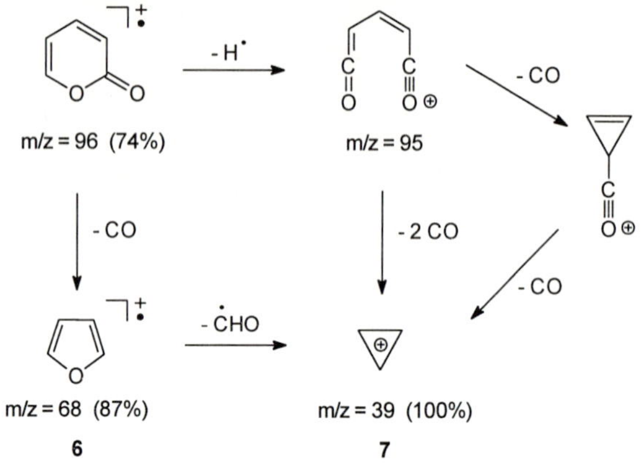

B In ihren **Reaktionen** zeigen Pyran-2-one das Verhalten sowohl von 1,3-Dienen als auch von Lactonen. Dies äußert sich vor allem in einer Reihe von intra- und intermolekularen pericyclischen Transformationen.

Matrix-Photolyse von Pyran-2-on bei 8 K führt zur elektrocyclischen Öffnung der Bindung O/C-2 und Bildung des Aldoketens **8**, das durch CH$_3$OH-Addition zum Ester **10** abgefangen werden kann. Photolyse bei höherer Temperatur oder in Ether führt zur Elektrocyclisierung des 1,3-Dien-Systems und Bildung des ß-Lactons **9**, das mit CH$_3$OH den Enolether **12** ergibt. Weitere Photolyse des ß-Lactons **9** führt zur Decarboxylierung und Bildung von Cyclobutadien **11** und seinen Folgeprodukten, z.B. dem Dimer **14** (CHAPMAN)[10]:

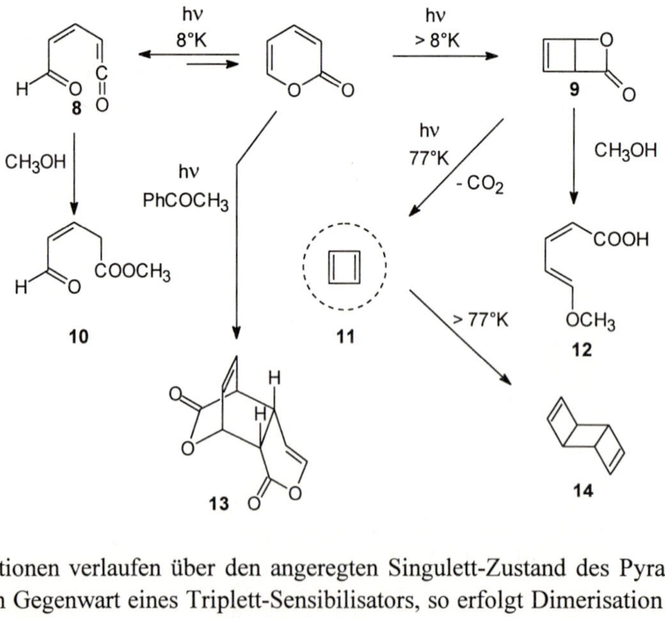

Diese Transformationen verlaufen über den angeregten Singulett-Zustand des Pyran-2-ons. Belichtet man Pyran-2-on in Gegenwart eines Triplett-Sensibilisators, so erfolgt Dimerisation zum Tricyclus **13** oder seinem Regioisomer.

6.3 Pyran-2-on

Pyran-2-one gehen mit aktivierten Alkenen oder Alkinen DIELS-ALDER-Reaktionen ein. So resultiert aus Pyran-2-on und Maleinsäureanhydrid das *endo*-Addukt **15**, das thermisch zum 1,2-Dihydrophthalsäureanhydrid **16** decarboxyliert:

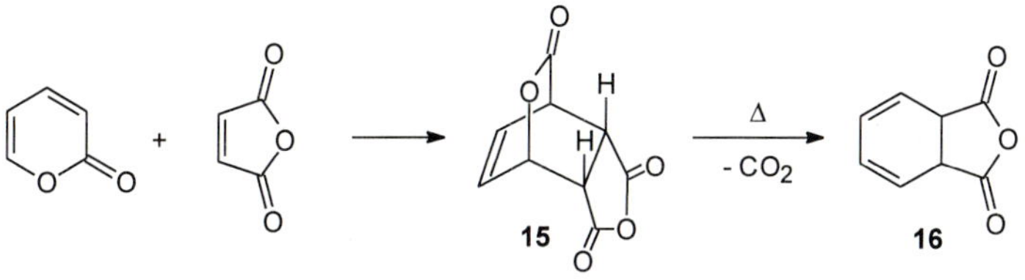

Diese Reaktion ist von präparativer Bedeutung (s.S.239).

Nucleophile greifen Pyran-2-one häufig am C-Atom der Carbonylgruppe an. So entstehen aus Pyran-2-on mit primären Aminen N-substituierte 2-Pyridone **17**, mit GRIGNARD-Verbindungen 2,2-disubstituierte 2*H*-Pyrane **18**:

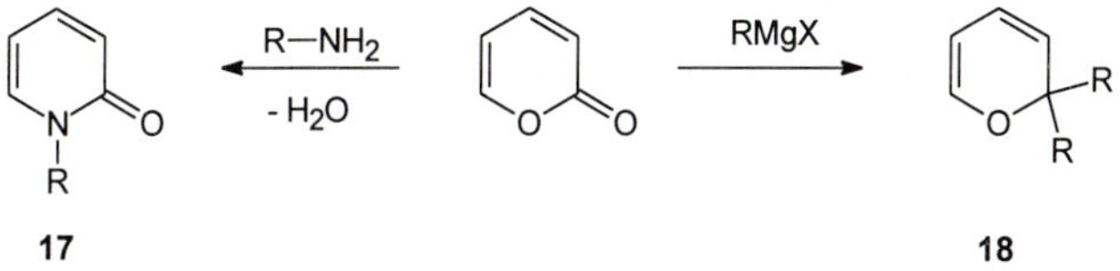

Elektrophile können das Pyran-2-on-System in 3-Stellung substituieren. So führt die Reaktion von Pyran-2-on mit Brom bei höherer Temperatur zu 3-Brompyran-2-on **20**, bei tiefer Temperatur jedoch quantitativ zu einem Additionsprodukt, dem *trans*-Dibromid **19**. Bei höherer Temperatur entstehen Dibromide **21** oder **22**, die unter HBr-Eliminierung in das (formale) Substitutions-Produkt **20** übergehen:

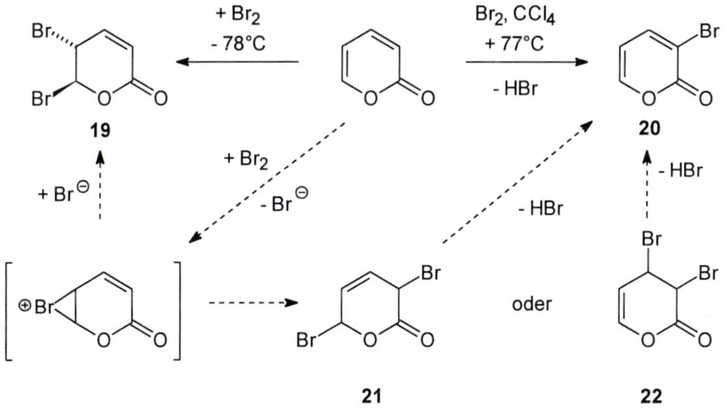

Alkylierung von Pyran-2-on erfolgt am Carbonyl-Sauerstoff und liefert 2-Alkoxypyryliumionen, so z.B. mit Trimethyloxoniumtetrafluoroborat **23**:

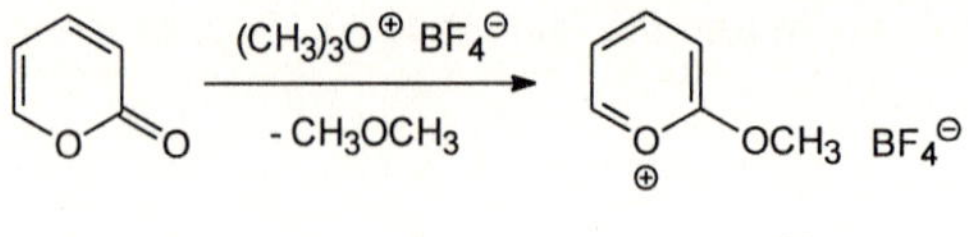

$$\text{[pyranone]} \xrightarrow[-CH_3OCH_3]{(CH_3)_3O^\oplus BF_4^\ominus} \text{[methoxy pyrylium]} \quad OCH_3 \; BF_4^\ominus$$

23

| C | Die **Synthese** von Pyran-2-onen erfolgt auf den von der *Retrosynthese* (s.Abb. 6.4) vorgezeichneten Wegen. Die retroanalytische Zerlegung erfolgt gemäß **a** und **b** an der O/C-2-Bindung und liefert als Edukt-Vorschläge Pentensäuren **24/25** mit Carbonyl-Funktion in der δ-Position. |

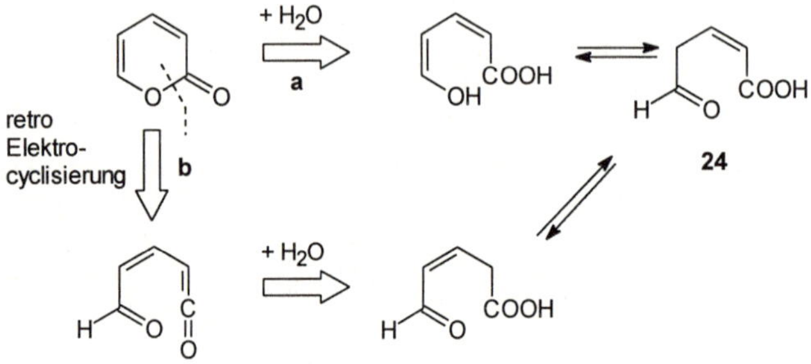

Abb. 6.4 Retrosynthese des Pyran-2-ons

❶ Basekatalysierte Cyclokondensation von Alkinonen mit Malonestern resp. von 1,3-Diketonen mit Alkinsäuren liefert Pyran-2-on-3-carbonester **27** resp. 5-Acylpyran-2-one **29**:

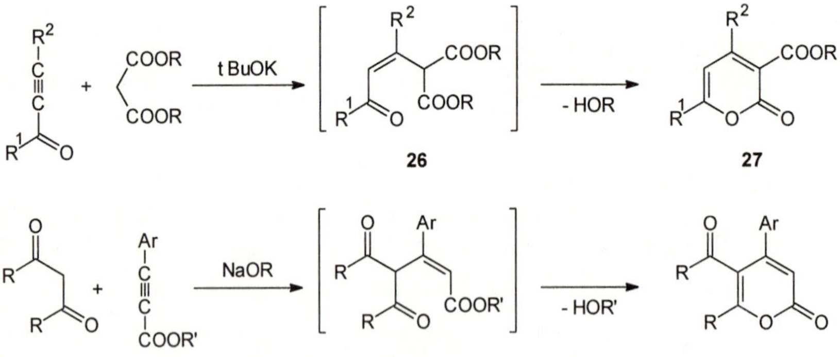

Als Primärschritte erfolgen dabei MICHAEL-Additionen zu Zwischenstufen vom Typ der δ-Oxopentensäureester **26/28**, deren Enolisierung und Lactonisierung zum Pyran-2-on-System führt.

❷ Crotonester (unsubstituiert und γ-substituiert) kondensieren mit Oxalester basekatalysiert zu δ-Oxopentensäureestern **30**, die durch Säure zu Pyran-2-on-6-carbonestern **31** cyclisieren und nach Esterspaltung und Decarboxylierung zu Pyran-2-onen **32** führen:

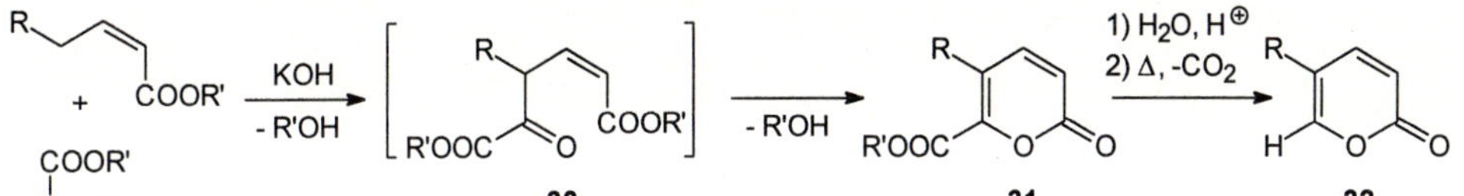

❸ Acetessigester kann über das Dianion durch CLAISEN-Kondensation mit Carbonestern zu Diketoestern **33** γ-acyliert werden, diese cyclisieren bei Behandlung mit CF$_3$COOH zu 6-substituierten 4-Hydroxypyran-2-onen **34**:

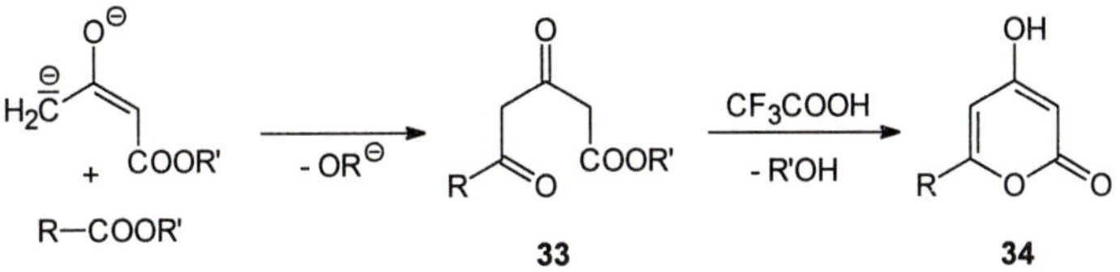

❹ Pyridiniumenolbetaine (s.S.284) reagieren mit Cyclopropenonen als elektrophilen C$_3$-Bausteinen[11] zu 3,4,6-trisubstituierten Pyran-2-onen **35**:

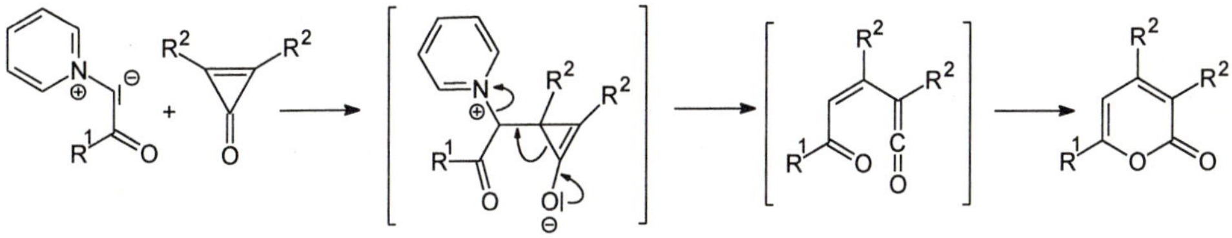

Dabei erfolgt primär eine MICHAEL-Addition des Pyridiniumylids an das Cyclopropenon, gefolgt von Umorganisation der Zwischenstufe **36** unter Pyridin-Eliminierung zum Ketoketen **37** und dessen Ringschluß zum Pyran-2-on. Anstelle der Pyridiniumenolbetaine können auch Sulfonium- und Phosphoniumylide eingesetzt werden.

D Pyran-2-on, Sdp. 208°C, ist eine farblose Flüssigkeit. Pyran-2-on wird durch Decarboxylierung von Pyran-2-on-5-carbonsäure **39** (*Cumalinsäure*) gewonnen, diese erhält man durch Behandlung von Äpfelsäure mit H$_2$SO$_4$ über Selbstkondensation der intermediär gebildeten Formylessigsäure **38**:

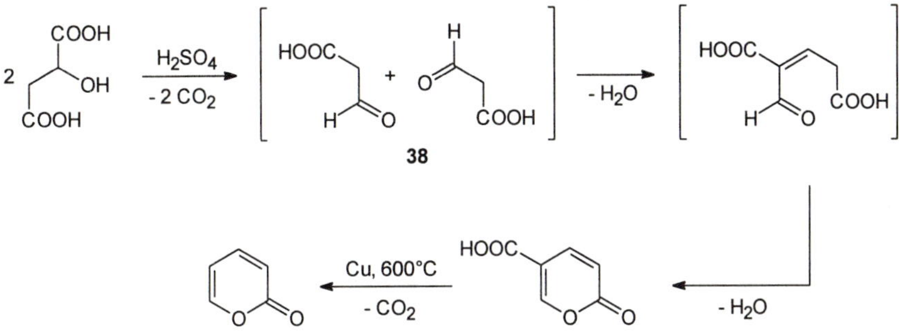

Dehydracetsäure 40 (3-Acetyl-4-hydroxy-6-methylpyran-2-on) entsteht durch Selbstkondensation von Acetessigester in Gegenwart von Na_2CO_3 [12]:

Bufadienolide sind A/B-*cis*- oder Δ^4, B/C-*trans*- und C/D-*cis*-verknüpfte Steroide, die im D-Ring an C-17 einen Pyran-2-on-Substituenten als charakteristisches Strukturelement besitzen. *Bufalin* **41** und *Bufotalin* **42** kommen in freier Form oder als Suberylarginyl-Konjugate in den Hautdrüsen von Kröten (z.B. Bufo bufo) vor. *Scillarigenin* **43** in der Meerzwiebel (Urginea maritima) und *Hellebrigenin* **44** in der Christrose (Helleborus niger) liegen genuin als 3-O-Glycoside vor.

41 : R = H
42 : R = OAc

Die Bufadienolide sind Cardiotonica mit positiv inotroper Wirkung (Erhöhung der Herzkontraktionskraft).

E In der organischen Synthese werden (1) baseninduzierte Ringtransformationen und (2) DIELS-ALDER-Reaktionen von Pyran-2-onen zur Gewinnung von komplex substituierten Benzolderivaten eingesetzt.

❶ 6-Phenacyl-4-hydroxypyran-2-on **45** ergibt bei der Behandlung mit KOH in Methanol 2-Benzoylphloroglucin **47**:

Als zentraler Schritt im Bildungsmechanismus wird eine der DIMROTH-Umlagerung (s.S.202) analoge Isomerisierung des Anions **46** angenommen. Eine Anwendung dieses Reaktionsprinzips ist die Synthese des Xanthons **49** durch basekatalysierte Isomerisierung des Bispyran-2-ons **48**.

❷ Die DIELS-ALDER-Reaktion von Pyran-2-on-6-carbonsäuremethylester mit Acetylendicarbonester führt zum Benzol-1,2,3-tricarbonsäureester **51** (Hemimellitsäuretriester), da das Cycloaddukt **50** thermisch decarboxyliert:

In einer intramolekularisierten Variante erlaubt diese Reaktion bei Einsatz von sterisch definierten Olefinen den gezielten Aufbau stereogener Zentren an Sechsringbicyclen, wie das nachfolgende Beispiel am Schlüsselbaustein **52** einer Yohimbin-Synthese zeigt[13]:

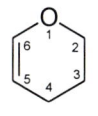

6.4 3,4-Dihydro-2*H*-pyran

A 3,4-Dihydro-2*H*-pyran und 5,6-Dihydro-2*H*-pyran sind die vom 2*H*-Pyran abgeleiteten Oxa-Analoga des Cyclohexens.

3,4-Dihydro-2H-pyran 5,6-Dihydro-2H-pyran

3,4-Dihydro-2H-pyran besitzt die spektroskopischen und strukturellen Charakteristika eines cyclischen Enolether-Systems, wie seine NMR- und IR-spektroskopischen Daten ausweisen:

IR (Film) ν (cm^{-1})	^{1}H-NMR (CDCl$_3$) δ (ppm)		^{13}C-NMR (CDCl$_3$) δ (ppm)		
1630 C=C-Valenzschwingung	H-2: 3,97 H-3/H-4: 1,90	H-5: 4,65 H-6: 6,37	C-2: 65,8 C-3: 22,9	C-4: 19,6 C-5: 100,7	C-6: 144,2

Nach RAMAN-Untersuchungen liegt 3,4-Dihydro-2H-pyran bei Raumtemperatur überwiegend in einer Halbsessel-Form mit einem Twist-Winkel von 23° vor. 2-Alkoxy- und 2-Aryloxy-3,4-dihydro-2H-pyrane stehen nach ^{1}H-NMR in einem Konformeren-Gleichgewicht, in dem durch den anomeren Effekt (s.S.244) das Konformer mit axialer Stellung des 2-OR-Substituenten dominiert:

B 3,4-Dihydro-2H-pyrane zeigen erwartungsgemäß die **Reaktionen** eines elektronenreichen Doppelbindungs-Systems, so elektrophile Additionen von Halogen, HX und HOX sowie Hydroborierung, die bei unsymmetrischen Addenden regioselektiv ablaufen:

Auch [2+1]-, [2+2]- und [4+2]-Cycloadditionen sind möglich. Präparativ interessant ist die Reaktion von 3,4-Dihydro-2H-pyran mit Dichlorcarben zum Addukt **1** und dessen Dehydrohalogenierung unter Ringöffnung zum 2,3-Dihydrooxepin-System **2**:

Alkohole, auch Phenole, addieren sich säurekatalysiert an 3,4-Dihydro-2H-pyran unter Bildung von 2-Alkyl(Aryl)oxytetrahydropyranen **3**. Diese sind als cyclische Acetale basenstabil, unterliegen aber schon bei Einwirkung verdünnter Säure der Hydrolyse. Auf diese Weise können OH-Funktionen blockiert werden (*THP-Schutzgruppe* in der organischen Synthese):

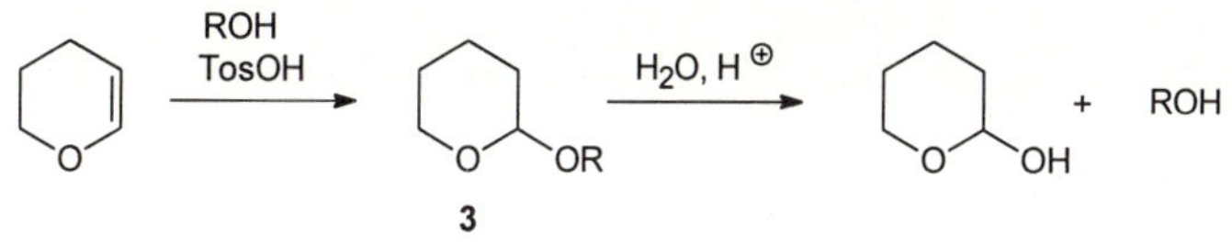

6.4 3,4-Dihydro-2H-pyran

[Reaction scheme: dihydropyran + ROH/TosOH → 2-alkoxytetrahydropyran **3**; then H$_2$O, H$^{\oplus}$ → 2-hydroxytetrahydropyran + ROH]

3,4-Dihydro-2H-pyran wird durch HNO$_3$ zu Glutarsäure oxidiert, durch OsO$_4$/H$_2$O$_2$ zum entsprechenden 1,2-Glykol dihydroxyliert. Ozonolyse führt zum Hydroperoxid **5**, das wahlweise zum Aldehyd **4** oder zum Ester **6** transformiert werden kann:

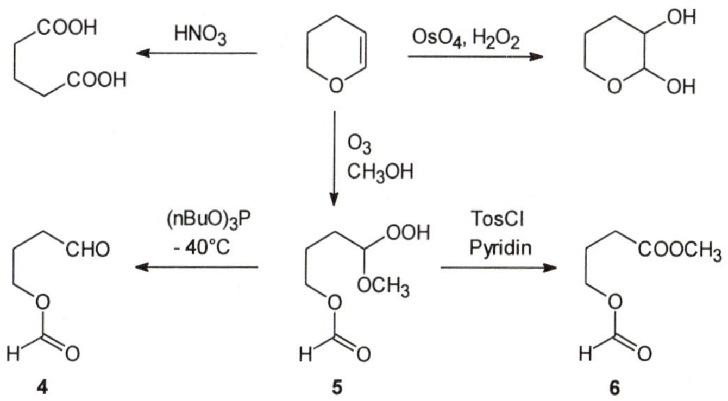

[Reaction scheme showing: glutaric acid ← HNO$_3$ — dihydropyran — OsO$_4$, H$_2$O$_2$ → diol; O$_3$/CH$_3$OH → hydroperoxide **5**; (nBuO)$_3$P, –40°C → aldehyde **4**; TosCl/Pyridin → methyl ester **6**]

C Die **Synthese** von 3,4-Dihydro-2H-pyranen kann durch die nachstehend beschriebenen Methoden erfolgen.

❶ α,β-Ungesättigte Carbonylverbindungen können mit Vinylethern [4+2]-Cycloadditionen unter Bildung von 2-Alkoxy-3,4-dihydro-2H-pyranen **7** eingehen:

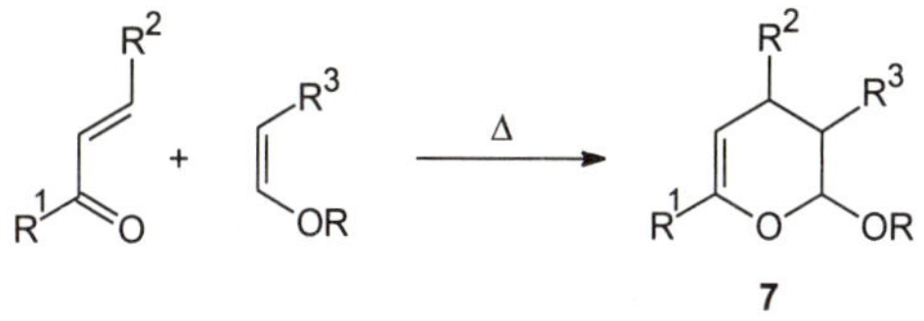

[Reaction scheme: α,β-unsaturated carbonyl (R^1, R^2) + vinyl ether (R^3, OR) —Δ→ 2-alkoxy-3,4-dihydro-2H-pyran **7**]

Diese Reaktion gehört zur Gruppe der Hetero-DIELS-ALDER-Reaktionen mit inversem Elektronenbedarf[14]. 2-Alkoxy-3,4-dihydro-2H-pyrane **7** können als verkappte 1,5-Dicarbonyl-Verbindungen eingesetzt werden (s.S.299).

❷ (4-Acyloxybutyl)phosphoniumsalze **8** ergeben in einer intramolekularen WITTIG-Reaktion 6-substituierte Dihydropyrane **9**:

Die Edukte **8** gewinnt man aus 1,4-Dibrombutan durch sukzessive S_N-Reaktionen mit Triphenylphosphin und Carboxylaten. Diese Cyclisierung stellt eines der wenigen Beispiele der Carbonylolefinierung einer Estergruppe durch Phosphorylide dar.

❸ Komplex aufgebaute 3,4-Dihydro-2*H*-pyrane **11** vom Strukturtyp des Tetrahydrocannabinols (s.S.269) erhält man durch intramolekulare Hetero-DIELS-ALDER-Reaktion an von Citronellal abgeleiteten α,ß-ungesättigten Carbonylverbindungen, z.B. **10**[15]:

D 3,4-Dihydro-2*H*-pyran ist eine farblose Flüssigkeit, Sdp. 86°C, und wird durch katalytische Dehydratisierung von Tetrahydrofurfurylalkohol **12** gewonnen; **12** ist durch Hydrierung von Furfural (s.S.60) zugänglich.

Iridoide, eine weit verbreitete Klasse von heterobicyclischen Monoterpenen, leiten sich vom 2-Hydroxy-3,4-dihydro-2*H*-pyran ab, an das in 3,4-Stellung ein Methylcyclopentan-Ring anneliert ist. Grundsystem ist das *Iridodial* **13**, das als Enollactol mit einer Dialdehyd-Form im Gleichgewicht steht:

In den Naturstoffen ist die 2-Hydroxylgruppe entweder als Glycosid oder als Ester geschützt. Vom Iridodial leiten sich die Bitterstoffe *Loganin* **14** aus Bitterklee (Menyanthes trifoliata) und das *Gentiopicrosid* **16** aus Enzianwurzeln (Gentiana-Arten) ab, ferner die als Sedativa wirksamen *Valepotriate* aus Baldrian (Valeriana officinalis), z.B. *Valtrat* **17**, *Isovaltrat* **18** und *Didrovaltrat* **19**, die Triester von ungesättigten Iridoidalkoholen darstellen und über einen reaktiven Oxiranring verfügen.

17 : Acyl² = Acyl³
18 : Acyl¹ = Acyl³
Acyl z.B. Valerat oder Isovalerat

Secologanin **15** ist eine zentrale Schlüsselverbindung der Alkaloid-Biogenese, aus der sich in vivo über 1000 Alkaloide (Indol-, Cinchona-, Ipecacuanha-, Pyrrolochinon-Alkaloide) ableiten. Secologanin ist durch stereoselektive Totalsynthese aufgebaut worden (TIETZE 1983)[16].

6.5 Tetrahydropyran

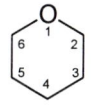

A Die Struktur des Tetrahydropyrans im Gaszustand wurde durch Elektronenbeugung und Mikrowellen-Spektroskopie bestimmt. Danach liegt der gesättigte Sauerstoffsechsring in einer gegenüber Cyclohexan etwas abgeflachten Sessel-Konformation mit C_s-Symmetrie vor (s.Abb. 6.5):

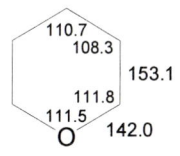

Abb. 6.5 Bindungsparameter des Tetrahydropyrans
(Bindungslängen in pm, Bindungswinkel in Grad)

Die freie Aktivierungsenthalpie für die Ringinversion wurde zu 42,3 kJ mol^{-1} (bei 212°K) bestimmt; sie ist nahezu identisch mit der des Cyclohexans (43,0 kJ mol^{-1}), aber niedriger als bei Piperidin (46,1 kJ mol^{-1}). In der Reihe der gesättigten Sechsringheterocyclen mit Elementen der VI. Hauptgruppe als Heteroatom fallen die Inversionsbarrieren mit der Größe des Heteroatoms; sie betragen für das Sulfid 39,3, für das Selenid 34,3 und das Tellurid 30,5 kJ mol^{-1}.

Die NMR-Spektren des Tetrahydropyrans zeigen die für die cyclische Etherstruktur zu erwartenden chemischen Verschiebungen:

¹H-NMR (CDCl₃)
δ (ppm)

H-2/H-6:   3,65
H-3/H-4/H-5: 1,65

¹³C-NMR (CDCl₃)
δ (ppm)

C-2/C-6: 68,6   C-4: 24,3
C-3/C-5: 27,4

Elektronegative Substituenten (Alkoxygruppen, Halogene) in der 2(6)-Stellung des Tetrahydropyran-Systems nehmen im Rahmen eines Konformeren-Gleichgewichts

via Halbsessel

bevorzugt die axiale Position ein. Diese strukturelle Besonderheit spielt als *anomerer Effekt* in der Chemie der Kohlenhydrate eine wichtige Rolle, da die Pyranose-Formen der Zucker dem obigen Strukturtyp 2-substituierter Tetrahydropyrane entsprechen.

C Die **Synthese** von Tetrahydropyranen erfolgt durch

❶ cyclisierende Dehydratisierung von 1,5-Diolen:

❷ intramolekulare Alkoxymercurierung/Demercurierung von Pent-4-en-1-olen:

❸ säurekatalysierte Cyclisierung von (4-Hydroxybutyl)oxiranen:

Dabei erhält man 2-(Hydroxymethyl)tetrahydropyrane. Diese Reaktion ist insbesondere für den stereoselektiven Aufbau von substituierten Tetrahydropyranringen in Polyether-Antibiotica von Bedeutung[17].

Zu den Tetrahydropyran-Einheiten enthaltenden Naturstoffen gehört das *Avermectin* **1**, das als hochwirksames Akarizid im Pflanzenschutz eingesetzt wird, sein Hydrierungsprodukt *Ivermectin* **2**, das als Antiparasiticum im Veterinärbereich Verwendung findet, und das Eicosanoid *Thromboxan A₂* **3**, das die Aggregation der Blutplättchen stimuliert und dabei in das inaktive *Thromboxan B₂* **4** übergeht.

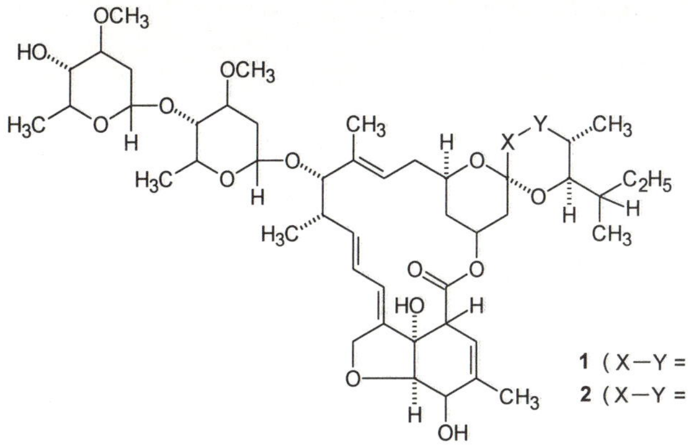

2-Alkoxytetrahydropyrane entstehen durch Addition von Alkoholen an 3,4-Dihydro-2*H*-pyrane (s.S. 239). 5-Hydroxycarbonylverbindungen stehen häufig mit 2-Hydroxytetrahydropyranen (Lactolen) im Gleichgewicht, z.B.:

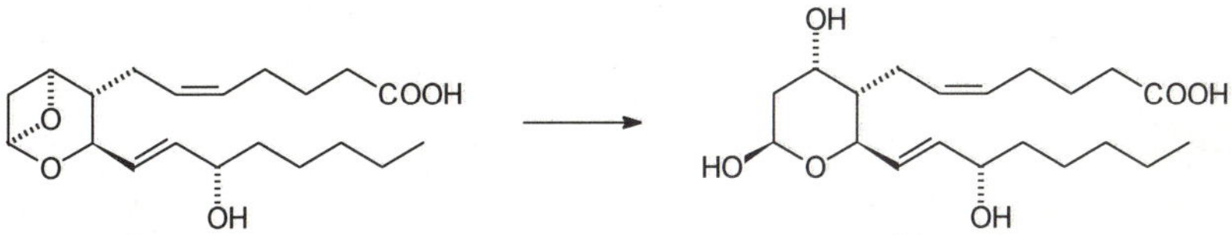

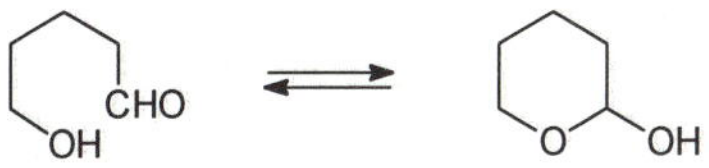

6.6 2*H*-Chromen

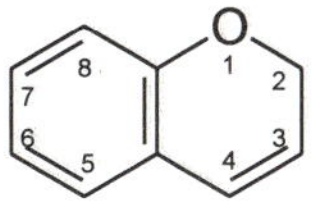

|A,C| Der systematische Name lautet 2*H*-1-Benzopyran. 2*H*-Chromen ist durch folgende ^{1}H-NMR-spektroskopische Daten charakterisiert: δ = 4,53 (H-2), 5,38 (H-3) und 6,20 ppm (H-4) (CDCl$_3$).

Zur Synthese von 2*H*-Chromenen haben sich drei Methoden bewährt.

❶ Cyclisierung von Propargylarylethern:

Diese thermische Isomerisierung beginnt mit einer [3.3]-sigmatropen Reaktion unter Einbeziehung des Phenylringes und führt zum Allen **2**, das sich unter [1.5]-sigmatroper H-Verschiebung zum o-Chinomethan **3** umlagert; schließlich erfolgt Elektrocyclisierung von **3** zum 2*H*-Chromen **1**.

❷ Basekatalysierte Cyclokondensation von Phenolen mit α,β-ungesättigten Carbonylverbindungen (zumeist Aldehyden):

❸ Säurekatalysierte Dehydratisierung von Chroman-4-olen **5**:

Chroman-4-ole **5** werden durch Addition von GRIGNARD-Verbindungen an Chroman-4-one **4** erhalten.

| D | Das 2*H*-Chromen-System, insbesondere in 2,2-dimethylsubstituierter Form, ist Bestandteil zahlreicher Naturstoffe. Beispiele sind *Evodionol* **6** und *Lapachenol* **7**, die in Pflanzen vorkommen, sowie *Precocen I/II* **8**, ein Juvenilhormon-Antagonist:

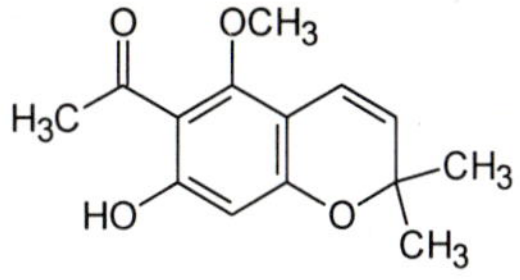

6 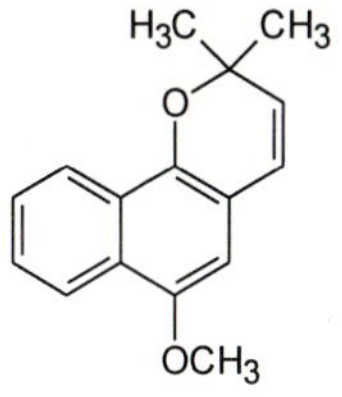 **7** 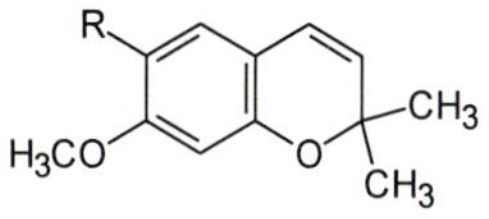 **8** I (R = H)
                     II (R = OCH$_3$)

Spiro-2*H*-chromene des Typs **9** zeigen das Phänomen der *Photochromie*: Sie öffnen den 2*H*-Pyranring bei Belichten reversibel unter Ring-Ketten-Valenzisomerisierung und Bildung von farbigen zwitterionischen Merocyaninen **10**, die thermisch spontan recyclisieren:

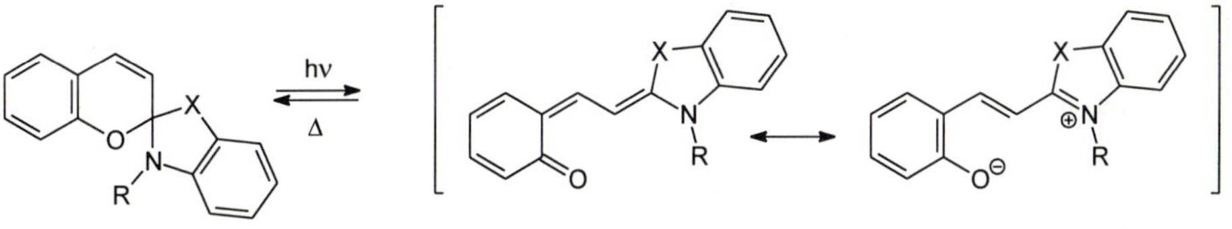

9   (X = S, CR$_2$)   **10**

Wichtige Derivate des 2*H*-Chromens sind das *Cumarin* **11** (2*H*-1-Benzopyran-2-on), das *1-Benzopyryliumion* **12** und das vom *Flavan* (2-Phenyl-2*H*-chromen) abgeleitete *Flavyliumion* **13** (2-Phenyl-1-benzopyryliumion). Sie werden in Kap. 6.7 und 6.8 abgehandelt.

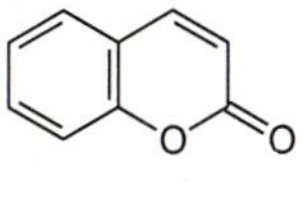

11 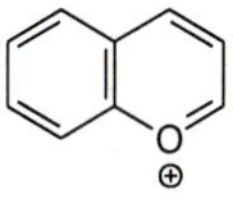   **12** 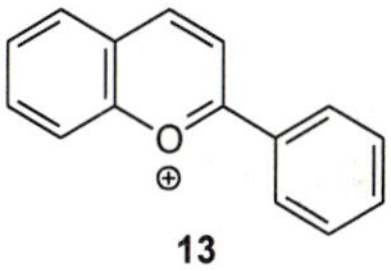   **13**

6.7 Cumarin

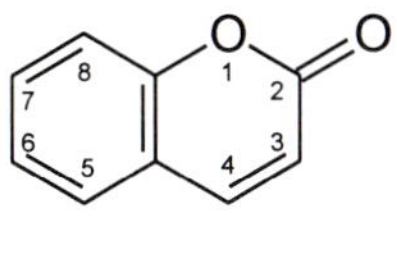

A Cumarin ist nach Röntgenstrukturanalyse nahezu planar aufgebaut (s.Abb. 6.6):

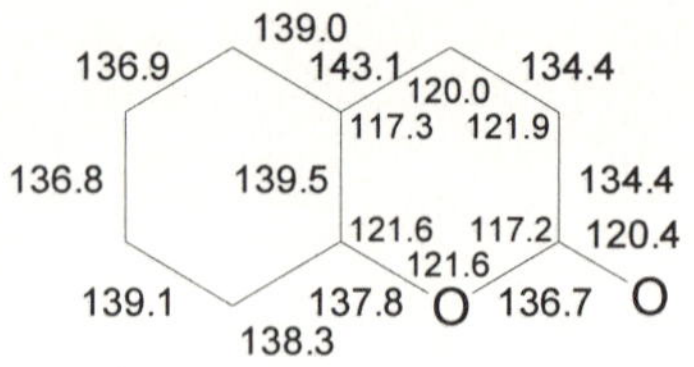

Abb. 6.6 Bindungsparameter des Cumarins
(Bindungslängen in pm, Bindungswinkel in Grad)

Seine spektroskopischen Eigenschaften korrelieren mit der Stammverbindung Pyran-2-on. Auch Cumarin besitzt mehr den Charakter eines Enollactons als den eines Heteroarens, wie seine IR- und NMR-spektroskopischen Daten dokumentieren:

IR (KBr) ν (cm^{-1})	^{1}H-NMR (CDCl$_3$) δ (ppm)		^{13}C-NMR (CDCl$_3$) δ (ppm)	
1710 (C=O-Valenzschwingung)	H-3: 6,43	H-6: 7,22	C-2: 159,6	C-4a: 118,1
	H-4: 7,80	H-7: 7,45	C-3: 115,7	C-8a: 153,1
	H-5: 7,36	H-8: 7,20	C-4: 142,7	

B Charakteristische Reaktionen des Cumarins sind demgemäß Additionen an die C-3/C-4-Doppelbindung und nucleophile Öffnung der Lacton-Funktion[18].

So wird Brom unter Bildung des Dibromids **1** addiert, das unter Einwirkung von Basen HBr eliminiert und zum 3-Bromcumarin führt:

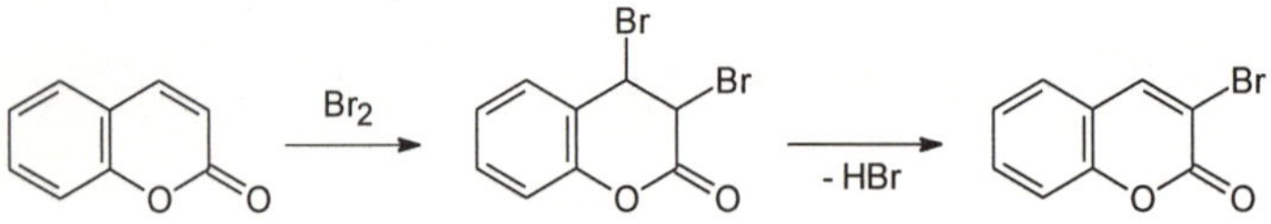

Sehr reaktive Elektrophile können am Carbonyl-Sauerstoff des Cumarins angreifen, so das MEERWEIN-Salz [Et$_3$O]BF$_4$ unter O-Alkylierung zum Benzopyryliumion **2**:

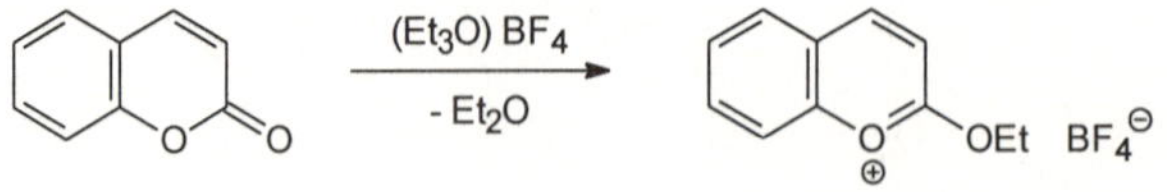

Hydroxidionen öffnen den Lactonring des Cumarins unter Bildung des Dianions der (Z)-o-Hydroxyzimtsäure **3** (Cumarinsäure), das beim Ansäuern zu Cumarin recyclisiert. Das Dianion **3** kann durch Methylierung mittels Dimethylsulfat zum (Z)-Methoxyester **5** fixiert werden, wandelt sich jedoch bei längerer Reaktionsdauer in die (E)-Verbindung **4**, das Dianion der o-Cumarsäure, um:

Vom Cumarin-System sind eine Reihe von Umlagerungs-Reaktionen bekannt. Dazu gehört die Ringkontraktion des Cumarin-3,4-dibromids **1** mit Alkali zu Benzo[b]furan (Cumaron s.S.64). Damit mechanistisch verwandt ist die Umwandlung des 4-(Chlormethyl)cumarins **6** mit wäßrigem Alkali zu Cumaron-3-essigsäure **7**, die über $S_N i$-Cyclisierung des Phenolats **8** zum Acrylat **9** und dessen Isomerisierung verläuft:

C Die **Synthese** von Cumarinen erfolgt nach im wesentlichen klassischen Prinzipien.

❶ Cyclokondensation von Phenolen mit ß-Ketoestern unter Einwirkung von starker Säure (v.PECHMANN-Synthese):

Der Reaktionsverlauf entspricht einer S_EAr-Reaktion des Phenols mit der vermutlich protonierten Carbonylgruppe des ß-Ketoesters zu **10**, gefolgt von Lactonisierung zu **11** und Eliminierung von H_2O zum Cumarin-System.

Eine Variante dieses Synthese-Prinzips[19] benutzt als Primärschritt die Addition von *o*-metallierten Phenolethern **12** an Alkoxymethylenmalonester und führt durch Behandlung mit Säure, Abspaltung der Phenol-Schutzgruppe, Lactonisierung und ROH-Eliminierung zu Cumarin-3-carbonestern **13**:

Diese Modifikation erlaubt den regioselektiven Angriff des 1,3-Biselektrophils an substituierten Phenolen, der bei der v.PECHMANN-Synthese häufig nicht gewährleistet ist.

❷ Cyclokondensation von *o*-Hydroxybenzaldehyden mit reaktiven Methylenverbindungen (Malonester, Cyanessigester, Malodinitril) in Gegenwart von Piperidin und anderen Basen (KNOEVENAGEL-Synthese):

Dabei entstehen Derivate der Cumarin-3-carbonsäure **14**. Diese Synthese verläuft unter erheblich milderen Bedingungen als die ältere, auf der PERKIN-Reaktion von Salicylaldehyden basierende Kondensation mit Acetanhydrid/Acetat.

| D | **Cumarin**, Schmp. 68°C, bildet farblose Kristalle; es ist der Aromastoff des Waldmeisters und kommt auch in anderen Pflanzen, z.B. im Lavendel und Steinklee, vor. Cumarin wird aus Salicylaldehyd entweder durch PERKIN-Reaktion (PERKIN 1868) oder durch cyclisierende Kondensation mit 1,1-Dimorpholinoethen gewonnen[20]: |

Viele Naturstoffe enthalten das Cumarin-Gerüst[21]. *Aesculetin* **15** wird aus Roßkastanien-Rinde, *Psoralen* **16** aus der indischen Pflanze Psoralea corylifolia isoliert. Furocumarine wie **16** sind photodynamisch aktiv. Sie lösen bei UV-Bestrahlung in der Zelle Prozesse aus, die sich in einer Steigerung der Haut-Pigmentierung und in einer Hemmung der Replikation infolge Cyclobutan-Bildung mit den Pyrimidin-Basen der Nucleinsäuren äußern. Psoralene werden bei Psoriasis therapeutisch eingesetzt.

Hochtoxische und cancerogene Cumarin-Derivate mit komplexer Struktur sind die Aflatoxine, z.B. *Aflatoxin B₁* **17**. Dieses wird als Sekundär-Metabolit von Aspergillus flavus gebildet, der in verschimmelten Lebensmitteln auftreten kann.

Dicumarol **18** und *Warfarin* **19** setzen die Gerinnungsfähigkeit des Blutes herab und werden als Antikoagulantien zur Behandlung von Thrombosen verwendet. Warfarin wird durch MICHAEL-Addition von Benzylidenaceton an 4-Hydroxycumarin synthetisiert[22].

6.8 1-Benzopyryliumion

A 1-Benzopyryliumsalze (Chromyliumsalze) sind farbig und besitzen langwellige UV/VIS-Maxima bei ≈ 385 nm, die durch Phenyl-Substitution in 2-Stellung, also bei 2-Phenyl-1-benzopyryliumionen (Flavyliumionen), weiter bathochrom verschoben sind. Ihre ^{1}H-NMR-Daten reflektieren (vgl. Pyryliumion, s.S.223) den Einfluß des positiv geladenen Sauerstoffs, der die Elektronendichte an C-2 und C-4 vermindert: δ = 9,75 (H-2), 8,40 (H-3) und 8,75 ppm (H-4) (CF_3COOD).

Dieser Effekt ist bei zweifacher Benzannelierung noch stärker ausgeprägt, das Xanthyliumion zeigt δ (H-9) = 10,18 ppm, δ (C-9) = 165,1 ppm (CF_3COOD).

B Unter den Reaktionen der Benzopyryliumsalze[23] sind demzufolge nucleophile Additionen und ihre Folgereaktionen von Bedeutung. GRIGNARD-Verbindungen addieren via C-2 und C-4 unter Bildung von 2H- und 4H-1-Benzopyranen, Hydroxidionen via C-2 zu 2H-1-Benzopyran-2-ol **1**, das mit (Z)-o-Hydroxyzimtaldehyd **2** im Gleichgewicht steht. Das Benzopyranol **1** regeneriert als "Pseudobase" bei Behandlung mit Säure das 1-Benzopyryliumion:

C Die Synthese von Benzopyryliumionen kann mit Hilfe der nachstehend beschriebenen Methoden erfolgen.

❶ Cyclokondensation von o-Hydroxy-benzaldehyden oder -acetophenonen mit Methylenketonen:

Die Reaktion wird im sauren Medium, z.B. Acetanhydrid/$HClO_4$, durchgeführt und verläuft über die Zwischenstufe des KNOEVENAGEL-Kondensations-Produkts **3**.

❷ Cyclokondensation von aktivierten Phenolen und ß-Diketonen im sauren Medium:

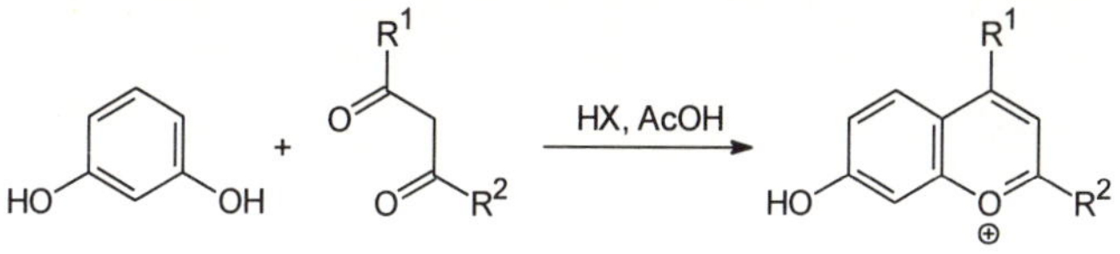

❸ Cyclokondensation von *o*-Hydroxyacetophenonen, Orthoameisensäureester und Arylaldehyden in Gegenwart einer starken Säure, meist HClO$_4$:

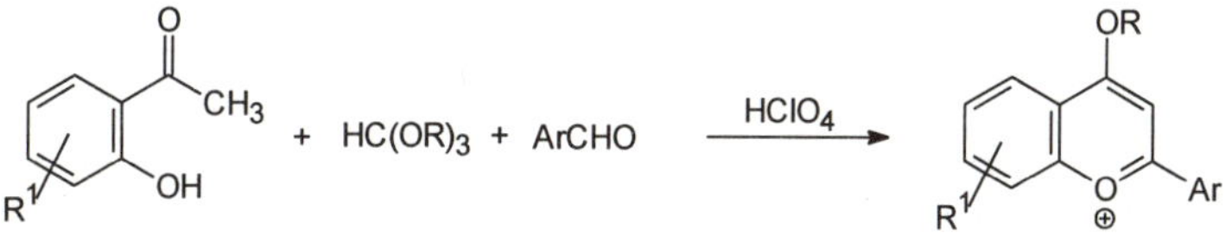

Dabei entstehen 4-Alkoxy-2-aryl-1-benzopyryliumsalze **4**[24].

|D| **Flavyliumsalze** (2-Phenyl-1-benzopyryliumsalze) sind als Naturstoffe von Bedeutung (WILLSTÄTTER 1913). Zahlreiche rote, blaue und violette Farbstoffe in Blüten und Blättern leiten sich vom 3,5,7-Trihydroxyflavylium-System **5** ab, das am 2-Phenyl-Substituenten weitere OH-Funktionen trägt:

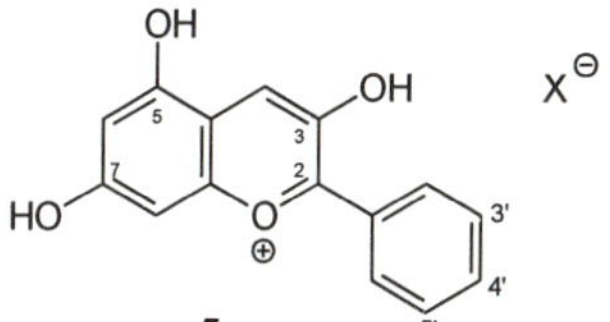

4'-OH : *Pelargonidin*
3'-,4'-OH : *Cyanidin*
3'-,4'-,5'-OH : *Delphinidin*

Sie kommen meist als Glycoside (*Anthocyanine*) vor, durch verdünnte Säure erfolgt Hydrolyse zu einem Zucker und dem entsprechenden Flavyliumsalz (*Anthocyanidin*) als Aglycon[25].

Cyanidinchlorid 6 kommt in den Blütenblättern der Kornblume (Centaurea cyanus) vor. Es bildet dunkelrote Nadeln, die in H$_2$O löslich, in Diethylether oder Kohlenwasserstoffen unlöslich sind. Durch Alkalihydroxid in der Schmelze wird es in Phloroglucin und 3,4-Dihydroxybenzoesäure gespalten, was zur Konstitutionsermittlung diente:

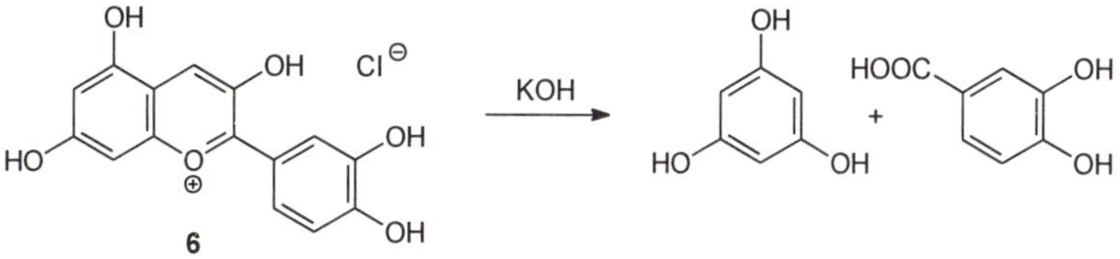

Die Farbe der Anthocyanidine ist pH-abhängig. So liegt das Cyanidin-System bei pH < 3 als rotes Flavyliumion **6** vor; bei pH = 8 entsteht daraus durch Deprotonierung die violette Farbbase **7** mit chinoider Struktur. Diese geht im stärker basischen Medium (pH = 11) in das blaue Anion **8** über, das mit Al- oder Fe-Ionen komplexieren kann (E.BAYER 1966). Die blaue Farbe bestimmter Blüten, z.B. der

Kornblume, ist auf diese Komplexbildung (und nicht wie ursprünglich angenommen auf basisches Zellmilieu) zurückzuführen[26]. Daneben sind auch andere aromatische Verbindungen an der Farbtiefe und -ausprägung beteiligt (Co-Pigmentation).

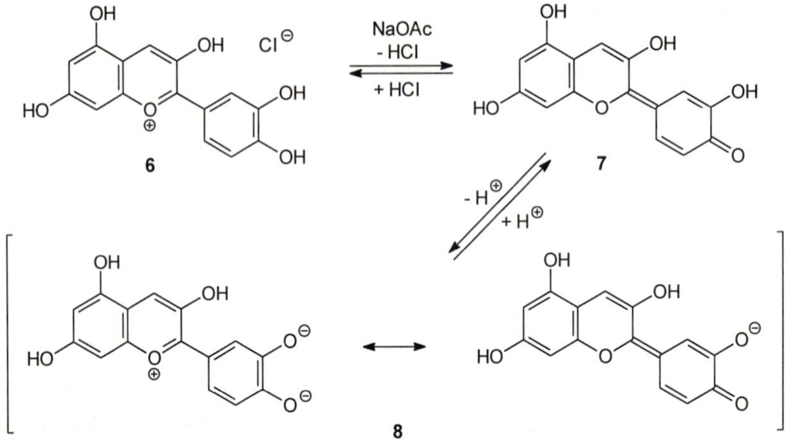

Allgemein gehen 4'-Hydroxyflavyliumionen im basischen Medium reversible Öffnung des Pyryliumsystems ein. So wird **9** durch Hydroxidionen zunächst zum Chinomethan **10** deprotoniert, bei höherer OH⁻-Konzentration zum Chalkon **11** ringgeöffnet; durch Behandlung mit Säure wird dieses zum Flavyliumion **9** recyclisiert:

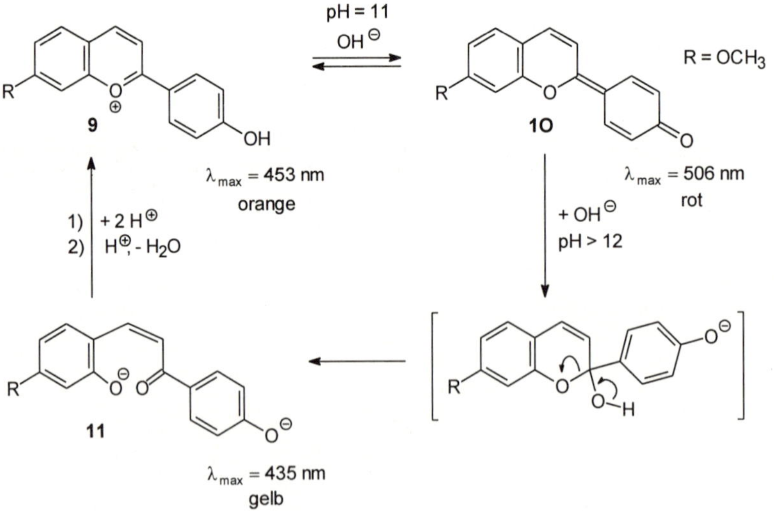

Die Synthese von Anthocyanidinen erfolgt nach den voranstehenden Methoden (s.S.252). So wird Cyanidinchlorid **6** ausgehend von 2-Benzoyloxy-4,6-dihydroxybenzaldehyd **12** durch Cyclokondensation mit 2-Acetoxy-1-(3,4-diacetoxyphenyl)ethanon in Gegenwart von HCl aufgebaut (ROBINSON 1934):

6.9 4H-Pyran

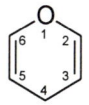

A Im Gegensatz zu 2H-Pyran ist der Grundkörper 4H-Pyran bekannt und spektroskopisch charakterisiert, gleiches gilt für 4,4-disubstituierte Derivate. 4H-Pyrane unterscheiden sich durch die IR-Absorptionen der C=C-Valenzschwingungen bei ≈ 1700 und ≈ 1660 cm^{-1} charakteristisch von 2H-Pyranen (vgl.S.232). Die NMR-Spektren des 4H-Pyrans zeigen die für ein Bisenolether-System zu erwartenden Daten:

^{1}H-NMR (CCl$_4$)
δ (ppm)

H-2: 6,16
H-3: 4,63
H-4: 2,65

^{13}C-NMR (CCl$_4$)
δ (ppm)

C-2: 141,1
C-3: 101,1

B Unter den **Reaktionen** der 4H-Pyrane sind einige Ringtransformationen synthetisch interessant. So isomerisiert das Triphenyl-4-benzyl-4H-pyran **1** bei Belichtung zum 2-Benzyl-2H-pyran **2**, das mit HCl quantitativ 1,2,3,5-Tetraphenylbenzol **4** ergibt. Die Umwandlung zum Benzolsystem dürfte durch elektrocyclische O/C-2-Öffnung von **2** zum Dienon **3** und dessen intramolekulare Aldol-Kondensation erfolgen:

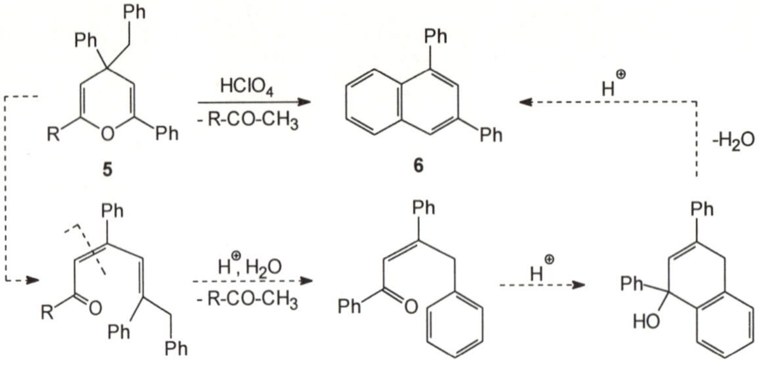

4-Benzyl-2-alkyl-4H-pyrane **5** werden bei Behandlung mit HClO$_4$ in 1,3-Diphenylnaphthalin **6** umgewandelt. Dazu ist wie oben (**1** → **2**) Umlagerung des 4H-Pyrans **5** zum entsprechenden 2H-Pyran und O/C-2-Öffnung erforderlich. Das resultierende Dienon **7** erleidet Retro-Aldol-Reaktion zu dem Methylketon R-CO-CH$_3$ und dem Enol **8**, das via intramolekulare S$_E$Ar-Reaktion und Dehydratisierung der Zwischenstufe **9** zu **6** cyclisiert.

C Die **Synthese** von 4H-Pyranen erfolgt durch

❶ Cyclokondensation von ß-disubstituierten Enon-Systemen mit ß-Ketoestern über 1,5-Dicarbonyl-Verbindungen **10**:

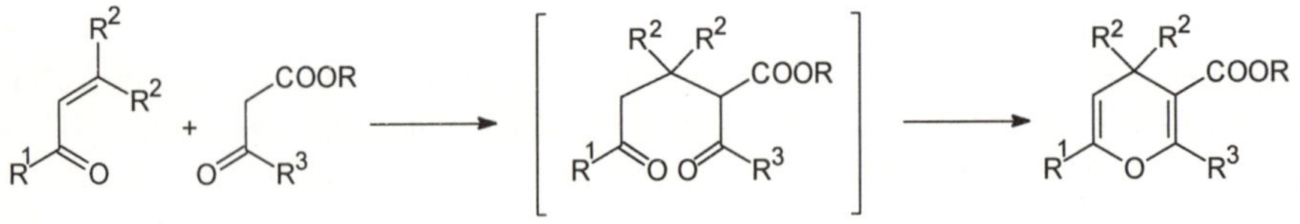

❷ Eliminierungs-Reaktionen an 2-acyloxysubstituierten Dihydropyranen, z.B. **11**, die durch DIELS-ALDER-Reaktion von Enonen und Vinylestern zugänglich sind. Darauf basiert eine der ersten Synthesen für die Stammverbindung:

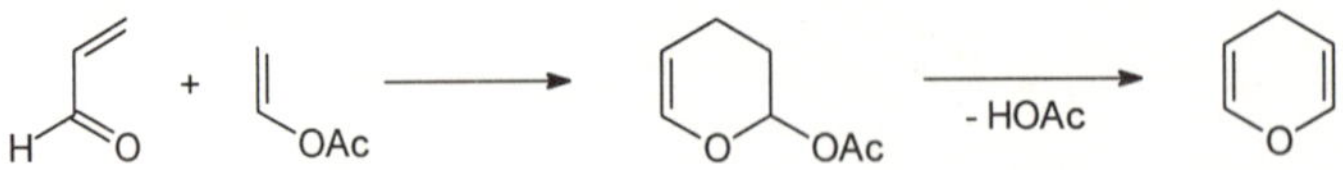

Wichtigstes Derivat des 4H-Pyrans ist das entsprechende Carbonylsystem, das Pyran-4-on (4H-Pyran-4-on). Es wird in Kap. 6.10 abgehandelt.

6.10 Pyran-4-on

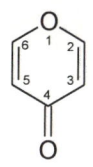

A Die Struktur des Pyran-4-ons wurde durch Mikrowellen-Spektroskopie bestimmt und zeigt (s.Abb. 6.7) die Bindungsparameter eines gekreuzt konjugierten, lokalisierten Cycloenon-Systems (vgl. dazu die Befunde am Pyran-2-on, S.233):

Abb. 6.7 Bindungsparameter des Pyran-4-ons
(Bindungslängen in pm, Bindungswinkel in Grad)

Die ^{1}H- und ^{13}C-NMR-Daten des Pyran-4-ons korrelieren stärker mit einem α,ß-ungesättigten Carbonylsystem als mit einem delokalisierten Heteroaren:

^{1}H-NMR (CDCl$_3$)
δ (ppm)

H-2: 7,88
H-3: 6,38

^{13}C-NMR (CDCl$_3$)
δ (ppm)

C-2: 155,6   C-4: 179,9
C-3: 118,3

Das Dipolmoment des Pyran-4-ons (4 D) und die gegenüber Enonen erhöhte Basizität (pK$_a$ = 0,1) deuten darauf hin, daß für die Strukturbeschreibung eine Betain-Grenzform **1** in untergeordnetem Maße eine Rolle spielt:

B Die **Reaktionen** des Pyran-4-ons zeigen einige Parallelen zu seinem 2-Isomer. Bei Belichtung wird Pyran-4-on zu Pyran-2-on isomerisiert. Zum Mechanismus wird angenommen, daß primär Elektrocyclisierung zum zwitterionischen Intermediat **2** eintritt und daß dieses sich zum Epoxycyclopentadienon **3** umlagert; weitere Sauerstoff-Wanderung in **3** via **4** ergibt schließlich Pyran-2-on.

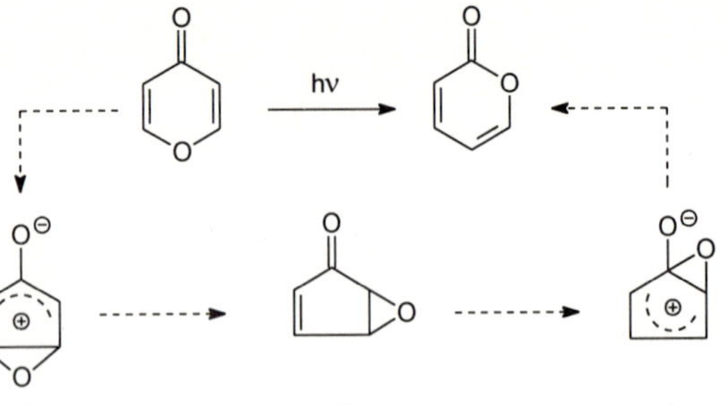

Pyran-4-one bilden mit starken Säuren Salze und werden O-alkyliert (Beispiel s.S.260). Elektrophile Substitutionen sind an verschiedenen Ringpositionen möglich, insbesondere bei Anwesenheit aktivierender Gruppen.

Nucleophile können an Pyran-4-onen entweder an C-2 oder an C-4 angreifen. Mit wäßrigem Alkali werden unter primärer Addition von Hydroxidionen an C-2 1,3,5-Triketone gebildet, so aus 2,6-Dimethylpyran-4-on **5** Heptan-2,4,6-trion **6**:

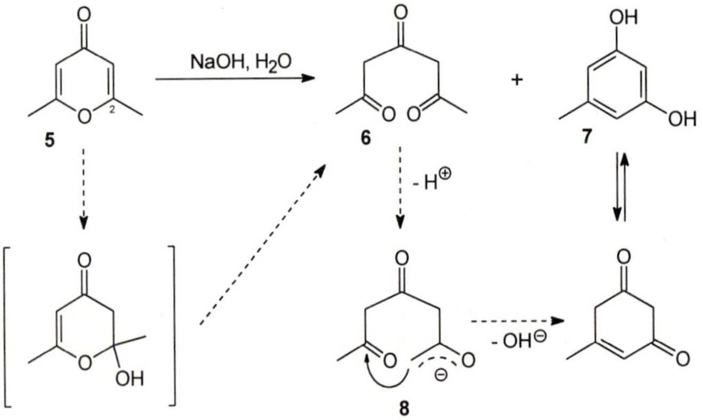

Da außerdem Orcin **7** entsteht, tritt offenbar als Folgereaktion Deprotonierung von **6** zum Enolat **8** ein, das dann unter intramolekularer Aldol-Kondensation recyclisiert. Diese Reaktion war Anstoß zum Postulat der Aromaten-Biogenese via Polyketide (COLLIE 1907)[27].

Aus Pyran-4-onen und GRIGNARD-Verbindungen im Verhältnis 1:1 erhält man nach anschließender Behandlung mit starker Säure 4-substituierte Pyryliumsalze, mit Überschuß RMgX dagegen 4,4-disubstituierte 4H-Pyrane:

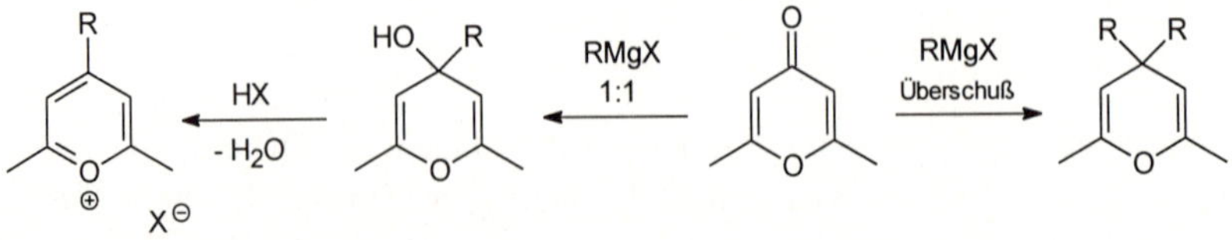

6.10 Pyran-4-on

C Flexible Methode zur **Synthese** von Pyran-4-onen ist gemäß *Retrosynthese*

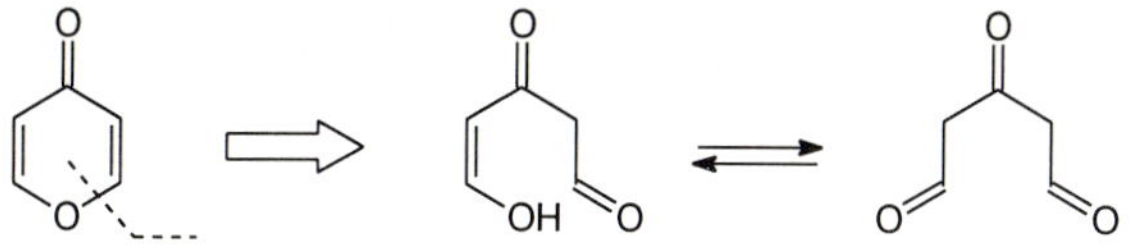

die cyclisierende Kondensation von 1,3,5-Triketonen. Diese erhält man durch γ-Acylierung von 1,3-Diketonen mit Carbonsäureestern mittels KNH_2 via Dianionen **9**, ihre Cyclisierung zu Pyran-4-onen erfolgt durch starke Säuren:

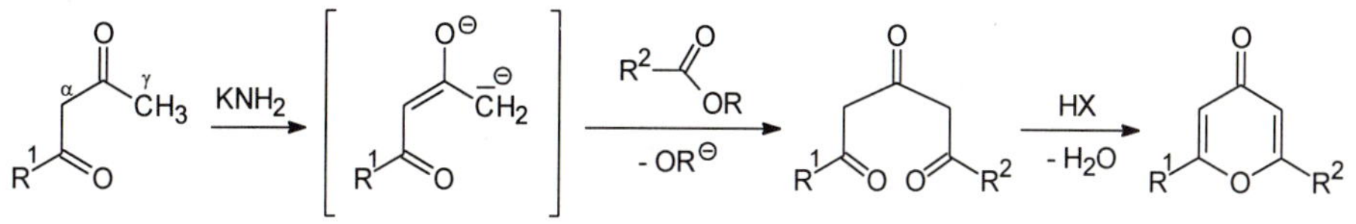

Die Lithiumenolate von 4-Methoxybut-3-en-2-onen **10** ergeben mit Säurechloriden unter ausschließlicher C-Acylierung das gekreuzt konjugierte Enolsystem **11**, das als potentielles 1,3,5-Triketon schon mit katalytischen Mengen CF_3COOH zu 2,6-disubstituierten Pyran-4-onen cyclisiert:

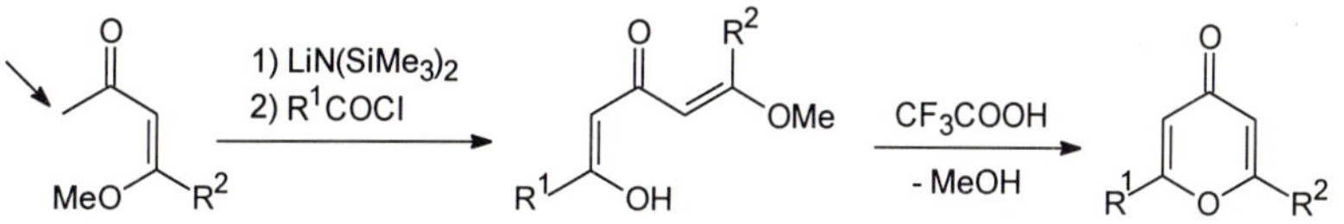

D **Pyran-4-on**, Schmp. 32°C, ist eine farblose, kristalline Verbindung, die mit HCl ein Hydrochlorid, Schmp. 139°C, bildet. Pyran-4-on erhält man durch Decarboxylierung von Chelidonsäure **12**, die durch α,α'-Diacylierung von Aceton mittels Oxalester über die Triketoverbindung **13** und ihre säurekatalysierte Cyclisierung zugänglich ist:

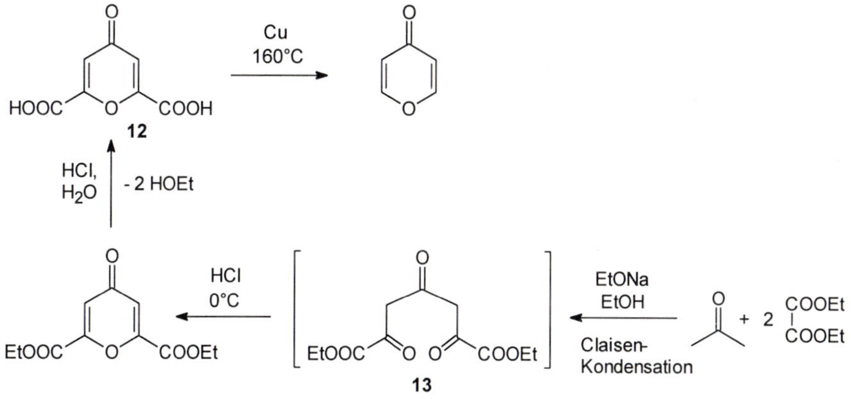

2,6-Dimethylpyran-4-on, Schmp. 132°C, ist in Wasser löslich. Es kann nach verschiedenen Methoden dargestellt werden, am einfachsten aus Acetanhydrid und Polyphosphorsäure bei höherer Temperatur:

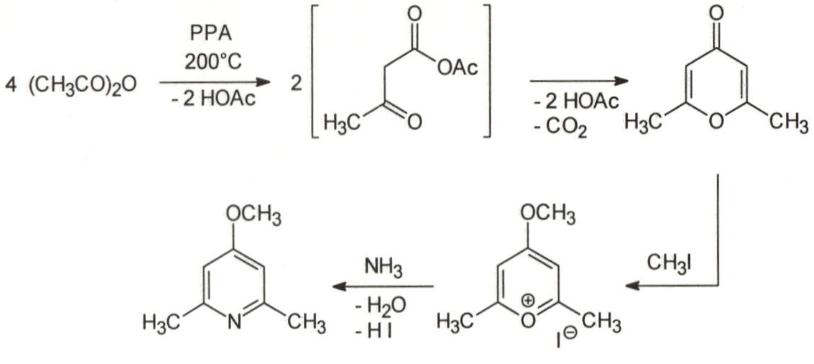

Am 2,6-Dimethylpyran-4-on wurde der Beweis der O-Alkylierung durch Überführung des resultierenden Pyryliumsalzes **14** mittels NH_3 in 4-Methoxy-2,6-dimethylpyridin **15** geführt (BAEYER 1910).

Als Naturstoffe sind neben *Chelidonsäure* **12**, die in den Wurzeln des Schöllkrauts (Chelidonium majus) vorkommt, einige andere Pyran-4-on-Derivate relevant. *Maltol* **16** findet sich in der Lärchenrinde und entsteht bei der trockenen Destillation von Stärke und Cellulose. *Meconsäure* **17** kommt im Opium vor. *Kojisäure* **18** wird von vielen Mikroorganismen produziert und wurde zuerst aus Aspergillus oryzae, dem in Japan zur Sake-Produktion benutzten Mikroorganismus, isoliert.

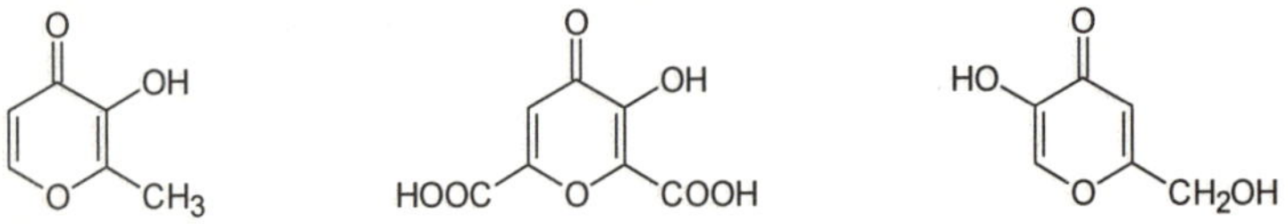

6.11 4*H*-Chromen

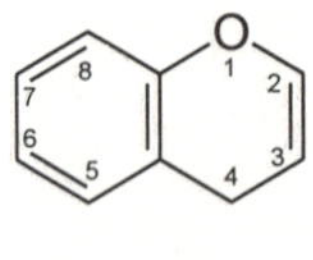

A,C,D 4*H*-Chromen ist durch folgende ^{1}H-NMR-Daten charakterisiert: δ = 6,44 (H-2), 4,63 (H-3) und 3,36 ppm (H-4) ($CDCl_3$). 4*H*-Chromene zeigen im UV eine Absorption bei ≈ 280 nm. Sie unterscheiden sich dadurch von den 2*H*-Chromenen, deren Phenyl-konjugierte Doppelbindung längerwellig bei ≈ 320 nm absorbiert.

4*H*-Chromene gewinnt man durch Reaktion von *o*-(Acyloxy)benzylbromiden **1** mit zwei Äquivalenten eines Phosphorylids:

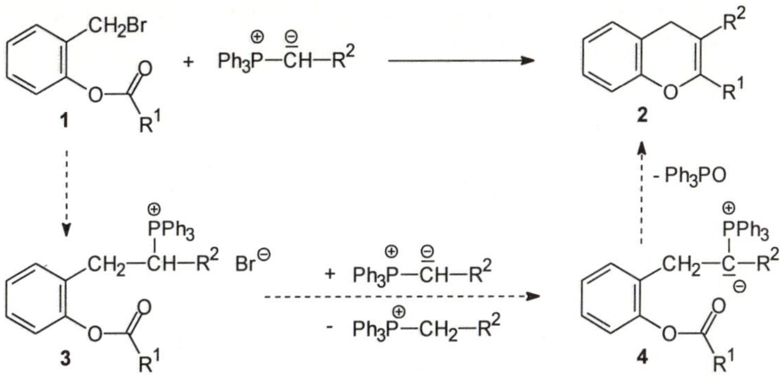

Im Primärschritt erfolgt dabei Alkylierung des Ylids zum Phosphoniumsalz **3**, das nachfolgend zu einem neuen Ylid **4** deprotoniert wird; intramolekulare WITTIG-Reaktion führt dann zum 2,3-disubstituierten 4*H*-Chromen **2**.

Wichtige Derivate des 4*H*-Chromens sind *Chromon* **5** (4*H*-1-Benzopyran-4-on), *Flavon* **6** (2-Phenyl-4*H*-1-benzopyran-4-on) und *Xanthen* **7** (9*H*-Xanthen). Sie werden in Kap. 6.12 abgehandelt.

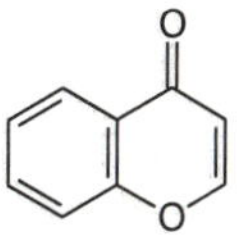

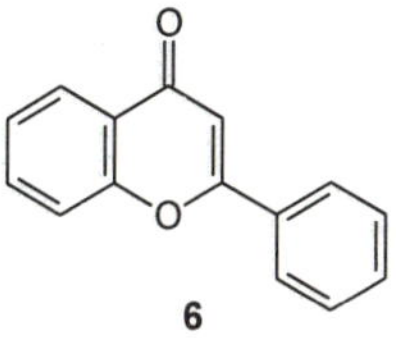

6.12 Chromon

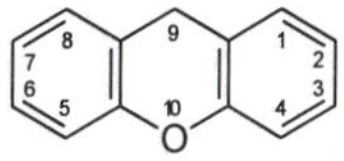

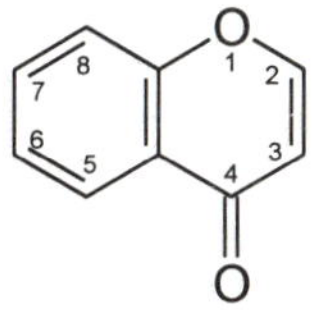

A Chromon ist durch folgende NMR-spektroskopische Daten charakterisiert (vgl. Pyran-4-on, S.257):

^{1}H-NMR (CDCl$_3$)
δ (ppm)

H-2: 7,88   H-6: 7,42
H-3: 6,34   H-7: 7,68
H-5: 8,21   H-8: 7,47

^{13}C-NMR (CDCl$_3$)
δ (ppm)

C-2: 154,9   C-5a: 124,0
C-3: 112,4   C-8a: 156,0
C-4: 176,9

Chromone unterscheiden sich durch die Lage der C=O-Valenzschwingung im IR ($\nu_{C=O} \approx 1660$ cm^{-1}) von Cumarinen ($\nu_{C=O} \approx 1710$ cm^{-1}). Chromone, vor allem Flavone, sind durch zwei UV-Absorptionsbanden im Bereich von 240-285 nm und 300-400 nm charakterisiert.

B In ihren **Reaktionen** zeigen Chromone und Flavone Analogien zum Pyran-4-on, verhalten sich also als verkappte 1,3-Dicarbonyl-Systeme. Protonierung und Alkylierung erfolgen am Sauerstoff. Elektrophiler Angriff erfolgt am deaktivierten Pyran-4-on-Ring in 3-Stellung, so z.B. Aminomethylierung unter den Bedingungen der MANNICH-Reaktion.

Gegenüber Nucleophilen verhält sich das Chromonsystem als MICHAEL-Akzeptor. Der Angriff erfolgt im Regelfall an C-2, seltener an C-4, und führt nach Addition häufig zu Ringtransformationen. So wird der Pyran-4-on-Ring durch wäßriges Alkali – infolge H$_2$O-Addition zu **1** – unter Bildung von (*o*-Hydroxyphenyl)-1,3-diketonen **2** geöffnet, die nachfolgend Säure-Spaltung entweder zu (*o*-Hydroxyphenyl)ketonen und Carbonsäure oder Salicylsäure und Ketonen erleiden:

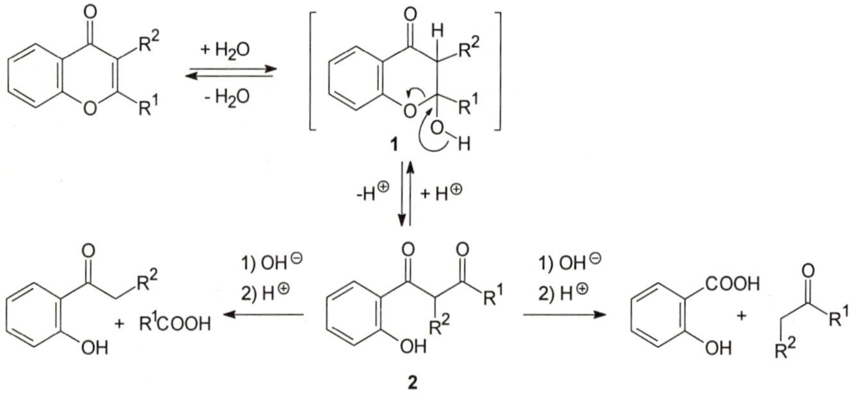

Primäre und sekundäre Amine führen ebenfalls unter Ringspaltung zu Enaminonen **3**, die bei Behandlung mit Säure das Chromonsystem regenerieren:

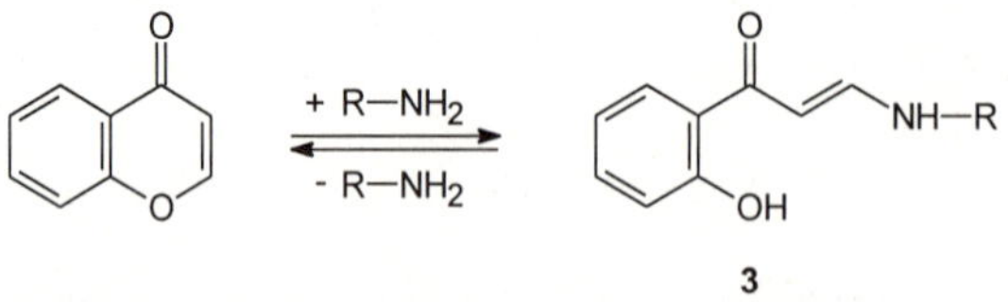

Analog verhalten sich Chromone gegenüber Hydroxylamin und Hydrazinen. Präparativ interessant ist der Befund, daß der Öffnung via C-2 häufig Recyclisierung zu Azolen folgt. Dies demonstriert die Reaktion von Chromon mit Phenylhydrazin, die entweder zum Phenylhydrazon **5** oder über das Enhydrazin **4** zum Pyrazol **6** geführt werden kann:

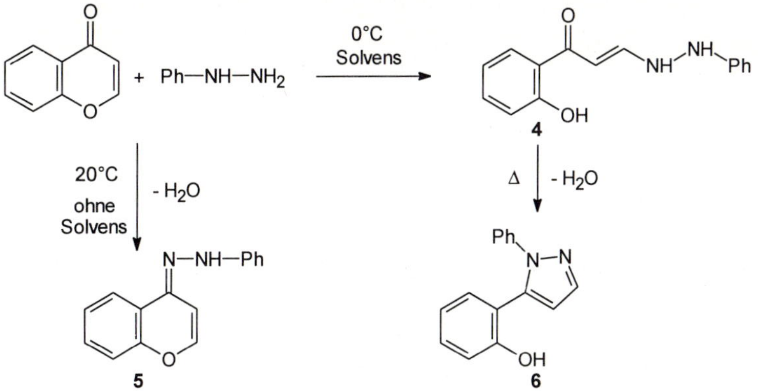

Die reversible Ringöffnung des Chromonsystems zu (o-Hydroxyphenyl)-1,3-diketonen **2** (s.o.) kann auch säurekatalysiert ablaufen. Befindet sich in der 5-Position eine weitere OH-Funktion, so kann auch diese in die Recyclisierung einbezogen werden. Ist der Benzanneland unsymmetrisch substituiert, so erfolgt auf diesem Wege bei Chromonen, insbesondere aber bei Flavonen, unter der Einwirkung von starken Säuren eine Isomerisierung (WESSELEY-MOSER-Umlagerung), z.B. **7 → 8**:

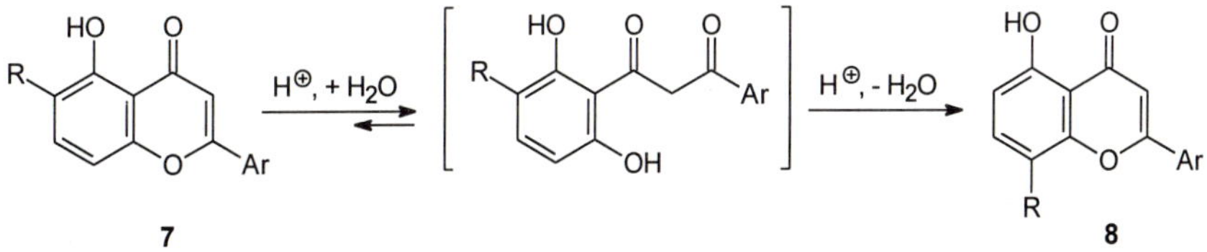

C Die **Synthesen** von Chromonen und Flavonen gehen demzufolge in der Regel von o-Hydroxyacetophenonen aus.

❶ Wichtigste Methode ist die säurekatalysierte Cyclisierung von (o-Hydroxyaryl)-1,3-diketonen **9**, die ausgehend von o-Hydroxyacetophenonen – vor allem in O-Silyl-geschützter Form[28] – durch CLAISEN-Kondensation gewonnen werden:

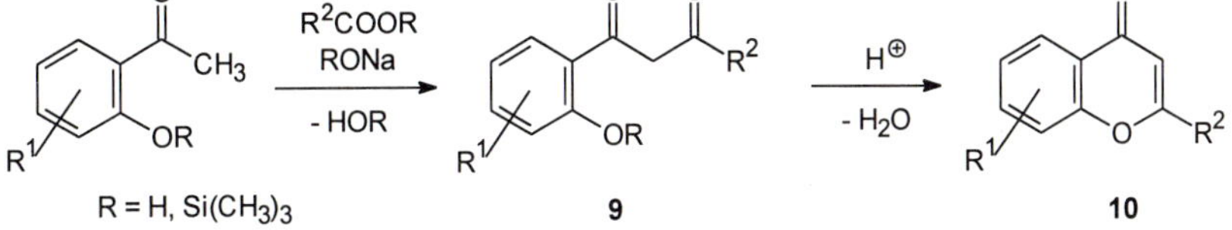

Eine einfache Variante zur Gewinnung der ß-Diketone **9** ist die basenkatalysierte Isomerisierung von – durch O-Acylierung von o-Hydroxyacetophenonen leicht zugänglichen – o-(Acyloxy)acetophenonen **11** (BAKER-VENKATARAMAN-Umlagerung):

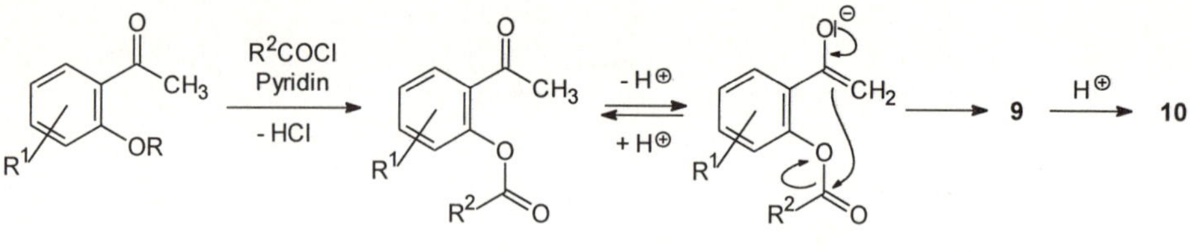

Die BAKER-VENKATARAMAN-Umlagerung ist als 1,5-Acyl-Verschiebung im Enolat **12** zu interpretieren und vor allem für die Flavon-Synthese wertvoll[29].

❷ *o*-Hydroxyacetophenone können auch durch Anhydride von aliphatischen Säuren in Gegenwart des entsprechenden Na-Salzes als Base (via 1,3-Diketone **9**) C-acyliert und zu Chromonen cyclisiert werden (KOSTANECKI-ROBINSON-Synthese):

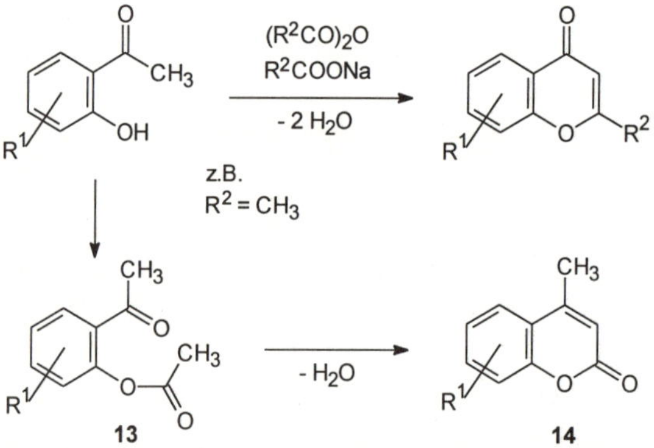

Diese häufig angewandte Synthesemethode ist präparativ nicht ohne Probleme, vor allem durch die Konkurrenz der O-Acylierung im Edukt, (z.B. zu **13**) und dessen Aldol-Kondensation zu Cumarinen (z.B. zu **14**).

❸ Eine flexible Flavon-Synthese besteht in der oxidativen Cyclisierung von Chalkonen **15** mittels Selendioxid in höheren Alkoholen:

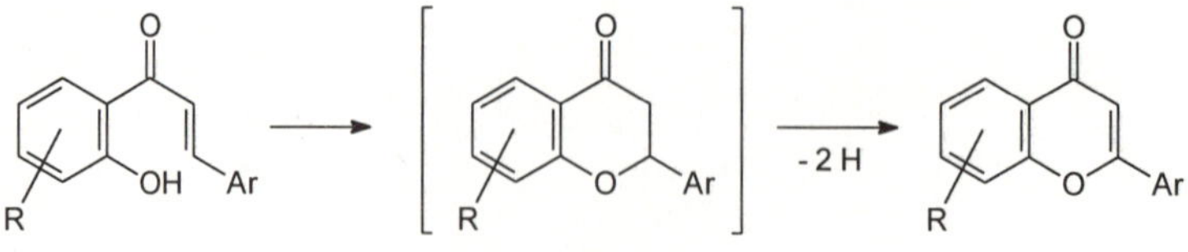

Dabei erfolgt zunächst in einer – auch säurekatalysiert möglichen – intramolekularen MICHAEL-Addition der phenolischen OH-Gruppe Cyclisierung zum Flavanon **16**, das zum Flavon dehydriert wird.

D **Chromon** resp. **Flavon** kristallisieren in farblosen Nadeln vom Schmp. 59°C resp. 97°C. Chromon bildet mit HCl ein Hydrochlorid, es besitzt einen höheren pK_a-Wert (2,0) als Pyran-4-on. Hydroxysubstituierte Flavone sind als gelbe Farbstoffe im Pflanzenreich weit verbreitet und treten dort häufig als O- und C-Glycoside auf [30]. Beispiele sind *Apigenin* **17** und *Luteolin* **18**. 3-Hydroxyflavone, z.B. *Quercetin* **19** und *Kämpferol* **20**, heißen *Flavonole*, die im heterocyclischen Teil hydrierten Systeme *Flavanole*. Wichtigster Vertreter der Flavanole ist *Catechin* **21**, das den monomeren Baustein der sog. kondensierten Gerbstoffe bildet. Luteolin und Quercetin wurden früher zum Färben von Textilfasern verwendet. Bei Flavonen wurde ein breites Spektrum an pharmakologischen Wirkungen nachgewiesen; so besitzen Polyhydroxyflavone antiinflammatorische Wirkung, die Flavon-8-essigsäure **22** zeigt ausgeprägte Antitumor-Aktivität[31].

Xanthen 24 bildet farblose Kristalle vom Schmp. 100°C und wird durch thermische Dehydratisierung von 2,2'-Dihydroxydiphenylmethan **23** dargestellt:

Xanthon **26** erhält man durch Oxidation von Xanthen mit HNO_3 oder durch FRIEDEL-CRAFTS-Cyclisierung von *o*-Phenoxybenzoesäure **25** mit H_2SO_4 oder Polyphosphorsäure. Reduktion von Xanthon mit Zink im basischen Medium liefert *Xanthydrol* **27** (9-Hydroxyxanthen), das bei Behandlung mit starken Säuren in das Xanthyliumsalz **28** übergeht.

Vom Xanthengerüst leiten sich eine Reihe von Farbstoffen (*Xanthen-Farbstoffe*) wie *Fluorescein* **29**, *Eosin* **30** und *Pyronin G* **31** ab:

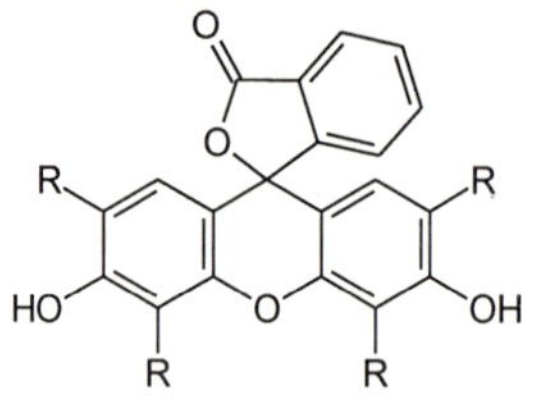

Pyronin G erhält man durch Oxidation der Leukoverbindung **32** in Gegenwart von Säuren, **32** entsteht durch säurekatalysierte Cyclokondensation von 3-(Dimethylamino)phenol mit Formaldehyd:

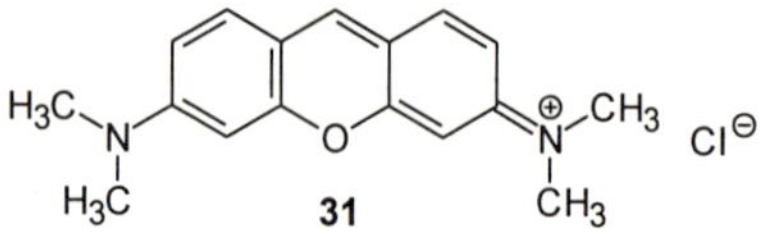

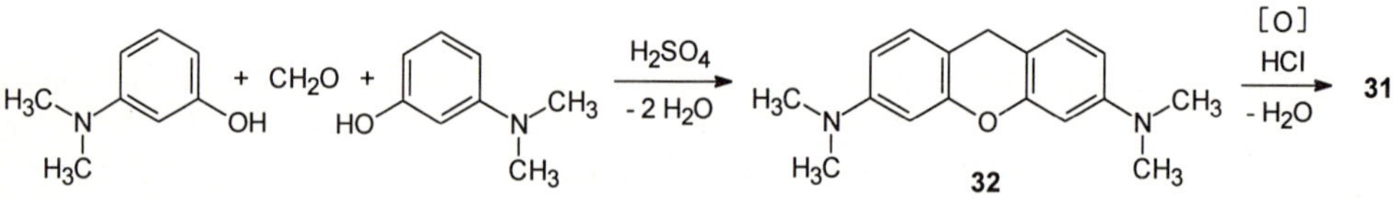

6.13 Chroman

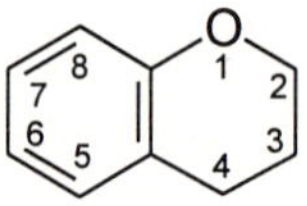

A Chroman (3,4-Dihydro-2*H*-1-benzopyran) leitet sich durch Benzannelierung vom 3,4-Dihydro-2*H*-pyran ab, sein Strukturisomer ist das Isochroman **1**. 2-Phenylchroman **2** trägt den Namen *Flavan*.

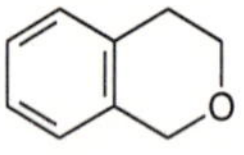

Chroman ist durch folgende NMR-spektroskopische Daten charakterisiert:

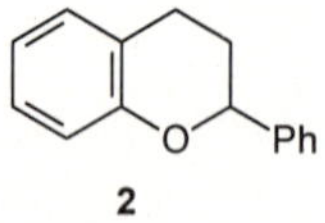

^{1}H-NMR (CDCl$_3$)
δ (ppm)

H-2: 3,82
H-3: 1,70
H-4: 2,28

^{13}C-NMR (CDCl$_3$)
δ (ppm)

C-2: 74,0   C-5a: 121,7
C-3: 32,8   C-8a: 147,5
C-4: 22,6

6.13 Chroman

Die NMR-Untersuchungen zeigen ferner, daß das Chroman-System in einer Halbsessel-Struktur vorliegt.

B **Reaktionen** mit Elektrophilen, wie z.B. S_EAr-Prozesse, erfolgen am Benzannelanden und dort erwartungsgemäß an C-6. 2,2-Disubstituierte Chroman-4-one werden durch Alkalihydroxid unter Angriff an C-2 und Bildung von α,ß-ungesättigten (*o*-Hydroxyphenyl)ketonen **3** ringgeöffnet, mit Säuren erfolgt Recyclisierung. Flavanone ergeben diese Ringöffnung schon mit Spuren von Alkali.

Am Isochroman **1** sind bei Anwesenheit von Abgangsgruppen an der reaktiven C-1-Benzyl-Position sowohl Substitutions- als auch Ringöffnungs-Reaktionen möglich. Charakteristisch ist das Verhalten der 1-Bromverbindung **4**, deren Transformationen über das ambidente Carboxoniumion **5** verlaufen[32]:

C Die **Synthese** von Chromanen erfolgt durch

❶ Cyclisierung von 1-halogen- oder 1-hydroxysubstituierten 3-(*o*-Hydroxyphenyl)propanen **6**:

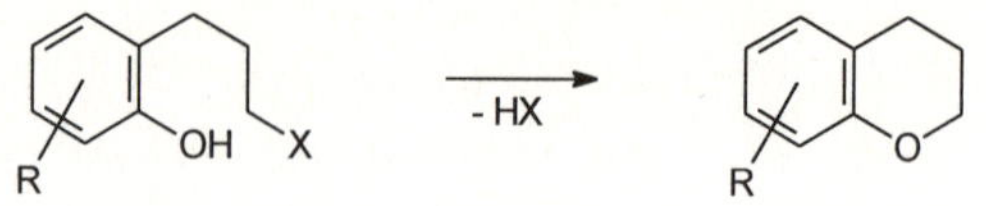

Dabei werden Alkohole mittels starker Säuren (H$_2$SO$_4$/HOAc, Polyphosphorsäure), Halogenide mittels Basen cyclisiert. Diese Cyclisierungsreaktion kann als S$_N$-Prozeß unter Retention oder Inversion erfolgen[32a].

❷ LEWIS-Säure-katalysierte Cyclisierung von 1-Chlor-3-phenoxypropanen **7** mittels SnCl$_4$:

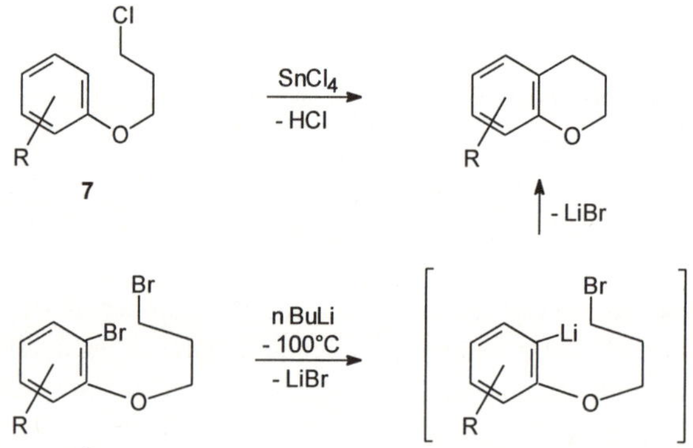

Die Regioselektivität dieses Syntheseprinzips wird durch die PARHAM-Cycloalkylierung verbessert, bei der 1-Brom-3-(2-bromphenoxy)propane **8** mittels *n*-Butyllithium unter Halogen-Metall-Austausch und intramolekularer Alkylierung cyclisiert werden[33]:

Chroman-4-one werden durch säurekatalysierte Cyclisierung von α,β-ungesättigten (*o*-Hydroxyphenyl)ketonen **9** erhalten:

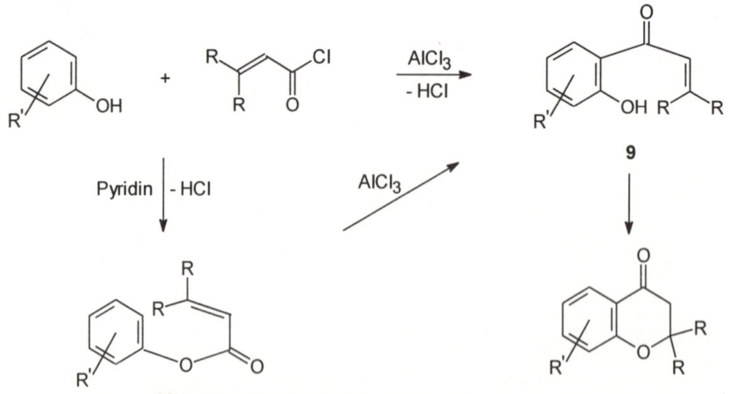

Die Enone **9** gewinnt man entweder durch FRIEDEL-CRAFTS-Reaktion von Phenolen und α,β-ungesättigten Säurechloriden oder über FRIES-Umlagerung der Phenolester **10**.

Isochroman entsteht aus 2-Phenylethanol durch Reaktion mit Formaldehyd in Gegenwart von Chlorwasserstoff, Zwischenstufe ist der (2-Phenylethyl)chlormethylether **11**:

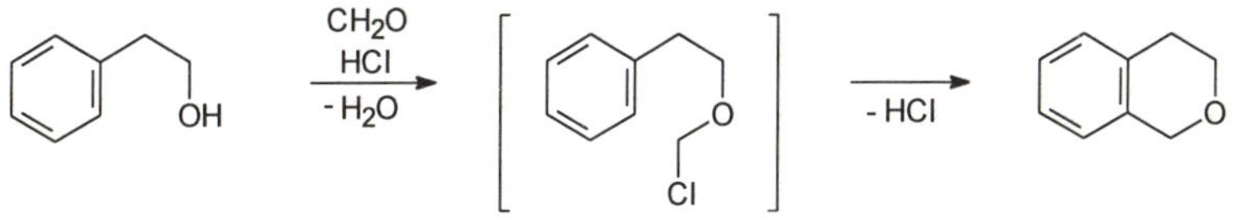

D **Chroman** ist ein farbloses, wasserdampfflüchtiges Öl, Sdp. 214°C, das einen pfefferminzartigen Geruch besitzt.

Das Chroman-Gerüst ist Bestandteil einiger wichtiger Naturstoffe wie der Tocopherole und der Cannabinoide. α-*Tocopherol* **12** (Vitamin E) kommt im Weizenkeimöl vor; es enthält drei stereogene Zentren (C-2, C-4' und C-8'), die jeweils *R*-Konfiguration besitzen. α-Tocopherol ist stereoselektiv aufgebaut worden[34].

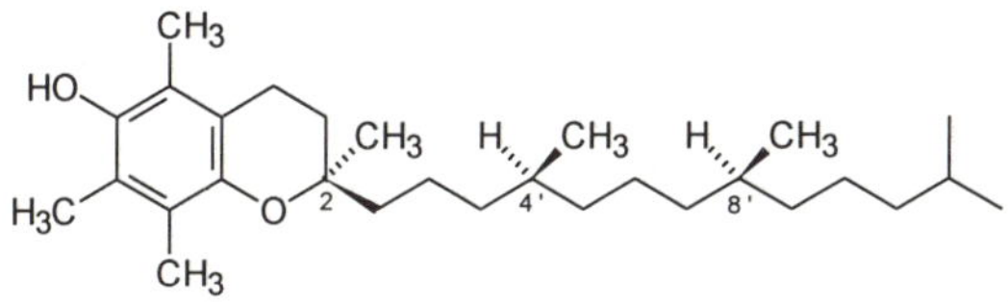

Unter den Inhaltsstoffen des Hanfs (Cannabis sativa) besitzt das tricyclische Δ^9-*trans*-Tetrahydrocannabinol **13** die stärkste halluzinogene Aktivität (Haschisch, Marijuana). Das auch im C-Ring aromatische *Cannabinol* **14** ist psychomimetisch inaktiv.

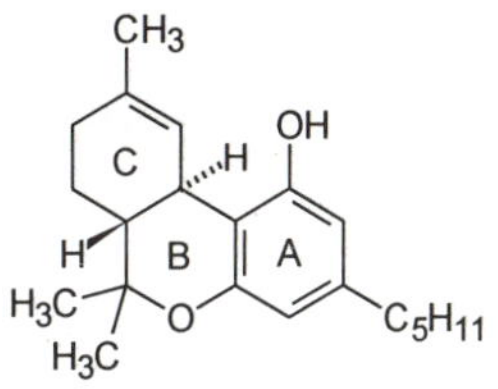

6.14 Pyridin

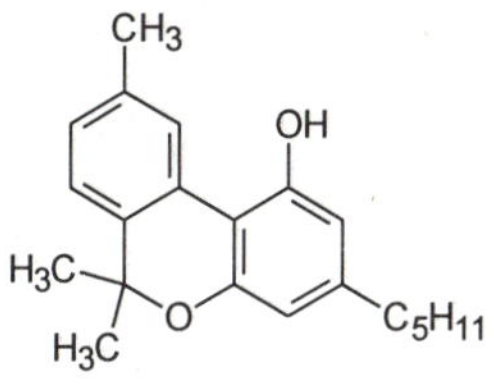

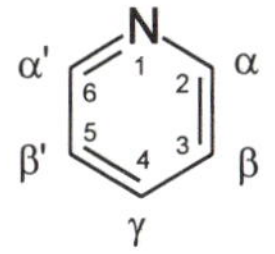

A Pyridin ist der einfachste Heterocyclus vom Azin-Typ. Er leitet sich vom Benzol durch Ersatz einer CH-Gruppe durch N ab, streng isoelektronisch zum Benzol ist das Pyridiniumion. Die Positionsbezeichnungen α-, ß-, γ- werden neben den Bezifferungen 2-, 3-, 4- benutzt. Der einwertige Rest heißt Pyridyl.

Methylpyridine nennt man Picoline, Dimethylpyridine Lutidine, 2,4,6-Trimethylpyridin Collidin. Die vom Pyridin abgeleiteten Carbonylsysteme 2-Pyridon und 4-Pyridon werden in Kap. 6.15 abgehandelt.

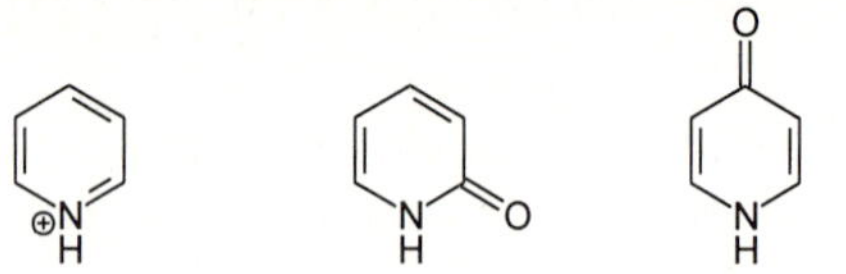

Pyridiniumion   2-Pyridon   4-Pyridon

Pyridin zeigt in seiner molekularen Geometrie und in seinen spektroskopischen Eigenschaften Analogie zum Benzol. Laut Mikrowellen-Spektroskopie liegt der Pyridinring als leicht verzerrtes Hexagon vor, in dem sowohl die C-C-Bindungabstände als auch der zwischen dem Abstand C-N (147 pm) und C=N (128 pm) liegende N/C-2-Bindungsabstand weitgehenden Bindungsausgleich signalisieren (s. Abb. 6.8).

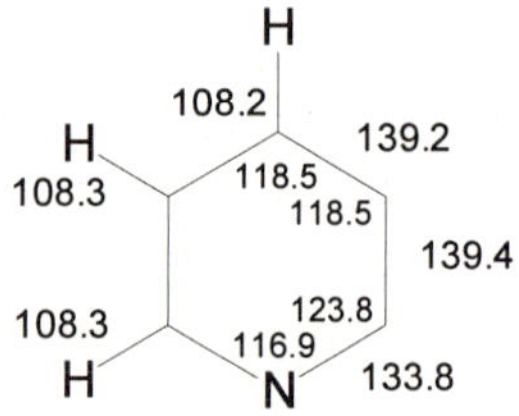

Abb. 6.8 Bindungsparameter des Pyridins (Bindungslängen in pm, Bindungswinkel in Grad)

z.Vgl. Benzol: C-C 139,7
C-H 108,4
C-C-C 120°

Pyridin zeigt folgende UV- und NMR-spektroskopische Daten (vgl. auch Pyridiniumion, S.223):

UV (Ethanol) λ (nm) (ε)	^{1}H-NMR (CDCl$_3$) δ (ppm)	^{13}C-NMR (CDCl$_3$) δ (ppm)
251 (3,30) $\pi \to \pi^*$	H-2/H-6: 8,59	C-2/C-6: 149,8
270 (sh) $n \to \pi^*$	H-3/H-5: 7,38	C-3/C-5: 123,6
	H-4: 7,75	C-4: 135,7

Für Benzol wird gefunden:

| 208 (3,90) 262 (2,41) $\pi \to \pi^*$ (*n*-Hexan) | 7,26 | 128,5 |

Damit ist Pyridin als delokalisiertes 6π-Heteroaren mit diatropem Ringstrom ausgewiesen, in dem bedingt durch den Anisotropie-Effekt des Stickstoffs an den einzelnen Ring-Positionen unterschiedliche π-Elektronendichte vorliegt. Nach den chemischen Verschiebungen sowohl der Pyridin-Protonen als auch der Ring-C-Atome ist die α-Position am stärksten, die γ-Position weniger stark relativ zur ß-Position entschirmt, die den für Benzol gefundenen Werten (s.o.) am nächsten kommt. Pyridin kann also in einfacher Mesomerie-Beschreibung durch Grenzstrukturen wiedergegeben werden, in denen die π-Elektronendichte an den C-Atomen 2, 4 und 6 am geringsten, am N-Atom am höchsten ist:

6.14 Pyridin

Das Pyridin-System ist durch eine empirische Resonanzenergie ΔE_π von 134 kJ mol^{-1} und durch eine nach SCF-MO berechnete Dewar-Resonanzenergie von 87,5 kJ mol^{-1} charakterisiert (z.Vgl. Benzol: ΔE_π = 150 kJ mol^{-1}, Dewar-Resonanzenergie = 94,6 kJ mol^{-1}).

Die elektronische Struktur des Pyridin-Systems läßt sich auch mit Hilfe der MO-Theorie beschreiben[35]. Alle Ringatome sind sp^2-hybridisiert. Die Linearkombination der sechs 2p$_z$-Atomorbitale ergibt sechs delokalisierte π-MO, drei davon sind bindend, drei antibindend (s.Abb. 6.9).

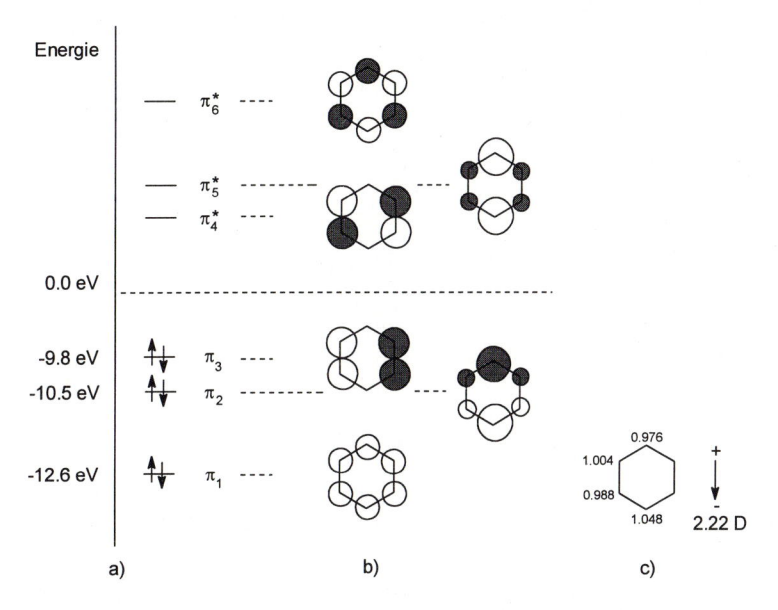

Abb. 6.9 Elektronische Struktur des Pyridins
  a) Energieniveau-Schema der π-MO und Besetzung mit Elektronen
  b) π-MO (das N-Atom befindet sich in der unteren Ecke des Sechsecks)
  c) π-Elektronendichten, berechnet nach ab initio MO-Methoden[36], sowie Dipolmoment

Im Gegensatz zum Benzol sind π_2 und π_3 sowie π_4^* und π_5^* nicht energiegleich, da eine Knotenebene das σ-Bindungsgerüst zum einen zwischen den C-Atomen 2,3 und 5,6 schneidet, zum andern durch das N-Atom und das C-Atom 4 verläuft. Jedes Ringatom steuert ein Elektron zum cyclisch konjugierten System bei. Die sechs Elektronen besetzen paarweise die drei bindenden π-MO. Aus den Photoelektronen-Spektren wurden die Ionisierungsenergien und damit die Orbitalenergie von π_1, π_2 und π_3 ermittelt (s.Abb.6.9). Verglichen mit den Werten für Benzol (π_1 = -12,25 eV, $\pi_2 = \pi_3$ = -9,24 eV) zeigt sich, daß das N-Atom im Pyridin die Energie der delokalisierten π-MO absenkt, was gleichbedeutend mit einer Stabilisierung des π-Systems ist.

Für die π-Elektronendichten q werden je nach angewandtem MO-Verfahren unterschiedliche Werte erhalten, sie zeigen aber alle die gleiche Tendenz. Am N-Atom ist q am größten, es folgen die C-Atome 3 und 5, an den C-Atomen 2,4 und 6 ist q < 1 (s.Abb.6.9). In Übereinstimmung damit und im Gegensatz zum Benzol (q = 1,000 an jedem C-Atom) hat Pyridin ein Dipolmoment. Es wurde zu 2,22 D gemessen, das negative Ende ist zum N-Atom gerichtet. Als Ursache wird die im Vergleich zum Kohlenstoff größere Elektronegativität des Stickstoffs angesehen. Verglichen mit Pyrrol (s.S.87) erweist sich Pyridin somit als π-*Mangel-Heterocyclus*.

B Für die **Reaktionen** des Pyridins läßt sich aufgrund seiner elektronischen Struktur prognostizieren, daß
- elektrophile Reagenzien bevorzugt am N-Atom und an den ß-C-Atomen, nucleophile Reagenzien bevorzugt an α- und γ-C-Atomen angreifen sollten;
- Pyridin elektrophilen Substitutionsreaktionen (S_EAr) schwerer, nucleophilen Substitutionsreaktionen (S_NAr) leichter als Benzol zugänglich sein sollte;
- Pyridin zu thermischen und photochemischen Valenzisomerisierungen analog zum Benzol befähigt sein sollte.

Elektrophile Reaktionen am Stickstoff

LEWIS-Säuren wie $AlCl_3$, $SbCl_5$, SO_3 etc. bilden mit Pyridin stabile N-Addukte des Typs **1**. Das SO_3-Addukt dient als mildes Sulfonierungs-Reagenz (s.S.55). BRÖNSTED-Säuren bilden mit Pyridin Salze **2**. Einige Pyridiniumsalze werden als Synthese-Reagenzien eingesetzt, so Pyridiniumchlorochromat **9** und Pyridiniumdichromat **10** als Oxidationsmittel (prim. Alkohol → Aldehyd , sek. Alkohol → Keton), Pyridiniumperbromid **11** als Bromierungsmittel.

9 [Pyridinium] CrO₃Cl⁻   **10** [Pyridinium]₂ Cr₂O₇²⁻   **11** [Pyridinium] Br₃⁻

Alkylhalogenide, Alkyltosylate oder Dialkylsulfate bilden mit Pyridin unter N-Quaternierung *N*-Alkylpyridiniumsalze **3**, aktivierte Halogenarene, z.B. 1-Chlor-2,4-dinitrobenzol, *N*-Arylpyridiniumsalze **4**. N-Alkylierung beinhaltet auch die säureinduzierte MICHAEL-Addition von Pyridin in Gegenwart von HX an Acrylsäure-Derivate (z.B. zu **5**, A = CN, COOR) oder die synthetisch nützliche KING-ORTOLEVA-Reaktion (vgl. S.309) von reaktiven Methyl- resp. Methylenverbindungen mit Pyridin in Gegenwart von I_2, z.B.:

PhCOCH₃ + I₂ + Pyridin ⟶ PhCOCH₂–N⁺(Pyridinium) I⁻

Säurechloride und Säureanhydride bilden mit Pyridin *N*-Acylpyridiniumsalze **6**, die im Gegensatz zu den Quartärsalzen **2-5** hydrolyseempfindlich und sehr reaktiv sind; über sie verlaufen Acylierungen von Alkoholen und Aminen in Pyridin als Solvens (EINHORN-Variante der SCHOTTEN-BAUMANN-Reaktion). Um den Faktor 10^4 reaktivere Acylierungs-Katalysatoren sind 4-(Dimethylamino)pyridin **12** (STEGLICH-Reagens) und 4-(*N*-Pyrrolidino)pyridin **13**. Reaktionen mit Sulfonsäurechloriden in Pyridin verlaufen über *N*-Sulfonylpyridiniumsalze **14**.

12 4-(Dimethylamino)pyridin   **13** 4-(N-Pyrrolidino)pyridin   **14** N-Sulfonylpyridinium, SO₂–R X⁻

Peroxysäuren reagieren mit Pyridin unter elektrophilem Sauerstoff-Transfer und Bildung von Pyridin-*N*-oxid **7** (Reaktionen s.S.285). Auch andere Funktionalitäten können elektrophil am Pyridin-Stickstoff eingeführt werden, z.B. CN mittels Bromcyan oder NH_2 mittels K-Hydroxylamin-O-sulfonat/KI **8**.

Elektrophile Substitutionsreaktionen

S_EAr-Reaktionen am Pyridin verlaufen erheblich langsamer als beim Benzol, erfordern in der Regel drastische Bedingungen und erfassen praktisch ausschließlich die 3-Position[37]. Die Reaktivität des Pyridins ist vergleichbar dem Nitrobenzol ($\approx 10^{-7}$ rel. zu Benzol), bei S_EAr-Prozessen im stark sauren Medium (Nitrierung, Sulfonierung) dem 1,3-Dinitrobenzol ($< 10^{-15}$). Ob S_EAr-Reaktionen im sauren Milieu über die freie Pyridinbase oder über das noch weiter deaktivierte Pyridiniumion ablaufen, entscheidet die Basizität des Pyridin-Stickstoffs; so werden z.B. Pyridine mit $pK_a > 1$ via protonierte Spezies, Pyridine mit $pK_a > 2,5$ via freie Base nitriert. Erwartungsgemäß erhöhen Donor-Substituenten die S_EAr-Reaktivität.

Die beobachteten Orientierungsphänomene können durch Stabilitätsbetrachtungen für die beteiligten σ-Komplexe (WHELAND-Intermediate) plausibel gemacht werden. So zeigt der Vergleich der bei der Addition von Elektrophilen in der 2-, 3- und 4-Stellung des Pyridins erhaltenen σ-Komplexe, daß nur beim Angriff des Elektrophils in 3-Stellung die energiereiche Nitrenium-Grenzstruktur vermieden wird. Bei Ablauf über Pyridiniumionen werden als Intermediate Dikationen postuliert, unter denen das Produkt des 3-Angriffs die günstigste elektrostatische Stabilität aufweist.

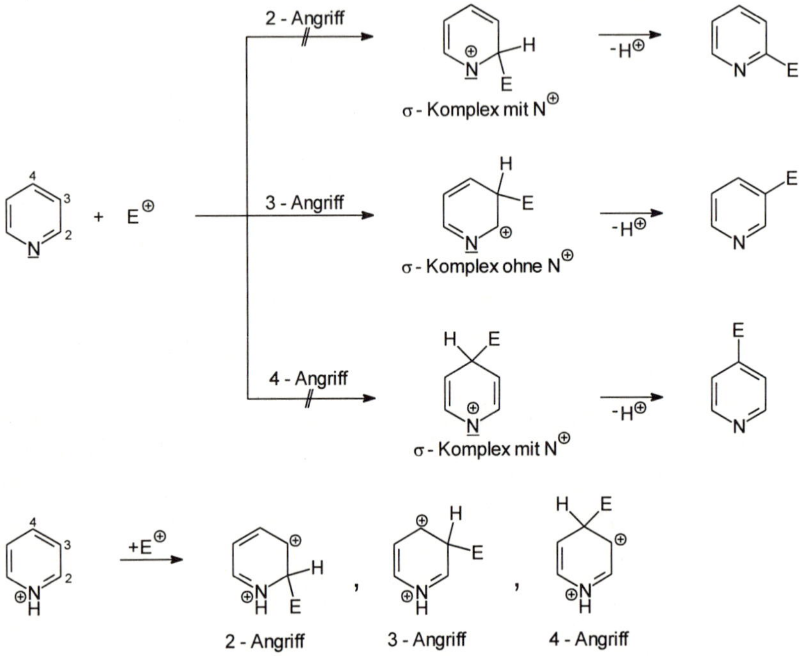

Einige S_EAr-Reaktionen am Pyridin-System zeigen interessante Aspekte der Produktbildung, Reaktivität und Orientierung.

Nitrierung des Pyridins erfolgt unter verschärften Bedingungen, liefert jedoch nur ca. 15 % an 3-Nitropyridin **16**; N_2O_5 reagiert unter N-Angriff und Bildung des *N*-Nitropyridiniumsalzes **15**:

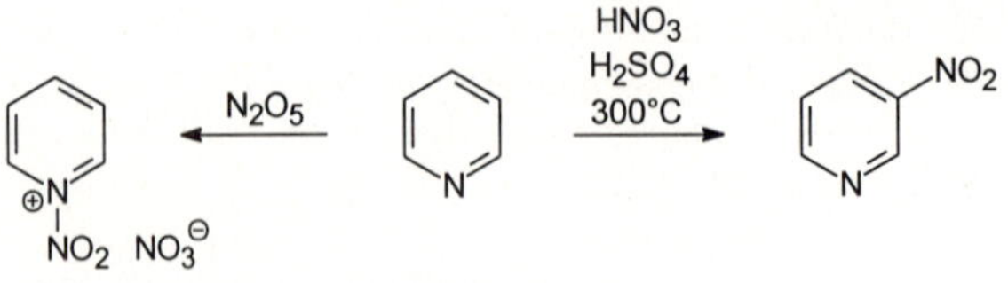

Zur Aktivierung des Pyridins ist mehr als eine Alkylgruppe erforderlich; so werden Picoline durch Nitriersäure weitgehend seitenkettenoxidiert, 2,6-Lutidin und 2,4,6-Collidin dagegen glatt in die 3-Nitro-Produkte übergeführt.

Besonderheiten ergeben sich bei hydroxy- und aminosubstituierten Pyridinen. 3-Hydroxypyridin wird ausschließlich in 2-Stellung nitriert, bei Blockierung der 2-Stellung überwiegend in 4-Stellung:

[Reaction scheme: 3-hydroxypyridine + H₂SO₄/HNO₃ → 2-nitro-3-hydroxypyridine]

[Reaction scheme: 3-hydroxy-2-methylpyridine + H₂SO₄/HNO₃ → 4-nitro-3-hydroxy-2-methylpyridine (+ 5-nitro isomer)]

Aminogruppen aktivieren und dirigieren analog zur OH-Funktion. Der Kernsubstitution ist jedoch in der Regel eine N-Substitution vorgeschaltet, die von einer (säurekatalysierten) BAMBERGER-HUGHES-INGOLD-Umlagerung gefolgt wird, wie das Beispiel der Nitrierung von 4-Aminopyridin zu 4-Amino-3-nitropyridin via *N*-Nitroamin **17** lehrt:

[Reaction scheme: 4-Aminopyridin → HNO₃/H₂SO₄ → N-Nitroamin **17** → ~NO₂ → 4-Amino-3-nitropyridin]

Sulfonierung des Pyridins mit Oleum bei 250°C unter Hg(II)-Katalyse liefert in 70% Ausbeute die Pyridin-3-sulfonsäure **18**:

[Reaction scheme: Pyridin → Oleum, HgSO₄, 250°C → **18** (3-SO₃H) → 360°C → **19** (4-SO₃H)]

Die Rolle des Hg(II) wird mit N-Koordination und Unterdrückung der stärker deaktivierenden N-Protonierung interpretiert. Sulfonierung von Pyridin bei 360°C oder Erhitzen von **18** auf diese Temperatur liefert die Pyridin-4-sulfonsäure **19**, was auf thermodynamische Kontrolle der 4-Substitution hinweist.

Alkylsubstituierte Pyridine zeigen einige Besonderheiten. So wird bei der Sulfonierung von 2-, 3- und 4-Picolin stets die 5-Sulfonsäure erhalten:

[Reaction scheme: 2-, 3-, 4-Picolin → Oleum, Δ → entsprechende 5-Sulfonsäuren]

Während 2,6-Lutidin mit Oleum keine Kern-Substitution, sondern lediglich N-Addition von SO_3 zu **20** ergibt, wird 2,6-Di-*tert*-butylpyridin schon unter milden Bedingungen (SO_3, fl. SO_2, -10°C) in die ß-Sulfonsäure **21** übergeführt; mit Oleum bei höherer Temperatur erhält man neben **21** das Sulfon **22**:

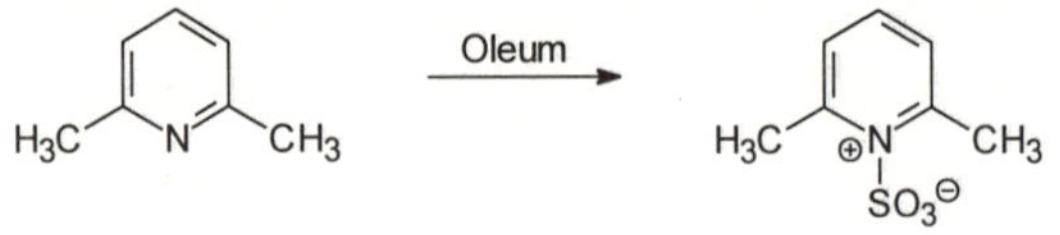

Die glatte Bildung von **21** indiziert sterische Hinderung des N-Angriffs durch die voluminösen *tert*-Butyl-Gruppen, so daß lediglich Kernsubstitution über die alkylaktivierte freie Base eintreten kann.

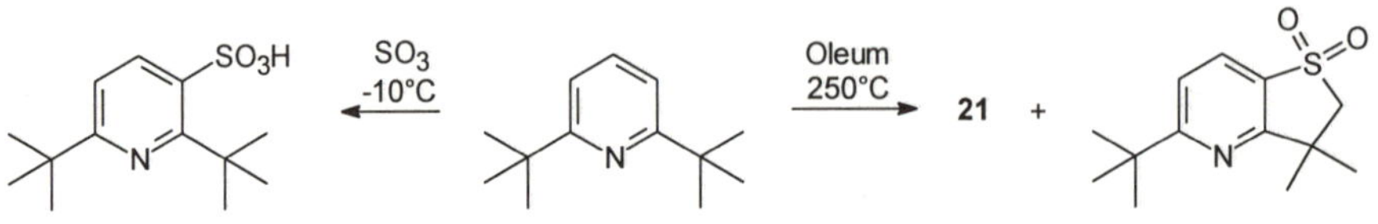

Halogenierung des Pyridins erfolgt mit elementarem Chlor oder Brom bei hohen Temperaturen. Bei ca. 300°C entstehen dabei in einem ionischen S_EAr-Prozeß 3-Halogen- und 3,5-Dihalogenpyridine:

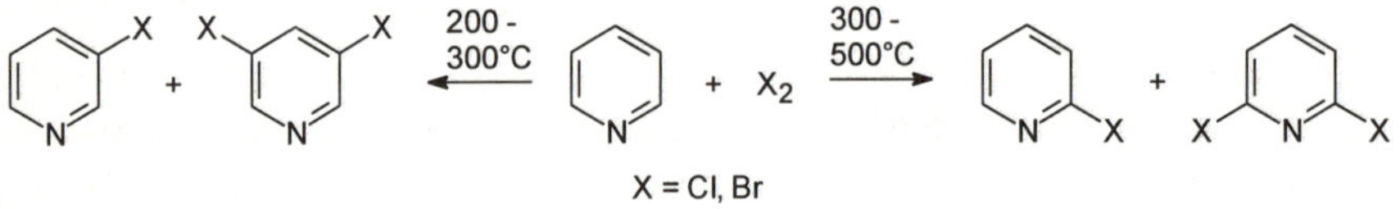

X = Cl, Br

Bei > 300°C bilden sich dagegen 2-Halogen- und 2,6-Dihalogenpyridine, für die ein radikalischer Bildungsmechanismus diskutiert wird.

Über andere elektrophile Substitutionsreaktionen an Pyridinen ist vergleichsweise wenig bekannt. Eine Ausnahme bilden aktivierte Systeme wie z.B. 3-Hydroxypyridin **23**, an dem Azokupplung, Carboxylierung und Aminoalkylierung möglich sind und dessen O-Ethylether **24** sogar nach FRIEDEL-CRAFTS kernalkyliert werden kann[38]:

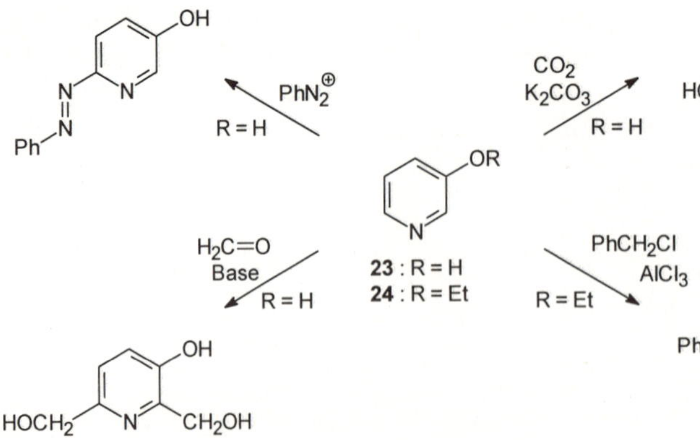

6.14 Pyridin

Nucleophile Substitutionsreaktionen

N-, O-, S- und C-Nucleophile greifen erwartungsgemäß an den Ring-C-Atomen des Pyridins an. In einem Zweistufen-Prozeß erfolgen Addition des Nucleophils und Eliminierung eines Pyridin-Substituenten als Abgangsgruppe, also S$_N$Ar-Reaktion unter Regeneration des Heteroaren-Systems. S$_N$Ar-Reaktionen am Pyridin laufen, wie Studien der relativen Reaktivitäten von Halogenpyridinen zeigen, bevorzugt in 2- und 4-Stellung, weniger rasch in 3-Stellung ab (z.B. Chlorpyridine + NaOEt in EtOH bei 20°C: relative Reaktionsgeschwindigkeit 2-Cl ≈ 0,2, 4-Cl = 1, 3-Cl ≈ 10^{-5}).

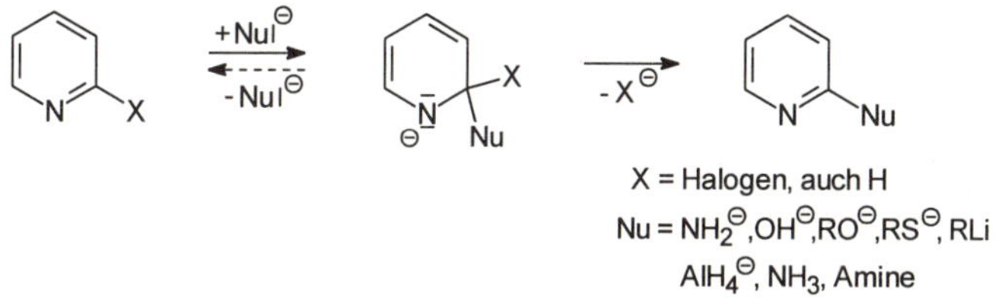

X = Halogen, auch H
Nu = $NH_2^\ominus, OH^\ominus, RO^\ominus, RS^\ominus$, RLi
$AlH_4^\ominus$, NH_3, Amine

Starke Nucleophile, z.B. Amide, Li-Organyle, auch Hydroxyde bei höheren Temperaturen, reagieren nach diesem S$_N$Ar-Modus schon mit dem unsubstituierten Pyridin, obwohl das Hydridion eine schlechte Abgangsgruppe ist.

Bei 3-Halogenpyridinen kann die nucleophile Substitution nach einem Arin-Mechanismus ablaufen. So erhält man bei der Reaktion von 3-Chlorpyridin mit KNH$_2$ in flüssigem NH$_3$ ein Gemisch von 3- und 4-Aminopyridin, als Zwischenstufe wird demzufolge ein 3,4-Dehydropyridin ("Hetarin") postuliert:

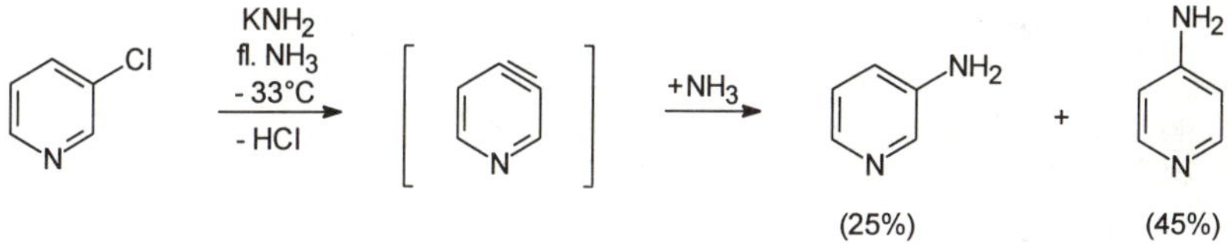

An *N*-Alkylpyridiniumionen mit Abgangsgruppen an den Ring-C-Atomen erfolgen S$_N$Ar-Reaktionen ladungsbedingt erheblich rascher als beim Pyridin und dies insbesondere in der 2-Position (z.B. Chlor-*N*-methylpyridinium-Salze + NaOEt in HOEt bei 20°C: relative Reaktionsgeschwindigkeit 2-Cl ≈ 10^{11}, 4-Cl ≈ 10^6, 3-Cl ≈ 10^5 bei RG = 1 für 4-Chlorpyridin).

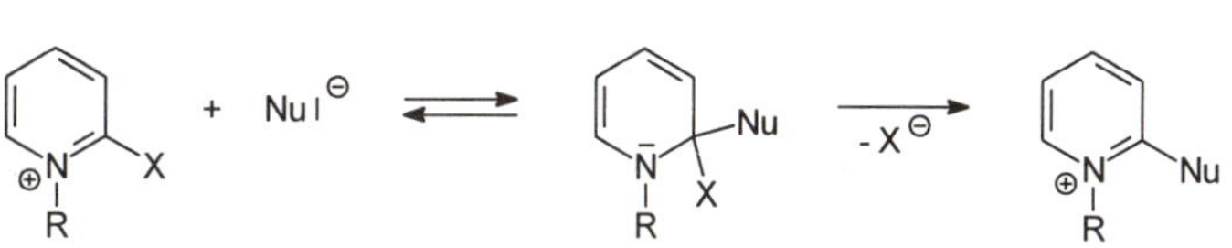

Die historisch älteste S$_N$Ar-Reaktion am Pyridin ist die TSCHITSCHIBABIN-Reaktion, die in der Umsetzung mit Natriumamid (in Toluol oder *N,N*-Dimethylanilin) besteht und regioselektiv 2-Aminopyridin **25** ergibt:

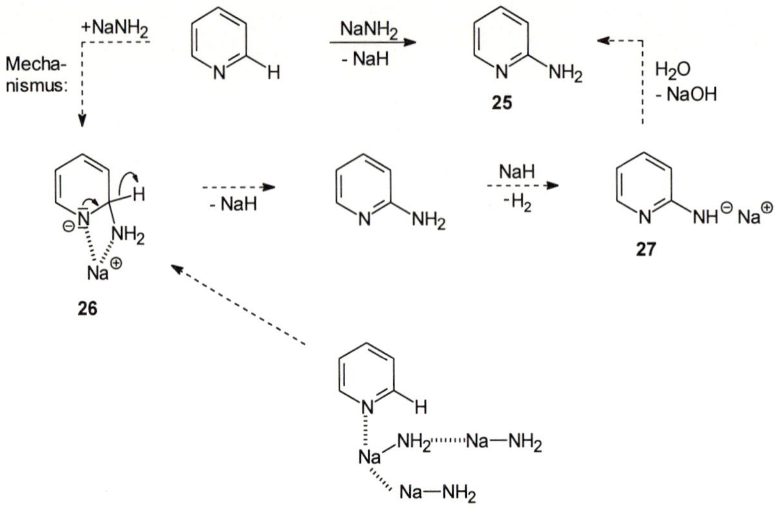

Der angegebene (vereinfachte) Mechanismus der TSCHITSCHIBABIN-Reaktion wird dem Austritt des 2-Wasserstoffs als Hydridion, der Steuerung der Regioselektivität durch Na-Koordination im Additionskomplex **26** und der intermediären Entstehung des Amidsystems **27** gerecht. Wahrscheinlich ist der Reaktionsverlauf komplizierter und beginnt mit einer Koordination des Pyridins (Situation **28**) an der NaNH$_2$-Oberfläche, aus der heraus Bildung von **26**, aber auch Ein-Elektronen-Transfer (SET, von: single electron transfer) zum Heterocyclus möglich ist. Dies wird durch die Bildung von Produkten einer Radikal-Dimerisation, z.B. bei der TSCHITSCHIBABIN-Reaktion am Acridin (s.S.354), nahegelegt[39].

Die Umsetzung von Li-Alkylen oder -Arylen mit Pyridin, die ZIEGLER-Reaktion, verläuft ebenfalls unter 2-Substitution, also zu Produkten **29**:

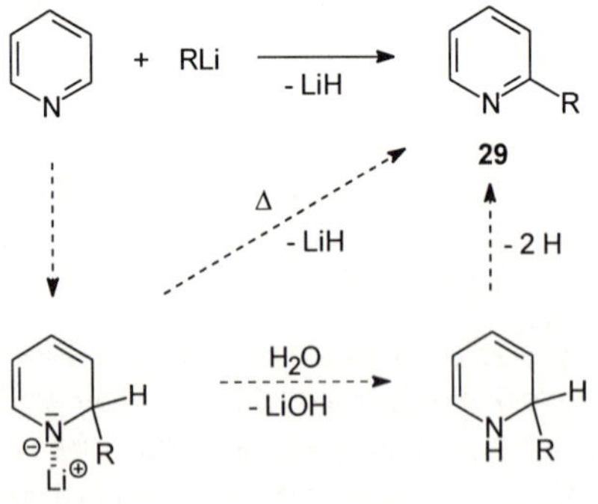

Bei der Umsetzung von Phenyllithium mit Pyridin ist sowohl das Primäraddukt **30** als auch dessen Protonierungsprodukt, das 1,2-Dihydropyridin **31**, isolierbar. Der Komplex **30** (R=Ph) geht beim Erhitzen auf 100°C, das 1,2-Dihydropyridin **31** (R=Ph) bei Dehydrierung mit O$_2$ in 2-Phenylpyridin (**29**, R=Ph) über.

6.14 Pyridin

Auch die Einführung mehrerer Alkylgruppen durch ZIEGLER-Reaktion ist realisiert. So entsteht aus Pyridin und *tert*-Butyllithium bei -70°C über die Mono- und Dilithium-Verbindungen **32/33** 2,6-Di-*tert*-butylpyridin **35**, bei höherer Temperatur auch 2,4,6-Tri-*tert*-butylpyridin **34**:

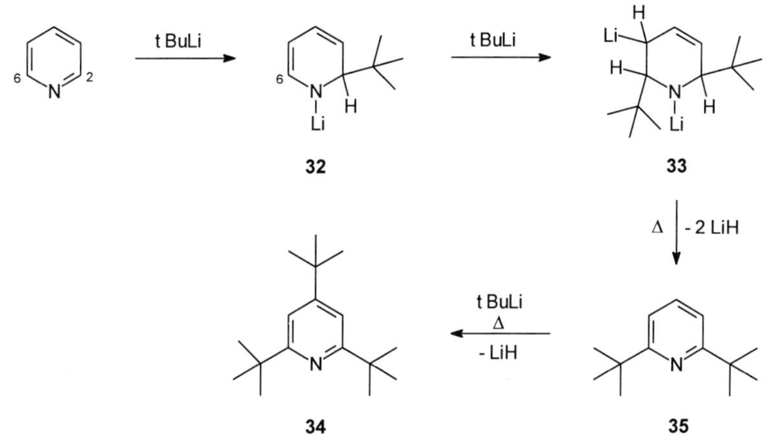

Mit Lithiumorganylen ist auch 4-Substitution am Pyridin möglich, so mit 2-Lithio-1,3-dithian zum Produkt **36**. Lithiumdialkylcuprate addieren in Gegenwart von Acylierungs-Reagentien überwiegend zu 1,4-Dihydropyridinen, so LiCu(CH$_3$)$_2$ in Gegenwart von ClCOOCH$_3$ zu den Produkten **37/38**:

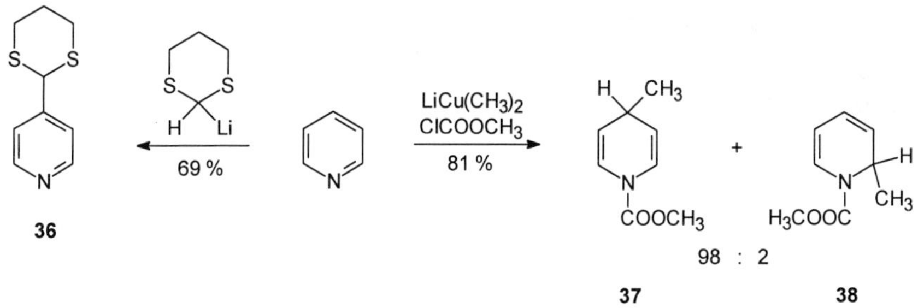

Gegenüber GRIGNARD-Verbindungen zeigt Pyridin ein komplexes Reaktionsverhalten. Mit etherfreiem RMgX erhält man überwiegend 2-Substitutionsprodukte in Analogie zur ZIEGLER-Reaktion, so z.B. mit *n*-BuMgI 2-(*n*-Butyl)pyridin und 4-(*n*-Butyl)pyridin **39/40** > 100: 1, in Gegenwart von überschüssigem Mg steigt der Anteil von **40** auf 3:1. Setzt man dagegen *n*-Butylchlorid und Mg in siedendem Pyridin um, so erhält man praktisch ausschließlich das 4-Substitutionsprodukt (**39/40**, > 1: 100), andere Metalle (z.B. Li, Na) katalysieren diese Reaktion.

Als Grund für die Regioselektivitäts-Umkehr der Alkylierung wird ein Wechsel des Reaktionsmechanismus zu einem radikalischen Prozeß gesehen, bei dem zunächst durch Ein-Elektronen-Transfer vom Metall zum Pyridin das Radikalanion **41** entsteht, das dann mit RMgX unter Bildung des 1,4-Dihydropyridins **42** und weiter zum Produkt **40** abreagiert[40].

Additionen von Nucleophilen an Pyridiniumionen

N-Alkylpyridiniumionen addieren Hydroxidionen reversibel und praktisch ausschließlich in 2-Position unter Bildung von 2-Hydroxy-1,2-dihydro-*N*-alkylpyridinen ("Pseudobasen", z.B. **43**), die schon durch milde Oxidationsmittel glatt zu *N*-Alkyl-2-pyridonen, z.B. **44**, oxidiert werden:

N-Akzeptor-substituierte Pyridiniumionen **45** addieren O- und N-Nucleophile ebenfalls via C-2 zu **46**, öffnen dann aber – wahrscheinlich in einem elektrocyclischen Prozeß – die Ringbindung N/C-2 unter Bildung von 1-Azatrienen **47** (ZINCKE-Reaktion, s. die entsprechenden Transformationen des Pyryliumions S.225):

So erhält man aus dem *N*-(2,4-Dinitrophenyl)pyridiniumsalz **48** mit wäßrigem Alkali den Aldehyd **49** und daraus durch Hydrolyse Glutacondialdehyd **50**, mit Anilin durch Ringöffnung und zusätzlichen Amin-Austausch das Glutacondialdehyd-bisanil **51**:

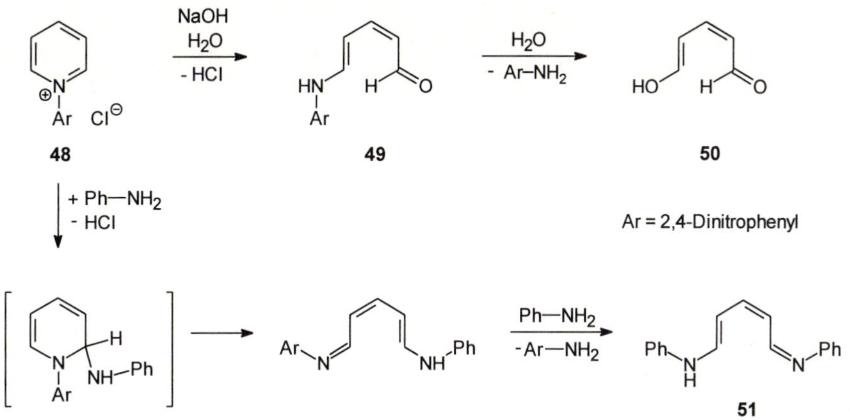

48 49 50

Ar = 2,4-Dinitrophenyl

51

Anionen C-H-acider Verbindungen addieren an Pyridiniumionen überwiegend via C-4. Bereits vorhandene Pyridin-Substituenten können interessante Folgereaktion bedingen, wie z.B. die Bildung des 2,7-Naphthyridin-Derivates **53** aus dem Quartärsalz **52** des Nicotinamids und Malonester zeigt:

52

Ar = 4-Nitrophenyl

53

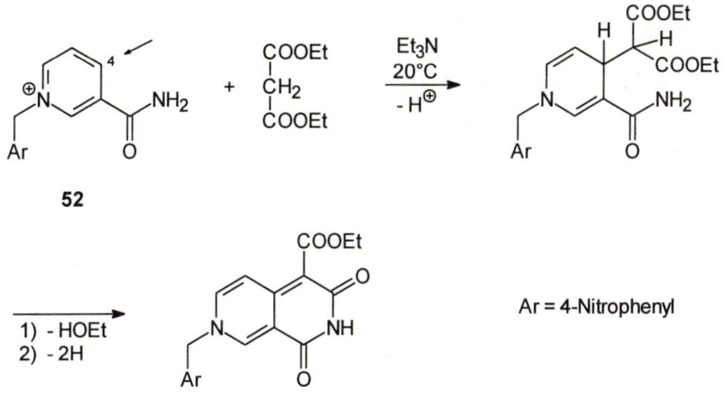

Seitenketten-Reaktivität am Pyridin

Alkylpyridine zeigen neben Benzol-analogen Reaktionen wie Seitenketten-Halogenierung und oxidativer Funktionalisierung (s.S.291) eine kinetische Acidität der direkt zum Heterocyclus benachbarten C-H-Bindungen, die relativ zu den entsprechenden Benzolderivaten um den Faktor > 10^5 erhöht ist. Sie ist in 2- und 4-Stellung stärker ausgeprägt als in 3-Stellung; dies zeigen H/D-Austausch-Versuche an 2-, 3- und 4-Picolin mit relativen Austausch-Geschwindigkeiten vom 130 : 1 : 1810 (MeOD/MeONa bei 20°C, z.Vgl. Toluol ≈ 10^{-5}).

Die im Vergleich zur 3-Stellung leichtere Deprotonierbarkeit von 2- und 4-Pyridyl-C-H-Bindungen wird durch die Mesomerie-Stabilisierung der entsprechenden Carbanionen **54/55** unter Beteiligung des Ringstickstoffs plausibel, die für das 3-Pyridylcarbanion **56** nicht gegeben ist:

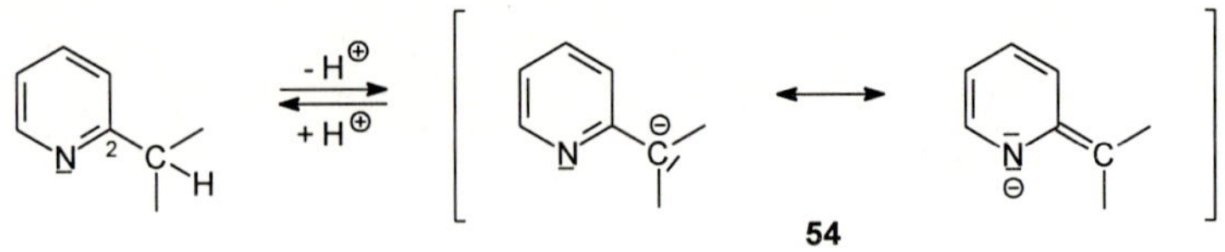

2- und 4-Pyridylcarbanionen **54/55** werden entweder durch starke Basen (z.B. Alkaliamide, Li-Organyle) im aprotischen Medium in situ oder durch schwächere Basen (z.B. Hydroxide, Alkoholate, Amine) im protischen Medium im Gleichgewicht erzeugt.

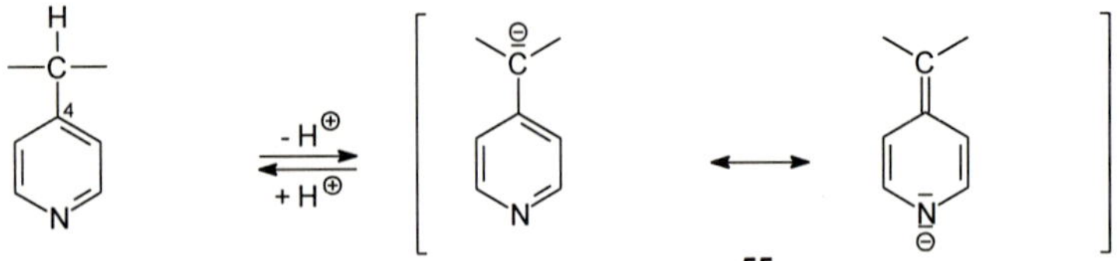

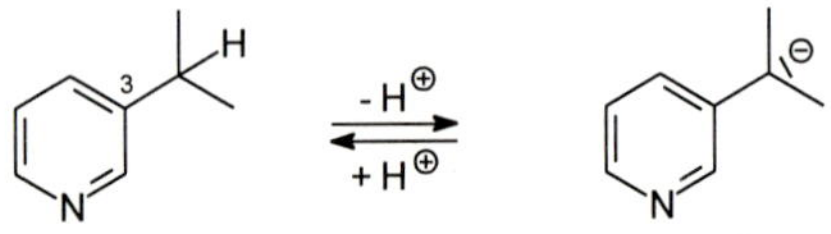

2- und 4-Alkylpyridine des o.g. Typs können auch unter Protonen- oder LEWIS-Säure-Katalyse mit den tautomeren "Methylenbasen" **57/58** – die die Funktionalität von Enaminen besitzen – ins Gleichgewicht treten:

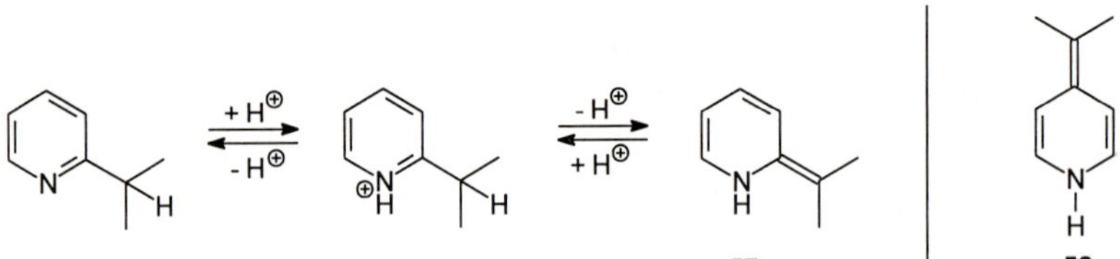

Dementsprechend gehen Alkylpyridine und N-Alkylpyridiniumionen bevorzugt über 2- und 4-"Benzyl"-Positionen base- oder säurekatalysierte Reaktionen mit elektrophilen Partnern ein.

So kann 2- resp. 4-Picolin an der CH$_3$-Gruppe alkyliert (**59**), carboxyliert (**60**) und entsprechend einer CLAISEN-Kondensation (**62**) acyliert werden; ebenso ist Aldol-Addition (**61**) – diese auch mehrfach (**65**) – und Aldol-Kondensation (**63**, **64**) möglich. Bei Vorhandensein mehrerer Alkylgruppen kann gezielt Angriff an der stärker aciden Pyridyl-C-H-Bindung erfolgen, so wird z.B. zur Synthese von 3,4-Diethylpyridin **67** 3-Ethyl-4-methylpyridin **66** selektiv an der 4-Methylgruppe deprotoniert und alkyliert.

Auch die α-C-H-Bindungen von Alkylgruppen am quartären Pyridin-Stickstoff besitzen erhöhte C-H-Acidität. Demgemäß sind auch hier basekatalysierte Reaktionen mit Elektrophilen via Pyridiniumbetaine **68** möglich, insbesondere wenn diese durch Akzeptor-Substituenten stabilisiert sind:

Exemplarisch ist das Verhalten des *N*-Phenacylpyridiniumions **69**, das durch schwache Basen, z.B. Na_2CO_3/H_2O, zum stabilen Pyridiniumphenacylid **70** deprotoniert wird. Dieses kann am Ylid-C-Atom glatt alkyliert und acyliert werden, die so erhaltenen Pyridiniumverbindungen **71/72** lassen sich durch reduktive Abspaltung des Pyridinrestes in Ketone oder ß-Diketone umwandeln (KRÖHNKE 1941). Da **69** außerdem im stark basischen Medium ($NaOH/H_2O$) zu *N*-Methylpyridiniumion und Benzoat gespalten wird, zeigt das Ylid **70** im chemischen Verhalten formale Analogie zum Acetessigester[41]:

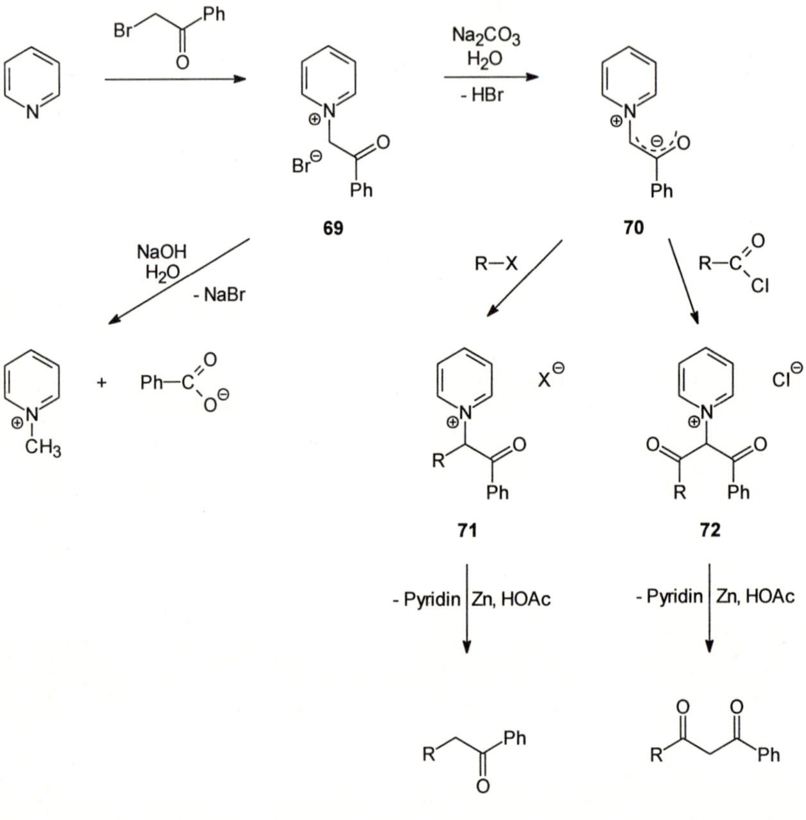

Das vom 2-Picolin abgeleitete *N*-Phenacylpyridiniumion **73** cyclisiert unter Baseneinwirkung zu 2-Phenylindolizin **74**. Offensichtlich wird dabei zunächst die 2-Methylgruppe deprotoniert und die Produkt-Bildung dann durch intramolekulare Aldol-Kondensation mit der Phenacyl-Carbonylgruppe herbeigeführt[42]:

Reaktionen von Pyridin-N-oxiden

Eine Reihe von präparativ interessanten Reaktionen am Pyridin ist mit Hilfe von Pyridin-*N*-oxiden (OCHIAI 1943, DEN HERTOG 1950) möglich. Darunter befinden sich Ring- und Seitenketten-Funktionalisierungen, denen das Grundsystem auf direktem Wege nicht zugänglich ist[43].

N-Oxidation am Pyridin erfolgt mit Peroxysäuren (s.S.272), Deoxygenierung unter Rückbildung des Azins in einer Redox-Reaktion mit Phosphor(III)-Verbindungen wie PCl_3, $P(C_6H_5)_3$ oder $P(OC_2H_5)_3$:

Pyridin-*N*-oxid **75** geht – wie gemäß Mesomeriebeschreibung **76** prognostizierbar – elektrophile *und* nucleophile Substitutionsreaktionen in 2- und 4-Stellung ein:

Bemerkenswert ist die relativ zum Pyridin erheblich höhere Reaktivität von **75** bei der Nitrierung, die in Nitriersäure glatt – über die freie Base und den σ-Komplex **77** – abläuft und zu 4-Nitropyridin-*N*-oxid **78** führt (vgl. dagegen S.274). Andere S_EAr-Reaktionen (Sulfonierung, Halogenierung) erfordern drastische Bedingungen.

An **78** können trotz mäßiger Abgangsgruppen-Qualität der NO$_2$-Gruppe nucleophile Substitutionen durchgeführt werden, so entstehen z.B. mit Alkoholaten 4-Alkoxypyridin-*N*-oxide **80**. Die Deoxygenierung von **78** mit PCl$_3$ liefert 4-Nitropyridin **81**, seine katalytische Reduktion mit H$_2$/Pd-C zunächst 4-Aminopyridin-*N*-oxid und weiter 4-Aminopyridin **79**. Die Pyridine **79** und **81** sind durch direkte Substitutionsreaktionen am Pyridin nicht zugänglich.

Pyridin-*N*-oxide bilden mit LEWIS-Säuren stabile 1:1-Komplexe. Die Komplexe mit SbCl$_5$ **82** ergeben bei der Thermolyse und nachfolgender Hydrolyse unter regioselektivem Sauerstoff-Transfer in die α-Position (**83**) 2-Pyridone:

Auch *N*-Oxide von Chinolinen und Isochinolinen sind dieser Reaktion zugänglich[44].

Pyridin-*N*-oxide können am Sauerstoff alkyliert und acyliert werden. O-Alkylierung erfolgt insbesondere mit Benzylhalogeniden schon unter milden Bedingungen und ergibt 1-(Benzyloxy)pyridiniumionen, z.B. **84**, die im basischen Medium, z.B. mit wäßrigem Alkali, zu Arylaldehyden und Pyridin disproportionieren (BOEKELHEIDE 1957). Damit vermittelt das Pyridin-N-oxid die Transformation eines primären Halogenalkans zum Aldehyd (R-CH$_2$-X → R-CH=O) analog zur KORNBLUM-Oxidation[45].

O-Acylierung bewirken Carbonsäureanhydride und anorganische Säurechloride (SOCl$_2$, POCl$_3$). Als Folgereaktion kommt es zu einer Funktionalisierung des Pyridinringes, da der "Rest" des Acylierungsreagenzes nucleophil, bevorzugt in der 2-Stellung, addiert (**85**) und der acylierte Pyridin-N-oxid-Sauerstoff im Zuge der Bildung einer guten Abgangsgruppe abgespalten wird. Nach diesem Modus entsteht aus **75** mit Acetanhydrid 2-Acetoxypyridin **86**, das zu 2-Pyridon hydrolysiert werden kann:

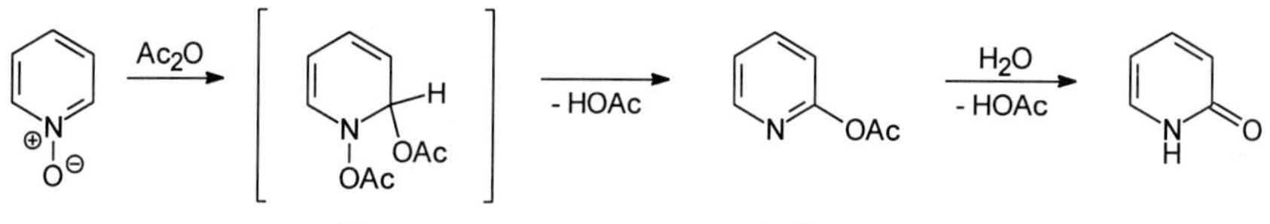

N-Oxide von 2- und 4-Alkylpyridinen werden durch Acylierungs-Reagenzien (Carbonsäureanhydride, Sulfonsäurechloride, POCl$_3$) Seitenketten-Funktionalisierungen zugeführt. So erhält man aus 2- resp. 4-Picolin-N-oxid mit Acetanhydrid jeweils ein Gemisch von Acetoxyverbindungen, unter denen die Produkte der Methyl-Substitution, 2- resp. 4-(Acetoxymethyl)pyridin (**87/90**), dominieren; daneben werden kernsubstituierte Produkte (**88, 89, 91**) gebildet:

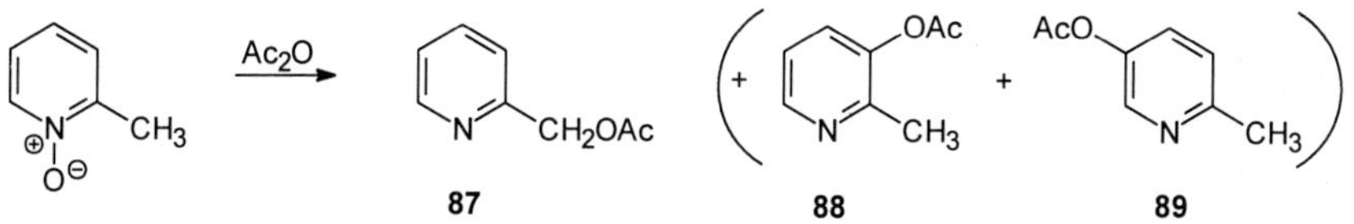

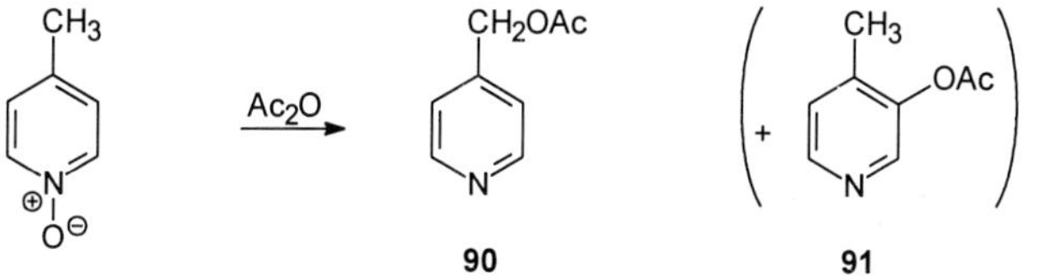

Wie nachstehend für 2-Picolin-N-oxid formuliert, können diese Transformationen nach einem Ionenpaar-Mechanismus über das zentrale Intermediat **94** ablaufen; dieses entsteht aus dem N-Oxid durch O-Acylierung und Essigsäure-Abspaltung (via **92/93**). In einigen Fällen wird auch ein radikalischer Ablauf unter Auftreten eines zu **94** analogen Radikalpaars angenommen.

Seitenketten-Funktionalisierungen mittels POCl$_3$ oder *p*-Toluolsulfonylchlorid verlaufen mit zumeist hoher Produkt-Selektivität, so die Bildung von 2-(Chlormethyl)pyridin **95** aus 2-Picolin-*N*-oxid[46]:

Thermische und photochemische Reaktionen von Pyridinen

Pyridine zeigen ohne externe Reaktionspartner eine Reihe von thermisch und photochemisch induzierten Umwandlungen, die Parallelen zur Valenzisomerisierung des Benzols, i.e. der Bildung von DEWAR-Benzol, Prisman und Benzvalen, aufweisen.

Pyridin ergibt bei Bestrahlung in *n*-Butan bei -15°C das "DEWAR-Pyridin" **96** (Halbwertszeit 2,5 min bei 25°C), das spektroskopisch nachgewiesen und chemisch durch Reduktion mit NaBH$_4$ zum bicyclischen Azetidin **97** sowie durch Hydrolyse zum 5-Aminopentadienal **99** (via Halbaminal **98**) charakterisiert ist. Matrix-Photolyse des Pyridins bei 8 K führt zu Acetylen und HCN infolge [2+2]-Cycloreversionen des DEWAR-Pyridins **96** und des daraus resultierenden Cyclobutadiens.

6.14 Pyridin

Alkylpyridine isomerisieren bei der Gasphasen-Photolyse. So wird z.B. 2-Picolin in ein photostationäres Gleichgewicht mit 3- und 4-Picolin übergeführt, was auf die intermediäre Entstehung eines "Azaprismans" 100 hinweist:

100

Isolierbare und beständige Valenzisomere entstehen bei der Photolyse von hochsubstituierten Pyridinen. So ergibt Pentakis(pentafluorethyl)pyridin 101 nahezu quantitativ das symmetrische 1-Aza-DEWAR-Pyridin 102, das sich bei weiterer Bestrahlung zum entsprechenden Azaprisman-Derivat 104 umlagert[47]:

$R = CF_2CF_3$

101 → **102** → **104**

103

Daß ausschließlich 102 – und nicht das isomere DEWAR-Pyridin 103 – gebildet wird, kann Substituenten-Wechselwirkungen im Cyclobutenring des [2.2.0]Bicyclus zugeschrieben werden, die zur Destabilisierung des 2-Aza-Systems 103 (4 große Substituenten) gegenüber dem 1-Aza-System 102 (3 große Substituenten) führen. Die bemerkenswerte Stabilität von 102/104 (erst längeres Erhitzen führt zum Pyridin 101 zurück) wird mit der im Vergleich zum planaren Edukt geringeren sterischen Wechselwirkung der sperrigen Substituenten begründet.

Im Gegensatz zu 101 werden bei der Photolyse des hochsubstituierten Pyridins 105 beide möglichen DEWAR-Pyridine 106/107 gebildet, wobei das 2-Aza-Isomer überwiegt:

105 → **106** + **107**

$R = CF(CF_3)_2$

Bei der Photolyse von Pyridiniumsalzen in Wasser oder Methanol werden Derivate des 6-Azabicyclo[3.1.0]hexens (z.B **108** aus *N*-Methylpyridiniumchlorid) erhalten. Für die Bildung dieser Produkte können Azoniabenzvalene (z.B. **109**) als Vorstufen verantwortlich gemacht werden:

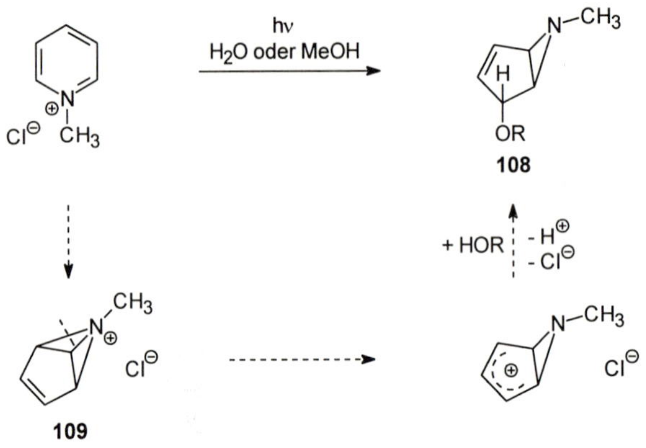

Pyridin-*N*-oxide zeigen ein differenziertes photochemisches Verhalten. Bei Photolyse in der Gasphase wird, wie generell bei allen heterocyclischen *N*-Oxiden, über den Triplett-Zustand zum Heteroaren deoxygeniert. Bei Photolyse in Lösung kann der Sauerstoff dabei entweder unter C-H-Insertion oder unter Addition an Doppelbindungen an ein Solvens-Molekül transferiert werden, z.B.:

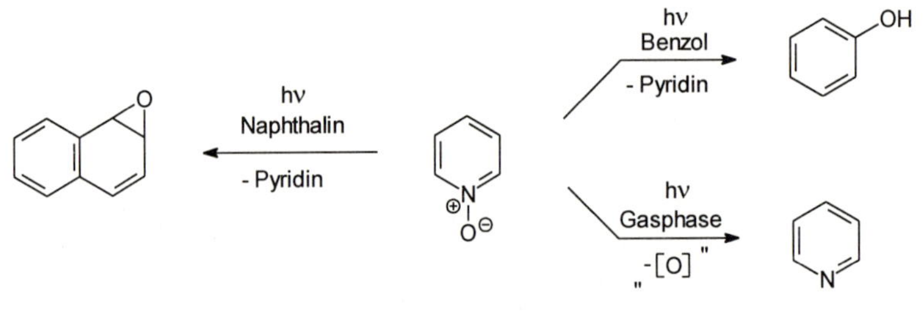

Führt man die Photolyse von Pyridin-*N*-oxiden über den angeregten Singulett-Zustand, so tritt – im polaren Medium in hohen Ausbeuten – Isomerisierung zu 2-Pyridonen ein, wobei als Intermediate Oxaziridine postuliert werden, z.B.:

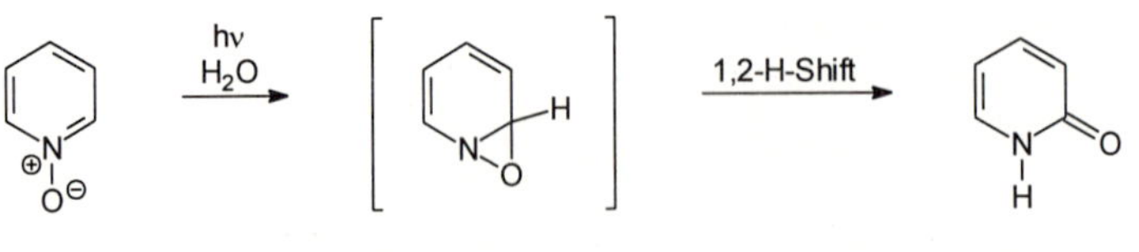

Analog zu den *N*-Oxiden verhalten sich die isoelektronischen Pyridinium-*N*-ylide, so **110**. Seine Photolyse im Inertsolvens führt zum Diazepin **112** als einzigem Produkt, was durch intermediäre Bildung eines Diaziridins **111** und dessen elektrocyclische N/C-1-Öffnung plausibel wird. Photolyse in Benzol liefert zusätzlich zum Diazepin **112** das Azepin **113**, da als Konkurrenz N-N-Spaltung und Abfang des daraus resultierenden Nitrens durch das Solvens (unter [2+1]-Cycloaddition und elektrophiler Öffnung des Azanorcaradiens) eintritt:

6.14 Pyridin

110 → **111** → **112**

113

Oxidation

Der Pyridinring ist gegenüber Oxidation bemerkenswert stabil. Pyridin kann daher als Solvens bei Oxidationsreaktionen verwendet werden, z.B. bei der COLLINS-Oxidation mit CrO_3. Durch wäßriges $KMnO_4$, bevorzugt im basischen Medium, wird Pyridin zu CO_2 oxidiert; durch Peroxysäuren erfolgt N-Oxidation zu Pyridin-*N*-oxid (s.S.285).

Alkylpyridine können nach einer Reihe von Methoden zu Pyridincarbonsäuren oxidiert werden. So gewinnt man Nicotinsäure **114** im technischen Maßstab durch Oxidation von 5-Ethyl-2-methylpyridin **115** mittels HNO_3 und selektive thermische Decarboxylierung der Dicarbonsäure **116**[48]. Auch selektive Seitenketten-Oxidation ist möglich, wie die Beispiele **117**/**118** zeigen.

Oxidative Funktionalisierung in Benzyl-Position kann auch zu Carbonylverbindungen führen, so die Gasphasen-Dehydrierung von Picolinen zu den entsprechenden Aldehyden oder die Oxidation von 2-Benzylpyridin zu 2-Benzoylpyridin.

Reduktion

Pyridine sind Reduktions-Reaktionen erheblich leichter zugänglich als Benzolderivate. So erfolgt die katalytische Hydrierung – die bei Benzol Druck und höhere Temperatur erfordert – bei Pyridin schon bei Normaldruck und Raumtemperatur und liefert praktisch quantitativ Piperidin:

Reaktionen mit komplexen Metallhydriden verlaufen uneinheitlich. LiAlH$_4$ ergibt mit Pyridin lediglich einen Komplex **119**, der je zwei 1,2- und 1,4-Dihydropyridin-Einheiten enthält:

NaBH$_4$ reagiert nicht mit Pyridin. Trägt der Pyridin-Ring jedoch elektronenanziehende Substituenten, so erfolgt mit NaBH$_4$ Reduktion zu Di- und Tetrahydropyridinen, so z.B. von 3-Cyanpyridin zu **120** und **121**:

N-Alkylpyridiniumionen werden durch NaBH$_4$ glatt reduziert, die Produktbildung ist durch den pH-Wert des Reaktionsmediums und die Pyridinsubstituenten zu steuern. So wird *N*-Methylpyridiniumchlorid **122** durch NaBH$_4$ in H$_2$O bei pH > 7 in 1-Methyl-1,2-dihydropyridin **123**, bei pH 2-5 dagegen in 1-Methyl-1,2,3,6-tetrahydropyridin **124** umgewandelt:

6.14 Pyridin

122 → (NaBH₄, H₂O, 15°C, pH > 7) → **123**

122 → (NaBH₄, H₂O, 15°C, pH 2-5) → **124**

122 → (Zn oder Sn, HCl) → **125**

Elektronenanziehende Substituenten begünstigen die Bildung von Dihydropyridinen, wie die Reduktion der 3-Nitropyridiniumionen **126/127** lehrt:

126 → NaBH₄ → 1,4 - Reduktion

127 → NaBH₄ → 1,2 - Reduktion

Viele biologisch wichtige Redox-Prozesse verlaufen unter reversiblem Wasserstoff-Transfer (formal: + H⁺, + 2 e⁻) über die 4-Stellung des N-quartären Nicotinamid-Systems **128/129** im Coenzym NAD⊕ (s.S.306):

NAD⊕ **128** ⇌ (+ H⊕, + 2e⊖ / − H⊕, − 2e⊖) **129** NADH

Als NAD-Modelle untersuchte N-alkylsubstituierte Nicotinamide werden auch durch $Na_2S_2O_4$ 1,4-selektiv reduziert, z.B. **130** zu **131**. Dabei erfolgt zunächst 4-Addition von Dithionit zu im basischen Medium beständigen Sulfinaten:

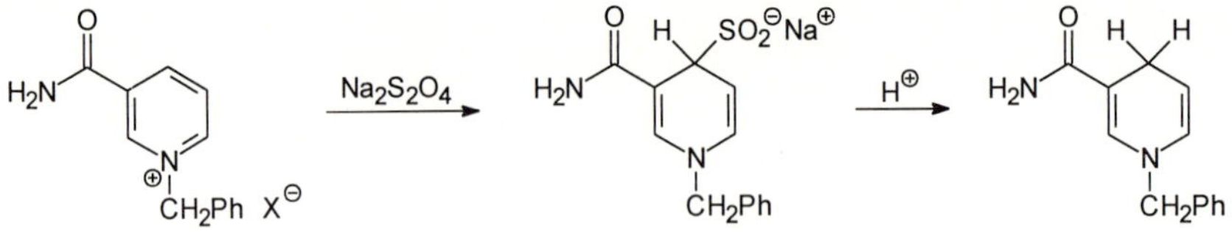

Pyridin-Derivate können schließlich auch durch Metalle reduziert werden. Mit Natrium in Alkoholen (LADENBURG-Reduktion) erhält man aus Pyridin Piperidin, aus 4-Alkylpyridinen neben Piperidinen auch Tetrahydropyridine. Auch N-Alkylpyridiniumionen werden durch Metalle wie Zn oder Sn im sauren Medium oder durch elektrochemische Reduktion in N-Alkylpiperidine umgewandelt (z.B. **122** → **125**, s.S. 293). Die Reduktion mit Na im protischen Medium wird analog zur BIRCH-Reduktion von Arenen als zweistufiger Ein-Elektronen-Transfer über ein Radikalanion **132** und 1,2- oder 1,4-Addition von Wasserstoff interpretiert:

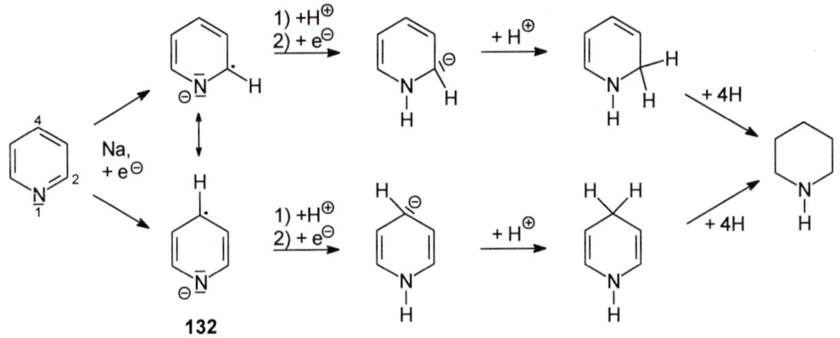

Reduktion im aprotischen Medium führt zum Produkt **133**, da das Pyridyl-Radikalanion **132** unter Dimerisation weiterreagiert; Dehydrierung von **133** liefert 4,4'-Bipyridyl **134**:

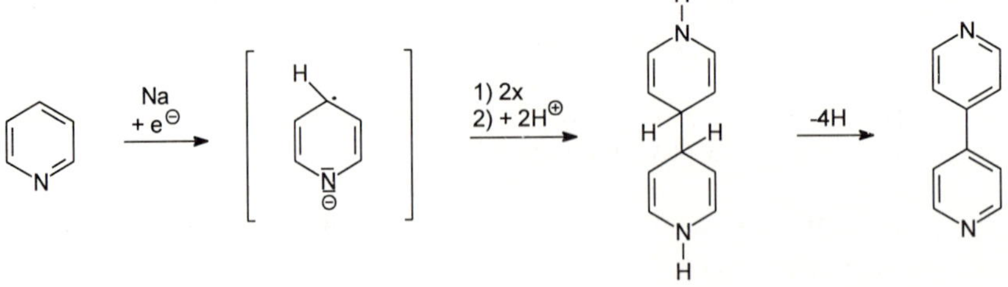

Auch Pyridiniumionen können reduktiv dimerisiert werden. So ergibt N-Methylpyridiniumchlorid mit Na/Hg oder bei kathodischer Reduktion via Radikal **135** das Dimer **136**, das zum Bipyridiniumdikation **137**, dem Herbizid *Paraquat*, oxidiert werden kann[48a]:

6.14 Pyridin

Herbizid-Aktivität wird auch bei anderen Bipyridiniumsalzen, z.B. *Diquat* **138**, gefunden. Dikationen dieses Typs sind befähigt, reversiblen und pH-unabhängigen Ein-Elektronen-Transfer zu mesomerie-stabilisierten Radikalkationen (z.B. **140**) einzugehen. Diese Radikalkationen werden bei negativerem Potential in einem weiteren, nun pH-abhängigen Ein-Elektronen-Schritt in chinoide Spezies (z.B. **141**) übergeführt, die zu den Dikationen (z.B. **139**) zurückoxidiert werden können:

Ox = oxidierte Stufe, Red = reduzierte Stufe eines reversiblen Zwei-Elektronen-Redoxsystems;
Sem = Ein-Elektronen-Zwischenstufe (abgeleitet von Semichinon)

Reversible Redoxsysteme dieses Typs sind mit zahlreichen heterocyclischen Strukturelementen bekannt und eingehend untersucht worden (HÜNIG 1978)[49].

C Die Zerlegung des Pyridins durch *Retrosynthese* (s.Abb. 10) kann unter verschiedenen Gesichtspunkten vorgenommen werden.

- Orientiert man sich an der Azinstruktur per se, so kann die retrosynthetische Zerlegung einmal (durch H$_2$O-Addition O → C-2, Retrosynthese-Operation **a**) am Imin-Strukturelement ansetzen. Daraus ergeben sich mit dem 5-Aminopentadien-al oder -on-System **145** sowie weiter (durch **g** und NH$_3$-Abspaltung) mit Glutacondialdehyd resp. dem entsprechenden Diketon **146** Edukt-Vorschläge für Cyclokondensationen. Zum andern führt eine "Retro-Cycloadditions-Betrachtung" (Operation **c**) unmittelbar zur Möglichkeit, Pyridine durch Co-Cyclooligomerisation von Alkinen mit Nitrilen aufzubauen.

- Da Dihydro- und Tetrahydropyridine grundsätzlich durch Dehydrierungs- und Eliminierungs-Reaktionen in Pyridine überführt werden können, sind die Retrosynthese-Operationen **b**, **d–f** relevant, da die Hydropyridine **142–144**, wie aus den Retro-Operationen ersichtlich, aus [4+2]-Cycloadditionen von Azadienen an aktivierte Alkine resp. Alkene oder von 1,3-Dienen an Imine hervorgehen sollten.
- Das 1,4-Dihydropyridin **148** (sowie das dazu retrosynthetisch äquivalente 3,4-Dihydropyridin **147**) kann auch mit Retrosynthese-Betrachtung **a** verknüpft werden, da es als zweifaches Enamin (via **h**) aus dem Enaminon **149** und dieses (via **i**) aus dem 1,5-Dicarbonyl-System **150** und NH$_3$ durch Cyclokondensation hervorgehen sollte. Die Systeme **149** und **150** korrelieren retroanalytisch nicht nur durch Dehydrierung mit **145** und **146**, sondern auch durch Retro-MICHAEL-Addition mit Enaminen resp. Enolaten und α,β-ungesättigten Carbonylsystemen als Edukten zur Gewinnung von 1,4-Dihydropyridinen.

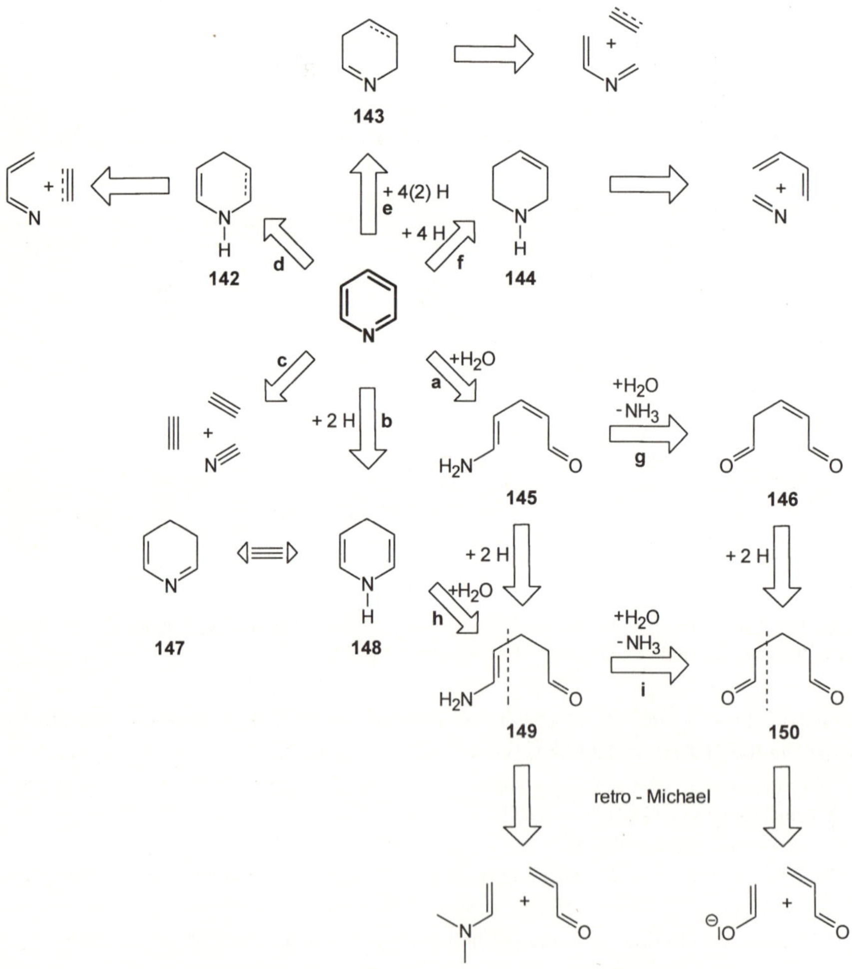

Abb. 6.10 Retrosynthese des Pyridins

6.14 Pyridin

Die **Synthesen** des Pyridins benutzen dementsprechend Cyclokondensationen, Cycloadditionen oder Ringtransformationen anderer heterocyclischer Systeme zum Aufbau des Azinsystems.

Pyridin-Synthesen durch Cyclokondensation

❶ 5-Aminopentadienone **151**, die bei der Addition von ß-Aminocroton-estern und -nitrilen an Acetylen-aldehyde resp. -ketone entstehen, cyclisieren thermisch unter H_2O-Eliminierung zu Nicotinsäure-Derivaten **152**:

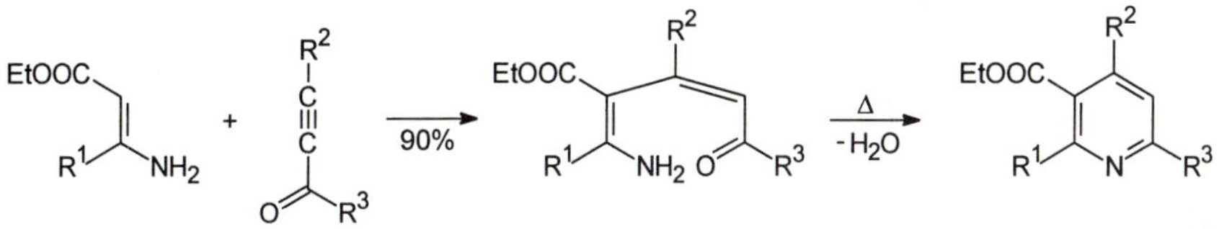

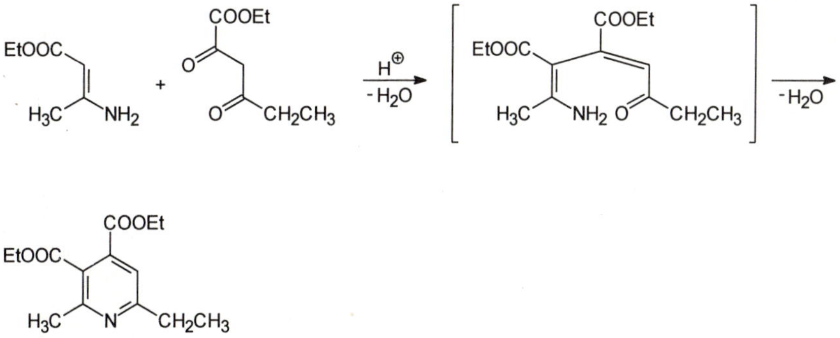

Ebenfalls über 5-Aminopentadienon-Zwischenstufen cyclokondensieren ß-Aminocrotonester mit ß-Dicarbonyl-Verbindungen, z.B. zu **153**.

❷ Glutacondialdehyd wird durch Ammoniak zu Pyridin, durch Hydroxylamin zu Pyridin-*N*-oxid und durch primäre Amine zu *N*-substituierten Pyridiniumionen cyclisiert. Mit Säuren entsteht in reversibler Reaktion das Pyryliumion, demzufolge bilden sich aus Pyryliumionen mit NH_3 und primären Aminen ebenfalls Pyridin-Derivate (s.S.230).

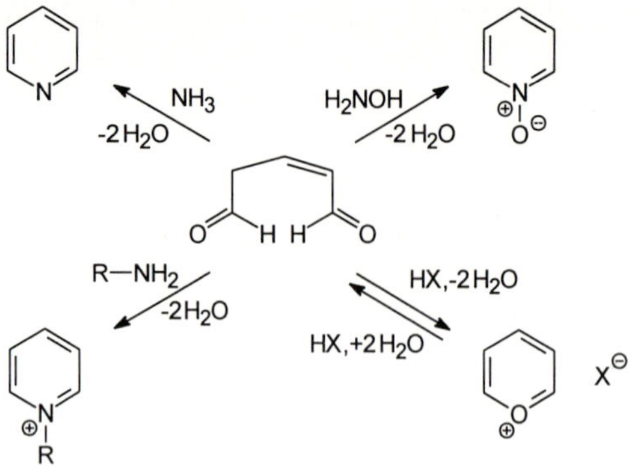

Pent-2-en-1,5-dione (z.B. **154**) sind Zwischenstufen bei der Bildung von 3-Acylpyridinen (z.B. **155**) aus 1,3-Diketonen und Ammoniak, sie resultieren aus einer KNOEVENAGEL-Kondensation zweier Moleküle ß-Diketon:

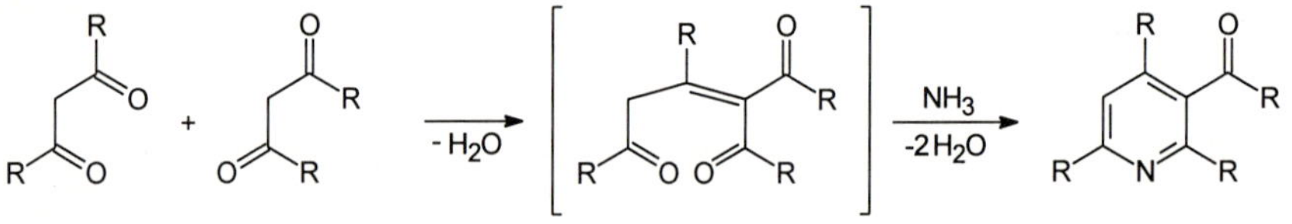

154

155
(R = CH$_3$: 75%)

❸ 1,5-Dicarbonyl-Verbindungen werden durch Ammoniak zu 1,4-Dihydropyridinen **156** cyclokondensiert, deren Dehydrierung Pyridine **157** liefert. Die Bildung von **156** entspricht formal einer zweimaligen Enamin-Bildung:

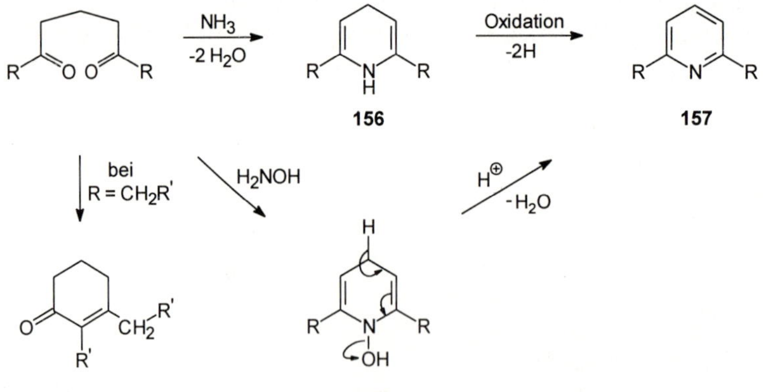

156

157

158

159

Bei Anwesenheit von CH$_2$-Gruppen im Rest R konkurriert intramolekulare Aldol-Kondensation zu Cyclohexenon-Derivaten **158** mit der 1,4-Dihydropyridin-Bildung. Dies wird bei Verwendung von Hydroxylamin als Cyclokondensations-Komponente vermieden; außerdem entfällt der Dehydrierungs-Schritt, da die *N*-Hydroxy-Zwischenstufe **159** direkte H$_2$O-Eliminierung zum Pyridin **157** ermöglicht. Als Beispiel diene die Synthese des 2,3-Trimethylenpyridins **160**:

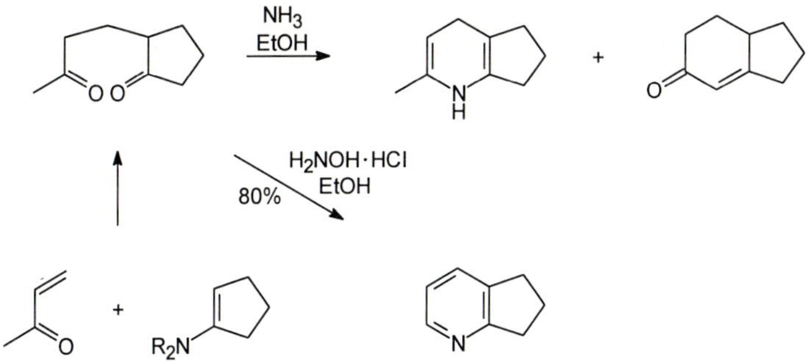

1,5-Diketone werden durch MICHAEL-Addition von Enolaten oder Enaminen (s. obiges Beispiel) an α,β-ungesättigte Carbonylverbindungen gewonnen. Sie liegen auch den durch Hetero-DIELS-ALDER-Reaktion von β-Enonen an Vinylether zugänglichen 2-Alkoxy-3,4-dihydro-2H-pyranen (z.B. **161**, maskierter 5-Ketoaldehyd) funktional zugrunde (s.S.241), die ebenfalls mit Hydroxylamin zu Pyridinen (z.B. **162**) führen:

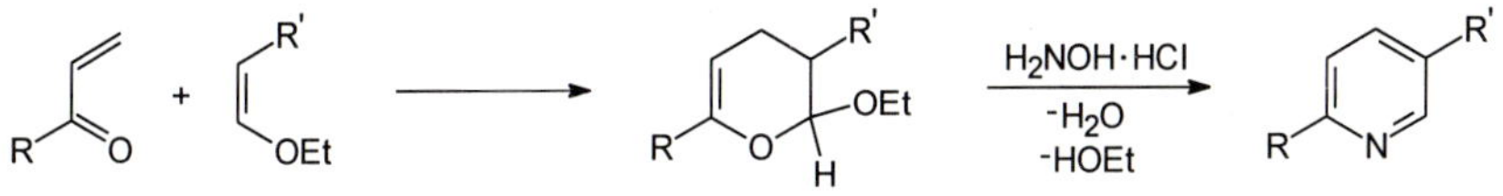

❹ Zahlreiche Alkylpyridine gewinnt man durch Gasphasen-Reaktionen von einfachen Carbonylverbindungen mit Ammoniak. Die Reaktionsabläufe sind häufig komplex und im Detail ungeklärt, einige Umsetzungen sind jedoch durch hohe Produkt-Selektivitäten und Ausbeuten präparativ interessant. Dazu gehört die Bildung von 2,6-Diethyl-3-methylpyridin **163** aus Diethylketon und NH_3, die unter primärer Dehydrierung des Diethylketons zu Ethylvinylketon, Kombination zum 1,5-Diketon **164**, Cyclokondensation mittels NH_3 zum 1,4-Dihydropyridin **165** und abschließende Dehydrierung verläuft[50]:

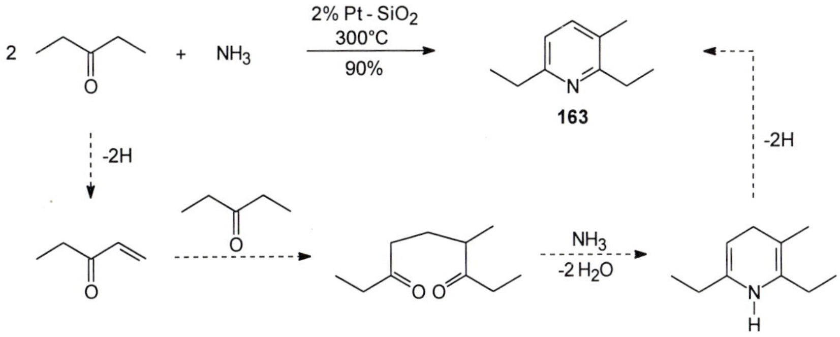

Zu den industriell genutzten Synthesen dieses Typs gehört die Gewinnung von 5-Ethyl-2-methylpyridin **166** (Vorstufe der technischen Nicotinsäure-Synthese, s.S.291) aus Acetaldehyd oder Crotonaldehyd und wäßrigem NH_3:

4 CH₃—CHO → (NH₃, H₂O; CH₃COONH₄, 200°C; 70%) → **166** (5-Ethyl-2-methylpyridin)

❺ Die HANTZSCH-Synthese von Pyridinen ist eine Methode von großer Anwendungsbreite und Flexibilität. Dabei werden in einer Vier-Komponenten-Kondensation zwei Moleküle ß-Dicarbonyl-Verbindung mit einem Aldehyd und Ammoniak zu 1,4-Dihydropyridinen **167** verknüpft, die zu Pyridinen **168** dehydriert werden können:

[Reaktionsschema mit Strukturen **167**, **168**, **169**, **170**, **171**, **172**]

R^1 = COR, COOR
R^2, R^3 = Alkyl, Aryl, H

Die Bildung der 1,4-Dihydropyridine **167** kann auf zwei Wegen erfolgen. Zum einen kann aus NH₃ und ß-Dicarbonyl-Verbindung ein ß-Enaminon **170**, aus Aldehyd und ß-Dicarbonyl-Verbindung durch KNOEVENAGEL-Kondensation eine α,ß-ungesättigte Carbonylverbindung **169** entstehen; **169** und **170** können durch MICHAEL-Addition via 5-Aminopent-4-enon-Derivate **171** kombinieren und cyclokondensieren. Zum andern können zunächst die beiden Moleküle ß-Dicarbonyl-Verbindung mit dem Aldehyd durch konsekutive KNOEVENAGEL-Kondensation/MICHAEL-Addition zum 1,5-Dicarbonyl-System **172** verknüpft und dann mittels NH₃ cyclokondensiert werden. Bei Modifikationen der HANTZSCH-Synthese können demgemäß ß-Enaminone ein Molekül ß-Dicarbonyl-Verbindung substituieren sowie Enone mit ß-Enaminonen oder 1,5-Dicarbonyl-Verbindungen mit NH₃ cyclokondensieren[51].

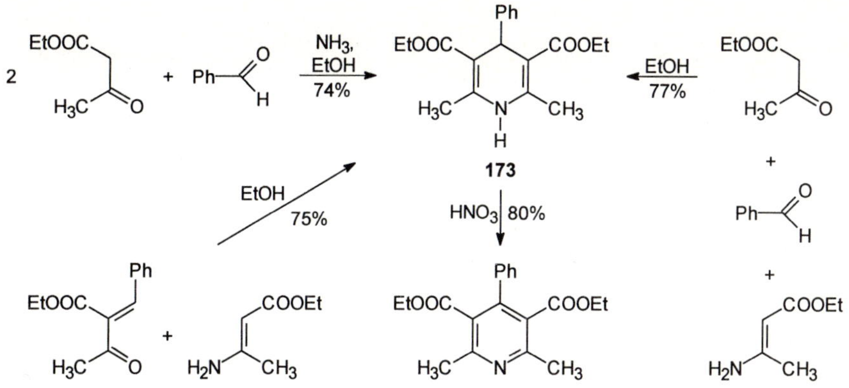

So erhält man den 1,4-Dihydropyridin-3,5-dicarbonsäurediester **173** alternativ zur klassischen Synthese (2 Mol Acetessigester, Benzaldehyd und NH₃) auch aus Acetessigester, Benzaldehyd und ß-Aminocrotonester (1:1:1) sowie aus Benzylidenacetessigester und ß-Aminocrotonester (1 : 1).

Pyridin-Synthesen durch Cycloaddition

❶ Die Co(I)-katalysierte Co-Oligomerisation von Nitrilen mit Alkinen (BÖNNEMANN 1978)[52] besitzt erhebliche präparative Bedeutung. Praktisch quantitativ verläuft die Reaktion von 2 Mol Acetylen mit Nitrilen zu 2-substituierten Pyridinen, die konkurrierende Cyclotrimerisation von Acetylen zu Benzol kann durch Nitril-Überschuß unterdrückt werden:

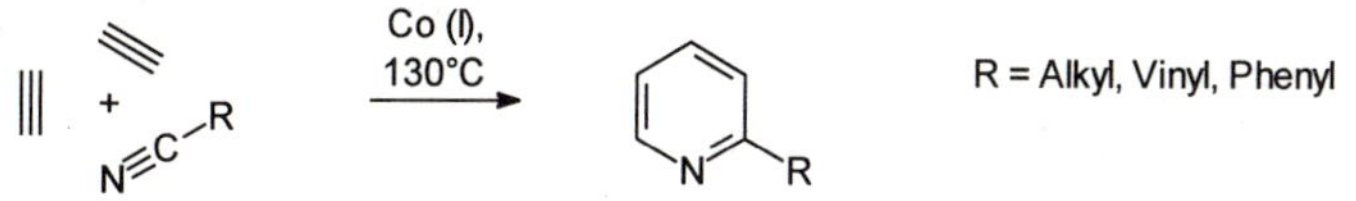

Mit terminalen Alkinen erhält man Gemische von 2,3,6- und 1,4,6-trisubstituierten Pyridinen **174/175**, unter denen die symmetrischen Produkte **175** dominieren:

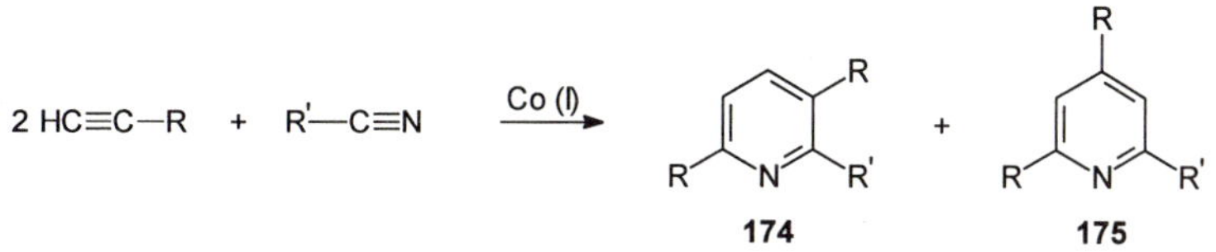

Auch geeignet strukturierte Diine können in in diese Cycloaddition einbezogen werden, so ergibt Octa-1,7-diin **176** mit Nitrilen 5,6,7,8-Tetrahydroisochinoline **177**:

176 177
(R = CH_3 : 81%)

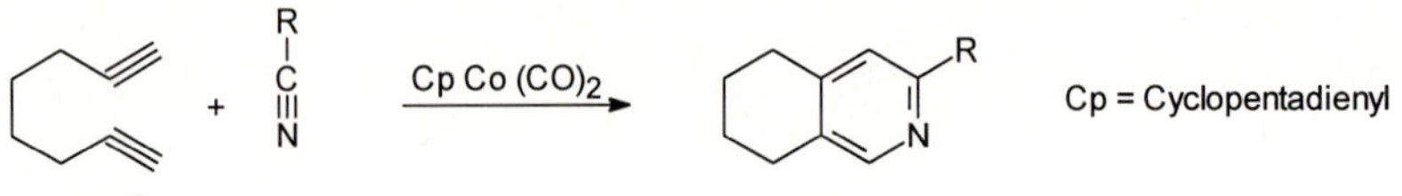

Als Mechanismus der Nitril-Alkin-Co-Oligomerisation wird ein über Metallacyclen **178/179** gesteuerter katalytischer Cyclus postuliert:

178

179

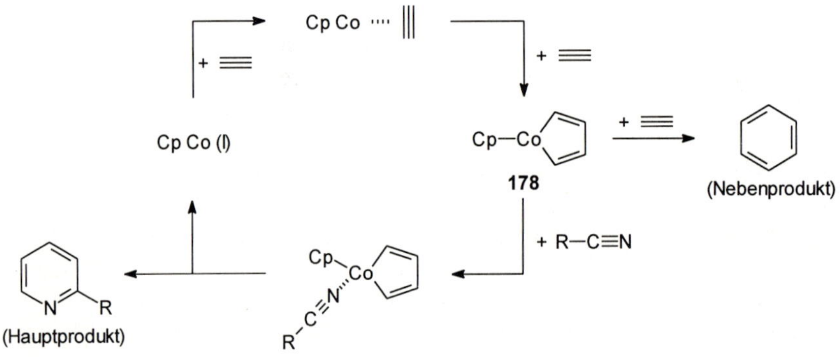

❷ Die [4+2]-Cycloaddition wird nur in begrenztem Umfang zur Pyridin-Synthese verwendet. Prinzipiell kann der Pyridin-Stickstoff sowohl über die Dien-Komponente (1- oder 2-Azadiene) als auch über das Dienophil (aktivierte Azomethine oder Nitrile) eingebracht werden.

So reagieren α,ß-ungesättigte *N*-Phenylaldimine **180** als 1-Azadiene mit Maleinsäure unter Bildung von Tetrahydropyridinen **181**:

180 181

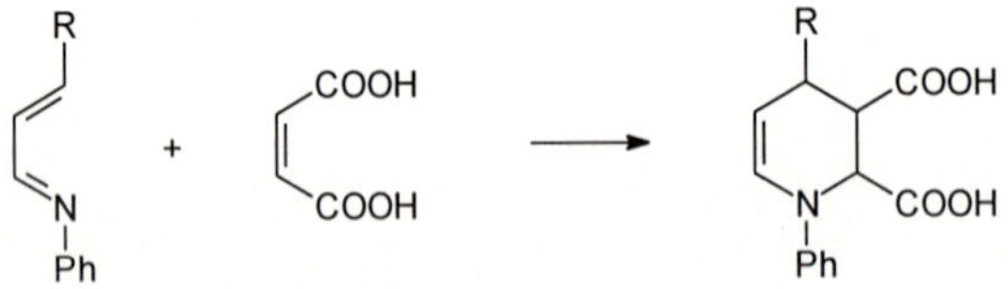

2-Azadiene entstehen bei der thermischen Isomerisierung von aminosubstituierten 2*H*-Azirinen (z.B. **182** → **183**) und ergeben mit aktivierten Alkinen wie Acetylendicarbonester (ADE) im Zuge einer DIELS-ALDER-Reaktion Dihydropyridine (z.B. **184**), die unter Amin-Eliminierung zu Pyridin-3,4-dicarbonestern (z.B. **185**) aromatisieren:

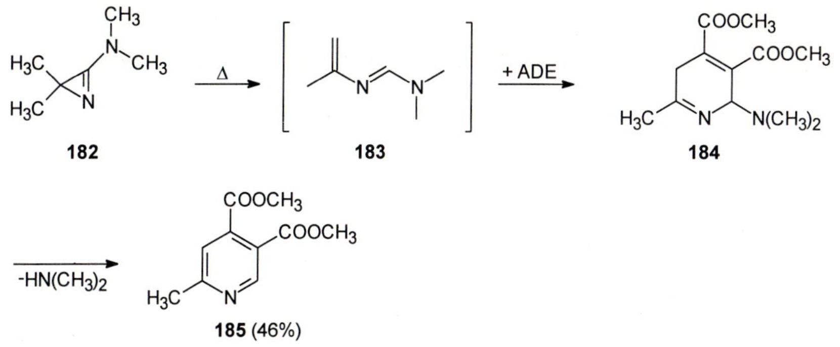

6.14 Pyridin

Imine mit Akzeptor-Substituenten wie das *N*-Tosylimin des Glyoxylsäureesters **186** addieren an 1,3-Diene (z.B. 2,3-Dimethylbuta-1,3-dien) zu Tetrahydropyridinen (z.B. **187**), deren Sulfinsäure-Eliminierung, Verseifung und Dehydrierung zu Pyridin-2-carbonsäuren (z.B. **188**) führt:

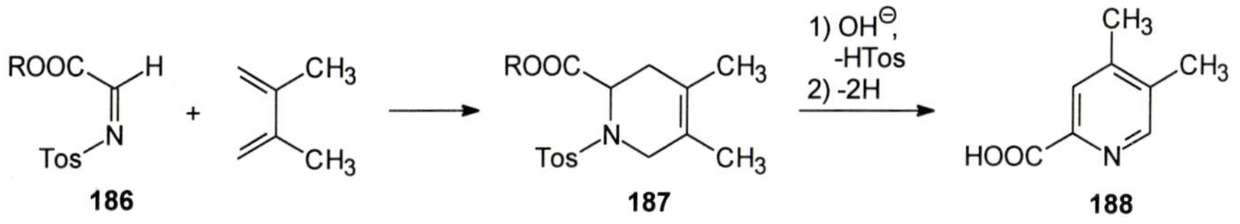

Die schwach dienophile C≡N-Bindung von Nitrilen geht nur unter drastischen Bedingungen und bei Aktivierung durch potente Akzeptor-Substituenten [4+2]-Cycloaddition mit konventionellen 1,3-Dienen ein. So ergibt Benzonitril mit Tetraphenylcyclopentadienon über das bicyclische Intermediat **189** und seine thermische Decarbonylierung Pentaphenylpyridin, Trifluoracetonitril mit Buta-1,3-dien unter zusätzlicher thermischer Dehydrierung des primär enstehenden Dihydropyridins **190** 2-(Trifluormethyl)pyridin:

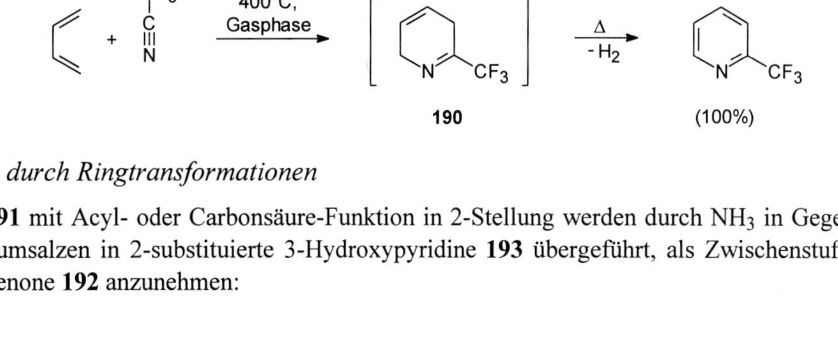

Pyridine durch Ringtransformationen

Furane **191** mit Acyl- oder Carbonsäure-Funktion in 2-Stellung werden durch NH$_3$ in Gegenwart von Ammoniumsalzen in 2-substituierte 3-Hydroxypyridine **193** übergeführt, als Zwischenstufen sind 5-Aminodienone **192** anzunehmen:

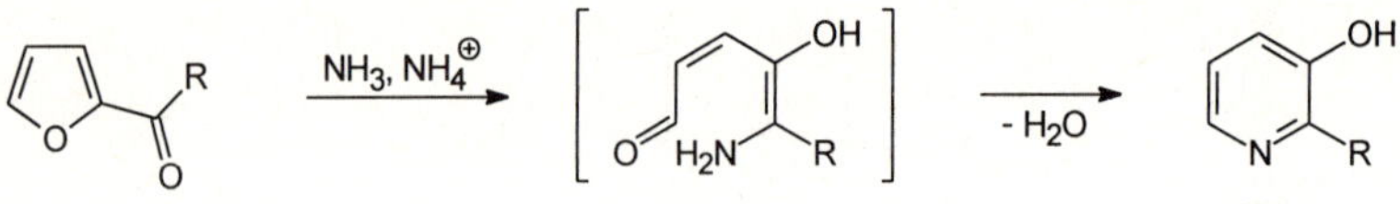

Ausgehend von 5-Alkylfuran-2-carbonestern **194** führt eine elegante Sequenz – elektrolytische 1,4-Methoxylierung des Furan-Systems zu **195**, Reduktion des entsprechenden Carbonamids mit LiAlH$_4$ zum Amin **196** und dessen säurekatalysierte Ringerweiterung (wahrscheinlich via 5-Aminodienon **199**) – zu 6-substituierten 3-Hydroxypyridinen **200**. Das durch Hydrierung der Zwischenstufe **195** erhaltene Tetrahydrofuran **198** liefert bei Behandlung mit wäßriger Säure das 3-Hydroxypyridon **197**[53]:

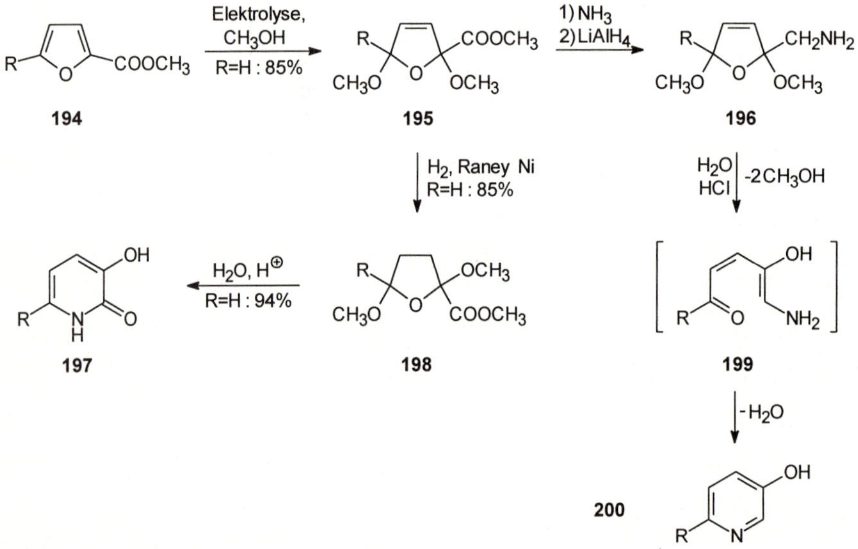

Die Ringerweiterung von Pyrrolen zu 3-Chlorpyridinen wurde bereits beschrieben (s.S.93). Oxazole reagieren als verkappte 2-Azadiene mit Alkenen zu Pyridin-Derivaten verschiedener Provenienz (s.S.131). Diazine und Triazine ergeben mit Enaminen und Inaminen DIELS-ALDER-Reaktionen mit inversem Elektronenbedarf (s.S.441), die – wie die nachfolgende Enamin-Cycloaddition des 1,2,4-Triazins zeigt – zu Pyridinen (z.B. **201**) führen können:

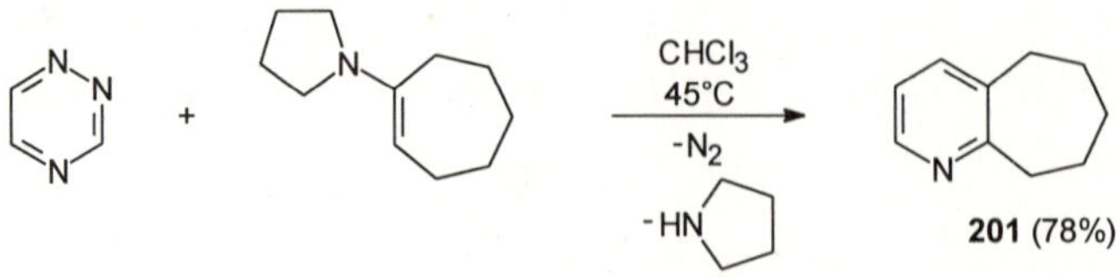

Diazepine verschiedener Struktur-Varianten können Ringkontraktionen zu Pyridinen eingehen. So entsteht bei der Thermolyse von 1-Carbethoxy-4-methyl(1H)-1,2-diazepin **202** durch Valenzisomerisierung zum Diazanorcaradien **203** und dessen N-N-Öffnung unter Aromatisierung das 4-Methylpyridyl-2-carbamat **204**. Na-Ethanolat hingegen öffnet das Siebenringsystem von **202** zum (Z,Z)-Cyanodien

205, das unter Urethan-Spaltung zu 2-Amino-3-methylpyridin **206** recyclisiert:

Pyridin, Schmp. -42°C, Sdp. 115°C, ist eine farblose, aminartig riechende, mit Wasser unbegrenzt mischbare Flüssigkeit. Pyridin ist giftig, das Einatmen seiner Dämpfe verursacht Nervenschädigungen. Pyridin ist eine schwache Base (pK_a = 5,20, z.Vgl.: aliphatische Amine pK_a ≈ 10, Anilin pK_a = 4,58). Pyridin sowie Picoline und Lutidine kommen im Steinkohlenteer und im Knochenteer vor.

Nicotinsäure (Pyridin-3-carbonsäure), Schmp. 236°C, wurde erstmals durch Oxidation des Alkaloids Nicotin mittels $KMnO_4$ erhalten. Technisch gewinnt man Nicotinsäure aus 5-Ethyl-2-methylpyridin (s.S.591). Nicotinsäure und ihr Amid gehören zu den Vitaminen der B-Gruppe (Vitamin B_5). Der Tagesbedarf eines Erwachsenen beträgt ca. 20 mg, Mangel an Nicotinsäure ruft die Pellagra genannte Hautkrankheit hervor.

Nicotinamid (Pyridin-3-carboxamid, *Niacin*), Schmp. 130°C, wird technisch durch Ammonoxidation von 3-Picolin und partielle Hydrolyse des dabei gebildeten 3-Cyanpyridins gewonnen:

Zu den vom Pyridin abgeleiteten Naturstoffen gehören die Pyridin-Alkaloide *Nicotin* (**207**, R = CH_3), *Nornicotin* (**207**, R = H), *Nicotyrin* **208** und *Anabasin* **209**:

Pyridoxol **210** (*Pyridoxin*, 3-Hydroxy-4,5-bis(hydroxymethyl)-2-methylpyridin, Vitamin B_6) wurde auch als Adermin bezeichnet (KUHN 1938), da Vitamin-B_6-Mangel bei Tieren Hauterkrankungen hervorruft. *Pyridoxal* (**211**, R = CHO) und *Pyridoxamin* (**211**, R = CH_2NH_2) gehören ebenfalls zur Vitamin-B-Gruppe. Pyridoxalphosphat **212** ist Bestandteil zahlreicher Enzyme des Aminosäure-Stoffwechsels. **Nicotinsäureamid-Adenin-Dinucleotid** **213** (abgekürzt: $NAD^\oplus$, reduzierte Form NADH) ist Bestandteil von Oxidoreduktasen (zu seiner Funktion s.S.293, Synthese s.S.131).

Betalaine sind cyaninartige Farbstoffe mit Tetrahydropyridin-Endgruppe, die als Glycoside relativ begrenzt in Höheren Pflanzen (in der Ordnung Caryophyllales) vorkommen; so enthält z.B. der Farbstoff der roten Rübe als Aglycon das *Betanidin* 214.

Pyridin-Derivate spielen als pharmazeutische Wirkstoffe eine wichtige Rolle. Nicotinsäure-Derivate werden als Vasodilatoren, Antiarteriosklerotica und Lipidsenker eingesetzt, Derivate der Isonicotinsäure (Pyridin-4-carbonsäure) wie *Isoniazid* 215 und *Ethionamid* 216 als Tuberculostatica, 2-Benzylpyridine vom Typ des *Pheniramins* 217 als Antihistaminica.

Nifedipin 218 und analoge 1,4-Dihydropyridine besitzen als Coronar-Therapeutica (Ca-Antagonisten) große Bedeutung, man gewinnt sie durch klassische HANTZSCH-Synthese aus Acetessigester, Arylaldehyd und NH_3[54]. *Niflumisäure* 219 verwendet man als Antirheumaticum und Analgeticum. *Sulfapyridin* 220 ist eines der älteren Sulfonamide.

6.14 Pyridin

Weitere Pyridin-Derivate mit biologischer Aktivität sind die Herbicide *Paraquat* und *Diquat* (s.S.295).

E Pyridine werden in der organischen Synthese als Synthese-Bausteine und als Auxiliare zur Vermittlung synthetisch nützlicher Transformationen vielfach eingesetzt.

❶ Die Ringöffnung Akzeptor-substituierter Pyridiniumionen, z.B. des *N*-(2,4-Dinitrophenyl)pyridiniumsalzes **221** (s.S.280), führt bei Einsatz von sekundären Aminen zu Pentamethincyaninen **222** (KÖNIG'sche Salze). Diese kondensieren mit Natriumcyclopentadienid zu vinylogen Aminofulvenen **223**, deren Cyclisierung Azulen liefert (Azulen-Synthese nach ZIEGLER und HAFNER, vgl. S.229)[55]:

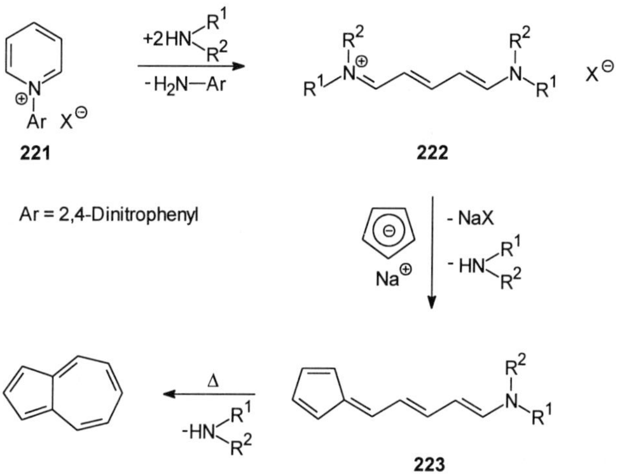

❷ Die Cyanid-katalysierte Verknüpfung zweier *N*-Methylpyridiniumionen **224** führt nach einer Sequenz von C-4-Additionen (vgl.S.281), HCN-Eliminierung und Oxidation über die Intermediate **225/226** zum Herbicid *Paraquat* **227**[56]:

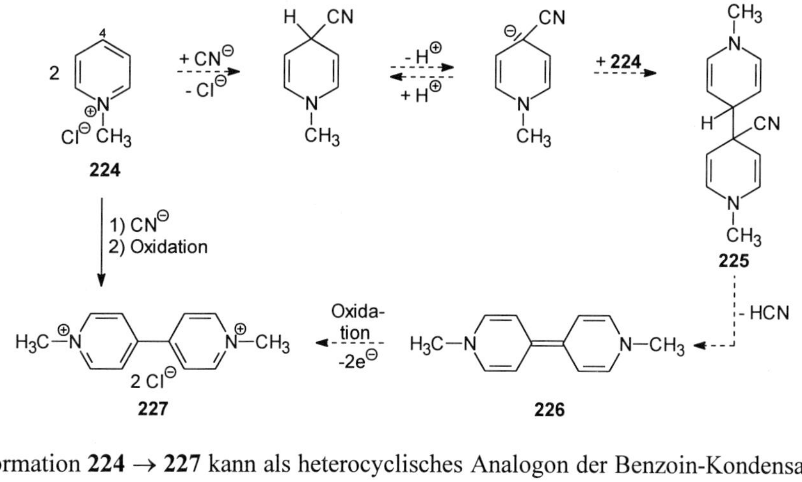

Die Transformation **224 → 227** kann als heterocyclisches Analogon der Benzoin-Kondensation aufgefaßt werden.

❸ 2-Chlor-1-methylpyridiniumiodid **228** ermöglicht die Veresterung von Carbonsäuren mit Alkoholen sowie die Lactonisierung von Hydroxysäuren im basischen Medium (MUKAIYAMA 1977)[57]:

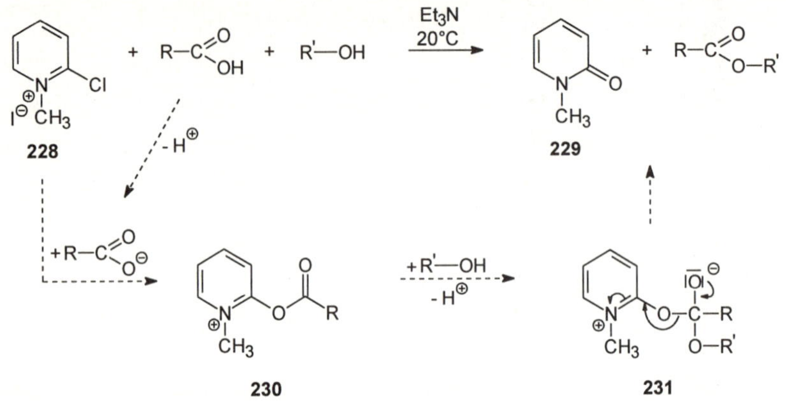

Dabei entstehen intermediär aus **228** durch S_EAr-Reaktion mit Carboxylat 2-(Acyloxy)pyridiniumionen **230**, in denen die Acyloxy-Gruppe aktiviert und zum Acyl-Transfer an geeignete Nucleophile (im obigen Fall an Alkohole unter Ester-Bildung, in gleicher Weise an primäre und sekundäre Amine unter Amid-Bildung) befähigt ist. Wesentlich ist auch die Abgangsgruppen-Qualität des 1-Methyl-2-pyridons **229** in der Additions-Situation **231**.

❹ Das Bis(2-pyridyl)disulfid **232**, zugänglich durch Oxidation des entsprechenden Thions **234** mit I_2 im basischen Medium, dient in Kombination mit Triphenylphosphan ebenfalls zur Aktivierung von Carbonsäuren bei der Amid- und Esterbildung. Dabei werden Carbonsäuren intermediär in 2-Pyridinthiolester **233** übergeführt:

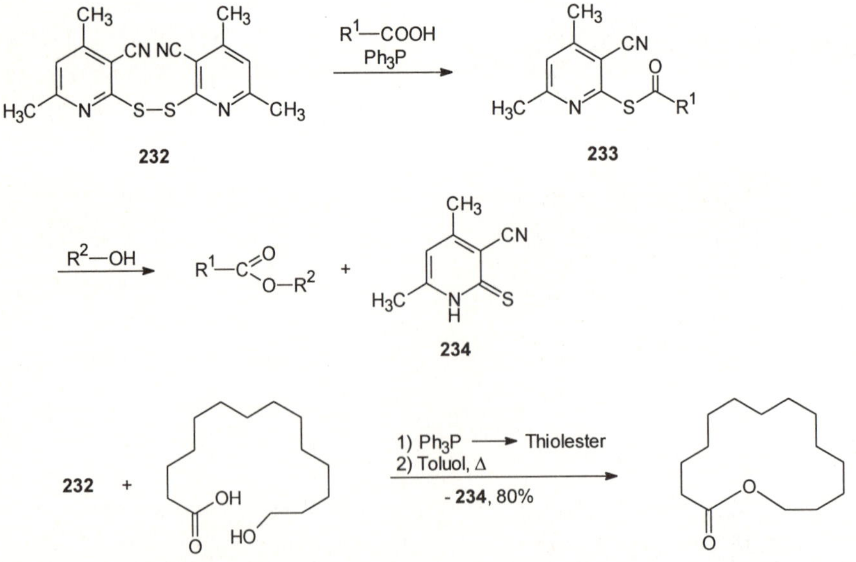

Mit Hilfe dieses Reagenzes wurde eine unter milden Bedingungen und weitgehend racemisierungsfrei ablaufende Methodik der Peptid-Synthese entwickelt[58]. Die Reagenz-Kombination ermöglicht auch die Bildung von Makroliden (makrocyclischen Lactonen) aus langkettigen ω-Hydroxycarbonsäuren, wie die Bildung von Pentadecanolid aus 15-Hydroxypentadecansäure zeigt[59].

❺ *N*-Benzylpyridiniumionen **235** kondensieren mit 4-Nitroso-*N,N*-dimethylanilin zu Nitronen **236**, die durch Hydrolyse zu Aldehyden gespalten werden (KRÖHNKE-Reaktion):

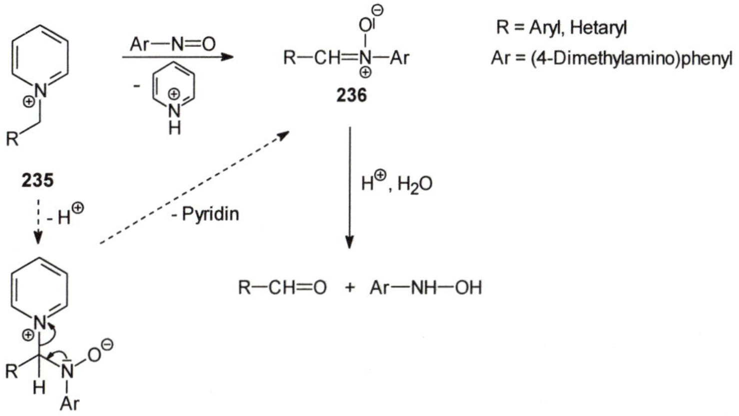

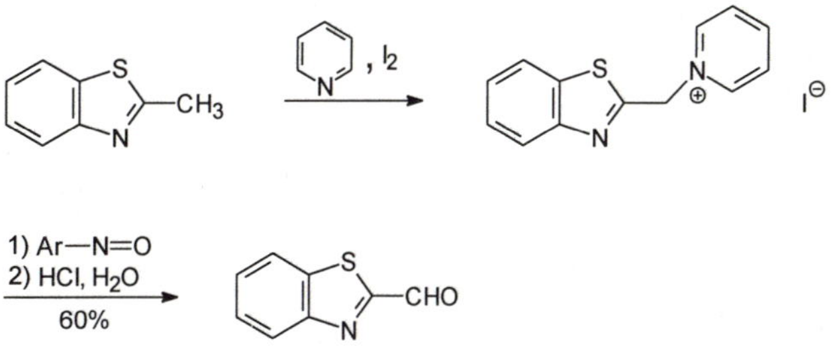

Wie am Beispiel der Synthese von Benzothiazol-2-carbaldehyd **237** gezeigt, werden die benötigten Pyridinium-Salze mit Hilfe der KING-ORTOLEVA-Reaktion (s.S.273) gewonnen. Bei der KRÖHNKE-Reaktion vermittelt der Heterocyclus Pyridin die gezielte Funktionalisierung $CH_3 \rightarrow CH=O$ von Methylgruppen in Arenen oder Heteroarenen[60].

❻ 1-Alkyl-2,4,6-triphenylpyridiniumsalze **238** vermögen in einer thermischen Reaktion den N-Substituenten R-CH$_2$ auf eine Reihe von Halogen-, O-, S-, N- und C-Nucleophilen zu übertragen (KATRITZKY 1980)[61]. Diese Entalkylierungs-Reaktion findet z.B. bei Iodiden und Bromiden bei 200-300°C, bei Chloriden und Fluoriden bei 80-120°C statt und liefert die entsprechenden Halogenalkane R-CH$_2$X. Carboxylate ergeben mit **238** Ester R-CH$_2$OCOR'.

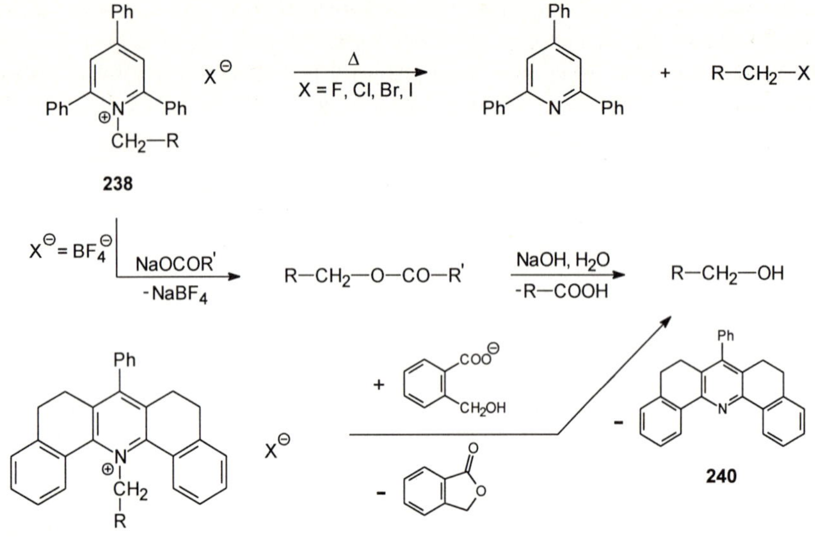

Das Pyridiniumsalz **239** liefert mit *o*-(Hydroxymethyl)benzoaten direkt Alkohole R-CH$_2$OH und das Pyridin **240**, da die primär gebildeten *o*-(Hydroxymethyl)benzoesäureester unter Abspaltung von Phthalid umestern[62]. Da die Pyridiniumsalze **238** und **239** aus der Umsetzung von primären Aminen mit Pyryliumsalzen (vgl. S.230) hervorgehen, ermöglicht der Einbau in die beiden Heterocyclen die Transformation von primären Aminen in die entsprechenden primären Halogenide oder Alkohole (R-CH$_2$NH$_2$ → R-CH$_2$X oder R-CH$_2$OH).

6.15 Pyridone

A *2-Pyridon* **1** (Pyridin-2(1*H*)-on) und *4-Pyridon* **2** (Pyridin-4(1*H*)-on) sind zu den entsprechenden 2- resp. 4-Hydroxypyridinen tautomer:

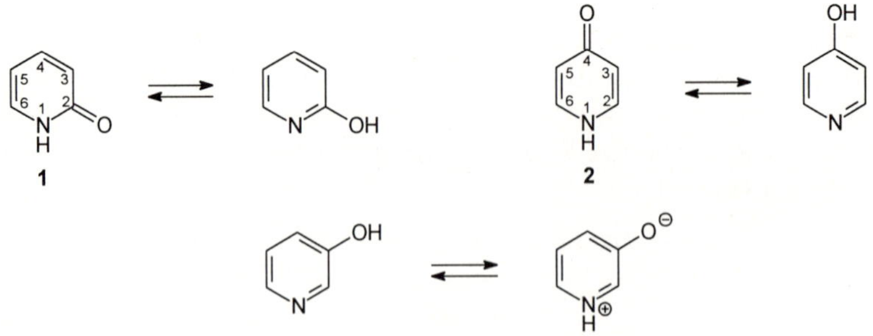

Wie Strukturuntersuchungen der Pyridone zeigen, dominiert im festen Zustand jeweils die Oxoform, im Gaszustand dagegen die Hydroxyform. Die Oxoform ist auch in den meisten Lösungsmitteln – mit Ausnahme von Petrolether in hoher Verdünnung – durch Solvatationseffekte begünstigt.

3-Hydroxypyridin steht mit einer 3-Oxidopyridinium-Betain-Struktur **3** im solvensabhängigen Gleichgewicht (zur Problematik der Pyridon-Hydroxypyridin-Tautomerie s. Lit.[63]).

2- und 4-Pyridon zeigen die nachfolgenden ^{1}H- und ^{13}C-NMR-spektroskopischen Daten. Sie erlauben den Schluß, 2- und 4-Pyridon als π-delokalisierte Systeme mit aromatischem Charakter aufzufassen.

^{1}H-NMR (CDCl$_3$)
δ (ppm)

^{13}C-NMR (DMSO-d$_6$)
δ (ppm)

2-Pyridon: H-3: 6,60   H-5: 6,60   C-2: 162,3   C-3: 119,8   C-5: 104,8
            H-4: 7,30   H-6: 7,23   C-4: 140,8   C-6: 135,2

4-Pyridon: H-2/H-6: 7,98   C-2/C-6: 139,8   C-4: 175,7
            H-3/H-5: 6,63   C-3/C-5: 115,9

B 2- und 4-Pyridon sind schwache Säuren (pK_a ≈ 11). Ihre Deprotonierung im basischen Medium führt zu ambidenten Anionen, die von Elektrophilen via O, N und C angegriffen werden können. So findet beim Anion **5** des 2-Pyridons Acylierung durch Säurechloride in der Regel am Sauerstoff unter Bildung des Esters **4**, Carboxylierung durch CO_2 an C-5 unter Bildung der Carbonsäure **6** statt.

Bei Alkylierungsreaktionen an **5** hängt die Angriffstelle vom Solvens, vom Gegenion und von der Raumbeanspruchung des Alkylierungsmittels ab: unpolares Medium, Ag-Ionen und hohe Raumbeanspruchung begünstigen die O-Alkylierung, Na- oder K-Ionen und geringe Raumbeanspruchung dagegen die N-Alkylierung, wie die nachstehenden Beispiele zeigen[64]:

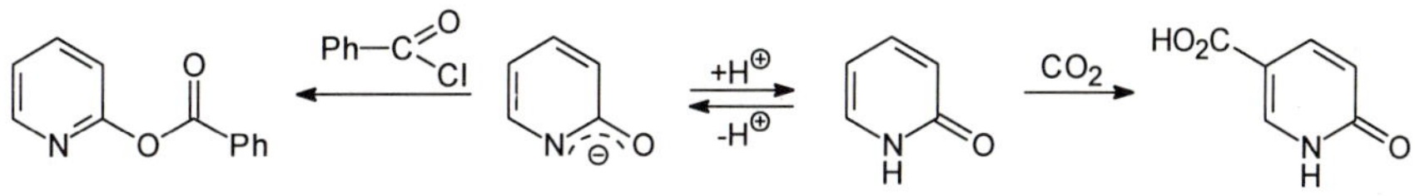

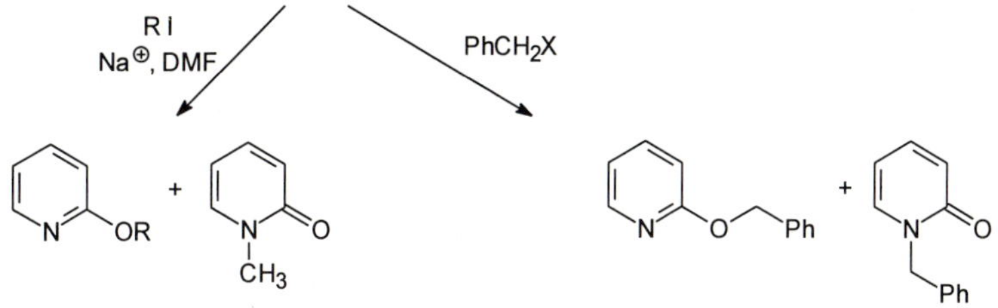

R = CH$_3$ 5   : 95   X = Br, Ag$^\oplus$, PhH   100 : 0
R = C$_2$H$_5$ 31 : 69   X = Br, Ag$^\oplus$, DMF   46   : 54
R = CH(CH$_3$)$_2$ 67 : 33   X = Br, Na$^\oplus$, DMF   2   : 98

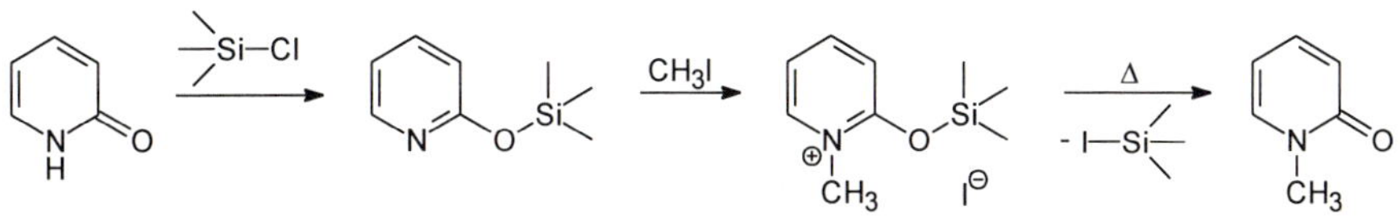

— = CH$_3$

Selektive N-Methylierung von 2-Pyridonen kann über den Umweg der – ausschließlich O-orientierten – Silylierung, N-Methylierung des Silylethers **7** und Desilylierung von **8** zu *N*-Methyl-2-pyridon **9** erreicht werden. Auch mit Dialkylphosphaten wird ausschließlich N-Alkylierung beobachtet[65].

2- und 4-Pyridone werden bei S_EAr-Reaktionen (Halogenierung, Nitrierung, Sulfonierung) in 3- und/oder 5-Stellung substituiert, und dies leichter als Pyridin selbst.

Wie Carbonsäurechloride und -anhydride greifen auch $POCl_3$ oder PCl_5 elektrophil am 2-Pyridon-Sauerstoff an. Die daraus resultierende Abgangsgruppen-Situation in der 2-Stellung eines Pyridiniumions **10** ermöglicht nucleophile Substitution durch Halogenid und Bildung von 2-Chlorpyridinen:

Da 2-Chlorpyridine glatt reduktiv dehalogeniert werden können, z.B. durch H_2/RANEY-Ni, ist durch diese Reaktionsfolge eine präparativ nützliche Konversion von Pyridonen in Pyridine gegeben.

2-Pyridone können auch als Dien-Komponenten bei [4+2]-Cycloadditionen fungieren. Die DIELS-ALDER-Reaktion mit aktivierten Alkenen und Alkinen liefert Derivate des 2-Azabarrelenons, wie die nachfolgende Umsetzung von 1,4,6-Trimethyl-2-pyridon **11** mit Acetylendicarbonester zu **12** exemplarisch zeigt[66]:

Das mesoionische 3-Oxido-*N*-alkylpyridinium-Betain **13** kann, formal via Dipole **a/b**, 1,3-dipolare Cycloadditionen eingehen. So wird Acetylendicarbonester über O und C-2 addiert, gefolgt von elektrocyclischer Öffnung der Pyridin-N/C-2-Bindung im Primärprodukt **16** unter Bildung von Furanderivaten **17**. Im Gegensatz dazu addieren Phenylacetylen und Acrylester an das Betain **13** über C-2 und C-6, wobei Azabicyclo[3.2.1]octan-Derivate **14/15** entstehen[67]:

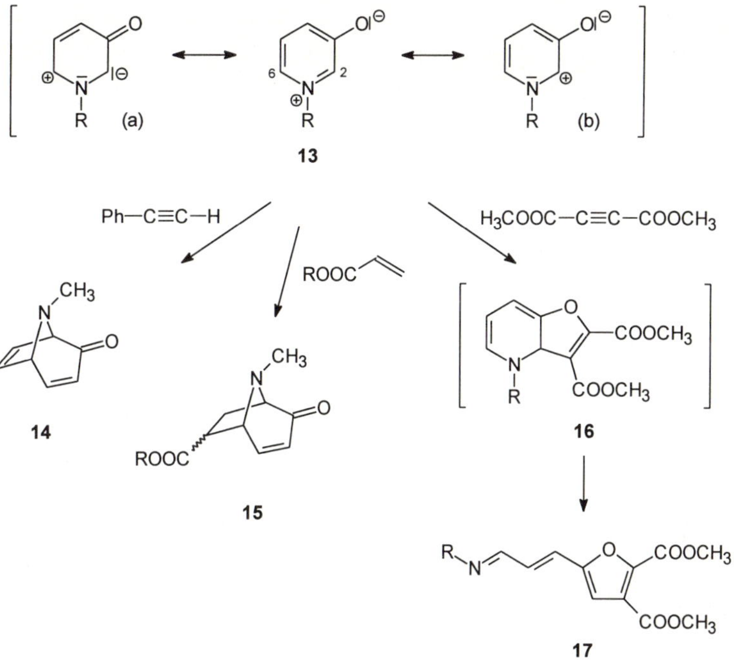

6.15 Pyridone

13

14, **15**, **16**, **17**

N-Alkyl- und N-Aryl-2-pyridone liefern bei Belichtung in verdünnter Lösung "Dewar-Pyridone" (3-Oxo-2-azabicyclo-[2.2.0]hex-5-ene), so 4,6-Dimethyl-1-phenyl-2-pyridon **18** das Produkt **19**:

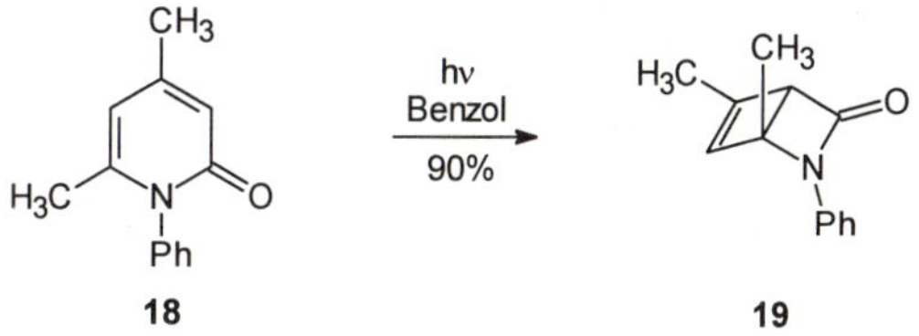

18 → (hv, Benzol, 90%) → **19**

Außer dieser intramolekularen Photo-Elektrocyclisierung kann auch intermolekulare Photo-Dimerisation stattfinden, so z.B. von N-Methyl-2-pyridon unter Bildung von **20**:

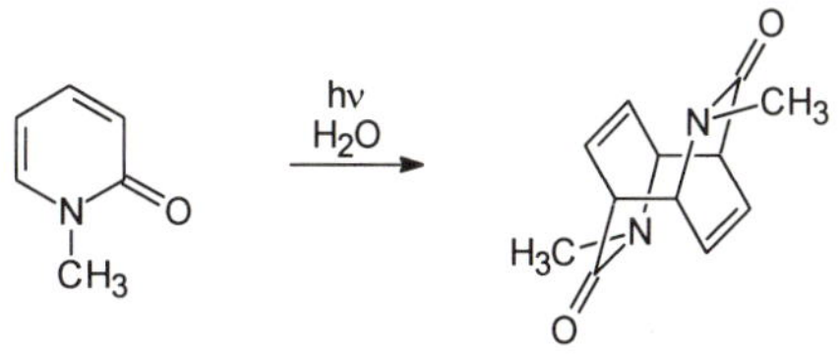

(hv, H_2O) → **20**

C Für die Synthese von 2-Pyridonen ergeben sich aus der Retroanalyse über die Schnittstellen **a** und **b** ß-Dicarbonyl-Verbindungen **21** oder deren funktionelle Derivate **22** als Bausteine, die als 1,3-Biselektrophile mit aktivierten Methyl- resp. Methylen-Komponenten oder mit Enaminen cyclisierend zu verknüpfen sind.

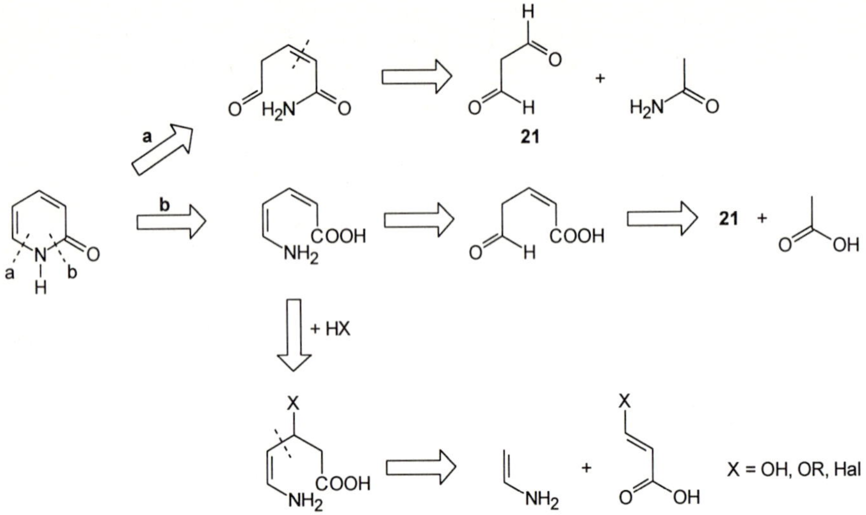

Breite Anwendung findet die Cyclokondensation von 1,3-Diketonen mit Cyanacetamid unter Base-Katalyse (GUARESCHI-Synthese), bei der 3-Cyanpyridone **23** entstehen:

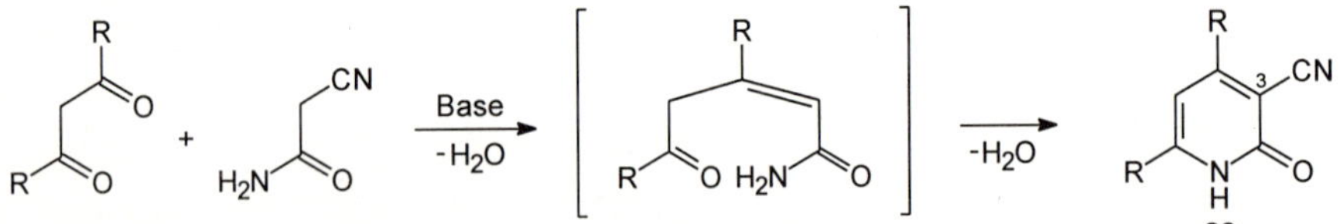

Bei unsymmetrischen 1,3-Diketonen steuert die Reaktivität der Carbonylgruppen die Reaktionsrichtung über die primär erfolgende KNOEVENAGEL-Kondensation. Demzufolge bilden sich aus 1-Ethoxypentan-2,4-dion **25** die beiden Cyanpyridone **24/26** (im Verhältnis 15 : 75) infolge Konkurrenz der beiden unterschiedlich elektrophilen Carbonyl-Funktionen; das 2-Oxalylcyclohexanon **27** dagegen liefert das Cyanpyridon **28**, da es ausschließlich über die zur Estergruppe benachbarte, stärker aktivierte Carbonylfunktion reagiert:

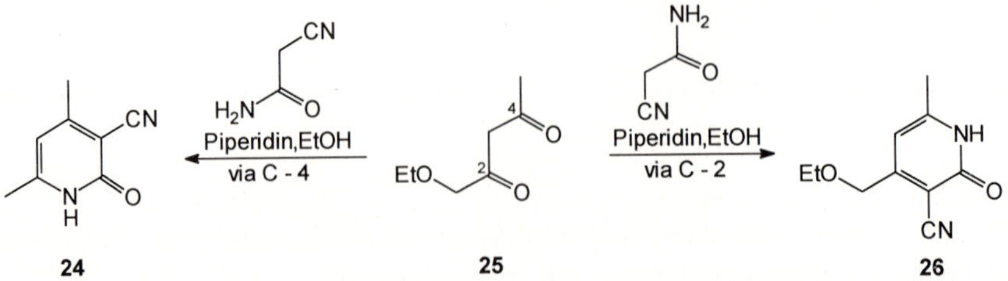

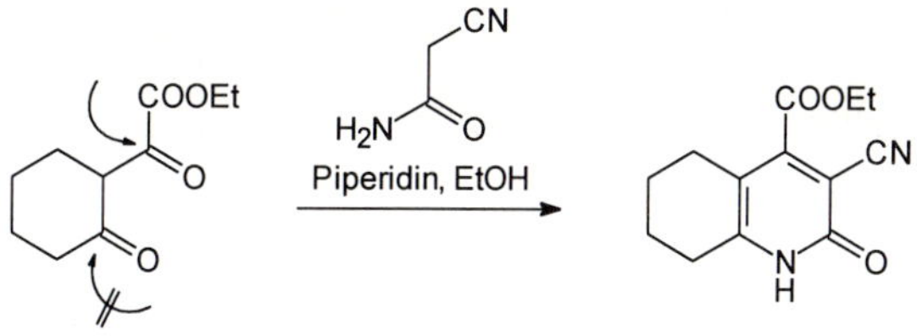

6.15 Pyridone

Auch ß-Ketoaldehyde, Malondialdehyde, Acetylenketone und α-Acylketen-S,S-acetale können bei der GUARESCHI-Synthese eingesetzt werden[68].

Die Synthese von 4-Pyridonen erfolgt gemäß Retroanalyse

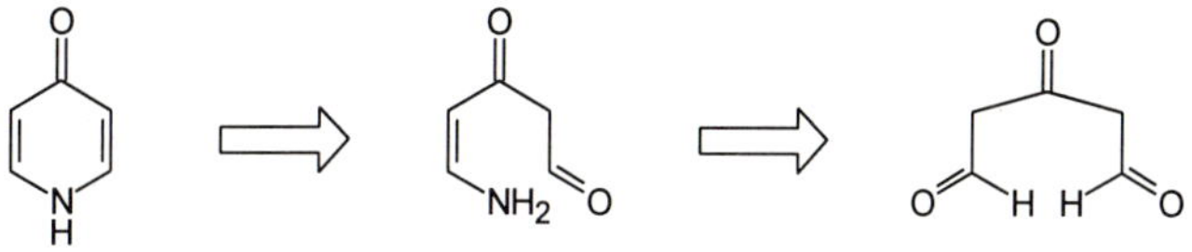

durch Cyclokondensation von 1,3,5-Tricarbonyl-Verbindungen (z.B. **29**) oder deren 1,5-Bisenolether (z.B. **30**) mit Ammoniak oder primären Aminen:

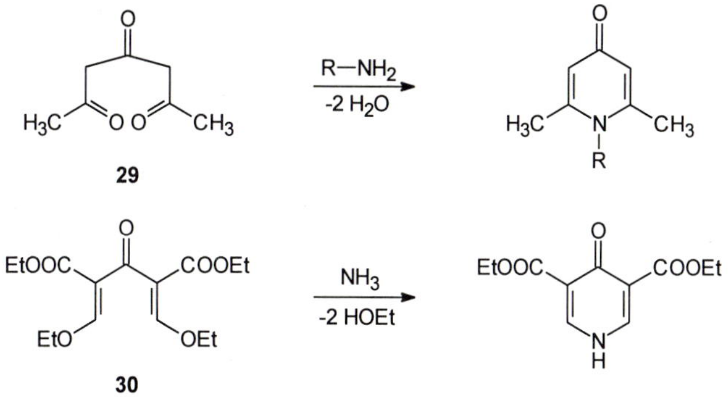

Eine weitere Darstellungsmöglichkeit bietet die Cyclisierung der Dianionen von ß-Dicarbonyl-Verbindungen mit Nitrilen, z.B. von **31** zu **32**:

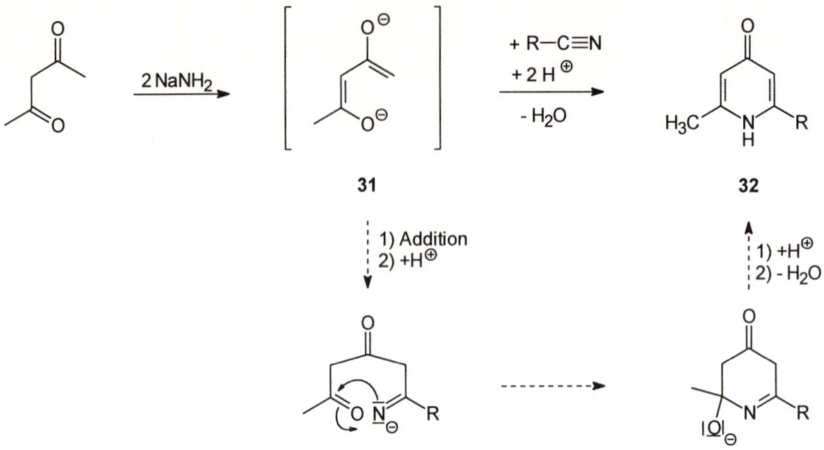

Schließlich erhält man 4-Pyridone auch aus 2-Azadienen des Typs **33** und N,N'-Carbonyldiimidazol in Gegenwart von BF$_3$-Etherat in einer [5+1]-Heterocyclisierungsreaktion[69]:

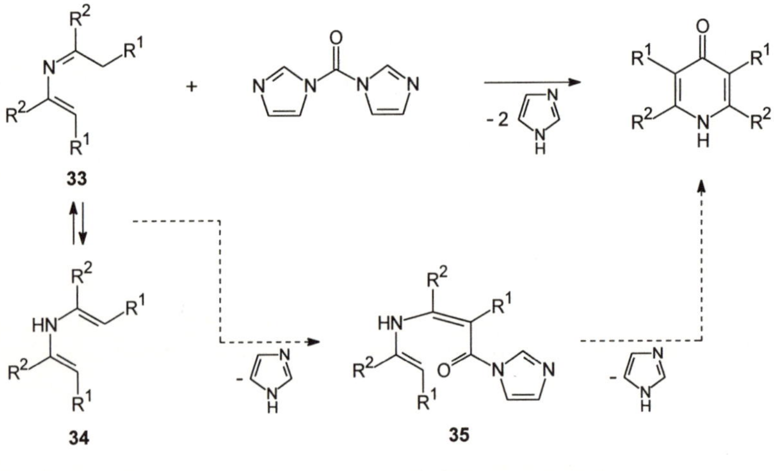

Wahrscheinlich erfolgt der Ringschluß im Zuge einer zweifachen Acylierung des zu **33** tautomeren Enamins **34** über das Intermediat **35**. Die Azadiene **33** sind gut zugänglich[70].

6.16 Chinolin

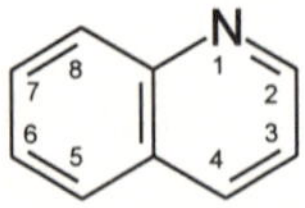

Die Topologie des Pyridins erlaubt drei Benzannelierungsprodukte, das Chinoliziniumion **1** (Benzo[a]pyridiniumion), das Chinolin **2** (Benzo[b]pyridin) und das Isochinolin **3** (Benzo[c]pyridin):

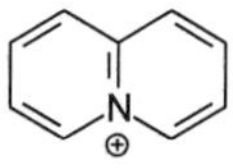

1

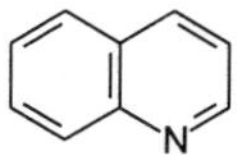

2

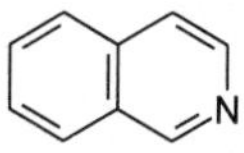

3

Zunächst werden die Neutralsysteme **2** und **3**, danach das Chinoliziniumion **1** besprochen.

A Chinolin leitet sich vom Naphthalin durch Ersatz einer α-CH-Gruppe gegen Stickstoff ab. Wichtige Grundverbindungen der Chinolin-Reihe sind 2- und 4-Methylchinolin (Chinaldin und Lepidin), 2-Chinolon (Carbostyril), 4-Chinolon und das Chinoliniumion:

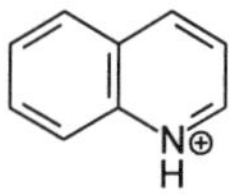

Chinoliniumion

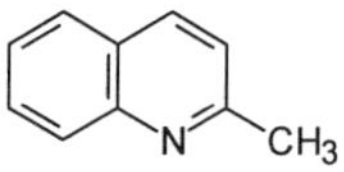

2-Methylchinolin
(Chinaldin)

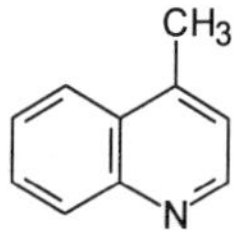

4-Methylchinolin
(Lepidin)

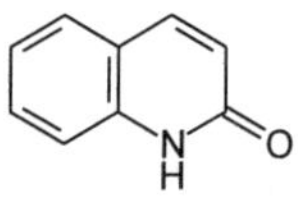

2-Chinolon
(Carbostyril)

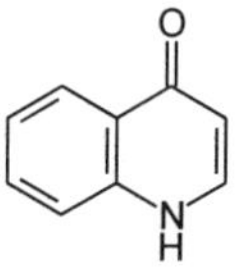

4-Chinolon

Chinolin besitzt in der molekularen Geometrie, den Bindungsparametern, den spektroskopischen und energetischen Charakteristika Analogien einerseits zum Naphthalin, andererseits zum Pyridin. Als Bindungsparameter werden nachstehend die am Chinolin-Komplex $Ni[S_2P(C_2H_5)_2](C_9H_7N)$ gefundenen Werte aufgeführt, die in ihren Bindungsalterationen dem Naphthalin (C-1/C-2 136,1 pm, C-2/C-3 142,1 pm) vergleichbar sind (s.Abb. 6.11).

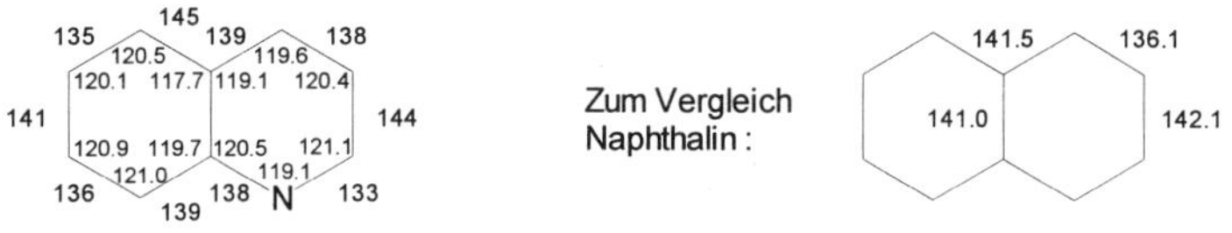

Abb. 6.11 Bindungsparameter des Chinolins
(Bindungslängen in pm, Bindungswinkel in Grad)

Chinolin weist folgende UV- und NMR-spektroskopischen Daten auf, die dem Naphthalin weitgehend entsprechen:

UV (H_2O)	^{1}H-NMR ($CDCl_3$)		^{13}C-NMR ($CDCl_3$)		
λ (nm) (ε)	δ (ppm)		δ (ppm)		
226 (4,36)	H-2: 8,81	H-6: 7,43	C-2: 150,3	C-6: 126,3	C-4a: 128,0
275 (3,51)	H-3: 7,26	H-7: 7,61	C-3: 120,8	C-7: 129,2	C-8a: 148,1
299 (3,46)	H-4: 8,00	H-8: 8,05	C-4: 135,7	C-8: 129,3	
312 (3,52)	H-5: 7,68		C-5: 127,6		

Zum Vergleich Naphthalin:

220 (5,01)	302 (3,50)	H_α: 7,66	C_α: 128,0	C-4a/C-8a: 133,7
275 (3,93)	310 (2,71)	H_β: 7,30	C_β: 126,0	
(*n*-Heptan)				

Das Chinolinsystem ist durch eine empirische Resonanzenergie ΔE_π von 222 kJ mol^{-1} und durch eine nach SCF-MO berechnete Dewar-Resonanzenergie von 137,7 kJ mol^{-1} charakterisiert. Die entsprechenden Stabilisierungsenergien des Naphthalins betragen ΔE_π = 292 kJ mol^{-1}, die Dewar-Resonanzenergie 127,9 kJ mol^{-1}.

B Für die **Reaktionen** des Chinolins sind aufgrund der Verwandtschaft zu Naphthalin und Pyridin Additions- und Substitutions-Prozesse zu erwarten. Von Interesse ist dabei, in welcher Weise der Benzanelland Reaktionsort und relative Reaktivität beeinflußt.

Elektrophile Substitutionsreaktionen

Wie Pyridin wird auch Chinolin am Stickstoff protoniert, alkyliert, acyliert und durch Persäuren zum *N*-Oxid oxidiert. An den Ring-C-Atomen erfolgen S_EAr-Reaktionen, die zumeist den weniger desaktivierten Benzo-Teil erfassen. Die relativen Reaktivitäten der einzelnen heteroaromatischen Positionen wurden am Beispiel des säurekatalysierten H-D-Austauschs mit D_2SO_4 bestimmt und ergaben, daß der S_EAr-Prozeß über die konjugate Säure, das Chinoliniumion, und mit der Positions-Selektivität C-8 > C-5/C-6 > C-7 > C-3 abläuft.

Nitrierung findet (im Gegensatz zu Pyridin, s.S.274) schon mit Nitriersäure unter milden Bedingungen und – da das stark saure Medium vollständige N-Protonierung bedingt – ausschließlich unter Monosubstitution in den Positionen C-5 und C-8 unter Bildung der Produkte **4/5** statt:

Nitrierung von Chinolin mit HNO_3 in Acetanhydrid liefert nur geringe Mengen definierter Produkte, so **4/5** (< 1 %) und 3-Nitrochinolin **6** (6%), wahrscheinlich im Zuge einer primären 1,2-Addition. (vgl. die Bromierung, s.S.319). Übergangsmetalle können besondere Lenkungseffekte ausüben, so nitriert $Zr(NO_3)_4$ Chinolin zum 7-Nitroderivat **7**:

6.16 Chinolin

Die Nitrierung erlaubt auch die Abschätzung der relativen Reaktivität des Chinolins im Vergleich zu Pyridin und Naphthalin: Benzol = 1, Naphthalin ≈ 10^5, Pyridiniumion ≈ 10^{-12}, Chinoliniumion ≈ 10^{-6}; z.Vgl. *N,N,N*-Trimethylaniliniumion ≈ 10^{-8}. Chinolin besitzt also im Vergleich zu Pyridin eine höhere S_EAr-Reaktivität.

Halogenierung erfolgt nach verschiedenen Methoden und Mechanismen. So liefert Chinolin bei Bromierung mit Br_2 in H_2SO_4 in Gegenwart von $AgSO_4$ 5- und 8-Monosubstitutionsprodukte **8/9** im Verhältnis ≈ 1:1:

Bei Einwirkung von Br_2 auf den $AlCl_3$-Komplex des Chinolins entsteht infolge sterischer Abschirmung der 8-Position überwiegend das 5-Substitutionsprodukt **8**; als Mechanismus wird ein S_EAr-Prozeß via Chinoliniumkation postuliert. Läßt man dagegen Br_2 auf Chinolin in Gegenwart von Pyridin einwirken, so erhält man 3-Bromchinolin **10** als einziges Produkt. Für diese anomale Produktbildung dürfte ein Additions/Eliminierungs-Mechanismus mit primärer N/C-2-Addition von Br_2 verantwortlich sein:

Sulfonierung von Chinolin führt in Abhängigkeit von der Reaktionstemperatur zu unterschiedlichen Produkten. Bei 90°C entsteht überwiegend die 8-Sulfonsäure **11**; mit Erhöhung der Temperatur steigt der Anteil an 5-Sulfonsäure **13**, die bei 170°C in Gegenwart von $HgSO_4$ zum einzigen Produkt wird (Abschirmung der 8-Position durch N/Hg^{2+}-Koordination). Bei 300°C wird jedoch ausschließlich die 6-Sulfonsäure **12** gebildet, in die sich auch **11** und **13** bei Erhitzen auf 300°C umwandeln und die damit das thermodynamisch begünstigte Sulfonierungsprodukt darstellt. Chinolin gleicht also dem Naphthalin und seiner kinetischen und thermodynamischen Produkt-Kontrolle bei der Sulfonierung.

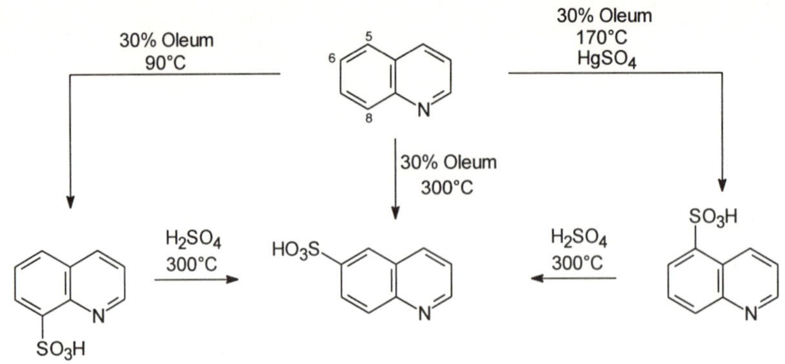

Nucleophile Substitutionsreaktionen

Nucleophile Reaktionen erfolgen beim Chinolin erwartungsgemäß am Hetero-Ring und dort in der Regel in 2- oder 4-Stellung. S$_N$Ar-Prozesse verlaufen am Chinolin rascher als beim Pyridin, da der Benzanelland die Additionsprodukte konjugativ stabilisiert.

Die TSCHITSCHIBABIN-Aminierung (vgl. S.277) erfolgt schon mit Alkaliamiden in flüssigem NH$_3$. Chinolin liefert dabei ein Gemisch der 2- und 4-Aminoverbindungen **14/15**, 2-Phenylchinolin die 4-Aminoverbindung **16**:

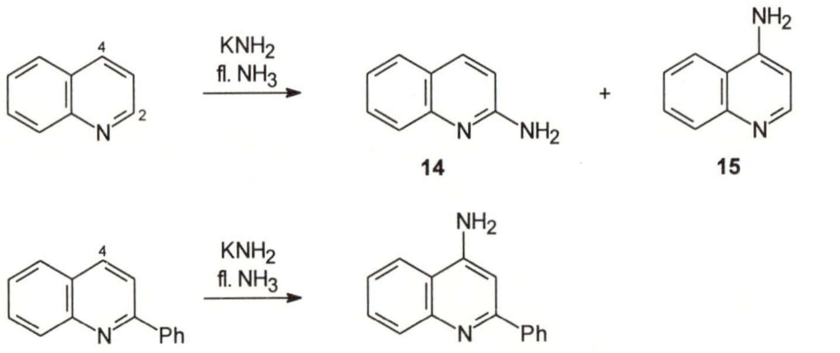

Die ZIEGLER-Reaktion (vgl. S.278) mit Lithiumorganylen führt praktisch ausschließlich zu 2-Alkyl- resp. 2-Arylchinolinen, z.B. mit *n*-Butyllithium zu **21**. Die Primäraddukte (z.B. **17**) ergeben nach Hydrolyse stabile 1,2-Dihydrochinoline (z.B. **18**), die durch Nitroverbindungen dehydriert werden können. Aus dem Befund, daß auch 2-substituierte Chinoline (z.B. **19**) noch überwiegend 2-Additionsprodukte (z.B. **20**) ergeben, ist eine Steuerung der RLi-Addition durch N-Koordination naheliegend.

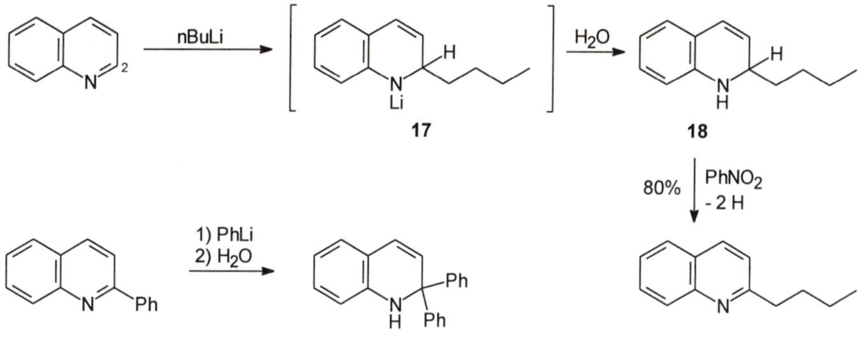

Die bei hohen Temperaturen mit Alkalihydroxiden erfolgende Bildung von 2-Chinolon aus Chinolin ist (zumindest formal) als S_NAr-Prozeß mit Hydrid als Abgangsgruppe aufzufassen:

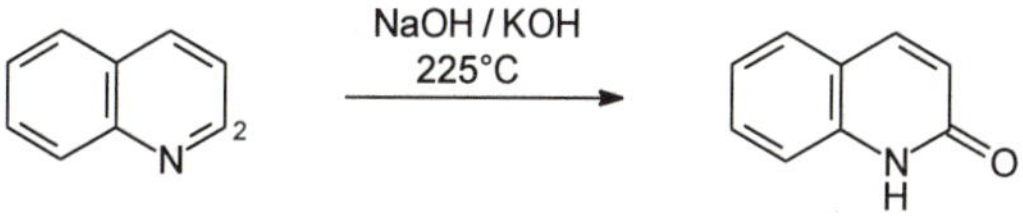

Analog zum Pyridin (s.S.277) erfolgen S_NAr-Reaktionen an Chinolin besonders leicht bei Anwesenheit von Abgangsgruppen, z.B. Halogen, an Ring-C-Atomen, die sich in α- oder γ-Stellung (Ringpositionen 2 oder 4) zum Stickstoff befinden.

Nucleophile Additionen erfolgen am Chinolin nach N-Quaternierung besonders leicht und sind häufig von präparativ nützlichen Folgereaktionen begleitet. So addiert Cyanid an *N*-Methylchinoliniumiodid in 4-Stellung, das Addukt **22** kann unter N-Demethylierung zu 4-Cyanchinolin oxidiert werden:

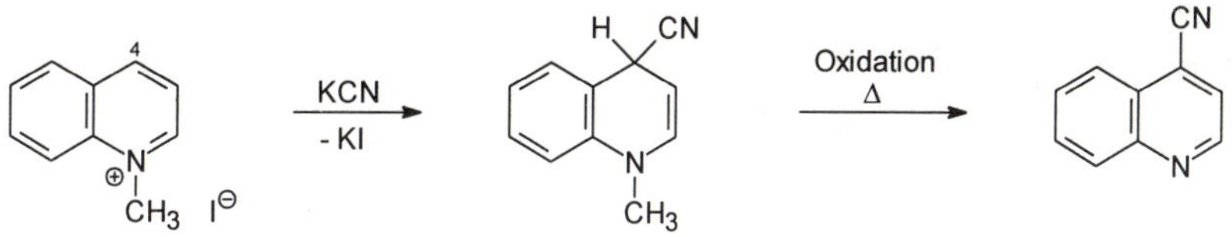

Chinolin addiert Cyanid (als KCN oder $(CH_3)_3SiCN$) auch in Gegenwart von Acylierungs-Reagenzien, zumeist C_6H_5COCl oder ClCOOR, in 2-Stellung; dabei entstehen die *N*-Acyl-2-cyan-1,2-dihydrochinoline **23** (REISSERT-Reaktion):

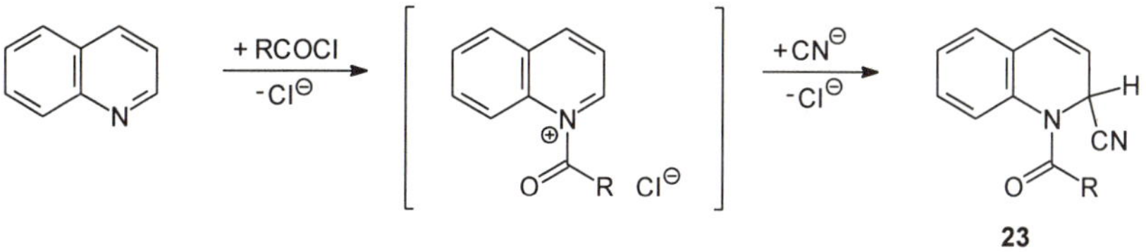

Die REISSERT-Verbindungen **23** werden durch Hydrolyse im sauren Medium in Aldehyde und Chinolin-2-carbonsäure **24** gespalten:

Das synthetische Potential der REISSERT-Reaktion wird bei den entsprechenden Isochinolin-Verbindungen (s.S.338) eingehend behandelt.

Aus Chinolin-*N*-oxid entsteht mit Cyanid/Benzoylchlorid unter Deoxygenierung und α-Substitution 2-Cyanchinolin. Primär tritt O-Acylierung des *N*-Oxids ein; das 1-Benzoyloxychinoliniumion **25** addiert dann Cyanid zum 1,2-Dihydrochinolin **26**, aus dem Benzoesäure eliminiert wird (vgl. S.287):

Seitenketten-Reaktivität

Am Heteroteil des Chinolins befindliche CH_3-Gruppen besitzen C-H-Acidität, die in der Reihenfolge 4-CH_3 > 2-CH_3 >> 3-CH_3 abgestuft ist. 2- resp. 4-Methylchinoline sind damit analog zum Pyridin (vgl. S.281) base- oder säurekatalysierten C-C-Verknüpfungs-Reaktionen wie Aldol-Kondensation (Beispiel **28**), CLAISEN-Kondensation (Beispiele **27**/**30**) oder MANNICH-Reaktion (Beispiel **29**) zugänglich:

6.16 Chinolin

Am 2,4-Dimethylchinolin **32** sind regioselektive C-C-Verknüpfungen möglich, die durch die verwendete Base gesteuert werden. Lithiumalkyle koordinieren mit dem Chinolin-Stickstoff und deprotonieren demzufolge bevorzugt die 2-CH$_3$-Gruppe, während Lithiumdialkylamide das Lithium bevorzugt am Amid-Stickstoff komplexieren und so die stärker acide 4-CH$_3$-Gruppe deprotonieren[71]. Dies zeigt der Abfang der jeweils gebildeten Carbanionen durch Addition an Benzophenon unter Bildung der Produkte **31/33**:

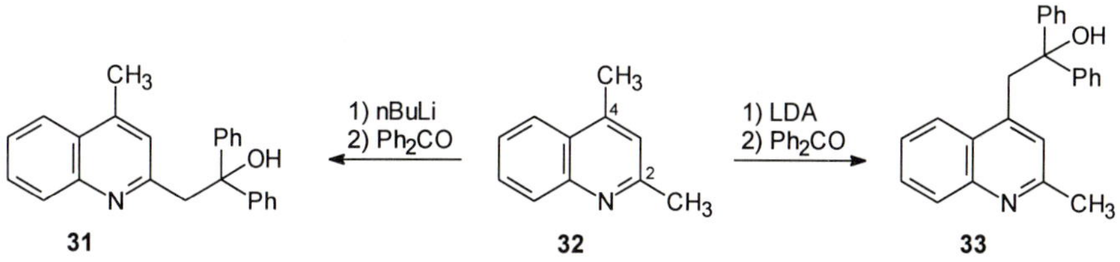

N-Quaternierung erhöht die C-H-Acidität von 2- und 4-CH$_3$-Gruppen am Chinolin noch weiter. Die nach Deprotonierung gebildeten "Anhydrobasen" (z.B. **34**) sind in der Regel beständig und können als Enamine an der CH$_2$-Gruppe elektrophil angegriffen, also z.B. alkyliert und acyliert werden (**34 → 35** und **36**):

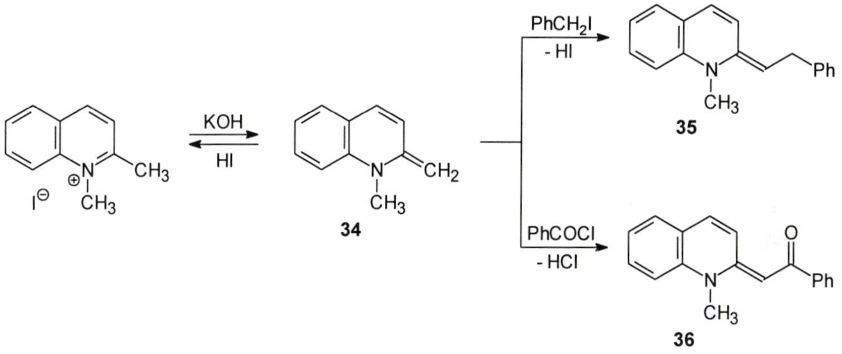

Die gleichen Reaktionsprinzipien gelten für die Bildung von Cyanin-Farbstoffen mit heterocyclischen Endgruppen[72], die als Sensibilisatoren in der Farbphotographie eine Rolle spielen. Ein Beispiel mit Chinolin als terminalem Heterocyclus ist *Pinacyanol* **38**, das durch basekatalysierte Kondensation von Orthoameisensäureester mit zwei Mol *N*-Ethylchinaldiniumiodid **37** über die Anhydrobase **39** entsteht:

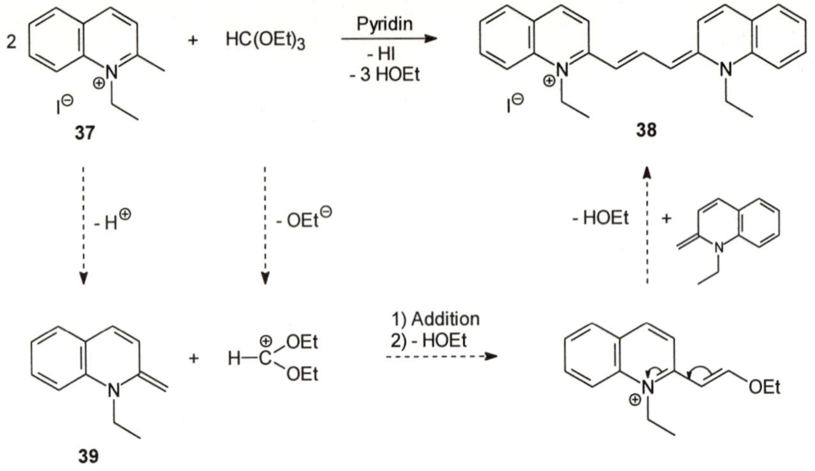

Oxidation

Oxidationsreaktionen können beide Ringe des Chinolinsystems erfassen. Durch Permanganat im alkalischen Medium wird bei Chinolin und 2-substituierten Chinolinen der Benzolring oxidativ gespalten und die Pyridin-2,3-dicarbonsäure **40** (R=H: Chinolinsäure) gebildet. Im Gegensatz dazu wird durch Permanganat im sauren Medium der Pyridinring oxidiert, wobei die *N*-Acylanthranilsäure **41** entsteht:

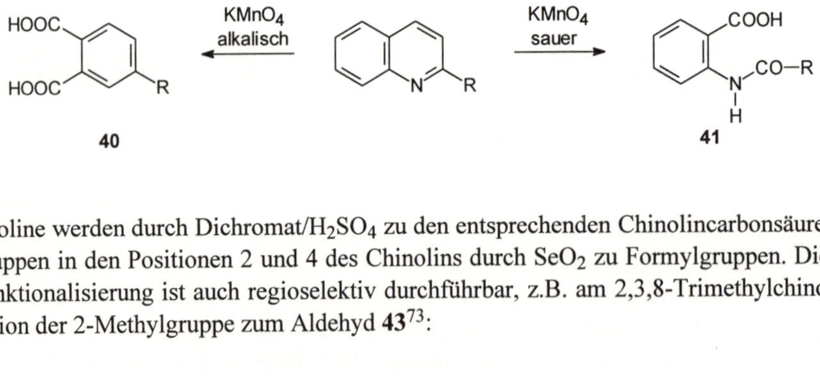

Alkylchinoline werden durch Dichromat/H_2SO_4 zu den entsprechenden Chinolincarbonsäuren oxidiert, Methylgruppen in den Positionen 2 und 4 des Chinolins durch SeO_2 zu Formylgruppen. Diese Seitenketten-Funktionalisierung ist auch regioselektiv durchführbar, z.B. am 2,3,8-Trimethylchinolin **42** unter Oxidation der 2-Methylgruppe zum Aldehyd **43**[73]:

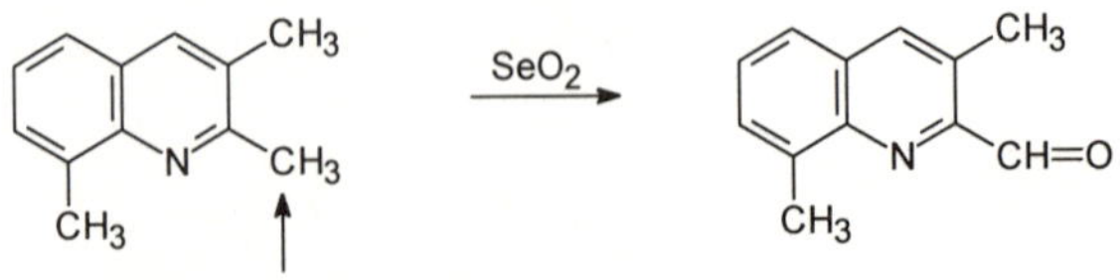

6.16 Chinolin

Reduktion

Chinolin wird bei hoher Temperatur und unter Druck über RANEY-Nickel als Katalysator zum Decahydrosystem **46** (*cis,trans*-Gemisch) hydriert, ohne Druck wird ausschließlich der Pyridin-Teil unter Bildung von 1,2,3,4-Tetrahydrochinolin **45** erfaßt. Selektive Hydrierung im Benzol-Teil zu 5,6,7,8-Tetrahydrochinolin **44** erfolgt in CF_3COOH mit PtO_2 als Katalysator.

Chinolin wird durch $LiAlH_4$ oder Diethylaluminiumhydrid – unter N-Koordination und Hydrid-Transfer in die 2-Stellung – zu 1,2-Dihydrochinolin reduziert, mit Li oder Na in flüssigem NH_3 dagegen zu 1,4-Dihydrochinolin:

C Die *Retrosynthese* des Chinolins (s.Abb. 6.12) kann unter analogen Aspekten wie beim Pyridin (s.S.296) vorgenommen werden.

- Bindungstrennung am Imin-Strukturelement führt zu o-Aminocinnamoyl- oder nach Reduktion zu (o-Aminophenyl)propan-Derivaten **47/48** als Eduktvorschlägen für Cyclokondensationen. Zum Edukt **48** gelangt man auch über das 1,4-Dihydrochinolin **49** (Retrosynthese-Operationen **a-d**).
- Durch die Retrosynthese-Operationen **e/f** gelangt man zu Dihydrochinolinen **51/52**. Für **52** wäre ein Aufbau durch [4+2]-Cycloaddition von Alkinen an Anile (Situation **50**) retroanalytisch relevant. Über **51/52** erlaubt die Retroanalyse (Operationen **h/i**) jedoch auch die Einbringung von Funktionalitäten, die eine Bindungstrennung C-4/Benzolring (**j/k**) als "Retro-Reaktionen" einer S_EAr-Cyclisierung ermöglichen. Damit ergeben sich als Edukte Anilinderivate **53/54**, die in γ-Position zum Stickstoff ein elektrophiles Zentrum (C-X, C=O) besitzen.

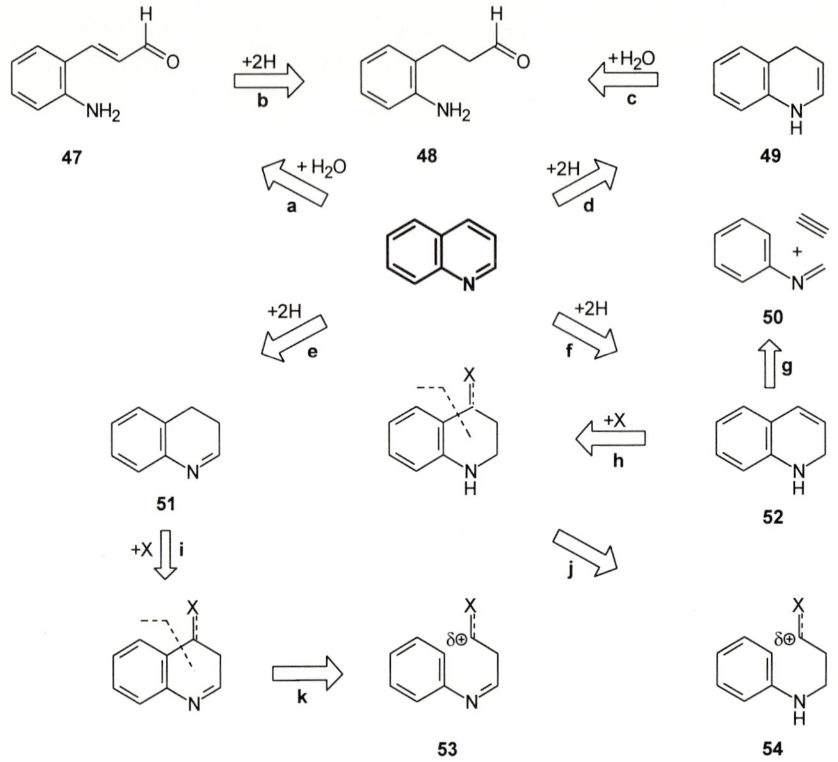

Abb. 6.12 Retrosynthese des Chinolins

In diese Retrosynthese-Betrachtung lassen sich die nachfolgenden **Synthesen** des Chinolins einordnen.

❶ *o*-Aminocinnamoyl-Verbindungen werden aus den entsprechenden *o*-Nitroverbindungen durch Reduktion gewonnen, sie cyclisieren – oft schon in situ – zu Chinolin-Derivaten. So ergeben *o*-Nitrocinnamyl-aldehyde oder -ketone Chinoline **55**, *o*-Nitrozimtsäuren 2-Chinolone **56**. Das Reduktionsmittel beeinflußt mitunter die Produktbildung; so ergibt der Zimtsäureester **58** mit Zn/Eisessig das Chinolon **57**, mit Triethylphosphit das 2-Alkoxychinolin **59**:

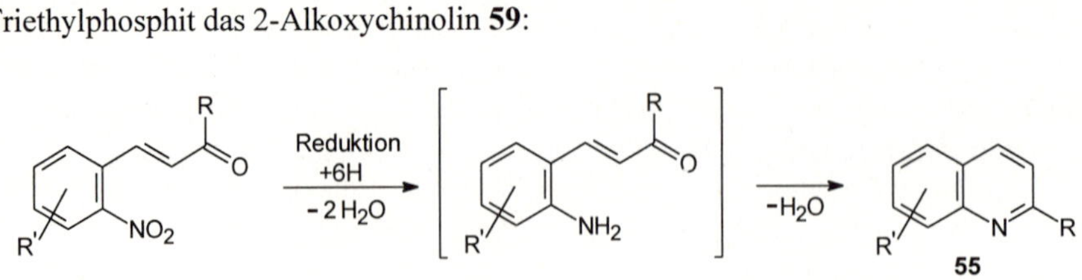

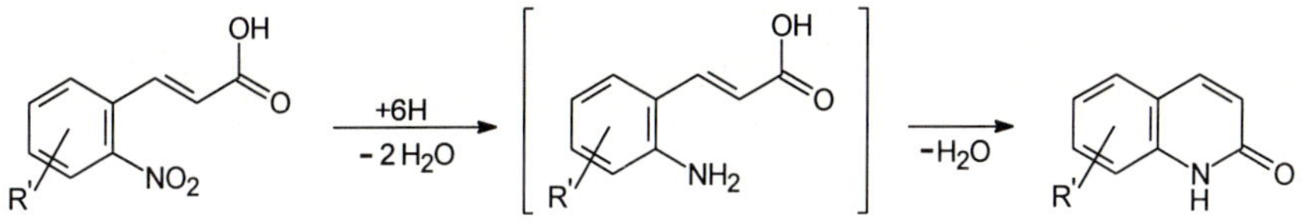

Analog dazu führt die reduktive Cyclisierung von (o-Nitrophenyl)propan-Derivaten, z.B. der (o-Nitrobenzyl)malonester **60**, zu 3,4-Dihydro-2-chinolonen, z.B. **61**:

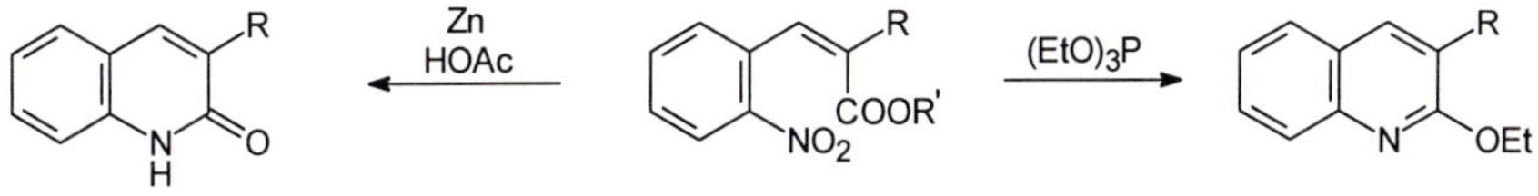

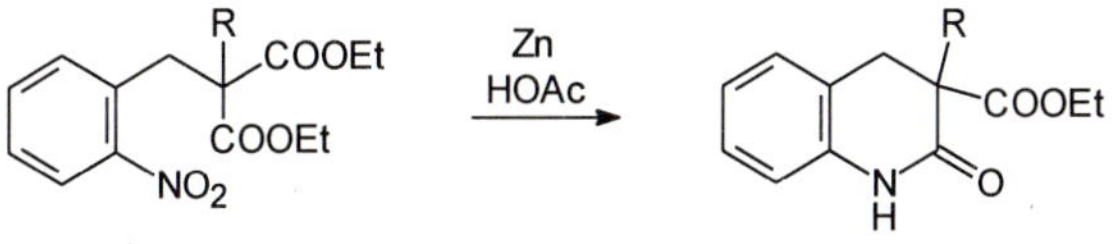

Nach einer anderen Methodik erhält man o-Aminozimtsäure-Derivate **63** direkt aus dem – via N-Methylaniline gut zugänglichen – Sulfoniumylid **62** durch [2.3]-sigmatrope Umlagerung und Mercaptan-Eliminierung, sie cyclisieren zu 1-Methyl-2-chinolonen **64**[74]:

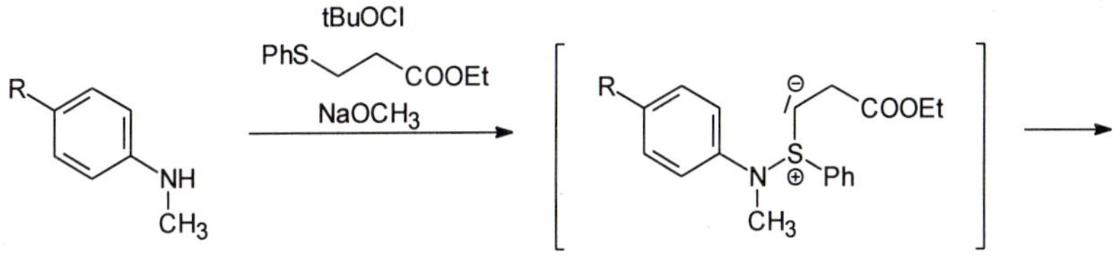

❷ Die Cyclokondensation von (o-Aminoaryl)-ketonen oder -aldehyden mit Ketonen, die eine α-CH$_2$-Gruppe tragen (FRIEDLÄNDER-Synthese), verläuft ebenfalls über o-Aminocinnamoyl-Systeme, z.B. **65**:

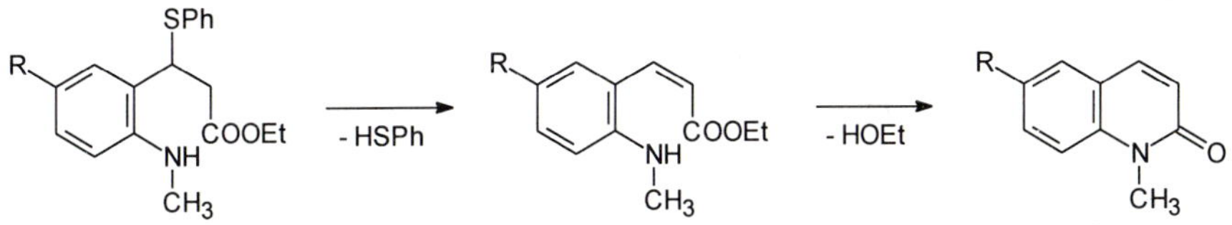

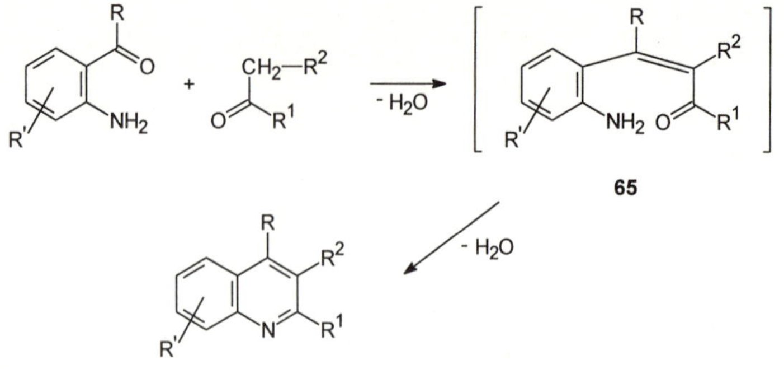

Dabei kann die primär erforderliche Aldol-Kondensation base- oder säurekatalysiert eintreten und bei Einsatz unsymmetrischer Ketone die Reaktionsrichtung steuern. So erfolgt die Chinolin-Bildung aus Methylethylketon und o-Aminobenzophenon **66** basekatalysiert über das Enolat zu 2-Ethyl-4-phenylchinolin **67**, säurekatalysiert über das Enol zu 2,3-Dimethyl-4-phenylchinolin **68**:

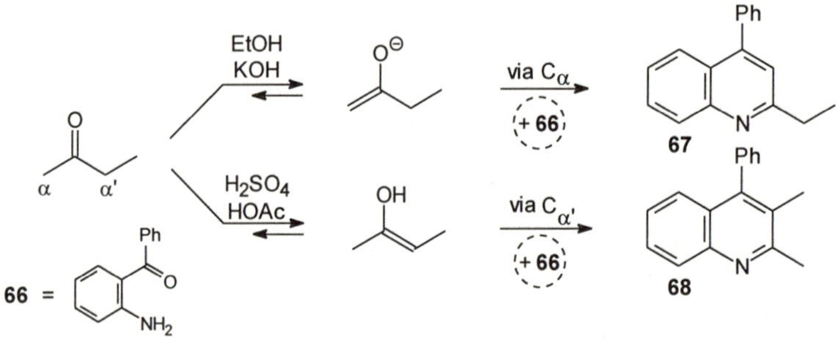

Anstelle der oft instabilen o-Aminobenzaldehyde können ihre Anile eingesetzt werden.

Die wichtigste Variante der FRIEDLÄNDER-Synthese besteht in der Umsetzung von Methylenketonen mit Isatin im alkalischen Medium (PFITZINGER-Synthese):

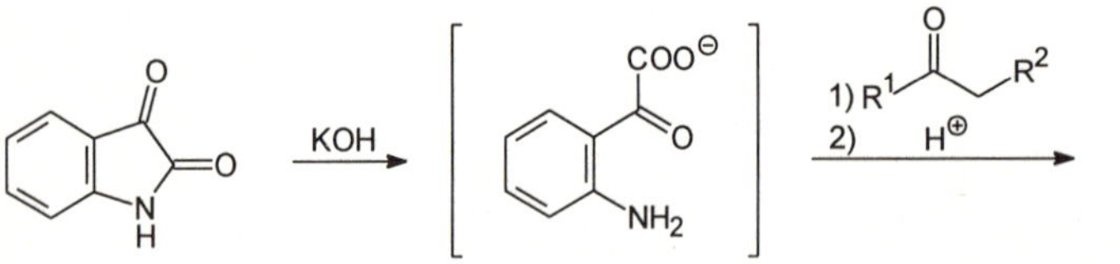

Dabei wird Isatin durch Alkali zunächst zum Salz **69** der Isatinsäure geöffnet, das dann als Carbonyl-Komponente mit dem Methylenketon zu Derivaten der Chinolin-4-carbonsäure **70** cyclokondensiert[75].

N-Acetylisatin kann nach Ringöffnung durch Base zum α-Ketocarboxylat **71** intramolekulare Aldolkondensation zu 2-Chinolon-4-carbonsäure **72** eingehen. Nach diesem Prinzip cyclisieren auch o-(N-Acylamino)arylketone **73** wahlweise zu 2- oder 4-Chinolonen (CAMPS-Synthese):

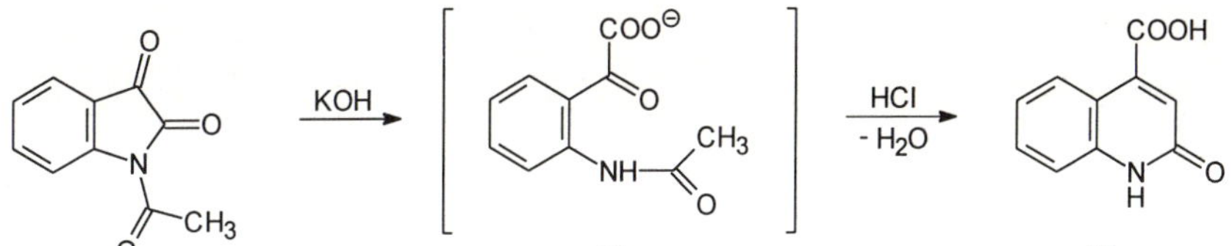

❸ Unter den auf intramolekularen S$_E$Ar-Prozessen basierenden Chinolin-Synthesen befinden sich einige "Klassiker" der Heterocyclen-Synthese. So lassen sich primäre aromatische Amine mit freier *ortho*-Stellung im stark sauren Medium mit ß-Diketonen oder ß-Ketoaldehyden cyclokondensieren (COMBES-Synthese):

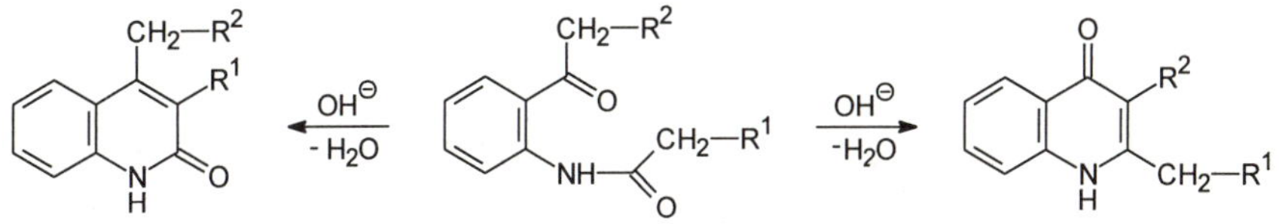

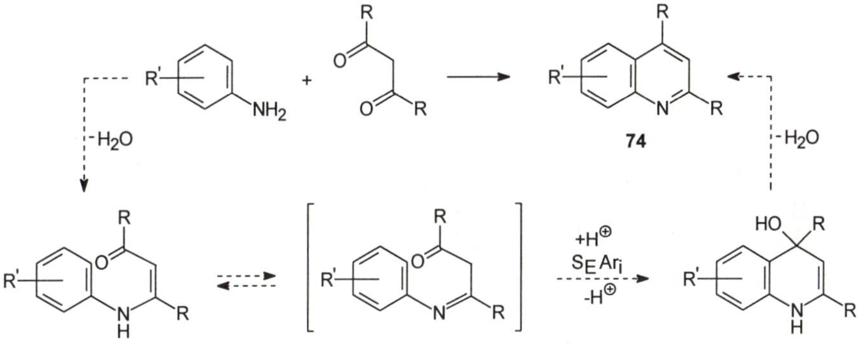

Im Primärschritt entstehen ß-Enaminone **75** oder Anile **76**, die nach C=O-Protonierung (möglicherweise auch über O-N-diprotonierte Spezies) intramolekulare Hydroxyalkylierung und Dehydratisierung (via **77**) zu Chinolinen **74** eingehen. Bei unsymmetrischen ß-Dicarbonyl-Verbindungen sind Reaktionsrichtung und Produktbildung durch die Acidität des Reaktionsmediums und die Reaktionstemperatur beeinflußbar, z.B.:

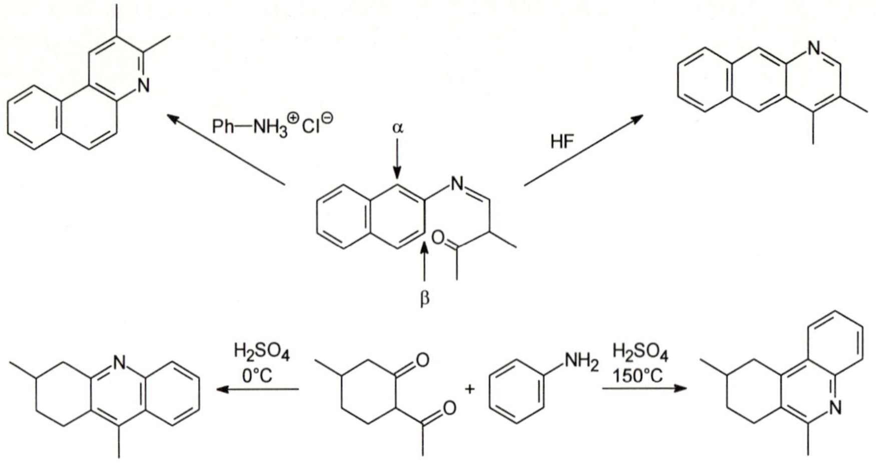

Primäre Arylamine und ß-Ketoester können entweder durch starke Säuren über ß-Ketoanilide (z.B. **78**) zu 2-Chinolonen (KNORR-Synthese) oder thermisch über ß-Aminoacrylester (z.B. **79**) zu 4-Chinolonen (KONRAD-LIMPACH-Synthese) kondensieren:

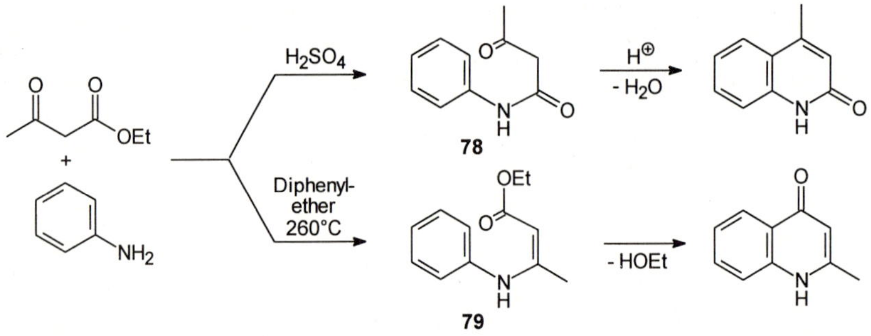

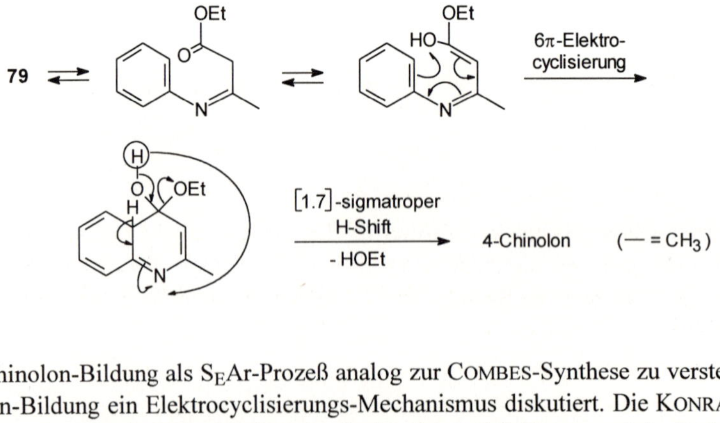

Während die 2-Chinolon-Bildung als S_EAr-Prozeß analog zur COMBES-Synthese zu verstehen ist, wird für die 4-Chinolon-Bildung ein Elektrocyclisierungs-Mechanismus diskutiert. Die KONRAD-LIMPACH-Synthese erweist sich als flexibel hinsichtlich der Arylamin- und ß-Ketoester-Substitution sowie des Einsatzes von Alkoxymethylenmalonestern und Malonsäuredianiliden.

❹ Bei den Chinolin-Synthesen nach SKRAUP und DOEBNER-MILLER werden primäre Arylamine mit freier *ortho*-Position und α,β-ungesättigte Carbonylverbindungen im sauren Medium in Gegenwart eines Oxidans (Nitroarene, As$_2$O$_5$) zur Reaktion gebracht*:

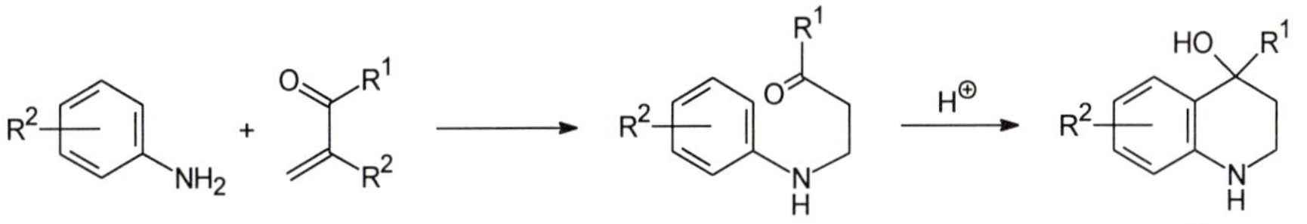

Der Reaktionsverlauf ist durch Isolierung der Zwischenstufen, die Substituentenverteilung in den Produkten und ^{13}C-Markierungsversuche gesichert. Primärschritt ist die MICHAEL-Addition des Amins an das Enon-System **80** unter Bildung von ß-Aminoketonen **81**. Diese cyclisieren unter intramolekularer Hydroxyalkylierung über die protonierte C=O-Gruppe zu **82**, Dehydratisierung ergibt 1,2-Dihydrochinoline **83**, deren Dehydrierung Chinoline **84**.

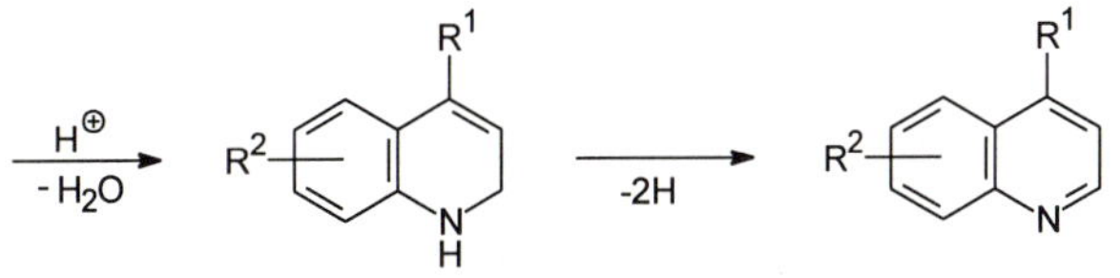

Demgemäß entsteht aus Anilin mit Crotonaldehyd 2-Methylchinolin, mit Methylvinylketon 4-Methylchinolin; mit Mesityloxid – als terminal disubstituiertem Enon – wird die 1,2-Dihydrochinolin-Stufe **85** fixiert:

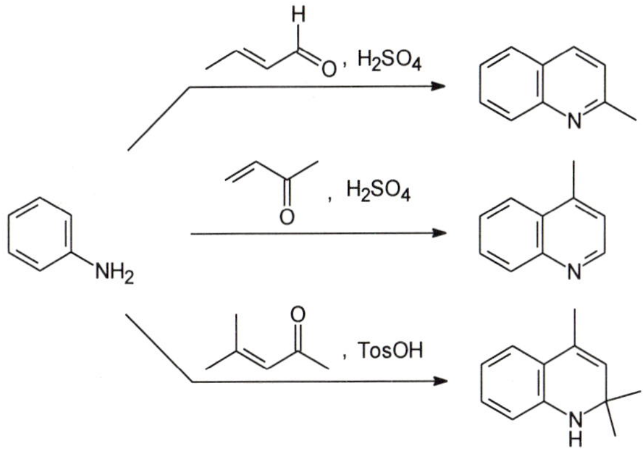

Da die Amin-Komponente weitgehend variiert werden kann, ist die SKRAUP-Synthese zur Gewinnung von im heterocyclischen Teil unsubstituierten Chinolinen, insbesondere auch von Polyheterocyclen, flexibel einsetzbar. Dies zeigt die Synthese des 1,10-Phenanthrolins **86**, eines viel verwendeten Chelatkomplex-Liganden, aus 8-Aminochinolin (vgl. auch Lit.[76]):

---

* Die SKRAUP-Synthese besteht in der Umsetzung mit Acrolein, das in situ aus Glycerin/H$_2$SO$_4$ erzeugt wird; die DOEBNER-MILLER-Synthese beschränkte sich ursprünglich auf die Umsetzung mit Crotonaldehyd zu Chinaldinen, wird aber zunehmend als Oberbegriff für das o.g. Reaktionsprinzip verwendet.

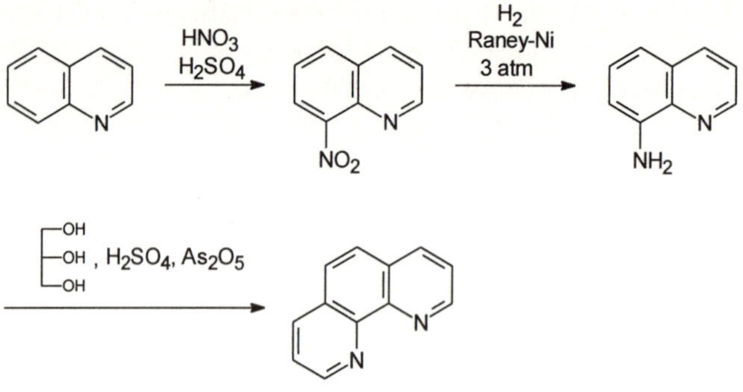

5 Auch einige weniger bekannte Chinolin-Synthesen beeinhalten Cyclisierungen von Anilin-Derivaten mit γ-elektrophil funktionalisierter N-Seitenkette durch Protonen- oder LEWIS-Säuren. So entstehen aus Zimtsäureaniliden **88** wahlweise 3,4-Dihydro-2-chinolone **87** oder 2-Chinolone **89**, aus ß-(Arylamino)propionsäuren **90** 2,3-Dihydro-4-chinolone **91**:

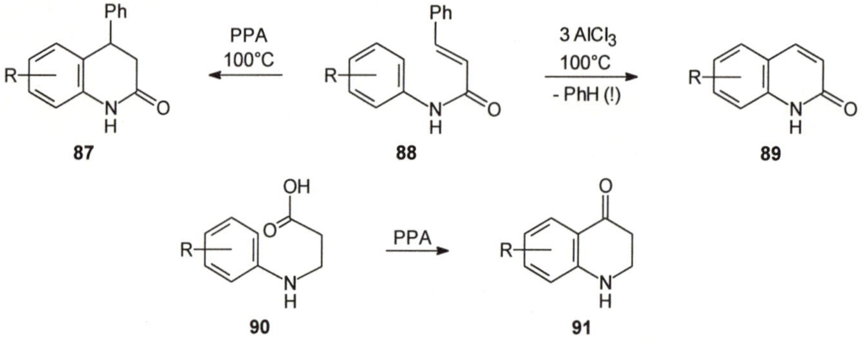

Acetanilide **92** werden durch DMF/POCl₃ in 3-substituierte 2-Chlorchinoline **93** übergeführt (METH-COHN-Synthese)[77]. Dabei erfolgt zunächst VILSMEIER-Reaktion der α-Methylengruppe im Anilid **92**, danach S$_E$Ar-Cyclisierung unter Amin-Eliminierung zum 2-Chinolon **94**, das unter den Reaktionsbedingungen in **93** übergeht (vgl.S.312):

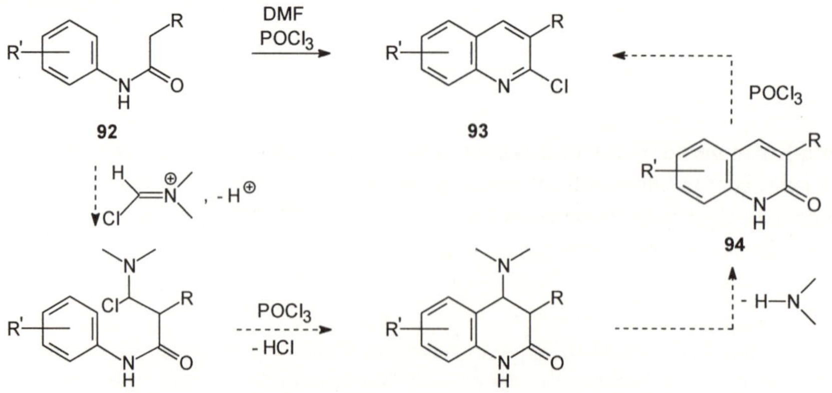

6.16 Chinolin

❻ Der Aufbau des Chinolin-Systems durch pericyclische Reaktionen besitzt im Vergleich zu den voranstehenden Synthesen geringeren Stellenwert. Von präparativem Interesse sind einige Cyclisierungs/Eliminierungs-Reaktionen von Anilen **95/96** mit Alkinen, Enolethern oder Enaminen. Diese entsprechen zwar formal [4+2]-Cycloadditionen, laufen jedoch in der Regel LEWIS-Säure-katalysiert ab und gehorchen wahrscheinlich S_EAr-Mechanismen:

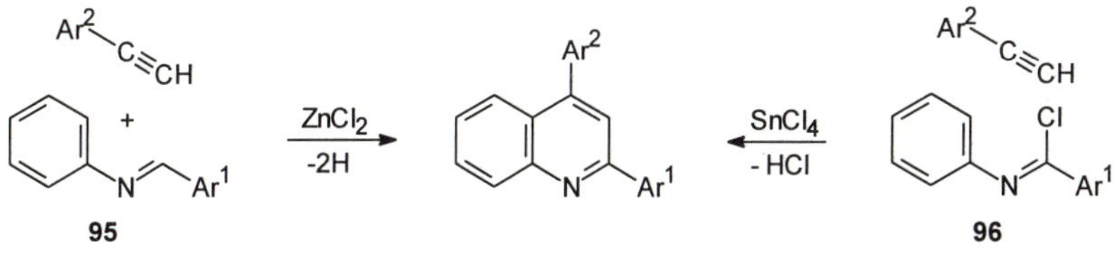

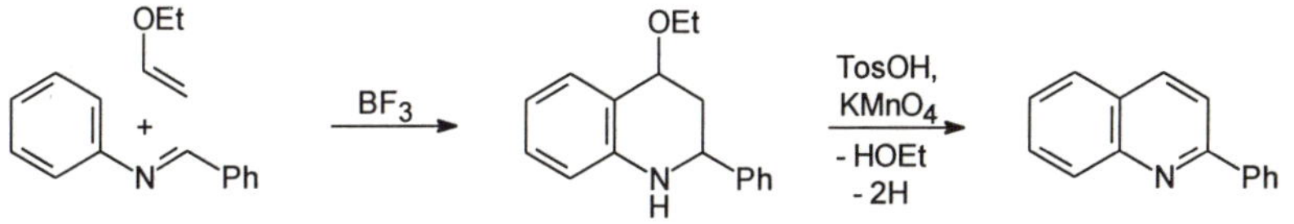

Vom Prinzip her interessant ist auch die thermische Cyclisierung von (*o*-Vinyl)anilen **97**, die unter Dehydrierung zu Chinolinen **98** führt[78]:

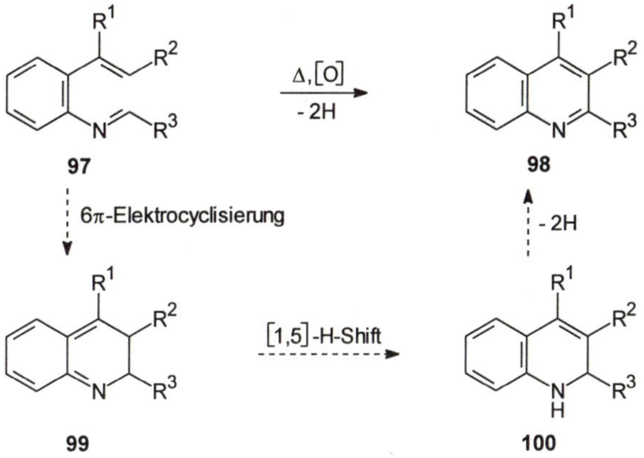

Dabei wird primär eine 6π-Elektrocyclisierung des 2-Azahexatrien-Systems in **97** postuliert, die von einer [1,5]-sigmatropen Wasserstoff-Verschiebung im chinoiden Intermediat **99** unter Aromatisierung und Oxidation des 1,2-Dihydrochinolins **100** abgeschlossen wird[79].

❼ Chinoline sind auch durch Ringtransformationen anderer heterocyclischer Systeme zugänglich. *N*-Arylazetidinone **101** werden säurekatalysiert zu 2,3-Dihydro-4-chinolonen **102** isomerisiert:

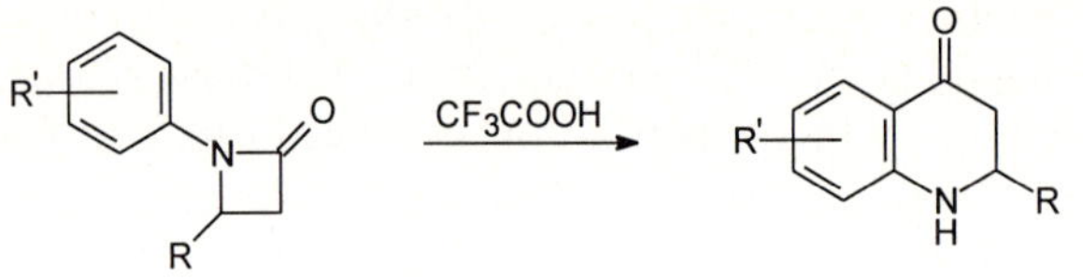

Indole ergeben durch Dichlorcarben-Addition und HCl-Eliminierung 3-Chlorchinoline (vgl. S.101), desgleichen ist eine Reihe von Ringerweiterungsreaktionen von Isatinen zu Chinolinen bekannt (s. z.B.. die PFITZINGER-Synthese (s.S.328) und Lit.[80,81]).

Oxazole und Oxazoline können ebenfalls in Chinolin-Derivate übergeführt werden. So entstehen aus 5-(o-Acylaminoaryl)oxazol-4-carbonestern **104** – die aus Benzoxazinonen **103** und Cyanessigester zugänglich sind – im sauren Medium 3-Amino-4-hydroxy-2-chinolone **105**[82]:

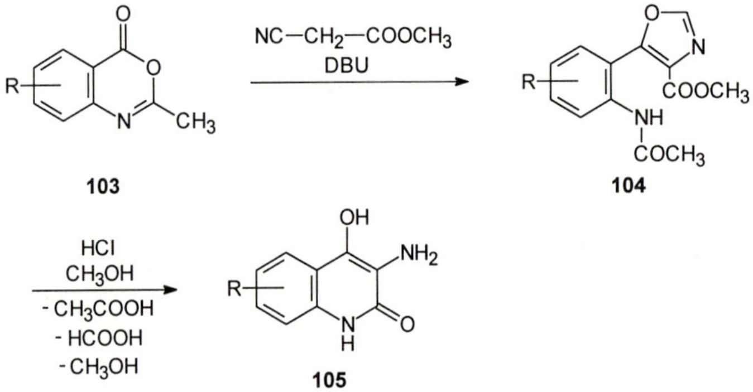

2-Oxazoline (z.B. **106**) liefern in einer säurekatalysierten Kondensation mit o-Chlorbenzaldehyden 3-substituierte 2-Chinolone (z.B. **107**) gemäß nachstehendem Mechanismus[83]:

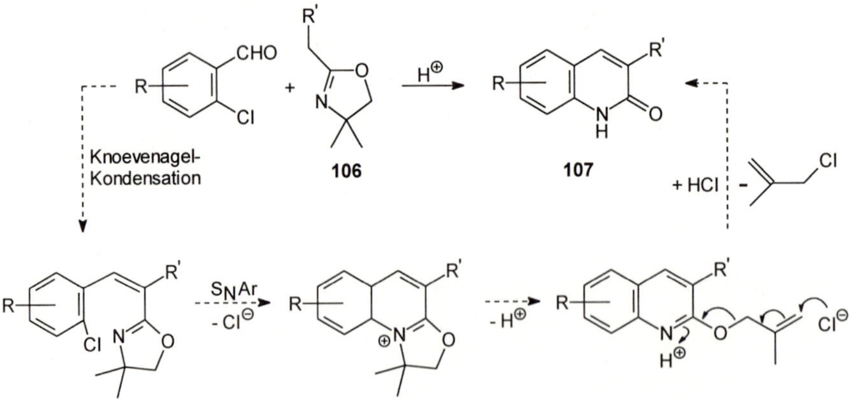

D **Chinolin**, Sdp. 237°C, ist eine farblose, wasserdampfflüchtige Flüssigkeit von charakteristischem Geruch. Chinolin wurde erstmals durch alkalischen Abbau des Alkaloids Chinin (s.u) erhalten (GERHARD 1842). Chinolin besitzt ein niedrigeres Dipolmoment ($\mu = 2,16$ D) als Pyridin ($\mu = 2,22$ D) und Isochinolin ($\mu = 2,60$ D). Chinolin ist – bedingt durch die Verknüpfung des Stickstoffs mit

dem Benzannelanden – eine schwächere Base (pK$_a$ = 4,87) als Isochinolin (pK$_a$ = 5,14).
8-Hydroxychinolin ("Oxin"), Schmp. 75°C, enthält eine intramolekulare Wasserstoffbrücken-Bindung und wird als Komplexierungs- und Fällungs-Reagenz für viele Metallionen in der analytischen Chemie eingesetzt. Es wird durch SKRAUP-Synthese ausgehend von *o*-Aminophenol gewonnen.
4-Hydroxychinolin-2-carbonsäure (Kynurensäure) wurde aus Hunde-Harn isoliert (LIEBIG 1853), sie ist ein Stoffwechselprodukt des Tryptophans.

Zu den Naturstoffen, die ein Chinolingerüst enthalten[84], gehören die Alkaloide der Chinarinde, so die Diastereomeren-Paare *Chinin/Chinidin* und *Cinchonidin/Cinchonin* **108/109**, in denen eine 4-Methylchinolin-Einheit mit einem vinylsubstituierten Chinuclidin-System (1-Azabicyclo[2.2.2]octan) verknüpft ist. *Camptothecin* **110**, ein sehr toxisches polycyclisches Chinolin-Alkaloid, wurde aus dem Holz von Camptotheca acuminata (Nyssaceae) isoliert.

R = H :   Cinchonidin
R = OCH$_3$: Chinin
108

R = H :   Cinchonin
R = OCH$_3$: Chinidin
109

110

Chinolin-Derivate spielen auch als Wirkstoffe eine Rolle. 8-Hydroxychinolin (s.o.) und einige seiner halogenierten Derivate dienen als Antiseptica. *Chloroquin* **111** ist eines der älteren, aber immer noch wichtigen Antimalariamittel. Das System der *N*-Alkyl-4-chinolon-3-carbonsäure ist Bestandteil von Gyrasehemmern wie der *Nalidixinsäure* **112** und dem *Ciprofloxazin* **113**, das ein breiteres Aktivitätsspektrum als **112** besitzt[85]. Das *Pyrvinium*salz **114** findet (in Form des Pamoats) als Anthelminticum Anwendung[85a]. Das Chinolin-8-carbonsäure-Derivat **115** (*Quinmerac*) wird als Herbizid zur Bekämpfung von Galium aparine und anderen breitblättrigen Unkräutern eingesetzt.

111

112

113

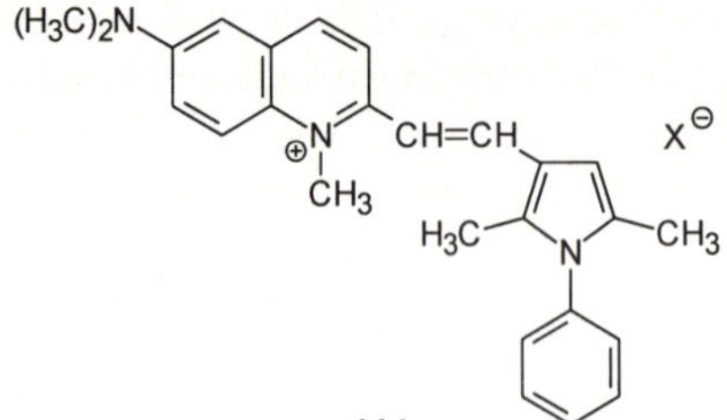

114 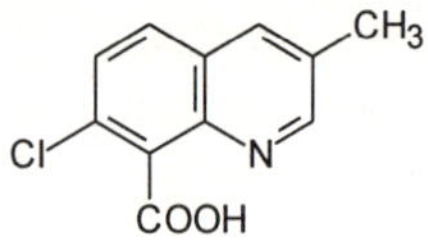 **115**

6.17 Isochinolin

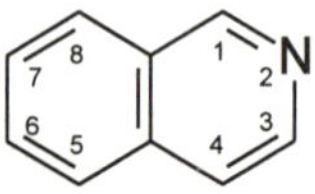

A Isochinolin leitet sich vom Naphthalin durch Ersatz einer ß-CH-Gruppe gegen Stickstoff ab. Wichtige Grundverbindungen der Isochinolin-Reihe sind das Isochinoliniumion und das 1-Isochinolon (Isochinolin-1-(2H)-on, Isocarbostyril).

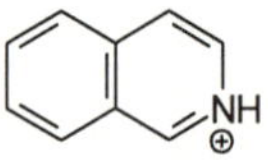

Isochinoliniumion 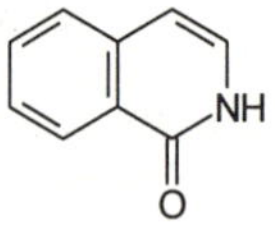   1-Isochinolon

Auch beim Isochinolin sind strukturelle (s.Abb. 6.13) und spektroskopische Analogien zu Naphthalin und Pyridin gegeben.

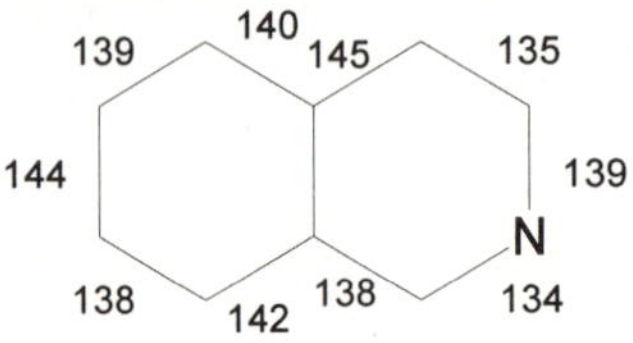

Abb. 6.13 Bindungsparameter des Isochinoliniumions (Bindungslängen in pm)

Isochinolin weist folgende UV- und NMR-spektroskopische Daten auf:

UV (n-Hexan) λ (nm) (ϵ)	^{1}H-NMR (CDCl$_3$) δ (ppm)		^{13}C-NMR (CDCl$_3$) δ (ppm)		
216 (4,91)	H-1: 9,15	H-6: 7,57	C-1: 152,5	C-6: 130,6	C-4a: 135,7
266 (3,61)	H-3: 8,45	H-7: 7,50	C-3: 143,1	C-7: 127,2	C-8a: 128,8
306 (3,35)	H-4: 7,50	H-8: 7,87	C-4: 120,4	C-8: 127,5	
318 (3,56)	H-5: 7,71		C-5: 126,5		

6.17 Isochinolin

B Die **Reaktionen** des Isochinolins zeigen weitgehende Parallelen zu Chinolin und Pyridin. Protonierung, Alkylierung, Acylierung und Oxidation durch Peroxysäuren erfolgen am Stickstoff. S_EAr- und S_NAr-Reaktionen erfolgen an den Ring-C-Atomen, wie beim Chinolin beeinflußt der Benzanneland Reaktionsort und relative Reaktivität.

Elektrophile Substitutionsreaktionen

S_EAr-Reaktionen treten bevorzugt in 5- oder 8-Stellung des Isochinolins ein. So liefert die Nitrierung mit Nitriersäure bei 25°C die 5- und 8-Nitroverbindungen **1/2**, die Bromierung in Gegenwart von starken Protonensäuren oder von $AlCl_3$ die 5-Bromverbindung **3**, die Sulfonierung mit Oleum bei Temperaturen bis zu 180°C die 5-Sulfonsäure **4**:

Aus Nitrierungsversuchen wurde auch die relative Reaktivität des Isochinolins im Vergleich zu Pyridin und Chinolin ermittelt: Benzol = 1, Pyridiniumion ≈ 10^{-12}, Chinoliniumion ≈ 10^{-6}, Isochinoliniumion ≈ 10^{-5}. Demnach besitzt auch Isochinolin eine höhere S_EAr-Reaktivität als Pyridin.

Nucleophile Substitutionsreaktionen

Nucleophile Reaktionen erfolgen am Hetero-Ring des Isochinolins und dort bevorzugt in der 1-Stellung. So liefert die TSCHITSCHIBABIN-Aminierung mit $NaNH_2$ in flüssigem NH_3 1-Aminochinolin **5**. Die ZIEGLER-Reaktion mit *n*-Butyllithium ergibt das 1-Substitutionsprodukt **7**; wie beim Chinolin stabilisiert der Benzanneland das primäre Additionsprodukt **6** (ein 1,2-Dihydroisochinolin), das isoliert und durch Nitroverbindungen zu **7** dehydriert werden kann:

Bei S$_N$Ar-Reaktionen von im Hetero-Ring halogenierten Isochinolinen ist die 1-Position besonders reaktionsfähig. So wird 1,3-Dichlorisochinolin durch Methanolat selektiv in der 1-Position unter Bildung der 1-Methoxyverbindung **8** substituiert; bei der reduktiven Dehalogenierung wird ebenfalls der 1-Halogensubstituent selektiv entfernt und 3-Chlorisochinolin **9** gebildet, an dem S$_N$Ar-Reaktion durch Methanolat zu **10** möglich ist:

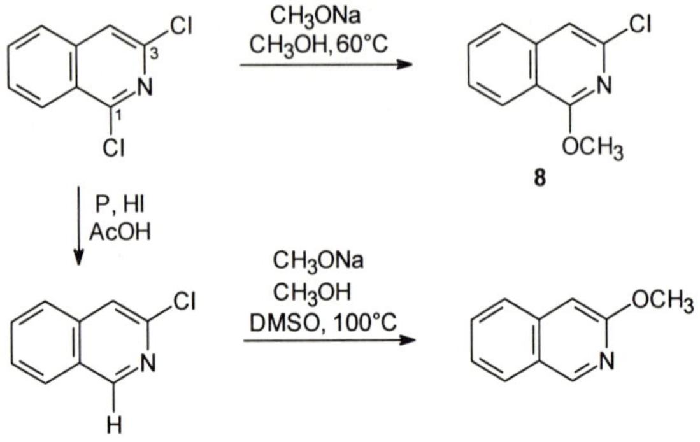

Wie Chinolin vermag auch Isochinolin die REISSERT-Reaktion mit KCN oder (CH$_3$)$_3$SiCN in Gegenwart von Acylierungsreagenzien, wie z.B. C$_6$H$_5$COCl oder ClCOOR, einzugehen, wobei *N*-Acyl-1-cyan-1,2-dihydroisochinoline **11** entstehen:

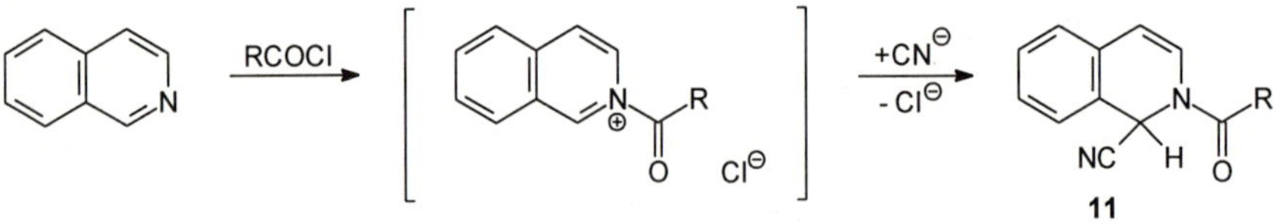

Das 1,2-Dihydroisochinolin **11** wird im sauren Medium zu Aldehyden und Isochinolin-1-carbonsäure **12** hydrolysiert. Diese Disproportionierungsreaktion – die als Aldehyd-Synthese eingesetzt wurde – verläuft bei **11** wahrscheinlich über Aminooxazoliumionen **13** und ihre Öffnung zum Säureamid **14**:

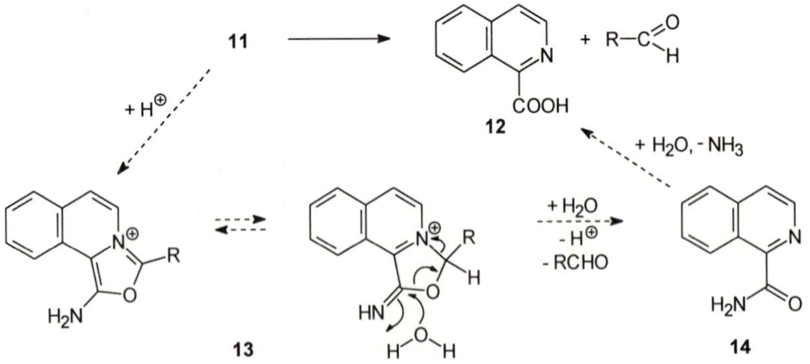

An der REISSERT-Verbindung **15** wurde eine Reihe von synthetisch nützlichen Transformationen durchgeführt (POPP 1967)[86]. Starke Basen deprotonieren zum Anion **16**, das unter Cyanid-Abspaltung und 1,2-Acyl-Verschiebung zum 1-Benzoylisochinolin **17** umlagert. Elektrophile Reaktanden, wie z.B.

Alkylhalogenide, Carbonylverbindungen, MICHAEL-Akzeptoren, wandeln das Anion **16** ebenfalls unter Cyanid-Eliminierung in 1-funktionalisierte Isochinolin-Derivate um (Beispiele **18-20**):

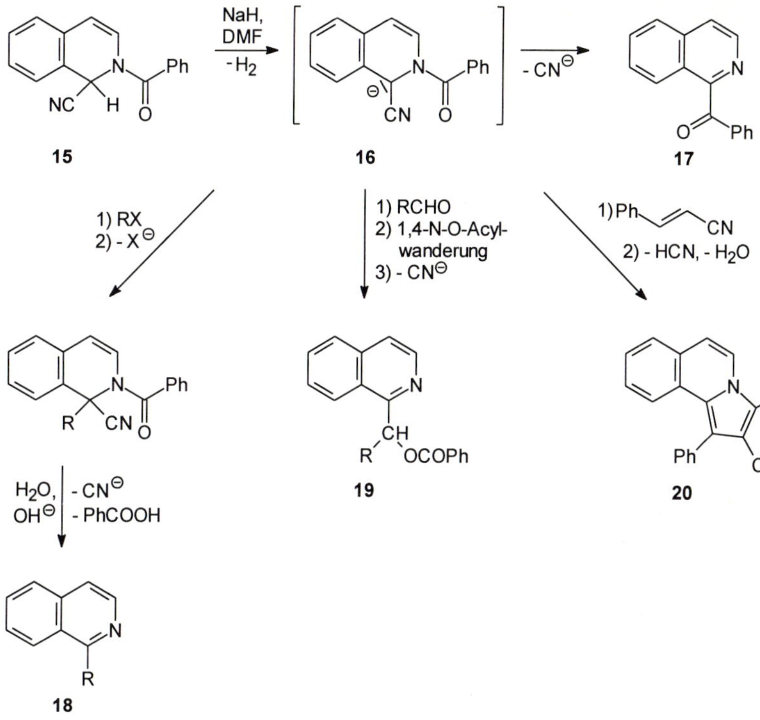

Seitenketten-Reaktivität

Wie beim Chinolin besitzen am Heteroteil des Isochinolins befindliche CH_3-Gruppen C-H-Acidität (zu beachten: 1-CH_3 >> 3-CH_3) und sind damit, wie die nachfolgenden Beispiele (**21, 22**) zeigen, base- oder säurekatalysierten C-C-Verknüpfungsreaktionen zugänglich:

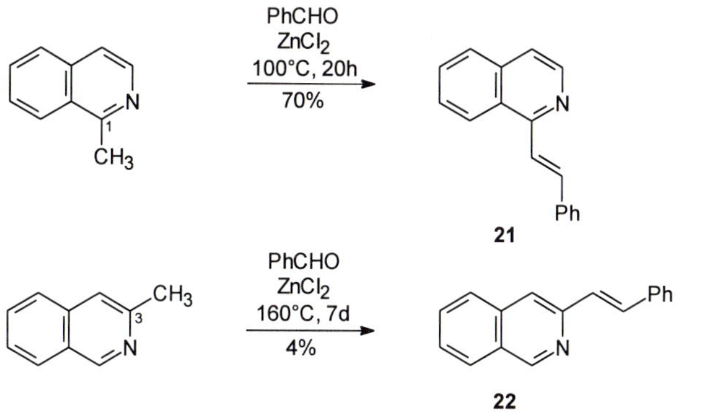

Die C-H-Acidität der Isochinolin-1-CH_3-Gruppe wird durch N-Quaternierung weiter erhöht. Die durch Deprotonierung von *N*-Alkylisochinoliniumionen (z.B. **23**) erhältlichen "Anhydrobasen" (z.B. **24**) sind in der Regel beständig und können als Enamine elektrophilen Reaktionen am ß-C-Atom zugeführt werden (vgl.S.323):

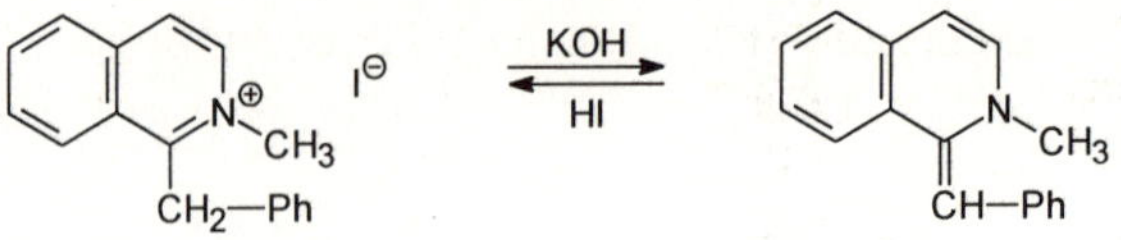

Oxidation

Die Oxidation von Isochinolin mit alkalischem Permanganat liefert ein Gemisch von Phthalsäure und Pyridin-3,4-dicarbonsäure, KMnO$_4$ im neutralen Medium läßt den Benzolring intakt und ergibt Phthalimid als Oxidationsprodukt:

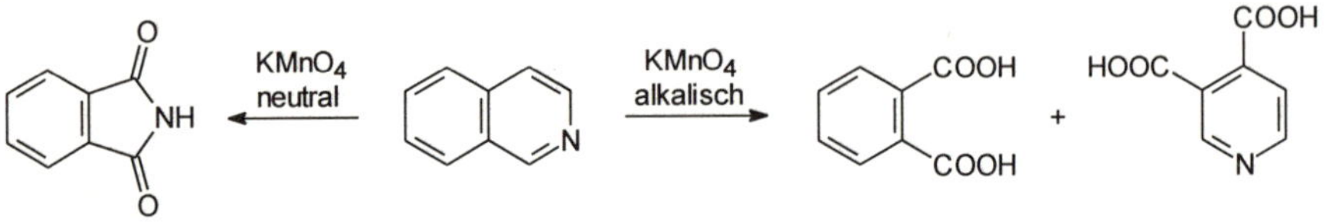

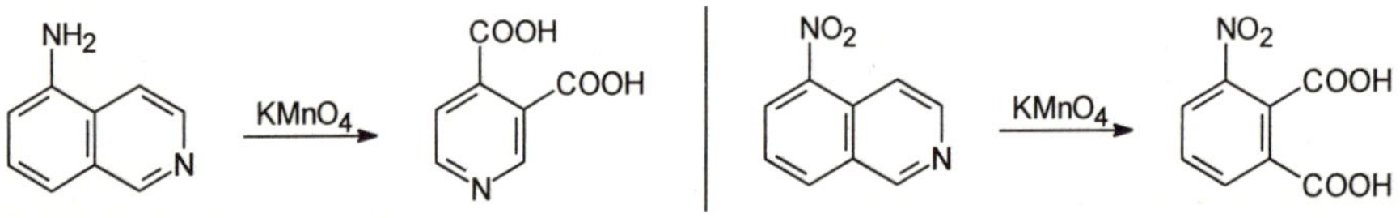

Substitutenten am Benzannelanden können die Oxidationsrichtung beeinflussen; so wird bei 5-Aminoisochinolin durch KMnO$_4$ nur der Benzol-Teil, bei 5-Nitroisochinolin nur der Pyridin-Teil oxidiert.

Reduktion

Die Reduktion von Isochinolin ist durch katalytische Hydrierung, Hydrid-Reagenzien und Metalle möglich. Die katalytische Hydrierung kann durch die Acidität des Reaktionsmediums gesteuert werden: In CH$_3$COOH wird der Pyridin-Teil unter Bildung der 1,2,3,4-Tetrahydroverbindung **26**, in konz. HCl der Benzol-Teil unter Bildung der 5,6,7,8-Tetrahydroverbindung **25** selektiv reduziert. Die Tetrahydro-Verbindung **25** liefert bei weiterer Hydrierung das Decahydroisochinolin **27** (*cis,trans*-Gemisch):

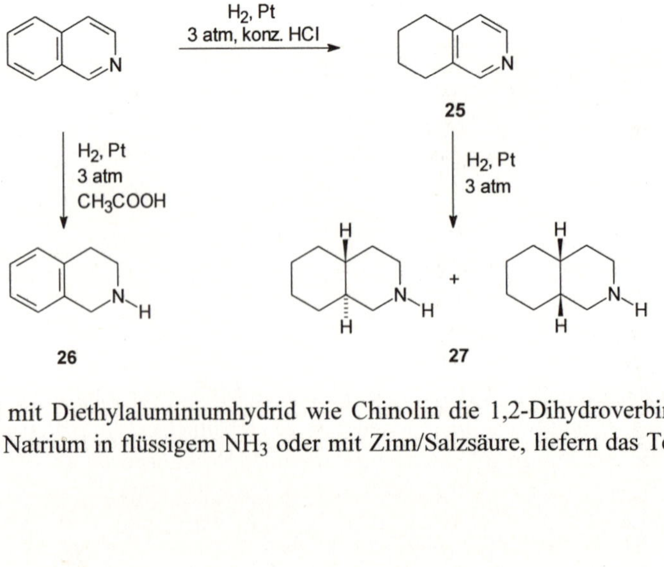

Isochinolin ergibt mit Diethylaluminiumhydrid wie Chinolin die 1,2-Dihydroverbindung. Metall-Reduktionen, so mit Natrium in flüssigem NH$_3$ oder mit Zinn/Salzsäure, liefern das Tetrahydroisochinolin **26**.

Isochinoliniumionen werden durch NaBH$_4$ zu 1,2,3,4-Tetrahydroisochinolinen reduziert, diese Reaktion ist in der Alkaloid-Chemie von Bedeutung zur Konstitutionsermittlung. Da die Reduktion am Heterocyclus sehr rasch abläuft, können durch Natriumborhydrid normalerweise reduzierbare Funktionalitäten, wie die Carbonylgruppe im Beispiel **28**, intakt bleiben:

Über weitere synthetisch relevante Anwendungen der Reduktion von Isochinoliniumionen s. Lit.[87].

C Die *Retrosynthese* des Isochinolins (s.Abb. 6.14) erfolgt unter den Gesichtspunkten, die bereits beim Chinolin erläutert wurden (s.S.326).

- Bindungstrennung im Imin-Strukturelement (Retrosynthese-Operationen **a** und **c**) führt zu Eduktvorschlägen **29/30** für Cyclokondensationen. Bezieht man Reduktionen ein (**b,d,f,g**), so erscheinen auch die Aminocarbonylverbindungen **31/35** zum Aufbau von Dihydroisochinolinen **32-34** relevant.

- Das 3,4-Dihydroisochinolin **33** erlaubt Bindungstrennungen am Aren an C-4 oder C-1 (**i/j**) unter Generierung von Synthons **36** oder **37**. Diese stehen für Edukte vom Typ β-elektrophil funktionalisierter Imine oder α-elektrophil funktionalisierter Amine, die eine S$_E$Ar-Cyclisierung ermöglichen.

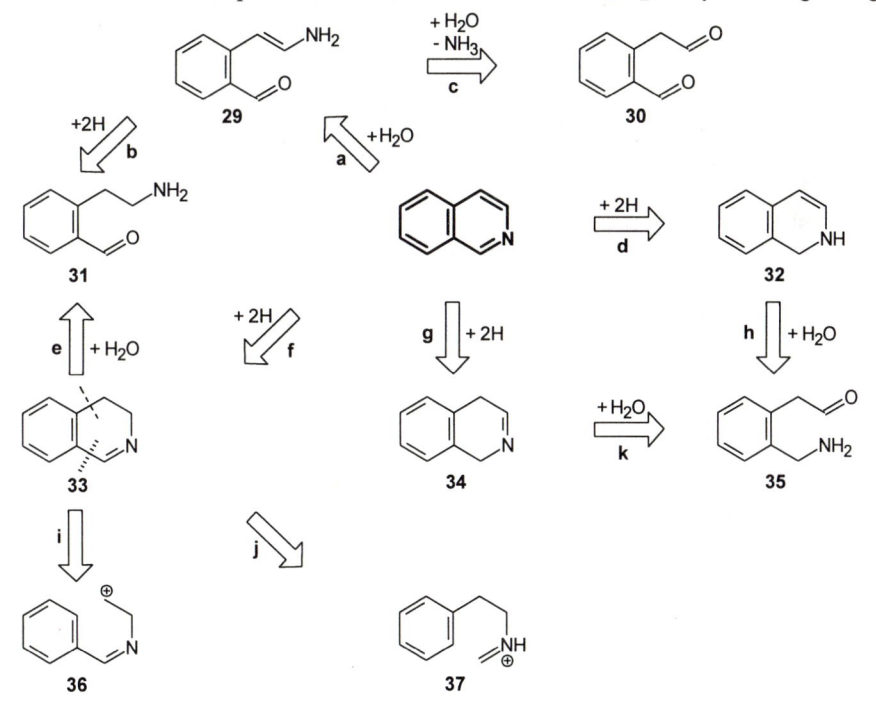

Abb 6.14 Retrosynthese des Isochinolins

Die **Synthesen** des Isochinolins lassen sich in die voranstehend entwickelten Retrosynthese-Kategorien einordnen.

❶ Homophthaldialdehyd **38** und analoge Dicarbonylverbindungen cyclisieren mit Ammoniak zu Isochinolinen, mit primären Aminen zu *N*-substituierten Isochinoliniumionen, mit Hydroxylamin zu Isochinolin-*N*-oxiden und mit Hydrazinen zu Isochinolinium-*N*-betainen:

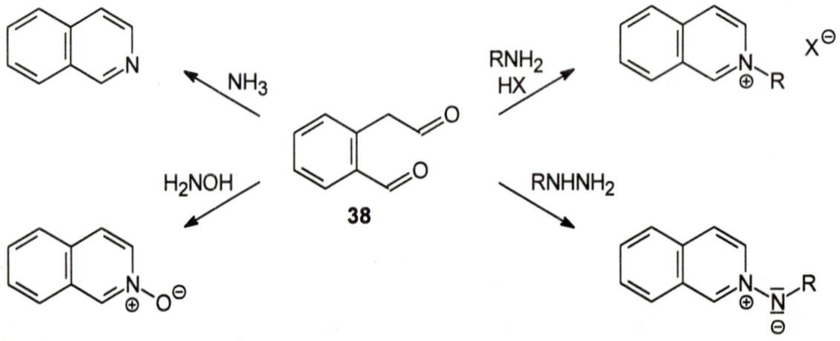

Wie die Beispiele **40/42** zeigen, ist dieses Synthese-Prinzip auch mit analog zu **38** funktionalisierten, jedoch auf höherer Oxidationsstufe befindlichen biselektrophilen Systemen wie (*o*-Formylphenyl)- oder (*o*-Cyanphenyl)essigsäure-Derivaten **39/41** zu verifizieren:

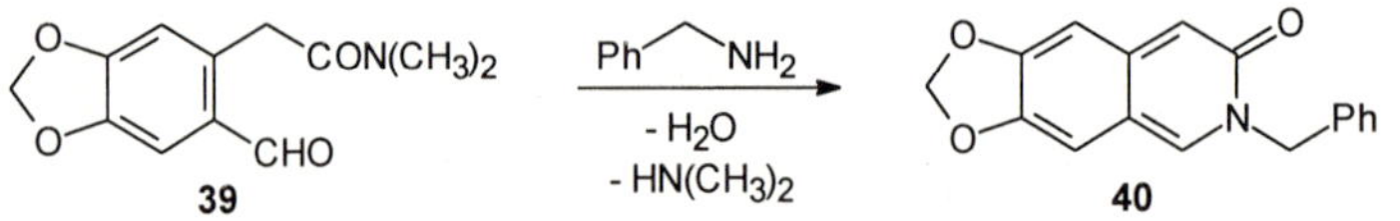

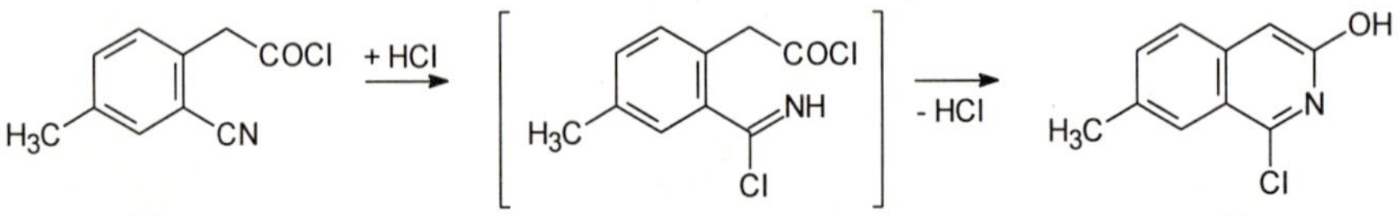

Die Dioxolan-geschützten *o*-(Aminomethyl)desoxybenzoine **44** – erhältlich aus den durch CLAISEN-Kondensation von *o*-Cyantoluol mit Arylcarbonestern zugänglichen (*o*-Cyanbenzyl)arylketonen **43** – werden durch Behandlung mit Säuren und nachfolgende Dehydrierung via 1,4-Dihydroisochinoline in 3-Arylisochinoline **45** übergeführt:

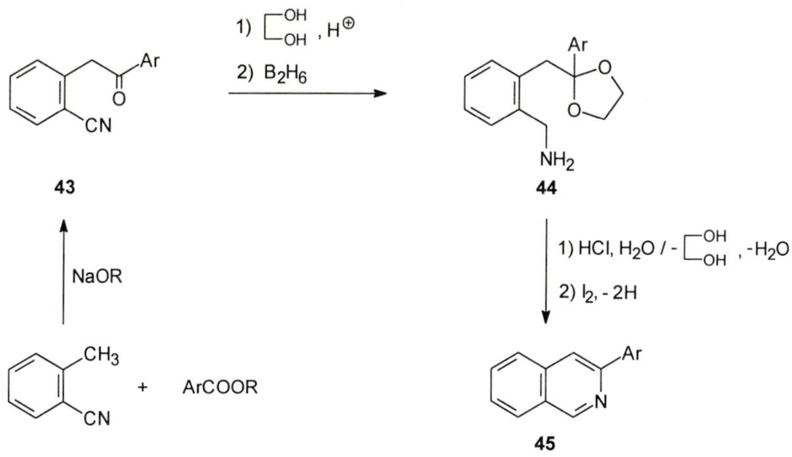

❷ Größere präparative Bedeutung besitzen die nachfolgenden Isochinolin-Synthesen, die intramolekulare S$_E$Ar-Reaktionen zum Aufbau des Heterocyclus benutzen[88]. So cyclisieren *N*-(2-Arylethyl)amide **46** mit starken Protonensäuren (H$_2$SO$_4$, Polyphosphorsäure), LEWIS-Säuren oder POCl$_3$ zu 1-substituierten 3,4-Dihydroisochinolinen **47** (BISCHLER-NAPIERALSKI-Synthese):

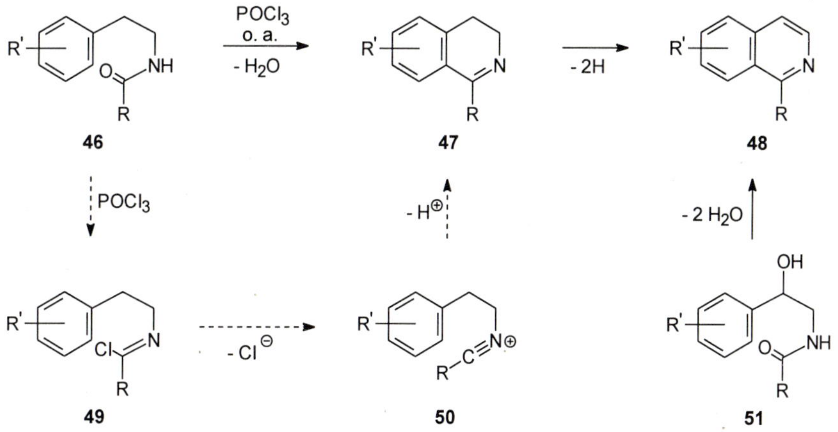

Der Mechanismus der durch POCl$_3$ bewirkten Cyclodehydratisierung ähnelt im Primärschritt der VILSMEIER-Reaktion und verläuft über Chlorimine **49** (resp. deren konjugate Säuren) und – als Hexachloroantimonate isolierbare – Nitriliumionen **50** als Elektrophile. Die 3,4-Dihydroisochinoline können konventionell, z.B. katalytisch, zu Isochinolinen **48** dehydriert werden.

Elektronenspendende Substituenten in *m*-Position des *N*-(2-Arylethyl)amids erleichtern den Ringschluß und führen zu 6-substituierten 3,4-Dihydroisochinolinen, *p*-Substituenten können die Cyclisierung verhindern. Die Anwendungsbreite des der BISCHLER-NAPIERALSKI-Synthese zugrunde liegenden Reaktionsprinzips unterstreichen die Cyclisierung des aliphatischen Systems **52** zum 3,4-Dihydroisochinolin **53**, von Cinnamylisocyanaten **54** zu 1-Isochinolonen **55** sowie von 2-(Acylamino)biphenylen zu Phenanthridinen (s.S.357):

2-Hydroxysubstituierte *N*-(2-Arylethyl)amide **51** führen unter BISCHLER-NAPIERALSKI-Bedingungen direkt zu Isochinolinen **48**; da auf der Dihydroisochinolin-Stufe säurekatalysierte H$_2$O-Eliminierung eintritt, entfällt der Dehydrierungsschritt (PICTET-GAMS-Synthese). Die Edukte **51** sind z.B. aus 5-Aryl-2-oxazolinen (s.Beispiel **57**) zugänglich.

Nachstehend werden am Beispiel der Synthesen des Alkaloids *Papaverin* **56** die beiden methodischen Varianten einander gegenübergestellt:

❸ Arylaldehyde setzen sich in stark saurem Medium mit Aminoacetaldehydacetalen unter Bildung von Isochinolinen um (POMERANZ-FRITSCH-Synthese):

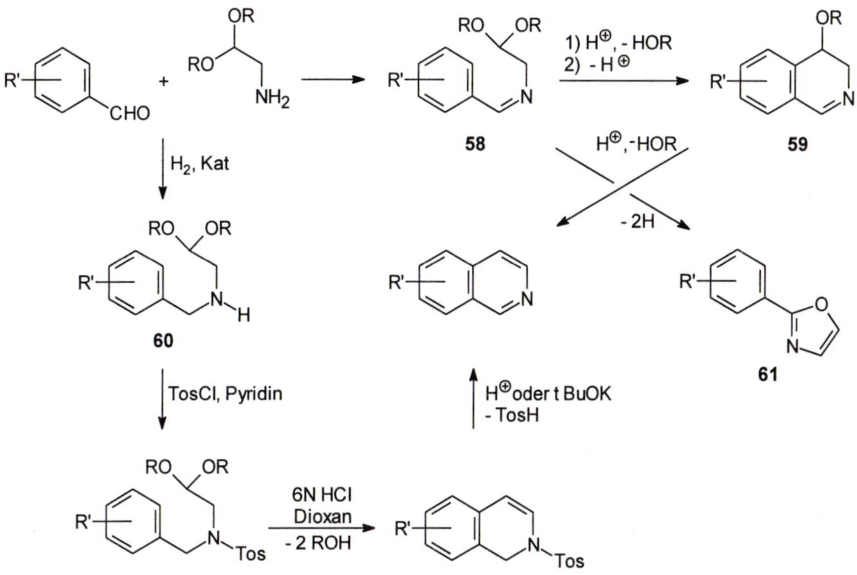

Primär entstehen (Arylimino)acetale **58**; diese werden über Carboxoniumionen zu 4-Alkoxy-3,4-dihydroisochinolinen **59** cyclisiert, deren ROH-Eliminierung Isochinoline ergibt. Der elektrophile Cyclisierungsschritt wird durch *m*- und *o*-Donor-Substituenten im Arylaldehyd gefördert, Akzeptor-Substitution (insbesondere NO$_2$-Gruppen) begünstigt einen alternativen dehydrierenden Ringschluß zu Oxazolen **61**.

Eine präparative Verbesserung bringt die Verknüpfung von Arylaldehyd und Aminoacetal unter den Bedingungen einer reduktiven Aminierung zum sekundären Amin **60**. Dessen Tosylat **62** cyclisiert im sauren Medium unter zusätzlicher ROH-Eliminierung zum *N*-Tosyl-1,2-dihydroisochinolin **63** und ergibt durch Eliminierung von Toluolsulfinsäure das Isochinolin. Wie das Beispiel **64** zeigt, können auch 1,2,3,4-Tetrahydroisochinoline nach POMERANZ-FRITSCH erhalten werden:

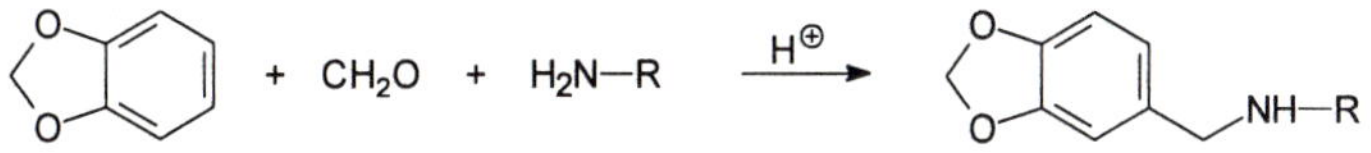

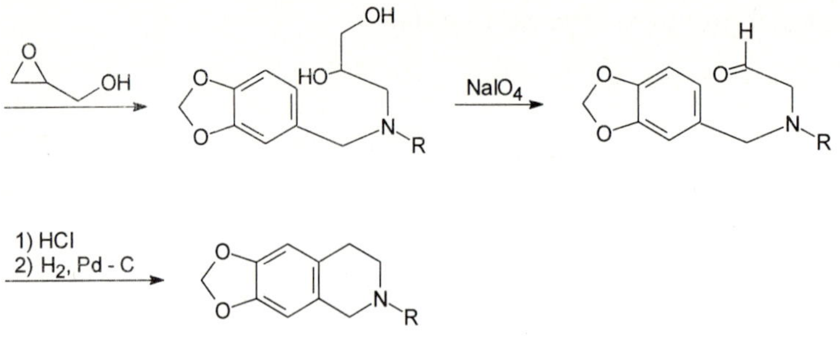

④ Die säurekatalysierte Cyclokondensation von (2-Arylethyl)aminen mit Aldehyden ist die wichtigste Methode zur Gewinnung von 1,2,3,4-Tetrahydroisochinolinen **66** (PICTET-SPENGLER-Synthese):

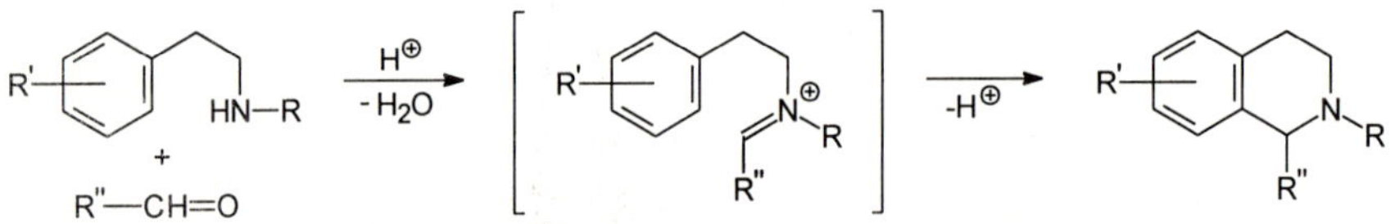

Im Primärschritt entsteht analog zur MANNICH-Reaktion ein Immoniumion **65**, das für den elektrophilen Ringschluß verantwortlich ist. Dieser Prozeß läuft bei Anwesenheit von Donor-Substituenten in der Amin-Komponente schon unter sehr milden Bedingungen ab (s. Beispiel **67**) und ist als Aufbauprinzip für heterocyclische Ringsysteme bei der Biogenese von Alkaloiden von fundamentaler Bedeutung (vgl.S.348).

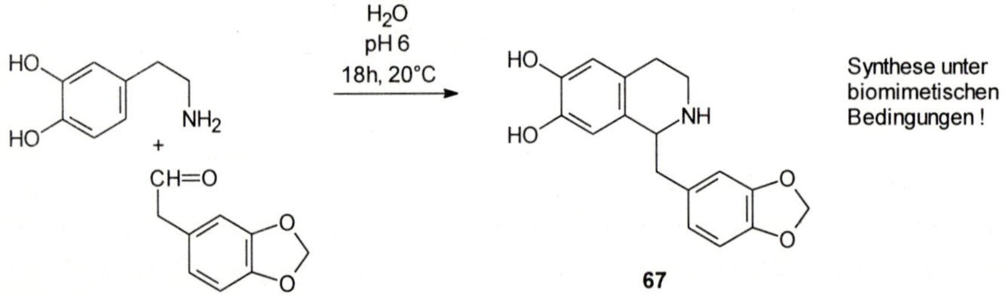

In einer Variante der PICTET-SPENGLER-Synthese werden Aldimine des Typs **68** durch Acylierung mit Säurechloriden in Gegenwart von AlCl₃ über α-Chloramine **69** zu N-Acyltetrahydroisochinolinen **70** cyclisiert:

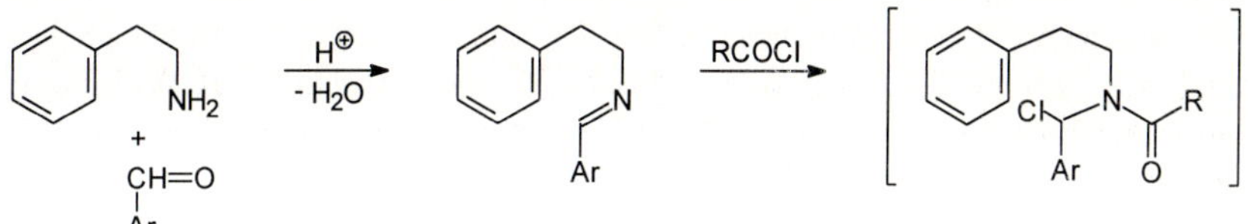

6.17 Isochinolin

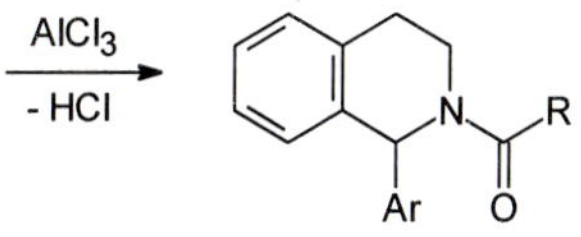

❺ Eine vom Prinzip her interessante Isochinolin-Synthese benutzt zur Knüpfung der C=N-Bindung eine intramolekulare Aza-WITTIG-Reaktion von (o-Acylstyryl)azayliden **72** unter Bildung von 1-substituierten Isochinolin-3-carbonestern **73**[89]:

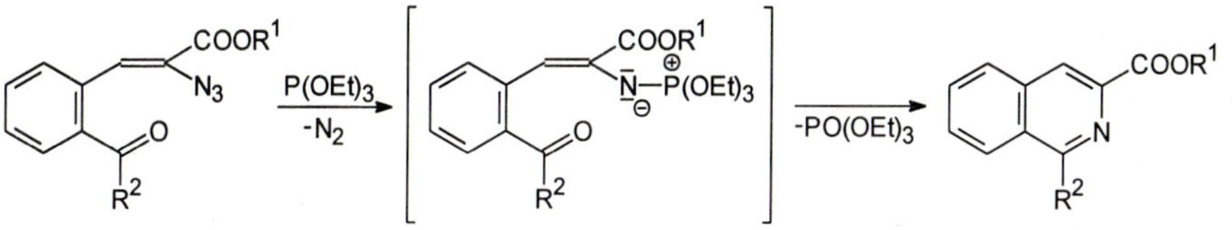

Die Azaylide **72** entstehen als Intermediate bei der Reaktion von Azidozimtsäureestern **71** mit P(OEt)$_3$. Sowohl die Ylid-Bildung als auch Aza-WITTIG-Reaktion erfolgen unter milden und neutralen Bedingungen (20-35°C).

❻ Wie beim Chinolin sind auch für Isochinolin-Derivate Bildungsweisen durch Ringtransformationen anderer Heterocyclen bekannt. Als Beispiel diene der aus Phthalsäureanhydrid und Isocyanessigester zugängliche Oxazol-4-carbonester **74**, der im sauren Medium – wohl unter Hydrolyse zur Enaminocarbonsäure **76** und deren Cyclisierung – in den 1-Isochinolon-3-carbonester **75** übergeht:

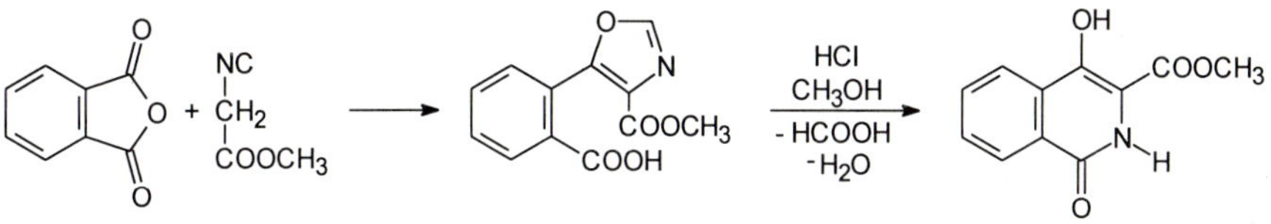

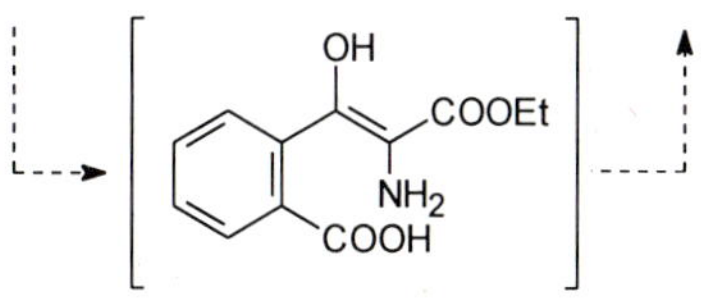

D **Isochinolin**, Schmp. 26°C, Sdp. 243°C, ist eine farblose, angenehm riechende Substanz. Isochinolin kommt im Steinkohlenteer und im Knochenteer vor, zur Basizität s.S.335. Isochinolin-Derivate sind in der Natur weit verbreitet[89a]. Die *Isochinolin-Alkaloide* stellen mit über 600 bekannten Vertretern eine der größten Alkaloid-Gruppen dar. Bis auf einige einfache Systeme vom Anhalonium-Typ, z.B. *Anhalamin* **77** und *Anhalonidin* **78**, Inhaltsstoffen des Peyotl-Kaktus,

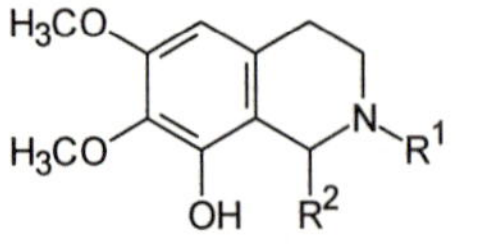

77: $R^1 = R^2 = H$
78: $R^1 = H, R^2 = CH_3$

leiten sich die Isochinolin-Alkaloide vom 1-Benzylisochinolin ab. Zentraler Biogenese-Schritt ist die – in der PICTET-SPENGLER-Synthese (s.S.346) genutzte – MANNICH-Cyclisierung der auf die proteinogene Aminosäure Tyrosin zurückgehenden Bausteine (3,4-Dihydroxyphenyl)ethylamin **79** und (3,4-Dihydroxyphenyl)acetaldehyd **80** zum Benzyltetrahydroisochinolin-Derivat *Norlaudanosolin* **81**:

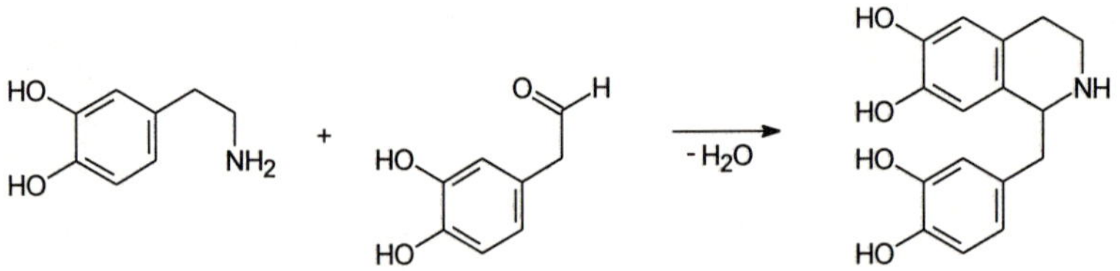

Von der biogenetischen Schlüsselverbindung **81** leiten sich die anderen Isochinolin-Alkaloide durch weitere Transformationen, vor allem oxidative Phenolkupplungen am Isochinolinring und Benzylrest, ab. Man unterscheidet eine Reihe von Strukturtypen der Isochinolin-Alkaloide wie z.B. die Systeme **82-87** (Einzelvertreter und weitere Details siehe Lehrbücher der Naturstoffchemie).

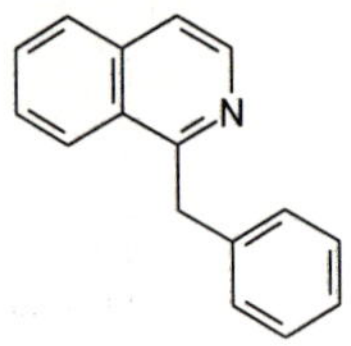

82
Benzylisochinolin - Typ

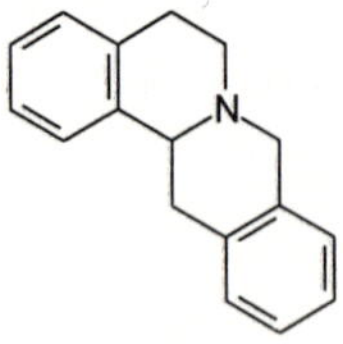

83
Protoberberin - Typ

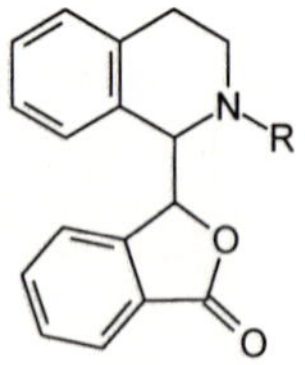

84
Phthalidisochinolin - Typ

85
Pavin - Typ

86
Aporphin - Typ

87
Morphinan - Typ

Isochinolin-Derivate sind auch unter den pharmazeutischen Wirkstoffen vertreten. Das altbekannte Isochinolin-Alkaloid *Papaverin* **56** (Synthese s.S.344) ist auch heute noch als Spasmolyticum von Bedeutung. Das Antidepressivum *Nomifensin* **88** und der Bilharziose-Wirkstoff *Praziquantel* **89** sind vom 1,2,3,4-Tetrahydroisochinolin abgeleitet.

88

89

6.18 Chinoliziniumion

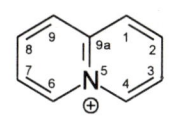

A Das Chinoliziniumion leitet sich strukturell vom Naphthalin durch Ersatz eines C-Atoms in der Annelierungs-Position (4a) gegen einen Azonia-Stickstoff ab. In Abweichung von der Nomenklatur-Konvention (s.S.9) bezeichnet man reduzierte Systeme wie **1 - 3** als *Chinolizine*, das Perhydro-System **4** (4a-Azadecalin) als *Chinolizidin*:

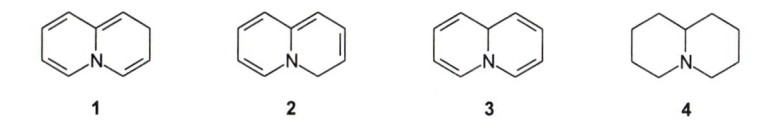

1   **2**   **3**   **4**

Das Chinoliziniumion wird aufgrund seiner spektroskopischen Daten (vgl. Chinolin/Isochinolin, S.317/ 336) als aromatisches System angesehen. Charakteristisch sind seine ^{1}H- und ^{13}C-NMR-Daten mit der starken magnetischen Entschirmung der zum Azonia-Stickstoff α-ständigen 4/6-Positionen:

UV (H$_2$O) λ (nm) (ε)	^{1}H-NMR (D$_2$O) δ (ppm)	^{13}C-NMR (D$_2$O) δ (ppm)
226 (4,25)	H-1/H-9: 8,69	C-1/C-9: 127,9
272 (3,42)	H-2/H-8: 8,43	C-2/C-8: 138,0
310 (4,03)	H-3/H-7: 8,14	C-3/C-7: 125,0
323 (4,23)	H-4/H-6: 9,58	C-4/C-6: 137.0
(Perchlorat)	(Bromid)	(Bromid)

B Die **Reaktionen** des Chinoliziniumions zeigen Analogien zum Pyridiniumion (s.S.277/280). Als deaktiviertes Heteroaren hat das Chinoliziniumion kaum Tendenz zu elektrophilen Reaktionen. Eine der wenigen Ausnahmen ist die Bromierung, die zunächst zum Perbromid **5** und erst unter drastischen Bedingungen nach S$_E$Ar-Modus zum 1-Substitutionsprodukt **6** führt:

Mit Nucleophilen erfolgen definierte Substitutionsreaktionen bei Anwesenheit von Halogen in 4-Position des Chinoliziniumions; so erhält man mit Natriumsulfid das Thion **7**, mit Natriummalonester die Methylenverbindung **8**:

Auch nucleophile Ringöffnungsreaktionen werden beobachtet, so z.B. mit sekundären Aminen zu den Aminodienen **9** oder mit Aryl-GRIGNARD-Verbindungen zu den Aryl-1,3-dienen **10**:

6.18 Chinoliziniumion

Schließlich besitzen 2- oder 4-Methylgruppen am Chinoliziniumion analog zu den Pyridiniumionen (s.S. 282) Seitenketten-Reaktivität und ermöglichen C-C-Verknüpfungs-Reaktionen.

C Die **Synthese** von Chinoliziniumionen erfolgt nach den Vorgaben ihrer *Retrosynthese*, deren Operationen (Schnittstellen **a** und **b**) im Sinne von Retro-Aldol-Reaktionen zu Edukt-Vorschlägen **11/12** resp. **13/14** führen:

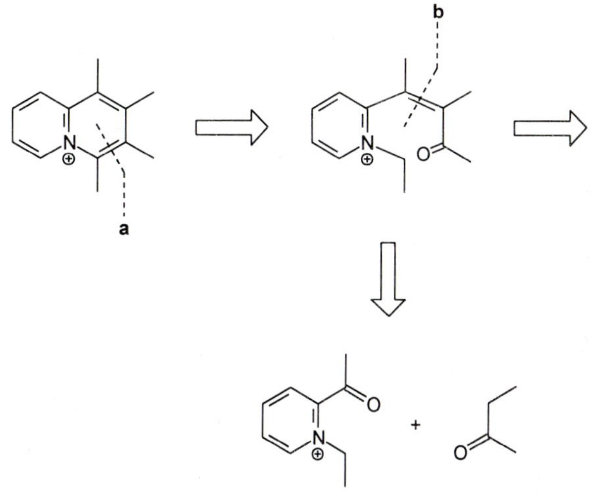

❶ Pyridiniumsalze **15**, die in 2-Stellung eine Alkylgruppe und in 1-Stellung einen Acyl-, Alkoxycarbonyl- oder Cyanomethylen-Rest besitzen, cyclokondensieren mit 1,2-Dicarbonylverbindungen basekatalysiert zu Chinoliziniumionen **16** (WESTPHAL-Synthese):

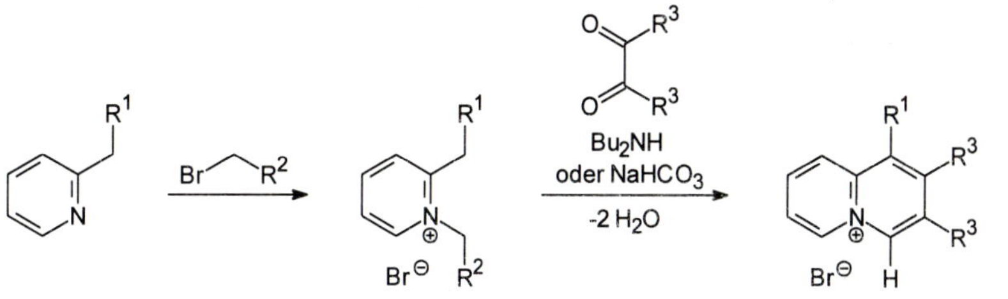

R^1 = Alkyl
R^2 = COR, COOR, CN
R^3 = Alkyl, Aryl

Dabei erfolgen zweimalige Aldol-Kondensation und Abspaltung des Restes R^2 im Zuge einer Säure-Spaltung.

❷ Eine Modifikation der WESTPHAL-Synthese geht von α-substituierten Pyridinen **18** aus, die durch O-Acetylierung der Aldol-Addukte **17** aus Pyridin-2-carbaldehyden und Methylenketonen erhalten werden. Die Pyridine **18** quaterniert man mit Bromessigester oder Bromacetonitril zu **19** und cyclisiert unter Basekatalyse zu den 2,3-disubstituierten Chinoliziniumionen **20**:

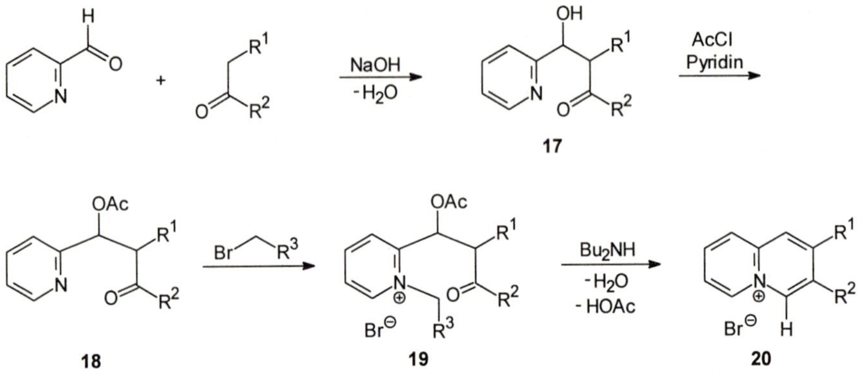

❸ Derivate des 1-Chinolizons **21** gewinnt man durch Cyclokondensation von 2-(Acylmethyl)pyridinen mit Alkoxymethylenmalonestern oder den entsprechenden Nitroverbindungen:

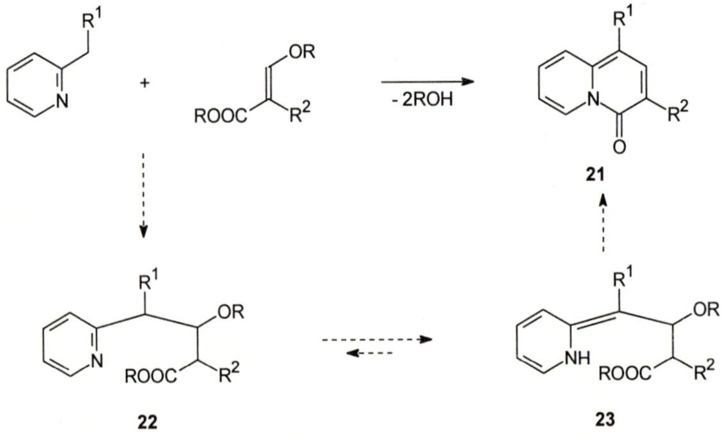

Für den Reaktionsablauf ist primär MICHAEL-Addition zu **22**, dann Tautomerisierung zu **23** und intramolekulare Lactam-Bildung anzunehmen.

| D | Chinolizidin-Alkaloide kommen insbesondere in den Gattungen Lupinus, Cytisus und Genista der Schmetterlingsblütler (Fabaceen) vor. Typische Vertreter sind *Lupinin* **24**, *Cytisin* **25** und *Spartein* **26**. Spartein, das Hauptalkaloid des Besenginsters (Cytisus scoparius) wird bei Reizleitungsstörungen des Herzens therapeutisch eingesetzt.

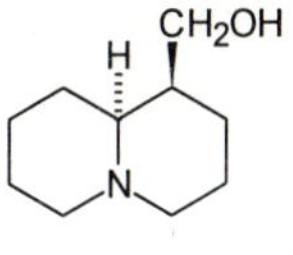

24 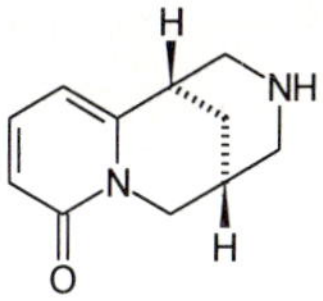 **25** 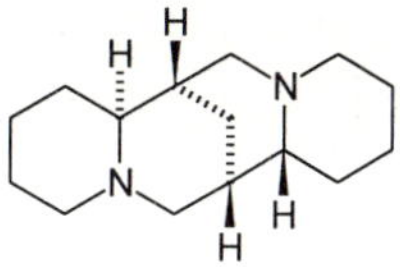 **26**

Das Dibenzo[a,g]chinolizinium-Derivat *Coralyn* **27** (SCHNEIDER 1920) war vor der Synthese der Stammverbindung (BÖKELHEIDE 1954) bekannt. Coralyn besitzt antileukämische Aktivität[90].

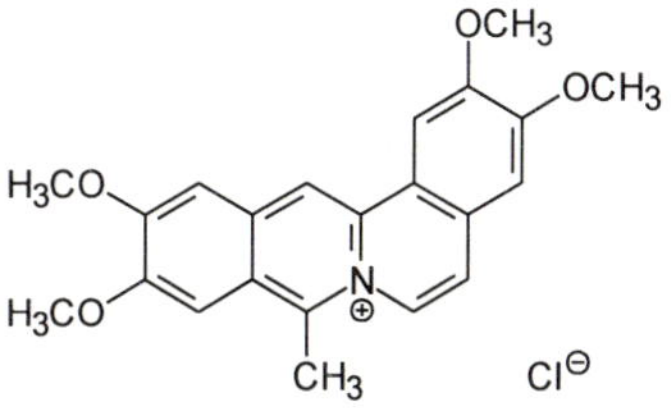

27

6.19 Dibenzopyridine

A | Vom Pyridin leiten sich zwei neutrale Dibenzannelierungsprodukte ab, das linear annelierte *Acridin* **1** (Dibenzo[b,e]pyridin) und das angular annelierte *Phenanthridin* **2** (Dibenzo[b,d]-pyridin):

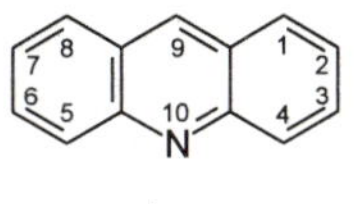

1 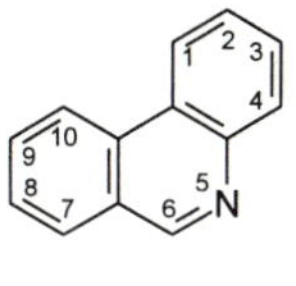 **2**

Acridin resp. Phenanthridin sind durch folgende UV- und ^{13}C-NMR-spektroskopischen Daten charakterisiert:

	UV (Ethanol) λ (nm) (ε)	^{13}C-NMR (CDCl$_3$) δ (ppm)			
Acridin	249 (5,22)	C-1:	129,5	C-9:	135,9
	339 (3,81)	C-2:	128,3	C-1a:	126,6
	351 (4,0)	C-3:	125,5	C-4a:	149,1
	379 (3,44)	C-4:	130,3		
Phenanthridin	245 (4,65)	C-6:	153,1	C-1/C-10:	121,0/121,3
	289 (4,01)	C-4a:	144,1	C-2/C-9:	127,0/126,6
	330 (3,27)	C-7a:	142,0	C-3/C-8:	128,3/128,2
	346 (3,27)			C-4/C-7:	130,4/129,8
				C-1a/C-10a:	126,6/123,7

Die UV-Daten der beiden Dibenzopyridine korrelieren mit Anthracen [(n-Hexan, nm, lg ε): 252 (5,34), 339 (3,74), 356 (3,93), 374 (3,93)] und Phenanthren [(n-Hexan, nm, lg ε): 251 (4,83), 292 (4,17), 330 (2,40), 346 (2,34)].

B Die **Reaktionen** der Dibenzopyridine zeigen Analogien zu Pyridin/Chinolin/Isochinolin. Acridin und Phenanthridin werden durch starke Protonensäuren N-protoniert, durch Halogenalkane N-alkyliert und durch Peroxysäuren in *N*-Oxide übergeführt. Elektrophile Substitutionsreaktionen erfolgen am Acridin häufig als Disubstitution in 2- und 7-Stellung (so bei der Nitrierung zu **3**), am Phenanthridin als Monosubstitution in unterschiedlichen Positionen (so bei der Nitrierung hauptsächlich in 1- und 10-Position zu **4/5**):

Nucleophile Substitution erfolgt am Phenanthridin im Rahmen von TSCHITSCHIBABIN-Aminierung und ZIEGLER-Reaktion mit Li-Organylen einheitlich in 6-Stellung.

Acridin jedoch zeigt gegenüber Nucleophilen ein differenziertes Verhalten. Bei der TSCHITSCHIBABIN-Aminierung mit NaNH$_2$ erfolgt in flüssigem NH$_3$ ausschließlich Substitution unter Bildung von 9-Aminoacridin **6**, in *N*,*N*-Dimethylanilin dagegen entsteht 9,9'-Biacridanyl **7** als Hauptprodukt:

Für die Bildung von **7** wird ein SET-Mechanismus (s.S.278) verantwortlich gemacht[39].

Lithiumorganyle können an Acridin über die 9-Stellung unter Bildung von Acridanen (9,10-Dihydroacridinen) addieren, C-H-acide Komponenten ebenfalls. So entsteht mit Nitromethan im basischen Medium das Addukt **8**, mit Phenylmethylsulfon über das Addukt **9** und zusätzliche Eliminierung von Phenylsulfinsäure 9-Methylacridin **10**:

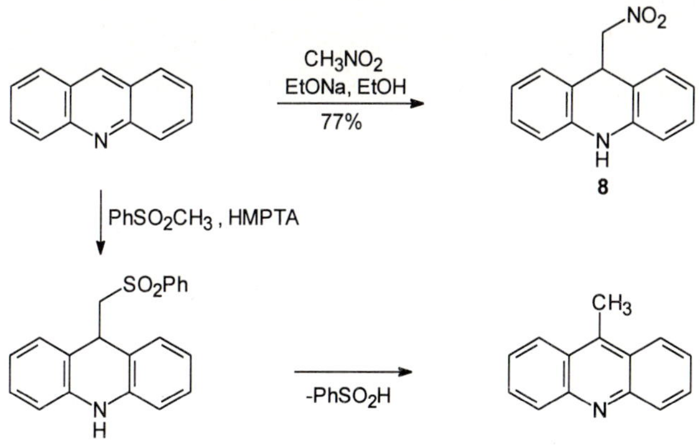

9-Halogenacridine und 6-Halogenphenanthridine gehen (in Analogie zu den entsprechenden Pyridin-, Chinolin- und Isochinolinverbindungen, vgl. z.B. S.338) glatt S_NAr-Reaktionen ein.

Phenanthridin geht an der C-6/N-Bindung die REISSERT-Reaktion (s.S.321/338) mit KCN/C_6H_5COCl ein und wird, z.B. durch Sn/HCl oder katalytische Hydrierung über RANEY-Ni, zu 5,6-Dihydrophenanthridin reduziert. Bei Acridin kann die Reduktion sowohl im Pyridinring (mit Zn/HCl unter Bildung von Acridan **11**) als auch an den Benzolringen (durch katalytische Hydrierung über Pt in salzsaurem Medium unter Bildung des Pyridins **12**) erfolgen:

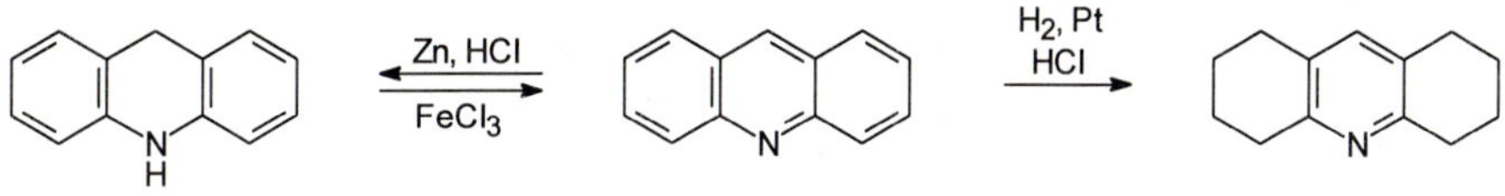

Acridin wird durch Dichromat in Eisessig zum Acridon **13** oxidiert, durch Permanganat im alkalischen Medium zu Chinolin-2,3-dicarbonsäure **14** abgebaut:

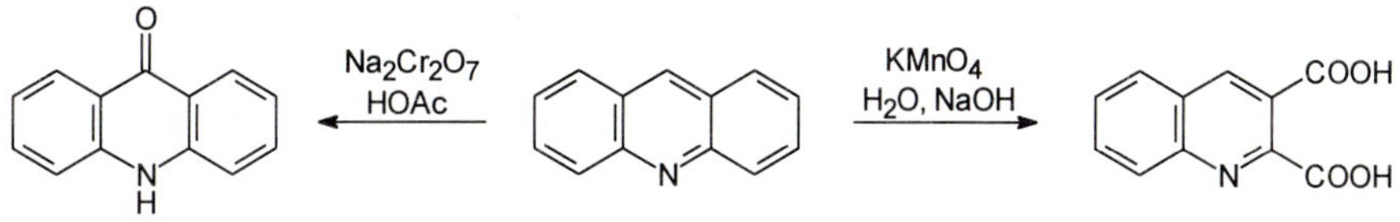

Phenanthridin wird durch Reaktion mit Ozon und nachfolgende Einwirkung von alkalischer H_2O_2-Lösung zu Phenanthridon **15** und Chinolin-3,4-dicarbonsäure **16** oxidiert:

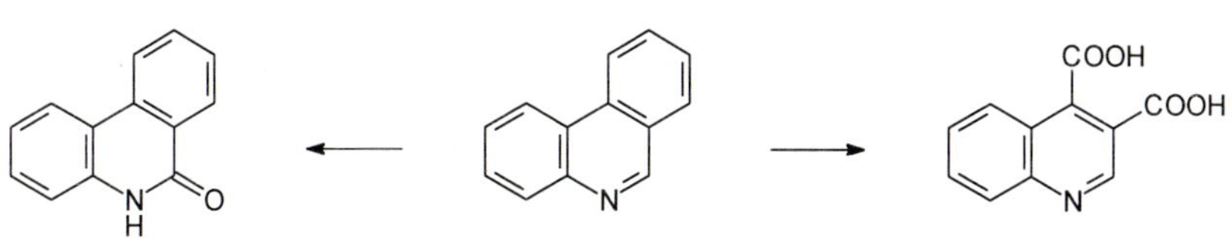

6 Sechsgliedrige Heterocyclen

C Zur **Synthese** von Acridinen und Phenanthridinen haben sich die nachfolgend beschriebenen Methoden bewährt.

❶ Primäre Arylamine ergeben durch Cyclokondensation mit Aldehyden in Gegenwart starker Mineralsäuren (H_2SO_4, HCl) und nachfolgende Dehydrierung Acridine **17** (ULLMANN-Synthese):

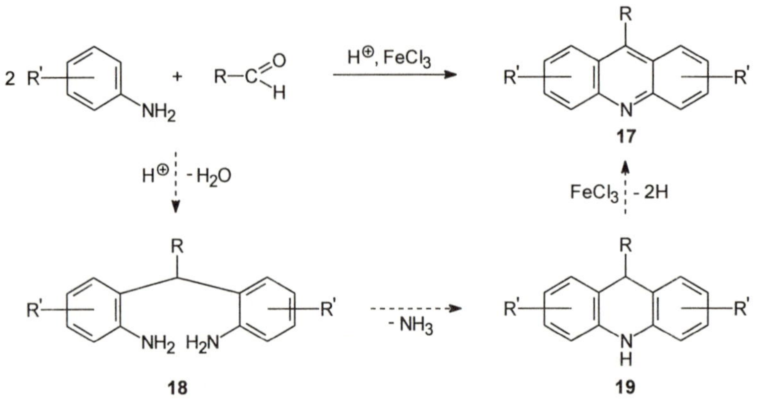

Dabei entstehen primär durch zweifache S_EAr-Reaktion Bis(o-aminophenyl)methane **18**, die nach ungeklärtem Mechanismus zu Acridanderivaten **19** cyclisieren; diese werden anschließend z.B. durch $FeCl_3$ zu Acridinen **17** dehydriert.

❷ Diphenylamin reagiert mit Carbonsäuren in Gegenwart von LEWIS-Säuren (z.B. $AlCl_3$, $ZnCl_2$) zu 9-substituierten Acridinen **20** (BERNTHSEN-Synthese):

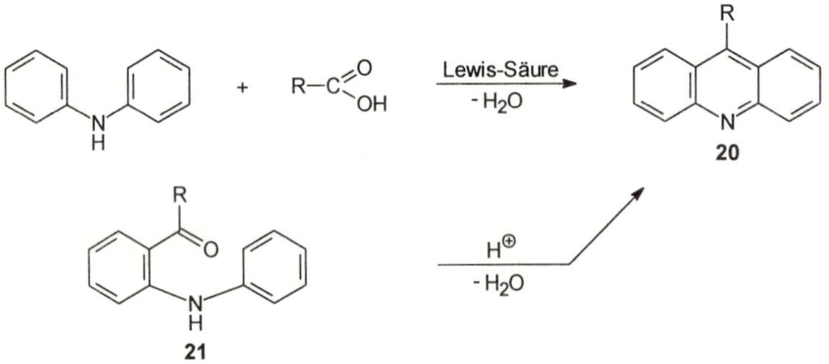

Alternativ dazu können Acridine **20** auch aus (o-Arylamino)phenylketonen **21** durch Cyclokondensation mit starken Säuren (H_2SO_4, Polyphosphorsäure) erhalten werden. Beide Cyclisierungen verlaufen als intramolekulare S_EAr-Reaktionen.

❸ (o-Arylamino)benzoesäuren **22** cyclisieren unter der Einwirkung von starken Säuren zu Acridonen **23**, unter der Einwirkung von $POCl_3$ zu 9-Chloracridinen **25**:

Die (*o*-Arylamino)benzoesäuren **22** erhält man entweder durch ULLMANN-Reaktion von *o*-Halogenbenzoesäuren und primären aromatischen Aminen in Gegenwart von Cu-Pulver im basischen Medium oder aus dem *N*-Aryl-*N*-benzoyl-*o*-aminobenzoesäureestern **24**, die durch CHAPMAN-Umlagerung der Imidate **26** zugänglich sind.

❹ Phenanthridine **28** gewinnt man durch Cyclodehydratisierung von 2-(Acylamino)biphenylen **27** mit POCl₃:

Diese Reaktion entspricht der BISCHER-NAPIERALSKI-Synthese von Isochinolin (s.S.343) und verläuft als intramolekularer S$_E$Ar-Prozeß über Nitriliumionen als Zwischenstufen. Nach analogem Prinzip cyclisieren die – ebenfalls von 2-Aminobiphenyl abgeleiteten – Biphenylyl-2-isocyanate **29** unter Einwirkung von Polyphosphorsäure zu Phenanthridonen **30**.

❺ 2-Aminobiphenyl-2'-carbonsäuren **31** cyclisieren säurekatalysiert zu Phenanthridonen **32**, die mittels Zink oder LiAlH$_4$ zu Phenanthridinen **34** reduziert werden können. Die Aminobiphenylcarbonsäuren **31** sind aus den entsprechenden Nitroverbindungen **33** durch Reduktion zugänglich.

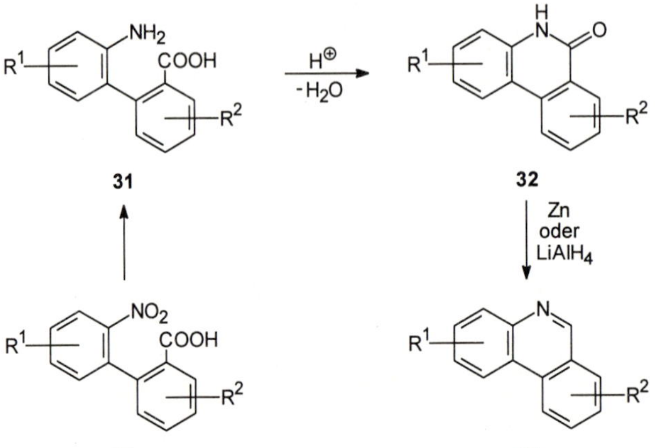

D **Acridin**, Schmp. 110°C, Sdp. 346°C unter Sublimation, ist wie Phenanthridin in der Anthracen-Fraktion des Steinkohlenteers enthalten. Es bildet farblose Nadeln, seine Lösungen zeigen eine intensive blaue Fluoreszenz. Acridin ist eine schwache Base (pK_a = 5,60).

Phenanthridin, Schmp. 108°C, ist eine farblose, schwach basische Verbindung (pK_a = 4,52). Phenanthridin kann entweder durch Cyclisierung von 2-Formamidobiphenyl mittels POCl$_3$/SnCl$_4$ in Nitrobenzol oder durch Photolyse von Benzaldehydanil dargestellt werden:

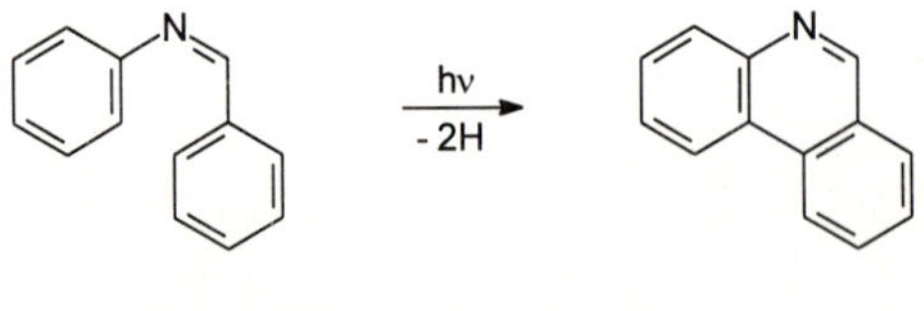

Vom Acridin, seltener vom Phenanthridin, leiten sich auch pharmazeutische Wirkstoffe ab, so die Antidepressiva und Tranquilizer *Clomacran* **35** und *Fantridon* **36**:

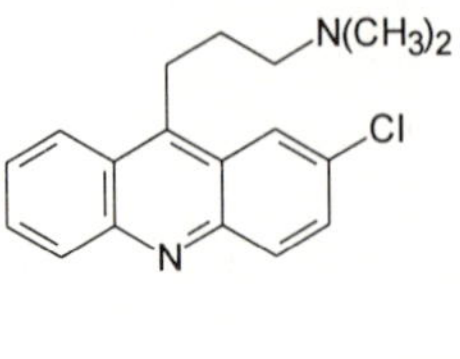

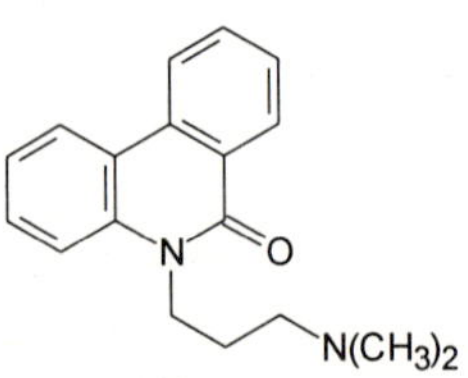

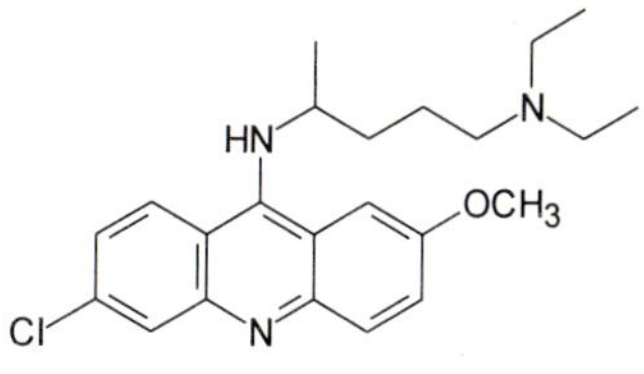

6.19 Dibenzopyridine

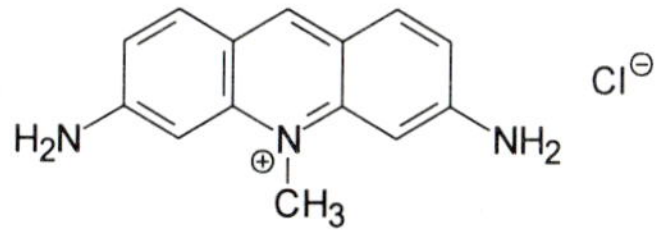

Atebrin **37** war bis zum zweiten Weltkrieg ein viel verwendetes Malariamittel, spielt jedoch wegen seiner Nebenwirkungen heute keine Rolle mehr. *Acriflaviniumchlorid A* **38** wird als Antisepticum eingesetzt.

Acridin-Farbstoffe sind wie **38** Aminoderivate des Acridins. So gewinnt man z.B. *Acridingelb G* **40** analog zu *Pyronin G* (s.S.266) ausgehend von 2,4-Diaminotoluol nach der BERNTHSEN-Synthese über die Leukoverbindung **39**:

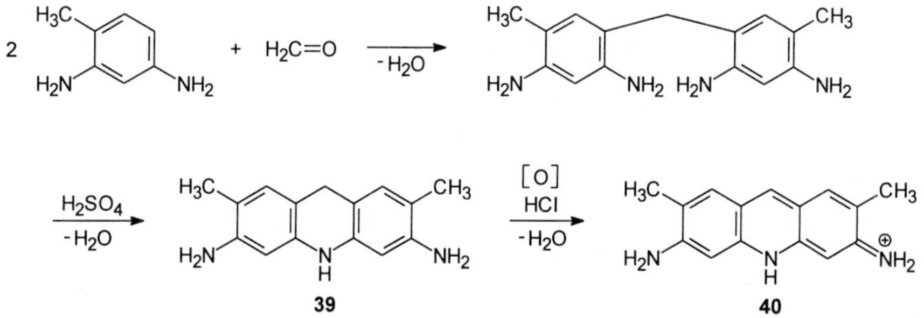

Das Bisacridiniumsalz **41** (*Lucigenin*) zeigt bei der Oxidation mit alkalischer H_2O_2-Lösung eine intensive grüne Chemiluminezenz. Für die Lichtemission ist das angeregte *N*-Methylacridon **43** verantwortlich, das durch elektrocyclische Ringöffnung des bei der Oxidation primär entstehenden Dioxetans **42** gebildet wird (s.S.47):

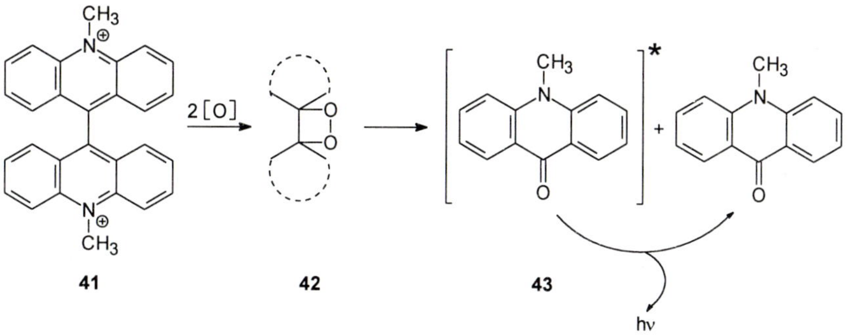

6.20 Piperidin

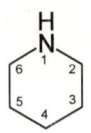

A Das Piperidinmolekül nimmt nach Strukturuntersuchungen an einer Reihe von kristallinen Derivaten eine Sesselform mit Torsionswinkeln von 53-56° ein, ist also etwas stärker gefaltet als Cyclohexan. Die NH-Bindung im Piperidin bevorzugt die äquatoriale Position; die Enthalpiedifferenz gegenüber der Form mit axialer NH-Bindung beträgt $\approx$ 2 kJ mol^{-1}, die freie Aktivierungsenthalpie der Ringinversion (Platzwechsel äquatorial/axial) $\approx$ 25 kJ mol^{-1}.

R = H, CH$_3$

Beim N-Methylpiperidin ist die Sesselkonformation mit äquatorialer N-CH$_3$-Gruppe gegenüber der Konformation mit axialer Anordnung um 11,3 kJ mol^{-1} stabiler.

Piperidin besitzt folgende ^{1}H- und ^{13}C-NMR-spektroskopische Daten:

^{1}H-NMR (CDCl$_3$) $\qquad\qquad$ ^{13}C-NMR (CDCl$_3$)
δ (ppm) $\qquad\qquad\qquad\quad$ δ (ppm)

H-2/H-6: 2,77   H-3/H-4/H-5: 1,52 $\qquad$ C-2/C-6: 47,5   C-3/C-5: 27,2   C-4: 25,5

C Die **Synthese** von Piperidinen kann erfolgen

❶ durch Ringschluß von 1-Amino-5-halogenalkanen:

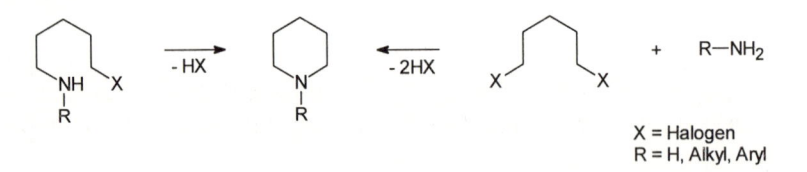

X = Halogen
R = H, Alkyl, Aryl

Dabei erfolgt eine intramolekulare S$_N$-Reaktion; dementsprechend bilden sich Piperidine auch bei der Cyclisierung von 1,5-Dihalogenalkanen mit primären Aminen.

❷ durch reduktive Cyclisierung von Pentandiamiden oder -dinitrilen mittels H$_2$ über Cu-Chromit:

6.20 Piperidin

[Reaktionsschema: Diamid mit R' und zwei CONHR-Gruppen → Piperidin-Derivat mit R' und N-R, durch H₂/Cu-Chromit]

❸ durch katalytische Hydrierung von Pyridin-Derivaten (s.S.292):

[Reaktionsschema: Pyridin mit R → Piperidin mit R und NH, durch H₂/Katalysator]

Wichtige Piperidin-Derivate sind die 4-Piperidone. Für ihre Synthese stehen andere Methoden zur Verfügung, so die DIECKMANN-Cyclisierung der Diester **1**, die THORPE-ZIEGLER-Cyclisierung der Dinitrile **2** oder die cyclisierende MANNICH-Reaktion von Dialkylketonen oder Acetondicarbonestern mit Aldehyden und primären Aminen:

[Reaktionsschemata 1 und 2: Dieckmann- und Thorpe-Ziegler-Cyclisierungen zu 4-Piperidonen]

D | **Piperidin** ist eine farblose, mit Wasser mischbare, widerwärtig riechende Flüssigkeit vom Sdp. 106°C. Es zeigt die für sekundäre Amine typischen Eigenschaften und ist eine stärkere Base (pK_a = 11.2) als Pyridin (pK_a = 5.2). Piperidin wird technisch durch katalytische Hydrierung von Pyridin gewonnen.

Die Konstitutionsermittlung von Piperidin-Derivaten (s.u.) erfolgte früher durch chemischen Abbau unter gezielter Aufspaltung des Piperidinringes. Dabei kamen drei Methoden zur Anwendung:

❶ Erschöpfende Methylierung am Piperidin-Stickstoff und HOFMANN-Abbau des entsprechenden quartären Ammoniumhydroxids:

Wird diese Reaktionsfolge am Piperidin selbst durchgeführt, so entsteht Penta-1,4-dien, das sich unter den Reaktionsbedingungen in Penta-1,3-dien umlagert.

❷ Spaltung von *N*-Methylpiperidinen mit Bromcyan (V.BRAUN 1900):

❸ Spaltung von *N*-Benzoylpiperidinen mit Phosphortribromid (V.BRAUN 1910):

Piperidin-Alkaloide kommen nur in relativ wenigen Arten höherer Pflanzen vor, *Pipecolinsäure* **3** dagegen ist in höheren Pflanzen, Mikroorganismen und Tieren weit verbreitet. *Lobelin* **4** ist Hauptbestandteil der Lobelia-Alkaloide (Lobelia inflata, Campanulaceae), es wirkt bei Säugetieren atmungsanregend. *Piperin* **5** ist der Scharfstoff des schwarzen Pfeffers (Piper nigrum), es liefert als Amid bei der Hydrolyse *Piperinsäure* **6** und Piperidin (daher dessen Name !)[91]:

Weitere Piperidin-Alkaloide sind *Isopelletierin* **7** (aus dem Granatapfelbaum Punica granatum), *Coniin* **8** (Gift des gefleckten Schierlings, Conium maculatum, Apiaceae), *Arecolin* **9** (aus der Betelnuß, dem

Samen der Palme Areca catechu) und *Anabasin* (s.S.305). Piperidin-Alkaloide tierischer Herkunft sind *Pumiliotoxin B* **10** und *Histrionicotoxin* **11**. Das Toxin **10** beeinflußt die Kationen-Permeabilität der Zellmembran und erleichtert die Ca-Aufnahme, Toxine des Typs **11** sind wegen ihrer Wechselwirkung mit dem Acetylcholin-Rezeptor interessant. Eine Reihe von Sterol-Alkaloiden aus Solanaceen enthalten Piperidinringe als Bestandteile einer Tetrahydrofuran-Spirostruktur (Spirosolan-Typ **12**) oder eines Perhydroindolizin-Strukturelements (Solanidan-Typ **13**). *Nojirimycin* **14** gehört zu den Aminozuckern, in denen der Stickstoff die Position des Pyranose-Ringsauerstoffs einnimmt; **14** und sein Reduktionsprodukt *Deoxynojirimycin* sind potente ß-Glucosidase-Inhibitoren.

Die weit verbreiteten Tropa-Alkaloide enthalten das gesättigte C_5/C_6-Ringgerüst des *Tropans* (*N*-Methyl-8-azabicyclo[3.2.1]octans) **15**. Wichtige Vertreter sind *Atropin* und *Hyoscyamin* (Ester des Tropins **16** mit rac-Tropasäure resp. L-Tropasäure **17**), die z.B. in der Tollkirsche, dem Bilsenkraut und dem Stechapfel enthalten sind. Sie blockieren die Erregungsleitung durch Acetylcholin an der postsynaptischen Membran und wirken dadurch als Parasympatholytica. *Cocain* **18**, das Benzoat des Ecgoninmethylesters **19** (Konfiguration 2R,3S), ist das Hauptalkaloid der südamerikanischen Cocapflanze. Es wirkt als Lokalanästheticum sowie als Rauschgift und hemmt die aktive Wiederaufnahme von Noradrenalin in den entsprechenden Membranen.

Der Piperidinring ist der am häufigsten vorkommende Heterocyclus in pharmazeutischen Wirkstoffen, Piperidin selbst wird in der Arzneimittelsynthese oft als sekundäre Amin-Komponente verwendet. Die Lokalanästhetika *Mepivacain* und *Bupivacain* **20/21** gehören zur Gruppe der Pipecolinsäure-Derivate, das Antihistaminicum *Bamipin* **22** und das Analgeticum *Fentanyl* **23** zu den 4-Aminopiperidinen, das Antidiarrhoicum *Diphenoxylat* **24** und das Neurolepticum *Haloperidol* **25** zu den 4-Arylpiperidinen.

6.21 Phosphabenzol

Ersetzt man im Benzol formal eine CH-Gruppe durch dreiwertigen Phosphor, so resultiert λ^3-*Phosphorin* **1**, auch Phosphabenzol genannt. Ersatz durch fünfwertigen Phosphor ergibt λ^5-*Phosphorine* **2**. Gesättigte Sechsringe **3** mit dreiwertigem Phosphor nennt man *Phosphorinane*.

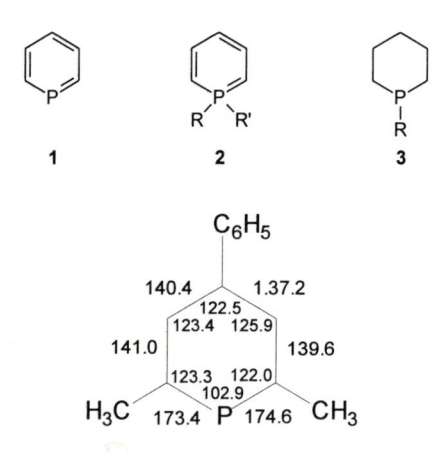

Abb. 6.15 Bindungsparameter des Phosphabenzol-Systems im 2,6-Dimethyl-4-phenyl-λ^3-phosphorin (Bindungslängen in pm, Bindungswinkel in Grad)

A Phosphabenzol besitzt, wie die Röntgenstrukturanalyse des 2,6-Dimethyl-4-phenyl-Derivats (s.Abb. 6.15) lehrt, die Geometrie eines aufgeweiteten ebenen Hexagons. In seinen NMR-Daten erfüllt Phosphabenzol zwar insgesamt die Kriterien eines delokalisierten 6π-Heteroarens mit diamagnetischem Ringstrom, die Elektronendichte-Verteilung zwischen den ß- und γ-Positionen ist jedoch umgekehrt wie beim Pyridin (s.S.270):

^{1}H-NMR (CDCl$_3$)		^{13}C-NMR (CDCl$_3$)	
δ (ppm)		δ (ppm)	
H-2/H-6: 8,61	H-4: 7,38	C-2/C-6: 151,1	C-4: 128,8
H-3/H-5: 2,72		C-3/C-5: 133,6	

Weitere Unterschiede zwischen Phosphabenzol und Pyridin zeigt der Vergleich der Elektronenspektren ihrer 2,4,6-Tri-*tert*-butyl-Derivate. Während die längstwelligen UV-Absorptionen beider Systeme praktisch identisch sind (262 nm), wird bei PE-Anregung das Phosphabenzol erheblich leichter ionisiert (8,0 und 8,6 eV) als das Pyridin (8,6 und 9,3 eV). Dies wurde unter Abstützung durch MO-Berechnungen dahingehend interpretiert, daß das oberste besetzte Molekülorbital im Phosphabenzol ein π-Orbital, im Pyridin jedoch das n-Orbital des Stickstoffs ist[92]. Phosphabenzol kann also als π-Donor-System, Pyridin als (π-defizientes) σ-Donor-System aufgefaßt werden.

B Dies ergibt sich auch aus den **Reaktionen** des Phosphabenzol-Systems[93]. Phosphabenzole zeigen gegenüber "harten" Säuren sehr niedrige Basizität, sie werden durch CF$_3$COOH nicht protoniert und durch Trialkyloxonium-Salze nicht alkyliert. "Weiche" Säuren dagegen können am Phosphor angreifen. So bildet 2,4,6-Triphenylphosphabenzol mit den Hexacarbonylen von Cr, W und Mo Produkte **4**, in denen der Phosphor mit dem Metall – möglicherweise unter Metall-P-Rückbindung – koordiniert; die Komplexe **4** lagern photochemisch oder thermisch zu den 6π-Heteroaren-Komplexen **5** um. 2,4,6-Triphenylpyridin wird zwar am Stickstoff protoniert, komplexiert jedoch mit Chromhexacarbonyl ausschließlich über die Phenylreste zu Arenkomplexen **6**[94].

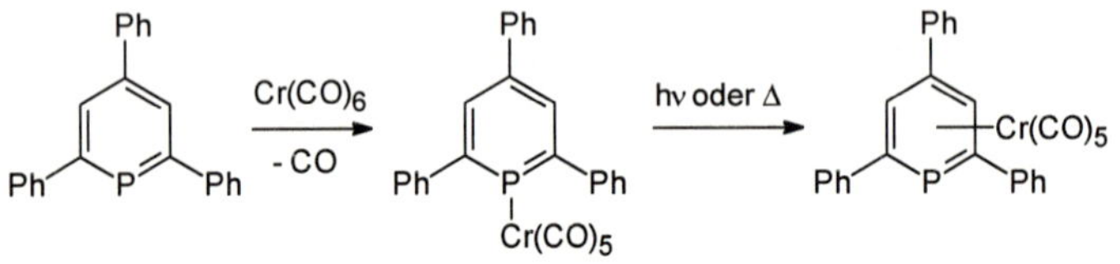

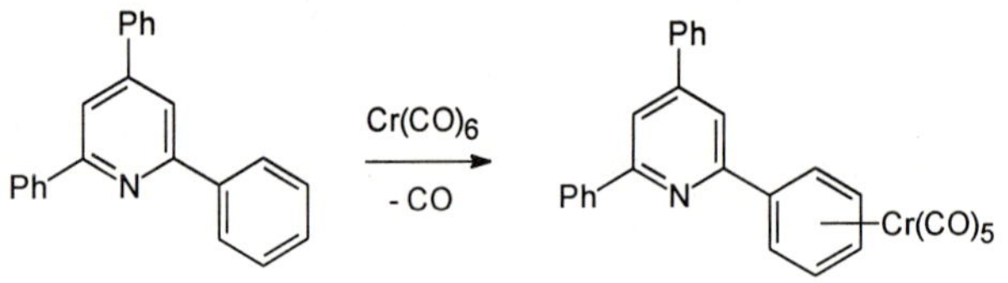

Nahezu alle anderen Reaktionen der Phosphabenzole verlaufen unter Einbeziehung des Phosphors. So erfolgt mit Hexafluorbut-2-in [4+2]-Cycloaddition unter Bildung des Phosphabarrelens **7**:

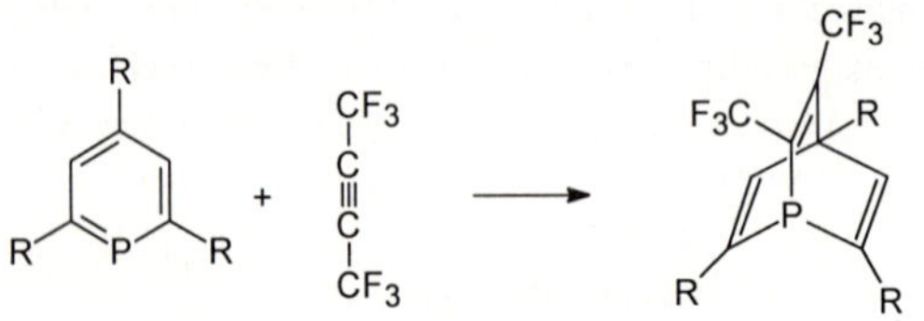

Nucleophile und radikalische Reaktionspartner können λ^3-Phosphorine in λ^5-Phosphorine umwandeln. So entstehen mit Alkoholen oder Aminen in Gegenwart von Hg(II)-acetat 1,1-Dialkoxy- oder 1,1-Diamino-λ^5-phosphorine **8**:

6.21 Phosphabenzol

Dabei wird zunächst ein Addukt **9** postuliert, in dem Hg(OAc)₂ als LEWIS-Säure gegenüber dem Heterocyclus fungiert; **9** reagiert in zwei Stufen mit dem Nucleophil unter Reduktion von Hg(II) zu Hg(0), also via **10**, zum Produkt **8**.

Lithiumorganyle addieren zu tieffarbigen Phophabenzolanionen **11**, die durch Halogenalkane zu den λ^5-Phosphorinen **12** P-alkyliert werden:

12 : R' = Alkyl, Aryl
13 : R' = Cl

Bei der Photochlorierung von Phosphabenzolen erfolgt eine radikalische Halogen-Addition am Phosphor unter Bildung von 1,1-Dichlor-λ^5-phosphorinen **13**, die für weitere Substitutionsreaktionen genutzt werden können.

λ^5-Phosphorine reagieren als cyclische Phosphorylide, z.B. **12a** ↔ **12b**. So ist am System **14** – im Gegensatz zu 4-Methylpyridin oder 4-Methylpyridiniumsalzen – keine Deprotonierung, wohl aber Hydrid-Abstraktion unter Bildung von definierten Carbenium-Phosphonium-Salzen **15** möglich; Folgereaktionen mit Nucleophilen erlauben Seitenketten-Funktionalisierung:

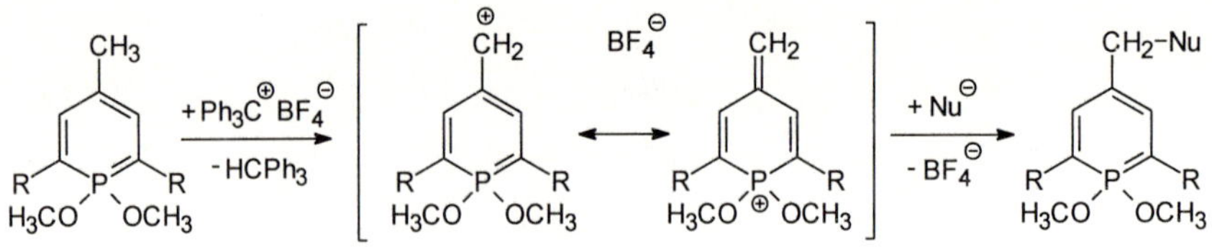

C | Zur **Synthese** von Phosphabenzolen sind zwei Methoden geeignet.

❶ 2,4,6-trisubstituierte Pyryliumsalze liefern mit Phosphin-Äquivalenten wie Tris(hydroxymethyl)-phosphin, Tris(trimethylsilyl)phosphin oder Phosphoniumiodid (nach dem allgemeinen Reaktionsprinzip von S.225) 2,4,6-trisubstituierte Phosphabenzole **16** (MÄRKL 1966):

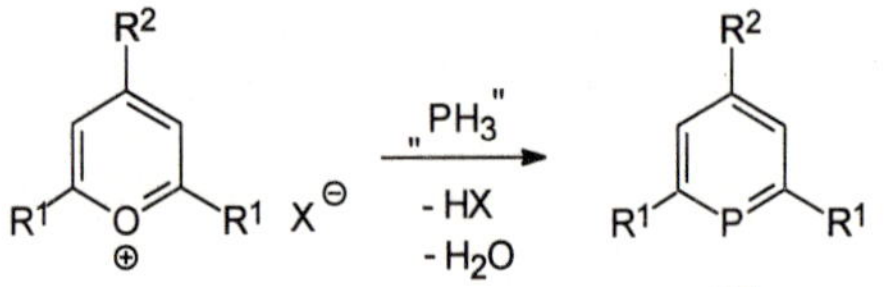

❷ Die Synthese der Stammverbindung ist nach Methode 1 nicht möglich. Sie erfolgt ausgehend von Penta-1,4-diin **17**, das mit Di-*n*-butylzinnhydrid unter cyclisierender Addition das Stannacyclohexa-1,4-dien **18** liefert; Zinn-Phosphor-Austausch mittels Phosphortribromid führt von **18** zum Dihydro-λ^3-phosphorin **19**, dessen Dehydrobromierung mit DBU zum Phosphabenzol (ASHE 1971):

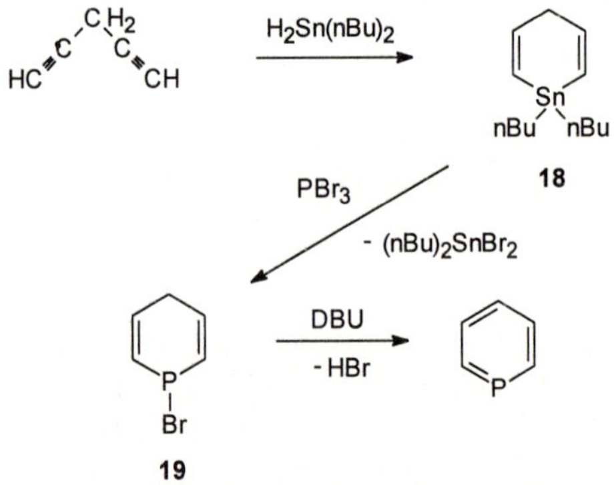

Nach dieser Methodik wurden auch die entsprechenden Sechsring-Heterocyclen mit As, Sb und Bi (*Arsenin, Antimonin* und *Bismin*) dargestellt.

In Weiterführung dieser Methodik werden 4-substituierte Phosphabenzole **23** aus 4-Methoxy-1,1-di(*n*-butyl)stannacyclohexa-1,4-dienen **20** gewonnen, dabei erfolgt Öffnung der C-Sn-Bindung durch *n*-Butyllithium zu den terminalen 1,5-Dilithiopenta-1,4-dienen **21**, Heterocyclisierung von **21** mit *n*-Butoxydichlorphosphin und Reduktion der Dihydrophosphorine **22** mit LiAlH$_4$ zu **23**:

Auch benzannelierte λ³-Phosphorine wie das Phosphanaphthalin **24**, das Phosphaanthracen **25** und das Phosphaphenanthren **26** sind dargestellt worden.

6.22 1,4-Dioxin, 1,4-Dithiin, 1,4-Oxathiin

Die Stammverbindungen 1,4-Dioxin **1** und 1,4-Dithiin **2** sind bekannt, 1,4-Oxathiin **3** nicht.

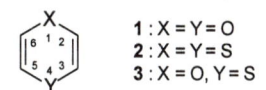

1: X = Y = O
2: X = Y = S
3: X = O, Y = S

A Die Systeme **1** und **2** zeigen nach Röntgenstrukturanalyse die planare Geometrie eines leicht verzerrten Hexagons (z.B. **2**: Bindungslängen C=C 129 pm, C-S 178 pm; Bindungswinkel C-S-C 100,2°, S-C-C 122,6° und 124,4°). Die NMR-Daten (z.B. ¹H-NMR: **1**: δ = 5,50 ppm, **2**: δ = 6,13 ppm) weisen **1** und **2** als cyclische Vinylether resp. Vinylthioether ohne Ringstromeffekte aus.

Von den Dibenzoderivaten Dibenzo[1,4]dioxin **4**, Thianthren **5** und Phenoxathiin **6** ist nach Röntgenstrukturanalyse **4** planar gebaut, **5** und **6** besitzen jedoch gefaltete Struktur.

B Unter den **Reaktionen** der 1,4-Dioxine und 1,4-Dithiine ist die Oxidation ihrer Tetraphenyl- und Dibenzo-Derivate von Bedeutung, die in – polarographisch charakterisierten – Ein-Elektronen-Schritten zu Radikalkationen **7** und Dikationen **8** geführt werden kann:

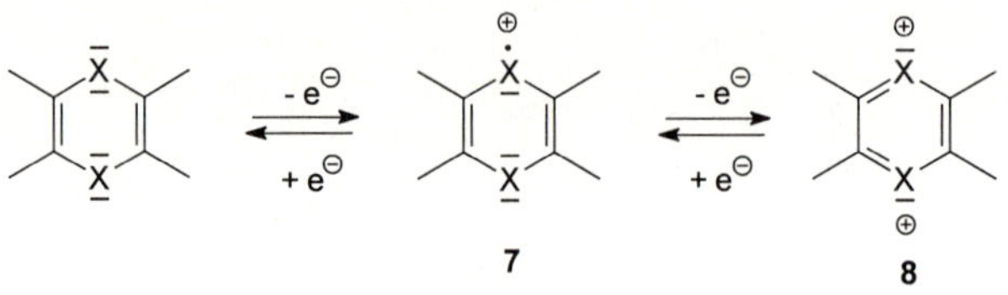

So bildet Tetraphenyl-1,4-dioxin mit SbCl₅ ein blauviolettes Radikalkation und durch weitere Oxidation ein grünes Dikation, Tetraphenyl-1,4-dithiin mit SbCl₅ direkt ein violettes Dikation in Form definierter Hexachloroantimonate. Die Dikationen des Typs **8** können als HÜCKEL-aromatische 6π-Systeme aufgefaßt werden.

C Unter den **Synthesen** sind die Bildungsreaktionen der Tetraaryl- und der Dibenzosysteme von Interesse.

❶ Tetraaryl-1,4-dioxine **9** entstehen bei der Cyclokondensation von α-Hydroxyketonen mittels HCl in CH₃OH und nachfolgenden reduktiven Eliminierung der zunächst gebildeten Acetale **10/11** mit Zink/Acetanhydrid:

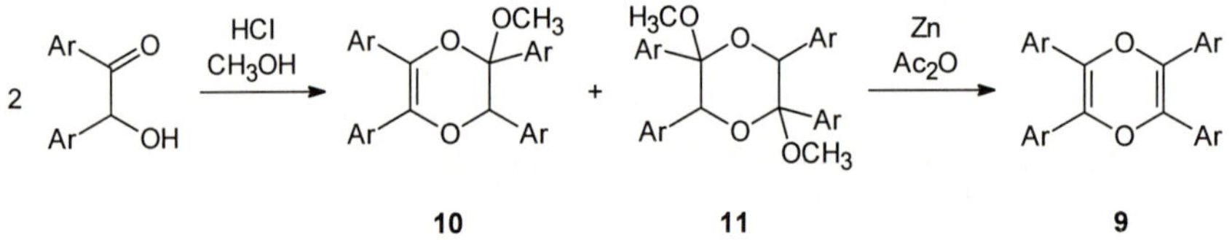

Tetraaryl-1,4-dithiine **13** entstehen bei der Photolyse von 4,5-Diaryl-1,2,3-thiadiazolen. Dabei erfolgt unter N₂-Eliminierung primär Ringkontraktion zu Thiirenen **12** (s.S. 196), die zum Dithiin-System dimerisieren:

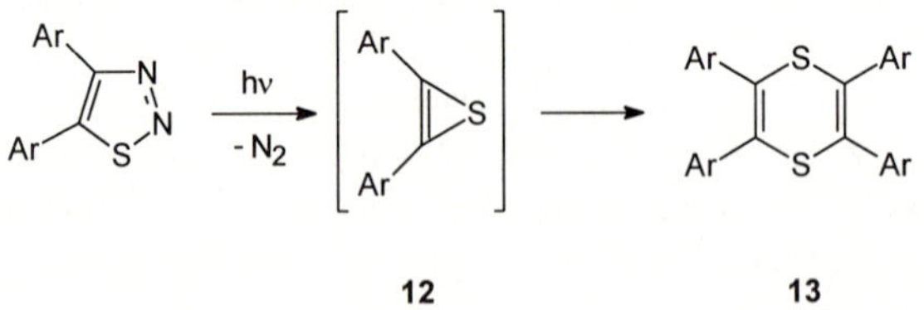

❷ Dibenzo-1,4-dioxine werden entweder aus *o*-Halogenphenolen bei Behandlung mit Cu-Pulver in Gegenwart von K₂CO₃ oder aus 2-(2-Hydroxyphenoxy)diazoniumsalzen gebildet[94a]:

[Reaktionsschema: 2 R-C₆H₃(OH)(X) → Dibenzodioxin, mit K₂CO₃/Cu, −HX; X = Cl, Br; alternativ aus Diazoniumsalz, Δ, −N₂, −H⁺]

Phenoxathiine erhält man durch Umsetzung von Diphenylethern mit Schwefel in Gegenwart von AlCl₃:

[Reaktionsschema: Diphenylether + S, AlCl₃, −H₂S → Phenoxathiin (R = H: 87%)]

D Polychlorierte Dibenzo-1,4-dioxine sind außerordentlich toxische, biologisch schwer abbaubare Verbindungen[95], insbesondere das 2,3,7,8-Tetrachlordibenzo[1,4]dioxin **15** ("*Dioxin*", "Seveso-Dioxin", TCDD), das auch teratogene Wirkung besitzt. TCDD (LD$_{50}$ = 45 µg kg^{-1} bei Ratten) entsteht als Nebenprodukt bei der technischen Synthese von 2,4,5-Trichlorphenol **14**, einem Vorprodukt der Gewinnung des Bactericids *Hexachlorophen* **16** und des Herbicids 2,4,5-Trichlorphenoxyessigsäure **17**:

[Strukturformeln: 14 (2,4,5-Trichlorphenol) + OH⁻, −2 HCl → 15 (TCDD); 16 (Hexachlorophen); 17 (2,4,5-T)]

6.23 1,4-Dioxan

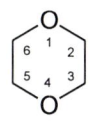

[Strukturformel: 1,4-Dioxan mit nummerierten Positionen 1–6]

A 1,4-Dioxan besitzt nach Elektronenbeugungs-Untersuchungen eine Sessel-Konformation, die mit einem Ringdiederwinkel von durchschnittlich 57,9° eine stärkere Faltung als Cyclohexan aufweist. Die Bindungslängen betragen C–C 152 pm und C–O 142 pm, die Bindungswinkel C–C–O 105° und C–O–C 112°.

Die freie Aktivierungsenthalpie der Ringinversion des 1,4-Dioxans wurde zu 40,6 kJ mol^{-1} ermittelt. Im ^{1}H-NMR-Spektrum (CDCl$_3$) erscheinen die Protonen bei δ = 3,70 ppm, im ^{13}C-NMR-Spektrum (CDCl$_3$) die Kohlenstoffatome bei δ = 67,8 ppm; die Differenz der chemischen Verschiebung zwischen äquatorialen und axialen Wasserstoffatomen beträgt 1,7 Hz.

Besitzt das 1,4-Dioxan Halogen-Substituenten, so nehmen die Halogenatome begünstigt durch den anomeren Effekt nach Möglichkeit axiale Positionen ein; daher bevorzugt z.B. *trans*-2,3-Dichlor-1,4-dioxan die diaxiale Geometrie **1**:

Da außerdem repulsive *gauche*-Wechselwirkungen zwischen Halogenatomen und Sauerstoffatomen auftreten, wird der Diederwinkel zwischen den beiden C-Halogen-Bindungen < 180° und der Dioxan-Ring abgeflacht (Situation **2**). Dieser Effekt ist beim *trans,cis,trans*-Tetrachlor-1,4-dioxan (Situation **3**) noch stärker ausgeprägt (Diederwinkel 151° gegenüber 162° bei **1**).

B In ihren Reaktionen zeigen 1,4-Dioxane das Verhalten cyclischer Ether. So bildet 1,4-Dioxan Peroxide und kann zur 2,5-Dichlor- und 2,3-Dichlorverbindung **4/5** chloriert werden. Durch Einwirkung von HBr erfolgt Ether-Spaltung zu Bis(ß-bromethyl)ether **6**. Ringöffnung erfolgt auch durch Säurechloride in Gegenwart von AlCl$_3$ unter Bildung von 1-Acyloxy-2-chlorethan **7** sowie durch Acetanhydrid in Gegenwart von FeCl$_3$ unter Bildung von Glycoldiacetat **8** und Bis(ß-acetoxyethyl)-ether **9**.

C Die Synthesen von 1,4-Dioxanen folgen den klassischen Bildungsprinzipien für Dialkylether. So erhält man 1,4-Dioxane:

- durch säurekatalysierte Cyclodehydratisierung von 3-Oxapentan-1,5-diolen **10**,
- durch Einwirkung von Basen auf 3-Oxapentan-5-halogen-1-alkohole **11** (also nach dem S_N-Modus einer WILLIAMSON-Synthese),
- durch Umsetzung von 3-Oxa-1,5-dihalogenpentanen **12** mit Alkalihydroxiden,
- durch säurekatalysierte Cyclokondensation von Glycolen mit Oxiran(en):

D **1,4-Dioxan**, Schmp. -12°C, Sdp. 101°, eine farblose Flüssigkeit von angenehmem Geruch, ist hygroskopisch, mit Wasser und den meisten organischen Solvenzien mischbar und wird als Lösungsmittel häufig verwendet. Dioxan wird durch cyclisierende Dehydratisierung von Ethylenglycol oder Diglycol sowie durch Dimerisation von Ethylenoxid, jeweils unter Einwirkung saurer Katalysatoren, dargestellt:

E Dioxan bildet als n-Elektronenpaar-Donor mit LEWIS-Säuren und anderen Akzeptor-Molekülen stabile Addukte, die als Reagenzien in der organischen Synthese eine Rolle spielen. So wird das Dioxan-SO_3-Addukt **13** zur Sulfonierung von Alkoholen und Alkenen, das Dioxan-BH_3-Addukt **14** zur Hydroborierung, das Dioxan-Br_2-Addukt **15** für kontrollierte Bromierungen, z.B. von Furan (s.S.55), verwendet.

13 : L = SO_3 (L = Lewis-Säure)
14 : L = BH_3
15 : L = Br_2

6.24 Oxazine

A-C Oxazine leiten sich von 2*H*- und 4*H*-Pyranen durch Ersatz entweder einer CH_2-Einheit durch NH oder einer CH-Einheit durch N ab. Dementsprechend existieren acht Oxazine **1-8** und neun Benzoxazine. Die entsprechenden Schwefelverbindungen heißen *Thiazine*.

2H-1,2-
1

4H-1,2-
2

6H-1,2- Oxazin
3

2H-1,3-
4

4H-1,3-
5

6H-1,3- Oxazin
6

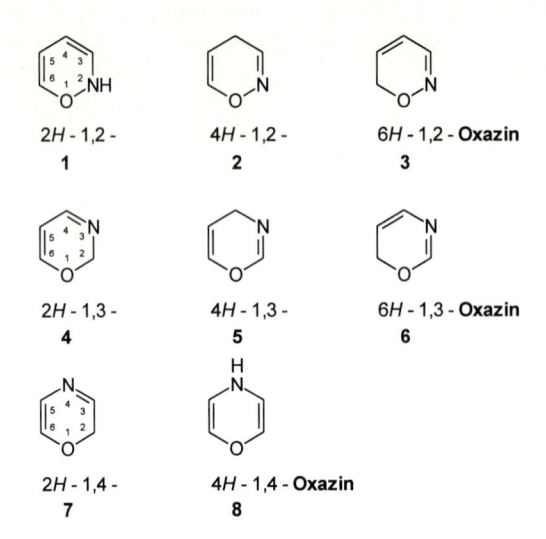

2H-1,4-
7

4H-1,4- Oxazin
8

Von allgemeiner Bedeutung sind 5,6-Dihydro-4*H*-1,3-oxazine **9**, einige von 4*H*- resp. 6*H*-1,3-Oxazin **5**/**6** und 3,1-4*H*-Benzoxazin **10** abgeleitete Systeme sowie Dibenzo[1,4]oxazin **11** (*Phenoxazin*) und die entsprechende Schwefelverbindung **12** (*Phenothiazin*).

9 **10** **11** : X = O **12** : X = S

5,6-Dihydro-4*H*-1,3-oxazine erhält man durch Cyclisierung von *N*-Acyl-(2-hydroxyethyl)aminen mit Säure oder von *N*-Acyl-(3-brompropyl)aminen mit Base:

Wichtigste Synthesemethode ist die säurekatalysierte Cyclokondensation von Alkylnitrilen mit Propan-1,3-diolen, z.B. **13**:

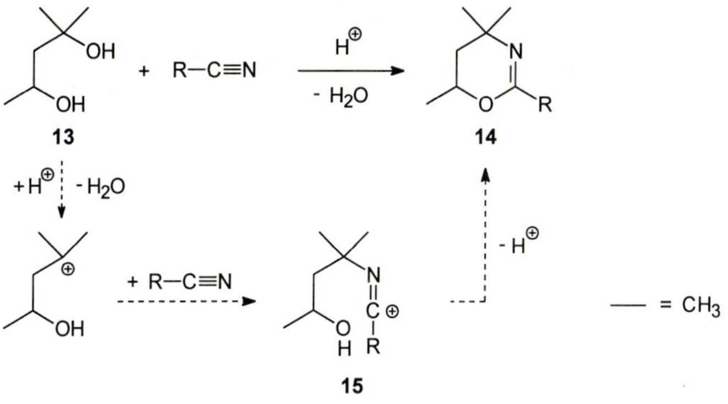

6.24 Oxazine

Dieser Prozeß ähnelt der RITTER-Reaktion zur Gewinnung von Aminen aus Nitrilen und Olefinen. Er beginnt mit der – infolge der Eduktstruktur regioselektiven – Bildung eines Carbeniumions aus dem Diol **13** und dessen Addition an das Nitril; dabei entsteht ein Nitriliumion **15**, das unter Angriff an der verbliebenen OH-Gruppe zum Dihydro-1,3-oxazin **14** cyclisiert.

Dihydro-1,3-oxazine des Typs **14** zeigen analoge Reaktivität als Imidsäureester wie die 2-Oxazoline (s.S.134). α-C-H-Bindungen an der 2-Alkylgruppe sind C-H-acid und werden durch *n*-Butyllithium zu Anionen deprotoniert, die mit Elektrophilen wie Halogenalkanen, Oxiranen oder Carbonylverbindungen C-C-Verknüpfungs-Reaktionen eingehen. Die z.B. durch Alkylierung des α-Carbanions aus **15** erhaltenen Dihydro-1,3-oxazine **16** können mit NaBH$_4$ zu Aminalen **17** reduziert werden, die bei saurer Hydrolyse den 1,3-Oxazinring unter Bildung von Aldehyden **18** öffnen:

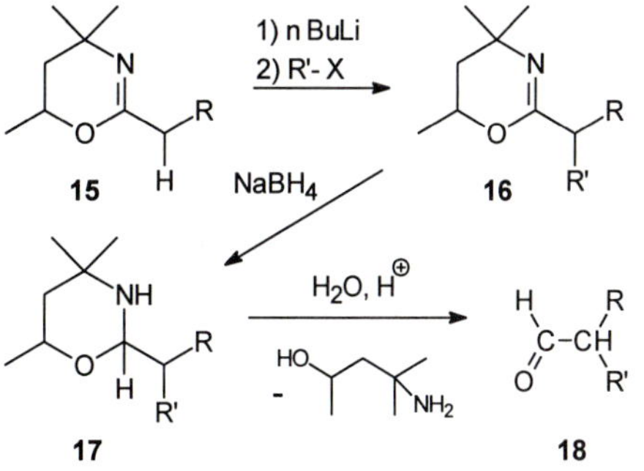

In dieser Reaktions-Sequenz ermöglicht somit der Einbau eines Nitrils in ein Dihydro-1,3-oxazin-System dessen α-Funktionalisierung und Transformation zu einem Aldehyd (R-CH$_2$-C≡N → RR'CH-CH=O)[96].

1,3-Oxazinone sind in verschiedenen Strukturvarianten zugänglich. 2-Substituierte 1,3-Oxazin-4-one, z.B. **19,** resultieren aus der Cycloaddition von Ketenen an Isocyanate; im vorliegenden Beispiel acyliert ein weiteres Molekül Keten die OH-Funktion des Produkts **19** zu **20**:

19 20

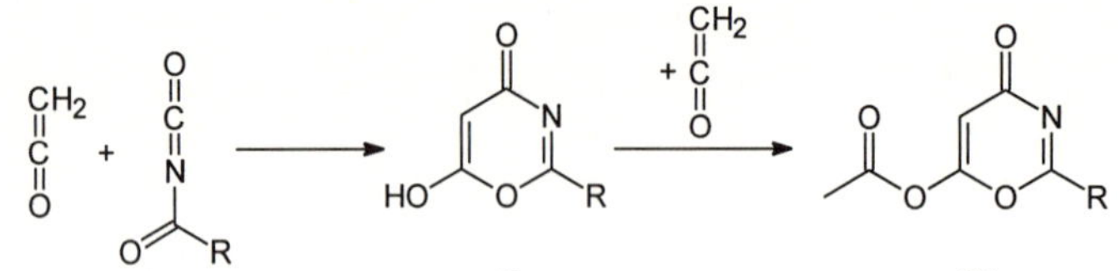

Die **20** entsprechenden 1,3-Benzoxazin-4-one **21** werden bei der Cyclodehydratisierung von *O*-Acylsalicylamiden mit sauren Reagenzien gebildet:

21

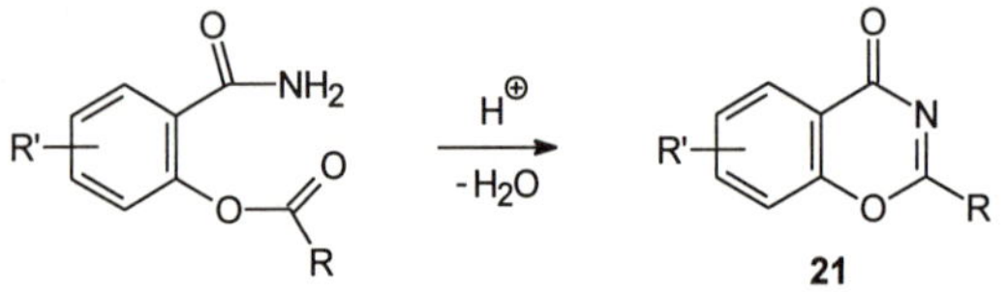

1,3-Oxazin-6-one **24** erhält man durch thermische Cyclisierung von ß-Acylaminoacrylestern **22** oder durch Reaktion von Diarylcyclopropenonen **25** mit Nitriloxiden:

22 R = H 23 24

26

25 R^2 = Aryl

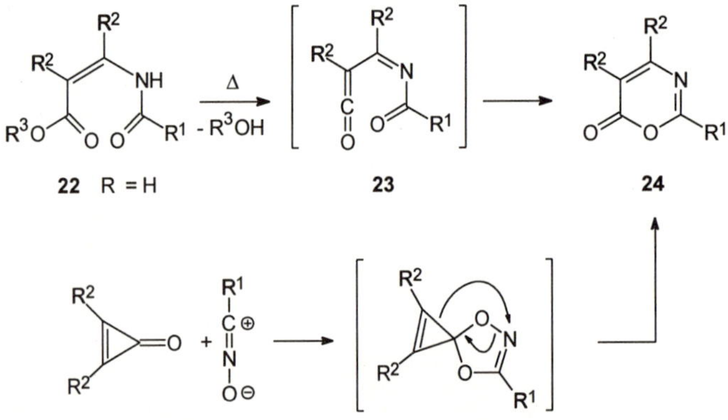

Dabei dürfte **22** nach Eliminierung von Alkohol durch Elektrocyclisierung der Acyliminoketen-Zwischenstufe **23**, **25** nach 1,3-dipolarer Cycloaddition des Nitriloxids an die Carbonylgruppe via **26** in den Heterocyclus **24** übergehen.

3,1-Benzoxazin-4-one 27 entstehen bei der Cyclodehydratisierung von *N*-Acylanthranilsäuren mittels Acetanhydrid, $POCl_3$ oder $SOCl_2$:

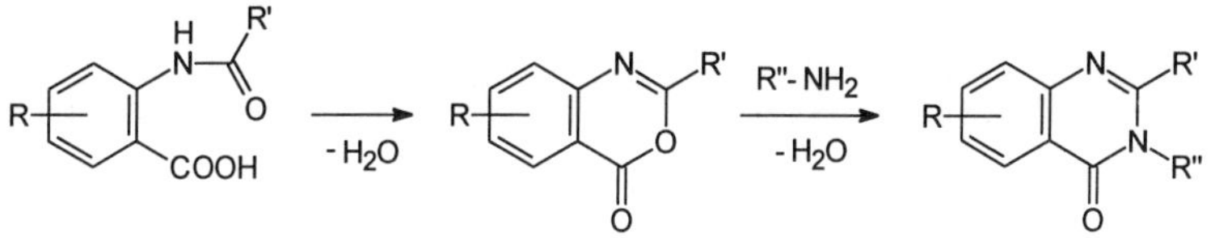

6.24 Oxazine

Die Benzoxazinone **27** reagieren mit primären Aminen unter Austausch des Ringsauerstoffs gegen Stickstoff und Bildung von Chinazolinonen **28**.

3,1-Benzoxazin-2,4-dione 29 (Isatosäureanhydride) sind durch Cyclokondensation von Anthranilsäuren mit Phosgen oder durch BAEYER-VILLIGER-Oxidation von Isatinen mit Peroxyessigsäure zugänglich:

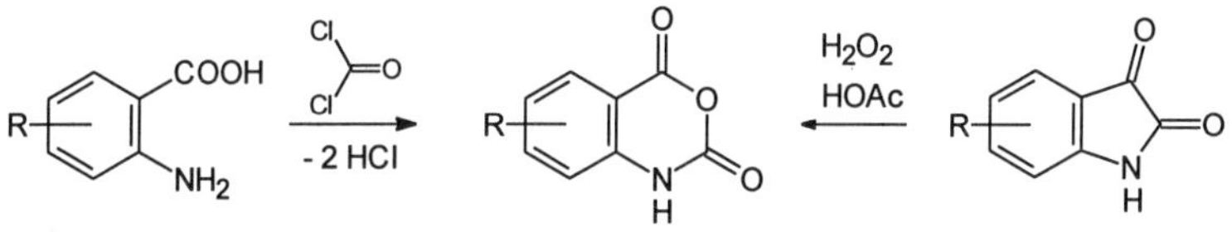

Das Grundsystem (**29**, R = H) dient als Synthesebaustein z.B. für polyheterocyclische Systeme (s.S.474) und wird technisch nach einem modifizierten HOFMANN-Abbau-Verfahren aus Phthalimid gewonnen.

1,3-Oxaziniumsalze 30, die 3-Azaanalogen der Pyryliumsalze, gewinnt man durch Cyclokondensationen entweder von ß-Chlorvinylketonen mit Nitrilen oder von Alkinen mit *N*-Acylimidoylchloriden unter SnCl$_4$-Katalyse:

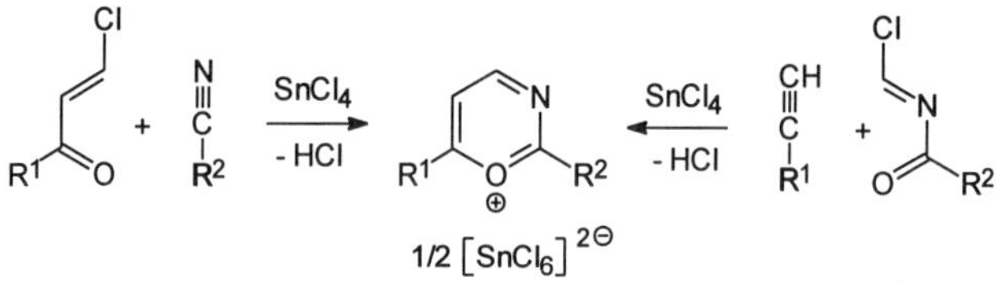

1,3-Oxaziniumsalze sind in ihrem Reaktionsverhalten den Pyryliumsalzen vergleichbar. Nucleophile werden unter C-6-Angriff addiert und gemäß dem allgemeinen Schema S.225 unter Ringöffnung und Recyclisierung inkorporiert. So erhält man mit H$_2$S und nachfolgender Behandlung mit HClO$_4$ 1,3-Thiaziniumsalze **31**:

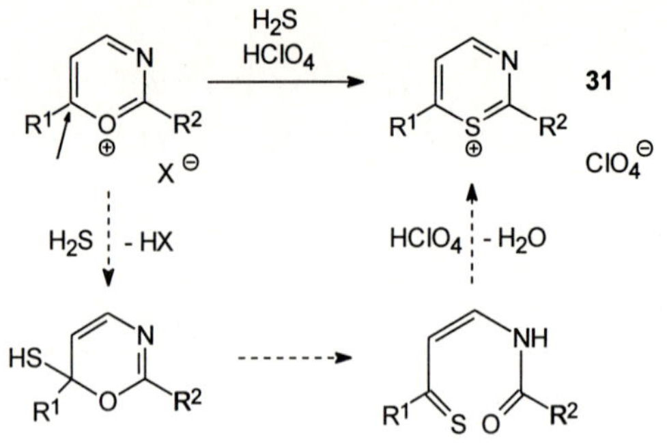

Phenoxazin 11 erhält man durch Thermolyse von *o*-Aminophenol im sauren Medium, z.B. einer Mischung von *o*-Aminophenol und seines Hydrochlorids, **Phenothiazin 12** durch Erhitzen von Diphenylamin mit Schwefel in hochsiedenden Lösungsmitteln (BERNTHSEN-Synthese):

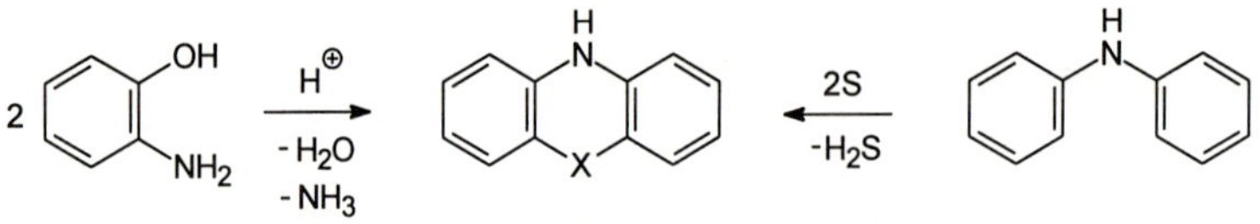

11 : X = O
12 : X = S

Phenoxazine bzw. Phenothiazine **32/33** gewinnt man ferner durch reduktive Cyclisierung von *o*-Nitrodiphenylethern bzw. -diphenylsulfiden mittels Triethylphosphit:

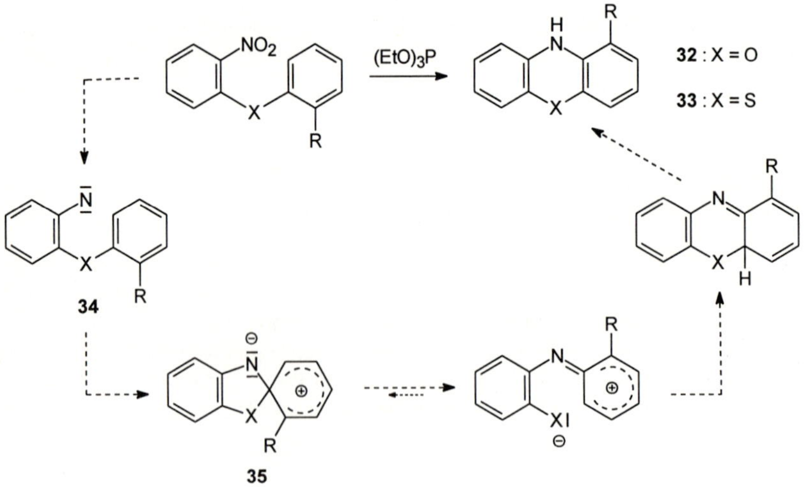

32 : X = O
33 : X = S

Dabei wird zunächst die Nitrogruppe zu einer Nitren-Funktion **34** deoxygeniert, deren elektrophiler ipso-Angriff an der zweiten Areneinheit zu einer Spirobetain-Zwischenstufe **35** führt. Der Übergang von **35** in die Produkte **32/33** unter Aufweitung des heterocyclischen Spiro-Fünfrings zum Sechsring kann – unter Berücksichtigung der Substituenten-Verteilung im Produkt – in Analogie zur SMILES-Umlagerung formuliert werden.

|D| Das Phenoxazin-Gerüst kommt in Farbstoffen von Pilzen, Flechten und Schmetterlingen vor. So sind *Ommochrome* die für die Farbe einiger Arthropoden verantwortlichen Pigmente; ein Beispiel dafür ist das aus dem Schlupfsekret des Kleinen Fuchses isolierte *Xanthommatin* **36**, das einen chinoiden Phenoxazon-Chromophor enthält:

Die in verschiedenen Streptomyces-Arten aufgefundenen orangeroten *Actinomycine* **37** (WAKSMAN 1940) sind 2-Aminophenoxazon-1,9-dicarbonsäuren, die über die Carboxyl-Funktionen amidartig mit cyclischen Pentapeptidlacton-Einheiten verknüpft sind. Sie können mit DNA intercalieren und werden als Cytostatica in der Tumortherapie eingesetzt.

Das Phenothiazin-Gerüst ist auch in einer Reihe von pharmazeutischen Wirkstoffen vertreten, die als Antihistaminica, Antipsychotica, Sedativa und Antiemetica verwendet werden. Beispiele dafür sind das Neurolepticum *Chlorpromazin* **38** und das Sedativum *Promethazin* **39**:

Phenoxazin- und *Phenothiazin-Farbstoffe* sind basische Farbstoffe, die einen dem Phenoxazon analogen, delokalisierten Chinoniminium-Chromophor besitzen und sich von den klassischen Systemen *Meldola's Blau* **40** und *Lauth's Violett* **41** ableiten:

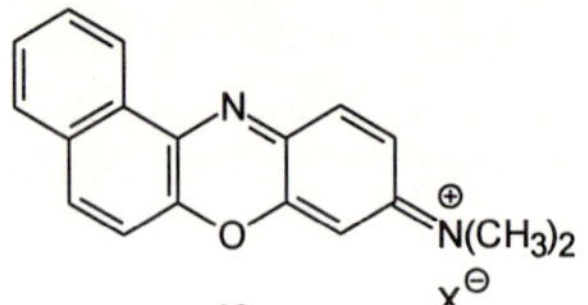

[Struktur 40]

[Struktur 41]

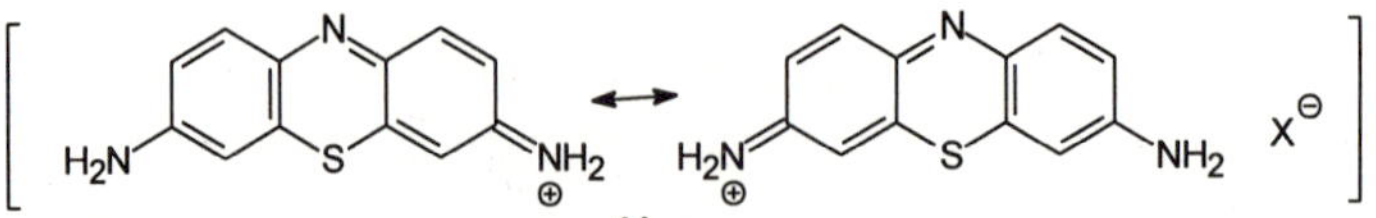

Capriblau **42** wird durch Kondensation von *N,N*-Dimethyl-4-nitrosoaniliniumchlorid mit 3-Diethylamino-4-methylphenol dargestellt. Dabei entsteht zunächst das Salz eines substituierten Phenylchinondiimins (Indamins), das durch überschüssige Nitrosoverbindung oxidiert wird:

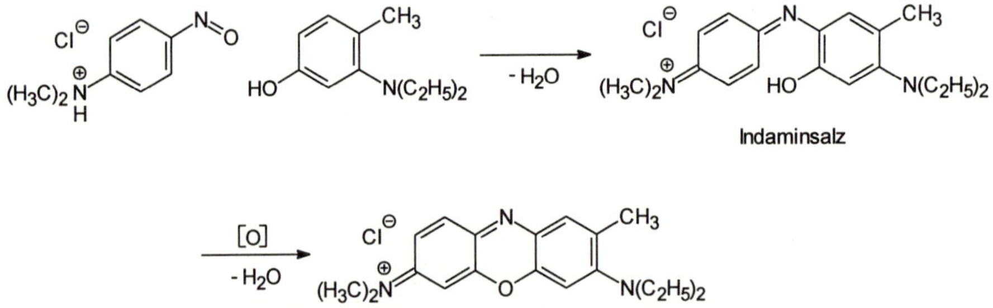

[Reaktionsschema zur Darstellung von Capriblau 42 über das Indaminsalz]

Methylenblau **43** wird durch oxidative Verknüpfung von 4-Amino-*N,N*-dimethylanilin und *N,N*-Dimethylanilin mittels $Na_2Cr_2O_7$ in Gegenwart von $Na_2S_2O_3$ erhalten. Wiederum entsteht primär ein Indaminsalz, das durch Säure zum Salz des 3,7-(Bis-*N,N*-dimethylamino)phenothiazins (Leukoverbindung des Methylenblau) cyclisiert wird; dessen Dehydrierung ergibt den Farbstoff (CARO 1876, BERNTHSEN 1885):

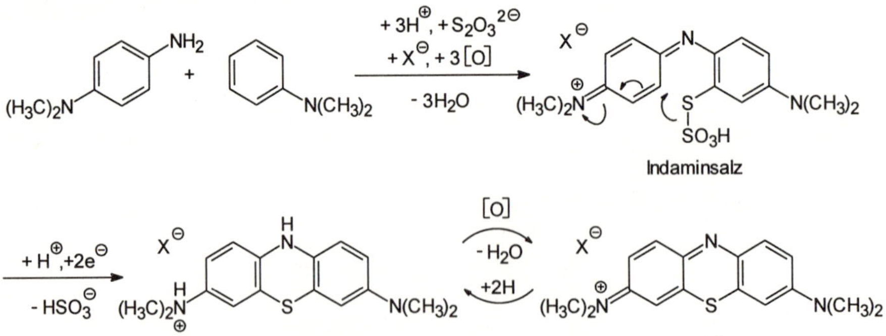

[Reaktionsschema zur Darstellung von Methylenblau 43 über Indaminsalz und Leukoverbindung]

Methylenblau wird durch Reduktionsmittel in die gelbliche Leukoverbindung übergeführt, die ihrerseits bereits durch Einwirkung von Luftsauerstoff wieder in den Farbstoff übergeht; es wird daher als Redoxindikator eingesetzt.

6.25 Morpholin

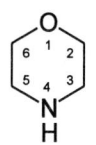

A Morpholin (Tetrahydro-1,4-oxazin) liegt in einer Sessel-Konformation vor. Der Enthalpieunterschied zwischen axialer und äquatorialer Positionierung der NH-Gruppe stimmt nahezu mit dem des Piperidins (s.S.360) überein und begünstigt die äquatoriale Konformation um 2,63 kJ mol^{-1}:

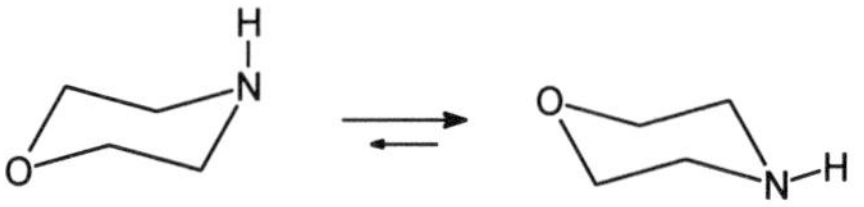

Die Ringinversionsbarriere des *N*-Methylmorpholins (48,1 kJ mol^{-1}) ist vergleichbar dem bei *N*-Methylpiperidin gefundenen Wert (49,8 kJ mol^{-1}).

Die Morpholin-Protonen erscheinen im ^{1}H-NMR-Spektrum bei δ = 3,65 (H-2) und 2,80 ppm (H-3), die C-Atome im ^{13}C-NMR-Spektrum bei δ = 68,1 (C-2) und 46,7 ppm (C-3) (CDCl$_3$).

C Morpholine resp. N-substituierte Morpholine **1** erhält man durch Cyclisierung von Bis(ß-aminoethyl)ethern oder durch Cyclokondensation von Bis(ß-chlorethyl)ethern mit Ammoniak oder primären Aminen:

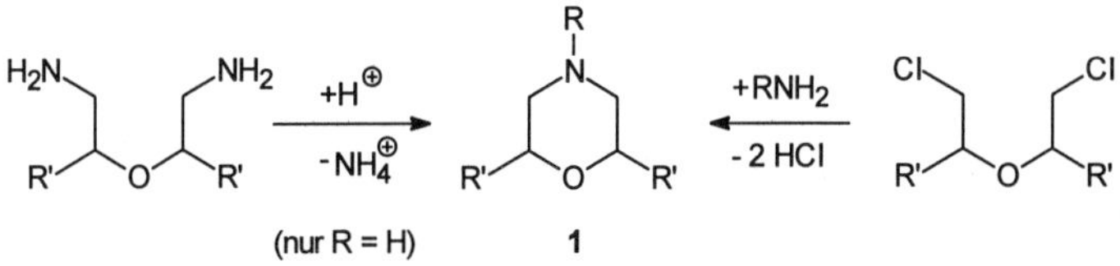

2,3-Disubstituierte Morpholine **2** entstehen aus N-benzylgeschützten ß-Aminoethanolen und Oxiran in Gegenwart von 70 proz. H$_2$SO$_4$ und nachfolgender katalytischer Debenzylierung:

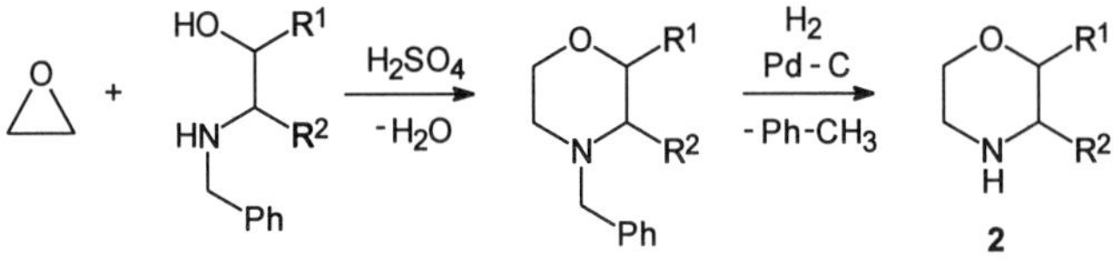

2-Oxomorpholin-Derivate **3** gewinnt man durch Cyclokondensation von α-Aminocarbonsäureestern mit Oxiran oder von N-substituierten ß-Aminoethanolen mit α-Bromcarbonsäureestern:

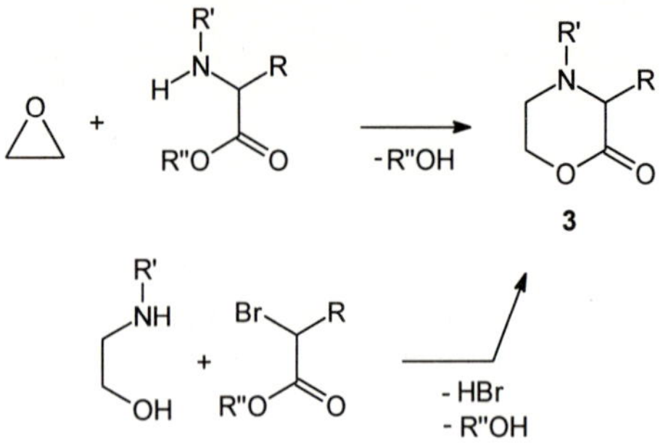

D **Morpholin**, Sdp.128°C, ist eine farblose, hygroskopische Flüssigkeit, die mit Wasser mischbar ist und – als Folge des induktiven Einflusses des Sauerstoffatoms – schwächere Basizität (pK$_a$ = 8,4) als Piperidin (11,2) und Piperazin (9,8) aufweist. Morpholin wird durch säurekatalysierte Cyclodehydratisierung von Diethanolamin oder aus Bis(2-chlorethyl)ether und NH$_3$ dargestellt. Morpholin dient wie Piperidin als basisches Kondensationsmittel, des weiteren als Lösungsmittel und in der Technik als korrosionshemmender Zusatz zum Speisewasser von Dampfkesseln.

Morpholin wird wie Piperidin in pharmazeutischen Wirkstoffen als sekundäre Amin-Komponente verwendet. Zu den vom Morpholin als Heterocyclus abgeleiteten Pharmaka gehört das Antidepressivum *Viloxazin* **5**, das man aus dem Glycidylether des 2-Ethoxyphenols **4** durch Reaktion mit (2-Aminoethanol)hydrogensulfat erhält:

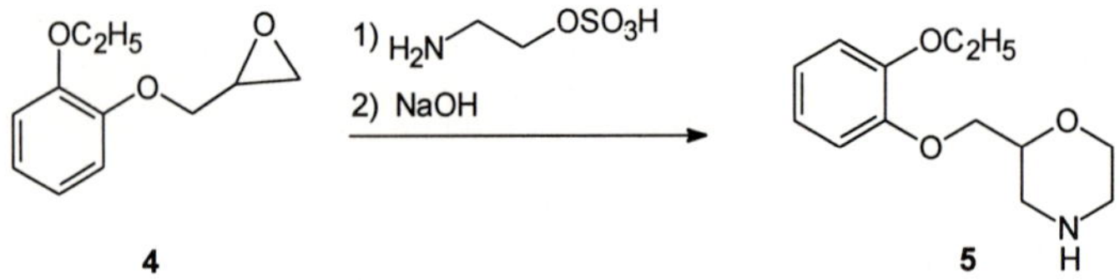

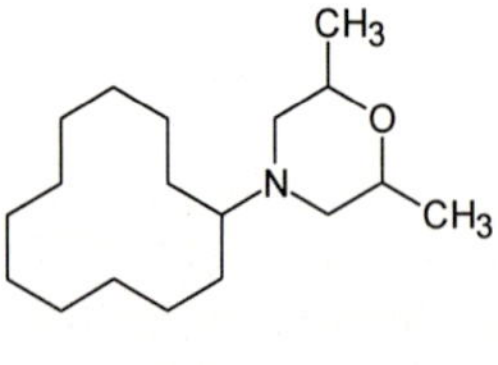

Einige *N*-Alkyl-2,6-dimethylmorpholine wie z.B. *Dodemorph* **6** (Acetat oder Benzoat) werden als Fungicide und Baktericide eingesetzt.

6.26 1,3-Dioxan

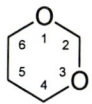

A 1,3-Dioxane sind in ihrer Funktionalität als cyclische Acetale oder Ketale aufzufassen, ihre Fünfring-Homologen sind die 1,3-Dioxolane (s.S.118).

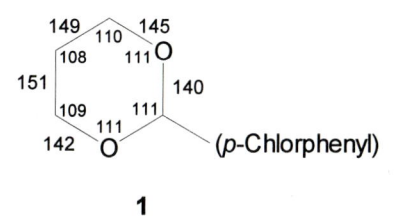

Abb. 6.16 Bindungsparameter des 1,3-Dioxan-Systems im 2-(*p*-Chlorphenyl)-1,3-dioxan (Bindungslängen in pm, Bindungswinkel in Grad)

Nach Röntgenstruktur-Untersuchungen an einer Reihe von (insbesondere 2-substituierten) Derivaten wie z.B. dem 2-(*p*-Chlorphenyl)-1,3-dioxan **1** (s.Abb. 6.16) bilden 1,3-Dioxane Sesselstrukturen aus, diese sind an der Gruppierung O–C-2–O mit Diederwinkeln von 60-63° deutlich stärker gefaltet als im alicyclischen Teil C-4 – C-6 mit Diederwinkeln von 53-55°. Die C-C-Bindungslängen in 1,3-Dioxanen sind mit 149-151 pm signifikant kürzer als im Cyclohexan (153.3 pm), der 1,3-Dioxanring ist also insgesamt kompakter als der Cyclohexanring. Die freie Aktivierungsenergie der Ringinversion wurde zu ca. 41 kJ mol^{-1} ermittelt und ist mit der des 1,4-Dioxans (s.S.371) nahezu identisch.

1,3-Dioxan zeigt folgende ^{1}H- und ^{13}C-NMR-spektroskopische Daten:

^{1}H-NMR (CDCl$_3$)
δ (ppm)

^{13}C-NMR (CDCl$_3$)
δ (ppm)

H-2: 4,70, H-4/H-6: 3,80, H-5: 1,68

C-2: 95,4, C-4/C-6: 67,6, C-5: 26,8

Alkyl- und Arylgruppen in Position 2 des 1,3-Dioxanrings bevorzugen äquatoriale Positionen, die axiale Position ist infolge der größeren Faltung der O-C-O-"Spitze" des 1,3-Dioxanrings und der damit verbundenen größeren diaxialen 1,3-Wechselwirkungen (Situation **2**) stärker destabilisiert (ΔG ≈ 13-17 kJ mol^{-1}) als im alicyclischen Molekülteil (ΔG ≈ 3-5 kJ mol^{-1}). Desungeachtet ist bei elektronegativen C-2-Substituenten infolge des anomeren Effektes (s.S.244) die axiale Anordnung begünstigt, so bei OCH$_3$ um ca. 2 kJ mol^{-1}. In der 5-Stellung besetzen elektronenanziehende Gruppen wie F (nicht dagegen Cl und Br!), SOR, SO$_2$R, Sulfonium und Ammonium bevorzugt die axiale Position. Dieser Effekt dürfte durch Wechselwirkung mit den Sauerstoffatomen unter elektrostatischer Anziehung (Situation **3**) bedingt sein.

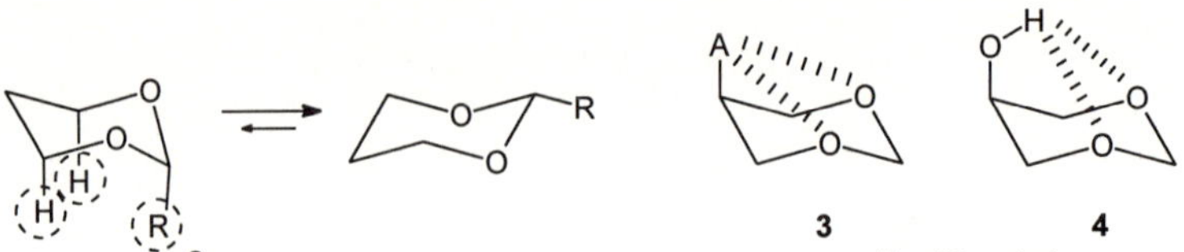

Auch bei 5-Hydroxylgruppen am 1,3-Dioxanring ermöglichen Wasserstoffbrücken-Bindungen zu den Sauerstoffatomen des Ringes die axiale Position des Substitutenten (Situation **4**).

B 1,3-Dioxane werden als cyclische Acetale bzw. Ketale durch wäßrige Säuren in 1,3-Diole und Carbonylverbindungen gespalten:

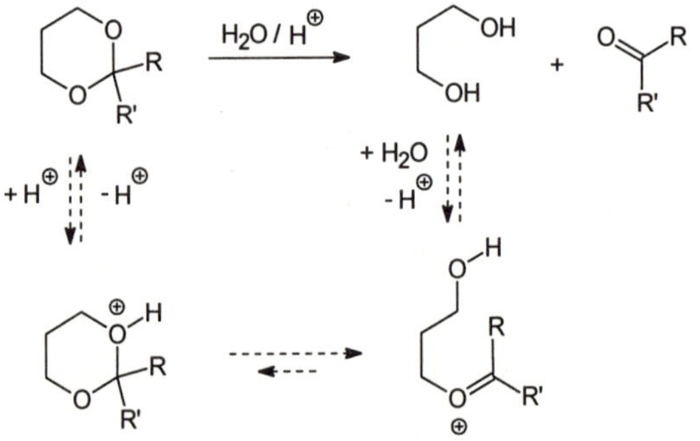

Im geschwindigkeitsbestimmenden Schritt entsteht dabei – nach reversibler O-Protonierung und O–C-2–Spaltung – ein Carboxoniumion (**5 → 6**). Seine Bildung ist auch für die Epimerisierung von 5-substituierten 1,3-Dioxanen verantwortlich, die unter der Einwirkung von wasserfreien Protonensäuren oder LEWIS-Säuren eintritt und für die Konformationsanalyse dieser Systeme (durch Äquilibrierung von Konformeren **7/8** mit äquatorialer resp. axialer Substituentenposition) wichtig ist:

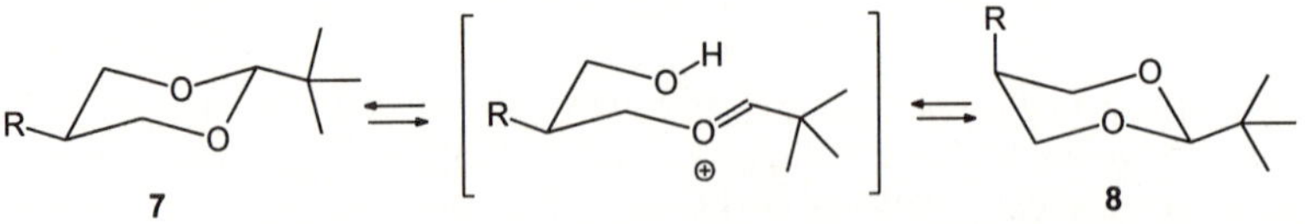

1,3-Dioxane können auch thermische Ringöffnungen eingehen. So reagieren die 1,3-Dioxane **10** bei 350°C unter Spaltung der O-3/C-4/6-Bindung und Bildung der Ester **9**, über SiO$_2$ oder Bimsstein erfolgt dagegen hauptsächlich Spaltung an der Bindung O–C-2 und Bildung von ß-Alkoxyaldehyden **11**:

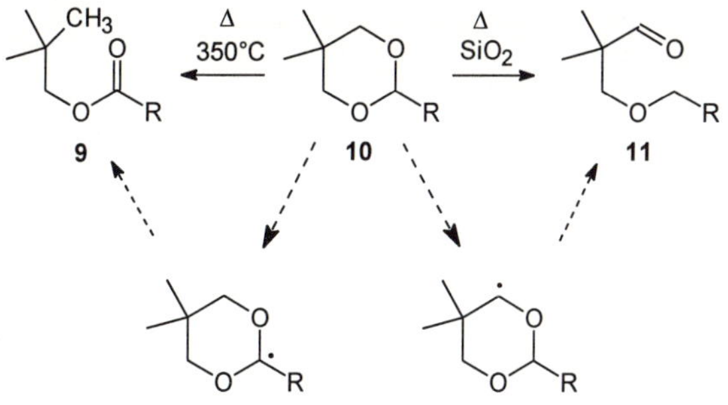

Dazu nimmt man an, daß primär H-Abstraktion an C-4/C-6 resp. C-2 eintritt; so entstehen die sauerstoffstabilisierten Radikale **12/13**, die unter O-C-Spaltung und H-Transfer zu den Produkten **9/11** führen.

C Wichtigste Methode zur Synthese von 1,3-Dioxanen ist die Cyclokondensation von Aldehyden oder Ketonen mit 1,3-Diolen, die säurekatalysiert – am günstigsten unter Verwendung von *p*-Toluolsulfonsäure – erfolgt:

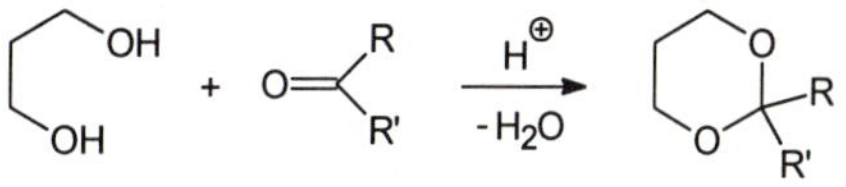

Diese Reaktion ist wie alle Acetalisierungen reversibel und bildet die Grundlage für die breite Verwendung von Dioxanen als Schutzgruppen sowohl für Carbonylverbindungen als auch für Systeme mit 1,3-Diol-Gruppierung. Ein relevantes Anwendungsbeispiel ist die Überführung von Hexosen in sog. Benzylidenverbindungen durch Reaktion mit Benzaldehyd in Gegenwart von LEWIS-Säuren, bei der gleichzeitig 6-OH- und 4-OH-Gruppen unter Ausbildung eines 1,3-Dioxanrings blockiert werden; so entsteht aus α-Methylglycosid **14** das 1,3-Dioxanderivat **15**:

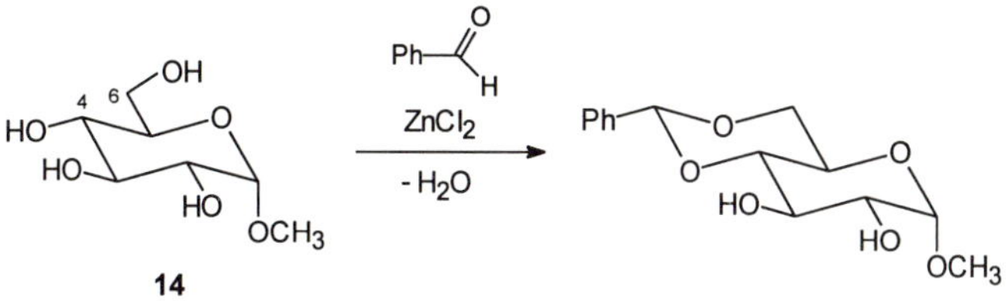

Bei ringoffenen Hydroxylverbindungen konkurrieren häufig Bildung von 1,3-Dioxanen und 1,3-Dioxolanen (vgl. S.118), so z.B. bei der Reaktion von Glycerin mit Formaldehyd:

Eine weitere Bildungsmöglichkeit für 1,3-Dioxane bietet die säurekatalysierte Kondensation von Olefinen mit Aldehyden, bevorzugt mit Formaldehyd (PRINS-Reaktion):

Dabei erfolgt primär eine elektrophile Addition des protonierten Aldehyds an das Olefin unter Bildung eines Carbeniumions, das mit Wasser zum 1,3-Diol **17** weiterreagiert; dieses ergibt durch Acetalisierung mit einem weiteren Molekül Aldehyd das 1,3-Dioxan **16**.

D 1,3-Dioxan ist eine farblose Flüssigkeit vom Sdp. 105°C, die in allen gebräuchlichen Solvenzien gut löslich ist. 1,3-Dioxan wird aus Formaldehyd und Propan-1,3-diol in Gegenwart eines sauren Katalysators dargestellt.

E Einige vom 1,3-Dioxan abgeleitete Systeme, so das (2R,6R)-2-tert-Butyl-6-methyl-1,3-dioxan-4-on **18** und das (R)-2-tert-Butyl-6-methyl-1,3-dioxin-4-on **20**, dienen als chirale Bausteine zur Durchführung stereoselektiver Synthese-Transformationen (SEEBACH 1986).
So erfolgt an dem von der (R)-3-Hydroxybutansäure abgeleiteten System **18** durch Halogenalkane in Gegenwart von Lithiumdiisopropylamid α-Alkylierung zu Produkten **19** mit hohen anti-Selektivitäten (de > 98%) bezüglich der Stellung des neu eingeführten 5-Substituenten am 1,3-Dioxanring:

20 → **21**

An dem vom Acetessigester abgeleiteten System **20** verlaufen z.B. MICHAEL-Additionen mit Dialkylcupraten diastereoselektiv (de > 95%) unter Bildung der Produkte **21**.

Eine weitere Anwendung chiraler 1,3-Dioxane vom Typ **18** besteht in der stereoselektiv verlaufenden Öffnung des 1,3-Dioxanrings durch Silylnucleophile in Gegenwart von $TiCl_4$ oder anderen Titanverbindungen, z.B. bei **22**:

22 ← $-H_2O$ — **23** + R–CHO

1) $(CH_3)_3SiR'$
2) $TiCl_4$
3) H_2O

R' = Alkyl
Acetylid

24 — LDA → **25** + ⟶COOH

Da die resultierenden ß-Alkoxycarbonsäuren **24** durch Lithiumdiisopropylamid unter Eliminierung von Crotonsäure zu chiralen Alkoholen **25** gespalten werden können, vermittelt das chirale 1,3-Dioxansystem die enantioselektive Addition von Nucleophilen an Aldehyde[96a].

Die chiralen 1,3-Dioxane **18/22** werden aus dem Biopolymer poly-(R)-3-Hydroxybutansäure (PHB) durch Depolymerisation zur chiralen ß-Hydroxysäure **23** und deren Kondensation mit Aldehyden gewonnen.

6.27 1,3-Dithian

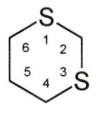

A-C 1,3-Dithian ist als Ringhomologes des 1,3-Dithiolans (s.S.122) zugleich ein Dithioacetal des Formaldehyds.

In 2-Position substituierte 1,3-Dithiane **1** erhält man durch Cyclokondensation von Aldehyden oder Ketonen mit Propan-1,3-dithiol:

$$\underset{H}{\overset{R}{>}}=O + \underset{HS-}{\overset{HS-}{>}} \xrightarrow[-H_2O]{H^\oplus} R-\underset{S}{\overset{S}{<}}\underset{}{>} \xrightarrow[HBF_4]{HgO} R-\underset{H}{\overset{O}{\|}} + Hg\underset{S}{\overset{S}{<}}\underset{}{>}$$

1

1,3-Dithiane werden durch wäßriges Alkali und durch verdünnte Säuren nicht hydrolysiert. Ihre Spaltung (Dethioacetalisierung) gelingt am besten in Gegenwart von Schwermetallverbindungen, z.B. mit Quecksilberoxid und Tetrafluoroborsäure[96b].

Obwohl 1,3-Dithiane schon lange bekannt sind, wurde ihre Bedeutung für die organische Synthese erst ab 1965 erschlossen. Wie COREY und SEEBACH fanden, werden 1,3-Dithian und 2-monosubstituierte 1,3-Dithiane durch *n*-Butyllithium in THF bei -40°C zu relativ stabilen, reaktiven 2-Lithio-1,3-dithianen **2** metalliert:

Dithian $\xrightarrow{BuLi}$ 2a | 2b | 2c

In Formel **2a** ist eine kovalente C-Li-Bindung symbolisiert, den ionischen Grenzfall gibt Formel **2b** an. Die Stabilisierung des Carbanions erfolgt durch Wechselwirkung zwischen dem besetzten $2p_z$-Orbital des C-Atoms mit unbesetzten 3d-Orbitalen der S-Atome (p_π-d_π-Bindung). Wie ELIEL nachweisen konnte, wird im 1,3-Dithian bevorzugt das äquatoriale H-Atom durch Lithium substituiert. Diesem Befund wird die Struktur **2c** gerecht.

1-Lithio-1,3-dithiane reagieren mit Elektrophilen, so erfolgen insbesondere nucleophile Substitutionen an Halogenalkanen:

2 $\xrightarrow[-LiX]{+R^2-X}$ 3 $\xrightarrow[HBF_4]{HgO}$ 4

Dethioacetalisierung des Produktes **3** führt zum Keton **4**.

E Ausgehend von derartigen Reaktionen wurde das Konzept der *Umpolung* entwickelt. Man versteht darunter die Umkehrung der Reaktivität einer funktionellen Gruppe von elektrophil in nucleophil oder umgekehrt. Das 2-Lithio-1,3-dithian verhält sich demgemäß als umgepolter Aldehyd: Während Aldehyde als Elektrophile nicht mit Halogenalkanen zu reagieren vermögen, gelingt die Umsetzung auf dem Wege **1 → 2 → 3 → 4**.

Das Keton **4** ist formal durch Alkylierung eines Acylanions mit einem Halogenalkan entstanden zu denken, daher werden 2-Lithio-1,3-dithiane auch als *synthetische Acylanion-Äquivalente* bezeichnet:

$$R^1-\overset{O}{\underset{\|}{C}}{}^\ominus + R^2-X \longrightarrow R^1-\overset{O}{\underset{\|}{C}}-R^2 + X^\ominus$$

Von 1,3-Dithianylanionen sind zahlreiche weitere synthetische Anwendungen beschrieben worden[97]. So reagieren die Lithiumverbindungen **2** in nucleophilen Additionen mit Oxiranen und mit Carbonylverbindungen:

Aus den Additionsprodukten **5** erhält man ß-Hydroxyketone, aus **6** α-Hydroxyketone.

6.28 Cepham

A-C Im Cepham liegt ein kondensiertes System aus einem 1,3-Thiazanring und einem Azetidinring vor. Wie im Fall des Penams (s.S.159) erfolgt die Numerierung abweichend von den IUPAC-Regeln. Das Molekül ist chiral.

Vom Cepham leiten sich die *Cephalosporine* ab. Cephalosporin C, ein Stoffwechselprodukt von Cephalosporium acremonium, wurde 1955 von NEWTON und ABRAHAM isoliert. Durch chemische und röntgenographische Methoden konnte 1961 die Struktur dieser Verbindung als Carbonsäureamid aus (R)-α-Aminoadipinsäure und 7-Aminocephalosporansäure aufgeklärt werden, wobei es sich bei letzterer um (6R,7R)-3-(Acetoxymethyl)-7-amino-8-oxoceph-3-em-4-carbonsäure handelt.

Cephalosporin C

Die Cephalosporine enthalten wie die Penicilline einen Azetidin-2-on-Ring, sie bilden zusammen die Gruppe der ß-Lactam-Antibiotica (s.S.159). Bei dem ankondensierten Ring handelt es sich im Fall der Penicilline um 1,3-Thiazolidin, bei den Cephalosporinen dagegen um ein Dihydro-1,3-thiazin-System. Die asymmetrischen C-Atome des Azetidin-2-on-Ringes weisen sowohl bei Penicillinen als auch bei Cephalosporinen R-Konfiguration auf.

Wie bei den Penicillinen ist auch bei den Cephalosporinen der ß-Lactamring ausschlaggebend für die biologische Aktivität. Er bewirkt die irreversible Acylierung von Aminogruppen der Enzyme, hauptsächlich Transpeptidasen, die die Synthese des Peptidoglycans der Zellwand von Bakterien ermöglichen.

Die Cephalosporine haben ein breiteres Wirkungsspektrum als Penicilline, außerdem wird seltener Resistenz beobachtet (s.S.159). Die geringe Toxizität der ß-Lactam-Antibiotica ist so zu erklären, daß die Zellen der Säugetiere keine aus Peptidoglycanen bestehenden Zellwände und deswegen auch nicht die entsprechenden Enzyme aufweisen.

Als Meilenstein der Synthese kompliziert aufgebauter Naturstoffe kann die Totalsynthese von Cephalosporin C durch R.B.WOODWARD gelten, die Gegenstand seines NOBEL-Vortrages im Jahre 1965 war[98]. Diese Synthese verläuft ausgehend von Cystein in 16 Stufen, ihre Strategie wird nachstehend erläutert:

Mit der Wahl von (R)-(+)-Cystein **1** als Startmolekül ist die R-Konfiguration am C-Atom 7 des Zielmoleküls festgelegt. Die Blockierung von NH$_2$- und SH-Gruppe erfolgt durch Cyclokondensation mit Aceton und Reaktion mit tert-Butoxycarbonylchlorid zu **2**. Nach Einführung einer Aminogruppe (**3**) wird der Azetidin-2-on-Ring (**4**), aus **4** in zwei Stufen (**4 → 5 → 6**) der Dihydro-1,3-thiazin-Ring aufgebaut. In den abschließenden Schritten werden die jeweils benötigten Substituenten erzeugt.

Inwischen sind weitere Totalsynthesen von Cephalosporinen ausgearbeitet worden. Sie können jedoch nicht mit der Gewinnung aus Pilzkulturen und den Partialsynthesen konkurrieren. Für Partialsynthesen wurden zwei Möglichkeiten erschlossen.

❶ Umwandlung von Cephalosporin C in 7-Aminocephalosporansäure **8**:

Versucht man, den δ-(α-Aminoadipoyl)-Substitutenten durch direkte Hydrolyse abzuspalten, dann wird stets der ß-Lactamring geöffnet. Folgender Weg führte erstmalig zum Ziel:

Cephalosporin C ergibt bei der Einwirkung von salpetriger Säure das Iminolacton **7**, dessen C=N-Bindung reaktiver als der β-Lactamring ist, so daß bei der Hydrolyse **8** in guter Ausbeute entsteht.

❷ Umwandlung von halbsynthetischen Penicillinen, z.B. **9**, in 7-Acylamino-3-methyl-8-oxoceph-3-em-4-carbonsäureester **12** (Penicillin-Umlagerung, MORIN-Reaktion 1969)[99].

Diese interessante Reaktionsfolge, eine Variante der PUMMERER-Reaktion, ist deswegen von Bedeutung, weil die Gewinnung von Penicillinen aus Pilzkulturen in großem Maßstab möglich und billiger ist als die von Cephalosporinen.

Ausgehend von durch Partialsynthese gewonnenen Verbindungen mit Cepham-Gerüst wurden hauptsächlich durch
- Variation des Acylamino-Substituenten in 7-Position
- Variation der Seitenkette in 3-Position
- Einführung eines zweiten Substituenten in 7-Position

zahlreiche halbsynthetische Cephalosporine hergestellt, die Cephalosporin C in der Wirkung weit übertreffen. Drei Beispiele dienen zur Erläuterung (s. Kap. 5, Lit.[86]):

R¹	R²	R³	R⁴	Name
(2-Thienyl)-CH₂–	–O–CO–CH₃	H	–COOH	Cefatolin 1962
(Tetrazolyl)-CH₂–	–S-(thiadiazolyl)-Me	H	–COOH	Cefazolin 1970
(Aminothiazolyl)-C(=N-OCH₃)–	–N⁺(cyclopentenopyridinium)–	H	–COO⁻	Cefpirome 1988

Die Entwicklung begann 1962 mit der Synthese von *Cefatolin* durch Acylierung von **8** mit (2-Thienyl)ethanoylchlorid. Das Produkt wirkt gegen grampositive Bakterien und auch gegen penicillin-resistente Staphylokokken. Im *Cefazolin* ist zusätzlich die Seitenkette in 3-Position verändert. Die Verbindung wirkt auch gegen gramnegative Bakterien. *Cefpirome* gehört zur jüngsten Generation der Cephalosporine, die sich durch hohe Wirkungsintensität verbunden mit einem sehr breiten Wirkungsspektrum auszeichnet, bis hin zur Aktivität gegen Bakterien der Pseudomonas-Gruppe. Die Stabilität gegen ß-Lactamasen und die metabolische Stabilität sind groß.

Cephalosporine werden meist parenteral appliziert. Wegen ihrer breiten Wirksamkeit und geringen Toxizität sind sie die am meisten angewandten Pharmaka bei bakteriellen Infektionen. Insgesamt halten die ß-Lactam-Antibiotica einen Anteil von etwa 60% am jährlichen Antibiotica-Weltumsatz von 11 Milliarden Dollar. Davon entfallen 40% auf die Cephalosporine und 20% auf die Penicilline.

Die Biosynthese der Cephalosporine erfolgt in Analogie zu der der Penicilline aus dem Peptid δ-(α-Aminoadipoyl)-cysteinyl-valin (s.S.160). Zuerst entsteht der ß-Lactam-Ring. Danach wird die C-H-Bindung nicht in ß-Position des Valin-Bausteines gelöst, sondern in γ-Position. Andererseits kann eine enzymatische Umwandlung des Penam-Systems in das Ceph-3-em-System nicht ausgeschlossen werden.

6.29 Pyridazin

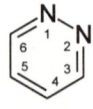

Ersetzt man im Pyridin eine CH-Gruppe durch Stickstoff, so gelangt man zu den konstitutionsisomeren Diazinen *Pyridazin* (1,2-Diazin), *Pyrimidin* (1,3-Diazin) und *Pyrazin* (1,4-Diazin).

6.29 Pyridazin

A Pyridazin besitzt nach den Ergebnissen von Elektronenbeugungs-Experimenten und Mikrowellen-Spektroskopie die Geometrie eines planaren, etwas verzerrten Hexagons (s. Abb. 6.17):

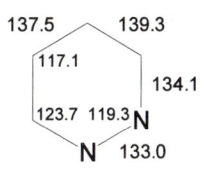

```
       137.5   139.3
        117.1
                     134.1
       123.7 119.3 N
          N   133.0
```

Abb. 6.17 Bindungsparameter des Pyridazins
(Bindungslängen in pm, Bindungswinkel in Grad)

Die N-N-Bindung besitzt Einfachbindungs-Charakter; damit ist Pyridazin durch die Grenzstrukturen **a** und **b** zu beschreiben, wobei die kanonische Form **a** einen höheren Beitrag leistet:

[**a** ⟷ **b**]

Die ^{1}H- und ^{13}C-NMR-spektroskopischen Daten zeigen Ähnlichkeit mit Pyridin, der zusätzliche Stickstoff bedingt eine größere Tieffeld-Verschiebung der Ring-Protonen und -C-Atome in den Positionen 3 und 6:

UV (n-Hexan) λ (nm) (ε)	^{1}H-NMR (CDCl$_3$) δ (ppm)	^{13}C-NMR (CDCl$_3$) δ (ppm)
241 (3,02)	H-3/H-6: 9,17	C-3/C-6: 153,0
251 (3,15)	H-4/H-5: 7,52	C-4/C-5: 130,3
340 (2,56)		

B Auch die **Reaktionen** des Pyridazins zeigen Analogien zum Pyridin[100]. Elektrophile können an den Ring-N-Atomen angreifen, so bei Protonierung, Alkylierung und N-Oxidation. S$_E$Ar-Reaktionen an den Ring-C-Atomen sind – infolge der weiteren Desaktivierung durch das zusätzliche N-Atom – sogar bei Anwesenheit aktivierender Substituenten schwierig zu erreichen, werden jedoch in einigen Fällen durch N-Oxidation erleichtert.

Reaktionen mit Nucleophilen sind über die Ring-Positionen C-4 (so z.B. mit GRIGNARD-Verbindungen[101]) oder C-3 (so z.B. mit Li-Organylen) möglich, besitzen jedoch nicht die präparative Bedeutung wie die TSCHITSCHIBABIN- oder ZIEGLER-Reaktion am Pyridin:

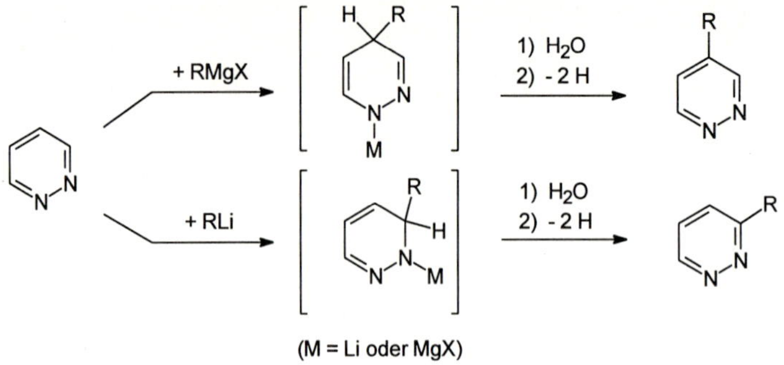

An 3-substituierten Pyridazin-1-oxiden wurden Umsetzungen mit Cyanid in Analogie zur REISSERT-Reaktion (s.S.321) für die C-6-Funktionalisierung genutzt:

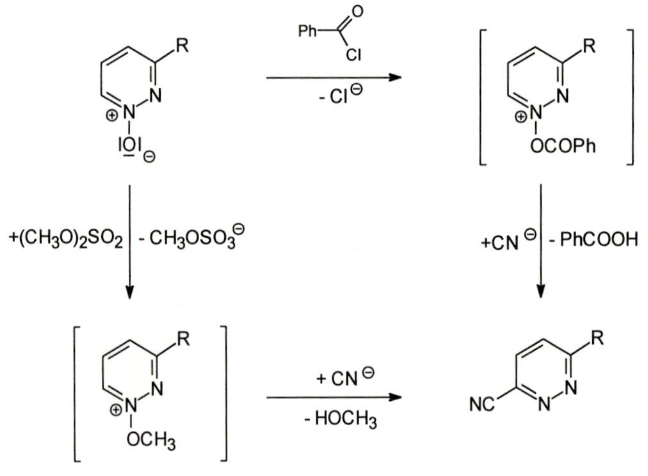

Glatt verlaufen auch einige S$_N$Ar-Reaktionen (z.B. mit Amiden, Aminen und Alkoholaten) an Pyridazinen, die Abgangsgruppen in 3- oder 6-Position tragen.

Die für Pyridine und Benzopyridine charakteristische Seitenketten-Reaktivität (s.S.281) wird sowohl bei 3- als auch bei 4-Methylpyridazinen beobachtet.

Bemerkenswert sind eine Reihe von thermischen und photochemischen Transformationen des 1,2-Diazin-Systems. Bei der Thermolyse werden Pyridazine zu Pyrimidinen und/oder Pyrazinen isomerisiert, wie an einer Reihe von perfluor- und perfluoralkylsubstituierten Derivaten (vgl.S.288) gezeigt wurde. Pyridazin selbst geht bei 300°C in Pyrimidin über. Für die thermische Isomerisierung von Pyridazinen werden Valenzisomerisierungs-Prozesse über Diazabenzvalene (in der vereinfachten Darstellung **3/4**) verantwortlich gemacht:

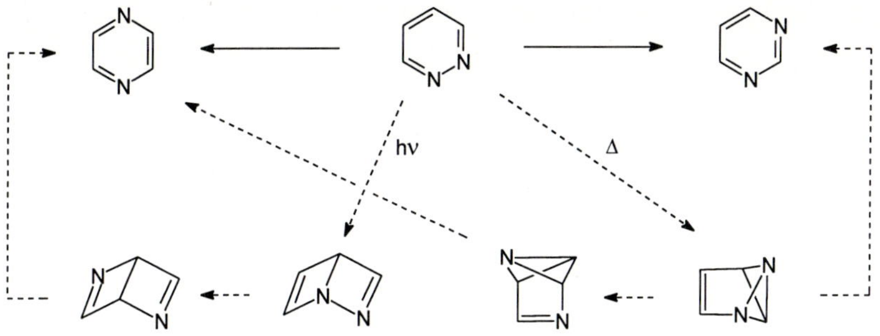

6.29 Pyridazin

Im Gegensatz dazu werden bei der Photolyse von Pyridazinen überwiegend Pyrazine gebildet. Die photochemische "Umorganisation" des 1,2-Diazingerüsts soll über Intermediate vom Typ der Diaza-DEWAR-Benzole **1/2** ablaufen.

C Die **Synthese** von Pyridazinen orientiert sich an einer einfachen *Retrosynthese*-Überlegung, aus der 1,4-Dicarbonyl-Systeme **5/6** und Hydrazin als Edukte hervorgehen:

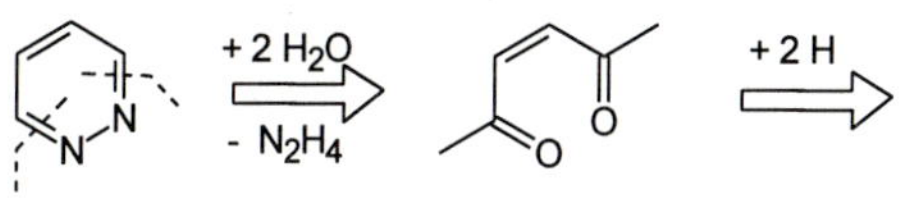

❶ Gesättigte oder α,β-ungesättigte 1,4-Dicarbonyl-Verbindungen cyclokondensieren mit Hydrazin via Hydrazone unter Bildung von 1,4-Dihydropyridazinen **8** oder Pyridazinen **7**:

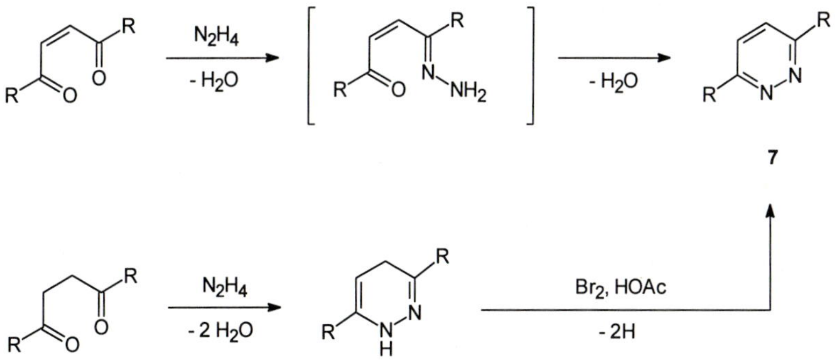

Die Dehydrierung der Dihydropyridazine **8** zu **7** erfolgt durch Br_2 in Eisessig. Die Kondensation wird in Gegenwart von Mineralsäuren durchgeführt, um die konkurrierende Bildung von *N*-Aminopyrrolen zu unterdrücken.

γ-Ketocarbonsäuren oder die entsprechenden Ester liefern mit Hydrazin über die Sequenz Cyclokondensation/Dehydrierung via Dihydroverbindung **9** 6-substituierte Pyridazin-3(2H)-one **10**:

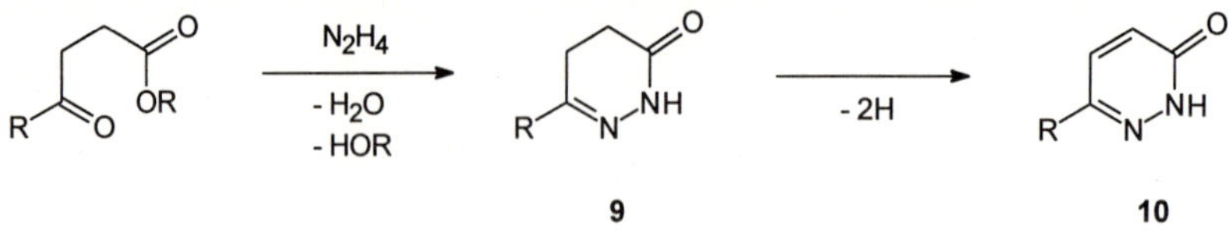

❷ Die Cyclokondensation von 1,2-Diketonen, reaktiven α-Methylenestern und Hydrazin führt – in der einfachsten Form als Eintopf-Reaktion – zu Pyridazin-3(2H)-onen **11** (SCHMIDT-DRUEY-Synthese):

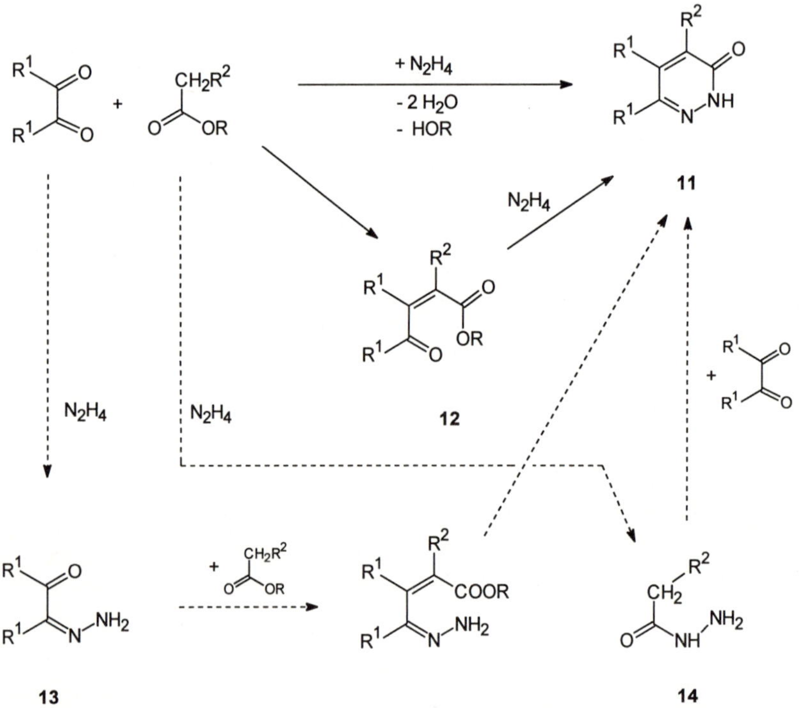

Dabei kann das 1,2-Diketon zunächst mit dem α-C-H-aciden Ester Aldol-Kondensation zur Zwischenstufe **12** eingehen und diese mit N_2H_4 – analog der Bildung von **9** – cyclisieren. Anderen Kombinations-Möglichkeiten dieses Drei-Komponenten-Systems entsprechend können auch die Monohydrazone der 1,2-Dicarbonyl-Verbindungen **13** oder Hydrazide mit reaktiver α-CH$_2$-Gruppe **14** zur Pyridazin-3(2H)-on-Synthese eingesetzt werden.

❸ Pyridazin-Derivate werden auch durch [4+2]-Cycloadditionen gewonnen. So entstehen die Tetrahydropyridazine **15** durch DIELS-ALDER-Reaktion von 1,3-Dienen mit Azodicarbonester, die Pyridazine **17** durch Addition von Alkinen an 1,2,5,6-Tetrazine und nachfolgende Retro-DIELS-ALDER-Reaktion der Addukte **16** unter N_2-Eliminierung:

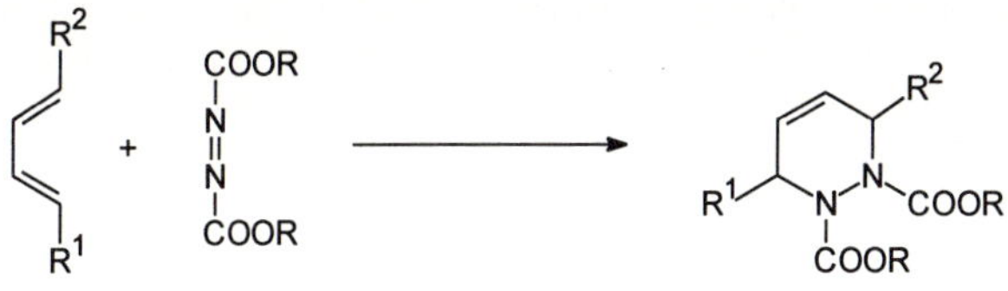

15

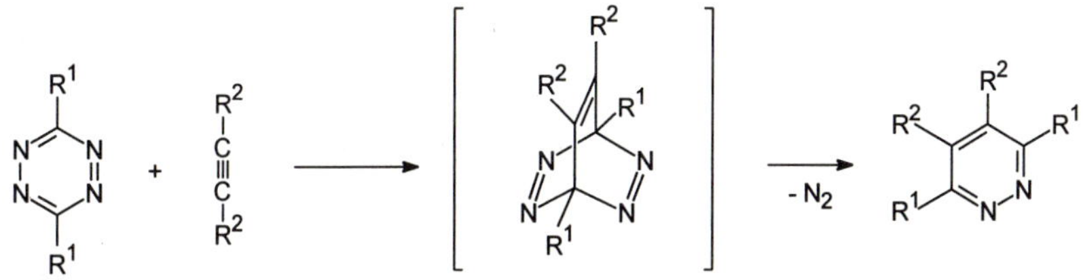

16 **17**

| D | **Pyridazin**, Schmp. -8°C, Sdp. 208°C, ist eine farblose Flüssigkeit, die in Wasser und Alkoholen löslich, in Kohlenwasserstoffen unlöslich ist (H-Brücken-Akzeptor-Funktion der N-Atome). Pyridazin besitzt unter den Diazinen die höchste Basizität (pK_a = 2,3, Pyrimidin 1,3, Pyrazin 0,4), ist aber wie alle Diazine deutlich schwächer basisch als Pyridin (pK_a = 5,2). Auch sein Dipolmoment (µ = 3,95 D) ist höher als das von Pyrimidin (µ = 2,10 D), Pyrazin besitzt kein Dipolmoment. |

Für die Diazine wurden Bildungsenthalpien von 4397,8 kJ mol^{-1} (1,2-Diazin), 4480,2 kJ mol^{-1} (1,3-Diazin) und 4480,6 kJ mol^{-1} (1,4-Diazin) bestimmt. Demnach besitzt Pyridazin eine um ca. 83 kJ mol^{-1} geringere thermodynamische Stabilität als Pyrimidin und Pyrazin.

Pyridazin wird nach Syntheseprinzip ❶ ausgehend von Maleinsäureanhydrid dargestellt. Dessen Umsetzung mit Hydrazin liefert Maleinsäurehydrazid **18**, das infolge Azinon-Hydroxyazin-Tautomerie (s.S.310) mit POCl$_3$/PCl$_5$ in 3,6-Dichlorpyridazin **19** übergeführt wird; **19** liefert durch reduktive Dehalogenierung mittels H$_2$/Pd-C Pyridazin:

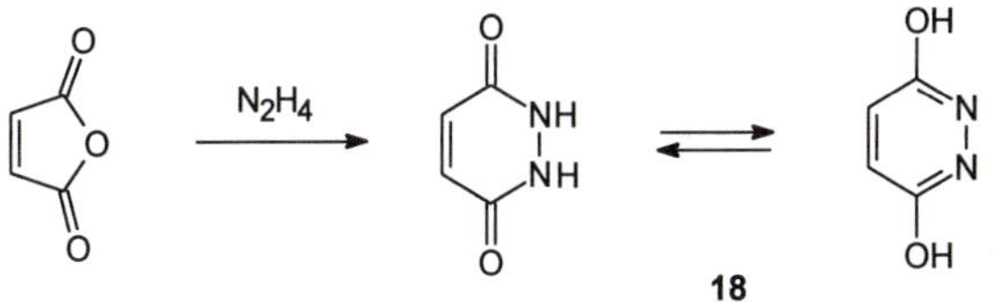

18

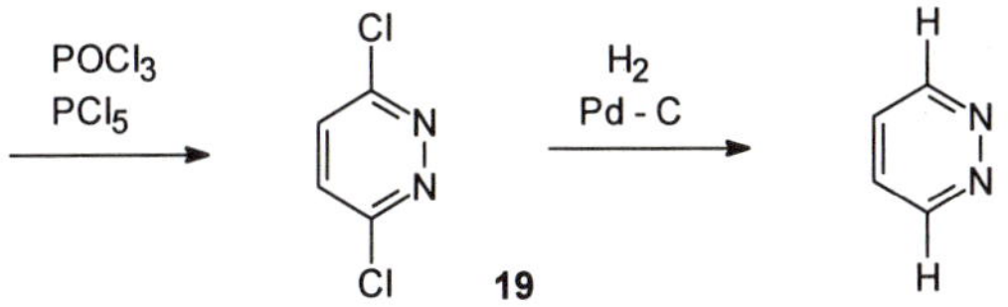

19

Einige Pyridazin-Derivate besitzen biologische Aktivität und werden als Herbicide und Akaricide eingesetzt, so Maleinsäurehydrazid **18** sowie die Chlordihydropyridazinone **20** (*Pyrazon*) und **21** (*Pyridaben*).

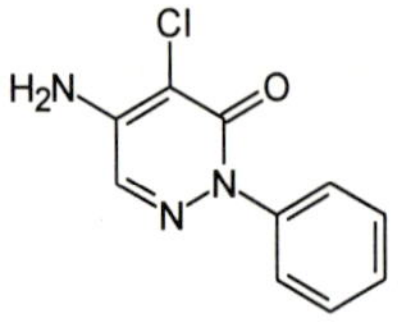

20

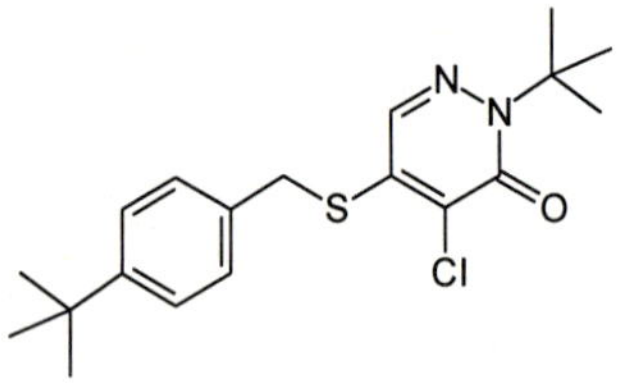

21

6.30 Pyrimidin

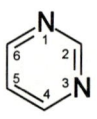

A Pyrimidin liegt aufgrund der Röntgenstrukturanalyse als verzerrtes Hexagon vor (s.Abb. 6.18):

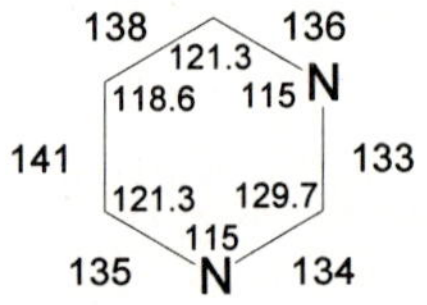

Abb. 6.18 Bindungsparameter des Pyrimidins
(Bindungslängen in pm, Bindungswinkel in Grad)

Wie beim Pyridazin bedingt der zusätzliche Ringstickstoff eine stärkere Entschirmung der Ring-Protonen und -C-Atome als im Pyridin (s.S.270), wie die NMR-spektroskopischen Daten des Pyrimidins zeigen:

UV (H$_2$O) λ (nm) (ε)	^{1}H-NNR (CDCl$_3$) δ (ppm)	^{13}C-NMR (CDCl$_3$) δ (ppm)
238 (3,48)	H-2: 9,26	C-2: 158,4
243 (3,50)	H-4/H-6: 8,78	C-4/C-6: 156,9
272 (2,62)	H-5: 7,36	C-5: 121.9

B In seinen **Reaktionen** erweist sich Pyrimidin als deaktiviertes Heteroaren, das in seiner Reaktivität dem 1,3-Dinitrobenzol oder dem 3-Nitropyridin vergleichbar ist. Angriff von Elektrophilen erfolgt am Stickstoff, so bei Protonierung und Alkylierung; Substitutions-Prozesse unter elektrophilem Angriff am Kohlenstoff werden bei der Stammverbindung nicht beobachtet. Elektronenspendende Substituenten (OH, NH$_2$) erhöhen die S$_E$Ar-Reaktivität des Pyrimidin-Systems (zwei entsprechend dem Benzol, drei entsprechend dem Phenol) und erlauben so Nitrierung, Nitrosierung, Aminomethylierung und Azokupplung in 5-Stellung, z.B.:

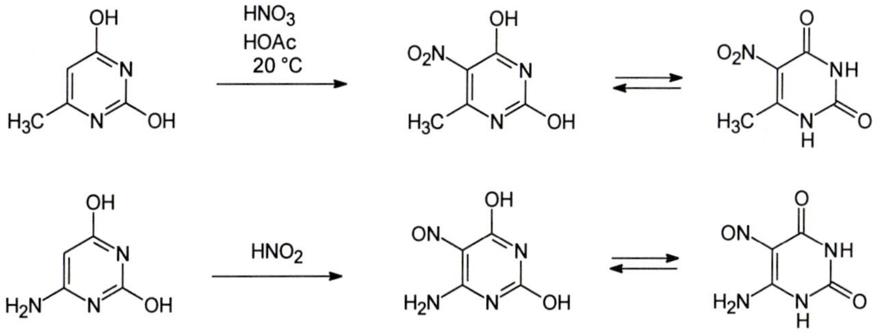

Der Angriff von Nucleophilen erfolgt in 2-, 4- und 6-Stellung. Am Pyrimidin selbst sind nur wenige Beispiele bekannt, so die Addition einiger Metallorganika zu 3,4-Dihydropyrimidinen, die zu 4-substituierten Pyrimidinen dehydriert werden können:

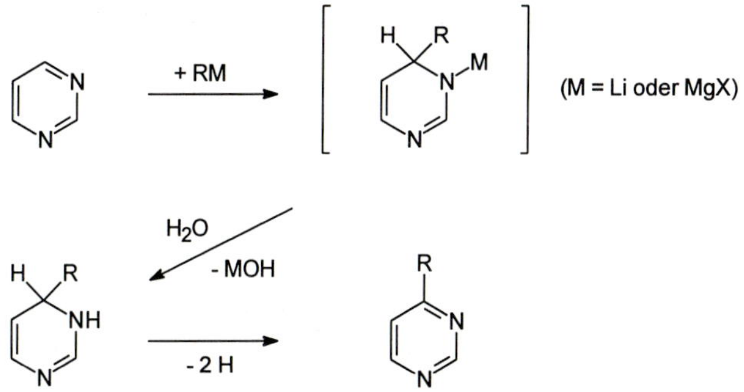

Bei 2-, 4- oder 6-halogensubstituierten Pyrimidinen finden nucleophile Substitutions-Reaktionen (z.B. mit Amiden, Aminen, Alkoholaten, Sulfiden) zur Gewinnung funktionalisierter Pyrimidine breite Anwendung, z.B.:

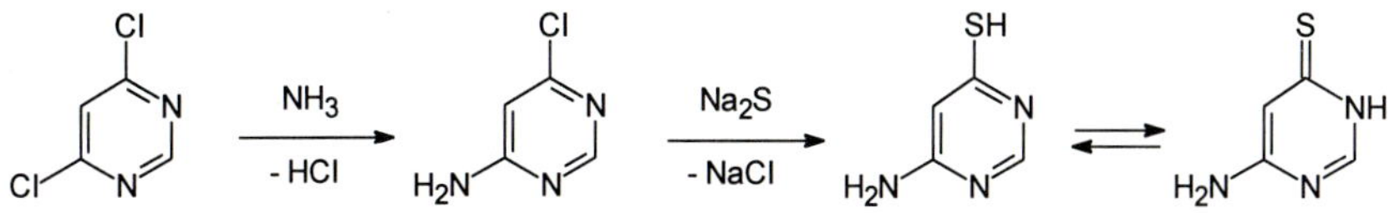

Solche S$_N$Ar-Prozesse verlaufen an C-4/C-6 rascher als an C-2. Reduktive Dehalogenierung ist an allen Pyrimidin-Positionen mittels H$_2$/Pd in Gegenwart schwacher Basen wie CaCO$_3$ oder MgO möglich, sie kann mittels Zn-Staub in H$_2$O oder schwach alkalischem Medium auch C-4/C-6–selektiv geführt werden:

Auch 2- resp. 4(6)-Thioalkyl-Gruppen – die durch S-Alkylierung der entsprechenden Thione leicht einzuführen sind – werden glatt nucleophil substituiert, so durch Amine oder H$_2$O:

Auch das Pyrimidin-System zeigt die für Azine charakteristische Seitenketten-Reaktivität. So gehen CH$_3$-Gruppen in 2-, 4- oder 6-Stellung Aldol-Kondensationen (mit Aldehyden in Gegenwart von LEWIS-Säuren) oder CLAISEN-Kondensationen (mit Estern in Gegenwart starker Basen) ein, wobei eine ausgeprägte C-4-Selektivität beobachtet wird, z.B.:

Die Regioselektivität von Seitenketten-Reaktionen am Pyrimidin kann auch durch die Reaktionsbedingungen gesteuert werden, wie z.B. bei der Bromierung von 4,5-Dimethylpyrimidin gefunden wurde[102]. Bromierung unter ionischen Bedingungen (mit Br$_2$ in HOAc) begünstigt die Substitution an der 4-Methylgruppe, unter radikalischen Bedingungen (mit NBS in CCl$_4$) wird überwiegend an der 5-Methylgruppe substituiert:

C Für die *Retrosynthese* (s.Abb. 6.19) des Pyrimidins ist wesentlich, daß sich C-2 auf der Oxidationsstufe einer Carbonsäure befindet, im 1,3-Diazin-System also das Strukturelement eines Amidinsystems inkorporiert ist.

Demgemäß führt Retroanalyse-Operation **a** (Addition von H$_2$O an C-4 und C-6 und Bindungstrennung N-1/C-6 und N-3/C-4) zu 1,3-Dicarbonyl-Verbindungen und N-C-N-Systemen vom Amidintyp als Edukten der Pyrimidin-Synthese. Alternativ ergeben sich nach Retroanalyse-Operation **b** (Addition von H$_2$O an C-2 und nachfolgende Bindungstrennung an N-1/C-2 oder N-3/C-2 zu **1/2**) 1,3-Diaminopropene **3** und Carbonsäuren als Synthese-Bausteine.

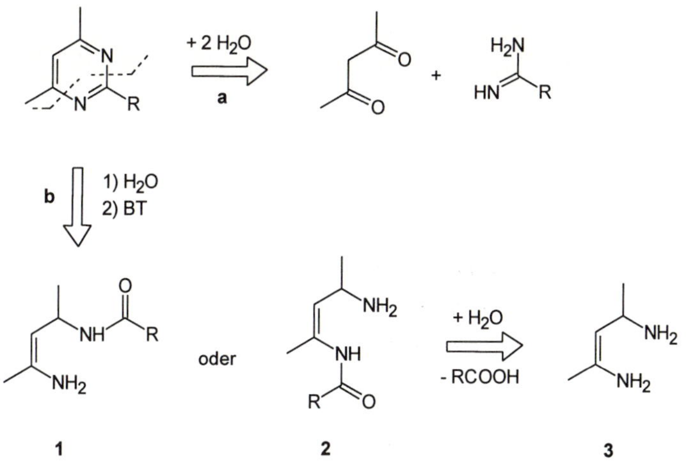

Abb. 6.19 Retrosynthese des Pyrimidins

Zur **Synthese** von Pyrimidinen haben sich folgende Methoden bewährt.

❶ Nach der auf PINNER zurückgehenden Standard-Methode werden 1,3-Diketone mit Amidinen, Harnstoffen, Thioharnstoffen und Guanidinen cyclokondensiert, wobei 3,6-di- und 2,3,6-trisubstituierte Pyrimidine **4**, 2-Pyrimidone **5**, 2-Thiopyrimidone **6** und 2-Aminopyrimidine **7** entstehen:

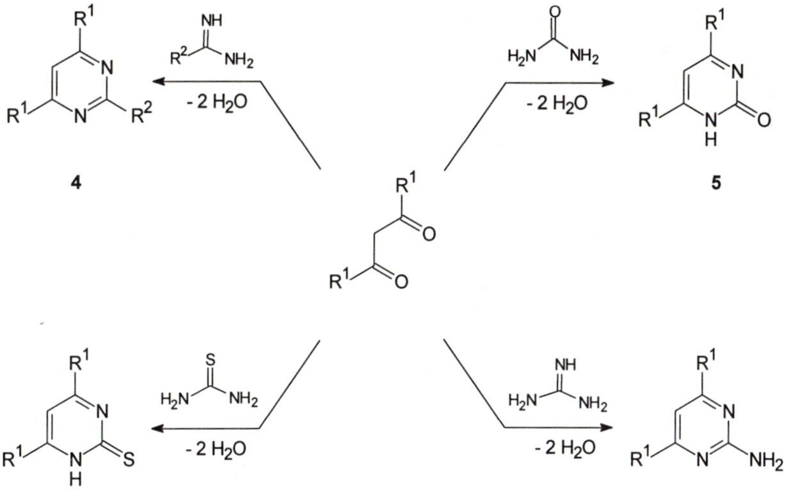

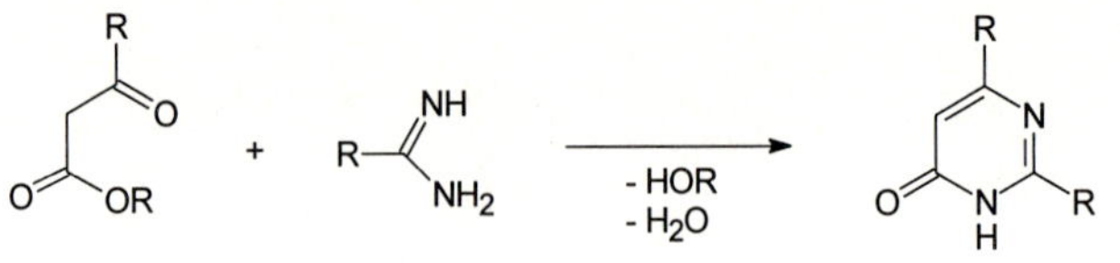

Analog reagieren ß-Ketoester unter Bildung von Pyrimidin-4(3*H*)-onen **8**.

Wichtige Varianten dieses Reaktionsprinzips sind die basekatalysierten Kondensationen von N-C-N-Bausteinen (z.B. von Harnstoff) mit Malonestern zu Derivaten der Barbitursäure (z.B. **9**)

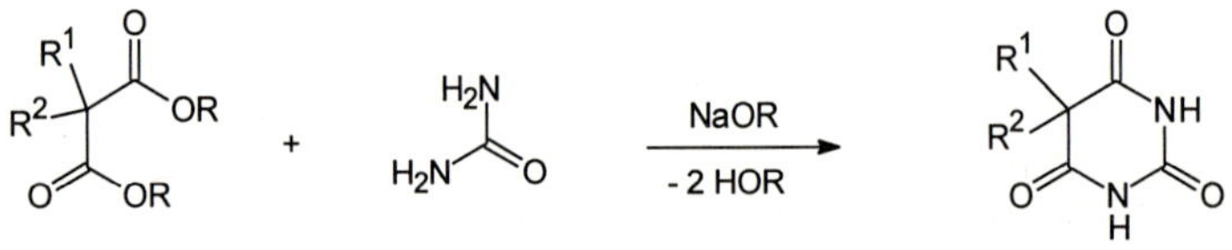

oder mit Cyanessigestern via Cyanacetylverbindungen (z.B. **10**) zu 6-Aminopyrimidinonen (z.B. **11**):

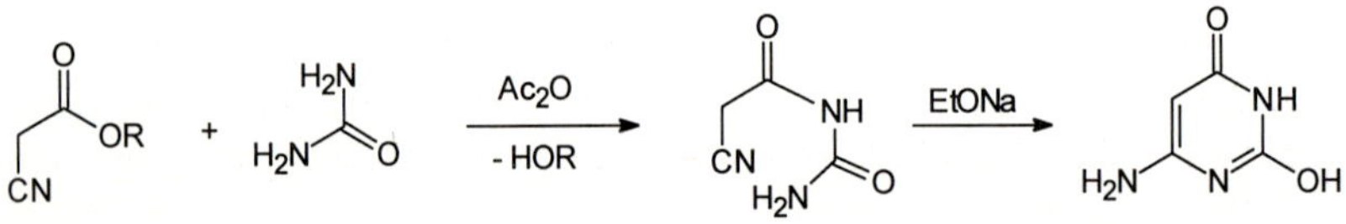

Schließlich können auch maskierte ß-Dicarbonyl-Systeme als 1,3-Biselektrophile eingesetzt werden. Wie das Beispiel der Reaktion von Ethoxymethylencyanessigester mit Acetamidin lehrt, ist die Cyclisierungsrichtung der Zwischenstufe **12** durch das Reaktionsmedium steuerbar: Im sauren Medium erfolgt die Pyrimidinbildung über die Ester-Funktion zu **13**, im basischen Medium über die Nitril-Funktion zu **14**:

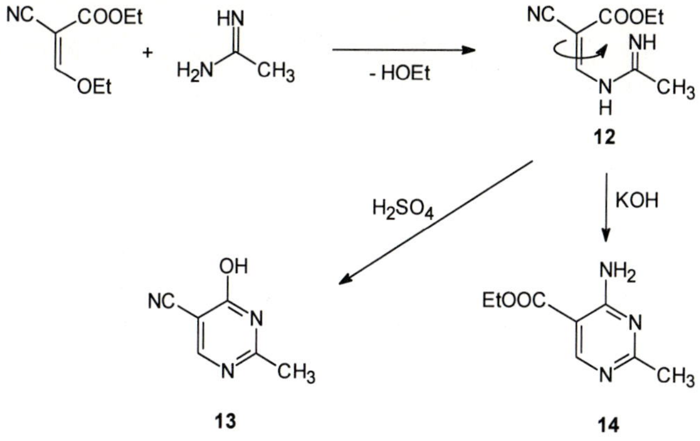

6.30 Pyrimidin

❷ Pyrimidin-Synthesen unter Einsatz von 1,3-Diaminopropen- oder -propan-Bausteinen sind von geringerer Bedeutung. So ergibt die basekatalysierte Cyclokondensation von Malonamiden mit Carbonestern 6-Hydroxypyrimidin-4(3H)-one **15** (REMFRY-HULL-Synthese):

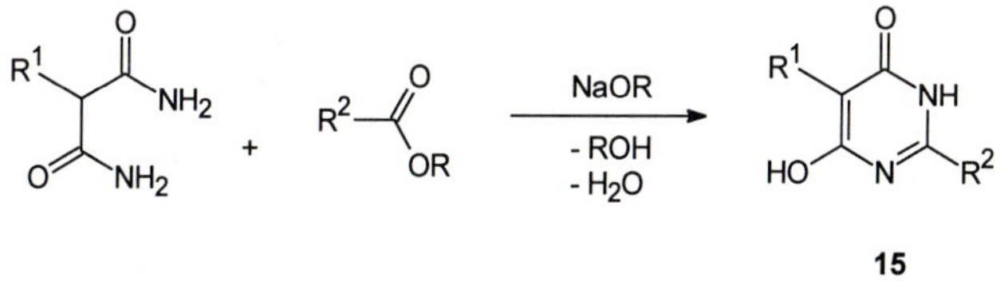

Ausgehend von Cyanessigsäure und N-Alkylurethanen können Uracil- und Thymin-Derivate gewonnen werden; primär entsteht ein Amid **16**, das mit Orthoameisensäureester zum Enolether **17** kondensiert; nach Aminolyse von **17** zu **18** erfolgt Cyclisierung zum 5-Cyanouracil **19** (SHAW-Synthese):

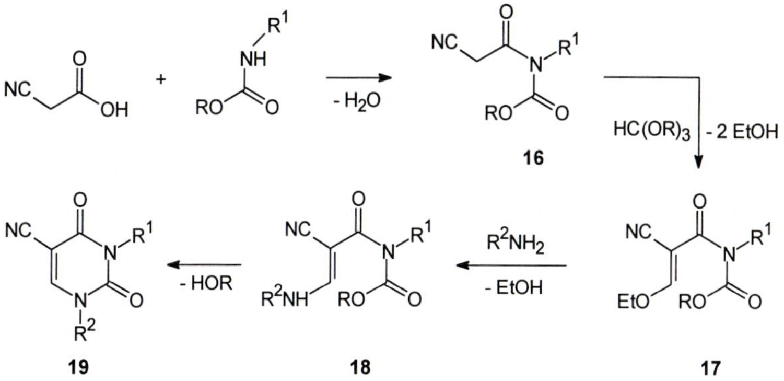

D | **Pyrimidin**, Schmp. 22,5°C, Sdp. 124°C, ist eine wasserlösliche, schwache Base, die mit $HgCl_2$ eine schwerlösliche Komplexverbindung bildet. Pyrimidin wird durch Gasphasen-Kondensation von 1,1,3,3-Tetraethoxypropan mit Formamid bei 210°C über Montmorillonit-Kontakt (BREDERECK-Synthese)[103] gewonnen:

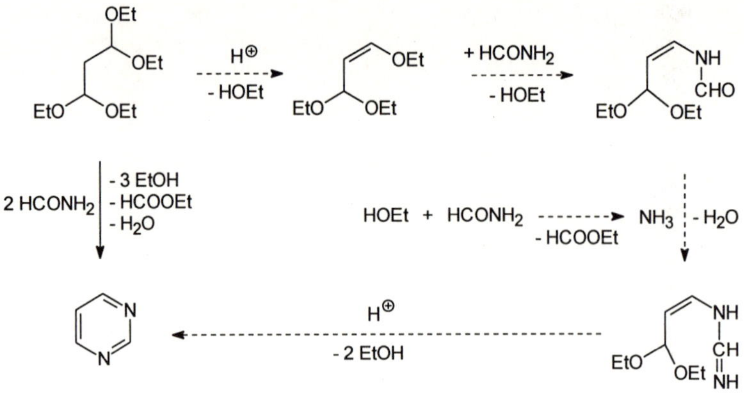

Wichtige Pyrimidin-Derivate sind *Uracil* **20**, *Thymin* **21**, *Cytosin* **22**, *Barbitursäure* **23** und *Orotsäure* **24**:

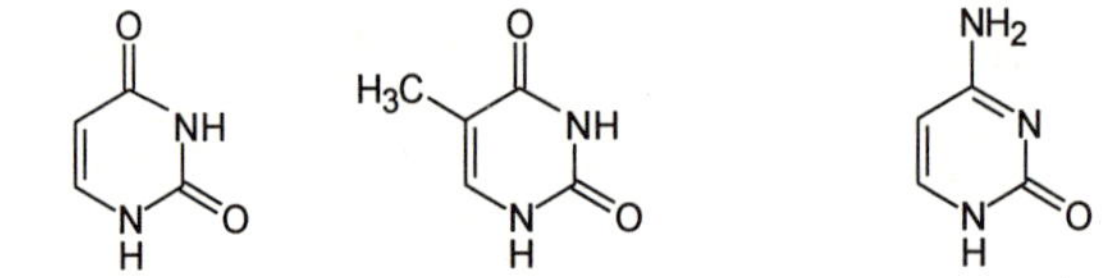

Alle diese Verbindungen sind tautomer; Hydroxypyrimidine liegen bevorzugt in der Lactam-Form, Aminopyrimidine in der Enamin-Form vor (vgl.S.413).

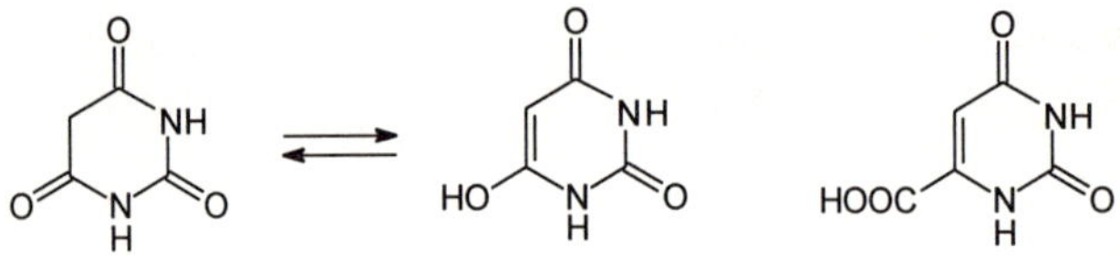

Barbitursäure, Schmp. 245°C, $pK_a = 4$, wird als cyclisches Ureid ausgehend von Harnstoff durch Kondensation entweder mit Malonsäure/POCl$_3$ oder mit Malonester/Natriummethanolat dargestellt[104].

Orotsäure ist die Schlüsselverbindung der Biogenese nahezu aller naürlich vorkommenden Pyrimidin-Derivate. Ihre Synthese erfolgt durch Cyclokondensation von Oxalester mit *S*-Methylisothioharnstoff und direkte oder oxidative Hydrolyse der 2-Thiomethyl-Zwischenstufe **25**:

6.30 Pyrimidin

Zahlreiche Naturstoffe leiten sich vom Pyrimidin ab. Die "Pyrimidinbasen" *Thymin, Cytosin* und *Uracil* **20-22** sind als Nucleinsäure-Bausteine von fundamentaler Bedeutung, seltener sind 5-Methylcytosin (aus Hydrolysaten von Tuberkel-Bazillen) und 5-(Hydroxymethyl)cytosin (aus Bacteriophagen von Escherischia coli).

Aneurin **26** (Thiamin, Vitamin B_1) kommt in der Hefe, in dem sog. Silberhäutchen der Reiskörner und in verschiedenen Getreidearten vor (s.S.154). Aneurin wird auf verschiedenen Wegen im technischen Maßstab synthetisch gewonnen[105].

Alloxan **27** entsteht im Organismus beim oxidativen Abbau der Harnsäure (s.S.414). *Willardiin* **28** ist eine nichtproteinogene α-Aminosäure mit Uracil-Struktur aus den Samen von Acacia-Arten. Einige Pyrimidin-Antibiotica, insbesondere aus Streptomyces-Kulturen, besitzen hohe Antitumor-Aktivität, so die komplex aufgebauten *Bleomycine* **29**. Das Handelsprodukt ist ein Gemisch verschiedener Bleomycine, von denen A_2 (55-70%) und B_2 (25-32%) die Hauptkomponenten sind.

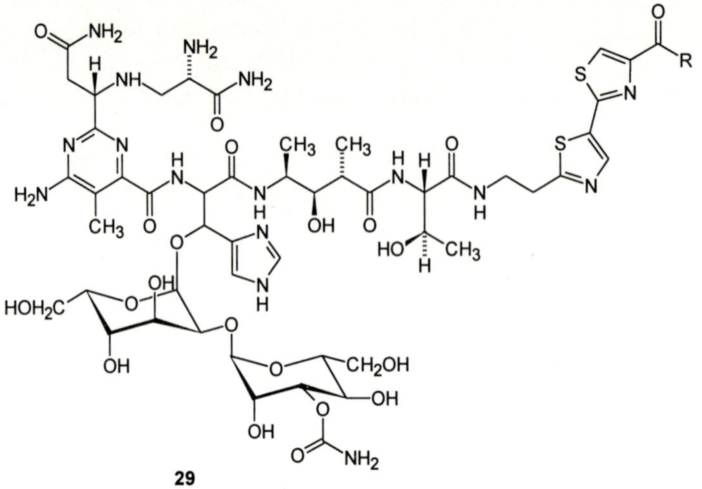

29

Bleomycin A$_2$ R = $-$NH$-$(CH$_2$)$_3$$-\overset{\oplus}{\text{S}}$(CH$_3$)$_2$ HSO$_4^\ominus$

Bleomycin B$_2$ R = $-$NH$-$(CH$_2$)$_4$$-NH-\underset{\underset{\text{NH}_2}{|}}{\text{C}}=\overset{\oplus}{\text{NH}}_2$ HSO$_4^\ominus$

Der Pyrimidin-Ring ist Bestandteil vieler pharmazeutischer Wirkstoffe. Beispiele sind die Chemotherapeutica *Trimethoprim* **30** und *Sulfadiazin* **31**, der Dihydrofolat-Reduktase-Inhibitor *Pyrimethamin* **32** sowie das vom Hexahydropyrimidin abgeleitete Mund- und Rachenantisepticum *Hexetidin* **33**.

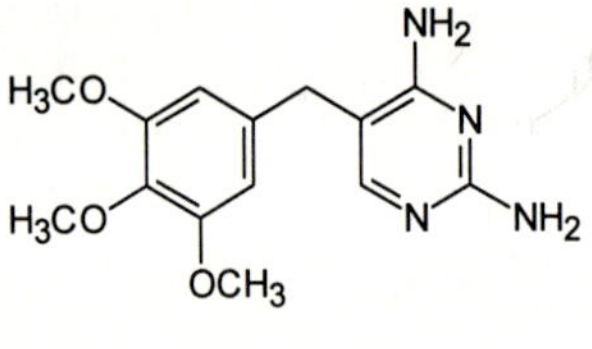

30

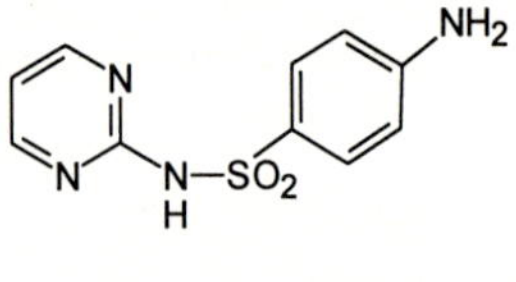

31

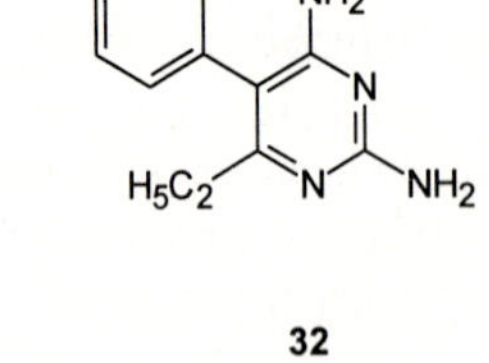

32

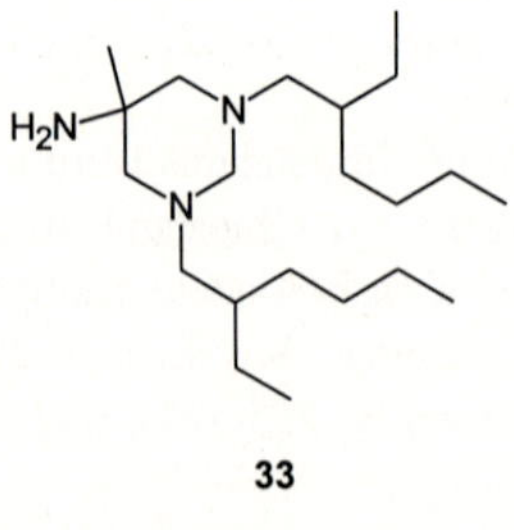

33

5,5-Disubstituierte Derivate der Barbitursäure **23** ("*Barbiturate*") werden in breiter Strukturabwandlung therapeutisch eingesetzt. Der älteste Vertreter der Barbiturate ist die 5,5-Diethylbarbitursäure **34** (E.FISCHER 1903, *Veronal*, INN *Barbital*). Barbital und sein Na-Salz dienen als Hypnotica, noch stärker wirksam sind *Phenobarbital* **35** und *Hexobarbital* **36**[106]. *Methylphenobarbital* **37** wirkt als Antiepilepticum, das Thiobarbiturat *Thiopental* **38** als Ultrakurznarcotikum.

34 : $R^1 = R^2 = C_2H_5$, $R^3 = H$

35 : $R^1 = C_2H_5$, $R^2 = C_6H_5$, $R^3 = H$

36 : $R^1 = CH_3$, $R^2 = $ —⟨cyclohexenyl⟩, $R^3 = CH_3$

37 : $R^1 = C_2H_5$, $R^2 = C_6H_5$, $R^3 = CH_3$

5-Fluoruracil **39** wird als Cytostaticum eingesetzt, *Zidovudin* **40** (3'-Azido-2,3'-dideoxythymidin, AZTH) spielt als antivirales Chemotherapeuticum bei der HIV-Behandlung eine Rolle, *Orotsäure* **24** dient als Stoffwechsel-Therapeuticum.

Unter den neueren als Wachstumsregulatoren wirksamen Herbiciden sind vom Pyrimidin (und *s*-Triazin) abgeleitete Sulfonylharnstoffe von erheblicher Bedeutung, so z.B. das *Bensulfuronmethyl* **41**.

38   **39**   **40**

41

Nahezu alle photographischen Materialien enthalten 7-Hydroxy-5-methyl-*s*-triazolo[1,5-a]pyrimidin **42** als Emulsionsstabilisator. Es wird durch Cyclokondensation von Acetessigester mit 3-Amino-1,2,4-triazol hergestellt[106a].

42

6.31 Purin

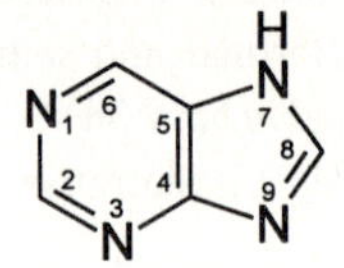

A Die Numerierung von Purin (Imidazo[4,5-d]pyrimidin) entspricht aus historischen Gründen nicht den IUPAC-Regeln. Die Röntgenstrukturanalyse des Purins zeigt, daß der Imidazolteil planar gebaut ist, der ankondensierte Pyrimidinring jedoch von der koplanaren Anordnung abweicht (s. Abb. 6.20). Purin existiert in zwei tautomeren Formen 7H-Purin **1** und 9H-Purin **2**, die in Lösung äquivalent sind (annulare Tautomerie); im festen Zustand dominiert die 7H-Form:

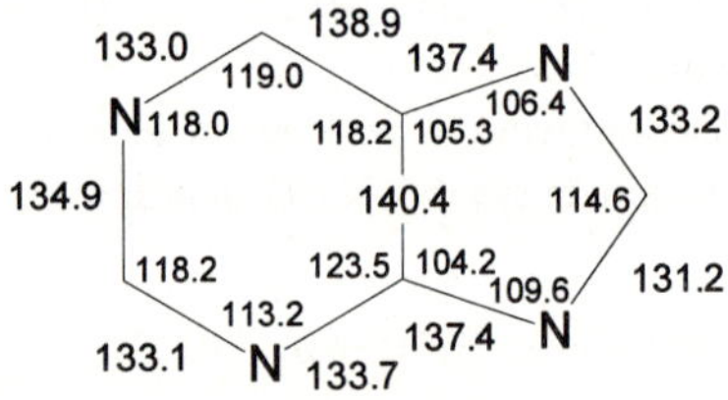

Abb. 6.20 Bindungsparameter des Purins
(Bindungslängen in pm, Bindungswinkel in Grad)

Die NMR-spektroskopischen Daten des Purins sind im Pyrimidinteil dem Grundsystem (s.S.398) vergleichbar, im Imidazolteil jedoch gegenüber dem Grundsystem (s.S.165) erheblich tieffeldverschoben:

UV (Methanol) λ (nm) (ε)	^{1}H-NMR (DMSO-d$_6$) δ (ppm)	^{13}C-NMR (DMSO-d$_6$) δ (ppm)	
363 (3,88)	H-2: 8,99	C-2: 152,1	C-6: 145,5
	H-6: 9,19	C-4: 154,8	C-8: 146,1
	H-8: 8,68	C-5: 130,5	

B Purin geht **Reaktionen** mit Elektrophilen und Nucleophilen ein. Protonierung des Purins erfolgt an N-1, Alkylierung dagegen an N-7 und/oder an N-9, wie die Umsetzungen mit Dimethylsulfat oder Iodmethan und mit Vinylacetat zeigen:

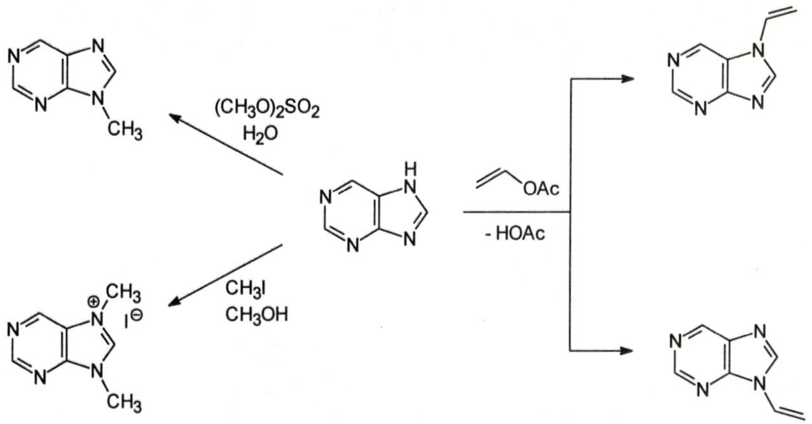

Nucleophile Substitutionsreaktionen (S$_N$Ar) erfolgen sowohl am Purin selbst als auch an Halogen-, Alkoxy- und Alkylthiopurinen. So führt die TSCHITSCHIBABIN-Reaktion (s.S.278) von Purin mittels KNH$_2$ in flüssigem NH$_3$ zur Bildung von 6-Aminopurin **3**:

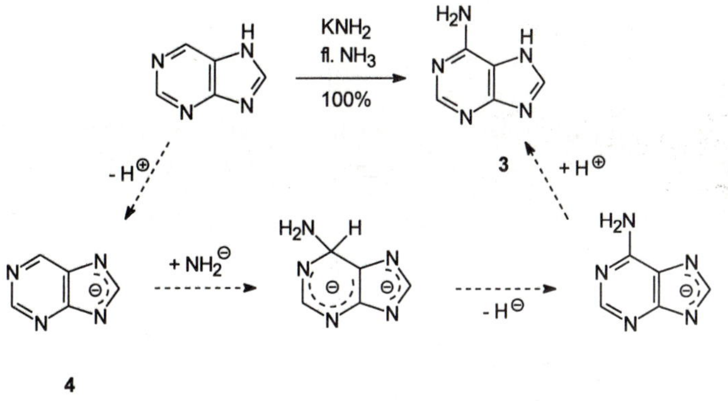

Primär entsteht dabei das 7,9-Anion **4**, das – wohl durch elektrostatische Effekte – die Addition des Amids selektiv in die 6-Stellung des Pyrimidinteils lenkt.

Am Purin-System gebundene Halogenatome besitzen eine positionsabhängige, deutlich abgestufte Abgangsgruppen-Reaktivität, die in der Reihenfolge C-6 > C-2 > C-8 abnimmt. Dies illustriert eine Sequenz zur Synthese von Guanin **8** (s.u.) aus 2,6,8-Trichlorpurin **5**:

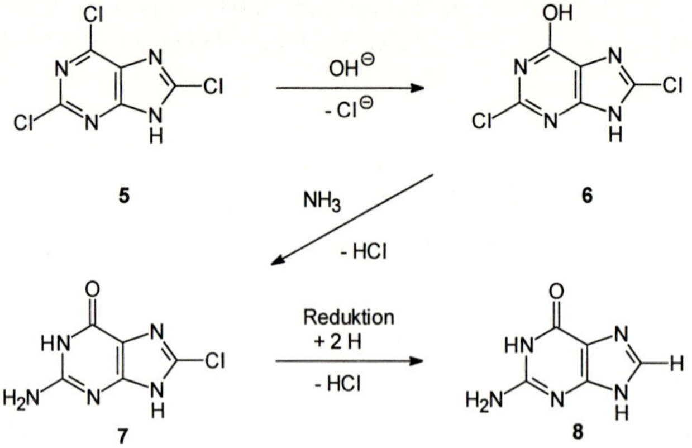

Einwirkung von Natronlauge auf **5** führt zum Ersatz des 6-Cl durch OH unter Bildung von 2,8-Dichlor-6-hydroxypurin **6**, dessen Umsetzung mit Ammoniak zur Einführung der NH$_2$-Gruppe an C-2 unter Bildung von 8-Chlorguanin **7**, reduktive Dehalogenierung von **7** zu Guanin **8**.

Der selektive Angriff von Nucleophilen am Pyrimidin-Teil von **5** steht nicht im Einklang mit den nach der FUKUI-FMO-Theorie berechneten Koeffizienten der Grenzorbitale im Purinsystem und wird (s.o.) durch primäre Bildung eines Anions **9** interpretiert:

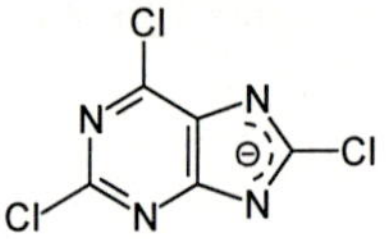

Ist dessen Bildung nicht möglich, wie z.B. bei N-9-Alkylierung von **5**, so erfolgt voraussagegemäß nucleophiler Primärangriff an C-8 im Imidazolteil.

Am Purinsystem können auch Ringtransformationen eintreten. So isomerisiert das 6-Imino-1-methyl-1,6-dihydropurin **10** bei Einwirkung von wäßrigem Alkali zum 6-(Methylamino)purin **12**:

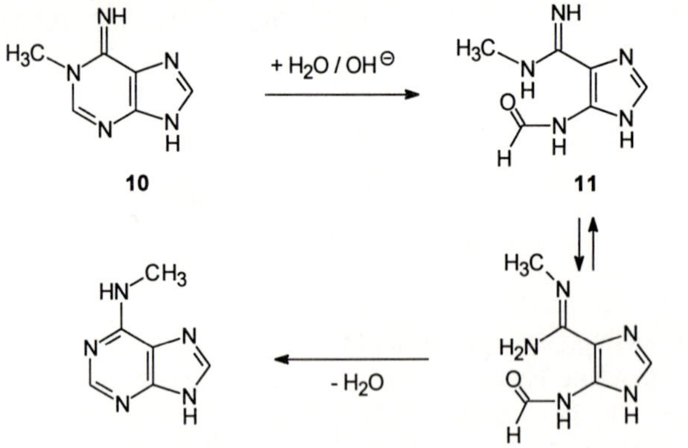

Dabei erfolgt zunächst H$_2$O-Addition via C-2 und Öffnung des Pyrimidinringes unter Bildung des Imidazol-Derivats **11**, dessen Tautomer **13** die Recyclisierung zum Purinsystem **12** nach Art einer DIMROTH-Umlagerung (s.S.202) ermöglicht.

6.31 Purin

C Für die *Retrosynthese* des Purins ist zu beachten, daß C-2 und C-8 auf der Oxidationsstufe der Ameisensäure vorliegen. Damit bieten sich Bindungstrennungen nach Modus **a** oder **b** an:

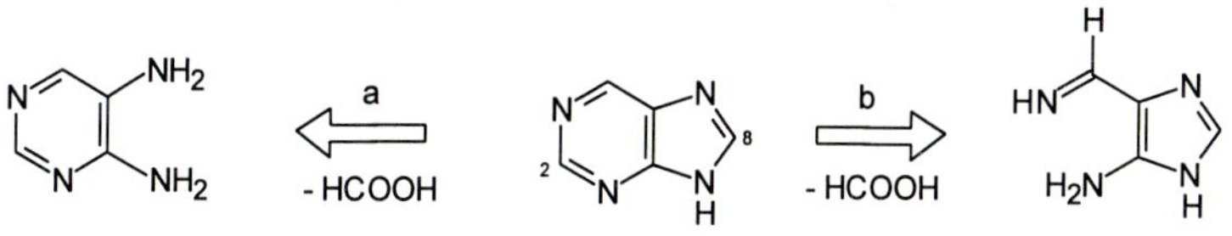

14   **15**

Die **Synthese** von Purinen erfolgt demgemäß entweder ausgehend von 4,5-Diaminopyrimidinen **14** unter Aufbau des Imidazolteils oder ausgehend von 4(5)-Aminoimidazol-5(4)-carbonamid-Derivaten **15** unter Aufbau des Pyrimidinteils.

❶ Im Laboratorium werden Purine nahezu ausschließlich durch cyclisierende Kondensation von 4,5-Diaminopyrimidinen mit Ameisensäure oder Ameisensäure-Derivaten dargestellt (TRAUBE-Synthese, TRAUBE 1910):

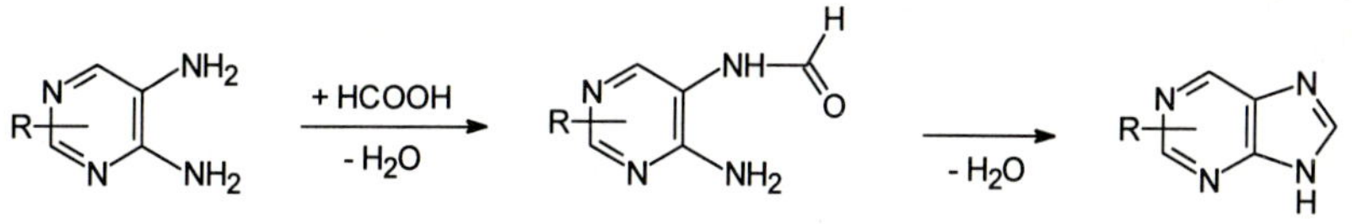

16

Zwischenstufen sind die Formamide **16**. Als Ameisensäure-Derivate finden Formamid (BREDERECK-Variante der TRAUBE-Synthese[107]), Formamidin, Orthoformiat, Diethoxymethylacetat, VILSMEIER-Reagens (aus DMF und POCl$_3$) und Dithioameisensäure Verwendung. 4,5-Diaminopyrimidine sind aus 4-Aminopyrimidinen **17** z.B. durch Nitrosierung mittels HNO$_2$ und Reduktion der Nitrosoverbindungen **18** zugänglich:

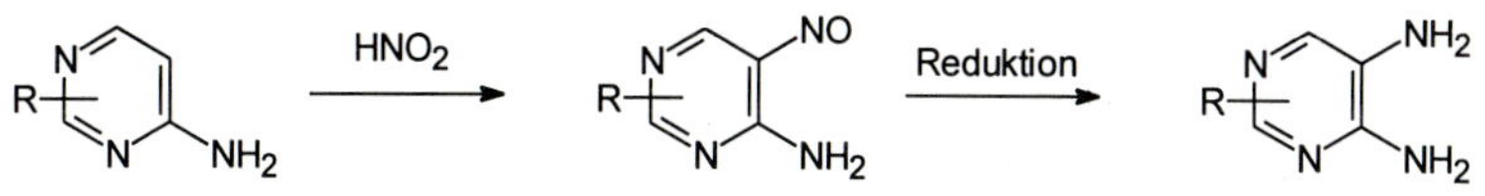

17   **18**

❷ In Einzelfällen werden Purine auch durch Cyclokondensation von 4,5-disubstituierten Imidazolen mit Ameisensäure gewonnen, so z.B. das 9-Alkylpurin-6(1*H*)-on **20** aus dem 1-Alkyl-5-aminoimidazol-4-carbonamid **19**:

[Reaktionsschema: 19 → 20 mit HCOOH, –2 H₂O]

❸ Purine können auch aus einfachen acyclischen Bausteinen entstehen. So wird Purin bei der Thermolyse von Formamid gebildet, ferner durch Umsetzung von *N*-(Cyanomethyl)phthalimid mit Tris(formylamino)methan oder Formamidinacetat in Formamid oder *n*-Butanol :

[Reaktionsschema: Formamid →(Δ, 70%) Purin ←(Δ, 40%) N-(Cyanomethyl)phthalimid + HC(NHCHO)₃]

In einer ähnlichen Eintopf-Reaktion gewinnt man Hypoxanthin (s.u.) durch Erhitzen von Acetamidocyanessigsäureester **21** mit ethanolischem NH₃, Ammoniumacetat und Orthoameisensäureester:

[Reaktionsschema mit 21, 22, 23, 24 → Hypoxanthin, 75%]

Die Bildung des Purin-Systems erfolgt wahrscheinlich über das Aminoimidazolcarbonamid **24** gemäß Methode 2; **24** resultiert aus Aminocyanacetamid **22** und dem aus NH₃, Ammoniumacetat und HC(OR)₃ entstehenden Formamidinacetat **23**.

Diese Bildungsweisen von Purinen gehören zu den sog. abiotischen Synthesen[108]. Darunter versteht man den Aufbau von für den lebenden Organismus essentiellen Verbindungen aus nichtbiologischem Material im Zuge der chemischen Evolution.

D **Purin**, Schmp. 216°C, wurde erstmals von E. FISCHER (1899) durch Reduktion von 2,6,8-Trichlorpurin erhalten. Purin ist wasserlöslich und kann als schwache Base ($pK_a = 2{,}4$) und als schwache Säure ($pK_a = 8{,}9$) fungieren.

Hypoxanthin **25** (6-Hydroxypurin) liegt im festen und gelösten Zustand überwiegend in der Lactamform vor:

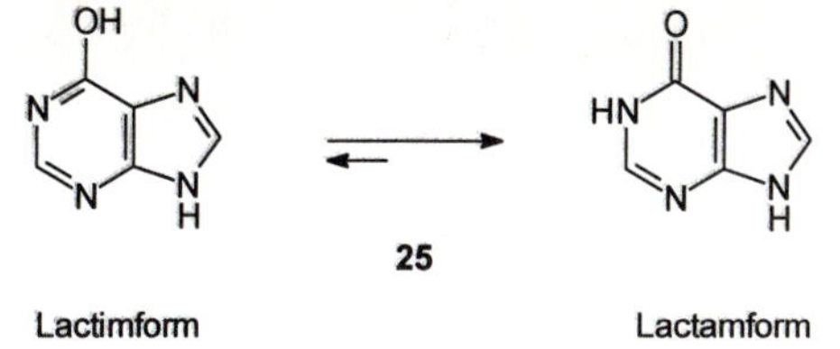

Lactimform — Lactamform

Es wird in einer Eintopf-Synthese (s.S.412) oder nach TRAUBE aus 4,5-Diamino-6-hydroxypurin **28** dargestellt:

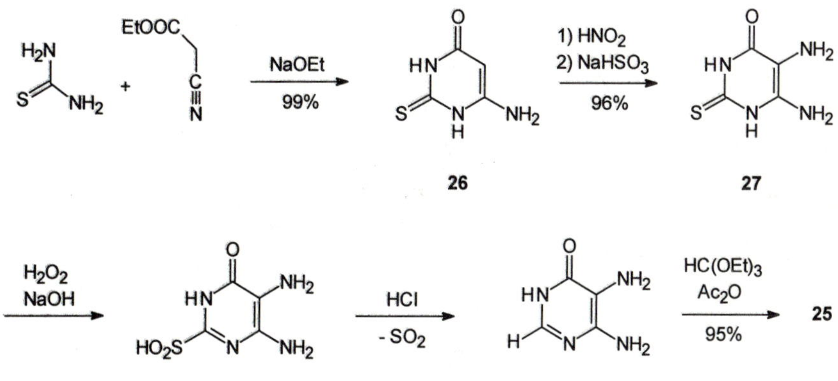

Dabei wird zunächst Cyanessigester basekatalysiert mit Thioharnstoff cyclokondensiert und auf der Stufe des 4-Amino-2-thiouracils **26** die zweite Aminogruppe eingeführt (**27**); die Desulfurierung erfolgt durch Oxidation zur Sulfinsäure und SO_2-Eliminierung (**28**), die Ankondensation des Imidazolteils durch Orthoameisensäureester.

Adenin **29** (6-Aminopurin) und *Guanin* **8** (2-Amino-6-hydroxypurin) werden bei der hydrolytischen Spaltung von Nucleinsäuren (s.u.) erhalten. Durch Deaminierung mittels HNO_2 wird Adenin in Hypoxanthin, Guanin in Xanthin übergeführt. Guanin synthetisiert man aus 2,6,8-Trichlorpurin (s.S.410) oder ausgehend von Cyanessigester und Guanidin über 2,4-Diamino-6-hydroxypyrimidin **30**:

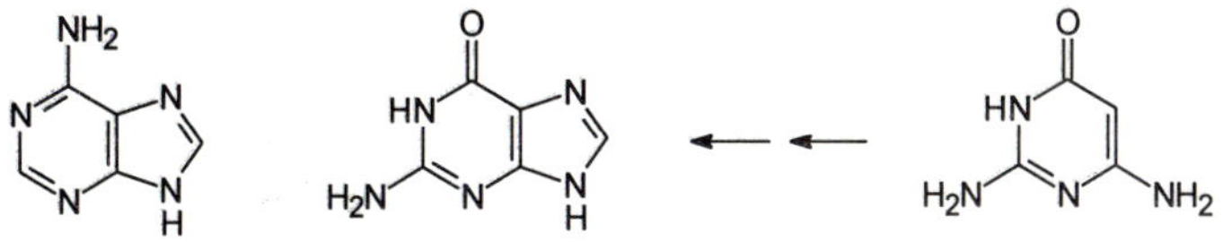

Xanthin 32 (2,6-Dihydroxypurin), Schmp. 262°C, ist chemisch der Harnsäure (s.u.) ähnlich. Es löst sich in Basen und in Säuren und bildet ein schwerlösliches Perchlorat. Xanthin wird nach TRAUBE ausgehend von Cyanessigester und Harnstoff über 4-Aminouracil **31** oder aus Harnsäure **33** durch Erhitzen mit Formamid (BREDERECK 1950) gewonnen:

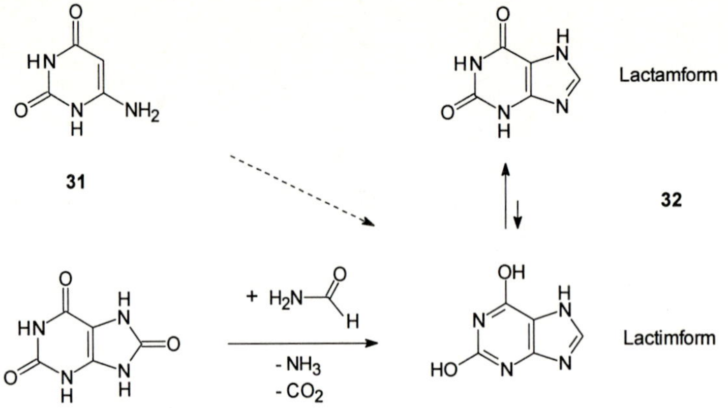

31 **32** Lactamform

33 + H$_2$N-CHO → Lactimform
− NH$_3$
− CO$_2$

Von der Lactam-Form des Xanthins leiten sich die Naturstoffe *Theophyllin* **34** (1,3-Dimethylxanthin), *Theobromin* **35** (3,7-Dimethylxanthin) und *Coffein* **36** (1,3,7-Trimethylxanthin) ab. *Theophyllin* kommt in Teeblättern vor und wirkt diuretisch und coronardilatorisch. *Theobromin* ist zu ca. 5 % in den Kakaobohnen enthalten und wirkt stärker diuretisch als Theophyllin und Coffein.

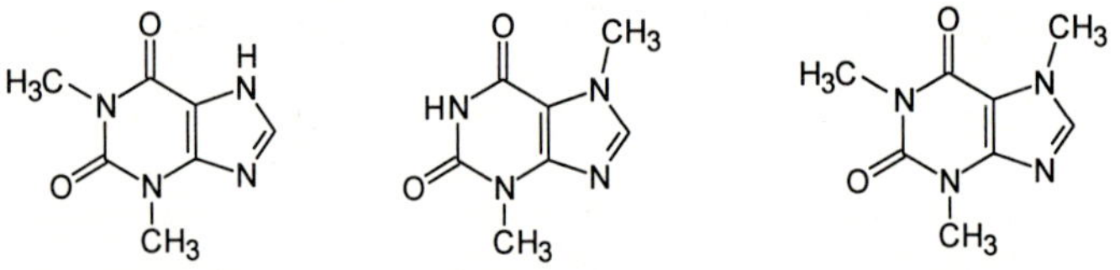

34 **35** **36**

Coffein, Schmp. 263°C, sublimiert beim Erhitzen, seine Löslichkeit ist größer als die der Dimethylxanthine. Coffein besitzt anregende Wirkung auf das Zentralnervensystem und wird durch Entcoffeinierung von grünen Kaffeebohnen mit überkritischem CO$_2$ gewonnen[108a]. Synthetisch erhält man Coffein durch Methylierung von Xanthin, Theophyllin oder Theobromin mittels Iodmethan oder Dimethylsulfat[107].
Harnsäure 33 (2,6,8-Trihydroxypurin) wurde von SCHEELE 1774 aus Harnsteinen isoliert. Nach Aufstellung der Bruttoformel (LIEBIG und MITSCHERLICH 1834) erfolgte die Konstitutionsermittlung durch oxidativen Abbau und strukturelle Korrelation zu Barbitursäure, Alloxan, Allantoin und Hydantoin (LIEBIG, WÖHLER, V.BAEYER):

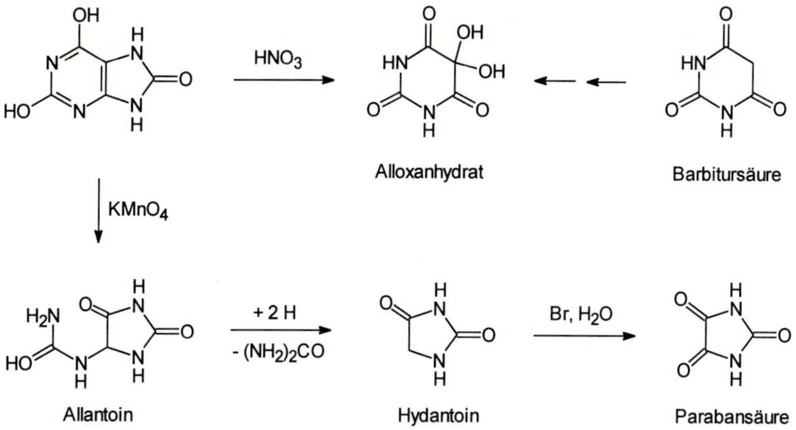

Strukturbeweisend war die unabhängige Synthese (E.FISCHER und ACH, 1895), bei der aus Malonsäure und Harnstoff Barbitursäure und deren 5-Aminoderivat **37**, daraus mittels Kaliumcyanat Pseudoharnsäure **38** aufgebaut wurden; die Cyclisierung von **38** ergab Harnsäure **33**:

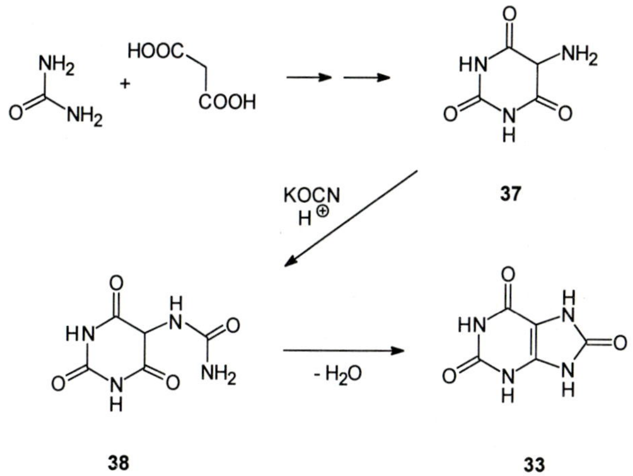

Präparativ günstiger ist die Synthese der Harnsäure nach TRAUBE durch Ringschluß von 4,5-Diaminouracil mittels Chlorameisensäureester.

Harnsäure ist in Wasser schwer löslich und eine schwache zweibasige Säure (pK_{a1}=5,4, pK_{a2}=10,6). Erhitzt man Harnsäure mit HNO_3 und versetzt nach Abkühlen mit NH_3, so tritt eine violette Farbe auf (Murexid-Reaktion). Bei der Einwirkung von $POCl_3$ auf Harnsäure entsteht 2,6-Dichlor-8-hydroxypurin, unter verschärften Bedingungen 2,6,8-Trichlorpurin.

Purin-Derivate sind von großer biologischer Bedeutung. Adenin und Guanin kommen in freier Form, als *N*-Glycoside (*Nucleoside*, z.B. Adenosin **39**), als phosphorylierte *N*-Glycoside (*Nucleotide*, z.B. Adenosin-5-phosphat **40** (AMP), -5-diphosphat **41** (ADP) und -5-triphosphat **42** (ATP)) sowie als Bestandteile der *Ribo-* und *Deoxyribonucleinsäuren* vor:

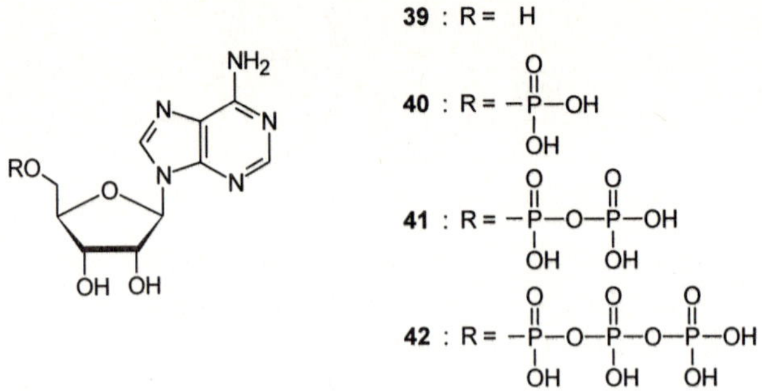

39 : R = H

40 : R = −P(=O)(OH)−OH

41 : R = −P(=O)(OH)−O−P(=O)(OH)−OH

42 : R = −P(=O)(OH)−O−P(=O)(OH)−O−P(=O)(OH)−OH

Die als Wachstumsregulatoren (Phytohormone) wirksamen *Cytokinine* sind an der 6-Aminogruppe substituierte Adenin-Derivate, so das *Zeatin* 43 aus Mais[109]:

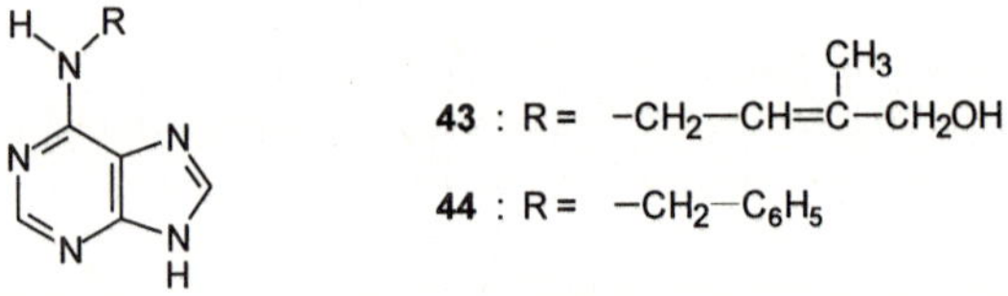

43 : R = −CH$_2$−CH=C(CH$_3$)−CH$_2$OH

44 : R = −CH$_2$−C$_6$H$_5$

6-(Benzylamino)purin 44 hat sehr hohe Cytokinin-Aktivität und wurde kommerziell (*Verdan*) zur Gemüse-Frischhaltung eingesetzt.

Nucleosid-Antibiotika sind in größerer Zahl bekannt. So besitzt 9-(ß-D-Arabinofuranosyl)adenin 45 antivirale und antitumorale Aktivität, *Puromycin* 46 wirkt als Inhibitor der Protein-Biosynthese in Bakterien- und Säugetierzellen.

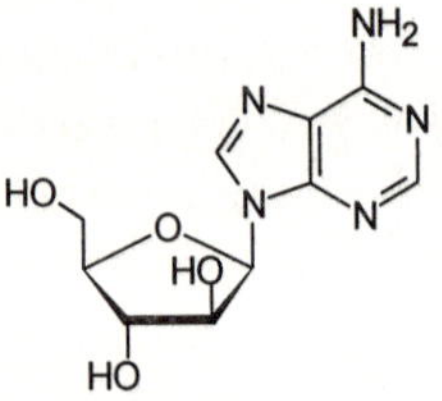

45

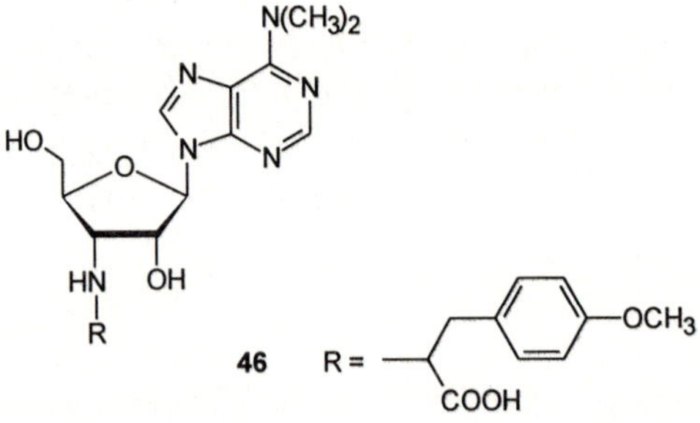

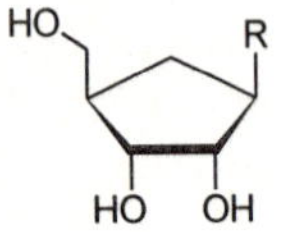

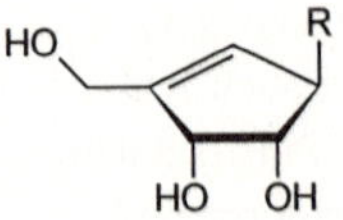

46   R = −CH$_2$−C$_6$H$_4$−OCH$_3$ mit COOH

47   (R = 9-Adenosyl)   48

Auch carbocyclische Nucleosid-Analoga sind biologisch aktiv, so besitzt *Aristeromycin* 47 antimikrobielle und *Neplanocin* 48 antitumorale Wirkung[109a].

6.32 Pyrazin

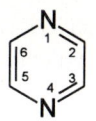

A Die Struktur des Pyrazins wurde durch Röntgenstrukturanalyse und durch Elektronenbeugung bestimmt. Es besitzt die Struktur eines planaren Hexagons mit D_{2h}-Symmetrie, wobei die C-C-Bindungsabstände sehr ähnlich dem Benzol (139,7 pm) sind (Abb. 6.21):

Abb. 6.21 Bindungsparameter des Pyrazins
(Bindungslängen in pm, Bindungswinkel in Grad)

Die symmetrische 1,4-Diazin-Struktur äußert sich auch in den ^{1}H- und ^{13}C-NMR-Spektren (CDCl$_3$), die jeweils ein Signal der Ringprotonen (δ = 8,60 ppm) und Ring-C-Atome (δ = 145,9 ppm) aufweisen. Pyrazin besitzt UV-Maxima bei 261 (3,81), 267 (3,72) und 301 nm (2,88) (H$_2$O).

B Die **Reaktionen** des Pyrazins sind wie bei den anderen Diazinen durch die N-Atome des Ringes geprägt. Diese können durch Elektrophile, z.B. bei Protonierung und N-Oxidation, angegriffen werden, deaktivieren jedoch die Ring-C-Atome erheblich, sodaß nur wenige S$_E$Ar-Prozesse, z.B. Halogenierungen – und auch diese nur in mäßigen Ausbeuten – ablaufen. Donor-Substituenten, z.B. Aminogruppen, aktivieren das Heteroaren und dirigieren in o- und p-Position, dies jedoch in Abhängigkeit von anderen vorhandenen Gruppen. So ergibt 2-Aminopyrazin **1** glatte Kernhalogenierung zu **2**, 3-Aminopyrazin-2-carbonsäure **3** jedoch lediglich N-Halogenierung zu **4** und keine Kernsubstitution:

Pyrazin ist gegenüber Nucleophilen reaktiver als Pyridin. Während die TSCHITSCHIBABIN-Aminierung präparativ unbefriedigend verläuft, erfolgt an 2-Halogenpyrazinen Substitution des Halogens gegen Ammoniak, Amine, Amid, Cyanid, Alkoxide und Thiolate.

Bemerkenswert ist, daß diese Substitutionsreaktionen häufig nicht nach einfachem Additions-Eliminierungs-Muster

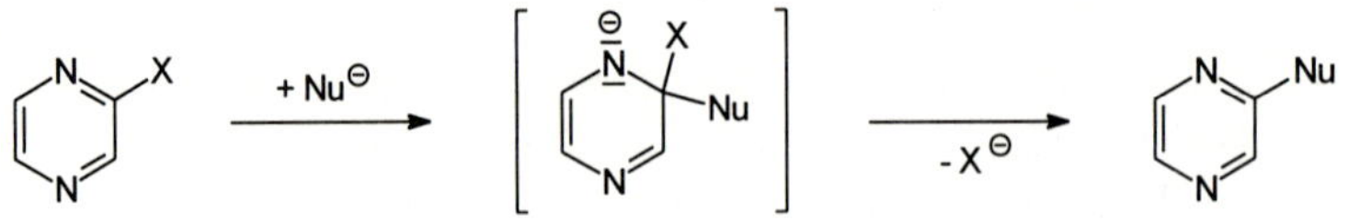

verlaufen. So erhält man bei der Reaktion von 2-Chlorpyrazin **5** mit Natriumamid in flüssigem NH_3 neben 2-Aminopyrazin **6** 2-Cyanoimidazol **7**. Setzt man N-1-markiertes **5** ein, so trägt im Produkt **6** nicht der Ringstickstoff, sondern der Stickstoff der Aminogruppe die Markierung. Damit ist nachgewiesen, daß das Nucleophil nicht an dem die Abgangsgruppe tragenden Ring-C-Atom angegriffen haben kann und daß die Substitution nach einem ANRORC-Mechanismus (ANRORC = **A**ddition **N**ucleophilic **R**ing **O**pening **R**ing **C**losure) abläuft[110]:

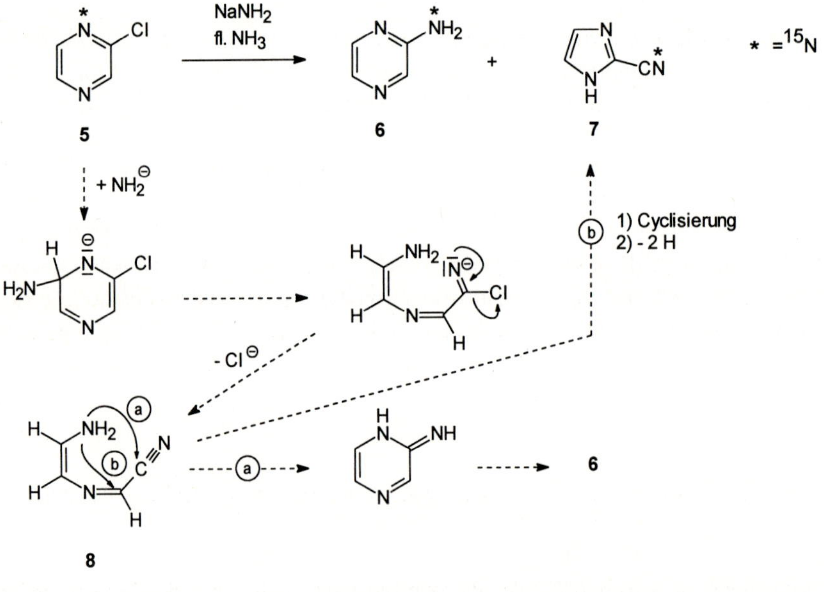

Wesentlich ist dabei, daß nach Addition des Amidions an C-6 Öffnung des Pyrazinringes unter Abspaltung von Chlorid zum Cyanoaza-1,3-dien **8** erfolgt, das sowohl zum Pyrazin-System **6** als auch zum Imidazol-System **7** recyclisieren kann. Beim 2-Chlor-3,6-diphenylpyrazin **9** konnte der MEISENHEIMER-Komplex **10** direkt nachgewiesen werden, dessen Bildung und Umwandlung zu **11** der Produkt-Bildung (**12**) vorgelagert ist:

Alkylpyrazine zeigen wie die anderen Diazine und Pyridin basekatalysierte C-C-Verknüpfungsreaktionen an den direkt zum Heterocyclus benachbarten C-H-Bindungen. So sind am 2-Methylpyrazin – nach Deprotonierung mittels NaNH$_2$ in flüssigem NH$_3$ via Anion **13** – Alkylierungs-, Acylierungs- und Nitrosierungs-Reaktionen möglich:

Die Anionisierung mit Lithiumorganylen wird durch konkurrierende Additions-Reaktionen am Kern kompliziert.

C Die *Retrosynthese* (s.Abb. 6.22) des Pyrazin-Systems erfolgt nach den bei den anderen Azinen bewährten Prinzipien. So führt Bindungstrennung an den Imin-Funktionen (Retroanalyse-Operation **a**) zu 1,2-Dicarbonyl-Verbindungen **14** und 1,2-Diaminoethenen **15** als Edukten der direkten Pyrazin-Synthese durch Cyclokondensation. Alternativ bieten sich Dihydropyrazine **16/18** (via Retroanalyse-Operation **b** und **c**) als Edukte an, die aus 1,2-Diaminoethanen **17** und **14** resp. aus α-Aminoketonen **19** zugänglich sein sollten.

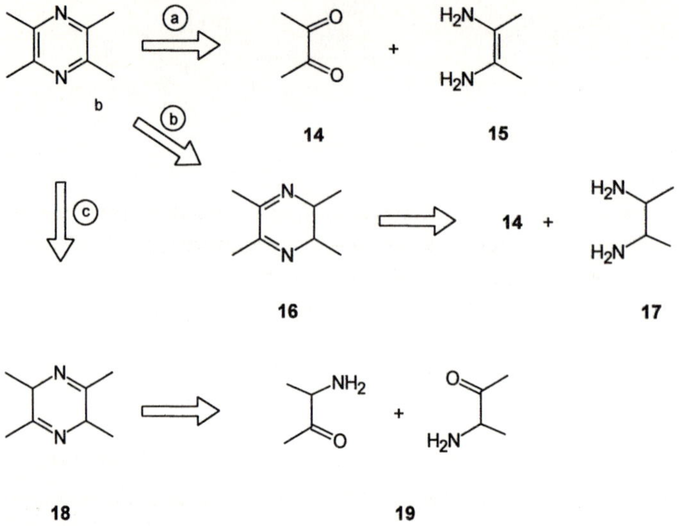

Abb. 6.22 Retrosynthese des Pyrazins

Zur **Synthese** von Pyrazinen haben sich folgende Methoden bewährt.

❶ 1,2-Dicarbonyl-Verbindungen und 1,2-Diaminoethane cyclokondensieren (unter zweimaliger Imin-Bildung) zu 2,3-Dihydropyrazinen **20**, die – am günstigsten durch CuO oder MnO$_2$ in KOH/Ethanol – zu Pyrazinen **21** oxidiert werden:

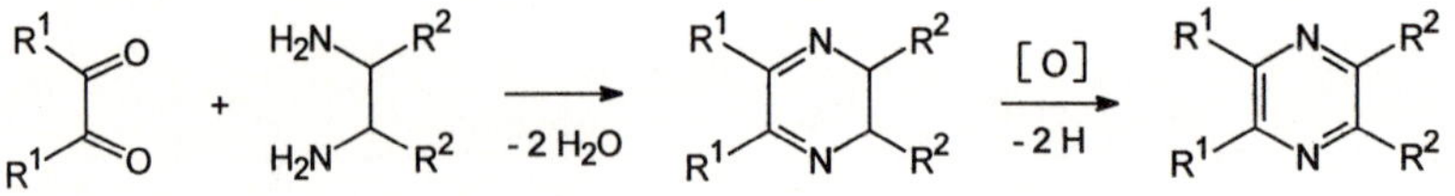

Diese Methode liefert die besten Ergebnisse mit symmetrischen Edukten. Als 1,2-Diaminoethen kann Diaminomaleinsäuredinitril **22** mit 1,2-Diketonen durch direkte Kondensation oder durch Reaktion mit ß-Ketosulfoxiden und nachfolgende Dehydrierung[111] 2,3-Dicyanopyrazine **23** ergeben.

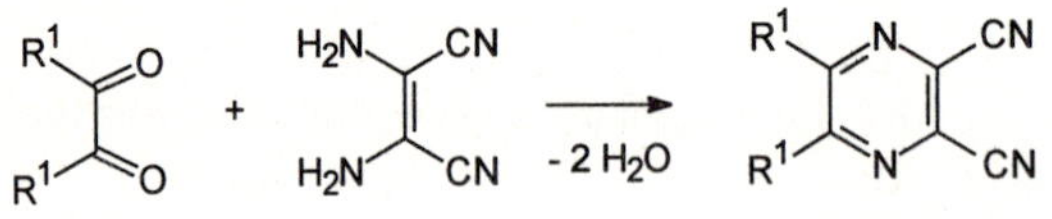

❷ Die klassische Pyrazin-Synthese beinhaltet die Selbstkondensation zweier Moleküle einer α-Aminocarbonyl-Verbindung zu 3,6-Dihydropyrazinen **24** und deren – meist unter milden Bedingungen erfolgende – Oxidation zu Pyrazinen **25**:

24 25

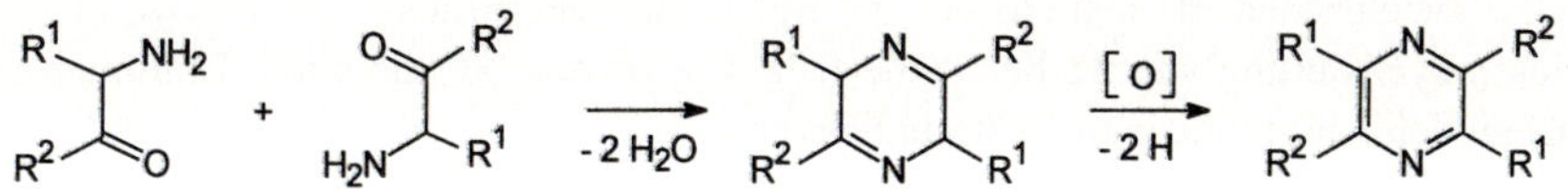

Die benötigten α-Aminoaldehyde oder -ketone werden wegen ihrer Instabilität zumeist in situ gewonnen, z.B. aus α-Hydroxycarbonyl-Verbindungen und Ammoniumacetat oder durch katalytische Reduktion von α-Oximino- resp. α-Azidocarbonyl-Verbindungen.

Eine alternative Synthese der Dihydropyrazine **24** benutzt die cyclisierende Aza-WITTIG-Reaktion zweier Moleküle der α-Phosphazinylketone **26**, die aus α-Azidoketonen und Triphenylphosphan gewonnen werden:

26

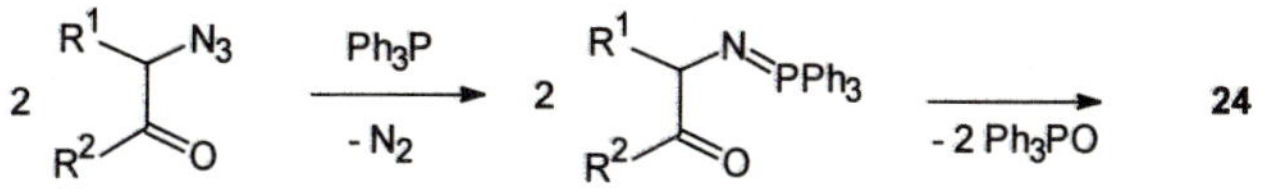

❸ Aus Diketopiperazinen (s.S.423) können ebenfalls Pyridazin-Derivate erhalten werden, da diese mittels Trialkyloxoniumsalzen zu Bislactimethern **27** O-alkyliert und mittels DDQ zu 3,6-Dialkoxypyridazinen **28** dehydriert werden können:

27 28

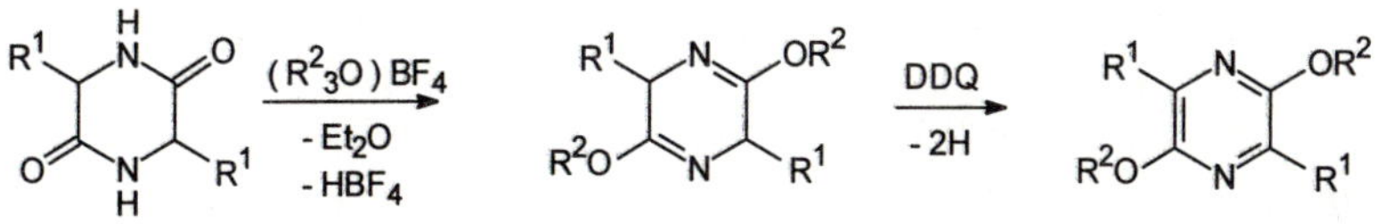

❹ Eine regioselektive Synthese von Alkylpyrazinen[112] geht von α-Hydroxyiminoketonen **29** aus:

29 30 31

32 33 34

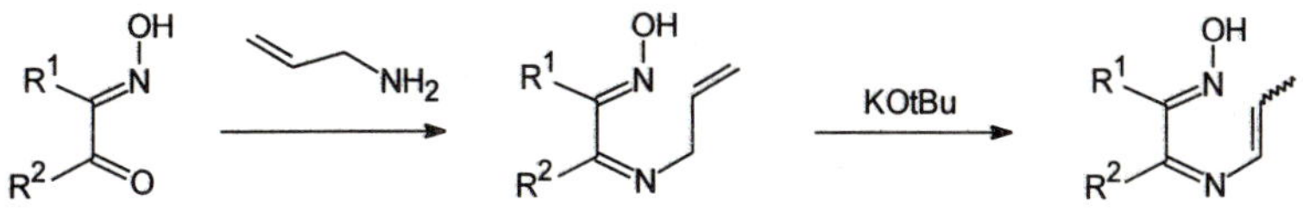

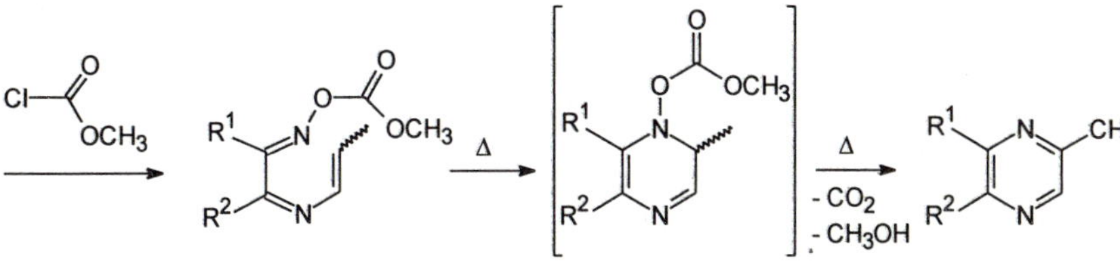

Diese werden mit Allylaminen kondensiert, die resultierenden Imine **30** zu den entsprechenden 1-Hydroxy-1,4-diazahexatrienen **31** isomerisiert und mit Chlorameisensäureester O-acyliert (**32**). Thermische 6π-Elektrocyclisierung von **32** liefert die Dihydropyrazine **33**, die durch Eliminierung von CO_2 und CH_3OH zu den Alkylpyrazinen **34** aromatisieren.

D **Pyrazin**, Schmp. 57°C, Sdp. 116°C, und die einfachen Alkylpyrazine sind farblose, wasserlösliche Verbindungen. Pyrazin besitzt unter den Diazinen die geringste Basizität ($pK_a = 0,6$).

Alkylpyrazine treten häufig als Aromastoffe in Nahrungsmitteln auf, die thermische Prozesse durchlaufen, z.B. in Kaffee und Fleisch; sie entstehen wahrscheinlich durch MAILLARD-Reaktion zwischen Aminosäuren und Kohlenhydraten. Alkylpyrazine fungieren auch als Alarmpheromone bei Ameisen.

Eine Reihe von Pyrazin-2(1*H*)-onen und 1-Hydroxypyrazin-2(1*H*)-onen, z.B. **35**, besitzen antibiotische Wirkung.

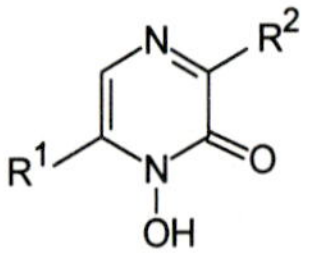

35

6.33 Piperazin

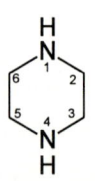

A Piperazin ist in seinen Struktureigenschaften dem Piperidin ähnlich. Es bevorzugt nach Elektronenbeugungs-Untersuchungen eine Sesselkonformation mit Bindungslängen C-C 154,0 pm und C-N 146,7 pm und Bindungswinkeln C-C-N 110° und C-N-C 109°. Die N-H-Bindungen nehmen bevorzugt äquatoriale Position ein, das Gleiche gilt für N-Substituenten bei N-Alkyl- und N,N-Dialkylpiperazinen.

Die freie Aktivierungsenthalpie der Ringinversion wurde zu 43,1 kJ mol^{-1} ermittelt (Piperidin: 43,5; vgl. auch: *N*-Methylpiperazin 48,1, *N*-Methylpiperidin 49,8). Im ^{1}H-NMR-Spektrum ($CDCl_3$) erscheinen die Protonen bei δ = 2,84 ppm, im ^{13}C-NMR-Spektrum ($CDCl_3$) die Kohlenstoffatome bei δ = 47,9 ppm; die Differenz der chemischen Verschiebung zwischen äquatorialen und axialen Protonen beträgt 0,16 ppm.

D,E **Piperazin**, Schmp. 106°C, Sdp. 146°C, verhält sich als sekundäres Amin und ist infolge des induktiven Einflusses des zweiten Heteroatoms eine schwächere Base ($pK_a = 9,8$) als Piperidin ($pK_a = 11,2$; vgl. Morpholin 8,4).

Die technische Synthese des Piperazins erfolgt aus Ethanolamin in Gegenwart von NH_3 bei 150-220°C und 100-250 bar, alternativ dazu aus Ethylendiamin und Oxiran:

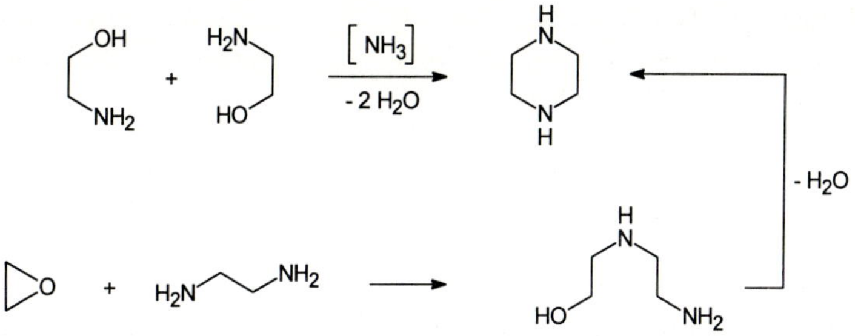

6.33 Piperazin

2,5-Dioxopiperazine 1 ("Diketopiperazine") entstehen bei der dimerisierenden Cyclokondensation von α-Aminosäuren oder ihren Estern

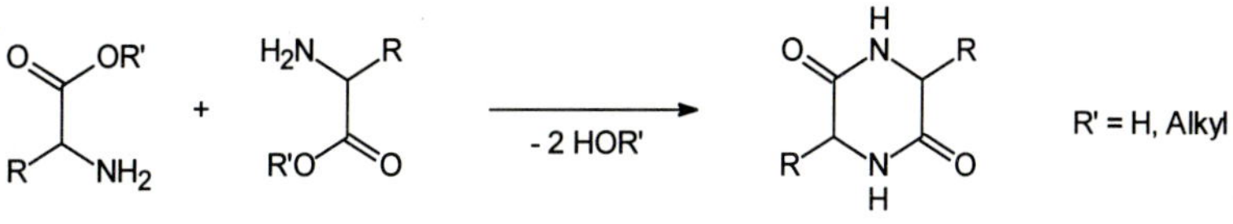

R' = H, Alkyl

oder mit unsymmetrischer Substitution (**2**) durch Cyclisierung von Dipeptidestern:

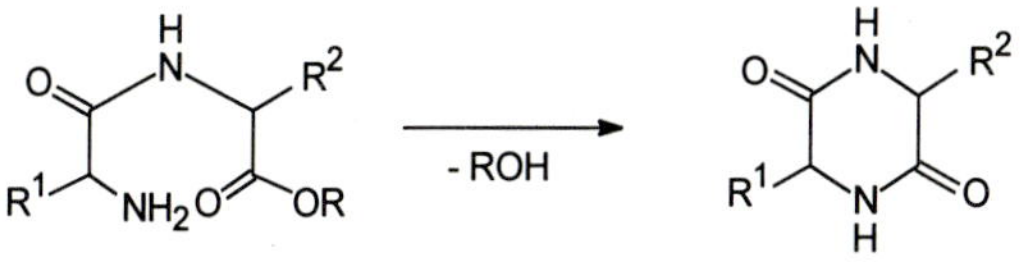

N-Acylierte Dioxopiperazine können basekatalysierte C-2-Alkylierung eingehen, z.B.:

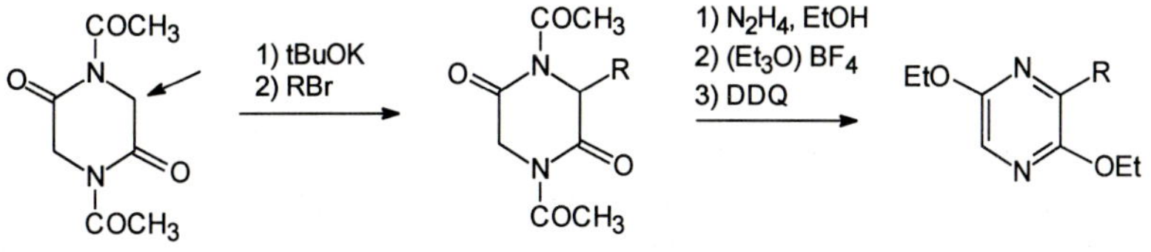

Diese Reaktion ergänzt die Verwendung von Dioxopiperazinen als Vorstufen der Synthese von 2,5-Dialkoxypiperazinen (s.S.421).

Dioxopiperazine werden auch in Form ihrer durch O-Alkylierung mittels Oxoniumsalzen erhältlichen Bislactimether, z.B. **4**, als Reagenzien zur asymmetrischen Synthese von Aminosäuren eingesetzt (Bislactimether-Methode, SCHÖLLKOPF 1979). Dabei wird der chirale Bislactimether **4** kinetisch kontrolliert durch n-Butyllithium in das 6π-Anion **5** übergeführt, dessen Alkylierung mit hoher Diastereoselektivität (> 95%) abläuft. Saure Hydrolyse des Alkylierungsprodukts **6** führt zu (unnatürlichen)

(R)-Aminosäuren **7** und zur Rückgewinnung des chiralen Auxiliars (S)-Valin, aus dem das eingesetzte Dioxopiperazin **3** aufgebaut war[113].

Piperazin wird in Form seines Hexahydrats oder von Salzen (Citrat, Phosphat, Adipat) als Anthelminthicum verwendet. Der Piperazinring ist ein häufig verwendeter Baustein von pharmazeutischen Wirkstoffen. Benzhydrylpiperazine wie *Cinnarizin* **8** und sein Difluor-Analoges *Flunarizin* **9** besitzen erhebliche Bedeutung als peripher und cerebral wirksame Vasodilatoren, *Hydroxyzin* **10** wird als Tranquilizer eingesetzt:

8 : R = H
9 : R = F

6.34 Pteridin

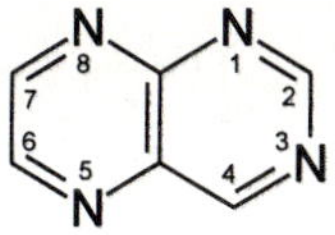

A Pteridin (Pyrazino[2,3-d]pyrimidin) besitzt nach der Röntgenstrukturanalyse eine praktisch koplanare Anordnung der beiden annelierten Sechsringe. Seine Bindungslängen C-C und C-N liegen in der gleichen Größenordnung, die Bindungswinkel C-N-C bei Werten unterhalb 120° vergleichbar zum Pyrimidin und Pyrazin (s.Abb. 6.23):

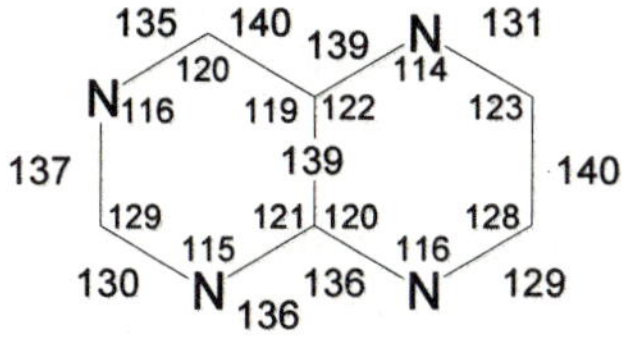

Abb. 6.23 Bindungsparameter des Pteridins
(Bindungslängen in pm, Bindungswinkel in Grad)

Die spektroskopischen Daten, vor allem die starke Tieffeld-Verschiebung der H- und C-Atome in den NMR-Spektren, charakterisieren Pteridin als stark π-elektronendefizientes heteroaromatisches System. Pteridine sind farbig (gelb bis rot), schon das Grundsystem ist gelb.

UV (Cyclohexan)	^{1}H-NMR (CDCl$_3$)	^{13}C-NMR (CDCl$_3$)	
λ (nm) (ε)	δ (ppm)	δ (ppm)	
263 (3,10)	H-2: 9,65	C-2: 159,2	C-7: 153,0
296 (3,85)	H-4: 9,80	C-4: 164,1	C-9: 154,4
302 (3,87)	H-6: 9,15	C-6: 148,4	C-10: 135,3
390 (1,88)	H-7: 9,33		

B Pteridin erweist sich in seinen **Reaktionen**[114] als inert gegenüber Elektrophilen, vermag jedoch mit Nucleophilen zu reagieren. So ist die reversible Addition von Wasser an die Bindung N-3/C-4 dafür verantwortlich, daß Pteridin im wäßrigen System als Säure und als Base zu fungieren vermag. Dabei wird im Pyrimidin-Teil ein Amidin-Strukturelement gebildet, das als Diazaallyl-System sowohl nach Protonierung positive Ladung als auch nach Deprotonierung negative Ladung stabilisieren kann:

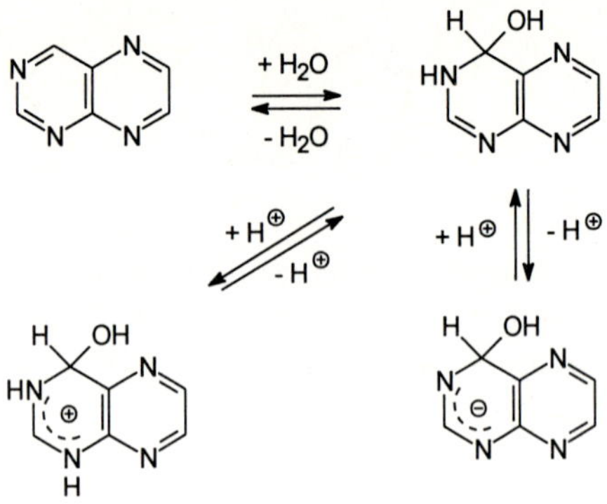

| C | Die **Synthese** von Pteridinen erfolgt zumeist ausgehend von 4,5-diaminosubstituierten Pyrimidin-Derivaten (vgl. S.411). |

❶ 4,5-Diaminopyrimidine ergeben bei der Cyclokondensation mit symmetrischen 1,2-Dicarbonyl-Verbindungen Pteridinderivate **1** (GABRIEL-ISAY-Synthese):

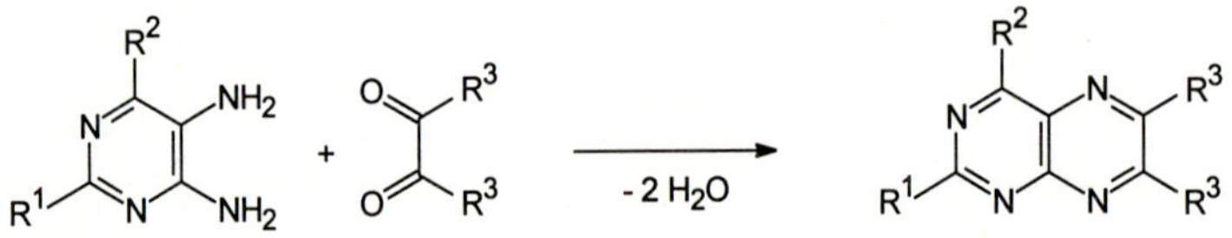

Unsymmetrische 1,2-Dicarbonyl-Verbindungen führen zu Isomeren-Gemischen; regioselektiv reagieren α-Ketoaldehyde, komplementär dazu die entsprechenden α,α-Dichlorketone, z.B.:

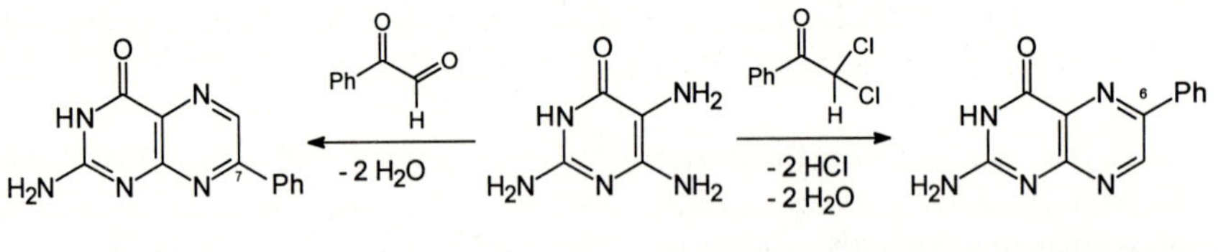

7 - Phenylpterin   6 - Phenylpterin

❷ 4-Amino-5-nitrosopyrimidine **2** cyclokondensieren mit Systemen, die eine aktivierte CH_2-Gruppe besitzen (Aldehyden, Ketonen, Nitrilen, Estern, reaktiven Methylenverbindungen, Phenacylpyridiniumsalzen), basekatalysiert zu Pteridinen **3** (TIMMIS-Synthese):

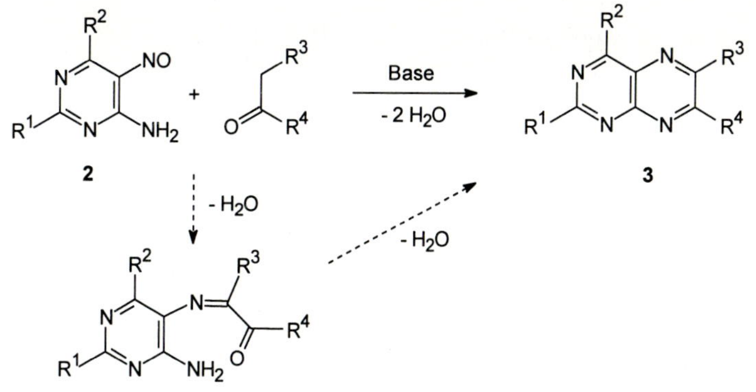

Dabei erfolgt zunächst chemoselektiv Kondensation über die Nitrosogruppe zum Imin **4**, das über die verbleibende NH₂-Gruppe mit der terminalen Funktion der Seitenkette (C=O, Ester, Nitril etc.) zu cyclisieren vermag. Die Regioselektivität der TIMMIS-Synthese zeigt die Kondensation des 4-Amino-5-nitrosouracils **6**, die mit Phenylacetaldehyd zum 6-Phenyllumazin **5**, mit Acetophenon zum 7-Isomer **7** führt:

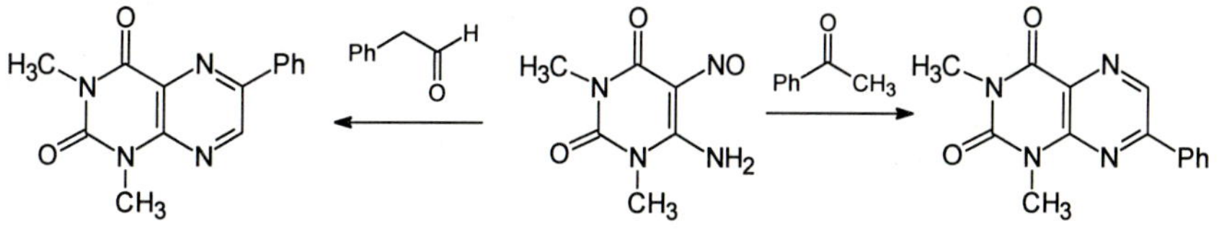

D Pteridin, Schmp. 139°C, bildet gelbe Kristalle und ist in allen gebräuchlichen Lösungsmitteln von Petrolether bis Wasser löslich. Pteridin zeigt schwache Acidität ($pK_a = 11{,}2$) und Basizität ($pK_a = 4{,}8$) im wäßrigen System (s.o.).

Pterin (2-Amino-4-hydroxypteridin, das in der Lactamform **8** vorliegt) und *Lumazin* (2,4-Dihydroxypteridin, das in der 1,2,3,4-Tetrahydropteridin-2,4-dion-Struktur **9** vorliegt) bilden die Grundstrukturen der in der Natur vorkommenden Pteridin-Derivate:

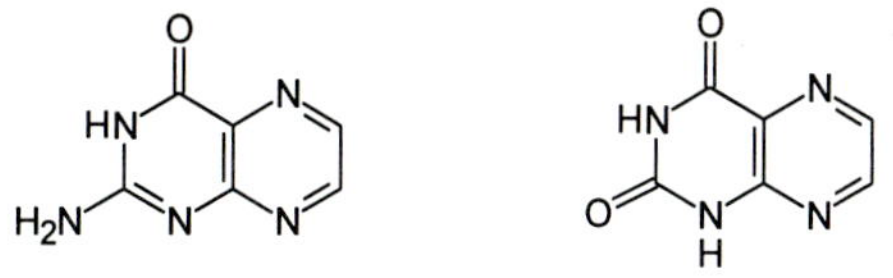

Pteridine kommen als Pigmente in den Flügeln und Augen von Schmetterlingen und anderen Insekten (WIELAND, SCHÖPF 1925 bis 1940), aber auch in der Haut von Fischen, Amphibien und Reptilien vor. Beispiele für Schmetterlings-Pigmente sind neben Pterin und Lumazin *Xanthopterin* **10** (Zitronenfalter), *Leukopterin* **11** (Kohlweißling), *Erythropterin* **13** (Aurorafalter).

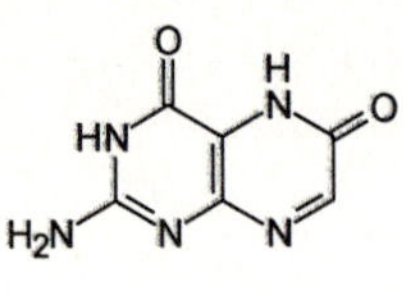

10

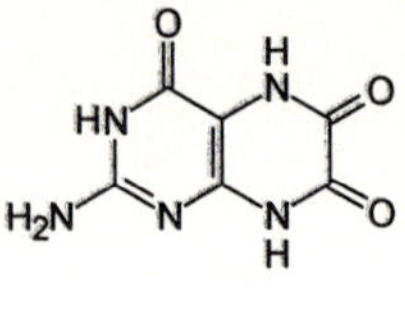

11

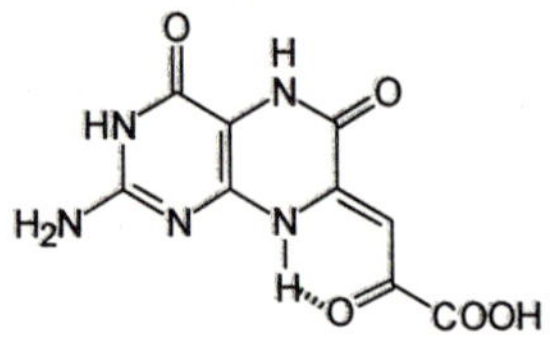

13

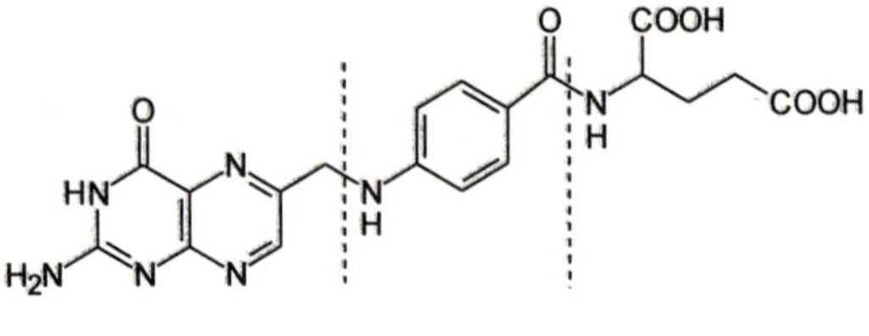

14
6 - Methylpterin   p- Aminobenzoesäure   Glutaminsäure

Folsäure 14 ist aus den Bausteinen 6-Methylpterin, *p*-Aminobenzoesäure und (*S*)-Glutaminsäure zusammengesetzt; sie zählt zu den Vitaminen der B-Gruppe und wurde u.a aus Spinatblättern isoliert. Folsäure wirkt als Wachstumshormon und als Antianaemicum und ist für den Metabolismus von Aminosäuren, Proteinen, Purinen und Pyrimidinen von Bedeutung. Folsäure bildet orangefarbene, in Wasser unlösliche Kristalle vom Schmp. 250°C (Zers.). Ihre Synthese erfolgt durch Kondensation von 6-Hydroxy-2,4,5-triaminopyrimidin, 1,1,3-Trichloraceton und *N*-(4-Aminobenzoyl)-(*S*)-glutaminsäure bei pH 4-5 und in Gegenwart von $NaHSO_3$:

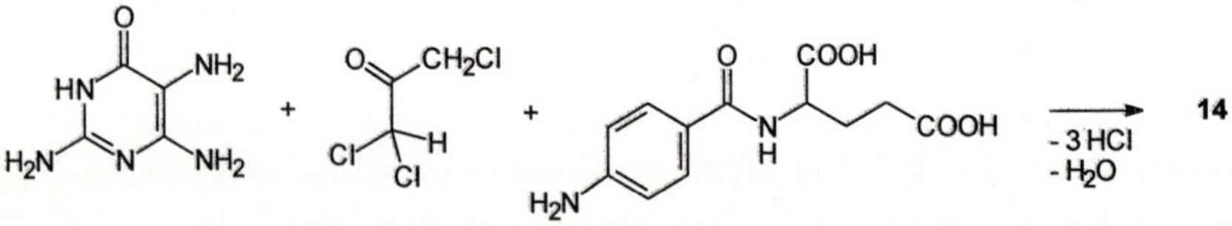

N-(4-Aminobenzoyl)-(*S*)-glutaminsäure erhält man durch Acylierung von (*S*)-Glutaminsäure mit 4-Nitrobenzoylchlorid und nachfolgende Reduktion der NO_2-Gruppe durch katalytische Hydrierung.

Pteridine werden auch als Chemotherapeutica eingesetzt, so dient *Triamteren* **15** als Diureticum, das die Ausscheidung von Na^+ fördert und K^+ zurückhält. Der Folsäure-Antagonist *Methotrexat* **16** (*Amethopterin*) besitzt beträchtliche Bedeutung als Cytostaticum bei der Krebs-Chemotherapie.

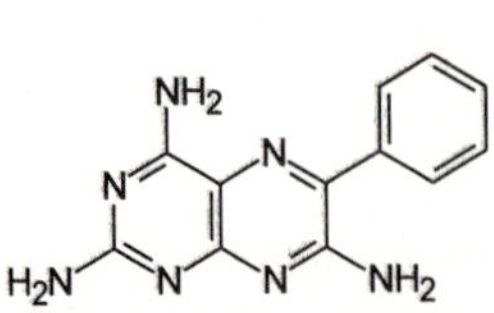

15

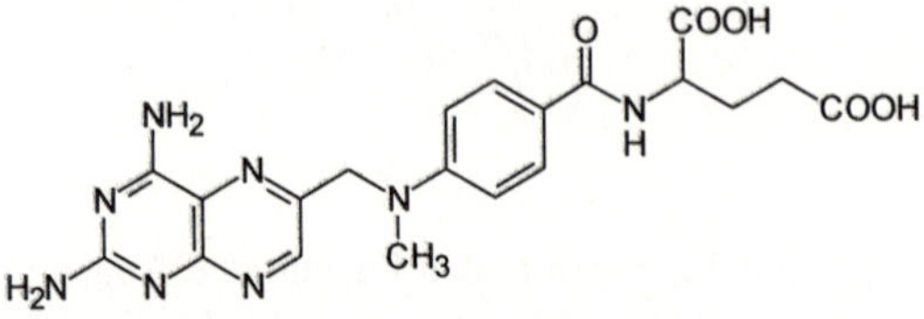

16

Von **Benzo[g]pteridin 17** leitet sich eine Reihe von Verbindungen mit biologischer Bedeutung ab.

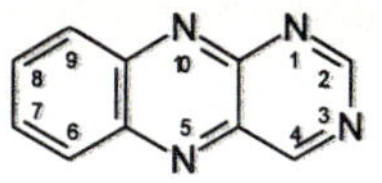

17

Alloxazin 18 entsteht bei der Cyclokondensation von *o*-Phenylendiamin mit Alloxan (KÜHLING 1891). Seinen in 10-Position substituierten Vertretern liegt das tautomere Isalloxazin **19** (*Flavin*) zugrunde:

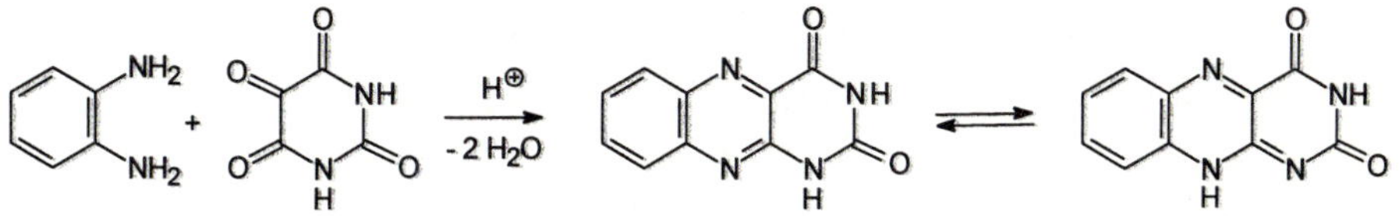

18   **19**

Alloxazin bildet gelbe Nadeln vom Zers.P. > 300°C, es ist eine schwache Säure. *Lumiflavin* (7,8,10-Trimethylisoalloxazin) ist ein Photolyseprodukt des Lactoflavins (s.u.) und des gelben Atmungsferments.

Lactoflavin 20 (Riboflavin, Vitamin B_2) wurde aus Milch und Leber isoliert. Mangel an Vitamin B_2 verursacht bei Ratten Wachstumsstörungen sowie Haut- und Augenschädigungen, beim Menschen Hautrisse in den Mundwinkeln. Ein erwachsener Mensch benötigt ca. 3 mg Vitamin B_2 pro Tag.

Die Struktur des Lactoflavins wurde von KUHN und KARRER (1935) aufgeklärt. Zur Synthese kondensiert man 3,4-Dimethylanilin mit D-Ribose zum Imin **21**, reduziert dieses zu **22** und kuppelt mit Benzoldiazoniumchlorid zur Azoverbindung **23**; Kombination von **23** mit Barbitursäure ergibt – unter Anilin-Abspaltung und cyclisierender Kondensation via Intermediat **24** – Riboflavin **20**:

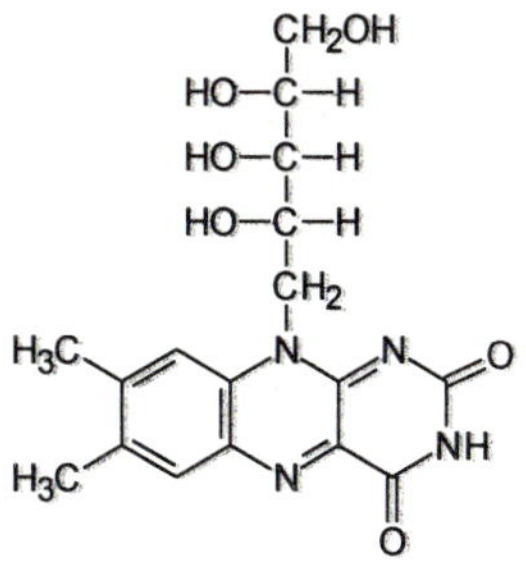

20

6.35 Benzodiazine

A Benzannelierte Diazine sind *Cinnolin* **1** (Benzo[c]pyridazin), *Phthalazin* **2** (Benzo[d]pyridazin), *Chinazolin* **3** (Benzo[d]pyrimidin) und *Chinoxalin* **4** (Benzopyrazin). Von den Dibenzannelierungsprodukten der Diazine wird lediglich *Phenazin* **5** (Dibenzopyrazin) behandelt.

Die Benzodiazine korrelieren in ihren spektroskopischen Eigenschaften einmal mit den zugrunde liegenden Diazinen, zum andern mit Chinolin und Isochinolin. Dies zeigen z.B. die UV- und NMR-spektroskopischen Daten:

	UV λ (nm) (ε)	¹H-NMR (CDCl₃) δ (ppm)	¹³C-NMR (CDCl₃) δ (ppm)	
Cinnolin	(Cyclohexan) 276 (3,45) 308 (3,30) 322 (3,34) 390 (2,40)	H-3: 9,15 H-4: 7,75	C-3: 146,1 C-4: 124,7 C-5: 127,9 C-6: 132,3 C-7: 132,1	C-8: 129,3 C-4a: 126,8 C-8a: 151,0
Phthalazin	(Cyclohexan) 259 (3,67) 290 (3,00) 303 (2,95)	H-1/H-4: 9,44	C-1/C-4: 152,0 C-5/C-8: 127,1 C-6/C-7: 133,2 C-4a/C-8a: 126,3	
Chinazolin	(*n*-Heptan) 267 (3,45) 299 (3,29) 311 (3,32)	H-2: 9,23 H-4: 9,29	C-2: 160,5 C-4: 155,7 C-5: 127,4 C-6: 127,9	C-7: 134,1 C-8: 128,5 C-4a: 125,2 C-8a: 150,1
Chinoxalin	(*n*-Heptan) 304 (3,71) 316 (3,78) 339 (2,83) 375 (2,00)	H-2/H-3: 9,74	C-2/C-3: 145,5 C-5/C-8: 129,8 C-6/C-7: 129,9 C-4a/C-8a: 143,2	
Phenazin	(Methanol) 248 (5,09) 362 (4,12)	AA'BB'-System	C-1/C-4/C-6/C-9: 130,9 C-2/C-3/C-7/C-8: 130,3 C-4a/C-5a/C-9a/C-10a: 144,0	

B Die **Reaktionen** der Benzodiazine zeigen kaum Besonderheiten im Vergleich zu den einfachen Diazinen. Die Reaktivität gegenüber Elektrophilen ist erwartungsgemäß geringer als bei Chinolin und Isochinolin; wenn S_EAr-Prozesse eintreten, erfolgen sie unter Substitution im Benzolteil. Nucleophile Substitutionsreaktionen erfolgen in der Regel an im Diazinteil halogensubstituierten Benzodiazinen; dabei zeigt das Chinazolin-System in einigen S_NAr-Prozessen C-4-Regioselektivität, z.B. bei Reaktionen von 2,4-Dichlorchinazolin mit Aminen und Alkoholaten:

Die für die Basizitäts-Anomalie (s.S.434) verantwortliche C-4-Reaktivität des Chinazolins gilt auch für andere Nucleophile, so bei der Addition von GRIGNARD-Verbindungen, Enolaten, Cyanid oder Bisulfit:

Auch bei Benzodiazinen wird Seitenketten-Reaktivität beobachtet. Diese äußert sich z.B. am Chinazolin-System in selektiver Erfassung von 4-Substituenten, wie die MANNICH-Reaktion von 2,4-Dimethylchinazolin zeigt:

[Reaktionsschema: 2,4-Dimethylchinazolin + CH₂O, R₂NH → 4-(2-Aminoethyl)-2-methylchinazolin-Derivat, -H₂O]

C Zur **Synthese** haben sich die nachstehend für die einzelnen Benzodiazine beschriebenen Methoden bewährt.

❶ Cinnoline entstehen bei intramolekularen Cyclisierungsreaktionen von *o*-Alkenyl- oder Alkinyl-substituierten Diazoniumsalzen. So ergeben (*o*-Aminophenyl)alkine **6** resp. *o*-Aminoacetophenone **8** (via Enolform **9**) 4-Hydroxycinnoline **7** (V.RICHTER-Synthese resp. BORSCHE-Synthese), *o*-Aminostyrole **10** liefern 3,4-disubstituierte Cinnoline **11** (WIDMAN-STOERMER-Synthese):

[Reaktionsschemata für die Synthesen von Cinnolinen 7 und 11 aus 6, 8/9 und 10 über Diazoniumsalze mit HNO₂]

Von diesen Methoden besitzt lediglich die WIDMAN-STOERMER-Synthese eine gewisse Anwendungsbreite.

Ein anderes Syntheseprinzip geht von Arylaldehydphenylhydrazonen aus, die durch Oxalylchlorid unter Bildung der Säurechloride **12** acyliert und durch AlCl₃ zu *N*-(Benzylidenamino)isatinen **13** cyclisiert werden; Alkali-Behandlung von **13** ergibt 3-Aryl-4-hydroxycinnoline **14**:

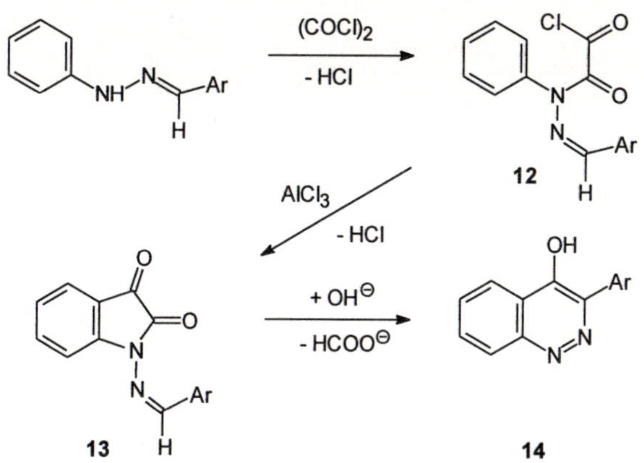

❷ **Phthalazine** wie z.B. die 1,4-disubstituierten Vertreter **15** erhält man durch Cyclokondensation von *o*-Diacylbenzolen mit Hydrazin, so die Stammverbindung aus Phthaldialdehyd und Hydazinhydrat:

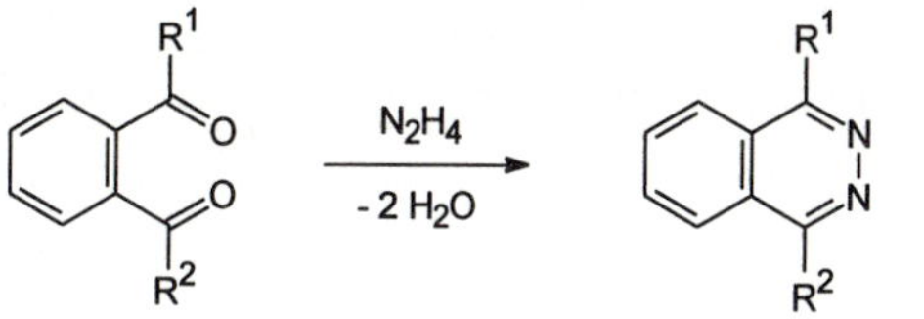

❸ **Chinazoline** gewinnt man nach zwei Methoden. *N*-Acylanthranilsäuren cyclisieren mit Ammoniak oder primären Aminen via Amide **16** unter Bildung von Chinazolin-4(3*H*)-onen **17** (NIEMENTOWSKI-Synthese), *o*-(Acylamino)-benzaldehyde oder -acetophenone mit Ammoniak unter Bildung von Chinazolinen **18** (BISCHLER-Synthese):

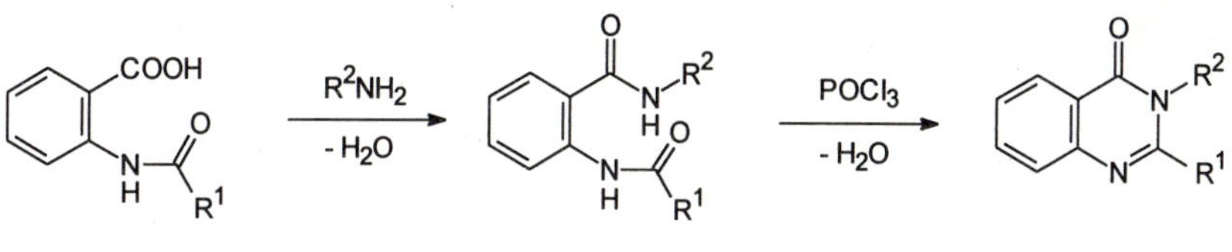

❹ **Chinoxaline** erhält man durch Cyclokondensation von 1,2-Diaminoarenen entweder direkt mit 1,2-Dicarbonyl-Verbindungen oder mit α-Halogencarbonyl-Verbindungen und nachfolgender Dehydrierung der Dihydrochinoxaline **19**:

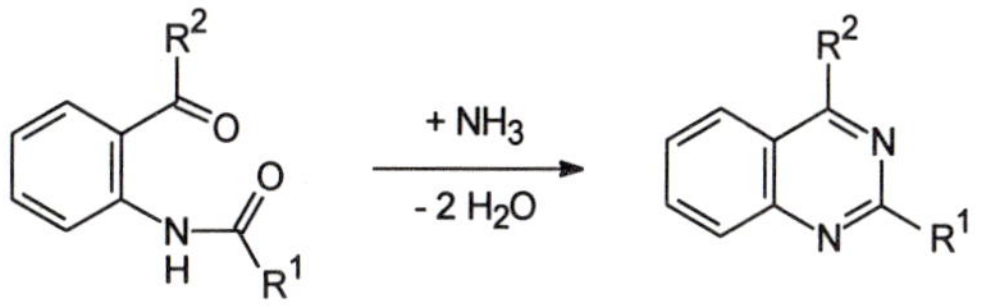

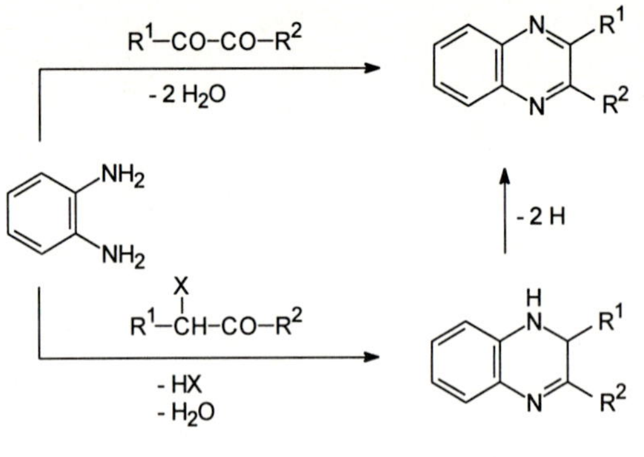

Die Regioselektivität der Kondensation von 1,2-Diaminen **20** mit Phenylglyoxal ist abhängig von der Basizität der Aminogruppen und von den Reaktionsbedingungen:

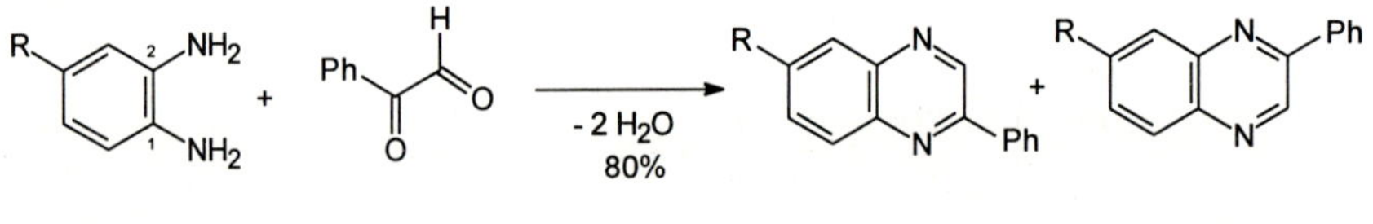

So ergibt **20** (R = NO$_2$) im neutralen oder sauren Medium die regioisomeren Phenylchinoxaline **21/22** (R = NO$_2$) im Verhältnis 5:1, da die Kondensation der Aldehydfunktion bevorzugt über die stärker basische 2-NH$_2$-Gruppe erfolgt. Das Diamin **20** (R = OCH$_3$) ergibt im neutralen Medium ein Produktverhältnis **21/22** (R = OCH$_3$) 1:8, im sauren Medium jedoch ≈ 1:1, da die stärker basische 1-NH$_2$-Gruppe durch Protonierung deaktiviert wird[115].

D,E **Cinnolin** (Schmp. 40°C), **Phthalazin** (Schmp. 90°C), **Chinazolin** (Schmp. 48°C) und **Chinoxalin** (Schmp. 31°C) sind farblose Feststoffe. Die Benzodiazine sind schwache Basen, die – mit Ausnahme von Chinazolin – den Grundsystemen vergleichbare Basizität besitzen:

Cinnolin	pK$_s$ 2,6	z.Vgl.:	Pyridazin	pK$_s$ 2,1
Phthalazin	3,5			
Chinazolin	3,3		Pyrimidin	1,1
Chinoxalin	0,6.		Pyrazin	0,4

Daß Chinazolin erheblich stärker basisch ist als Pyrimidin, wird auf H$_2$O-Addition an C-4 des Chinazoliniumions (vgl. S.431) zurückgeführt. Im wasserfreien Medium wird für das Gleichgewicht zwischen nichthydratisiertem Kation und neutralem Chinazolin ein pK$_s$-Wert von 1,95 gefunden.

Luminol 23 (5-Aminophthalsäurehydrazid, 5-Amino-2,3-dihydrophthalazin-1,4-dion) zeigt bei der Oxidation mit alkalischem H$_2$O$_2$ in Gegenwart von Hämin eine intensive blaue Chemilumineszenz (s.S.47).

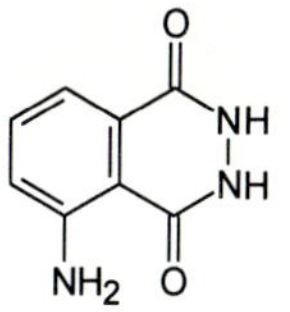

6.35 Benzodiazine

23, 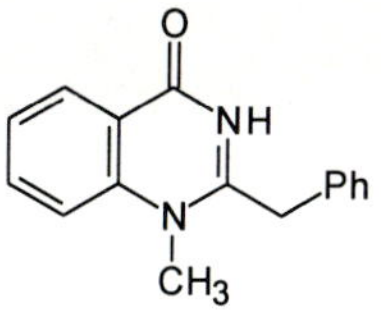 **24**, 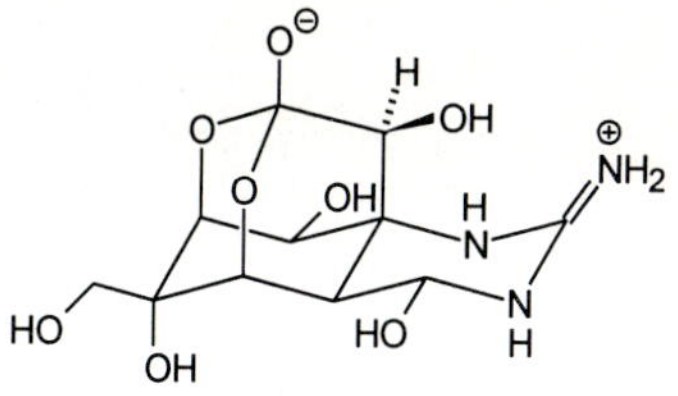 **25**

Einige Naturstoffe enthalten das Chinazolin-Gerüst, so die Chinazolin-Alkaloide aus Rutaceen (z.B. *Arborin* **24**) und das vom Perhydrochinazolin abgeleitete *Tetrodotoxin* **25** aus dem japanischen Kugelfisch, das eines der stärksten nicht-proteinischen Neurotoxine darstellt.

Vom Chinazolin leitet sich auch eine Reihe von Pharmaka ab, so das Hypnoticum *Methaqualon* **26**, das orale Diureticum *Quinethazon* **27**, das Analgeticum und Antirheumaticum *Proquazon* **28** und das Antihypertonicum *Prazosin* **29**:

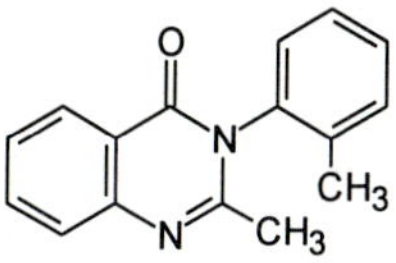

26, 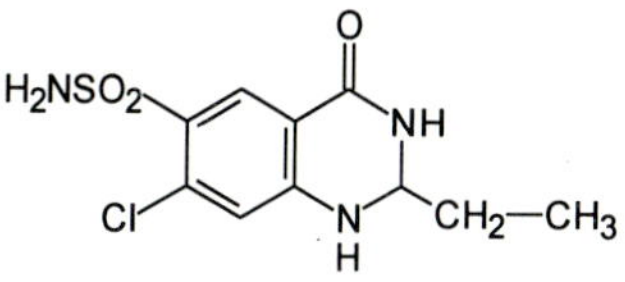 **27**, 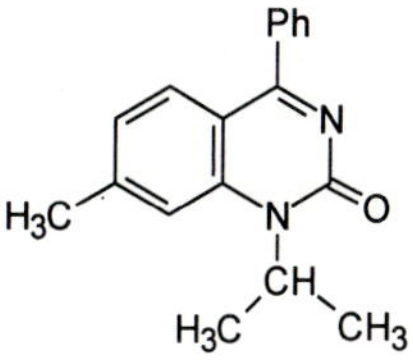 **28**, 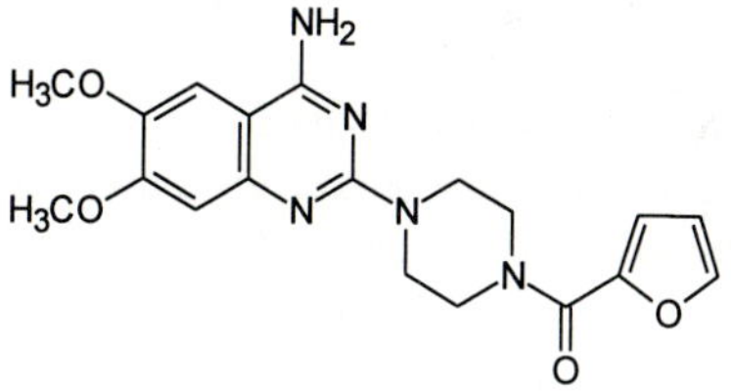 **29**

Die S_NAr-Reaktivität des Chinazolin-Systems eröffnet Verwendungsmöglichkeiten dieses Heterocyclus für Synthese-Transformationen. So kann 4-Chlor-2-phenylchinazolin **30** durch Umsetzung mit Phenolaten in das 4-(Aryloxy)chinazolin **31** übergeführt werden, das bei 300°C eine CHAPMAN-Umlagerung unter 1,3-Verschiebung des Arylrestes zum 3-Stickstoff und Bildung des 3-Arylchinazolin-4(3*H*)-ons **32** eingeht. Dieses hydrolysiert mit wäßriger Säure zum Benzoxazinon **33** und einem primären Arylamin:

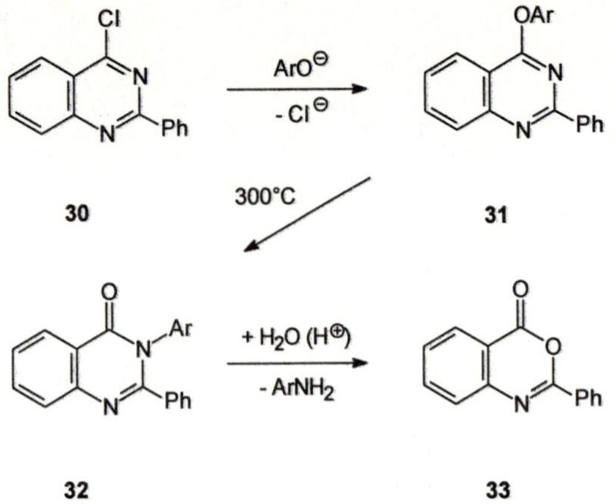

Damit ermöglicht der Heterocyclus mit der Transformation Ar-OH → Ar-NH$_2$ die Überführung von Phenolen in die entsprechenden primären aromatischen Amine[116]. Das Chlorchinazolin **30** ist ausgehend von Anthranilsäure und Benzamid zugänglich:

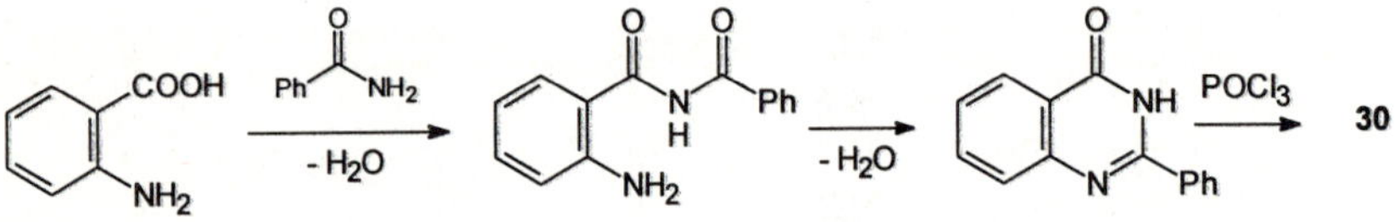

Phenazin kristallisiert in hellgelben Nadeln vom Schmp. 171°C, sublimiert leicht und ist eine schwache Base (pK$_a$ = 1,23).

Die älteren Synthesen von Phenazinen durch direkte Cyclokondensation von o-Phenylendiaminen mit o-Chinonen oder mit Brenzcatechinen unter nachfolgender Dehydrierung der primär entstehenden 5,10-Dihydrophenazine **34** verlaufen präparativ unbefriedigend:

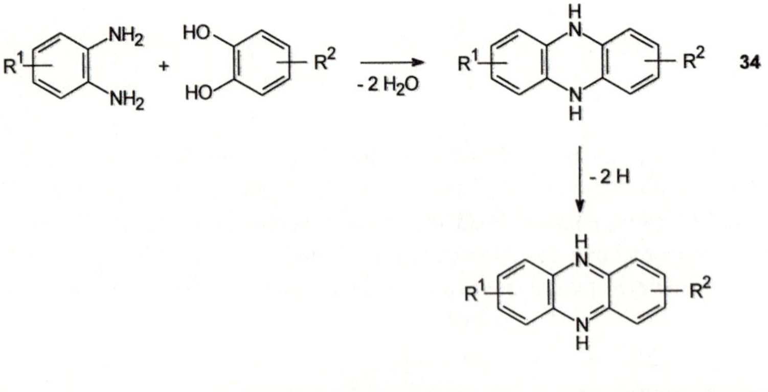

Phenazin-Derivate werden in einer glatt und unter milden Bedingungen ablaufenden Umsetzung von Benzofuroxanen mit Phenolen im basischen Medium gebildet (BEIRUT-Reaktion, s.S.196), z.B.:

Bei dieser mechanistisch noch nicht restlos aufgeklärten, aber mit beträchtlicher Anwendungsbreite einsetzbaren Reaktion entstehen Phenazin-5,10-dioxide **35**, aus Benzofuroxanen und Enolaten oder Enaminen Chinoxalin-1,4-dioxide[117].

Phenazin-Farbstoffe sind von erheblicher praktischer Bedeutung. So wird *Safranin T* **37** durch Oxidation von 2,5-Diaminotoluol, *o*-Toluidin und Anilin mit Natriumdichromat in Gegenwart von Salzsäure gewonnen; als Zwischenstufe tritt ein Indaminsalz **36** auf:

6.36 1,2,3-Triazin

A 1,2,3-Triazin wird auch als *v*-Triazin (v = vicinal) bezeichnet. Die Stammverbindung wurde erst 1981 dargestellt. Wie die Röntgenstrukturanalyse des 4,5,6-Tris-(4-methoxyphenyl)-1,2,3-triazins zeigt, besitzt das 1,2,3-Triazin-Gerüst ebenen Bau (s.Abb. 6.24).

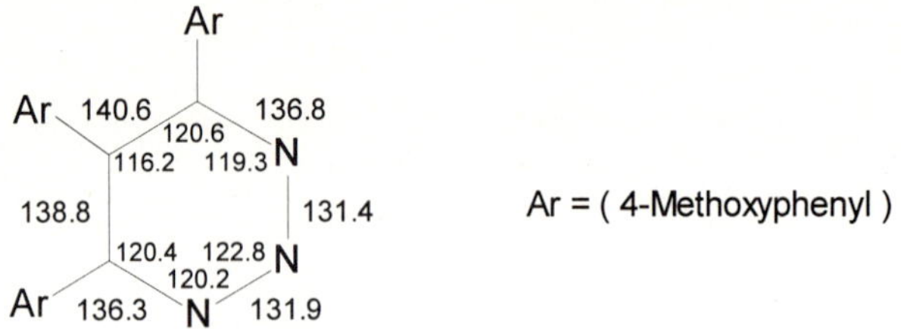

Abb. 6.24 Bindungsparameter des 1,2,3-Triazin-Systems im 4,5,6-Tris-(4-methoxyphenyl)-1,2,3-triazin (Bindungslängen in pm, Bindungswinkel in Grad)

Ar = (4-Methoxyphenyl)

Die NMR-Spektren des 1,2,3-Triazins belegen die symmetrische Anordnung der C-H-Bindungen und der Ring-C-Atome zu den drei N-Atomen:

UV (Ethanol) λ (nm) (ε)	^{1}H-NMR (CDCl$_3$) δ (ppm)	^{13}C-NMR (CDCl$_3$) (ppm)
233, 288, 325	H-4/H-6: 9,06 H-5: 7,45	C-4/C-6: 149,7 C-5: 117,9

B 1,2,3-Triazine können Hydrolyse- und Oxidations-**Reaktionen** eingehen. Monocyclische 1,2,3-Triazine sind bei Raumtemperatur gegenüber wäßriger Säure stabil, bei höheren Temperaturen erfolgt Ringöffnung unter Bildung von 1,3-Dicarbonyl-Verbindungen:

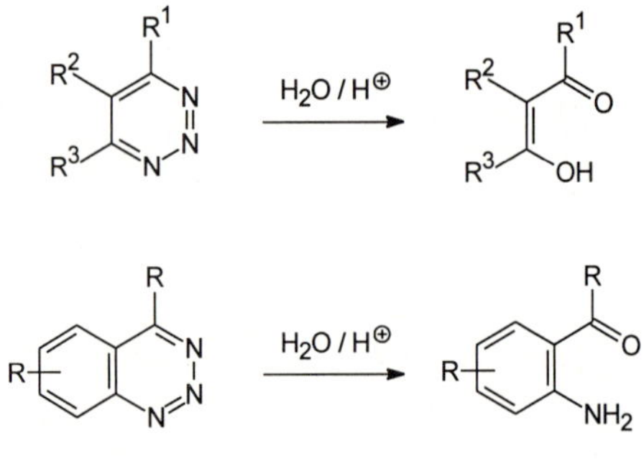

1,2,3-Benzotriazine werden schon bei Raumtemperatur durch wäßrige Säure zu o-Aminobenzaldehyden gespalten, 4-substituierte Vertreter erst beim Erhitzen unter Bildung von (o-Aminoaryl)ketonen. 1,2,3-Benzotriazin-4(3*H*)-one **1** öffnen den Heterocyclus unter Säureeinwirkung zu vom Anthranilamid abgeleiteten Diazoniumionen **2**, die eine Reihe von Folgereaktionen eingehen können, so z.B. das *N*-Aminosystem **3** zum Anthranilsäureazid **4** unter innerer Redox-Disproportionierung:

1,2,3-Triazine werden durch Peroxysäuren zu 1- oder 3-*N*-Oxiden oxidiert. 3-Amino-1,2,3-benzotriazin-4(3*H*)-one **5** werden durch Bleitetraacetat an der Aminogruppe dehydriert. Die intermediär entstehenden Nitrene **6** stabilisieren sich entweder unter Eliminierung eines Moleküls N$_2$ unter Bildung von 3*H*-Indazolonen **7** oder unter Eliminierung von zwei Molekülen N$_2$ unter Bildung von Benzocyclopropenonen **8**, die durch Abfangreaktionen nachgewiesen sind[11]:

C Zur **Synthese** von trisubstituierten 1,2,3-Triazinen nutzt man die

❶ Oxidation von *N*-Aminopyrazolen **9** mittels Bleitetraacetat oder Nickelperoxid:

❷ thermische Umlagerung von Cyclopropenylaziden **10**:

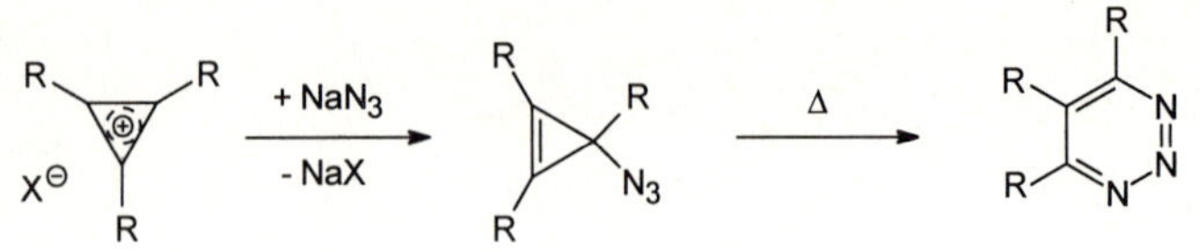

Diese Umlagerung erfolgt schon unter milden Bedingungen, die Cyclopropenylazide **10** sind aus Cyclopropenyliumionen und NaN₃ zugänglich.

3-Substituierte 1,2,3-Benzotriazin-4(3*H*)-one (z.B. **12**) erhält man – in Umkehrung des Hydrolyse-Prozesses S.438 – durch Cyclisierung der von N-substituierten Anthranilamiden **11** abgeleiteten Diazoniumsalze:

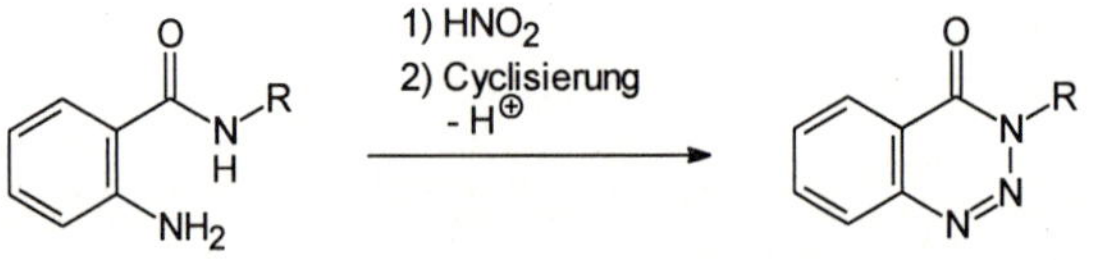

D 1,2,3-Triazin bildet farblose, sublimierbare Kristalle vom Schmp. 70°C; es wird durch NiO₂-Oxidation von *N*-Aminopyrazol gewonnen[118].

Das 1,2,3-Triazin-System wurde bisher in Naturstoffen nicht gefunden. Einige Pflanzenschutzmittel enthalten das 1,2,3-Benzotriazin-4(3*H*)-on-System, so *Guthion* **13**:

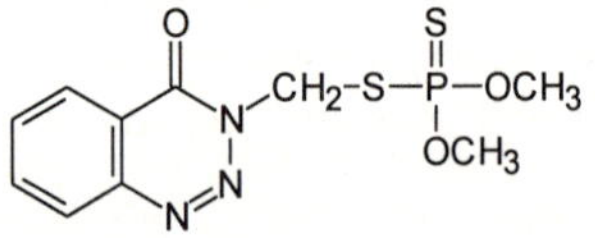

6.37 1,2,4-Triazin

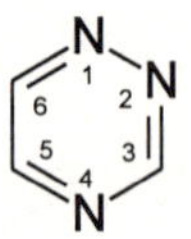

A 1,2,4-Triazin wird auch als *as*-Triazin bezeichnet (as = asymmetrisch). Wie die Röntgenstrukturanalyse des 5-(*p*-Chlorphenyl)-1,2,4-triazins **1** zeigt, ist das 1,2,4-Triazin-Gerüst eben gebaut. Aus den Strukturparametern (s.Abb. 6.25) geht hervor, daß die Grenzstruktur **a** mit Einfachbindung N-1/N-2 die Bindungsverhältnisse im Grundzustand zutreffender beschreibt als die Grenzstruktur **b** mit N-1/N-2-Doppelbindung.

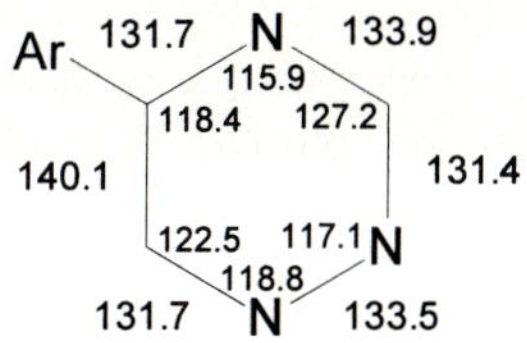

Ar = (4-Chlorphenyl)

Abb. 6.25 Bindungsparameter des 1,2,4-Triazin-Systems im 5-(p-Chlorphenyl)-1,2,4-triazin
(Bindungslängen in pm, Bindungswinkel in Grad)

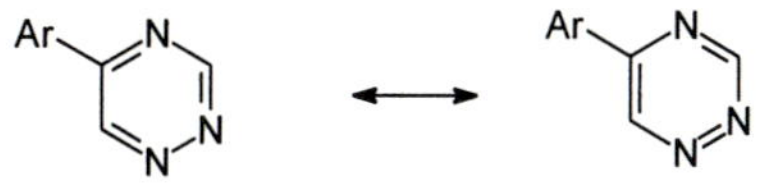

Charakteristisch sind auch die UV- und NMR-spektroskopischen Daten des 1,2,4-Triazins, insbesondere die Tieffeld-Verschiebung für die 3-Position:

UV (Methanol) λ (nm) (ε)	^{1}H-NMR (CDCl$_3$) δ (ppm)	^{13}C-NMR (CDCl$_3$) δ (ppm)
248 (3,48)	H-3: 9,73	C-3: 158,1
374 (2,60)	H-5: 8,70	C-5: 149,6
	H-6: 9,34	C-6: 150,8

B Unter den **Reaktionen** der 1,2,4-Triazine sind vor allem Hetero-DIELS-ALDER-Reaktionen mit elektronenreichen Alkenen und Alkinen von präparativer Bedeutung[119]. Der Heterocyclus reagiert dabei mit Enaminen, Enolethern und Ketenacetalen als elektronenarmes 2,3-Diaza-1,3-dien über die Ringpositionen C-3 und C-6:

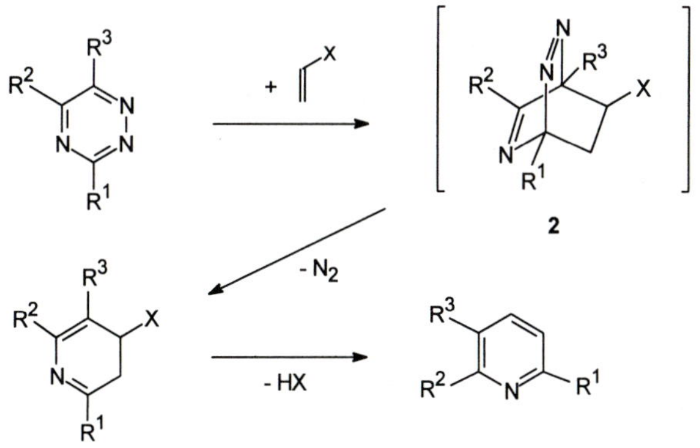

X = OR, NR$_2$

Das Primäraddukt **2** spaltet in einer Retro-DIELS-ALDER-Reaktion N$_2$ unter Bildung des 3,4-Dihydropyridins **3** ab und aromatisiert durch Eliminierung von Amin oder Alkohol zu Pyridin-Derivaten **4**.

Die Orientierung des Übergangszustandes (ÜZ) dieser [4+2]-Cycloaddition mit inversem Elektronenbedarf geht aus Reaktionen von 3- resp. 6-Phenyl-1,2,4-triazin **5/8** mit Enaminen des Cyclopentanons hervor und wird offenbar durch Sekundär-Orbital-Wechselwirkungen zwischen Amino- und Phenylgruppe beeinflußt. 3-Phenyl-1,2-4-triazin **5** begünstigt dabei den ÜZ **11** und führt zum 3,4-Dihydropyridin **6**, das nach N-Oxidation und COPE-Eliminierung das 2-Phenyldihydrocyclopenta[c]pyridin **7** liefert. 6-Phenyl-1,2,4-triazin **8** dagegen begünstigt den ÜZ **12** und führt zum 3,4-Dihydropyridin **9**, das nach prototroper Umlagerung zum 1,4-Dihydropyridin und Amin-Eliminierung das 5-Phenyldihydrocyclopenta[c]pyridin **10** ergibt:

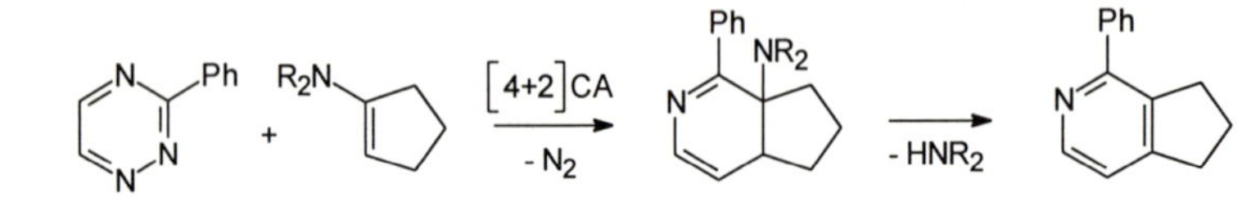

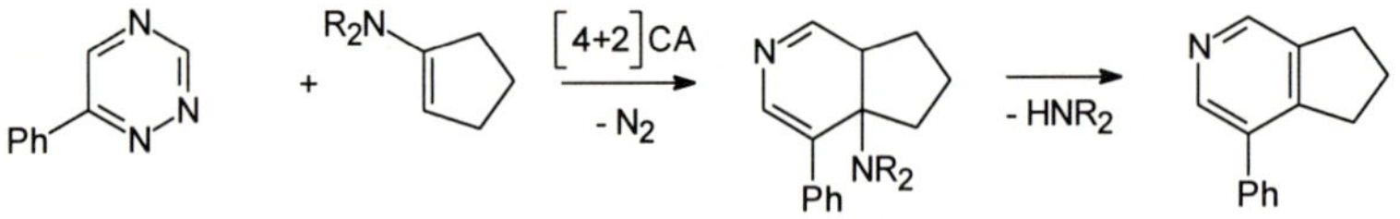

Mit Inaminen reagieren 1,2,4-Triazine ebenfalls in einer [4+2]-Cycloaddition, jedoch als 1,3-Diazadiene über die Ringpositionen N-2 und C-5:

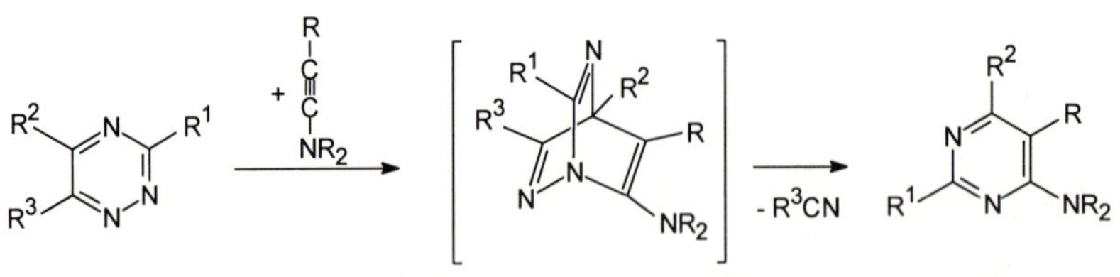

Das primär entstehende Triazabarrelen **13** eliminiert in einer Retro-DIELS-ALDER-Reaktion unter N-N-Spaltung eine Nitril-Einheit und ergibt so 6-aminosubstituierte Pyrimidine **14**.

C Für die *Retrosynthese* (s.Abb. 6.26) bietet das 1,2,4-Triazin-System zwei strategisch günstige Schnittstellen. Weg **a** führt unter Öffnung der Bindung N-4/C-5 über das Intermediat **15** einmal direkt zu 1,2-Dicarbonyl-Verbindungen und Systemen vom Amidrazon- oder Semicarbazid-Typ, zum andern über NH₃-Eliminierung via **17** zu 1,2-Dicarbonyl-Verbindungen und Hydraziden als Synthesebausteinen. Weg **b** führt unter Öffnung der Bindung N-1/C-6 zum Intermediat **16**, dieses zu α-(Acylamino)ketonen und Hydrazin als Edukten einer oxidativen Cyclisierung.

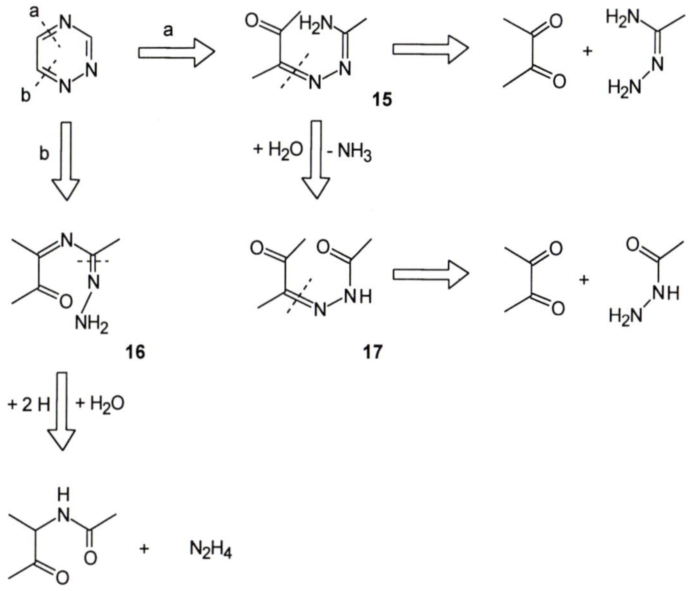

Abb. 6.26 Retrosynthese des 1,2,4-Triazins

Zur **Synthese** von 1,2,4-Triazinen erweisen sich folgende Methoden als geeignet.

❶ Die Cyclokondensation von symmetrischen 1,2-Dicarbonyl-Verbindungen mit Amidrazonen dient als universell einsetzbare Methode zum Aufbau von 3,5,6-trisubstituierten 1,2,4-Triazinen **18**:

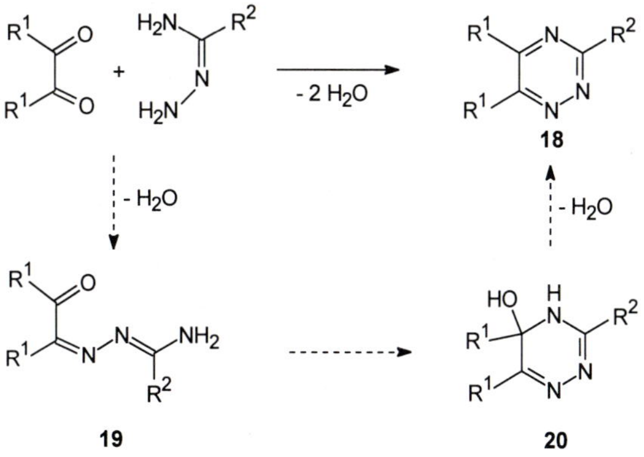

Primärprodukte sind die oft isolierbaren Hydrazone **19**, deren weitere Cyclisierung über die Halbaminale **20** verläuft. Mit unsymmetrischen 1,2-Dicarbonyl-Verbindungen resultieren in der Regel Gemische von isomeren Triazinen, mit Glyoxalderivaten dominieren infolge ihrer unterschiedlichen Carbonyl-Reaktivität 3,5-disubstituierte Triazine **21**:

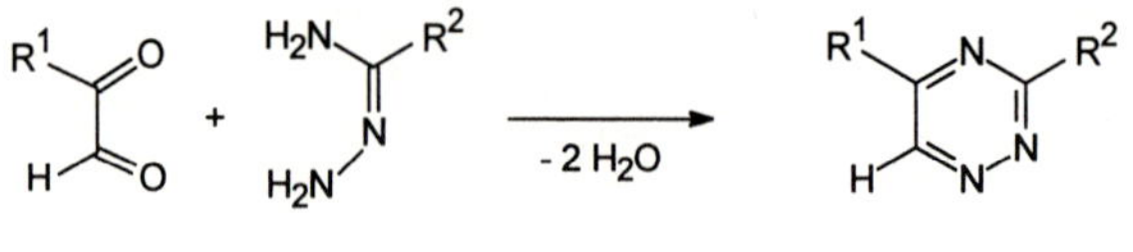

Mit Semicarbaziden ergeben 1,2-Dicarbonyl-Verbindungen – wieder über charakterisierte Zwischenstufen des Typs **19/20** – 1,2,4-Triazin-3(2H)-one **22**:

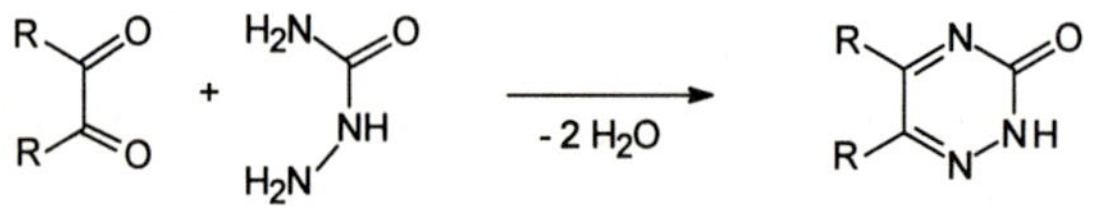

Dementsprechend entstehen aus α-Ketosäuren mit Amidrazonen 1,2,4-Triazin-5(4H)-one **23**, mit Semicarbaziden 2,3,4,5-Tetrahydro-1,2,4-triazin-3,5-dione **24**:

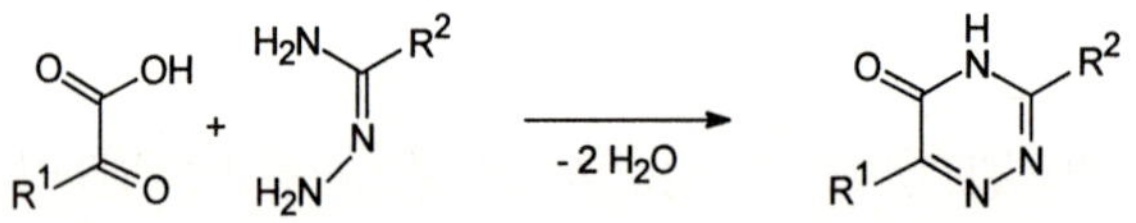

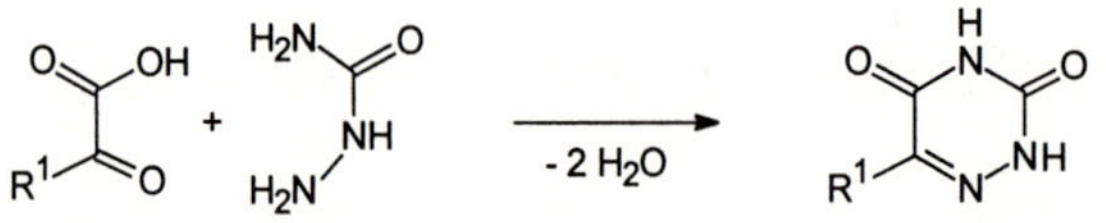

❷ α-Ketoacylhydrazone **25**, die aus 1,2-Dicarbonyl-Verbindungen und Carbonsäurehydraziden zugänglich sind, können entweder direkt oder nach Überführung in α-Chlorazine **26** mit NH$_3$ zu 1,2,4-Triazinen cyclokondensiert werden:

6.37 1,2,4-Triazin

[Reaction scheme showing formation of 1,2,4-triazines via compounds 25 and 26]

❸ Häufig angewandt wird auch die Cyclokondensation von α-(Acylamino)ketonen mit Hydrazin zu 4,5-Dihydro-1,2,4-triazinen **27** und deren Dehydrierung zu Triazinen **28**:

[Reaction scheme showing formation of compounds 27 and 28]

D 1,2,4-Triazin ist eine gelbe, thermisch instabile Flüssigkeit vom Schmp. 16°C und Sdp. 158°C und wird aus Formamidrazon-Hydrochlorid und monomerem Glyoxal in Gegenwart von Triethylamin gewonnen[120].

Das 1,2,4-Triazin-System ist Bestandteil von Antibiotica des Pyrimido[5,4-c][1,2,4]-triazin-5,7-dion-Typs, so des *Planomycins* **29**. 4-Amino-1,2,4-triazin-5(4H)-one sind biologisch aktiv; einige Vertreter, so *Metribuzin* **30** und *Metamitron* **31**, werden als Herbicide eingesetzt.

[Structures of compounds 29, 30, 31]

6.38 1,3,5-Triazin

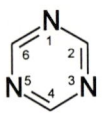

A Das symmetrische 1,3,5-Triazin (auch *s*-Triazin genannt) bildet gemäß Röntgenstrukturanalyse ein verzerrtes, planares Hexagon mit C-N-Bindungsabstand 131,9 pm und Bindungswinkeln N-C-N 126,8° und C-N-C 113,2°.

Seine C-H-Bindungen und C-Atome zeigen im NMR-Spektrum (vergleichbar der Position 2 des Pyrimidins, s.S.398) starke Entschirmung durch die cyclisch alternierenden N-Atome (^{1}H-NMR: δ = 9,25 ppm, ^{13}C-NMR: δ = 166,1 ppm (CDCl$_3$)). Im UV-Spektrum (Cyclohexan) erscheinen Maxima bei 218 (2,13) und 272 (2,89) nm. Infolge seiner D_{3h}-Symmetrie weist das 1,3,5-Triazin ein bandenarmes IR-Spektrum mit vier Grundschwingungen bei 1555 (E^I), 1410 (E^I), 735 (A^{II}_2) und 675 cm^{-1} (E^I) auf.

B In seinen **Reaktionen** ist 1,3,5-Triazin gegenüber Elektrophilen inert. Angriff von Nucleophilen erfolgt dagegen leicht am Kohlenstoff und führt zu Ringöffnung, bei Alkyl- und Aryl-*s*-triazinen jedoch erst unter rigorosen Bedingungen. Beispiele hierfür sind die Reaktion von *s*-Triazin mit primären Aminen, die zur Aufspaltung des Heterocyclus in Formamidin-Einheiten **1** führt,

oder mit Malonester in Gegenwart von sekundären Aminen, bei der die Ringspaltung Enaminoester **2** ergibt; die Gesamtreaktion entspricht somit der Übertragung einer H-C=N-Einheit auf die reaktive Methylen-Komponente unter zusätzlichem Amin-Austausch:

Analog dazu können auch Arene und Heteroarene durch *s*-Triazin in Gegenwart von HCl formyliert werden (HCN-freie GATTERMANN-Synthese):

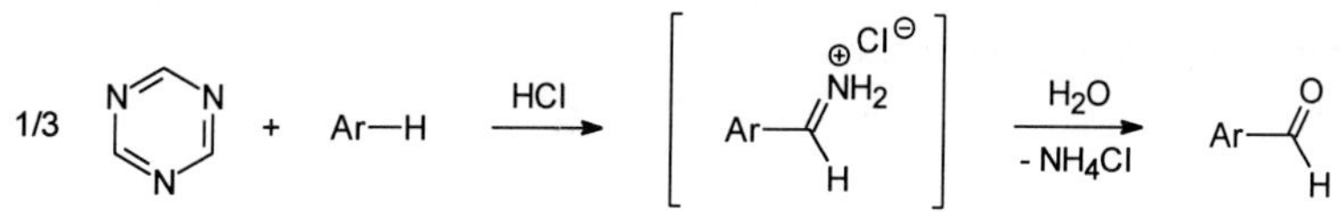

Zum synthetischen Potential des *s*-Triazins siehe Lit.[121].

C Die *Retrosynthese* führt das 1,3,5-Triazin-System entweder durch Cycloreversion auf drei HCN- resp. Nitril-Moleküle zurück oder erschließt durch Bindungstrennung an den C=N-Einheiten Amide sowie deren Analoga (Imidsäureester, Amidine) als Bausteine zur **Synthese**.

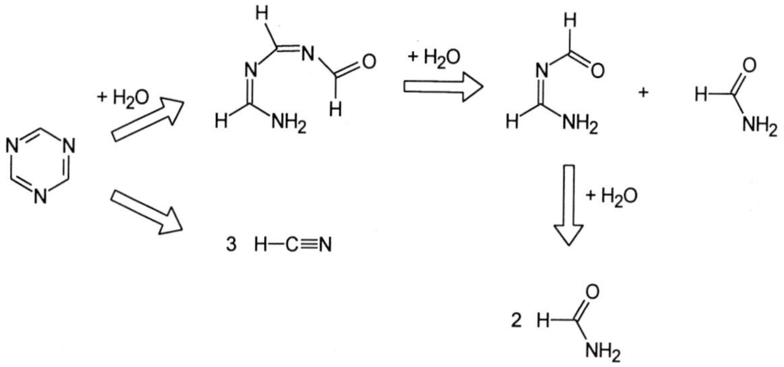

❶ 2,4,6-Trisubstituierte *s*-Triazine **3** erhält man durch Cyclotrimerisation von Nitrilen unter Säure- (HCl, LEWIS-Säuren) oder Base-Katalyse:

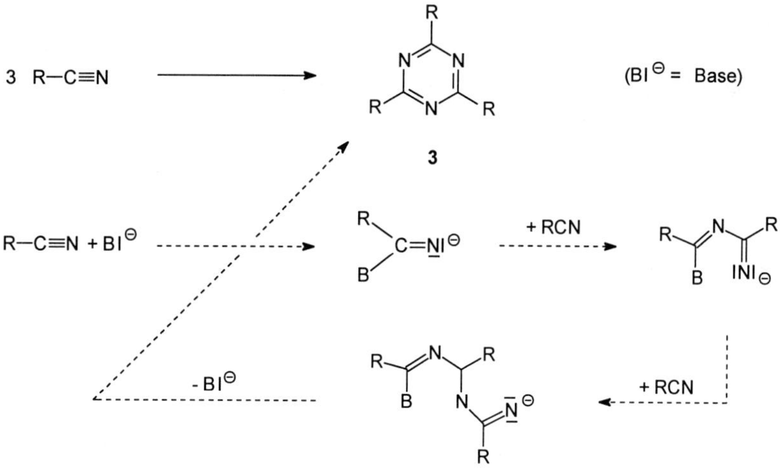

Für den säurekatalysierten Prozeß wird ein cyclischer Übergangszustand, für den basekatalysierten Prozeß eine Sequenz von nucleophilen Additionen postuliert. Für die Cyclotrimerisation sind am besten geeignet Arylnitrile, Arylcyanate, Cyanverbindungen mit elektronenziehenden Substituenten (z.B. ROOC-CN, Cl-CN). Alkylnitrile trimerisieren erst bei hoher Temperatur und hohem Druck in mäßigen Ausbeuten.

❷ s-Triazine vom Typ **3** sind auch durch säurekatalysierte Cyclokondensation von Imidsäureestern unter Eliminierung von Alkohol zugänglich:

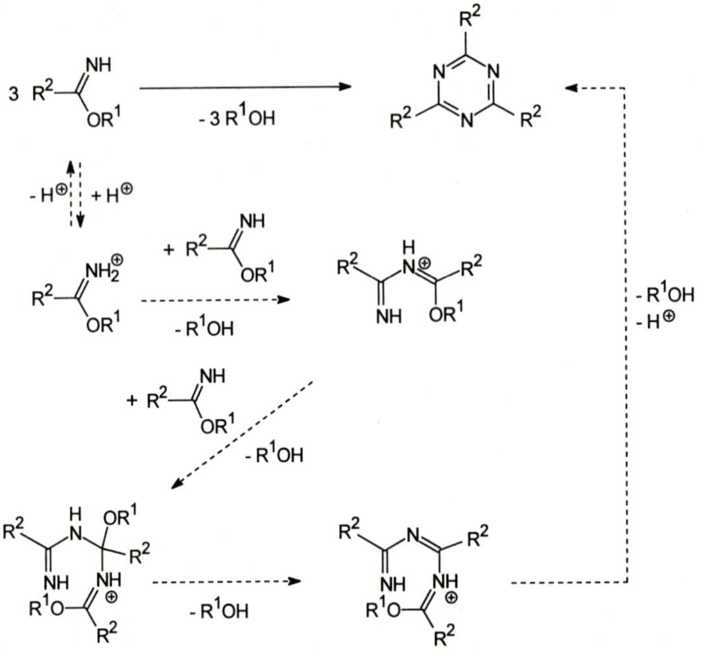

Dabei erfolgt die Verknüpfung der drei Imidsäureester-Moleküle, die formal als aktivierte Nitrile fungieren, wahrscheinlich nach einem elektrophilen Additions-Eliminierungs-Mechanismus über Immoniumionen als Intermediate.

Bewährt hat sich auch die Cyclisierung von Nitrilen in Gegenwart von NH_3 unter Lanthan(III)ionen-Katalyse, bei der primär Amidine entstehen[122].

| D,E | **1,3,5-Triazin**, Schmp. 80°C, bildet farblose Kristalle; es wird durch thermische Cyclokondensation von Formamidinacetat und $HC(OR)_3$ gewonnen[123]: |

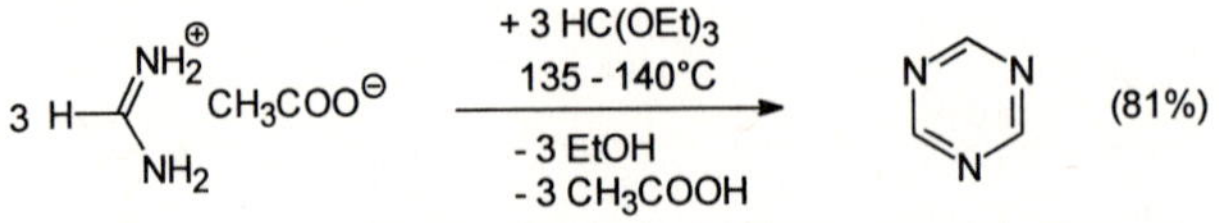

Cyanurchlorid (2,4,6-Trichlor-1,3,5-triazin), Schmp. 145°C, Sdp. 190°C, wird technisch durch Gasphasen-Trimerisation von Chlorcyan über Aktivkohle-Katalysoren dargestellt. Cyanurchlorid besitzt die Funktionalität eines heterocyclischen Säurechlorid-Analogons, seine reaktiven Chloratome sind in S_NAr-Prozessen (auch stufenweise) leicht substituierbar:

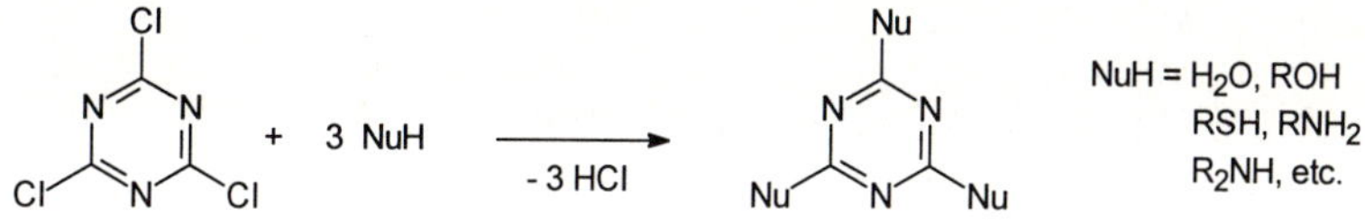

Cyanurchlorid wird daher in der organischen Synthese als Reagens zur Chlorierung und Dehydratisierung eingesetzt. So transformiert es (bevorzugt sekundäre) Alkohole zu Halogenalkanen, Carbonsäuren zu Säurechloriden, Hydroxycarbonsäuren zu Lactonen und Aldoxime zu Nitrilen:

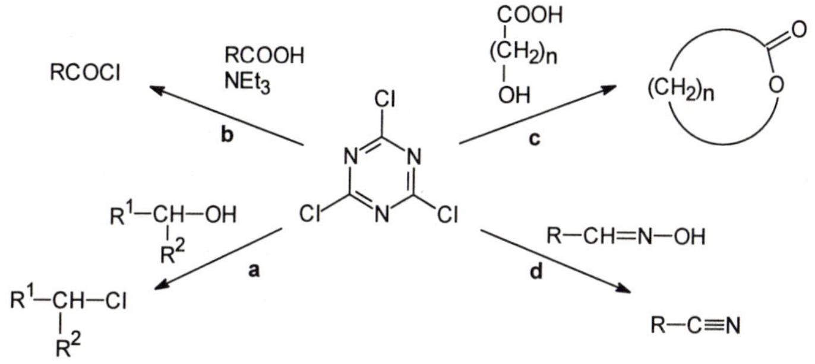

Die Reaktionen **a–c** werden plausibel, wenn primär Addition des O-Nucleophils an das Chlortriazin, dann Austritt von Halogenid unter O-Dealkylierung erfolgt, die zum Produkt und dem Chlortriazin-2($1H$)-on **4** führen; Wiederholung dieser Sequenz unter Nutzung aller vorhandenen Chloratome liefert schließlich Cyanursäure (s.u.):

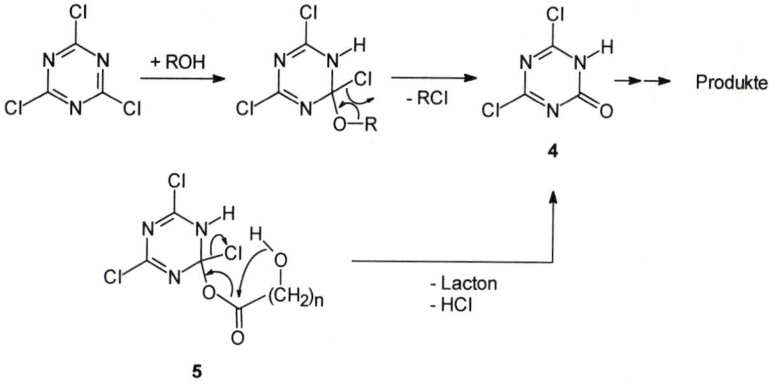

Für die Lacton-Bildung (**d**) wird ein Zwischenzustand **5** postuliert.

Cyanurchlorid dient auch zur Einführung einer "Ankergruppe" in farbgebende Komponenten, die dann infolge der S_N-Reaktivität des Chlortriazin-Systems mit Fasern, z.B. den OH-Funktionen von Baumwolle, kovalent verknüpft werden können (Substitutions- oder Reaktiv-Farbstoffe, z.B. *Cibacron*- oder *Procion-Farbstoffe* wie **6**[124]):

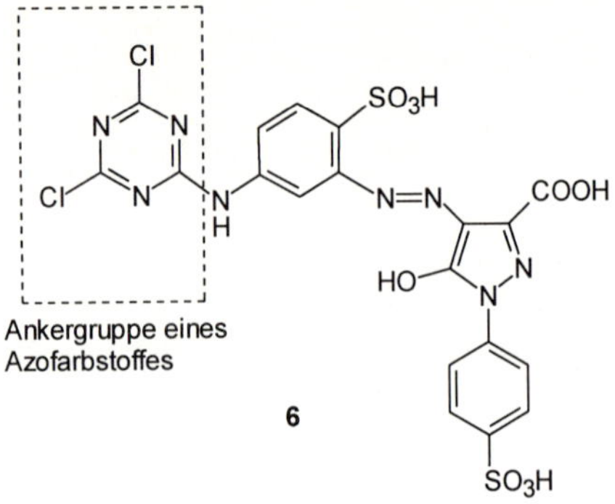

Ankergruppe eines
Azofarbstoffes

6

Cyanurchlorid wird schließlich als Basisprodukt zur Gewinnung der *1,3,5-Triazin-Herbicide* benötigt, die in 2- und 4-Stellung zwei (oft verschieden substituierte) Aminogruppen, in 6-Stellung Cl, OCH$_3$ oder SCH$_3$ tragen. Wichtige Vertreter sind *Simazin* und *Atrazin* **7/8**:

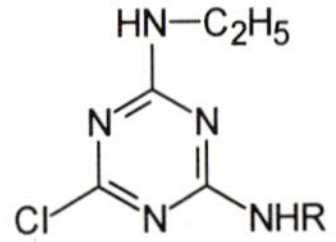

7: R = C$_2$H$_5$
8: R = CH(CH$_3$)$_2$

Die 1,3,5-Triazin-Herbicide besitzen die Wirkung von Photosynthese-Inhibitoren, die den lichtinduzierten Elektronenfluß von Wasser zu NADP$^\oplus$ unterbrechen.
Melamin (2,4,6,-Triamino-1,3,5-triazin) erhält man durch Trimerisation von Cyanamid oder technisch durch thermische Cyclokondensation von Harnstoff bei ca. 400°C unter Abspaltung von NH$_3$ und CO$_2$. Die Polykondensation von Melamin mit Formaldehyd führt zu den sog. Melaminharzen, die als Duroplaste, Leime und Klebstoffe Anwendung finden.
Cyanursäure 9 (2,4,6-Trihydroxy-1,3,5-triazin), 1776 erstmals von SCHEELE durch Pyrolyse von Harnsäure erhalten, ist das am längsten bekannte *s*-Triazin-Derivat. Cyanursäure wird durch Trimerisation von Isocyansäure synthetisiert, sie ist mit Isocyanursäure **10** tautomer:

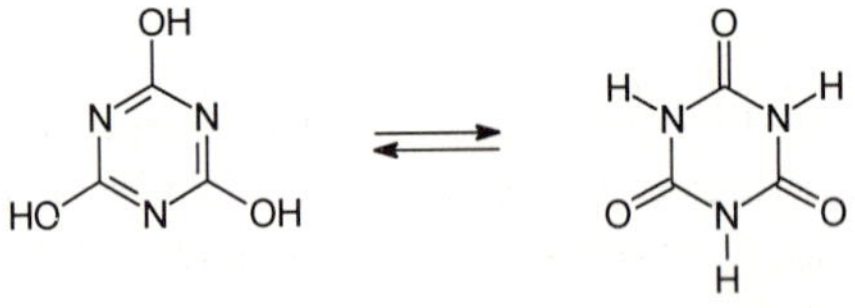

9   **10**

O-Alkyl-Derivate der Cyanursäure (Cyanurate) entstehen bei der Trimerisation von Cyanaten oder der Einwirkung von Alkoholat auf Cyanurchlorid (s.o.), *N*-Alkyl-Derivate der Isocyanursäure bei der Trimerisation von Isocyanaten. Tris-*O*-allylcyanurat, dessen technische Synthese aus Cyanurchlorid und Allylalkohol erfolgt, dient als Comonomer für Polymere zur Hochtemperatur-Isolierung.

6.39 1,2,4,5-Tetrazin

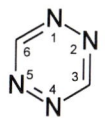

A 1,2,4,5-Tetrazin (auch *s*-Tetrazin genannt) ist nach Röntgenstrukturanalyse planar gebaut. Seine Strukturparameter – Bindungslängen C-N 133,4 pm und N-N 132,1 pm, Bindungswinkel N-C-N 127,2° und C-N-N 115,6° – weisen auf ein delokalisiertes Bindungssystem hin, das durch die beiden energiegleichen KEKULÉ-Strukturen **1a/1b** beschrieben wird:

In den NMR-Spektren sind die C-H-Bindungen und C-Atome beim *s*-Tetrazin noch stärker entschirmt als beim *s*-Triazin: ^{1}H-NMR δ = 11,05 ppm, ^{13}C-NMR δ = 161,2 ppm (d_6-Aceton).

s-Tetrazine sind farbig (rotviolett); sie besitzen UV/VIS-Maxima im sichtbaren Bereich bei 520–570 nm (n → π*–Übergang), im UV-Bereich bei 250-300 nm (π → π*–Übergang). Charakteristisch ist außerdem ihr einfaches Fragmentierungsverhalten beim massenspektrometrischen Zerfall:

B In ihren **Reaktionen** zeigen 1,2,4,5-Tetrazine – noch ausgeprägter als 1,2,4-Triazine (s.S.441) – Heterodien-Aktivität gegenüber elektronenreichen Mehrfachbindungs-Systemen. So ergeben Enolether, Enamine, Ketenacetale, Imidsäureester, Inamine und Nitrile [4+2]-Cycloadditionen mit inversem Elektronenbedarf über die Ringpositionen C-3 und C-6[125]. Olefinische Dienophile können dabei in Abhängigkeit von ihren Substituenten zu unterschiedlichen Produkten führen:

Das primäre Hetero-DIELS-ALDER-Addukt **2** ist in der Regel nicht isolierbar, es eliminiert in einer Retro-DIELS-ALDER-Reaktion N$_2$ und geht dabei in ein 4,5-Dihydropyridazin **3** über. Dieses kann (vor allem bei X=H) sich unter 1,5-H-Shift zum 1,4-Dihydropyridazin **7** stabilisieren oder (bei X = OR und NR$_2$) unter Dehydrierung resp. HX-Eliminierung die Pyridazine **5/6** ergeben, schließlich auch als Diazadien überschüssiges Alken in einer weiteren DIELS-ALDER-Reaktion unter Bildung des stabilen 2,3-Diazabicyclo[2.2.2]oct-2-ens **4** aufnehmen. Alkine ergeben mit *s*-Tetrazinen infolge Cycloreversion des primären DIELS-ALDER-Addukts, des Tetraazabarrelens **8**, unter N$_2$-Eliminierung Pyridazine **6**, Nitrile 1,2,4-Triazine **9**. Die [4+2]-Cycloaddition der *s*-Tetrazine kann zum Aufbau anderer Hetero-

6.39 1,2,4,5-Tetrazin

cyclen genutzt werden. Ein Beispiel ist die Synthese von Isobenzofuran, Isoindol und Isobenzofulven aus den 1,4-Dihydronaphthalin-Derivaten **10**,

bei der das *s*-Tetrazin formal die Extrusion einer Acetylen-Einheit bewirkt und damit das benzoide Edukt **10** in ein *o*-chinoides Produkt **11** umwandelt.

C Die *Retrosynthese* des *s*-Tetrazins kann auf zwei Wegen vorgenommen werden. Nach Weg **a** (Hydrolyse als Retrosynthese-Operation) wird zunächst Hydrazin abgespalten, dann erfolgt Reduktion der in **12** verbleibenden N=N-Bindung. Bei Weg **b** sind diese beiden Operationen vertauscht, **a** und **b** führen gleichermaßen zu 1,2-Diacylhydrazinen und Hydrazin als Edukt-Vorschlag. Alternativ dazu kann das Intermediat **13** auch durch C–N-Trennung direkt in Hydrazin und Carbonsäure zerlegt werden.

Demgemäß erfolgt die **Synthese** von 1,2,4,5-Tetrazinen nach zwei Methoden.

❶ 1,4-Dichlorazine **14** cyclokondensieren mit Hydrazin zu Dihydro-1,2,4,5-tetrazinen **16**, die zu symmetrisch oder unsymmetrisch substituierten *s*-Tetrazinen **15** dehydriert werden:

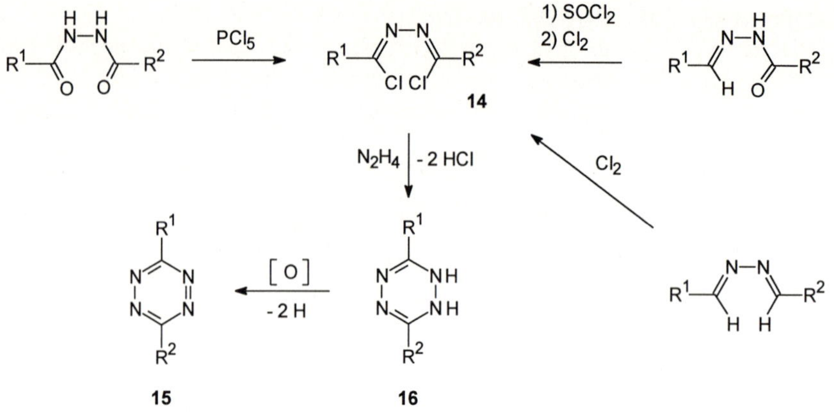

1,4-Dichlorazine sind durch Chlorierung von 1,2-Diacylhydrazinen mittels PCl$_5$, von Acylhydrazonen mittels SOCl$_2$/Cl$_2$ oder von Aldazinen mittels Cl$_2$ zugänglich.

❷ Symmetrisch substituierte *s*-Tetrazine **20** werden aus Nitrilen und Hydrazin erhalten:

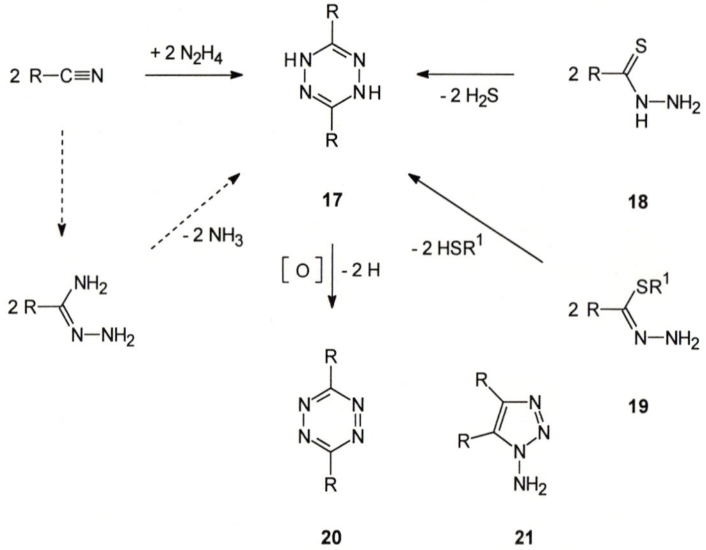

Dabei entstehen unter Addition von Hydrazin an die Nitril-Funktion zunächst Amidrazone, durch deren dimerisierende Cyclokondensation 1,4-Dihydro-*s*-tetrazine **17**; diese werden zu **20** dehydriert. Alternativ können auch Thiohydrazide **18** oder *S*-Alkylisothiohydrazide **19** – ebenfalls über 1,4-Dihydro-*s*-tetrazine **17** – oxidativ zu *s*-Tetrazinen dimerisiert werden, als Nebenprodukte werden *N*-Aminotriazole **21** gebildet.

6.39 1,2,4,5-Tetrazin

D **1,2,4,5-Tetrazin**, purpurrote Kristalle vom Schmp. 99°C, entsteht bei der thermischen Decarboxylierung von 1,2,4,5-Tetrazin-3,6-dicarbonsäure (HANTZSCH 1900).

Verdazyle sind intensiv grüne Azaallyl-Radikale vom Tetrahydro-1,2,4,5-tetrazin-Typ **25**. Man erhält sie durch H$^+$-katalysierte Cyclokondensation von Aldehyden, zumeist Formaldehyd, mit Formazanen **22** und Reduktion der primär gebildeten Verdazyliumionen **23** im basischen Medium (KUHN 1963):

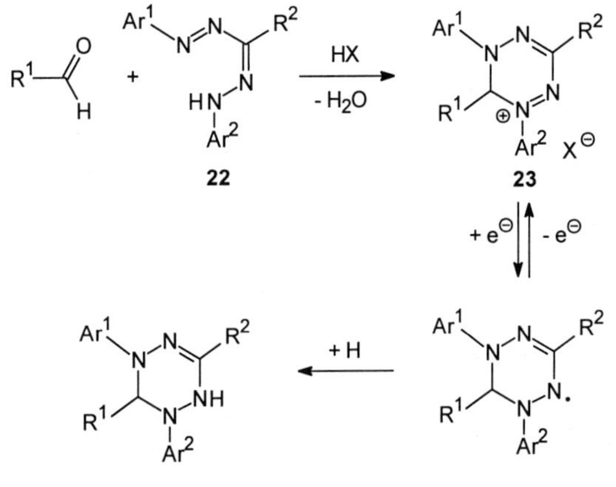

Weitere Reduktion der Verdazyle führt zu 1,2,3,4-Tetrahydro-1,2,4,5-tetrazinen **24**. Verdazyle **25** können durch o-Chinone in einer SET-Reaktion zu den Verdazyliumionen **23** rückoxidiert werden, aus den o-Chinonen entstehen dabei die entsprechenden o-Semichinone.

Sehr beständig sind auch Verdazyle des Typs **27**, die durch Dehydrierung von 1,4,5,6-Tetrahydro-1,2,4,5-tetrazin-3(2H)-onen und -thionen **26** gebildet werden[126]:

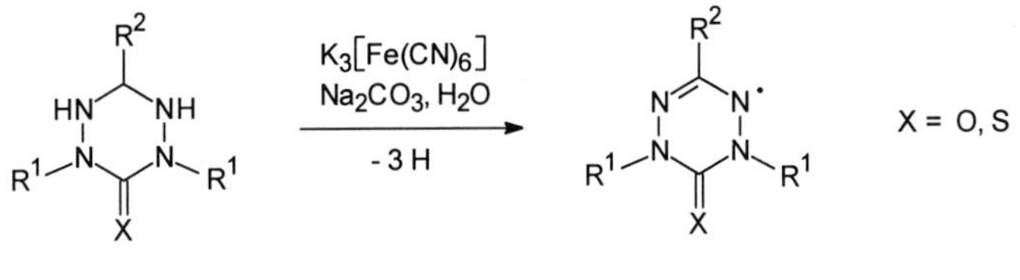

X = O, S

Literatur

1. A.T.Balaban, A.Dinculescu, G.N.Dorofeenko, G.W. Fischer, A.V. Koblik, V.V. Mezheritskii, W. Schroth, *Adv.Heterocycl.Chem.* **1982**, Suppl. *2*, 1.
2. W.Schroth, *Revue Roum.Chim* **1989**, *34*, 271.
3. J.Liebscher, H.Hartmann, *Synthesis* **1979**, 241.
4. Tietze/Eicher 1991, S. 348
5. F.Klages, H.Träger, *Chem.Ber.* **1953**, *86*, 1327.
6. *Organic Syntheses*, Coll.Vol.V, **1973**, 1088.
7. Tietze/Eicher 1991, S.349.
8. J.R.Wilt, G.A.Reynolds, J.A. van Allan, *Tetrahedron* **1973**, *29*, 795.
9. P.J.Brogden, C.D.Gabbutt, J.D.Hepworth in: A.R.Katritzky, C.W.Rees, A.J.Boulton, A.McKillop (Eds.), *Comprehensive Heterocyclic Chemistry* Vol.3, S.634ff., Pergamon Press, Oxford **1984**.
10. O.L.Chapman, C.L.McIntosh, J.Pacansky, *J.Am.Chem.Soc.* **1973**, *95*, 614.
11. Th. Eicher, J. L. Weber, *Top. Curr. Chem.* **1975**, *57*, 1.
12. Chemie der Dehydracetsäure: M.Moreno-Manas, R.Pleixats, *Adv.Hetercycl.Chem.* **1992**, *53*, 1
13. S.F.Martin, H.Rueger, S.A.Williamson, S. Greiszczak, *J.Am.Chem.Soc.* **1987**, *109*, 6124.
14. J.Sauer, R.Sustmann, *Angew.Chem.* **1980**, *92*, 773;
Anwendung in der Naturstoff-Synthese: T.Kametani, S.Hibino, *Adv.Heterocycl.Chem.* **1987**, *42*, 246
15. L.F.Tietze, T.Brumby, S.Brand, M.Bratz, *Chem.Ber.* **1988**, *121*, 499;
Tietze / Eicher 1991, S.442.
16. L.F.Tietze, *Angew.Chem.* **1983**, *95*, 840.
17. P.T.Ho, *Can.J.Chem.* **1982**, *60*, 90.
18. J.Staunton in: D.Barton, W.D.Ollis (Eds.), *Comprehensive Organic Chemistry*, Vol.4., S.629ff., Pergamon Press, Oxford **1979**.
19. G.A.Kraus, J.O.Pezzanite, *J.Org.Chem.* **1979**, *44*, 2280.
20. Eicher/Roth **1986**, S. 300.
21. R.D.H.Murray, J.Mendez, S.A.Brown, *The Natural Cumarins*, Wiley and Sons, New York **1982**; R.D.H.Murray, *Nat.Prod.Reports* **1989**, 591.
22. Eicher/Roth 1986, S.160.
23. E.V.Kuznetsov, I.V.Shcherbakova, A.T.Balaban, *Adv.Heterocycl.Chem.* **1990**, *50*, 158.
24. Tietze/Eicher 1991, S.351.
25. D.Strack, V.Ray in: J.B.Harborne (Ed.), *The Flavonoids*, Advances in research since 1986, Kap.1, Chapman and Hall, London **1993**.
26. E.Bayer, H.Egeter, A.Fink, K.Netker, K.Wegmann, *Angew.Chem.* **1966**, *78*, 834.
27. J.N.Collie, *J.Chem.Soc.* **1907**, 1806.
28. D.Nagarathan, M.Cushman, *Tetrahedron* **1991**, *47*, 5071.
29. Tietze/Eicher 1991, S.350;
s.a. H.J.Laas, Th.Eicher, *Journ.Hattori Bot.Lab.* **1989**, *67*, 383.
30. R.Brouillard, O.Dangles in: J.B.Harborne (Ed.), *The Flavonoids*, Advances in research since 1986, Kap.13, Chapman and Hall, London **1993**; H.D.Zinsmeister, H.Becker, Th.Eicher, *Angew. Chem.* **1991**, *103*, 134.
31. D.S.Zaharko, C.K.Grieshaber, J.Plowman, J.C. Cradock, *Cancer Treatment Reports* **1986**, *70*, 1415;
G.Wurm, *Deutsche Apotheker-Zeitschrift* **1990**, *130*, 2306.
32. S.Hünig, *Angew.Chem.* **1964**, *76*, 400.
32a. N.Cohen, R.J.Lopresti, C.Neukom, *J.Org. Chem.* **1981**, *46*, 2445.
33. W.E.Parham, L.D.Jones, Y.A.Sayed, *J.Og. Chem.* **1976**, *41*, 1184.
34. S.Takano, T.Sugikara, K.Ogasawara, *Synlett* **1990**, 451.
35. K.B.Wiberg, D.Nakaji, C.N.Breneman, *J.Am.Chem.Soc.* **1989**, *111*, 4178; dort auch elektronische Struktur der Diazine, s-Triazin und s-Tetrazin.
36. J.E.Del Bene, *J.Am.Chem.Soc.* **1979**, *101*, 6184.
37. A.R.Katritzky, R.Taylor, *Adv.Heterocycl.Chem.* **1990**, *47*, 1;
A.R.Katritzky, W.-Q.Fan, *Heterocycles* **1992**, *34*, 2179.
38. F.M.Saidova, E.A.Filatova, *J.Org.Chem. USSR* (Engl.Trans.) **1977**, *13*, 1231.
39. A.F.Pozharski, A.M.Simonow, V.N.Doron'kin, *Russ.Chem.Rev.* (Engl.Trans.) **1978**, *47*, 1042; C.K. McGill, A. Rappa, *Adv. Heterocycl. Chem.* **1988**, *44*, 1.
40. D.Bryce-Smith, P.L.Morris, B.J.Wakefield, *J. Chem.Soc., Perkin Trans.1*, **1976**, 1331.
41. A.N.Johnson, *Ylid Chemistry*, Academic Press, New York **1966**, S.260.
42. Tietze/Eicher 1991, S.335.
43. A.R.Katritzky, J.M.Lagowski, *Heterocyclic N-Oxides*, Methuen, London **1971**.
44. J.Yamamoto, M.Imagawa, S.Yamauchi, O.Nakazawa, M.Umezu, T.Matsuura, *Tetrahedron* **1981**, *37*, 1871.
45. W.Feely, W.L.Lehn, V.Boekelheide, *J.Org.Chem.* **1957**, *22*, 1135.
46. M.L.Ash, R.G.Pews, *J.Heterocycl.Chem.* **1981**, *18*, 939.
47. M.G. Barlow, R.N. Hazeldine, J.G. Dingwall, *J. Chem.Soc., Perkin Trans. 1*, **1973**, 1542.
48. K.Weissermel, H.-J.Arpe, *Industrielle Organische Chemie*, 3.Aufl., S.202, VCH Verlagsgesellschaft GmbH, Weinheim **1988**.

48a. Bisquartäre Salze vom 4,4'-Bipyridintyp, z.B. **137**, dienen auch als Elektronen-Relays bei der Photoreduktion von Wasser: L.A.Summers et al., *J.Heterocycl.Chem.* **1991**, *28*, 827.
49. K.Deuchert, S.Hünig, *Angew.Chem.* **1978**, *90*, 927.
50. R. Hamilton, M.A. McCervey, J.J. Rooney, *J. Chem.Soc., Chem.Commun.*, **1976**, 1038.
51. F.Bossert, H.Meyer, E.Wehinger, *Angew.Chem.* **1981**, *93*, 755.
52. H.Bönnemann, *Angew.Chem.* **1978**, *90*, 517; H. Bönnemann, W. Brijoux, *Adv.Heterocycl. Chem.* **1990**, *48*, 177.
53. N.Clauson-Krus, P.Nedenskov, *Acta Chem. Scand.* **1955**, *9*, 14.
54. S.Goldmann, J.Stoltefuß, *Angew.Chem.* **1991**, *103*, 1587; Eicher/Roth 1986, S.168.
55. Tietze/Eicher 1991, S.304
56. R.H.Reuss, L.J.Winters, *J.Org.Chem.* **1973**, *38*, 3993.
57. K.Saigo, M.Usui, K.Kikuchi, E.Shimada, T.Mukaiyama, *Bull.Chem.Soc.Jpn.* **1977**, *50*, 1863; Tietze/Eicher 1991, S.383.
58. T.Mukaiyama, R.Matsueda, M.Suzuki, *Tetrahedron Lett.* **1970**, 1901.
59. U.Schmitt, D.Heermann, *Angew.Chem.* **1979**, *91*, 330.
60. W.Ried, H.Bender, *Chem.Ber.* **1956**, *89*, 1893; W.Ried, R.M.Gross, *Chem.Ber.* **1957**, *90*, 2646.
61. A.R.Katritzky, *Tetrahedron* **1980**, *36*, 679.
62. A.R.Katritzky, A.Saba, R.C.Pabel, *J.Chem.Soc., Perkin Trans. 1*, **1981**, 1462.
63. C.D.Johnson in: A.R.Katritzky, C.W.Rees, A.J.Boulton, A.McKillop (Eds.), *Comprehensive Heterocyclic Chemistry*, Vol.2, S.147ff., Pergamon Press, Oxford **1984**.
64. H.Tieckelmann, *Chem.Heterocycl.Compd.* **1974**, *14* (3), 597.
65. M.Hayashi, K.Yamuchi, M.Kinoshita, *Bull. Chem.Soc.Jpn.* **1977**, *50*, 1510.
66. Reaktionen dieses Typs finden auch Anwendung in der Naturstoff-Synthese, z.B. C.Herdeis, C.Hartke, *Synthesis* **1988**, 76 (Desethylibogamin).
67. C.J.Ishag, K.J.Fischer, B.E.Ibrahim, G.M.Ishander, A.R.Katritzky, *J.Chem.Soc., Perkin Trans.1*, **1988**, 917.
68. W.Jünemann, H.G.Opgenorth, H.Scheuermann, *Angew.Chem.* **1980**, *92*, 390.
69. J.Barluenga, R.P.Carlon, F.J.Gonzalez, S.Fustero, *Tetrahedron Lett.* **1990**, 3793.
70. J.Barluenga, J.Joglar, F.J.Gonzalez, S.Fustero, *Synlett* **1990**, 129.
71. R.Levine, D.A.Dimmig, W.M.Kadunce, *J.Org. Chem.* **1974**, *39*, 3834.
72. Tietze/Eicher 1991, S.398.
73. A.Godard, P.Duballet, G.Queguiner, B.Pastour, *Bull.Soc.Chim.Fr.* **1976**, 789.
74. P.G.Gassman, R.L.Parton, *J.Chem.Soc., Chem. Commun.*, **1977**, 694.
75. Tietze/Eicher 1991, S.359
76. Tietze/Eicher 1991, S.357.
77. O.Meth-Cohn, S.Rhouati, B.Tarnowski, *Tetrahedron Lett.* **1979**, 4885; Tietze/Eicher 1991, S.361.
78. L.G.Quiang, N.M.Baine, *J.Org.Chem.* **1988**, *53*, 4218.
79. S.Hibino, E.Sugino, *Heterocycles* **1987**, *26*, 1883.
80. W.Ried, P.Weidemann, *Chem.Ber.* **1971**, *104*, 2484.
81. L.Capuano, V.Diehl, *Chem.Ber.* **1976**, *109*, 723.
82. K.Matsumoto, M.Suzuki, N.Yoneda, M.Miyoshi, *Synthesis* **1976**, 805.
83. H.L.Wehrmeister, *J.Heterocycl.Chem.* **1976**, *13*, 61.
84. J.P.Michael, *Nat.Prod.Reports* **1991**, 53; M.F.Grundon, *Nat.Prod.Reports* **1990**, 131; M.F.Grundon, *Nat.Prod.Reports* **1988**, 293.
85. Antibacterielle 4-Chinolon-3-carbonsäuren und ihre Derivate: D.C.Laysen, M.W.Zhang, A.Haemers, W.Bollaert, *Pharmazie* **1991**, *46*, 485 und 557.
85a. Eicher/Roth 1986, S. 174.
86. F.D.Popp, J.M.Wefer, *J.Heterocycl.Chem.* **1967**, *4*, 167; J.-T.Hahn, J.Kant, F.D.Popp, S.R.Chabra, B.C. Uff, *J.Heterocycl.Chem.* **1992**, *29*, 1165; E.Reimann, H.Benend, *Monatsh.Chem.* **1992**, *123*, 939.
87. R.V.Stevens, J.W.Canary, *J.Org.Chem.* **1990**, *55*, 2237
88. T.Kametani, K.Fukumoto, *Chem.Heterocycl. Compd.* **1981**, *38* (1), 139.
89. D.M.B.Hickey, A.B.McKenzie, C.J.Moody, C.W. Rees, *J.Chem.Soc., Perkin Trans. 1*, **1987**, 921.
89a. K.W.Bentley, *Nat.Prod.Reports* **1988**, 265; **1989**, 805; **1990**, 245; **1991**, 339.
90. K.J.Zee-Chang, C.C.Cheney, *J.Pharm.Sci.* **1972**, *61*, 969.
91. Synthese von **6**: Eicher/Roth 1986, S.303; enantioselektive Synthesen chiraler Piperidinalkaloide: P.E.Hammann, *Nachr.Chem.Tech.Lab.* **1990**, *38*, 342.
92. H.Oehling, W.Schäfer, A.Schweig, *Angew.Chem.* **1971**, *83*, 723; C.W.Bird, *Tetrahedron* **1990**, *46*, 5697.
93. G.Märkl in: Houben-Weyl, Vol. E 1 (Phosphorverbindungen 1), S. 72, Thieme Verlag, Stuttgart **1982**.
94. K.Dimroth, H.Kaletsch, *Angew.Chem.* **1981**, *93*, 898.
94a. H.H.Lee, W.A.Denny, *J.Chem.Soc., Perkin Trans. 1*, **1990**, 1071.
95. O.Hutzinger, M.Fink, H.Thoma, *Chemie in unserer Zeit* **1986**, *20*, 165; J.P.Landers, N.J.Bunce, *Biochem.J.* **1991**, 275; P.Cicryt, *Nachr.Chem.Tech.Lab.* **1993**, *41*, 550.

96. A.I.Meyers, *Heterocycles in Organic Synthesis*, S.201, Wiley & Sons, New York **1974**.

96a. D.Seebach, R.Imwinkelried, T.Weber in: *Modern Synthetic Methods* (Ed. R.Scheffold), S. 191, Springer Verlag, Berlin **1986**;
T.Pietzonka, D.Seebach, *Chem.Ber.* **1991**, *124*, 1837;
D.Seebach, U.Miszlitz, P.Uhlmann, *Chem.Ber.* **1991**, *124*, 1845;
weitere Anwendungen von **18**: D.Seebach, J.-M. Lapierre, W. Jaworek, P. Seiler, *Helv.Chim. Acta* **1993**, *76*, 459;
A.S.Kiselyov, L.Strekowski, *Tetrahedron* **1993**, *49*, 2151.

97. D.Seebach in: *Modern Synthetic Methods* (Ed. R.Scheffold), S.173, Salle und Sauerländer, Frankfurt **1976**;
D.J.Ager in: *Umpoled Synthons* (Ed. T.A.Hase), S.19, Wiley & Sons, New York **1987**;
P.C.Bulman Page, M.B. van Niel, J.C.Prodger, *Tetrahedron* **1989**, *45*, 7643.

98. R.B.Woodward, *Angew.Chem.* **1966**, *78*, 557.

99. P.G.Sammer, *Chem.Rev.* **1976**, *76*, 113.

100. M.Tisler, B.Stanovnik, *Adv.Heterocycl.Chem.* **1990**, *49*, 385.

101. Nach Untersuchungen zur Reaktionskinetik und Produktverteilung wurde ein Radikalmechanismus postuliert: T.Holm, *Acta Scand.Chem., Ser. B.*, **1990**, *44*, 279.

102. L.Strekowski, R.L.Wydra, L.Janda, D.B. Harden, *J.Org.Chem* **1991**, *56*, 5610

103. H.Bredereck, R.Gompper, H.Herlinger, *Chem.-Ber.* **1958**, *91*, 2832.

104. H.Wamhoff, J.Dzenis, K.Hirota, *Adv.Heterocycl.Chem.* **1992**, *55*, 129;
J.T. Bogarski, J.L.Mokrosz, H.J.Barton, M.H.-Paluchowski, *Adv.Heterocycl.Chem.* **1985**, *38*, 229.

105. A.Kleemann, H.J.Roth, *Arzneistoffgewinnung*, S.172, Georg Thieme Verlag, Stuttgart **1983**.

106. Eicher/Roth 1986, S.194.

106a. G.Fischer, *Z.Chem.* **1990**, *30*, 305.

107. Eicher/Roth 1986, S. 213.

108. S.L.Miller, *Science* **1953**, *117*, 528; *J.Am. Chem.Soc.* **1955**, *77*, 2351.

108a. K.Zosel, *Angew.Chem.* **1978**, *90*, 748.

109. S.Matoubara, *Phytochemistry* **1980**, *19*, 2239.

109a. G.B.Elion, *Angew.Chem.* **1989**, *101*, 893.

110. P.J.Lont, H.C. van der Plas, A.J.Verbeek, *Rec. Trav.Chim.Pays-Bas* **1972**, *91*, 949.

111. S.Kano, Y.Takahagi, S.Shibuya, *Synthesis* **1978**, 372.

112. G.Büchi, J.Galindo, *J.Org.Chem.* **1991**, *56*, 2605.

113. J.Mulzer, H.-J.Altenbach, M.Braun, K.Krohn, H.-U.Reissig, *Organic Synthesis Highlights*, S.300, VCH Verlagsgesellschaft, Weinheim **1991**;
U. Groth, T. Huhn, B. Porsch, C. Schmeck, U. Schöllkopf, *Liebigs Ann.Chem.* **1993**, 715.

114. W.Pfleiderer in: A.R.Katritzky, C.W.Rees, A.J. Boulton, A.McKillop (Eds.), *Comprehensive Heterocyclic Chemistry*, Vol.3, S.263., Pergamon Press, Oxford **1984**.

115. M.Loriga, A.Nuvole, G.Paglietti, *J.Chem. Research (S)* **1989**, 202.

116. R.A.Scherrer, H.R.Bratty, *J.Org.Chem.* **1972**, *37*, 1681.

117. A.Gasco, A.J.Boulton, *Adv.Heterocycl.Chem.* **1981**, *29*, 251.

118. A.Oshawa, H.Arai, H.Igeta, *J.Chem.Soc., Chem. Commun.* **1981**, 1174.

119. H.Neunhöffer in: A.R.Katritzky, C.W.Rees, A.J. Boulton, A.McKillop (Eds.), *Comprehensive Heterocyclic Chemistry*, Vol.3, S.269., Pergamon Press, Oxford **1984**.

120. H.Neunhöffer, H.Hennig, *Chem.Ber.* **1968**, *101*, 3952.

121. C.Grundmann, *Angew.Chem.* **1963**, *75*, 404;
A.Kreutzberger, A.Tautawy, *Chem.-Ztg.* **1978**, *102*, 106.

122. H.J. Forsberg, V.T. Spaciano, S.P. Klump, K.M. Sanders, *J.Heterocycl.Chem.* **1988**, *25*, 767.

123. T.Maier, H.Bredereck, *Synthesis* **1979**, 690.

124. Tietze/Eicher 1991, S.402.

125. G.Seitz, H.Wassmuth, *Chem.-Ztg.* **1988**, *112*, 281; s.a. Tietze/Eicher 1991, S.364.

126. F.A.Neugebauer, H.Fischer, R.Siegel, *Chem.Ber.* **1988**, *121*, 815.

7 Siebengliedrige Heterocyclen

Die Stammverbindungen der Siebenring-Heterocyclen mit einem Heteroatom sind Oxepin **1**, Thiepin **2** und Azepin **3**. Von den Siebenring-Heterocyclen mit mehreren Heteroatomen werden lediglich Diazepine, z.B. 1,2- und 1,4-Diazepin **4/5**, behandelt.

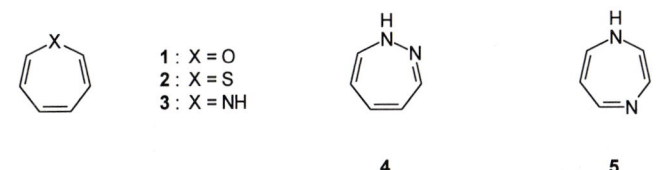

1 : X = O
2 : X = S
3 : X = NH

7.1 Oxepin

A,B Monocyclische Oxepine setzen sich spontan mit den valenzisomeren Benzoloxiden ins Gleichgewicht, so **1** mit **4**:

Aus diesem Grund konnten die Bindungsparameter für Oxepin und andere monocyclische Vertreter nicht direkt bestimmt werden. Die spektroskopischen Daten zeigen, daß Oxepine polyolefinische Struktur mit lokalisierten C=C-Bindungen besitzen. Oxepine bilden somit nichtplanare Boot-Konformere aus, die gemäß **5a/5b** unter Inversion äquilibrieren. Dieser Prozeß wird durch Annelierung von Benzolringen verlangsamt; 13-Methyltribenzoxepin-11-carbonsäure **6** konnte so in die Enantiomere aufgetrennt werden, die mit einer Energiebarriere $\Delta G^{\neq}_{20.5}$ = 86,9 kJ mol^{-1} racemisieren[1].

Oxepin **1** und Benzoloxid **4** sind durch Tieftemperatur-NMR-Spekroskopie (-130°C) und ihre UV-Absorptionen unterscheidbar:

^{1}H-NMR :   Oxepin   δ = 5,7 (H-2/H-3), 6,3 ppm (H-5);
                 Benzoloxid   δ = 4,0 (H-2), 6,3 ppm (H-3/H-4).

^{13}C-NMR :   Oxepin   δ = 141,8 (H-2), 117,6 (H-3), 130,8 ppm (H-4);
                  Benzoloxid   δ = 56,6 (H-2), 128,7 (H-3), 130,8 ppm (H-4).

UV (λ_{max}) :   Oxepin 305 nm, Benzoloxid 271 nm.

Die spontane Oxepin-Benzoloxid-Isomerisierung verläuft nach den WOODWARD-HOFFMANN-Regeln als thermisch erlaubter, disrotatorischer Prozeß. 2,7-Substituenten destabilisieren durch ekliptische Wechselwirkungen die Benzoloxid-Struktur und begünstigen die Oxepin-Bildung. Ist die 2,7-Position verbrückt, so nimmt die Größe der Brücke Einfluß auf das Oxepin-Benzoloxid-Gleichgewicht. Dies zeigen Untersuchungen an den 2,7-methylenverbrückten Systemen **7/8**: Bei n = 3 liegt ausschließlich das Indanoxid vor, bei n = 4 dominiert Tetralinoxid im Gleichgewicht, bei n = 5 findet man Oxepin und Benzoloxid im Verhältnis ≈ 1:1.

Die Möglichkeit zur Valenzisomerisierung prägt auch die **Reaktionen** der Oxepine[2]. So verlaufen Cycloadditionen über das Benzoloxid, wie die DIELS-ALDER-Reaktionen mit aktivierten Alkinen zum Epoxybarrelen **9** oder mit Singulett-Sauerstoff zum Peroxid **10** – das thermisch zum trans-Benzoltrioxid **11** isomerisiert – zeigen:

Gleiches gilt für die protonenkatalysierte Umwandlung zu Phenolen, die – wie Isotopen-Markierungsversuche (D,T) zeigten – unter Verschiebung des im Benzoloxid am gleichen C-Atom wie Sauerstoff befindlichen Protons zum der OH-Gruppe im Produkt benachbarten C-Atom verläuft ("NIH-Shift", gefunden am **National Institute of Health**, Bethesda/USA):

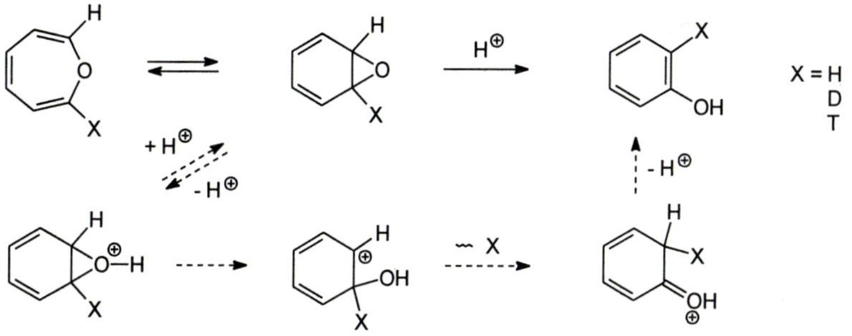

X = H
D
T

Der NIH-Shift spielt bei Enzym-katalysierten Hydroxylierungsreaktionen an Arenen in vivo eine wichtige Rolle[3].

C Zur **Synthese** von monocyclischen Oxepinen geht man von 3,4-Dibrom-7-oxabicyclo[4.1.0]-heptanen **12** aus, die aus Cyclohexa-1,4-dienen durch Monoepoxidierung zu **13** und Bromaddition an die verbliebene Doppelbindung gut zugänglich sind. Zweimalige Dehydrobromierung von **12** mittels Methanolat oder DBU führt zum Benzoloxid/Oxepin:

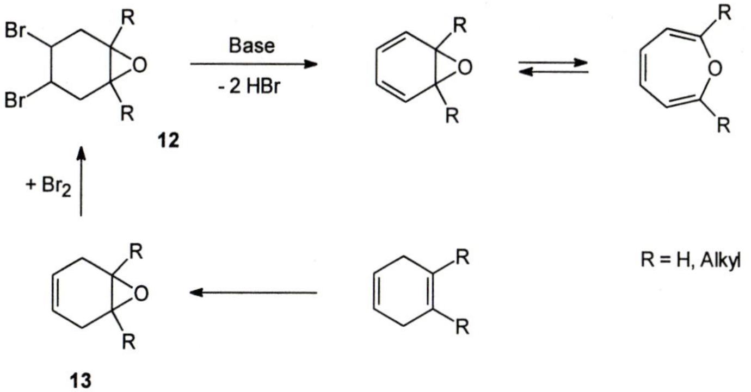

R = H, Alkyl

Die Flexibilität dieser Methodik zeigt die Synthese des Sauerstoff-überbrückten [10]-Annulens **16**, das neben dem Benzo[b]oxepin **17** aus dem Tetrabromdecalinepoxid **14** via Naphthalin-9,10-epoxid **15** erhalten wird:

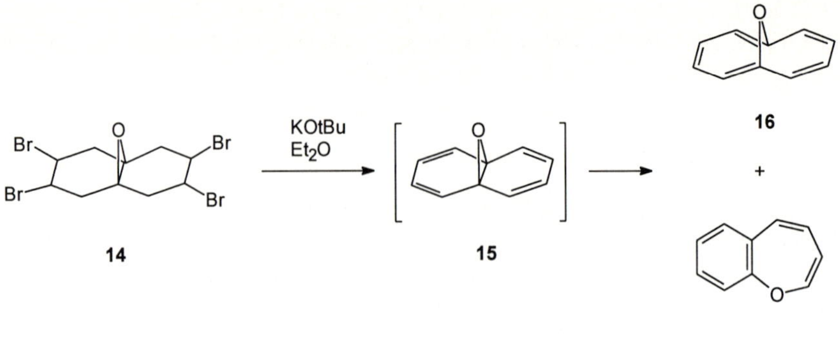

D Oxepan-2-on **18** (ε-Caprolacton) ist zur Gewinnung des Polyesters poly-ε-Caprolacton von technischer Bedeutung. Man gewinnt es durch BAEYER-VILLIGER-Oxidation von Cyclohexanon mit Peroxysäuren:

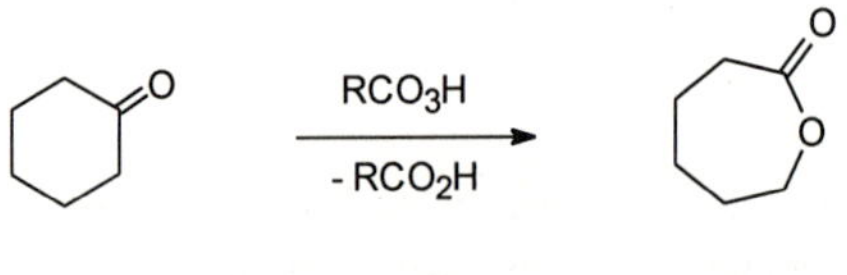

Bei Naturstoffen wurde das Oxepin-Gerüst bisher lediglich im *Senoxepin* **19**, einem Norsesquiterpenlacton aus der Kreuzkrautart Senecio platiphylla, gefunden; seine Struktur ist durch Synthese bewiesen[4]. Hydrierte Oxepine und Oxepanone treten häufig als Strukturelemente in Naturstoffen auf, so z.B. in den Alkaloiden *Strychnin* (**20**, R = H) und *Brucin* (**20**, R = OCH$_3$) sowie in den Brassinosteroiden, z.B. dem Wachstumsregulator *Brassinolid* **21**.

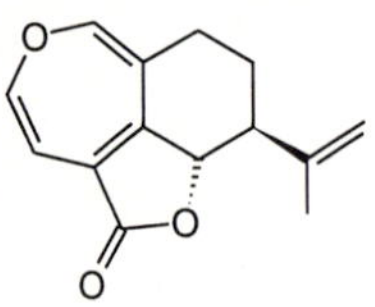

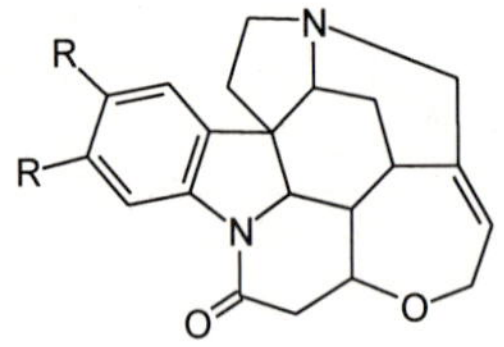

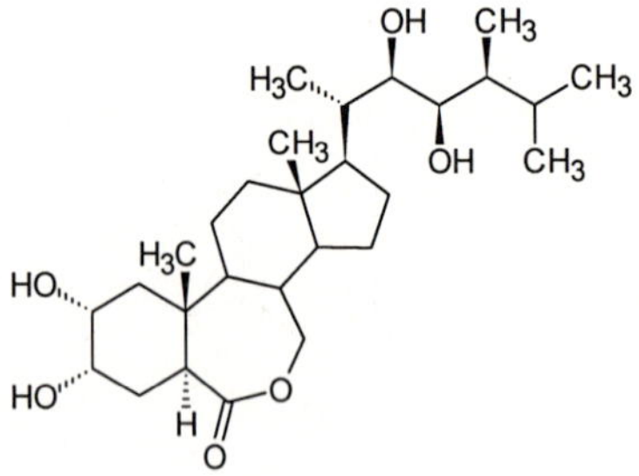

7.2 Thiepin

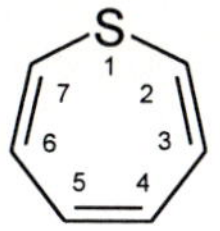

C,D Die Stammverbindung konnte bisher nicht dargestellt werden. Substituierte Thiepine sind jedoch beständig und auf verschiedenen Wegen zugänglich. So erhält man aus 3-aminosubstituierten Thiophenen und aktivierten Olefinen durch [2+2]-Cycloaddition und nachfolgende elektrocyclische Cyclobuten-Öffnung (s.S.74) das Thiepin **1**:

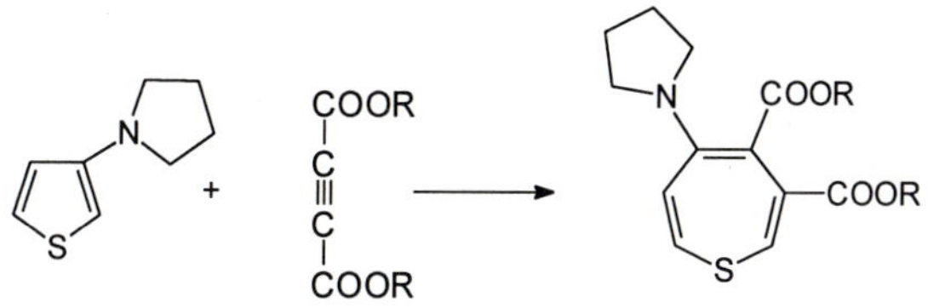

Aus dem Thiopyryliumsalz **2** und Lithiodiazoessigester bildet sich via C-4-Addition zu **3** und Ringerweiterung des Carben-Intermediats **4** das stabile Thiepin **5**:

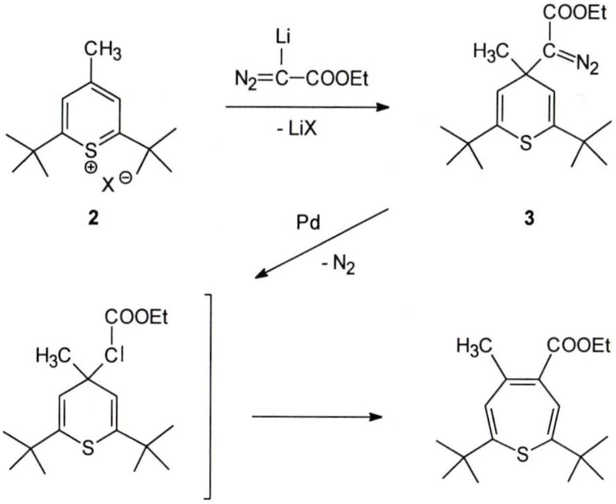

Thiepine können über ihre Valenzisomerisierung zu Thiiranen **6** und deren Desulfurierung (s.S.25) Ringkontraktion zu Arenen eingehen, z.B.:

Dibenzo[b,f]thiepine **8** sind durch Cyclisierung von *o*-(Phenylthio)phenylessigsäuren **7** mittels POCl$_3$ zugänglich:

Dabei erfolgen intramolekulare FRIEDEL-CRAFTS-Acylierung und Halogenierung der intermediär gebildeten Dihydrothiepinon-Zwischenstufe, vermutlich über deren Enolform.

10,11-Dihydrodibenzo[b,f]thiepine des Typs **9** werden als Pharmaka eingesetzt, sie besitzen ausgeprägte neuroleptische, antidepressive und antiinflammatorische Wirkungen.

7.3 Azepin

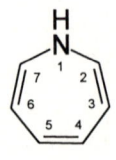

A Das Azepinsystem kann in den vier tautomeren Formen 1*H*-, 2*H*-, 3*H*- und 4*H*-Azepin **1-4** auftreten[4a]. Von Bedeutung sind 1*H*- und 3*H*-Systeme.

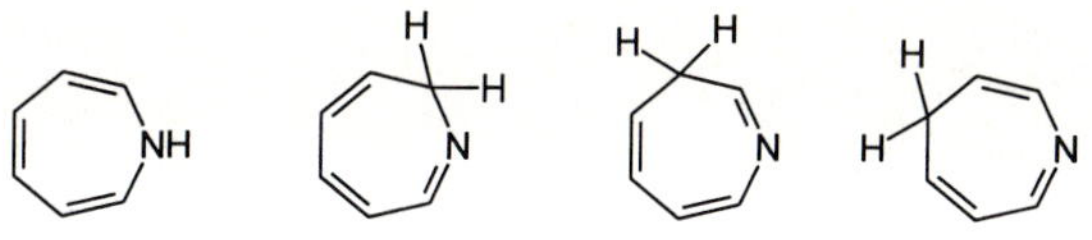

7.3 Azepin

1 **2** **3** **4**

Nur wenige 1*H*-Azepine sind bekannt. Die Stammverbindung 1*H*-Azepin **1** ist ein auch bei -78°C instabiles rotes Öl, das in Gegenwart von Säure oder Base zum stabileren 3*H*-Azepin **3** umlagert. Elektronenanziehende N-Substituenten erhöhen die Stabilität der 1*H*-Azepine; so besitzt im 1-(*p*-Bromphenylsulfonyl)-1*H*-azepin **5** (Abb. 7.1) der Siebenring eine nichtebene, bootförmige Struktur mit alternierenden C_{sp^2}-C_{sp^2}-Einfach- und Doppelbindungen.

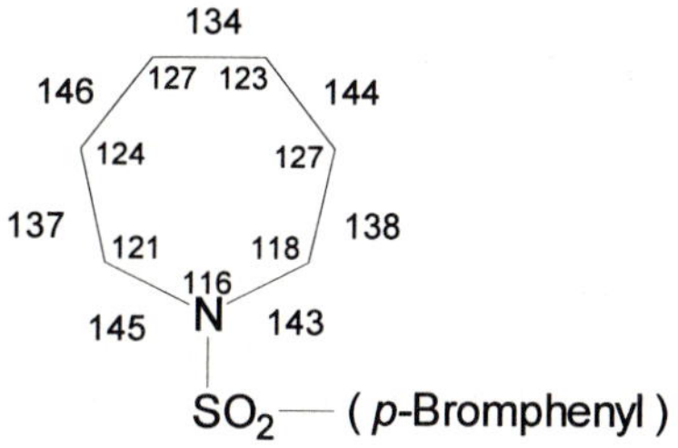

Abb. 7.1 Bindungsparameter des 1*H*-Azepinsystems im 1-(*p*-Bromphenylsulfonyl)-1*H*-azepin (Bindungslängen in pm, Bindungswinkel in Grad)

Die Protonen am 1*H*-Azepinsystem zeigen im ^{1}H-NMR-Spektrum Resonanzfrequenzen im Vinylbereich, so die Stammverbindung δ = 5,22 (H-2/H-7), 4,69 (H-3/H-6), 5,57 ppm (H-4/H-5) (CCl$_4$). 1*H*-Azepine sind also im festen und gelösten Zustand keine 8π-Antiaromaten, sondern atrope Cyclopolyene.

3*H*-Azepine mit 2-Substituenten besitzen konformative Mobilität und zeigen Ringinversion zwischen zwei Bootformen (**5a/b**). Die Inversionsbarriere kann durch temperaturabhängige NMR-Spektroskopie bestimmt werden und beträgt z.B. für 2-Anilino-3*H*-azepin $\Delta G^{\neq}_c$= 42,7 kJ mol^{-1}.

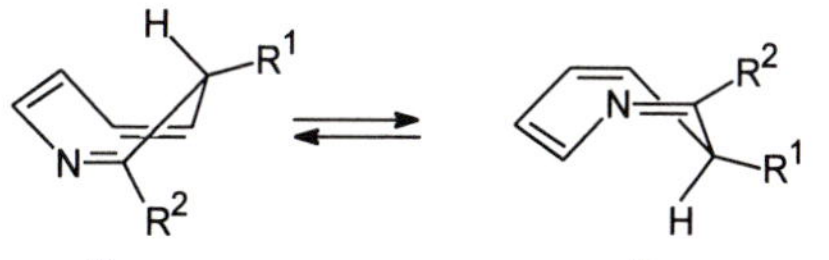

5 z.B. R^1 = H, R^2 = NHPh

B Azepine zeigen das chemische Verhalten von Polyenen, also pericyclische **Reaktionen** wie Cycloadditionen und Dimerisationen, aber auch cheletrope und sigmatrope Umlagerungen.

So entspricht die Umlagerung von 1*H*-Azepinen zu 3*H*-Azepinen (s.o.) einer 1,5-sigmatropen H-Verschiebung. Ist das 3*H*-Azepin Bestandteil eines sterisch gespannten Systems, so kann die Umlagerung auch zurück zum 1*H*-Azepin verlaufen, z.B. bei **6**:

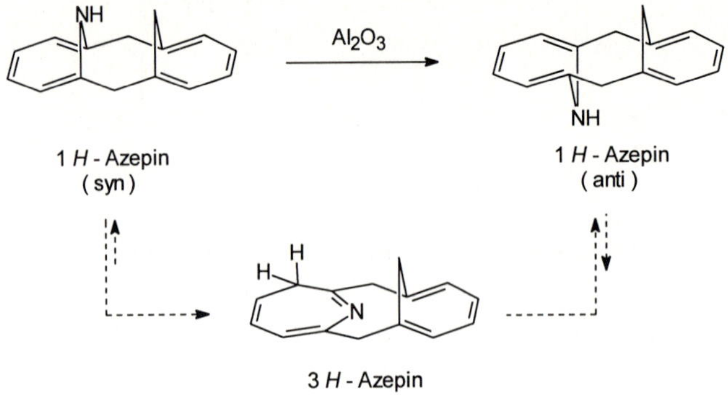

Die der Oxepin-Benzoloxid-Umwandlung (s.S.459) analoge (4n+2)π-Elektrocyclisierung von 1*H*-Azepinen zu Azanorcaradienen ("Benzoliminen") ist bei N-Akzeptor-substituierten Vertretern nachgewiesen[5], z.B. bei **7/8**, die bei –70°C im Verhältnis 9 : 1 vorliegen.. Bei 2,7-Verbrückung begünstigt eine Trimethylenbrücke das Benzolimin, eine Tetramethylenbrücke dagegen das Azepin (**9/10**):

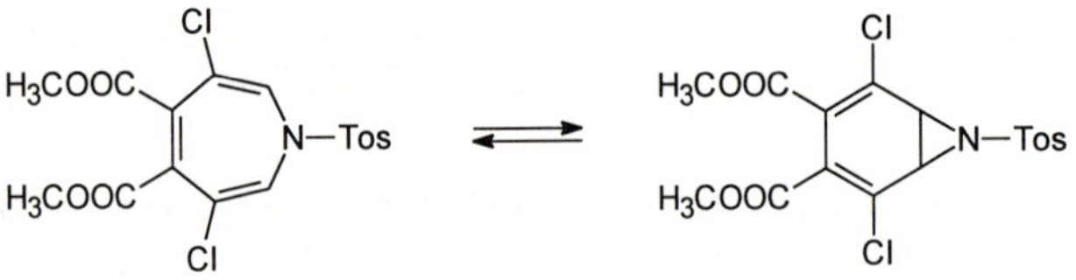

N-Akzeptor-substituierte 1*H*-Azepine (z.B. **11**) werden photochemisch in 2-Azabicyclo[3.2.0]heptadiene (z.B. **12**) umgewandelt. Die Bicyclen **12** öffnen thermisch – unter Umkehr der zu ihrer Bildung führenden 4n-π-Elektrocyclisierung – den Cyclobutenring und bilden 1*H*-Azepine zurück:

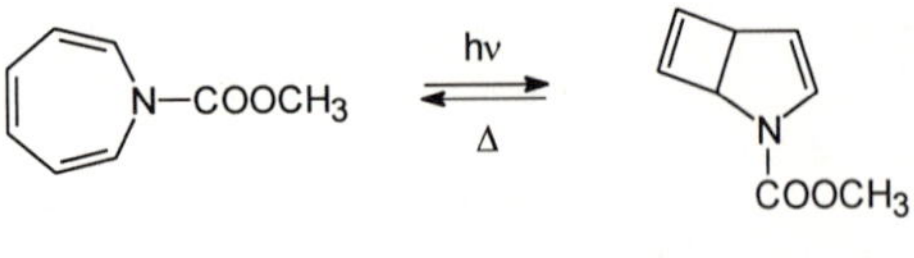

C Bei der **Synthese** von Azepinen wird der heterocyclische Siebenring durch Ringerweiterung geeigneter Sechsring-Systeme, bevorzugt mit Hilfe von Nitren-Reaktionen, aufgebaut.

7.3 Azepin

❶ N-Akzeptor-substituierte 1H-Azepine **14** erhält man durch photochemisch induzierte Umsetzung von Arenen mit Akzeptor-substituierten Aziden unter N_2-Eliminierung (HAFNER, LWOWSKI 1963):

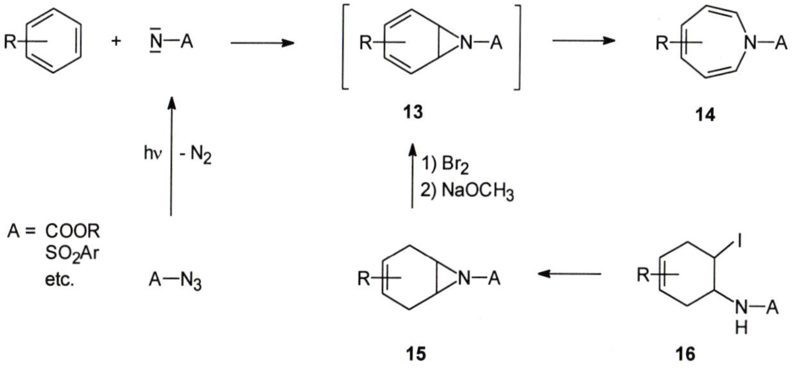

Dabei erfolgt im Primärschritt Photolyse des Azids zum Nitren, das mit dem Aren [1+2]-Cycloaddition unter Bildung eines Azanorcaradiens **13** eingeht; dieses isomerisiert zum 1H-Azepin. Dementsprechend geht eine alternative Synthese von – aus Cyclohexa-1,4-dienen via 1-Iod-2-urethane **16** und deren Cyclisierung zugänglichen – bicyclischen Aziridinen **15** aus, die durch Brom-Addition an die Doppelbindung und zweimalige Dehydrobromierung über **13** in 1H-Azepine **14** übergeführt werden.

❷ Thermolyse von Arylaziden in sekundären Aminen führt zu 2-Amino-3H-azepinen **17**:

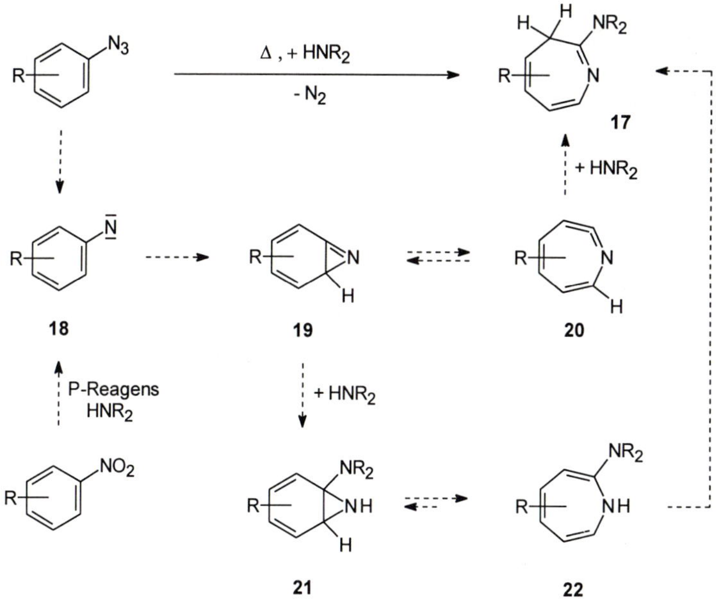

Dabei entsteht zunächst unter N_2-Eliminierung aus dem Arylazid ein Arylnitren **18**, das unter Angriff am *ortho*-C-Atom zum 2*H*-Benzazirin **19** umlagert. Von diesem ausgehend entsteht das Azepin-System auf zwei Wegen. Zum einen kann Valenzisomerisierung von **19** zum 1-Azacycloheptatetraen **20**, anschließend Amin-Addition an dessen Heterokumulen-System zu **17** führen. Zum andern kann das Amin direkt an **19** unter Bildung des Azanorcaradiens **21** addieren, dieses elektrocyclisch zum 1*H*-Azepin **22** öffnen und unter 1*H*-/3*H*-Azepin-Umlagerung das Produkt **17** ergeben. Das hochgespannte 1-Azatetraen **20** wurde als Zwischenstufe bei der Photolyse von Phenylazid bei 8 K, sein Gleichgewicht mit 1*H*-Benzazirin bei Naphthylazid nachgewiesen[6].

In einer Variante dieses Reaktionsprinzips erhält man 2-Amino-3*H*-azepine auch durch Deoxygenierung von Nitro- oder Nitrosoarenen mit dreiwertigen Phosphorverbindungen wie $P(OR)_3$, $CH_3P(OR)_2$ oder $(C_6H_5)_2POR$ in Gegenwart von sekundären Aminen. Auch hier sind Arylnitrene **18** Zwischenstufen[7].

D **Azepan-2-on** (ε-Caprolactam) ist das technisch wichtigste Azepinderivat. Es wird zur Herstellung von Perlon (Polyamid-6) benötigt und durch BECKMANN-Umlagerung von Cyclohexanonoxim gewonnen:

Pentetrazol **23** (6,7,8,9-Tetrahydrotetrazolo[1,5-a]azepin, s.S.217) wird als ZNS-Stimulans und Antagonist für Narkotica therapeutisch eingesetzt.

5*H*-Dibenzo[b,f]azepine **24** und 10,11-Dihydro-5*H*-dibenzo[b,f]azepine **25** sind Grundkörper für eine Reihe von Psychopharmaka (Antidepressiva, Thymoleptica) wie *Carbamazepin* **26**, *Opipramol* **27**, *Desipramin* **28** und *Imipramin* **29**.

26 : R = $CONH_2$

27 : R =

28 : R =

29 : R =

Die Stammsysteme **24/25** sind in einfachen Synthese-Sequenzen durch oxidative Verknüpfung von *o*-Nitrotoluol zu *o,o'*-Dinitrobibenzyl **30** zugänglich:

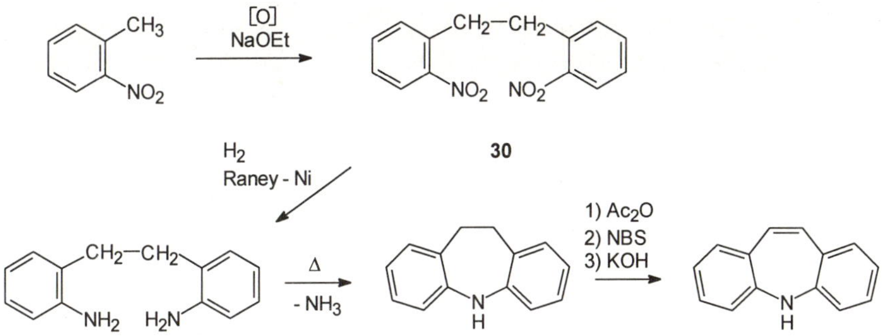

Auch eine Reihe von Naturstoffen leitet sich vom Azepingerüst ab, so das Indenobenzazepin-Alkaloid *Lahorin* **31**, die nichtproteinogene Aminosäure *Muscaflavin* **32**, ein gelbes Pigment aus dem Fliegenpilz, und das 2*H*-Azepin *Chalciporon* **33**, ein Scharfstoff aus dem Pfefferröhrling[8].

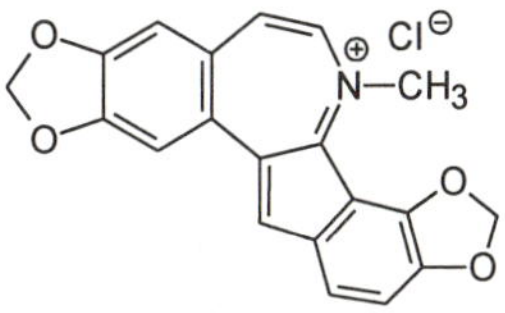

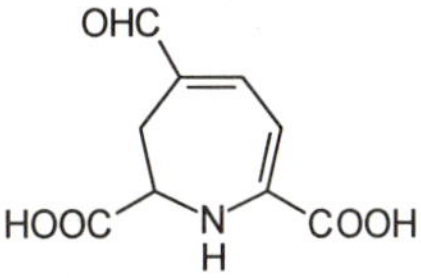

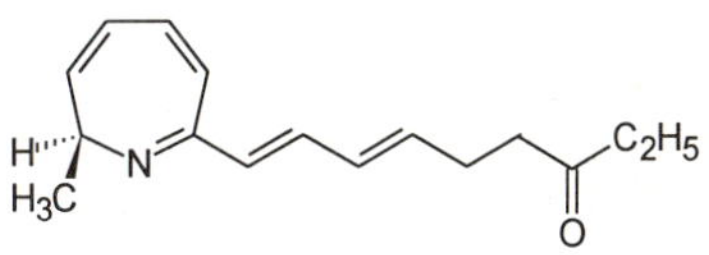

7.4 Diazepine

Stammverbindungen sind das 1,2-, 1,3- und 1,4-Diazepin **1-3**:

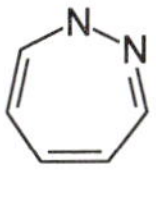

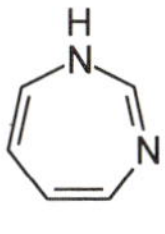

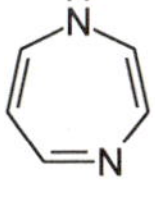

Von allgemeiner Bedeutung sind 1,2- und 1,4-Diazepine, vor allem die vom 1,4-Diazepin abgeleiteten Systeme 2,3-Dihydro-1,4-diazepin **4** sowie 1,5-Benzodiazepin **5** und 1,4-Benzodiazepin **6**:

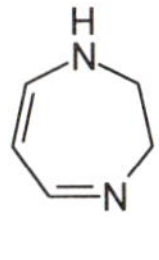

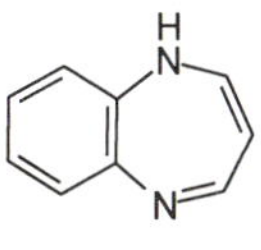

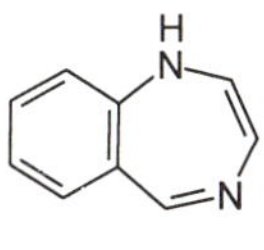

1,2-Diazepine

A 1,2-Diazepine treten in verschiedenen tautomeren Formen auf, so kennt man 1*H*-, 3*H*- und 4*H*-1,2-Diazepine **1,7,8**. Dagegen liegen 5*H*-1,2-Diazepine **9** ausschließlich in Form der valenzisomeren Diazanorcaradiene **10** vor:

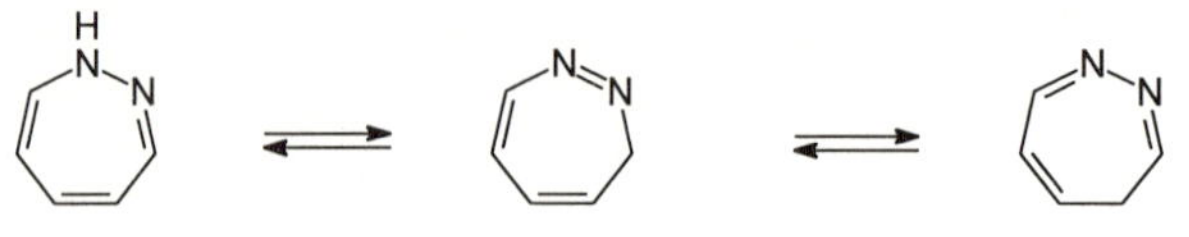

1 (1*H*-) **7 (3*H*-)** **8 (4*H*-)**

9 (5*H*-) **10**

C Die **Synthese** von 1,2-Diazepinen ist auf verschiedenen Wegen möglich.

❶ 1,7-Elektrocyclisierung von Diazopenta-2,4-dienen führt unter zusätzlicher 1,5-H-Verschiebung zu 3*H*-1,2-Diazepinen **11**:

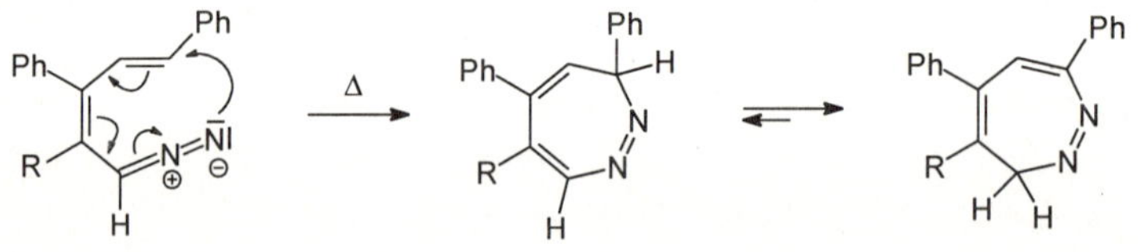

11

❷ Photochemische Isomerisierung von Pyridin-*N*-yliden **12** ergibt N-Akzeptor-substituierte 1*H*-1,2-Diazepine **14** (vgl.S.290):

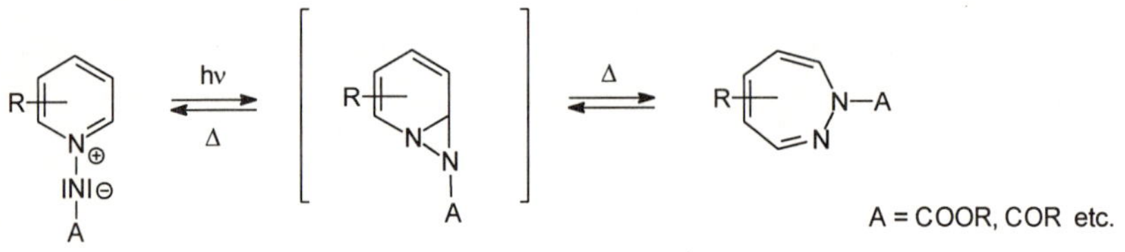

A = COOR, COR etc.

12 **13** **14**

7.4 Diazepine

Primärprodukte der Photoreaktion sind die 1,7-Diazanorcaradiene (Diaziridine) **13**, die in einem thermischen Folgeschritt die Produkte **14** ergeben. Diese können thermisch zu den Pyridin-*N*-yliden **12** zurückgeführt werden.

❸ Pyrylium- oder Thiopyryliumsalze ergeben mit Hydrazin oder Methylhydrazin – nach dem allgemeinen Ringöffnungs-Recyclisierungs-Modus S.225 – 4*H*- oder 1*H*-Diazepine, z.B.:

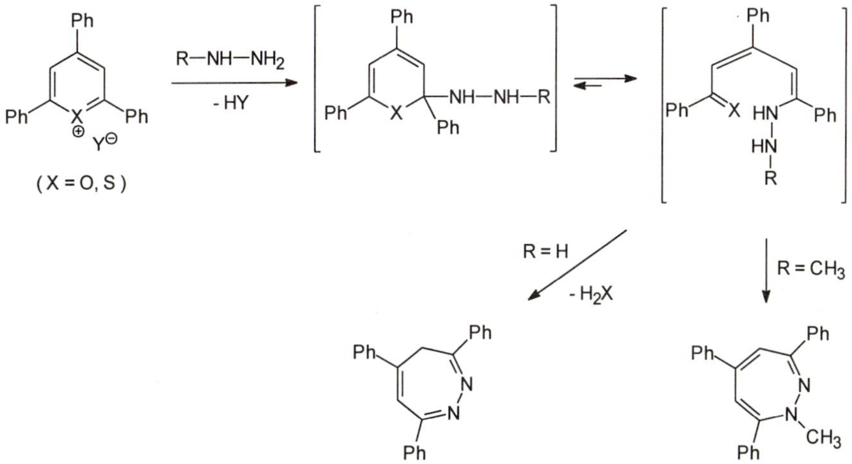

Nach dieser Methodik wurde in einer kommerziellen Synthese aus dem Benzopyryliumsalz **15** das ZNS-aktive 5*H*-2,3-Benzodiazepin **16** (*Grandaxin*) gewonnen:

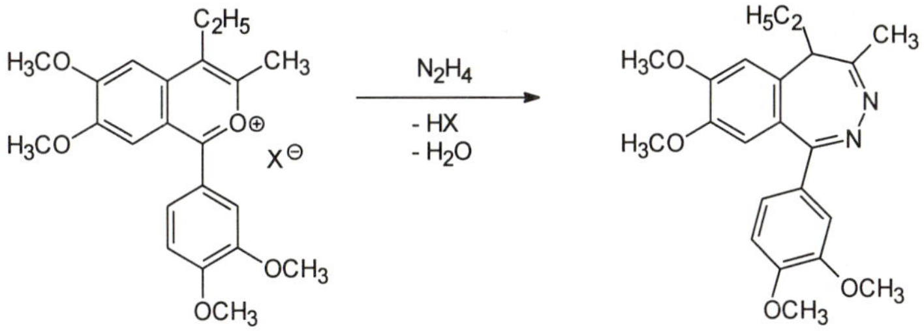

1,4-Diazepine

A-D 2,3-Dihydro-1,4-diazepine **4** entstehen durch säurekatalysierte Cyclokondensation von Ethylendiamin mit ß-Diketonen:

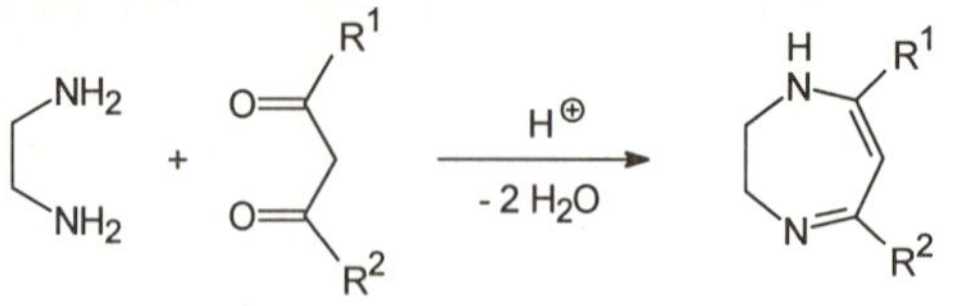

Als vinyloge Amidine sind die Dihydrodiazepine **4** starke Basen (pK_a ≈ 13-14). Ihre Protonierung führt zu symmetrisch delokalisierten, 6 π-Elektronen enthaltenden Kationen **17**, die einem Trimethincyanin-System entsprechen und für die eine Stabilisierungs-Energie von ca. 80 kJ mol^{-1} abgeschätzt wurde. Aufgrund der hohen Resonanzstabilisierung besitzen die Kationen **17** "quasi-aromatischen" Charakter: Sie zeigen gegenüber Elektrophilen regeneratives Verhalten, ergeben also Substitutions-Reaktionen wie Deuterierung, Halogenierung, Nitrierung, Azokupplung, und diese in 6-Position:

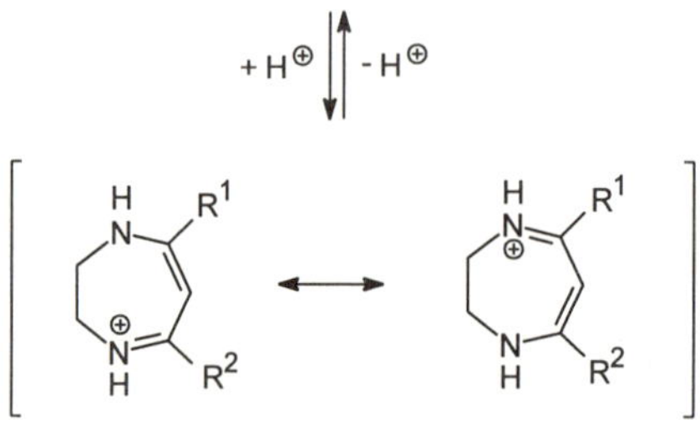

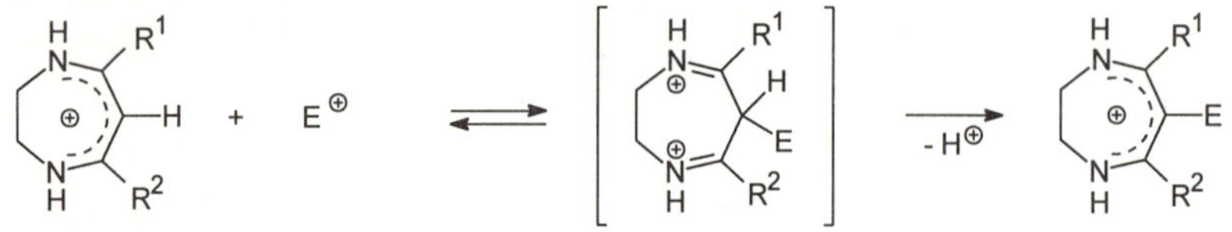

1,5-Benzodiazepine 5 werden bei der Kondensation von 1,2-Diaminoarenen mit 1,3-Diketonen erhalten[9]:

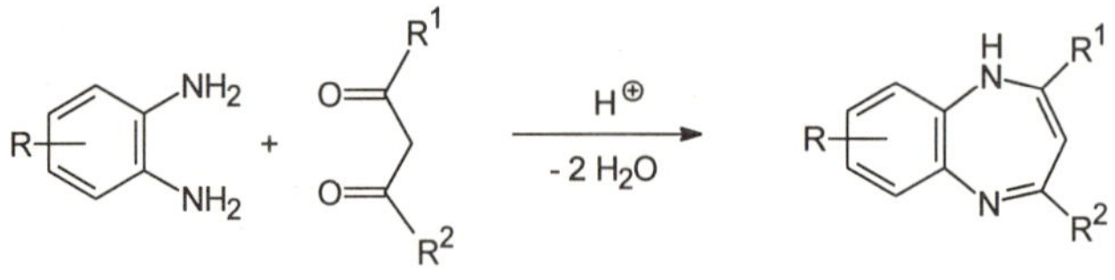

1,5-Benzodiazepine **5** sind infolge der aromatischen Substitution der Amidin-N-Atome weniger basisch (pK_a ≈ 4,5) als ihre aliphatischen Analoga **4**. Sie bilden mit Säuren intensiv farbige Monokationen **18**, im stark sauren Medium infolge Protonierung beider N-Atome farblose Bisimmoniumionen **19**:

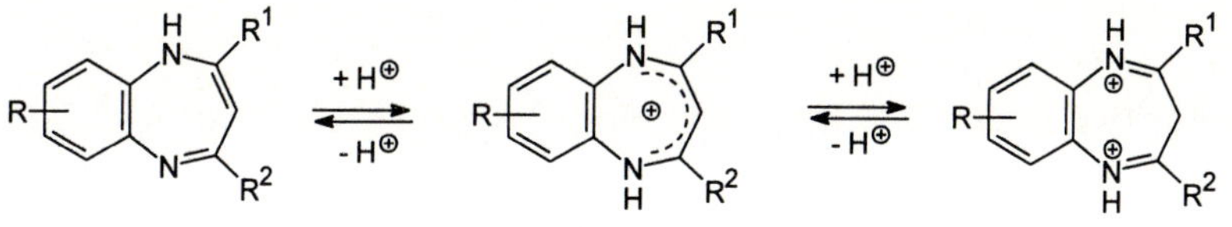

In den Kationen **18** sind die Endgruppen des Cyanin-Strukturelementes durch ein π-System verknüpft. Die damit relativ zu **17** höhere Ladungsdelokalisierung des Gesamtsystems wird durch die Bezeichnung "Cyclocyanin" charakterisiert.

1,4-Benzodiazepine 6 und davon abgeleitete Systeme sind vor allem als Pharmazeutika (Psychopharmaka, insbesondere als Tranquilizer) von großer Bedeutung. Zu ihrer Darstellung stehen mehrere Methoden zur Verfügung.

❶ 2,3-Dihydro-1H-1,4-benzodiazepin-2-one **20** erhält man aus o-Aminobenzophenonen entweder durch cyclisierende Kondensation mit α-Aminosäureestern unter Basekatalyse oder durch N-Acylierung mit α-Halogencarbonsäurechloriden zu **21** und nachfolgende Cyclisierung mit Ammoniak:

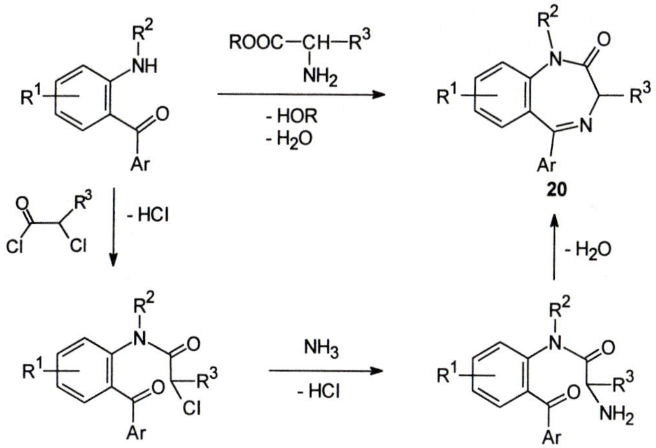

Dieses Reaktionsprinzip ist von erheblicher Variationsbreite, wie Beispiele der Synthese von heterocyclisch annelierten 1,4-Benzodiazepinen zeigen. v-Triazolo[1,5-a]-1,4-benzodiazepine **23** erhält man aus Triazol-Derivaten **22**, die durch 1,3-dipolare Cycloaddition von o-Azidobenzophenonen mit Propargylaminen entstehen; Pyrrolo[2,1-c]-1,4-benzodiazepine **25** werden aus 3,1-Benzoxazindionen **24** und Prolin gebildet:

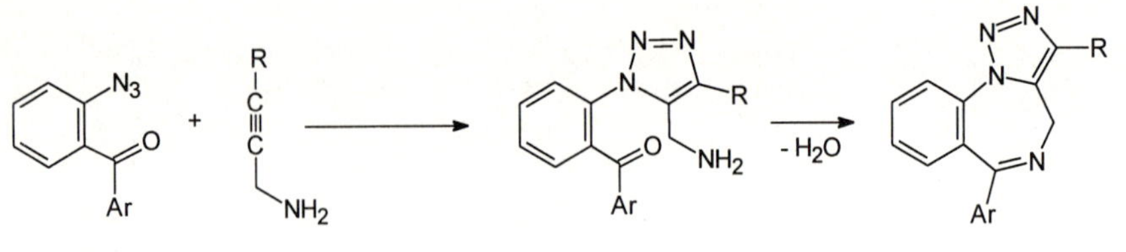

22   **23**

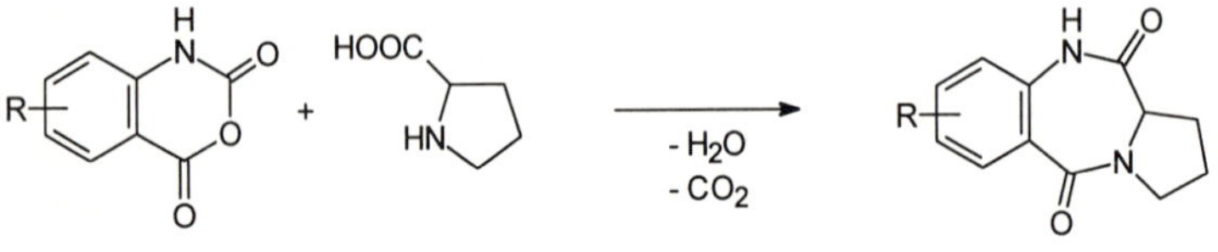

24   **25**

❷ 2-Amino-1,4-benzodiazepin-4-oxide **27** entstehen aus 2-(Chlormethyl)chinazolin-3-oxiden **26** durch Reaktion mit NH_3 und primären Aminen (STERNBACH 1961). Die Ringerweiterung wird durch Addition des Nucleophils an C-2 von **26** plausibel; dies führt zur Abspaltung von Halogenid unter 1,2-Verschiebung im Nitron **28** und Ausbildung eines mesomeriebegünstigten Amidinium-Systems **29**, das zu **27** deprotoniert wird. Die Edukte **26** sind aus o-Aminobenzophenonoximen **30** durch N-Acylierung mit Chloracetylchlorid zu **31** und säurekatalysierte Cyclodehydratisierung zugänglich.

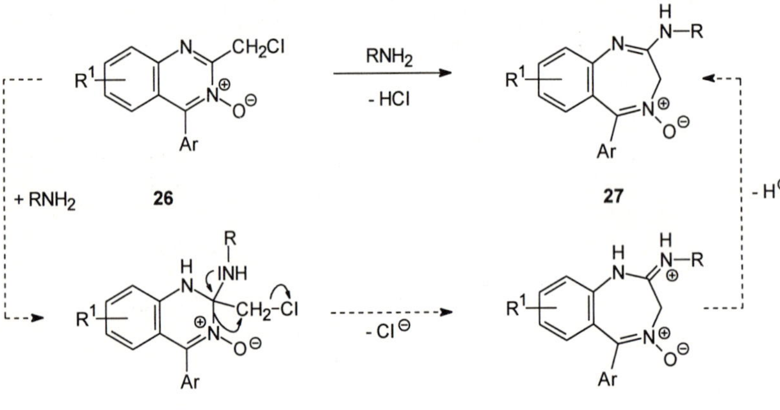

26   **27**

28   **29**

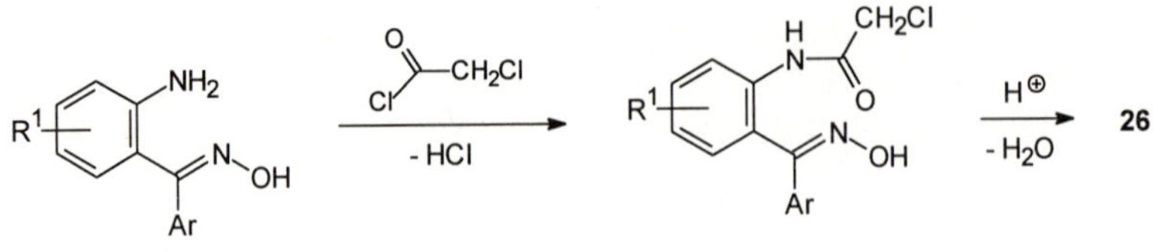

30   **31**

Diazepam **32** (Valium) und *Chlordiazepoxid* **33** (Librium) sind die am längsten bekannten Vertreter der 1,4-Benzodiazepine. Sie werden ausgehend von 5-Chlor-2-aminobenzophenon synthetisiert[10]:

7.4 Diazepine

Chlordiazepoxid liefert bei milder alkalischer Hydrolyse das Nitron **34**. Dieses kann mit Acetanhydrid durch POLONOVSKI-Reaktion unter Bildung des Acetats **35** an der CH$_2$-Gruppe funktionalisiert oder mit p-Toluolsulfonylchlorid analog einer BECKMANN-Umlagerung zum Tetrahydrochinoxalinon **36** ringkontrahiert werden. Dagegen führt die säurekatalysierte Umlagerung des 3-Hydroxybenzoazepin-2-ons **37** zum Chinoxalin-2-carbaldehyd **38**[11]:

Literatur

1. W.Tochtermann, C.Franke, *Angew.Chem.* **1969**, *81*, 32.
2. G.S .Shirwaiker, M.V. Bhatt, *Adv. Heterocycl. Chem.* **1984**, *37*, 68.
3. M.N.Akhtar, D.R.Boyd, J.D.Neill, D.M.Jerina, *J.Chem.Soc., Perkin Trans. 1*, **1980**, 1693.
4. A.Kleve, F.Bohlmann, *Tetrahedron Lett.* **1989**, 1241.
4a. K.Satake, *J.Chem.Soc., Chem.Commun.,* **1991**, 1154.
5. H.Prinzbach, D.Stusche, J.Markert, H.-H.Limbach, *Chem.Ber.* **1976**, *109*, 3505.
6. I.R.Dunkin, P.C.P.Thomson, *J.Chem.Soc.,Chem. Commun.*, **1980**, 499.
7. S. Batori, R. Gompper, J. Meier, H.U. Wagner, *Tetrahedron Lett.* **1988**, 3309.
8. O.Sterner, B.Steffen, W.Steglich, *Tetrahedron* **1987**, *43*, 1075.
9. Tietze/Eicher 1991, S. 374.
10. Eicher/Roth 1986, S.204.
11. J.T.Sharp in: A.R.Katritzky, C.W.Rees, W.Lwowski (Eds.), *Comprehensive Heterocyclic Chemistry,* Vol.7, S. 617, Pergamon Press, Oxford **1984**.

8 Höhergliedrige Heterocyclen

An dieser Stelle werden Achtring-Systeme (z.B. die Azocine **1**), Neunring-Systeme (z.B. Oxonin, Thionin und Azonin **2-4**) und höhergliedrige Heterocyclen sowie die Porphyrine und andere Tetrapyrrol-Systeme zusammengefaßt.

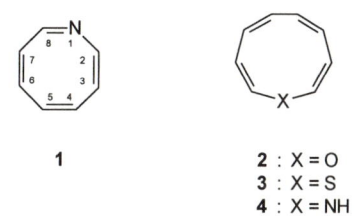

1

2 : X = O
3 : X = S
4 : X = NH

8.1 Azocin

A,C Azocin **1** ist das Azaanalogon des Cyclooctatetraens. Es wurde durch Vakuum-Flash-Pyrolyse von Diazabasketen und Ausfrieren des Pyrolysats bei -190°C erhalten:

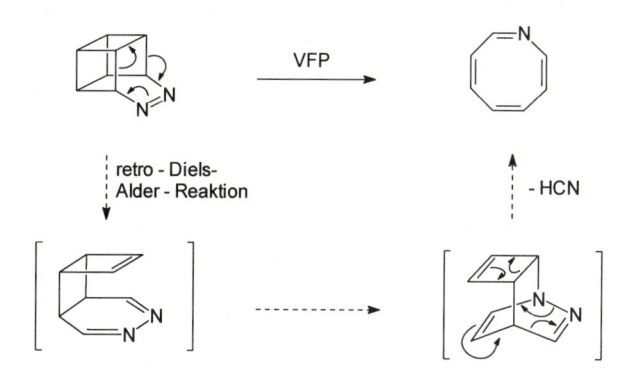

VFP

retro - Diels-
Alder - Reaktion

- HCN

Azocin ist thermisch nicht beständig und zersetzt sich ab -50°C unter Polymer-Bildung. Seine Protonen erscheinen im olefinischen Bereich des ^{1}H-NMR-Spektrums (δ = 7,65 (H-2), 7,0 (H-8), 5,0 ppm (H-7); restliche Protonen ≈ 6 ppm). Danach ist Azocin als atropes, dem Cyclooctatetraen vergleichbares 8π-System anzusehen.

D 2-Methoxyazocin **9** und analoge Systeme sind gut zugänglich (PAQUETTE 1971). Zur Synthese von 2-Methoxyazocin wird in einer [2+2]-Cycloaddition Chlorsulfonylisocyanat an Cyclohexa-1,4-dien angelagert, im Addukt **5** die Chlorsulfonyl-Gruppe durch Thiophenol abgespalten und das ß-Lactam **6** durch Alkylierung mit Trimethyloxoniumtetrafluoroborat in den Imidsäureester **7** übergeführt. Zweimalige Allylbromierung mit NBS und Dehydrohalogenierung liefert das Azabicyclooctatrien **8**, dessen thermische elektrocyclische Ringöffnung das stabile gelbe 2-Methoxyazocin **9**[1]:

2-Methoxyazocin (^{1}H-NMR: δ = 6,54 (H-8), 5,12 (H-7), 5,75-6,05 ppm (H-3–H-6)) nimmt (wie **1**) bei der Reduktion mit Kalium in flüssigem NH$_3$ oder in THF zwei Elektronen unter Bildung eines roten Azocindianions **10** auf, dessen Protonen-Signale gegenüber **9** signifikant (≈ 1 ppm) tieffeldverschoben sind. Dies wird der Induktion eines diamagnetischen Ringstroms zugeschrieben und zeigt die Analogie von **10** zum aromatischen Cyclooctatetraen-10π-dianion.

Die Umsetzungen des 2-Methoxyazocins verlaufen über sein – nur in untergeordnetem Maße im Gleichgewicht befindliches, aber infolge der höheren Ringspannung reaktiveres – bicyclisches Valenzisomer **8**. Dienophile (z.B. *N*-Phenyltriazolindion) ergeben DIELS-ALDER-Reaktionen zu **11**. Mit HBr tritt Demethylierung zum ß-Lactam **12** ein, bei der Hydrolyse im sauren oder basischen Medium erfolgt Öffnung des Vierrings unter Bildung von Benzoesäureester und Benzonitril:

Achtring-Heterocyclen mit zwei Heteroatomen (Diheterocine) resultieren aus Valenzisomerisierungs-Reaktionen von *cis*-Benzoldioxiden und -Benzoldiiminen (PRINZBACH, VOGEL 1972)[2]:

13 : X = O
14 : X = NH

1,4-Dioxocin 13, eine farblose, rasch polymerisierende Flüssigkeit, zeigt das Verhalten eines Polyolefins (^{1}H-NMR: δ = 6,00 (H-2/H-3), 6,59 (H-5/H-8), 5,12 ppm (H-6/H-7)) ohne Indikation aromatischer Stabilisierung[3].

1,4-Dihydro-1,4-diazocin 14, sublimierbare farblose Kristalle vom Schmp. 135°C, besitzt nach Röntgenstrukturanalyse nahezu ebenen Bau und weitgehenden Bindungsausgleich. Seine ^{1}H-NMR-Daten (δ = 6,25 (H-2/H-3), 6,80 (H-5/H-8), 5,72 ppm (H-6/H-7)) lassen einen diamagnetischen Ringstrom-Effekt erkennen, der in seiner Größenordnung dem Furan resp. Thiophen vergleichbar ist und **14** als aromatisches 10π-System kennzeichnet[4]. Das Diazocin **14** wird aus dem *cis*-Benzoldioxid **15** synthetisiert:

8.2 Heteronine und höhergliedrige Heterocyclen

A,C,D Oxonin **2** und N-Akzeptor-substituierte Azonine **16** sind thermisch unbeständig. Sie weisen stark gefaltete, π-lokalisierte Polyen-Strukturen auf; ihre Ringprotonen zeigen in den ^{1}H-NMR-Spektren die chemischen Verschiebungen atroper 8π-Systeme ohne Ringstromeffekte. Azonin **4** selbst und die davon abgeleiteten Anionen **17** besitzen relativ hohe thermische Stabilität und weitgehend planare, delokalisierte Struktur. Sie erfüllen durch die Tieffeld-Verschiebungen ihrer Ringprotonen in den ^{1}H-NMR-Spektren die Kriterien für diatrope aromatische 10π-Systeme.

2 : X = O   4 : X = NH
16 : X = N–A 17 : X = N|⊖M⊕
A = COOR
COR
SO$_2$R

8π-Heteronine **2/16** gehen demzufolge pericyclische Reaktionen ein, bei denen entsprechend den WOODWARD-HOFFMANN-Regeln photochemisch $_\pi 8_\sigma$-Isomerisierungen zu Bicyclo[6.1.0]nonatrienen **18**, thermisch $_\pi 6_\sigma$-Isomerisierungen zu cis-Bicyclo[4.3.0]nonatrienen **19** eintreten:

X = O, N–A

18 **19**

Das von VOGEL entwickelte Prinzip der Methano- oder Oxido-Verbrückung zur Perimeter-Fixierung von Annulenen mittlerer Ringgröße[5] hat sich auch bei der Synthese höhergliedriger Heteroannulene verschiedener Strukturtypen bewährt.

Das methano-verbrückte Aza[10]annulen **16**[6], ein 10π-Analogon des Pyridins, ist eine stabile gelbe Verbindung von chinolinähnlichem Geruch, die eine abgeflachte Perimeter-Struktur besitzt (UV: λ$_{max}$ = 364 nm). Die ^{1}H-NMR-Daten belegen den aromatischen Charakter von **16**. Die Perimeter-Protonen vereinigen die Merkmale von α-substituierten 1,6-Methano[10]annulenen und Chinolin (s.S.318); charakteristisch ist die Hochfeld-Verschiebung der Brücken-H-atome (δ CH$_2$: -0,40/+0,65 ppm), die durch den Abschirmungseinfluß des diatropen Heteroaren-Systems bewirkt wird. Das Heteroannulen **16** besitzt eine geringere Basizität (pK$_a$ = 3,20) als Pyridin (pK$_a$ = 5,23) und Chinolin (pK$_a$ = 4,94).

16   **17** (X = O, S)

Im Gegensatz dazu sind die π-Überschuß-Hetero[11]annulene **17**[7] und das pyridinähnliche Hetero[12]annulen **18**[8] nach ihren ^{1}H-NMR-spektroskopischen Eigenschaften atrope Moleküle, die der antiaromatischen Destabilisierung eines paratropen 12π-Perimeters durch Ausbildung nichtplanarer Strukturen ausweichen.

8.2 Heteronine und höhergliedrige Heterocyclen

18   **19**

14π- und 18π-Analoga des Pyridins sind in unverbrückter Form bekannt. Das Aza[14]annulen **19**[9] ist eine thermisch beständige violette Verbindung (UV: λ_{max} = 620 nm) und zeigt im ^{1}H-NMR-Spektrum die Signale von konformativ beweglichen intra- und extraannularen Protonen mit einer Verschiebungsdifferenz von ≈ 9,5 ppm, was als Indiz für das Vorhandensein eines flachen Heteroannulen-Perimeters mit delokalisiertem, stark diatropem π-System gewertet wird.

Das schwarzgrüne Aza[18]annulen **20**[10] ist ebenfalls stabil (UV: λ_{max} = 682 nm) und zeigt im ^{1}H-NMR-Spektrum eine Verschiebungsdifferenz von ≈ 11 ppm zwischen den intra- und extraannularen Protonen, der Stickstoff besetzt wie in **19** eine "innere" Position. Das ^{1}H-NMR-Spektrum von **20** ist im Gegensatz zu **19** praktisch temperaturunabhängig, **20** verhält sich somit wie ein 1,2-disubstituiertes [18]Annulen[11]. Sein violettes Hydrochlorid **21** tritt in zwei rasch äquilibrierenden Formen (**a/b**, Verhältnis ≈ 1:4) auf, deren NH-Signale sich infolge intra- und extraannularer Lage um ca. 20 ppm (**21a**: δ NH = -0,81 ppm, **21b**: δ NH = +19 ppm) unterscheiden und damit den diatropen Charakter des HÜCKEL-aromatischen 18π-Systems untermauern.

20   **21**

22   **23**

Die Synthese des Aza[18]annulens **20** erfolgt durch Photolyse des tetracylischen Azids **22**, das aus dem [2+2]-Dimer **23** des Cyclooctatetraens nach konventioneller Methodik (Cyclopropanierung mit Diazoessigester und Abwandlung der Carbonester-Funktion zum Azid via COOEt → CON$_3$ → N=C=O → NH-CO-NH$_2$ → O=N-N-CO-NH$_2$ → N$_3$) zugänglich ist.

Zur Gruppe der höhergliedrigen Heterocyclen gehört auch die Verbindungsklasse der *Kronenether* und *Kryptanden*[12]. Sie wird im Rahmen dieses Buches nicht behandelt.

8.3 Tetrapyrrole

A Grundkörper ist das *Porphyrin* **1***, in dem vier Pyrroleinheiten durch vier sp^2-Methingruppen zu einem cyclisch konjugierten C$_{20}$-Gerüst verknüpft sind[13]. Wichtig sind auch partiell hydrierte Porphyrin-Systeme, so *Chlorin* **2** (17,18-Dihydroporphyrin), *Phlorin* **3** (15,24-Dihydroporphyrin), *Bacteriochlorin* **4** (7,8,17,18-Tetrahydroporphyrin) und *Porphyrinogen* **5** (5,10,15,20,22,24-Hexahydroporphyrin):

Im C$_{19}$-Gerüst des *Corrins* **6** sind alle Pyrroleinheiten des Porphyrin-Systems partiell hydriert; zwei Pyrrolringe sind nicht über eine Methingruppe, sondern direkt über α-Positionen miteinander verknüpft.

Porphyrine bilden einen planaren Makrocyclus aus, der ein konjugiertes, cyclisch delokalisiertes System von 22π-Elektronen enthält. Davon können 18 Elektronen zum Perimeter eines 1,16-Diaza[18]annulens zusammengefaßt werden, dieses Strukturelement bleibt im Chlorin- und Bacteriochlorin-System erhalten. Porphyrine und Chlorine sind intensiv farbig (**1**: rot bis violett, $\lambda_{max} \approx$ 500-700 nm; **2/4**: grün, $\lambda_{max} \approx$ 600-700 nm).

B Für die **Reaktionen** der Porphyrine verantwortlich ist einmal der aromatische Annulen-Charakter, zum andern das amphotere Verhalten der Pyrroleinheiten, die sowohl in der 1*H*- als auch in der 2*H*-Form vorliegen. Porphyrine bilden demzufolge mit vielen Kationen tetradentate Chelatkomplexe **7** und können als schwache Basen (p$K_{a1} \approx$ 7, p$K_{a2} \approx$ 4) zu Dikationen **8** protoniert werden:

---

* Für den Grundkörper **1** wird häufig die Bezeichnung *Porphin* verwendet, siehe dazu Pure Appl.Chem. **1987**, *59*, 779-832

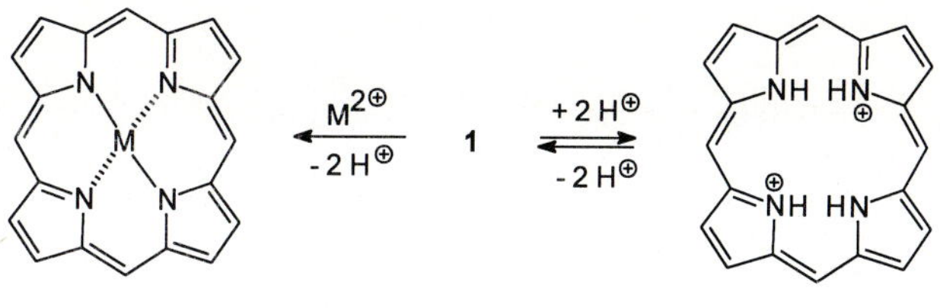

Porphyrine und ihre Metall-Komplexe sind sowohl an den Methin- als auch an den Pyrrol-C-Atomen elektrophilen Substitutionsreaktionen, z.B. Deuterierung, Nitrierung, VILSMEIER-Formylierung, zugänglich.

Die Reduktion von Porphyrinen durch katalytische Hydrierung führt zu Phlorinen, durch Diimid zu Chlorinen; mit Natriumborhydrid, Na/Hg oder bei katalytischer Hydrierung unter verschärften Bedingungen entstehen Porphyrinogene.

Die Oxidation von Porphyrinen diente zur Konstitutionsermittlung, sie führt (z.B. mit KMnO$_4$) unter Erhalt der Methin-C-Atome zu Pyrrol-2,5-dicarbonsäuren oder (z.B. mit CrO$_3$) unter Verlust der Methin-C-Atome zu Maleinimiden:

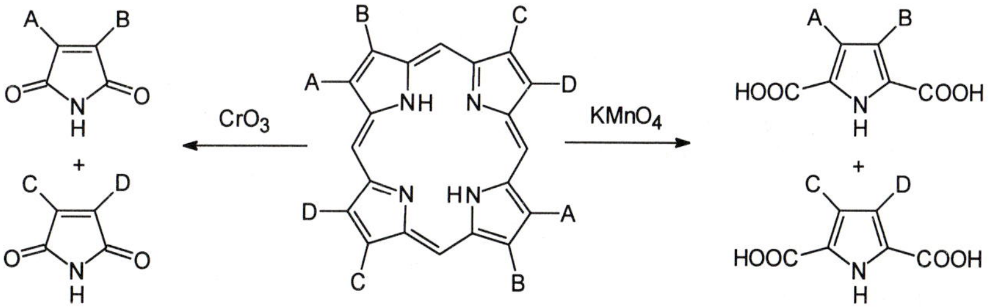

Ein-Elektronen-Oxidation von Metalloporphyrinen **9** (z.B. durch Halogene oder elektrochemisch) führt zu Radikalkationen, die Nucleophile an einer Methin-Brücke addieren und nach Demetallierung mit Säure monosubstituierte Porphyrine **10** liefern[14]:

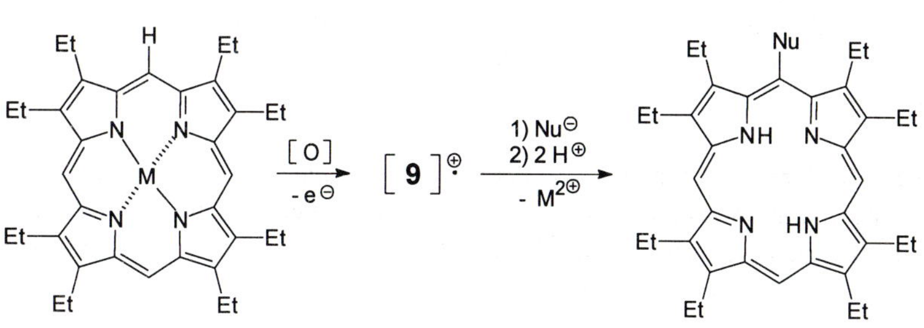

Nu = NO$_2$, OAc, CN, N$_3$, SCN
Pyridin, Imidazol, PPh$_3$

| C | Zur **Synthese** von Porphyrinen haben sich drei Aufbauprinzipien bewährt, die sämtlich von geeignet funktionalisierten Pyrrol-Derivaten ausgehen.

❶ Die cyclisierende Verknüpfung von vier Monopyrrol-Bausteinen (Cyclotetramerisierung) führt zu symmetrisch substituierten Porphyrinen. So erhält man 5,10,15,20-Tetraarylporphyrine **12** durch Cyclokondensation von Pyrrol mit Arylaldehyden unter Säure-Katalyse (BF$_3$-Etherat, CF$_3$COOH etc.; vgl. S.90) und nachfolgende Dehydrierung (Chloranil, O$_2$ etc.) der primär gebildeten Porphyrinogene **11**[15]. Octaethylporphyrin **14** ($R^1 = R^2 = Et$) entsteht aus dem 2-(Aminomethyl)pyrrol **13** ($R^1 = R^2 = Et$) durch Erhitzen in Essigsäure:

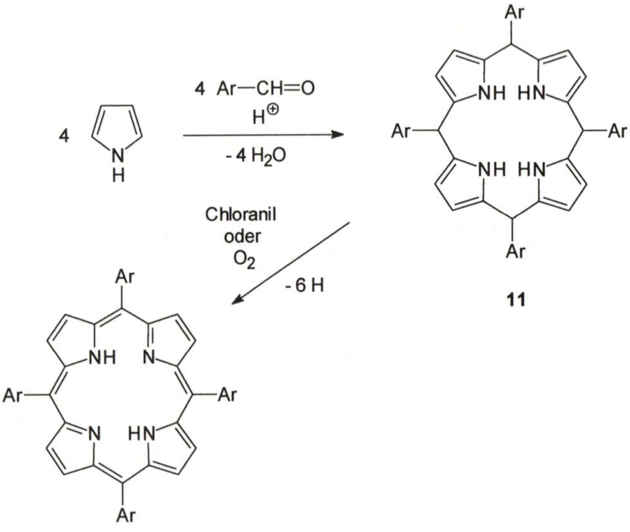

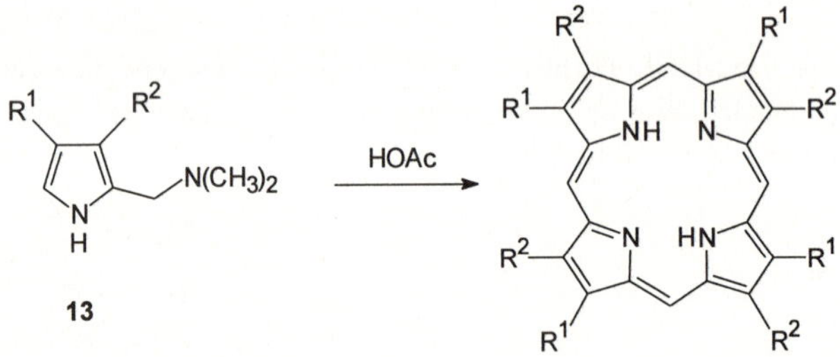

Die Porphyrin-Bildung aus **13** erfolgt im Zuge eines iterativen kationischen Domino-Prozesses[16], wie er auch für die Biosynthese von Häm, Chlorophyll und Vitamin B$_{12}$ aus 5-Aminolaevulinsäure über *Porphobilinogen* (**13**; R^1 = CH$_2$COOH, R^2 = CH$_2$CH$_2$COOH, NH$_2$ anstelle von NMe$_2$) relevant ist[17].

❷ Dipyrrole (Dipyrrylmethene, Dipyrrylmethane) sind geeignete Bausteine für konvergente Porphyrin-Synthesen. So führt die säurekatalysierte Cyclokondensation von 5-Brom-5'-methyldipyrrylmethenen **15** unter doppelter HBr-Eliminierung direkt zu Porphyrinen **16**:

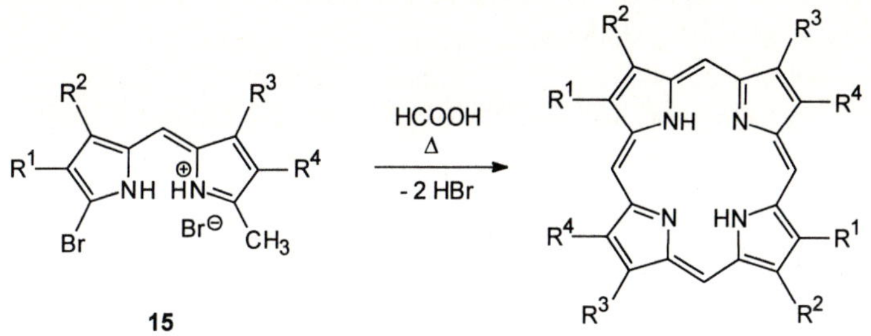

5,5'-Diformylsubstituierte Dipyrrylmethane **17** cyclokondensieren mit 5,5'-unsubstituierten Dipyrryl-methanen **18** zu Dikationen **19**, die zu Porphyrinen **20** dehydriert werden können:

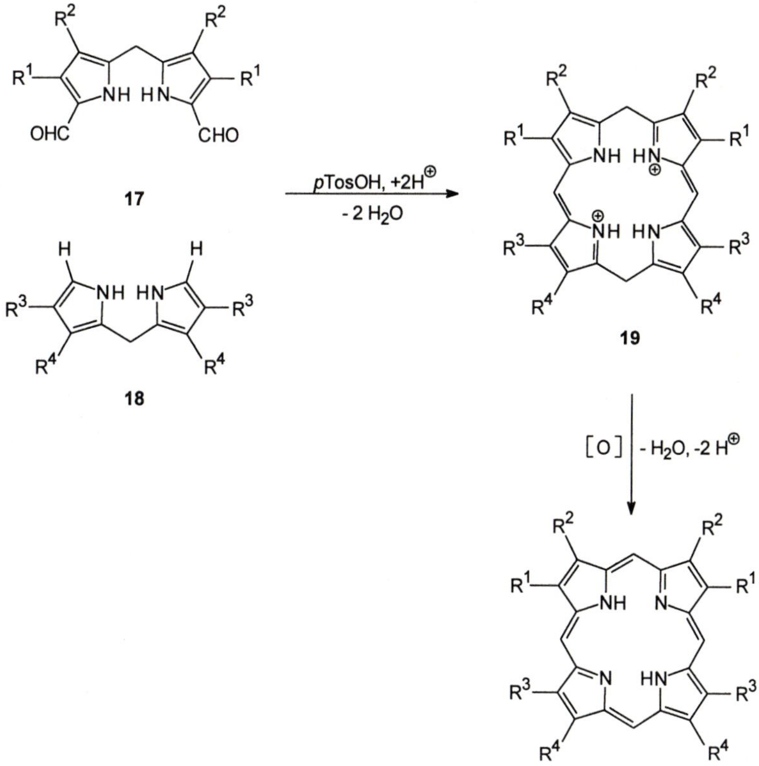

Diese Variante bietet gegenüber der direkten Methode präparative Vorteile, da sie unter milderen Bedingungen abläuft und die Edukte leichter zugänglich sind.

❸ Die Cyclisierung von ringoffenen, geeignet funktionalisierten Tetrapyrrolen eröffnet die Möglichkeit zum linearen Aufbau unsymmetrisch substituierter Porphyrine. Als besonders geeignet erweisen sich 1-Brom-19-methylbiladiene **23**, die thermisch glatt über die terminale Methylgruppe unter HBr-Eliminierung zu Porphyrinen **24** cyclisieren:

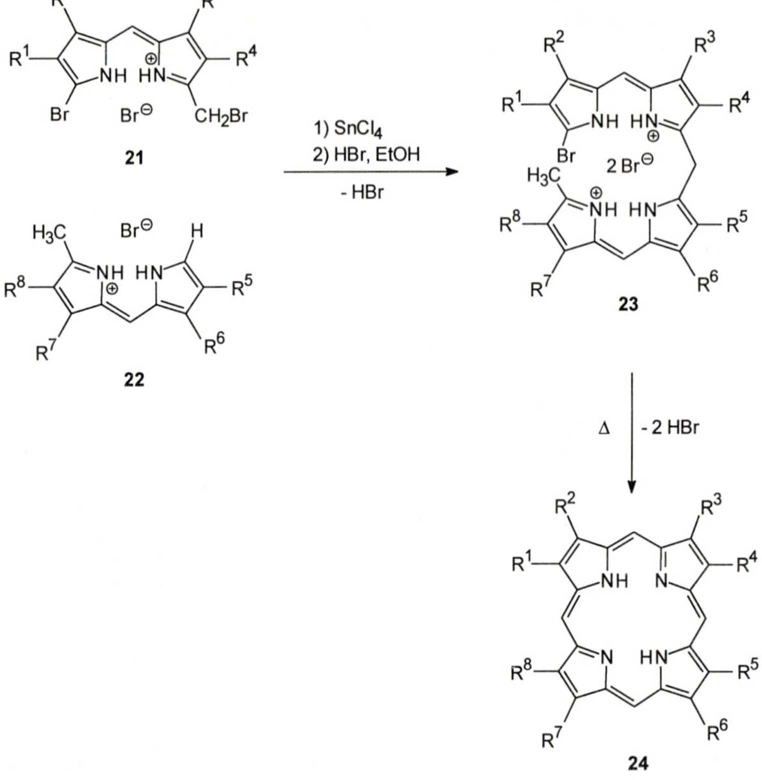

Die Biladiene **23** erhält man in hohen Ausbeuten durch FRIEDEL-CRAFTS-Alkylierung von 5'-unsubstituierten 5-Methyldipyrrylmethenen **22** mit 5-Brom-5'-(brommethyl)dipyrrylmethenen **21** in Gegenwart von SnCl$_4$.

D **Porphyrin 1** bildet dunkelrote Kristalle (Zers. ca. 360°C), die in den meisten Solvenzien nur geringe Löslichkeit besitzen.
Hämin 25 ($C_{34}H_{32}ClFeN_4O_4$) erhält man aus *Hämoglobin*, dem roten Farbstoff des Blutes der Wirbeltiere, durch Abspaltung der Protein-Komponente (*Globin*) mittels Essigsäure/Natriumchlorid (aus dem das im Hämin enthaltene Cl$^-$ stammt). Abspaltung des Fe(III)-Zentralions aus dem Chelatkomplex **25** (= Demetallierung) durch Säure führt zum "Protoporphyrin" **26**, das durch Hydrierung und Decarboxylierung in "Ätioporphyrin" **28** übergeht; Oxidation des Hämins liefert Häminsäure **27**. Die erste Synthese des Hämins erfolgte 1929 durch H.FISCHER[18].

Hämoglobin bewirkt im Organismus den Sauerstoff-Transport von der Lunge zu den Geweben, 1 g Hämoglobin bindet bei Normaldruck 1,35 cm³ O_2 entsprechend einem $Fe:O_2$-Verhältnis von 1:1. Im Hämoglobin liegt das Eisen in der Oxidationsstufe +2 vor, der Globin-freie Eisen(II)-Komplex des Protoporphyrins wird *Häm* genannt. Bei der Oxidation von Hämoglobin mit O_2 entsteht *Methämoglobin* mit Eisen der Oxidationsstufe +3, der Globin-freie Eisen(III)-Komplex heißt *Hämatin*.

Der biologische Abbau des Hämoglobins zu Bilirubin (s.S.98) beginnt (vereinfacht dargestellt) mit der Oxidation an einem Methin-C-Atom unter Bildung von Fe-Oxyphlorin, das im sauren Medium als Enol **29**, im basischen Medium in der Keto-Form **30** vorliegt. Weiteroxidation von **30** führt unter Extrusion der Methinbrücke zu Biliverdin, dessen Reduktion zu Bilirubin:

Katalase und Peroxydase sind Enzyme, die dem Hämoglobin strukturell nahestehen. Katalase katalysiert den Zerfall des bei einigen Stoffwechselprozessen in Organismen entstehenden Wasserstoffperoxids in Wasser und Sauerstoff, Peroxidase die Übertragung von O_2 aus H_2O_2 auf oxidierbare Substrate.

Cytochrome sind ebenfalls an Proteine gebundene Porphyrin-Eisen-Komplexe, die als Enzyme in der Atmungskette bei oxidativen Phosphorylierungen eine wichtige Rolle spielen.

Chlorophyll ist der grüne Farbstoff der Höheren Pflanzen und bewirkt die Energieaufnahme aus Sonnenlicht zur Photosynthese von Kohlenhydraten aus H_2O und CO_2. Er besteht aus zwei Komponenten *Chlorophyll a* und *Chlorophyll b* **31/32** im Verhältnis 5:2, die optisch aktiv sind und durch Chromatographie getrennt werden können (TSWETT 1906).

Die beiden Chlorophylle enthalten Magnesium, das als Zentralion eines Chlorin-Chelatkomplexes fungiert. Durch Säuren wird das Magnesium entfernt; es entstehen *Phäophytin a* resp. *b*, die zu Phytol ($C_{20}H_{39}OH$) und *Phäophorbid a* resp. *b* **33/34** verseift werden können:

8.3 Tetrapyrrole

31: R = CH₃
32: R = CHO

33: R = CH₃
34: R = CHO

Phäophorbid a konnte in Ätioporphyrin **28** übergeführt und somit der strukturelle Zusammenhang zwischen Blutfarbstoff und Blattfarbstoffen hergestellt werden (H.FISCHER 1929-1940).

Phäophytine und Phäophorbide isomerisieren leicht zu Porphyrinen, dabei nimmt die Vinylgruppe die H-Atome des Dihydropyrrolringes auf. Die Synthese von Chlorophyll a erfolgte durch WOODWARD 1960[19].

Cyanocobalamin 35 (Vitamin B_{12}) wurde aus Leberextrakten sowie aus Streptomyces griseus isoliert und ist als Therapeuticum der perniciösen Anämie von großer Bedeutung. Seine komplexe Struktur wurde durch Röntgenstrukturanalyse aufgeklärt (CROWFOOT-HODGKIN 1957) und enthält als zentrale Einheit den Cobalt-Komplex eines hochsubstituierten Corrin-Systems (vgl. S.177). Die Totalsynthese von Vitamin B_{12} gelang ESCHENMOOSER und WOODWARD 1971[20].

35

Tetraazaporphyrin enthält im Porphyrin-Gerüst anstelle der Methingruppen vier N-Atome. Sein purpurfarbener Mg-Komplex **36** entsteht beim Erhitzen von Maleinsäuredinitril mit Mg-Propanolat:

36

Phthalocyanine sind Tetrabenzotetraazaporphyrine. Cu(II)-Phthalocyanin **37** (LINSTEAD 1934) wird aus Phthalodinitril und Cu-Pulver/Cu(I)-chlorid, Mg-Phthalocyanin **38** aus Mg und 2-Cyanobenzamid in thermischen Reaktionen gewonnen[21]. Aus dem Mg-Komplex erhält man das freie Ligandsystem durch Demetallierung mit Säure.

37 : M = Cu
38 : M = Mg

Kupferphthalocyanin ist eine dunkelblaue, ungewöhnlich stabile Verbindung, die bei 500°C ohne Zersetzung sublimiert und weder durch Salzsäure noch durch Alkalilauge in der Hitze angegriffen wird. Kupferphthalocyanin kann chloriert und sulfoniert werden, seine Chlorierungsprodukte (Ersatz von 14–16 H durch Cl) sind grün. Kupferphthalocyanin und seine Substitutionsprodukte werden als Pigmentfarbstoffe verwendet.

Porphyrinoide (Porphyrin-Analoga, Porphyrin-Homologe und Porphyrin-Vinyloge) sind wie Porphyrine selbst als Sensibilisatoren für die photodynamische Tumortherapie[22] von Interesse. Einige solcher Systeme, z.B. **39-41**, sind durch Synthese aufgebaut worden (FRANCK, VOGEL 1990)[23]. Ihre Nomenklatur berücksichtigt den in cyclischer Konjugation befindlichen Annulen-Perimeter und die Zahl der zwischen den vier Pyrrol-Einheiten befindlichen Methingruppen; so benennt man z.B. Porphyrin **1** als [18]Porphyrin(1.1.1.1), das zum Porphyrin isomere *Porphycin* **41** als [18]Porphyrin(2.0.2.0).

39   40   41

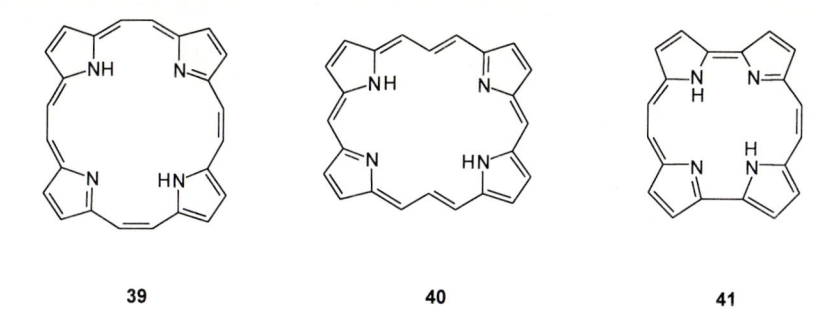

Literatur

1. L.A.Paquette, *Angew.Chem.* **1971**, *83*, 11.
2. H.D.Perlmutter, *Adv.Heterocycl.Chem.* **1989**, *45*, 185.
3. E. Vogel, H.-J. Altenbach, D. Kremer, *Angew. Chem.* **1972**, *84*, 983.
4. H.-J. Altenbach, H. Stegelmeier, M. Wilhlem, B. Voss, J.Lex, E.Vogel, *Angew.Chem.* **1979**, *91*, 1028;
M. Breuninger, B. Gallenkamp, K.-H. Müller, H.Fritz, H.Prinzbach, J.J.Daly, P.Schönholzer, *Angew.Chem.* **1979**, *91*, 1030.
5. E.Vogel, *Isr.J.Chem.* **1980**, *20*, 215.
6. M.Schäfer-Ridder, A.Wagner, M.Schwamborn, H.Schreiner, E.Devrout, E.Vogel, *Angew.Chem.* **1978**, *90*, 894.
7. E.Vogel, R.Feldmann, H.Düwel, H.-D.Kremer, H.Günther, *Angew.Chem.* **1972**, *84*, 207.
8. L.A.Paquette, H.C.Berk, S.V.Ley, *J.Org.Chem.* **1975**, *40*, 902.
9. H.Röttele, G.Schröder, *Angew.Chem.* **1980**, *92*, 204.
10. W.Gilb, G.Schröder, *Angew.Chem.* **1979**, *91*, 332.
11. R.Neuberg, J.F.M.Oth, G.Schröder, *Liebigs Ann. Chem.* **1978**, 1368.
12. A.D.Hamilton in: A.R.Katritzky, C.W.Rees, W.Lwowski (Eds.), *Comprehensive Heterocyclic Chemistry*, Vol.7, S. 731, Pergamon Press, Oxford **1984**.
13. D.Dolphin (Ed.), *The Porphyrins* (mehrere Bände), Academic Press, New York **1978**;
Porphyrine, Phlorine und Corrine, in: G.Habermehl, P.E.Hammann, *Naturstoffchemie*, S.487ff., Springer Verlag, Berlin **1992**.
14. K.M.Smith, G.H.Barnett, B.Evans, Z.Martynenko, *J.Am.Chem.Soc.* **1979**, *101*, 5953.
15. J.S. Lindsey, I.C. Schreiman, H.C. Hsu, P.C. Kearney, A.M.Marguerettaz, *J.Org.Chem.* **1987**, *52*, 827.
16. L.F.Tietze, U.Beifuss, *Angew.Chem.* **1993**, *105*, 137.
17. B.Franck, *Angew.Chem.* **1982**, *94*, 327;
A.R.Battersby, *Pure Appl.Chem.* **1989**, *61*, 337.
18. H.Fischer, K.Zeile, *Liebigs Ann.Chem.* **1929**, *468*, 98.
19. R.B.Woodward, *Angew.Chem.* **1960**, *72*, 651;
R.B.Woodward, *Tetrahedron* **1990**, *46*, Heft 22.
20. R.B.Woodward, *Pure Appl.Chem.* **1973**, *33*, 145; *Pure Appl.Chem.* **1971**, *25*, 283; A.Eschenmoser in: *23rd IUPAC Congress Boston 1971*, Vol. 2, S. 69, Butterworth, London **1971**.
21. Tietze/Eicher 1991, S.405.
22. *Photosensitizing Compounds: Their Chemistry, Biology and Clinical Use* (Ciba Foundation Symposium 146), Wiley & Sons, New York **1989**.
23. B.Franck, H.König, C.Eickmeier, *Angew.Chem.* **1990**, *102*, 1437;
E. Vogel, M. Jux, E. Rodriguez-Val, J. Lex, H.Schmickler, *Angew.Chem.* **1990**, *102*, 1431;
J.L.Sessler, A.K.Burrell, *Top.Curr.Chem.* **1992**, *161*, 177;
E.Vogel, *Pure Appl.Chem.* **1993**, *65*, 143;
Th. Wessel, B. Franck, M. Möller, U. Rodewald, M.Läge, *Angew.Chem.* **1993**, *105*, 1201.

9 Literatur über heterocyclische Verbindungen

Nachfolgend wird ein Überblick über die bisher vorhandenen **Lehrbücher** sowie über **Fortschrittsberichte**, **Handbücher** und **Zeitschriften** gegeben, deren Gegenstand die Chemie heterocyclischer Verbindungen ist.

Lehrbücher

A.Albert	*Chemie der Heterocyclen*, Verlag Chemie GmbH, Weinheim/Bergstraße 1962
L.A.Paquette	*Principles of Modern Heterocyclic Chemistry*, W.A.Benjamin Inc., New York 1968
A.I.Meyers	*Heterocycles in Organic Synthesis*, John Wiley & Sons, New York 1974
R.M.Acheson	*An Introduction to the Chemistry of Heterocyclic Compounds*, 3rd ed., John Wiley & Sons, New York 1976.
J.A.Joule, G.F.Smith	*Heterocyclic Chemistry*, 2nd ed., Van Nostrand Reinhold Company, London 1978
P.G.Sammes (Ed.)	*Heterocyclic Compounds* in: D.Barton, W.D.Ollis (Eds.), Comprehensive Organic Chemistry, Vol. 4, Pergamon Press, Oxford 1979
H.Lettau	*Chemie der Heterocyclen*, VEB Deutscher Verlag für Grundstoffindustrie, Leipzig 1980
G.R.Newcome, W.W.Paudler	*Contemporary Heterocyclic Chemistry*, John Wiley & Sons, New York 1982
F.G.Riddell	*Heterocyclen* (Prinzipien, Methoden und Ergebnisse der Konformationsanalyse), Georg Thieme Verlag, Stuttgart 1982
T.L.Gilchrist	*Heterocyclic Chemistry*, Pitman Publishing Ltd., London 1985
D.T.Davies	*Aromatic Heterocyclic Chemistry*, Oxford University Press, Oxford 1992

Fortschrittsberichte

H.Suschitzky, O.Meth-Cohn (Eds.)	*Heterocyclic Chemistry* (Specialist Periodical Report), The Royal Chemical Society, London, Vol.1 1980, Vol.2 1981, Vol.3 1982, Vol.4 1985, Vol.5 1986
H.Suschitzky, E.F.V.Scriven (Eds.)	*Progress in Heterocyclic Chemistry*, Pergamon Press, Oxford, Vol.1–5, 1989–1993
A.R.Katritzky (Ed.)	*Advances in Heterocyclic Chemistry*, Academic Press Inc., New York, Vol.1–56, 1963–1993

Handbücher

R.D.Elderfield (Ed.)	*Heterocyclic Compounds*, John Wiley & Sons, New York, Vol.1–7, 1950–1961
A.W.Weissberger, E.C.Taylor (Eds.)	*The Chemistry of Heterocyclic Compounds*, Interscience, New York, Vol.1–50, 1950–1991
A.R.Katritzky, C.W.Rees (Eds.)	*Comprehensive Heterocyclic Chemistry*, Pergamon Press, Oxford 1984/1985; Vol.1: O.Meth-Cohn (Ed.), Vol.2 und 3: A.J.Boulton, A.McKillop (Eds.), Vol 4: C.W.Bird, W.H.Cheeseman (Eds.), Vol.5 und Vol.6: K.T.Potts (Ed.), Vol.7: W.Lwowski (Ed.), Vol.8: C.J.Drayton (Ed.)
A.R.Katritzky	*Handbook of Heterocyclic Chemistry*, Pergamon Press, Oxford 1975 (als Vol.9 der vorangehenden Serie)
A.R.Katritzky (Ed.)	*Physical Methods in Heterocyclic Chemistry*, Academic Press, New York, Vol.1–6, 1963–1974
Beilstein	*Handbuch der Organischen Chemie, Heterocyclische Reihe*, Bände 17–27 (System-Nr. 2359–4720), und zwar:

Band 17/18	ein O-Atom im Ring,
Band 19	zwei und mehrere O-Atome im Ring,
Band 20–22	ein N-Atom im Ring,
Band 23–25	zwei N-Atome im Ring,
Band 26	mehrere N-Atome im Ring,
Band 27	O, N- und andere Heteroatome im Ring (außer S, Se, Te)

Bei den Verbindungen mit O als Heteroatom werden auch die entsprechenden S-, Se-, und Te-Verbindungen erfaßt.

Im 3. und 4. Ergänzungswerk E III/IV der Bände 17–27 wird die Literatur des Zeitraumes 1930–1959 ausgewertet; im 5. Ergänzungswerk E V, das seit 1984 in englischer Sprache erscheint, die Literatur des Zeitraums 1960–1979.

Zeitschriften

Journal of Heterocyclic Chemistry 6 Hefte pro Jahr,
herausgegeben von R.N.Castle seit 1973

Heterocycles 12 Hefte pro Jahr,
herausgegeben vom Japan Institute of Heterocyclic Chemistry seit 1972

Chemie heterocyclischer Verbindungen (russ.) 12 Hefte pro Jahr,
herausgegeben von der Akademie der Wissenschaften der UdSSR seit 1965

10 Sachwörterverzeichnis

In dieses Verzeichnis wurden besonders häufig beschriebene Reaktionstypen heterocyclischer Systeme wie Cycloaddition, Cyclokondensation, Thermolyse, Photolyse, Ringöffnung, Hydrolyse, Oxidation, Reduktion, Decarboxylierung, Valenzisomerisierung und allgemeine Reaktionen wie CLAISEN-Kondensation, MANNICH-Reaktion oder MICHAEL-Addition als Sachwörter *nicht* aufgenommen. Sie sind in die Oberbegriffe "*Reaktionen*" und "*Synthese*" einbezogen, die bei den einzelnen heterocyclischen Systemen erscheinen. Namensreaktionen und für Heterocyclen spezifische Reaktionstypen wurden dagegen in das Sachregister aufgenommen. Bei den Namen von Synthesen ist der jeweils aufgebaute Heterocyclus in Klammern angegeben, z.B. FISCHER-Synthese (Indol).

A

Acivicin 145
Acridin 353,358
Acridingelb G 359
Acriflaviniumchlorid 359
Actinomycin 379
1-Acylimidazol s. Imidazolid
Adenin 413
Adenosin 415
Aesculetin 251
Ätioporphyrin 486
Aflatoxine 251
Alizaprid 207
Alloxan 405
Alloxazin 429
1-Aminobenzotriazol 207
6-Aminopenicillansäure 159
Aminophenazon 188
5-Aminotetrazol 216
2-Aminothiazol 153
3-Amino-1,2,4-triazol 211
Amiodaron 64
Amitrol 211
Amizol 211
Ampicillin 159
Anabasin 305,362
Aneurin s. Thiamin
Anhalamin 348
Anhalonidin 348
Anhydro-5-hydroxyoxazoliumhydroxide s. Münchnone
"a"-Nomenklatur s. Austausch-Nomenklatur
ANRORC-Mechanismus 418
Anthocyanidine 253
   - Farbe 253
   - Reaktionen 254
   - Synthese 254
Anthocyanine 253

Antihistaminica 173
Antimonin 368
Apigenin 265
Arborin 435
Arecolin 362
Aristeromycin 416
Arsenin 368
Atebrin 359
Atrazin 450
Atropin 363
Austausch-Nomenklatur 11
Avermectin 244
Aza[10]annulen 480
Aza[14]annulen 481
Aza[18]annulen 481
Azepan-2-on 468
Azepin 464
   - Struktur 464
   - Reaktionen 465
   - Synthese 466
Azaprisman 289
Azet 42
Azetidin 43,44
(S)-Azetidin-2-carbonsäure 45
Azetidin-2-on 44
Aziridin 28,31
   - Struktur 28
   - Reaktionen 29
   - Synthese 30
2*H*-Azirin 26,203
   - Reaktionen 26
   - Synthese 27
Azlactone s. 2-Oxazolin-5-one
Azocin 477
Azoniabenzvalen 290
Azonin 479

B

Bacteriochlorin 482
Baker-Venkataraman-Umlagerung 264
Balaban-Synthese (Pyryliumion) 227
Bamberger-Hughes-Ingold-Umlagerung 275
Bamipin 364
Barbital s. 5,5-Diethylbarbitursäure
Barbiturate 407
Barbitursäure 404
Batcho-Leimgruber-Synthese (Indol) 104
Beirut-Reaktion 196,436
Benazolin 157
Bensulfuronmethyl 407
Benzimidazol 174,177
2H-Benzimidazol 176
2H-Benzimidazol-2-spirocyclohexan 176
1,4-Benzodiazepine 473
1,5-Benzodiazepine 472
Benzodiazine 430
 - Struktur 430
 - Reaktionen 431
 - Synthese 432
Benzo[b]furan 63,64
Benzo[c]furan s. Isobenzofuran
Benzofuroxan 195
Benzolimin 466
Benzoloxid 22,459
Benzo[g]pteridin 429
2H-1-Benzopyran s. 2H-Chromen
Benzo[d]pyrazol s. Indazol
1-Benzopyryliumion 252
1,2,3-Benzothiadiazol 197
Benzothiazol 155,157
1,2-Benzothiazol 164
Benzo[b]thiophen 80
Benzo[c]thiophen 82
1,2,3-Benzotriazin 438
Benzotriazol 205,207
3,1-Benzoxazin-2,4-dion 377
3,1-Benzoxazin-4-on 376
Benzoxazol 132,133
Benzydamin 186
1-Benzylisochinolin 348
Bernthsen-Synthese
 - (Acridin) 356
 - (Phenothiazin) 378
Betanidin 306
Betazol 184
Bifonazol 173
Biladien 98
Bilin 98
Bilirubin 98,487
Bilirubinoide 98
Biliverdin 98,487
Bioisosterie 78,81,86,213,217
Biolumineszenz 47,157
Biotin 178
Bischler-Napieralski-Synthese (Isochinolin) 343

Bischler-Synthese
 - (Chinazolin) 433
 - (Indol) 105
3,4-Bis(4-dimethylaminophenyl)-1,2-dithiet 48
Bislactimether-Methode 423
1,2-Bis(methoxycarbonyl)-1,2-diazetin 48
Bismin 368
3,4-Bis(trifluormethyl)-1,2-dithiet 48
Bleomycine 405
Blümlein-Levy-Synthese (Oxazol) 128
Bönnemann-Synthese (Pyridin) 301
Borazin 1,4
Borsche-Synthese (Cinnolin) 432
Brassilexin 163
Brassinolid 462
Bredereck-Synthese
 - (Imidazol) 171
 - (Pyrimidin) 403
Brenzschleimsäure s. Furan-2-carbonsäure
Brucin 462
Bufadienolide 238
Bufalin 238
Buflomedil 116
Bufotalin 238
Bufotenin 108
Bupivacain 364

C

Camps-Synthese (2/4-Chinolone) 328
Camptothecin 335
Cantharidin 70
Cannabinol 269
Carazolol 112
1,1'-Carbonyldiimidazol 174
Capriblau 380
ε-Caprolactam s. Azepan-2-on
Carbaryl 81
Carbamazepin 468
Carbazol 111,112
Carbostyril 317
Carlinaoxid 61
Catechin 265
Cephalosporine 45,389
Cepham 389
Cefatrizin 205
Chalciporon 469
Chelidonsäure 260
Chemilumineszenz 45
Chinaldin 317
Chinazolin 430,434
Chinidin 335
Chinin 335
Chinolin 316,334
 - Struktur 316
 - Reaktionen 318
 - Synthese 325
Chinolin-Alkaloide 335
Chinolizidin 349

Chinolizin 349
2-Chinolon s. Carbostyril
Chinoliziniumion 349
 - Struktur 349
 - Reaktionen 350
 - Synthese 351
Chinoxalin 430,434
Chinuclidin 335
1-Chlorbenzotriazol 207
Chlordiazepoxid 474
Chlorin 482
(Chlormethyl)oxiran 22
Chlorophyll 488
Chlorpromazin 379
Chloroquin 335
Chroman 266,269
 - Struktur 266
 - Reaktionen 267
 - Synthese 267
2H-Chromen 245
4H-Chromen 260
Chromon 261,265
 - Struktur 261
 - Reaktionen 262
 - Synthese 263
Chromyliumion s. 1-Benzopyryliumion
Cinchonidin 335
Cinchonin 335
Cinnarizin 424
Cimetidin 173
Cinnolin 430,434
Ciprofloxazin 335
Claisen-Synthese (Isoxazol) 141
Clomacran 358
Cocain 364
Coffein 415
Collidin 270
Combes-Synthese (Chinolin) 329
Coniin 362
Cook-Heilbron-Synthese (Thiazol) 153
Coralyn 353
Corey-Synthese (Oxiran) 21
Cornforth-Umlagerung 126
Corrin 482
Cumalinsäure 237
Cumarin 247,250
 - Struktur 247
 - Reaktionen 248
 - Synthese 249
Cumaron s. Benzo[b]furan
Cumaronharze 64
Cu(II)-Phthalocyanin 490
Cyanidin 253
Cyanocobalamin 177,489
Cyanurchlorid s. 2,4,6-Trichlor-1,3,5-triazin
Cyanursäure 450
Cycloserin 145
Cytokinine 416
Cytisin 352

Cytosin 404

D

Dakin-West-Reaktion 128
Darzens-Reaktion 21
Dehydracetsäure 238
Delphinidin 253
Deoxynojirimycin 363
Desipramin 468
Dewar-Pyridin 288
1,3-Diadamant-1-ylimidazol-2-yliden 167
Diazepam 474
Diazepine 469
1,2-Diazepine 470
1,4-Diazepine 472
1,2-Diazetidin 49
1,2-Diazin s. Pyridazin
1,3-Diazin s. Pyrimidin
1,4-Diazin s. Pyrazin
Diaziridin 35
3H-Diazirin 34
1,2-Diazol s. Pyrazol
1,3-Diazol s. Imidazol
Dibenzoazepine 468
Dibenzo[1,4]dioxin 369
Dibenzofuran 66
Dibenzopyridine 353
 - Struktur 353
 - Reaktionen 354
 - Synthese 356
Dibenzothiepine 464
3,4-Di-tert-butyl-1,2-dithiet 48
1,3-Dichlorbenzo[c]thiophen 82
Dichlorodiimidazolcobalt(II) 167
Dicumarol 251
Didrovaltrat 242
5,5-Diethylbarbitursäure 407
Difenamizol 184
Difenzoquat 184
Difluoroxiran 32
3,4-Dihydro-2H-1-benzopyran s. Chroman
2,3-Dihydro-1,4-diazepine 472
1,2-Dihydro-1,2-diazet 48
1,4-Dihydro-1,4-diazocin 479
2,3-Dihydroisoxazol 147
4,5-Dihydroisoxazol 144
 - Reaktionen 145
 - Synthese 144,146
5,6-Dihydro-4H-1,3-oxazin 374
4,5-Dihydrooxazol 134
3,4-Dihydro-2H-pyran 239,242
 - Struktur 239
 - Reaktionen 240
 - Synthese 241
4,5-Dihydropyrazol 186
2,5-Dihydrothiophen 83
Diketen 40
Dilthey-Synthese (Pyryliumion) 228

(4-Dimethylaminophenyl)pentazol 218
3,3-Dimethyldiazirin 34
Dimethyldioxiran 32
2,6-Dimethylpyran-4-on 260
Dimetilan 184
Dimroth-Umlagerung 202
1,3-Dioxan 383,386
   - Struktur 383
   - Reaktionen 384
   - Synthese 385,386
1,4-Dioxan 371
1,2-Dioxetan 45
1,2-Dioxetan-3-on 46
1,4-Dioxin 369
Dioxin (TCDD) 371
Dioxiran 32
1,4-Dioxocin 479
1,3-Dioxolan 118,119
2,5-Dioxopiperazin 423
Diphenoxylat 364
1,3-Diphenylbenzo[c]thiophen 82
Diphenylenoxid s. Dibenzofuran
1,3-Diphenylisobenzofuran 65
Diquat 295
1,3-Dithian 387
1,2-Dithiet 48
1,4-Dithiin 369
1,2-Dithiol 119
1,3-Dithiol 121
1,2-Dithiolan 120
1,3-Dithiolan 122
1,2-Dithiolyliumsalze 119
1,3-Dithiolyliumsalze 121
Dodemorph 382
Doebner-Miller-Synthese (Chinolin) 331

E

Ecgoninmethylester 364
Echtlichtgelb G 187
Einhorn-Brunner-Synthese (1,2,4-Triazol) 210
Ellipticin 112
Eosin 266
Epichlorhydrin s. (Chlormethyl)oxiran
Episulfid s. Thiiran
Epoxid s. Oxiran
Epoxidierung von Olefinen 20,32
Epoxidharze 22
Erlenmeyer-Synthese (Azlactone) 137
Erythropterin 427
Ethionamid 306
Ethylenimin s. Aziridin
Ethylenoxid s. Oxiran
Ethylensulfid s. Thiiran
Etridiazol 200
Evodionol 246

F

Fantridon 358

Feist-Benary-Synthese (Furan) 58
Fentanyl 364
Fiesselmann-Synthese
   - (Selenophen) 86
   - (Thiophen) 76
Fischer-Synthese (Indol) 105
Flavan 266
Flavanol 265
Flavazin L 187
Flavin s. Isalloxazin
Flavon 261,265
Flavon-8-essigsäure 265
Flavonol 265
Flavyliumion 253
Flunarizin 424
Fluorescein 266
5-Fluoruracil 407
Folsäure 428
Friedländer-Synthese (Chinolin) 327
Furan 52,60
   - Struktur 52
   - Reaktionen 54
   - Synthese 57,62
Furan-2-carbaldehyd s. Furfural
Furan-2-carbonsäure 61
Furan-2-methanthiol 61
Furazan 193,194
Furazanoxid s. Furoxan
Furfural 60
Furfurol s. Furfural
Furocumarine 251
Furoxane 194

G

Gabriel-Isay-Synthese (Pteridin) 426
Gabriel-Synthese (Thiazol) 153
Gentiopicrosid 242
Gewald-Synthese (Thiophen) 77
Glycidester-Synthese 21
Glycidol 22
Glyoxalin 171
Graebe-Ullmann-Reaktion 206
Gramin 100
Grandaxin 471
Grundkomponente 9
Guanin 413
Guareschi-Synthese (2-Pyridon) 314
Guthion 440

H

Hämatin 487
Hämin 486
Hämoglobin 486
Hafner-Synthese (von Azulenen) 229,307
Haloperidol 364
Hantzsch-Synthese
   - (Pyridin) 300
   - (Pyrrol) 95

- (Thiazol) 152
Hantzsch-Widman-Nomenklatur 6
Harnsäure 414
Hellebrigenin 238
Hetarene 4
Heteroannulene 3
Heteroarene 4
Heterocycloalkane 2
Heterocycloalkene 2
Heteronine 479
Heumann-Pfleger-Synthese (Indigo) 107
Hexachlorophen 371
Hexetidin 406
Hexobarbital 407
Hinsberg-Synthese (Thiophen) 77
Histamin 173
Histidin 172
Histrionicotoxin 363
Hoffmann-Löffler-Reaktion 114
Houben-Hoesch-Acylierung 89,100
Huisgen-Reaktion 215
Huisgen-Synthese (4-Isoxazoline) 147
Hurd-Mori-Synthese (1,2,3-Thiadiazol) 197
Hydantoin 178
1-Hydroxybenzotriazol 207
8-Hydroxychinolin 335
4-Hydroxychinolin-2-carbonsäure 335
5-(Hydroxymethyl)furan-2-carbaldehyd 61
(Hydroxymethyl)oxiran 22
4-Hydroxyprolin 116
Hydroxyzin 424
Hygrin 116
Hyoscyamin 363
Hypoxanthin 413

I

Imidazol 165,172
   - Struktur 165
   - Reaktionen 166
   - Synthese 170,173
Imidazolid 173
Imidazolidin 178
Imidazolidin-2,4-dion s. Hydantoin
Imidazolidin-2-on 178
Imidazolidin-2,4,5-trion s. Parabansäure
Imipramin 468
Indazol 185
2H-Indazol 185
Indican 109
Indigo 107,110
Indol 99,107
   - Struktur 99
   - Reaktionen 99
   - Synthese 102
Indol-3-ylessigsäure 109
Indomethacin 109
Indophenin-Reaktion 78
Indoxyl 101,107

Inversion
   - pyramidale, am Aziridin 28
   - am Oxetan 38
   - am Thietan 41
   - am Azetidin 43
Iprindol 109
Iridodial 242
Iridoide 242
Isatin 108
Isalloxazin 429
Isatosäureanhydrid s. 3,1-Benzoxazin-2,4-dion
Isobenzofuran 65
Isochinolin 336,348
   - Struktur 336
   - Reaktionen 337
   - Synthese 341
Isochinolin-Alkaloide (Typen) 348,349
Isochroman 266
Isocyanursäure 450
Isoindol 110
Isoniazid 306
Isonicotinsäure 306
Isopelletierin 362
Isothiazol 160,163
   - Struktur 160
   - Reaktionen 161
   - Synthese 162
Isovaltrat 242
Isoxazol 138,141
   - Struktur 138
   - Reaktionen 139
   - Synthese 140,142
2-Isoxazolin s. 4,5-Dihydroisoxazol
4-Isoxazolin s. 2,3-Dihydroisoxazol
Isoxazolin-Weg 146
Isoxicam 142
Ivermectin 244

J

Japp-Klingemann-Reaktion 106
Junipal 78

K

Kämpferol 265
Katritzky-Reaktion 309
King-Ortoleva-Reaktion 273, 309
Knoevenagel-Synthese (Cumarin) 250
Knorr-Synthese
   - (2-Chinolon) 330
   - (Pyrazolon) 188
   - (Pyrrol) 96
Kojisäure 260
Komponente, ankondensierte 10
Konrad-Limpach-Synthese (4-Chinolon) 330
Kostanecki-Robinson-Synthese 264
Kröhnke-Reaktion 309

L

ß-Lactam s. Azetidin-2-on
ß-Lactam-Antibiotica 45,205
ß-Lactamase 159
Lactoflavin 429
ß-Lacton s. Oxetanon
Lahorin 469
Lapachenol 246
Lauth's Violett 379
Lawesson-Reagens 1
Lepidin 317
Leukopterin 427
van Leusen-Synthese (Oxazol) 128
α-Liponsäure 120
Lobelin 362
Loganin 242
Luciferin 157
Lucigenin 359
Lumazin 427
Lumiflavin 429
Luminol 47,434
Lupinin 352
Luteolin 265
Lutidin 270

M

Madelung-Synthese (Indol) 104
Maltol 260
π-Mangel-Heterocyclus 272
Marckwald-Spaltung 62
Marckwald-Synthese (Imidazol) 172
A2-Mechanismus 19,29
Meconsäure 260
Melamin s. 2,4,6-Triamino-1,3,5-triazin
Melanine 108
Meldola's Blau 379
Menthofuran 61
Mepivacain 364
2-Mercaptobenzothiazol 157
5-Mercaptotetrazol 217
Metamitron 445
Metamizol 188
Metaphenilen 78
Methämoglobin 487
Methaqualon 435
Meth-Cohn-Synthese (Chinolin) 332
Methotrexat 428
2-Methoxyazocin 474
Methylenblau 380
Methyloxiran 22
Methylphenobarbital 407
1-Methylpyrrolidin-2-on 115
Metribuzin 445
Metronidazol 173
Meyers-Oxazolin-Methode 135
Mitsunobu-Reagens 30,43
Mobam 81
Monensin 70

Morin-Reaktion 391
Morpholin 381,382
Münchnone 129
Mukaiyama-Reaktion 44,308
Murrayanin 112
Muscaflavin 469
Muscarin 69
Muscimol 142
Muzolimin 188

N

NAD/NADH 293,305
Nalidixinsäure 335
Name, systematischer 5
N-Atom,
    - pyridinartiges 3
    - pyrrolartiges 3
Nenitzescu-Synthese (Indol) 107
Nereistoxin 120
Neplanocin 416
Niacin s. Nicotinamid
Nicotin 116,305
Nicotinamid 305
Nicotinsäure 305
Nicotyrin 305
Niementowski-Synthese (Chinazolin) 433
Nifedipin 306
Nifluminsäure 306
NIH-Shift 461
Niridazol 155
Nitrofural s. 5-Nitrofuran-2-carbaldehyd
5-Nitrofuran-2-carbaldehyd 61
Nitron 212
N-Lost 29
Nojirimycin 363
Nomifensin 349
Nonactin 70
Norlaudanosolin 348
Nornicotin 305
Nucleinsäuren 415
Nucleoside 415
Nucleosid-Antibiotica 416
Nucleotide 415

O

Ommochrome 379
Opipramol 468
Orotsäure 404,407
Osotriazole 205
1,2,3-Oxadiazol 191
1,2,5-Oxadiazol s. Furazan
1,3,4-Oxadiazol 215
1,4-Oxathiin 369
Oxazine 373
1,3-Oxaziniumion 377
1,3-Oxazinon 375
Oxaziridin 32
Oxazol 122,129

- Struktur 122
- Reaktionen 123
- Synthese 127,130
2-Oxazolin s. 4,5-Dihydrooxazol
2-Oxazolin-5-one 136
Oxepan-2-on 462
Oxepin 459
- Struktur 459
- Reaktionen 460
- Synthese 461
Oxetan 38,40
- Struktur 38
- Reaktionen 38
- Synthese 39
Oxetan-2-on 40,159
Oxindol 107
Oxiran 17,22
- Struktur 17
- Reaktionen 18
- Synthese 20,23
Oxiren 17
Oxolan s. Tetrahydrofuran
Oxonin 479

P

Paal-Synthese (Thiophen) 76
Paal-Knorr-Synthese
- (Furan) 58
- (Pyrrol) 94
Papaverin 344,349
Parabansäure 179
Paraquat 295
Parham-Cycloalkylierung 268
Paterno-Büchi-Reaktion 39,56,93
Pauly-Reagens 169
v.Pechmann-Synthese (Cumarin) 249
Pelargonidin 253
Pellizzari-Synthese (1,2,4-Triazol) 210
Penam 159
Penicilline 45,159
1,5-Pentamethylentetrazol s. Pentetrazol
Pentazol 218
Pentetrazol 468
Perkin-Umlagerung 64
α-Peroxylactone s. 1,2-Dioxetan-3-one
Pfitzinger-Synthese (Chinolin) 328
Phäophorbid 488
Phäophytin 488
Phenanthridin 353,358
Phenazin 430,436
Phenazon 188
Pheniramin 306
Phenobarbital 407
Phenothiazin 374
Phenoxathiin 369
Phenoxazin 374
Phenylbutazon 189
Phlorin 482

Phosphol 116
Phosphabenzol 365
- Struktur 365
- Reaktionen 366
- Synthese 368
λ^3-Phosphorin 365
λ^5-Phosphorin 365
Phosphorinan 365
Phthalocyanine 490
Phthalazin 430,434
Picolin 270
Pictet-Gams-Synthese (Isochinolin) 344
Pictet-Spengler-Synthese (Isochinolin) 346
Pimprinin 130
Pinacyanol 323
Pinner-Synthese (Pyrimidin) 401
Pipecolinsäure 362
Piperazin 422
- Struktur 422
- Synthese 423,424
Piperidin 360,361
Piperidin-Alkaloide 362
Piperin 362
Piperinsäure 362
Planomycin 445
Polyether-Antibiotica 70
Poly-N-vinylcarbazol 113
Poly-N-vinylpyrrolidon 115
Pomeranz-Fritsch-Synthese (Isochinolin) 345
Porphobilinogen 484
Porphycin 490
Porphyrin 482,486
Porphyrinogen 482
Porphyrinoide 490
Praziquantel 349
Precocen I/II 246
Prazosin 435
Prileschajew-Reaktion 20
Prins-Reaktion 386
Prinzip
- der fallenden Priorität 6
- der niedrigstmöglichen Stellenangaben 7
- der spätestmöglichen Einordnung 16
Prolin 115
Promethazin 379
Propylenoxid 22
Proquazon 435
Protoporphyrin 486
Psilocin 108
Psoralen 251
Pteridin 425,427
- Struktur 425
- Reaktionen 425
- Synthese 426
Pterin 427
Pumiliotoxin B 363
Purin 408,412
- Struktur 408
- Reaktionen 409

- Synthese 411
Puromycin 416
Purpur, antiker 109
2H-Pyran 231
4H-Pyran 255
Pyran-2-on 233,237
- Struktur 233
- Reaktionen 234
- Synthese 236,238
Pyran-4-on 257,259
- Struktur 257
- Reaktionen 257
- Synthese 259
Pyrazin 417,422
- Struktur 417
- Reaktionen 417
- Synthese 419
Pyrazol 179, 184
- Struktur 179
- Reaktionen 181
- Synthese 183
Pyrazolidin 189
2-Pyrazolin s. 4,5-Dihydropyrazol
2-Pyrazolin-5-on 187
Pyrazolon 186
Pyrazon 398
Pyridaben 398
Pyridazin 392,397
- Struktur 392
- Reaktionen 393
- Synthese 395
Pyridin 269,305
- Struktur 269
- Reaktionen 270
- Synthese 296,307
Pyridin-3-carbonsäure s. Nicotinsäure
Pyridin-4-carbonsäure s. Isonicotinsäure
Pyridiniumbetaine 283
Pyridiniumchlorochromat 272
Pyridiniumdichromat 272
Pyridiniumion 223,270
Pyridiniumperbromid 272
Pyridin-N-oxid 285
Pyridone 310
- Struktur 310
- Reaktionen 311
- Synthese 313
Pyridoxal 305
Pyridoxalphosphat 305
Pyridoxamin 305
Pyridoxin 131,305
Pyridoxol s. Pyridoxin
Pyrimethamin 406
Pyrimidin 398,403
- Struktur 398
- Reaktionen 398
- Synthese 400
Pyronin G 266
Pyrrol 86,97

- Struktur 86
- Reaktionen 87
- Synthese 94
Pyrrolidin 114,115
Pyrrolidin-2-on 115
Pyrrolnitrin 97
Pyrviniumsalz 335
Pyryliumion 222
- Struktur 222
- Reaktionen 223
- Synthese 226,228
Pyryliumperchlorat 228

Q

Quercetin 265
Quilico-Synthese (Isoxazol) 141
Quinethazon 435
Quinmerac 335

R

RAMP 115
Reimer-Tiemann-Formylierung 93
Reissert-Reaktion 321,338
Reissert-Synthese (Indol) 102
Remfry-Hull-Synthese (Pyrimidin) 403
v.Richter-Synthese (Cinnolin) 432
Ringanalyse 15
Ringinversion s. Inversion
Ring-Ketten-Tautomerie (am Tetrazol) 213
Ring Systems File 15
Ring Systems Handbook 14
Robinson-Gabriel-Synthese (Oxazol) 127
Rosenfuran 61

S

Saccharin 164
Safranin T 437
SAMP 115
Sandmeyer-Synthese (Isatin) 108
Schmidt-Druey-Synthese (Pyridazin) 396
Schöllkopf-Synthese (Oxazol) 129
Scillarigenin 238
Secologanin 243
1,2,3-Selenadiazol 197
Selenophen 85,86
Senoxepin 462
Serotonin 108
Sharpless-Epoxidierung 20,23
Shaw-Synthese (Pyrimidin) 403
Simazin 450
Siriuslichtblau 113
Skraup-Synthese (Chinolin) 331
Solanidan-Typ 363
Sommelet-Hauser-Umlagerung (am Indol) 104
Spartein 352
Spirosolan-Typ 363
Stammverbindung 6

Steglich-Reagens 273
Stork-Isoxazol-Annelierung 143
Strychnin 462
Sulbactam 159
Sulfadiazin 406
Sulfamethoxazol 142
Sulfapyridin 306
Sulfid-Kontraktion nach Eschenmooser 26
Sulfolan 85
3-Sulfolen 83
Supertoxine s. Ultragifte
Sydnone 192
Sydnonimine 192
Systeme
   - heteroaromatische 4
   - kondensierte 8

T

Tartrazin 189
Tautomerie, annulare, am
   - Benzimidazol 175
   - Benzotriazol 206
   - Imidazol 167
   - Indazol 185
   - Isoindol 111
   - Pyrazol 181
   - Pyrazolon 187
   - Tetrazol 213
   - 1,2,3-Triazol 201
   - 1,2,4-Triazol 209
Tellurophen 86
Tetraazaporphyrin 489
2,3,7,8-Tetrachlordibenzofuran 67
Tetrahydrocannabinol 269
Tetrahydrofuran 67,69
Tetrahydropyran 243
Tetrahydrothiophen s. Thiolan
Tetramethyl-1,2-dioxetan 46
Tetrapyrrole 98,482
   - Struktur 482
   - Reaktionen 482
   - Synthese 484
Tetrathiafulvalen 121
1,2,4,5-Tetrazin 451,455
   - Struktur 451
   - Reaktionen 451
   - Synthese 453
Tetrazol 212,216
   - Struktur 212
   - Reaktionen 212
   - Synthese 215
Tetrodotoxin 435
Theobromin 414
Theophyllin 414
Thiabendazol 177
1,2,3-Thiadiazol 196,197
1,2,4-Thiadiazol 198,200
Thiamin 154,405

Thiaminpyrophosphat 154
Thianthren 369
Thiazin 373
Thiazol 149,153
   - Struktur 149
   - Reaktionen 149
   - Synthese 152
1,2-Thiazol s. Isothiazol
1,3-Thiazol s. Thiazol
Thiepin 463
Thietan 41
Thiiran 24,26
   - Struktur 24
   - Reaktionen 24
   - Synthese 25
Thioctsäure s. α-Liponsäure
Thiocyclam 121
Thioindigo 81
Thiolan 84,85
Thiolan-1,1-dioxid 85
3-Thiolen s. 2,5-Dihydrothiophen
Thionaphthen s. Benzo[b]thiophen
Thiopental 407
Thiophen 71,77
   - Struktur 71
   - Reaktionen 72
   - Synthese 75,78
Thromboxan 244
Thymin 404
Tiaprofensäure 78
Timmis-Synthese (Pteridin) 426
Tinuvin P 207
α-Tocopherol 269
Tosmic 128,172
Traube-Synthese (Purin) 411
Triadimenol 211
2,4,6-Triamino-1,3,5-triazin 450
Triamteren 428
1,2,3-Triazin 437,440
   - Struktur 437
   - Reaktionen 438
   - Synthese 439
1,2,4-Triazin 440,445
   - Struktur 440
   - Reaktionen 441
   - Synthese 443
1,3,5-Triazin 446,448
   - Struktur 446
   - Reaktionen 446
   - Synthese 447
1,2,3-Triazol 200,205
   - Struktur 200
   - Reaktionen 201
   - Synthese 204
1,2,4-Triazol 208,211
   - Struktur 208
   - Reaktionen 209
   - Synthese 210
s-Triazolo[1,5-a]pyrimidin 407

Tri-*tert*-butylazet 42
2,4,6-Trichlor-1,3,5-triazin 448
Trimethoprim 406
Trimethylenimin s. Azetidin
Trivialname 5
Tropan 363
Tryptophan 104,108
Tschitschibabin-Reaktion 176,277,337,409
Tyrindolsulfat 109

U

π-Überschuß-Heterocyclen 53
Ullmann-Synthese (Acridin) 356
Ultragifte 67,371
Uracil 404

V

Valepotriate 242
Valtrat 242
Verbindungen, mesoionische 129,192
Verdan 416
Verdazyle 455
Veronal s. 5,5-Diethylbarbitursäure
Viloxazin 382
Vilsmeier-Haack-Arnold-Reaktion 76
Vilsmeier-Haack-Formylierung 72,89,182
Vitamin B_1 s. Aneurin oder Thiamin
Vitamin B_2 s. Lactoflavin
Vitamin B_6 s. Pyridoxin
Vitamin B_{12} s. Cyanocobalamin
Vitamin E s. α-Tocopherol
Vitamin H s. Biotin

W

Warfarin 251
Wasserstoff, indizierter 10
Westphal-Synthese (Chinoliziniumion) 351
Wesseley-Moser-Umlagerung 263
Widmann-Stoermer-Synthese (Cinnolin) 432
Willardiin 405

X

Xanthen 261,265
Xanthin 413
Xanthommatin 379
Xanthon 265
Xanthopterin 427
Xanthydrol 266
Xanthyliumion 266

Z

Zomepirac 98
Zeatin 416
Zidovudin (AZTH) 407
Ziegler-Reaktion 278,321,337
Zincke-Reaktion 280